珊瑚礁遥感技术

——制图、监测与管理

Coral Reef Remote Sensing: A Guide for Mapping, Monitoring and Management

[美] 詹姆斯·A. 古德曼
[美] 塞缪尔·J. 普尔基斯　主编
[澳] 斯图亚特·R. 菲恩
吴　迪　苏奋振　胡　海　等译

国防工业出版社
·北京·

著作权合同登记 图字:军-2019-022 号

图书在版编目(CIP)数据

珊瑚礁遥感技术:制图、监测与管理/(美)詹姆斯·A. 古德曼(James A. Goodman),(美)塞缪尔·J. 普尔基斯(Samuel J. Purkis),(澳)斯图亚特·R. 菲恩(Stuart R. Phinn)主编;吴迪等译.—北京:国防工业出版社,2020.4

书名原文:Coral Reef Remote Sensing: A Guide for Mapping, Monitoring and Management

ISBN 978-7-118-11273-3

Ⅰ. ①珊… Ⅱ. ①詹… ②塞… ③斯… ④吴… Ⅲ. ①珊瑚礁-遥感技术 Ⅳ. ①TP7

中国版本图书馆 CIP 数据核字(2020)第 046193 号

※

国防工业出版社出版发行

(北京市海淀区紫竹院南路 23 号 邮政编码 100048)

天津嘉恒印务有限公司印刷

新华书店经售

*

开本 710×1000 1/16 彩插 27 印张 27¾ 字数 485 千字

2020 年 4 月第 1 版第 1 次印刷 印数 1—1500 册 定价 158.00 元

(本书如有印装错误,我社负责调换)

国防书店:(010)88540777 发行邮购:(010)88540776

发行传真:(010)88540755 发行业务:(010)88540717

《珊瑚礁遥感技术——制图、监测与管理》翻译组

组　　长　吴　迪　苏奋振　胡　海

成　　员　于文率　方嘉达　左秀玲　边　刚

（以姓氏笔画排序）　朱穆华　孙鹤泉　李明叁　杨晓梅

肖　寒　张　帅　张立华　张　宇

陈佳豪　黄文骞　黄雅婷　崇斯伟

魏　帅

中文版序言

我们十分荣幸并很乐意为我们这本关于珊瑚礁遥感科学应用专著的中文版作一个简短的序言。

当时创作这部书的主要初衷在于将珊瑚礁遥感的各个学科和技术归拢成完整的珊瑚礁研究的集大成之专著。通过这部中文版译著,我们希望能够有更多的读者并借此扩大我们对珊瑚礁生态系统的保护和维持的积极影响。

这部译著虽然出版于原著英文版首次出版的7年以后,但仍然在现代珊瑚礁科学研究中发现这些资料的实用性。一方面是因为传感器本身的技术;另一方面因为这些技术在珊瑚礁领域的应用。尽管这样说,最近7年新技术的发展也值得注意,不仅包括无人驾驶飞行器、小型无人机的应用,以及众多对地观测卫星及星座的蓬勃发展,而且在数据处理与图像分析领域同样取得了显著进步,如云计算等大数据平台等,能够提供给用户比过去更加广泛的数据及信息服务。一句话,这些正在出现的进步与新的应用,都会使珊瑚礁遥感应用经历前所未有的地球空间数据的爆发,而这些数据正在对整个研究提供更加有益的信息决策服务。

感谢致力于中文版翻译的每一个人,由于人数太多而不能一一列举了,原著作者对你们表示深深的谢意!

最后,对读者们,希望您在珊瑚礁研究的努力当中有最好的收获!

詹姆斯·A. 古德曼
塞缪尔·J. 普尔基斯
斯图亚特·R. 菲恩
2019年12月

译 者 序

目前,对于珊瑚礁遥感技术的研究,詹姆斯·A. 古德曼、塞缪尔·J. 普尔基斯和斯图亚特·R. 菲恩联合编著的由英国施普林格出版社 2013 年出版的《珊瑚礁遥感技术——制图、监测与管理》是集大成者,并且填补了达尔文以后一个多世纪的珊瑚礁研究的高技术空白。

正如“蓝色任务”创始人、《国家地理》杂志驻站探险家西尔维亚·A. 厄尔所说,这本卓绝的书,在达尔文考察了大西洋、太平洋和印度洋之后所著《珊瑚礁的构造和分布》之后,第一次以高于全人类的视角——遥感系统的全方位的视角,从可见光-近红外遥感、激光测距遥感、声学遥感、热遥感和雷达遥感等各个角度,运用科学的方法论进行机理分析,使人类更充分地理解全球范围内分布的珊瑚礁的状态与变化。

在全球范围来看,有 100 多个国家的管辖范围内存在珊瑚礁,而且一些岛屿国家虽然只拥有很小的陆地面积,却有着以珊瑚礁为中心的巨大海洋资源。2011 年世界资源研究所的报告《危境中的珊瑚礁》指出,由于过度捕捞、污染和气候变化的缘故,世界上有 3/4 的珊瑚礁处于危境之中。所幸的是,过去的 20 年里,新技术的发展使我们能在更广阔的空间区域内更频繁地对珊瑚礁进行更精确的评估和制图。遥感技术为我们提供的信息水平越来越高,也让我们能够处理更加复杂的科学问题。

本书包含了对珊瑚礁遥感技术概述,对科学家和其他研究人员以及政策制定专家有用的信息资料,运用遥感技术解决问题的各种理念,以及关于未来遥感技术及其应用的展望。根据本书的定义,遥感技术涉及从陆地、水上、舰船、空中和卫星等平台收集来的大量地球空间数据,其中包括:利用摄影、多光谱和高光谱仪器实现的可见光遥感及红外遥感;利用激光雷达(LiDAR)技术实现的主动式遥感;利用舰船、自主式水下潜器(AUV)和水中平台实现的声学遥感;利用热遥感和雷达遥感等各种仪器设备实现的遥感。本书共五部分,前四部分分别介绍上述的遥感技术及应用,第五部分讨论遥感技术在有效科研和管理领域方面的最佳应用方式。

本书在出版过程中得到了装备发展部“装备科技译著出版基金”的资助，在此表示感谢。

最后，引用西尔维亚·A. 厄尔的话——“我向科学家、学生、管理人员、遥感专家和其他愿从这些独创的新方法中获得启示的人们竭诚推荐这本书，因为这些方法正用来解决世界上最大的挑战之一：如何善待一直眷顾我们的这片海洋。”

吴迪(字亚珊)
2019 年 11 月

写在前面(序)

1834 年,当查尔斯·达尔文乘帆船周游世界的时候,他被大西洋、太平洋和印度洋上美丽的珊瑚礁深深吸引,于是他的第一部地质类著作《珊瑚礁的构造和分布》随之诞生。该书出版于 1842 年,书中分析了环礁、裙礁和环抱海岸的堡礁的形成机制。他在《贝格尔号航行考察》中写道:"…… 旅行者们描述着金字塔和其他伟大历史遗迹是多么的宏伟庞大,但是与这些由各种微小的小动物积聚而成的石头山比较起来,哪怕是最宏伟的遗迹也显得微不足道!"

如果达尔文能够在 21 世纪重走他的航迹,那么他很可能会大吃一惊:曾经一度横跨地球北纬 30°到南纬 30°蓝色海域的珊瑚礁如今已所剩无几。但他也可能信心十足,因为当今的技术已经能够实现对珊瑚礁变化的形态进行准确评估,进而采取措施来逆转各种令人忧虑的趋势。

本书是本不同寻常的书,它首次实现了对全套遥感系统、方法和测量能力的记录,这对更加全面地了解全球珊瑚礁的现状和变化至关重要。此外,这些重要信息还为制定珊瑚礁保护政策和管理战略用以濒危生态系统的保护奠定了基础。

在达尔文的时代,海洋显得如此浩瀚,有着强大的自我修复能力,人类似乎无力改变它的天性。即使在一个多世纪后,蕾切尔·卡逊在她的经典之作《我们周围的海洋》中还设想海洋辽阔无垠,是不可能崩溃的。"人类最终 …… 还是回到了海洋,"她写道,"但是他只能按照海洋母亲的条件回到她的怀抱。他无法控制或改变海洋,尽管他在地球上短暂的租住期内已经完成了对陆地的征服和掠夺。"

现在我们知道:前所未有的人类活动正在导致全球变暖、气候改变、海平面上升、海洋的污染和酸化,以及物种甚至整个生态系统的损失,包括本书涉及的重点话题——珊瑚礁的消失。虽然浅海珊瑚礁只占不到 1%的海洋面积,这里却寄居了品种繁多的鱼类(约占现有已知海洋物种的 25%),有着 2 倍于世界上最富饶多产的热带雨林的物种。一旦珊瑚礁出了问题,海洋就会出现麻烦。因此,不论对地球还是人类自身来说,这都不是个好消息。

最近由政府间海洋学委员会、联合国环境计划和国际自然保护联盟领导人发表的一份联合声明宣布:

从全球范围来看,乐观估计约有10%的珊瑚礁已经退化,很多已无法恢复,另外还有20%可能在20年内进一步退化。我们的子孙后代将面临,全世界至少2/3的珊瑚礁生态系统的崩溃,除非我们把珊瑚礁生态系统的有效管理作为当务之急落实下来。

该声明的估计是相对乐观的。2011年世界资源研究所的报告《危境中的珊瑚礁》指出,由于过度捕捞、污染和气候变化,世界上3/4的珊瑚礁正处于危境之中。在菲律宾,70%的珊瑚礁已经消失,估计只有5%尚处于良好状态。在加勒比海和墨西哥湾,30年后这种退化可能达到80%。世界上有100多个国家的管辖范围内存在珊瑚礁,一些岛屿国家虽只拥有很小的陆地面积,却蕴藏着以珊瑚礁为中心的巨大海洋资源。如果要实现对宝贵的珊瑚礁生态系统的有效管理,就要具备对其现状进行记录以及对其进行时间动态变化监测的能力。

过去的20年里,对全球珊瑚礁系统的健康状态、海洋和周围环境条件进行远程测量和监测的能力已取得了长足进步。本书介绍的技术是珊瑚礁现场观测的补充,它能够同现场观测结合,共同为珊瑚礁有效管理的实践提供重要启示。

本书包含:珊瑚礁制图技术概述;对科学研究和政策制定者有价值的信息资料;遥感技术解决问题的理念,以及对未来遥感技术及其应用的展望。

我向科学家、学生、管理人员、遥感专家和其他愿从这些独创的新方法中获得启示的人们竭诚推荐这本书,因为这些方法正用来解决世界上最大的挑战之一:如何善待一直眷顾我们的这片海洋。

如果这本书在1834年已经问世,那么它在查尔斯·达尔文的书架上一定占有一席之地。

“蓝色任务”创始人
《国家地理》杂志驻站探险家
西尔维亚·A. 厄尔

前　言

概述　遥感技术决定了我们对珊瑚礁及其生物物理特征和相关过程进行地区性乃至全球性监测的能力。证据表明,地球上的珊瑚礁在大量减少,因此必须对珊瑚礁进行大规模可重复性评估,而这一需求从来也没有像当前这样迫切。幸运的是,在过去20年中,利用遥感技术绘制和监测珊瑚礁生态系统及其上覆水体和周围环境的能力得到了迅速提升。

遥感技术已成为珊瑚礁生态系统制图、监测与管理的一个基本工具。它提供了大面积、重复性观测和量化评估珊瑚礁栖息地及其周围环境的条件。随着珊瑚礁遥感这一多学科技术领域的不断成熟,其应用结果表明这项技术和能力正在不断提升。新技术的发展使得我们能以更高的精度、时间频率对珊瑚礁进行更大空间区域的制图和评估。现阶段遥感技术信息供给水平的提高为处理更加复杂的科学问题提供了条件。

根据本书的定义,遥感技术涉及从陆地、水上、舰船、飞机和卫星等平台收集来的大量地球空间数据,其中包括:利用摄影、多光谱和高光谱传感器实现的可见光遥感及红外遥感;利用激光雷达技术实现的主动式遥感;利用舰船、自主式水下潜器和水上平台实现的声学遥感;利用热红外传感器和雷达等仪器实现的遥感。

重点和受众　本书能够起到多种作用。它对最新的珊瑚礁测绘技术进行了概述,为珊瑚礁遥感专家提供了详细的技术信息,为利用该技术解决某些科学问题提供了启示,同时也为珊瑚礁遥感入门者介绍了相关基础知识。本书各部分内容首先对用于研究珊瑚礁的四类主要遥感数据做了入门性概述,然后通过具体案例来说明所讨论的各种技术的实际用途。书中还就如何选定适应特定用途的最佳传感器提供了指导,概述了如何将遥感数据用作有效的科研和管理工具。本书引用了大量范例来说明如何利用各种遥感技术解决针对珊瑚礁的科研、监测、管理等问题。因此,本书可被普通受众、学生、管理人员、遥感专家和其他从事珊瑚礁生态系统工作的人员所广泛接受。

大纲及路线图　本书共分为五部分,前四部分重点介绍了不同的遥感技术,第五部分则对遥感技术在高效的珊瑚礁科研和管理方面的最佳应用进行了讨论。技术介绍的部分均以一个介绍性的章节引入,随后通过一系列的实际应用章节对各项技术进行更加详细的讨论,并对其最佳用途做出描述。

第一部分为可见光与近红外遥感。第1~4章介绍被动式光学遥感技术(即以反射日光的可见光谱和红外光谱为成像方式的遥感技术)。这些技术包括航空与航天摄影以及多光谱和高光谱航空与卫星成像技术,它们最适合用来评估清澈浅水水域(小于20m)中珊瑚礁栖息地的特征(如栖息地的类型、结构和分布状况)。可见光与近红外遥感技术中采用的空间分辨率(或称像素大小)为高分辨率(小于5m)到中等分辨率(10~30m)不等。因此可见光与近红外遥感技术也适合在不同空间尺度评估珊瑚礁周围的相关环境条件(如水质、水深和海岸/岛屿地貌特征等)。

第二部分为LiDAR遥感。第5~7章介绍主动式光学遥感技术(即以主动发射源的回波信号为成像方式的遥感技术)。该技术以LiDAR为核心,开发出一套将LiDAR与高光谱成像相结合的新技术。LiDAR数据一般来自飞机平台,最适合测量中等深度(小于40m)清澈水域中的水深、海底地形、地貌及近期形成的栖息地(广域覆盖层类型,如珊瑚礁、海草和沙砾的比例等)。其空间分辨率随水深的变化而有所不同,但通常能达到较高的分辨率(1~5m)。此外,新兴的LiDAR传感器及其分析技术也把珊瑚礁特征和周围水质的细部特征探测能力提高到新的水平。

第三部分为声学遥感。第8~10章介绍声学遥感技术(即声波测量传感器,包括由物体或有机物直接发出的声音测量和主动发射的声脉冲所产生的回波测量)。声学遥感技术除主要依托舰船外,还可以将其相关设备部署在自主式水下潜器或水中平台上。搭载声学遥感设备的平台具有一定的宽度,可收集从浅海(5~20m)到深海(100m)多种不同水深的声音信号。该技术的空间分辨率从高分辨率(1~10m)到中等分辨率(20~50m)不等。声学遥感技术适合用来评估水深、海底地形、(粗糙度不均匀的)地貌区、栖息地(例如,特殊生物覆盖层类型以及硬质海底与软质海底的比例等)、海洋物种迁移速度和分布情况等数据。同其他技术一样,该领域的技术进步正在逐步提高声学遥感技术的细部探测能力,并增加可获得的信息类型。

第四部分为热红外和雷达遥感。第11~13章介绍了两种常用的珊瑚礁周围环境测量技术。热红外遥感是被动式光学遥感技术的一种,它常用来测量水面散发的热量,即水面温度。热遥感是一项基于人造卫星的技术,信息表达以粗空间分辨率(大于1km)为主。无线电探测和测距(雷达)遥感是一项主动式遥感技术,通过利用无线电波来实现对海面要素(即海浪和海流等)距离、高度、方位以及速度的测量。雷达遥感包括陆基系统和卫星平台,空间分辨率从中等精度(25~50m)到粗精度(1km)不等。热遥感和雷达遥感这两项技术均为珊瑚礁影响进程的研究提供了宝贵信息。

第五部分为遥感在科学与管理领域的有效应用。第14、15章解释并论证了基于图形的地图产品的精度验证和准确度评估这两个概念,以及如何测量这些参数,并将其有效地应用于科研和管理领域。对遥感产品准确性和可靠性的理解有必要提升到突出地位,因为这是使用这些数据进行有效决策的基本组成部分。这些章节重点讨论各种遥感技术的优点和缺点,并说明哪些技术最适合实现不同的具体目标。在这一部分内容中,还讨论了一个重要问题,即了解遥感产品及其生产产品的用户需求和期望。

表0.1、表0.2以精简的格式对本书框架进行了概括,为展示每种遥感技术的典型功能提供快速浏览路线图。需要注意的是,这仅为一个概览,因而只对珊瑚礁遥感技术的各方面做出简单描述。

表0.1　内容与章节

数据类型	评价等级	适用技术
栖息地	详细的物种评估	实地观察与测量
	栖息地种类和结构:浅水区(小于20m)	第3章　多光谱应用 第4章　高光谱应用 第7章　LiDAR和高光谱集成
	栖息地一般数据类型:浅水区(小于20m)	第2章　摄影技术应用 第6章　LiDAR应用
	栖息地一般数据类型:中等深水区(20~50m)	第6章　LiDAR应用 第9章　声学应用
	栖息地一般数据类型:深水区(大于50m)	第9章　声学应用 第10章　深水声学应用
地形	珊瑚礁和景观层次:浅水区(小于20m)	第2章　摄影技术应用 第3章　多光谱应用 第4章　高光谱应用 第6章　LiDAR应用 第7章　LiDAR和高光谱集成
	珊瑚礁和景观层次:中等深水区(20~50m)	第6章　LiDAR应用 第9章　声学应用
	珊瑚礁和景观层次:深水区(大于50m)	第9章　声学应用 第10章　深水声学应用
水质	总体水质构成:浅水区(小于20m)	第4章　高光谱应用 第7章　LiDAR和高光谱集成
	总体水质构成:中等深水区(20~50m)	第6章　LiDAR应用

（续）

数据类型	评价等级	适用技术
水深测量	高精度水深：浅水区（小于20m）	第6章　LiDAR应用 第7章　LiDAR和高光谱集成
	中等精度水深：浅水区（小于20m）	第3章　多光谱应用 第4章　高光谱应用
	高精度水深：中等深水区（20~50m）	第6章　LiDAR应用 第9章　声学应用
	高精度水深：深水区（大于50m）	第9章　声学应用
水温	水表温度	第12章　热遥感应用
水流/波浪	水表特征	第13章　雷达遥感应用

表0.2　章节与平台

章　节	应用优势	部署平台	空间分辨率
第一部分　可见光与近红外遥感	栖息地特点、栖息地类型、栖息地构成、栖息地分布、水质特征		
第1章　导言			
第2章　摄影		飞机	0.05~30m
第3章　多光谱		卫星	
第4章　高光谱		国际空间站/航天飞机	
第二部分　LiDAR遥感	水深、地形、栖息地总体数据类型、总体珊瑚礁类型、栖息地分布、总体水质特征		
第5章　导言			
第6章　LiDAR		飞行器	1~5m
第7章　LiDAR/高光谱			
第三部分　声学遥感	水深、地形、栖息地总体数据类型、总体珊瑚礁类型、栖息地分布、流速、鱼类存在/分布		
第8章　导言			
第9章　声学遥感		舰船	1~40m
第10章　深海声学遥感		AUV	
		水中平台	
第四部分　热红外和雷达遥感	水温、水含盐量、水表风和流、颗粒扩撒跟踪、海浪		
第11章　导言			
第12章　热遥感		卫星	>1km
第13章　雷达遥感		卫星	25m~>1km
		陆地基站	
第五部分　有效应用			
第14章　验证			
第15章　科学与管理			

在上述任何情况下,新兴的分析技术和日益改善的传感器系统均使各项技术的能力得到了扩展。整合多种遥感技术综合运用于某一特定区域的评估是其中一个强有力的发展趋势,以此能够利用各种技术的优势为珊瑚礁生态系统提供更加完整的图像(例如,综合利用 LiDAR、高光谱和声学遥感技术为珊瑚礁提供一个包括浅水区出露礁冠向下直达近岸深水礁体的宽阔全景图)。因此,只有深入研究每章中的详细内容,才能充分掌握使用何种遥感技术去实现既定目标。

美国波多黎各马亚圭斯市波多黎各大学
美国佛罗里达州迈阿密极速计算公司
詹姆斯·A. 古德曼
美国佛罗里达州达尼亚海滩诺瓦东南大学
塞缪尔·J. 普尔基斯
澳大利亚昆士兰州布里斯班市昆士兰大学
斯图亚特·R. 菲恩

致　谢

本书的进展非常顺利。本书自 2008 年国际珊瑚礁研讨会后开始编写,历时 4 年完成,期间获得了多方的推动和帮助,在范围和维度上均有明显提升。衷心感谢为此付出心血的各位作者和编辑在百忙之中抽出时间,为珊瑚礁群落的研究创造出独一无二的优质资源。历经地震、海啸和洪水的侵袭,面对疾病和生死的考验,他们始终坚持不懈,辛勤付出。此外,对专业担负全书审阅工作的迪帕克・米什拉博士和皮特・孟买博士也同样深表感谢。这是一项我们都为之自豪的成就,谢谢大家!

詹姆斯・A. 古德曼对以下单位和人士的帮助和支持表示衷心的感谢:波多黎各大学马亚圭斯分校,尤其是校内的同行和相关工作者,米格尔・维拉兹・雷耶斯、萨姆埃尔・雷萨里奥・托雷斯、马里贝尔・费里西诺・鲁伊兹、理查德・阿皮尔德伦、米尔顿・卡罗和古德贝托・洛佩兹・帕迪利亚;国家科学基金会工程研究中心项目#EEC-9986821 下的伯纳德・M. 戈登地下传感和成像系统中心;美国东北大学的同行和相关工作者,迈克尔・西列维奇、安妮・马格拉斯、约翰・比蒂、菲尔・切尼和玛丽亚・诺布雷加;美国国家海洋和大气管理局,海岸海洋研究赞助中心,波多黎各大学加勒比珊瑚礁研究所的项目 HNA05N0S4261159 的资助;波多黎各美国国家航空航天局 EPSCoR 项目#NNX09AV03A;高速计算中心为完成此项目给予了时间和资源保证;施普林格的相关工作者,佩特拉范・斯坦伯格、辛西娅・德・琼格和赫尔曼・沃勒曼斯;迈阿密大学罗森斯蒂尔海洋和大气科学学院的海洋地质与地球物理学系,特别感谢帕梅拉・里德在迈阿密所提供的一个学术之家;对其在遥感事业上产生重要影响的加州大学戴维斯分校的苏珊・乌斯汀;编辑助理布巴、德米、拉斯和阿利;多年以来一直贡献着他们经验和智慧的珊瑚礁和遥感领域的同事;最后尤其要感谢其家人,感谢他们在其创办新公司的同时依然支持其完成编写此书。在此,向其父母杰伊和萨拉简,其岳父母南希・梅纳德和罗伯特・科雷尔,特别是其妻子詹妮弗致以最诚挚的谢意,感谢他们的关爱以及坚定的支持。

塞缪尔・J. 普尔基斯感谢国家珊瑚礁研究所和新东方大学海洋中心对他的科学努力所给予的支持。特别感谢他的遥感实验室的成员们陪伴他投身于科研工作,尤其是格维利姆・罗兰兹、亚历山大・德姆普西和杰里米・克尔。

感谢伯恩哈德·里杰长期以来在各个方面所提供的优质灵感,这些都能成为建议的来源。能与这么多才华横溢的作者一起工作是一件非常愉快的事情,感谢他们使得这本书的问世成为现实。

斯图亚特·R. 菲恩要特别感谢生物物理遥感小组的工作人员和学生们,在这当中尤其是克里斯·罗尔夫博士,他们潜心于珊瑚礁的研究和工作——其团队在与全世界范围内相关领域及实验室所进行的合作与知识共享过程中收获颇丰。在克里斯的协助下,伊恩·莱珀、罗伯特·坎托、朱莉·斯科普里蒂斯和凯伦·乔伊斯已经在珊瑚礁制图和监测方面取得了很大的进步。皮特·孟买博士、塞尔吉·安德列福和奥夫·霍格·古德伯格的支持在其团队建立珊瑚礁遥感专业知识并构建其同生态和管理之间联系时发挥了关键作用。最后,很高兴看到这本书的多名作者,他们在5~10年前还曾是博士生,如今已成长为科研人员,并致力于珊瑚礁的理解和管理工作。

目　　录

第一部分　可见光与近红外遥感

第二部分 LiDAR 遥感

第三部分 声学遥感

第四部分 热红外和雷达遥感

第一部分

可见光与近红外遥感

第1章 可见光与近红外遥感概述

Stuart R. Phinn, Eric M. Hochberg, Chris M. Roelfsema

摘要 本章概要介绍可见光与近红外遥感技术,重点是摄影、多光谱和高光谱成像系统(详见第2~4章),及其在珊瑚礁制图和监测作业中的应用条件。在对成像传感器光谱分辨力做出解释的同时,介绍了航空和卫星传感器在珊瑚礁制图作业过程中可获得的信息量及类型量的基本控制机制。此外,本章还描述了利用可见光和近红外成像系统绘制一系列珊瑚礁生物环境变量的方法,并举例说明了与科研和管理相关的珊瑚礁监测成像处理方法。

1.1 引言

本章介绍摄影、多光谱和高光谱成像数据,以及如何利用这些数据对珊瑚礁及其周围环境进行制图和监测。目的是为读者了解第2~4章中介绍的实际应用提供概念综述和技术基础。本章也为第14章和第15章的内容奠定了基础。

1.1.1 可见光和近红外成像系统

遥感是利用传感器在多个光谱波段上记录远程物体反射光的强度,最终得到的光谱响应"特征",用以识别该物体的属性和其他信息。之所以能实现这一点,是因为原则上每种地物都具有一个专属的光谱响应特征模式。这一模式是该物体的结构、组成材料以及照射到该物体之上的电磁能量共同作用的结果。光谱反应模式代表了物体的物理化学特征,因此可以成为识别该物体的光谱信号特征。

多数人都熟悉可见光的光谱响应这个概念。人类的眼睛含有对三种颜色

S. R. Phinn,澳大利亚昆士兰大学地理学院,规划与环境管理系,邮箱:s. phinn@ uq. ealu. au。

C. M. Roelfsema,澳大利亚昆士兰大学地理学院,规划与环境管理系,邮箱:c. roelfsema@ uq. edu. au。

E. M. Hochberg,百慕大(英)海洋科学研究所,邮箱:eric. hochberg@ bios. edu。

敏感的特殊细胞(锥形细胞),这三种颜色分别是蓝、绿、红。假如一个物体(以一株植物为例)吸收蓝光和红光,反射绿光,那么就只有绿光可见,即只有绿色锥形细胞被刺激,因而该物体在人类看来是绿色的。

从设计思想上看,彩色胶片摄影就复制了人眼的感光性能。在彩色摄影的时候,进入摄影相机的光线在摄影胶片上引起化学变化,蓝光、绿光和红光各自引起不同的变化。通过化学处理和显影,胶片被转换成"真彩色",表现出最初出现在摄影相机视野中的成像场景。

利用数字摄影对胶片的色彩进行模拟仿真。在数字摄影相机中,由光敏元件捕捉到的光线会产生电荷,其强度与入射光的强度成比例关系。在现代数字摄影相机中,数以百万计的光敏元件共同形成一个二维阵列,这些阵元称作像元或像素。每个像元引起的电荷被转换成一个数值并以数字方式记录下来。通常将这些组件称作电荷耦合器件(Charge-Coupled-Devices,CCD)。整个数值阵列共同构成摄影相机捕捉到的图像。实际使用的光敏元件一般用硅材料制成,对光谱中的整个可见光和近红外光(NIR)部分(分别为400~700nm和700~1000nm,见图1.1)均敏感。用光学滤镜将到达探测器阵列的波长限制到有限波段,并分离成蓝光(400~500nm)、绿光(500~600nm)和红光(600~700nm)。结果形成一套由红、绿、蓝(RGB)三种颜色的图像复合而成的真彩色场景。有必要注意的是,可以使用不同的光学滤镜使摄影相机在不同波段成像,例如近红外波段影像。

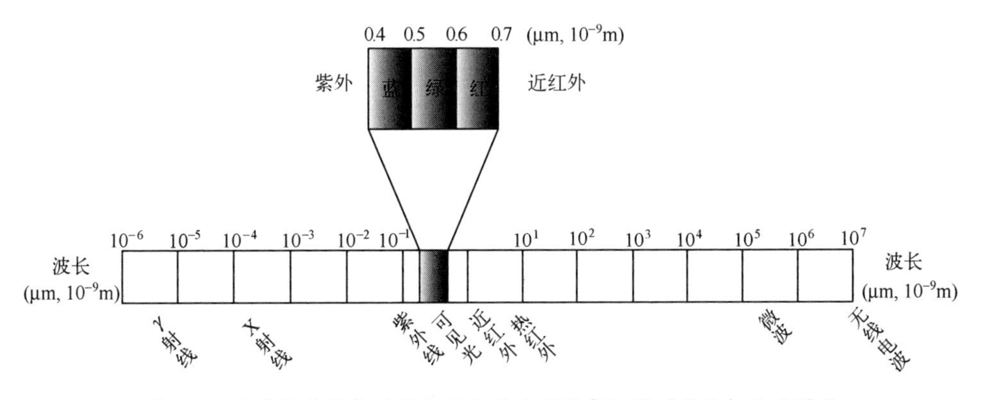

图1.1 用波长单位表示的电磁光谱及用遥感仪器测定的相应光谱段

(在 Lillesand et al. (2008)基础上修改而成)

光谱成像与数字摄影遵循相同的原理,且通常情况下采用相同的成像技术。两者概念上的主要不同之处在于,光谱成像一般在三个以上的波段同时成像,且波段选择一般取决于其识别成像物体的属性特征或生物物理状态的能力。技术层面的不同之处是,数字摄影相机能够瞬时捕获一个二维图像,而光谱成像设备则通过对一个场景进行逐像元或者逐行扫描来建立图像。点阵式成像仪用一面镜子沿着传感器的路径从一侧向另一侧反复扫描,将光线反射进一个由光敏元组成的一维阵列,它代表了图像的光谱分辨率,从而将数字数据一次一个像元地记录下来。推扫式成像仪使用的是一个二维光敏元阵列,从一侧扫到另一侧的阵元对应于图像的空间分辨率,而自上而下的光谱阵列则对应于图像的光谱分辨率。因此,推扫式传感器一次一行地对场景进行扫描。

多光谱和高光谱这两个术语描述的是成像系统的光谱特征。多光谱传感器拥有的波段一般较少(3~10个),但各波段相对较宽(20~100nm)。这些波段未必相互毗邻,但是它们都处于某一重要科学测量的光谱范围内。对比之下,高光谱传感器则在相对较窄(约10nm或以下)的多个波段内成像,且这些波段处于一个连续的光谱范围,一般包括可见光和近红外光,此外还常包括短波-红外波段(1000~2500nm)。二者的关键不同之处在于,多光谱传感器在非连续波段测量每个像元,而高光谱传感器则在连续光谱中测量每个像元。

摄影、多光谱和高光谱成像都是被动式遥感技术,因为它们都依赖自然环境对太阳光的反射来测度物体(图1.2)。因而,被动式传感器只有在测量对象处于光照明亮的清晰视域下才能发挥作用。被动式传感器既不能透视云层,也不能在夜间使用。表1.1简单描述了几种常用于遥感的摄影、多光谱和高光谱成像系统。

表1.1 传感器及相关空间、光谱、辐射和时间分辨率汇总

传感器举例	空间尺度	光谱分辨率	辐射分辨率	时间分辨率
航空摄影: • 全色 • 彩色立体 • CIR立体	**极精至精:**(局部) 1:5000~1:25000 **覆盖范围:**1.3~33km² **地面分辨率:**0.05~20m	**大于100nm低-宽波段:** • 可见光 • 彩色的 • 绿、红、近红	**高:**大于10位(1024级)	**用户控制:**受制于天气条件和飞机可用性条件
航空多光谱: • SpecTerra • DMSV • Daedalus-1268 • ADAR	**极高精度到高精度:**(局部) **覆盖范围:**100km² **地面分辨率:**0.5~10m	**大于100nm中等波段范围:** 350~2500nm **总波段数:** 3~20	**中:**大于8位(256级)	**用户控制:**受制于天气条件和飞机可用性条件

（续）

传感器举例	空间尺度	光谱分辨率	辐射分辨率	时间分辨率
航空高光谱： • CASI • HyMap • AVIRIS • AISA	**极高精度到高精度：**(局部) **覆盖范围：**100km² **地面分辨率：**0.5~10m	**5~50nm 高波段范围：** 350~2500nm **总波段数：**大于20	**高：**大于12位(4096级)	**用户控制：**受制于天气条件和飞机可用性条件
高空间分辨率多光谱： • QuickBird 2 • Ikonos • Rapid Eye • GeoEye-1 • Worldview-1,-2	**极高精度：**(局部) **覆盖范围：**大于25km² **地面分辨率：** • 0.5~1m 全色 • 1.5~5m 多光谱	**大于100nm 中等波段范围：**400~1000nm **总波段数：**1~8	**高：**11位或12位(2048~4096级)	**可编程控制：**1~3天重访(受制于天气)
中等空间分辨率多光谱： • Landsat 7 ETM+ • Landsat TM • SPOT • Resourcesat-1 • ALOS • ASTER	**高至中等：**(局部、省、区域) **覆盖范围：**大于100km² **地面分辨率：** • 2.5~15m 全色 • 10~30m 多光谱 • 90m 热红外	**大于100nm 中等到高波段范围：**450nm~12.5μm **总波段数：**3~14	**中-高：**8~12位(256~4096级)	**可编程控制：**1~46天重访/与传感器相关(受制于天气)
低空间分辨率多光谱： • SPOT VMI • NOAA AVHRR • SeaWifs • OrbView-2 • Seastar • MERIS	**粗：**(区域) **覆盖范围：**大于1000km² **地面分辨率：**300m~1km	**大于50nm 中等到高波段范围：**450nm~12.5μm **总波段数：**4~15	**高：**10位(1024级)	**可编程控制：**1~3天重访，与传感器相关(受制于天气)
中-低空间分辨率高光谱： • Hyperion • MODIS	**中等至粗：**(省，区域) **覆盖范围：**大于1000km² **地面分辨率：**30m~1km	**10~100nm 中等到高波段范围：**400nm~14.4μm **总波段数：**36~220	**高：**12位(4096级)	**可编程控制：**1~3天重访，与传感器相关(受制于天气)
注：地面分辨率单元(GRE)即像元大小				

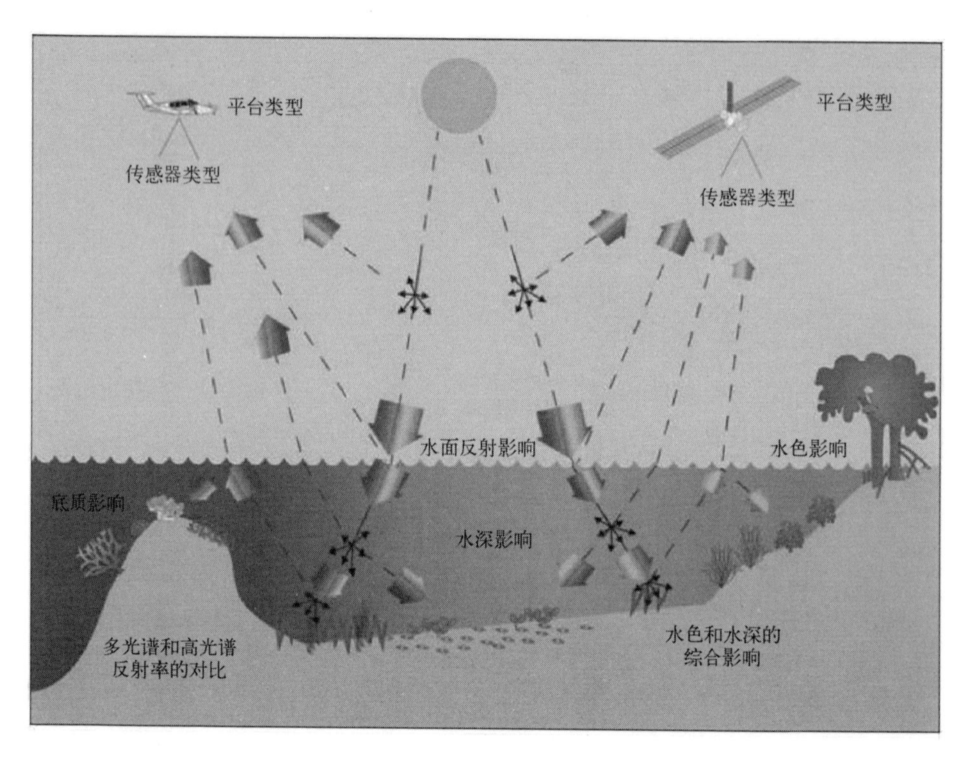

图 1.2　利用被动式光学遥感仪器(包括摄影、多光谱和高光谱成像系统)记录的对辐射传输过程产生影响的珊瑚礁环境特点。本图给出了可被测量的各种特征,以及削弱珊瑚礁图像使用能力的各种因素(遥感工具箱,www.gpem.uq.edu.au/cser-rstoolkit)
(彩色版本见彩插)

以上所有技术已经全部成功用来对珊瑚礁生态系统进行遥感监测。利用遥感数据绘制的珊瑚礁特征和过程包括珊瑚礁的覆盖范围、构成(例如底栖生物覆盖、栖息地特征等)、生物物理属性(例如水深、水质、海面温度等)、生物地球化学特征(例如初级生产物、钙化)、地质特征(例如地貌、沉积物多样性)等。因为遥感手段在监测珊瑚礁构成随时间变化方面具有重要价值,因此其产品日益得到认可。表 1.2、综述性论文(Kuchler et al., 1988; Green et al., 2000; Mumby et al., 2004b; Andréfouët et al., 2005a; Eakin et al., 2010; Hochberg, 2011),以及遥感工具箱(Remote Sensing Toolkit)网站(www.gpem.uq.edu.au/cser-rstoolkit)等均对珊瑚礁遥感研究和应用进行了较为全面的历史回顾和关键性评价。

表 1.2　珊瑚礁生物物理性质与相应遥感传感器的联系、不同类型输入数据生成产品的可行性及处理方法举例

	胶片摄影	数字摄影	多光谱成像	高光谱成像
珊瑚礁/非珊瑚礁	可行； 人工解译	可行； 人工解译； 面向像元分类； 面向对象制图	可行； 基于像元分类； 面向对象制图	可行； 基于像元分类； 面向对象制图
珊瑚礁类型	可行； 人工解译	可行； 人工解译； 基于像元分类； 面向对象制图	可行； 基于像元分类； 面向对象制图	可行； 基于像元分类； 面向对象制图
珊瑚礁构成成分（例如，地貌区、底栖生物群落）	可行； 人工解译	可行； 人工解译； 基于像元分类； 面向对象制图	可行； 基于像元分类； 面向对象制图	可行； 基于像元分类； 面向对象制图； 亚像元分析
珊瑚礁构成模式	可行； 人工解译	可行； 人工解译； 基于像元分类； 面向对象制图	可行； 基于像元分类； 面向对象制图	可行； 基于像元分类； 面向对象制图
水深测量数据及反演变量	不可行	可行； 经验模型； 半经验半理论模型； 理论模型	可行； 经验模型； 半经验半理论模型； 理论模型	可行； 经验模型； 半经验半理论模型； 理论模型
珊瑚礁生物物理特性	不可行	可行； 经验模型； 半经验半理论模型； 理论模型	可行； 经验模型； 半经验半理论模型； 理论模型	可行； 经验模型； 半经验半理论模型； 理论模型
珊瑚礁生物物理过程	不可行	研究模型	可行； 经验模型； 半经验半理论模型； 理论模型	可行； 经验模型； 半经验半理论模型； 理论模型
周围水特性	不可行	研究模型	可行； 经验模型； 半经验半理论模型； 理论模型	可行； 经验模型； 半经验半理论模型； 理论模型
周围陆地特性	不可行	可行； 经验模型； 半经验半理论模型； 理论模型	可行； 经验模型； 半经验半理论模型； 理论模型	可行； 经验模型； 半经验半理论模型； 理论模型

有关珊瑚礁遥感的研究沿着以下两个方向发展。方向一是针对水体和大气对遥感信号产生的影响,开发各种技术进行补偿(Lyzenga,1978,1985;Gordon et al.,1980;Bierwirth et al.,1993;Gordon 1997;Lee et al.,1999;Louchard et al.,2003;Gao et al.,2009;Dekker et al.,2011)。对于珊瑚礁来说,这一研究课题的重要意义在于,要想让被动式传感器起到作用,图像中的海底就必须可用肉眼明显地观察到。光学深水区,或者高度浑浊的海区,均不能仅仅用被动式遥感技术来绘制图像,必须考虑使用主动式遥感技术(见 1.2 节和 1.3 节内容)。方向二是开发对珊瑚礁状态或功能更加深入展示的高级产品(Atkinson et al.,1984;Bour et al.,1986;Loubersac et al.,1988;Mumby et al.,1997;Hochberg et al.,2000,2008;Roelfsema et al.,2002;Isoun et al.,2003;Andréfouët et al.,2004a;Lesser et al.,2007;Palandro et al.,2008;Purkis et al.,2008)。这项研究产生的大量基本产品现在已经投入常规使用,而其他产品尚在开发中。

第 2~4 章介绍了最通用的,也是使用频度最高的被动式可见光和近红外遥感数据源,其中包括航空与航天胶片摄影、数字化摄影相机、多频谱以及高频谱成像系统。在介绍这些技术的同时,书中还详细介绍了通过各种数据源可获得的珊瑚礁信息。一般来说,信息内容的详细程度受制于传感器的空间分辨率和光谱覆盖能力。本章的重点之一就是讨论空间分辨率、光谱波段数量、带宽和波段位置对制图信息的控制作用。

航空摄影技术提供着最简单、最具历史性的数据集合,其覆盖范围一般从局部规模到区域规模不等(几平方千米到几百平方千米不等),并且所提供的记录有时甚至可以回溯到 20 世纪 30 年代(Hernandez-Cruz et al.,2006)。虽然航天摄影技术的数据采集有随机性,且不够系统,但是仍能通过这些摄影像片提取出有价值的信息,因此该项技术依然具有应用价值。最近在航空摄影技术方面有了新的进展,即测绘公司和政府部门正在广泛采用大框幅摄影相机。与前几代摄影相机相比,这些摄影相机可实现更大的覆盖面积、更少的处理需求和更连贯的光谱数据。多光谱摄影系统一般执行与航空摄影同样的任务,但其覆盖面积更大($10^4 \sim 10^6 km^2$),有着强大的重访能力。相比之下,高光谱传感器则具有更多的光谱波段、更窄的带宽和更强的目标识别能力。

1.1.2 本章梗概

本章为理解第 2~4 章的内容奠定了技术基础,对被动式可见光和近红外遥感技术在珊瑚礁制图及监测作业中的优点与弱点进行了概述。首先对遥感仪器的光谱分辨率做了详细说明,同时还介绍这些分辨率是如何控制着珊瑚礁地图可有效绘制的数据类型和数量。然后定义了一套具体的生物环境变量，这些变量关系着珊瑚礁的科研和管理工作，并可由多光谱和高光谱系统进行制图。此外，书中还举例说明了在发布珊瑚礁监测科研和管理数据中需要用到的基于图像的制图产品和处理方法，并以对未来发展方向的概述作为本章结束语。

1.2 物理与技术原理

1.2.1 成像传感器的分辨率

本章引言部分提到，遥感数据可以通过成像传感器分辨率的不同来区分和捕捉地物反映在图像上的差异（表 1.1）。光谱分辨率决定了从图像中提取信息类型以及细节程度的能力，这对于了解它们与绘制区环境特点的关系非常重要，具体列举如下：

- 光谱分辨率：用于记录光信号的光谱波段的位置、带宽和数量。
- 空间分辨率：像元大小和图像覆盖范围。
- 辐射分辨率：能够探测到的亮度等级。
- 时间分辨率：获取图像数据的时间和重访周期。

遥感数据的光谱分辨率是决定测量和制图信息类型的主要控制因素。本书各章内容的划分与按照光谱分辨率划分的遥感传感器相互对应。这一章节，我们将介绍两种主要形式的被动式探测数据（或称光学数据）：多光谱数据和高光谱数据。应当注意，航空胶片摄影和后来发展起来的航空数字化摄影均被看作多光谱系统。所有这些传感器的载体可以是舰船、水下遥控无人潜水器（Remote Operated Vehicle，ROV）、自主式水下潜器（Autonomous Underwater Vehicle，AUV）、人员（如潜水员等）、飞机和卫星等。图 1.3 给出了多光谱和高光谱图像数据的主要区别，两者光谱反射特征比较清楚地反映出高光谱波段组合分辨不同珊瑚礁特征（例如，区别白化珊瑚与非白化珊瑚）的能力确实得到改善。

珊瑚礁遥感制图和监测的另一个基本控制因素是空间分辨率。其中包括像元大小和图像覆盖范围（图 1.4）以及目标特征的规模大小。总的来说，图像像元的尺寸必须小于制图目标特征的长度或宽度。例如，要想探测小型的珊瑚礁块礁，所需要的像元尺寸必须小于 1m，而对地貌区进行制图的时候像元尺寸仅需达到 10~30m 即可。空间分辨率和光谱分辨率还可相互配合，用来精确描绘珊瑚礁的差异性特征。在空间分辨率不变的条件下，光谱分辨率越高，可获得的信息就越多。

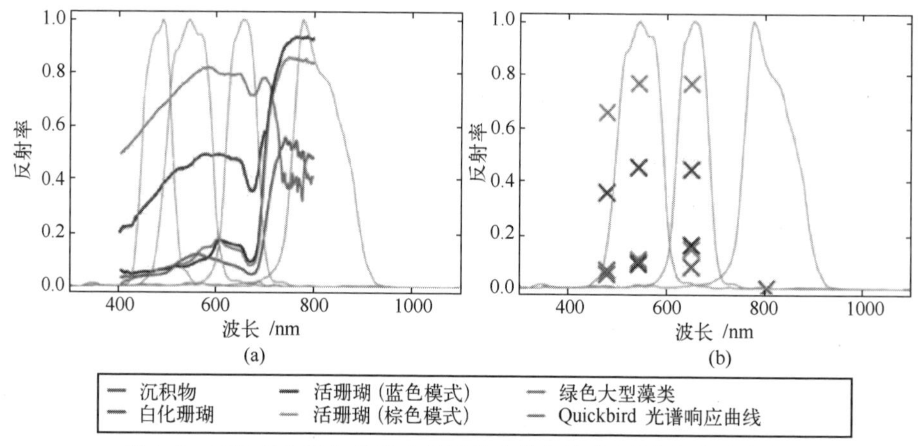

图 1.3 可见光和近红外遥感数据的光谱分辨率(彩色版本见彩插)

(a) 用全谱分辨率场谱仪测得的反射特征;(b) 用多光谱波段组合测得的同一反射特征。(Ian Leiper 提供)

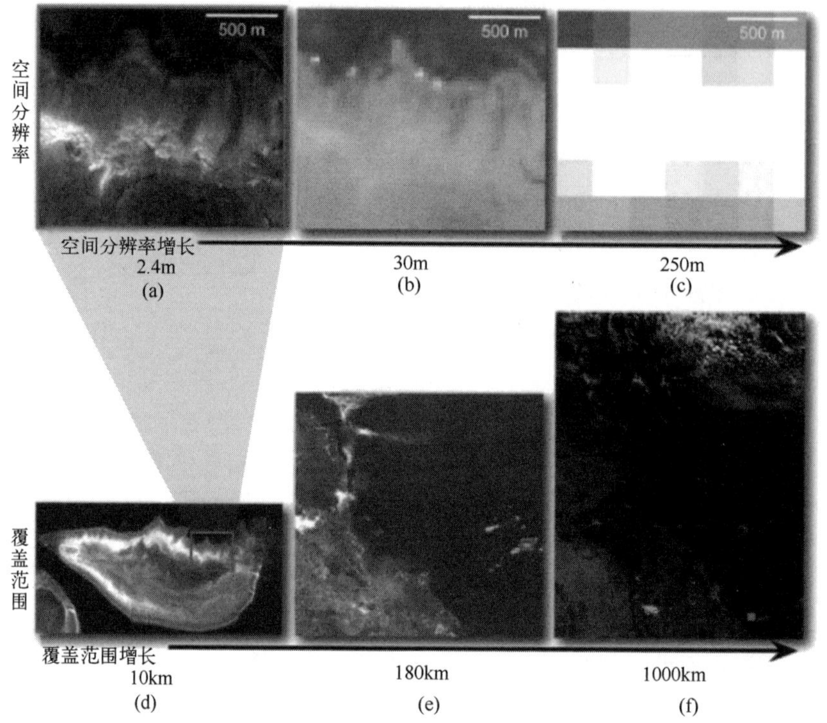

图 1.4 澳大利亚白鹭礁(Heron Reef)同一地点的不同遥感数据空间分辨率(彩色版本见彩插)

(a)~(c)白鹭礁上 1.5km 长礁段逐步增大像元的效果图;(d)、(e)不同的图像范围,从白鹭礁(a)开始,逐步扩展到整座大堡礁(Great Barrier Reef)(f)。下行红色方框分别是图像(a)~(c)所拍摄的区域。(Ian Leiper 提供)

(a) QuickBird;(b) Landsat ETM+影像;(c) Aqua-MODIS 影像。

辐射测量分辨率与传感器接收光线的记录精度等级有关(例如,记录并对比256和1024的亮度等级)。当探测珊瑚礁要素在光反射或吸收能力上的细微变化时,就需要比较高的辐射测量分辨率(例如,选取1024亮度等级)。时间分辨率指的是成像传感器重访或再次拍摄同一地点的频度。对于特征变化较快的珊瑚礁而言,可能需要获取每日一次的数据,而对于时间跨度较长的特征变化来说,只需获取每年一次的数据即可。

另一个控制遥感珊瑚礁图像可提取信息类型的因素是图像处理算法。这种算法将图像转换成底栖生物覆盖类型、水深、大型海藻覆盖率或其他相关参数的专题图。在这一过程中,定性的图像被转化为可用于科研与管理领域的量化数字地图(表1.2)。图像处理算法是一个方程式(或一系列方程式),它(它们)被用到图像的每一个像元上来识别栖息地特征或估计环境参数。

1.2.2 光谱特征

遥感图像的光谱分辨率决定了其能否用于绘制特定的珊瑚礁生物物理变量。如上所述,光谱分辨率指的是每个图像像元中测得的光谱反射值或电磁能量值。更具体地说,光谱分辨率是指传感器所测光谱波段的位置、带宽和数量。遥感仪器使用的探测器,包括光敏胶片和光敏探测材料(例如硅),在选定的电磁频谱部分中测量电磁能量的强度,或者单位时间内的光子数量。为了便于测量,对这些胶片和固体探测器材料做了处理,使它们只对电磁频谱的某些具体区域(即波段)敏感。遥感科学的传统做法是,利用波长标识(而不是频率标识)对电磁波谱的不同部分做标注。

由于对气体、液体、固体和植物的辐射传输过程已有大量研究工作,所以人们非常了解这些要素的具体结构和化学属性是如何在特定波长上控制能量的吸收和散播的。辐射传输这个概念指的是电磁能量的辐射、吸收和散射过程。基于这一了解,遥感探测器,特别是多光谱和高光谱系统,被设计成能够在频谱的预定义谱段测量电磁能量,而这些预定义的频谱谱段对环境中的各项要素或相关过程中的特定结构和化学属性具有敏感性。

特定传感器的光谱波段覆盖有一个预定的波长范围。例如,图1.3中的多光谱系统利用多个100nm带宽的光谱波段覆盖了电磁频谱的蓝光、绿光、红光和近红外部分。对比之下,图1.3中的高光谱系统则利用数百个10nm带宽的光谱波段实现了对同样范围波长的覆盖。应用方面,多光谱系统提供了广泛适用的光谱反射特征,适合用于绘制粗精度级别的珊瑚礁水下特征图(例如,地貌区;表1.1、第2章及第3章)。高光谱系统则提供高度详细的光谱反射特征,因而能够更好地区别珊瑚礁水下特征,并能改善对生物物理、结构、化学和过程性属性的量化评估结果(Hochberg et al.,2000,2003,2004;Hedley et al.,2002;Mumby et al.,2004b)。

制作珊瑚礁特征图,不论是通过识别底栖生物特征还是估计生物物理特征(例如,水深和色素浓度)的方式,都需要光谱和空间分辨率合适的遥感数据。而这两者一旦确定,就可以选择出一个合适的图像处理算法。全球各地已经完成的大量相关工作表明,在制作珊瑚礁特征图时,只要增加光谱波段的数量和缩小像元的规格,就能够拍摄到更多的底栖生物和海底覆盖物类型(Andréfouët et al.,2003)。随着光谱和空间分辨率的增高,相对应地,可以制作从珊瑚礁/非珊瑚礁图到珊瑚礁地貌图和珊瑚礁生物群落,再到底栖生物群落图的多种地图。在拍摄珊瑚礁生物物理特征的时候也如此,不论是拍摄水体、底栖生物还是海底生物,增加光谱波段的数量就能更加详细准确地估计生物物理特征。此外,窄带宽光谱波段的大量使用还能够解决由光合色素或非光合色素而产生的吸收特性或变化点等问题(Hochberg et al.,2000,2008;Hedley et al.,2002;Hochberg et al.,2003,2004;Mumby et al.,2004b)。有关水体和珊瑚礁拍摄系统的研究工作已经确定哪些波段可被特定的化学物质和过程所吸收,因此可在算法中运用能够反映这些要素的波谱特征对每个像元进行估计或制图。图 1.5 以澳大利亚白鹭礁的数据为例,进一步说明了多光谱与高光谱图像在光谱内容的相对差异。

1.2.3 摄影像片(胶片和数字)

基于胶片的航空和航天影像不能显示光谱反射特征;然而,简单的照片格式以及在全球范围长期的采集积累,使得它们成为珊瑚礁长期制图和监测所必须依赖的一个得天独厚的资源。胶片摄影产品一般以针对特定环境的主观目视解译线索为基础,通过具体地物要素的系统解译关键点,如主观判断、特定背景、目视判读线索,转换成底栖生物覆盖图。为了达到这个目的,经常用图像处理软件或地理信息系统(GIS)软件将照片或底片扫描成数字格式并转换成地图。如果需要的是简单主题的历史演变图(例如,地貌区、沙洲和珊瑚等),那么航空摄影照片就非常适合此用途。在利用照片制作任何珊瑚礁要素详图的时候都需要大量的现场背景信息和领域知识,以及高空间分辨率(比例尺小于1:5000)的彩色或黑白航空影像。

除了实地勘测数据以外,照片常常是唯一的通过系统采集方式收集到大量珊瑚礁海区长期空间信息的档案。然而,应该注意到,受摄影数据采集过程的几何因素影响,标准格式的照片中存在严重的空间畸变。因此,尺度或地物的空间距离与照片中同等距离之间的关系都会发生变化。而未经正射校正的照片也不能用来制成具有精确空间关系的地图用以进行历史比较或与其他空间数据进行融合。正射校正过程将照片转换成了具有统一空间比例关系的数字格式,因而使得这些照片能够更有效地用于对比制图。

1.2.4 多光谱成像系统

搭载于空中和卫星平台上的多光谱系统(其中包括当前这一代的宽幅数字制图相机),一般每个像元有3~10个光谱波段,致使形成一个简化的光谱反射特征(图1.3和图1.5)。在对珊瑚礁特征进行专题制图的时候,所选用的图像像元大小和光谱波段的设置都能够控制识别信息的类型和数量。一些公开发表的论文(包括图1.4给出的图像)表明,当采用中等分辨率(20~30m)的多光谱数据为五六个类别的珊瑚礁底栖生物制图时,精确度能够达到80%。而具有较高分辨率(小于5.0m)的多光谱数据则能以与前者相当的精确度实现10~12个珊瑚礁底栖生物覆盖特征的制图工作(Andréfouët et al.,2003;Roelfsema et al.,2010)。

由于多光谱系统所使用的光谱波段较宽,因而它们在拍摄及量化生物物理特征(例如,色素浓度)时的使用价值有限。这是因为同光合与非光合色素有关的吸收特征的波段宽度比较窄,而这个问题无法用多光谱系统解决。多光谱数据确实包含合适的光谱波段,可用来对每个像元中的水体深度进行经验型和半分析型估值(Stumpf et al.,2003;Dekker et al.,2011)。但是,考虑到水深的限制和不同性质的底栖生物特征,应该清楚地认识到这些方法的局限性。

1.2.5 高光谱成像系统

高光谱航空和卫星系统一般在其每个像元中有10~1000个光谱波段,因此可展示很详细的光谱反射特征(图1.3和图1.5)。这种高度精细的光谱分辨率使得我们有可能探测到反射特征的微小差异,并对各种不同的吸收和反射特征进行幅度计量。与多光谱系统相同的是,高光谱图像的像元大小也能够对制图要素的类型和数量起到控制作用。由于能够更好地探测到珊瑚礁特征在结构或化学构成方面的差异,高光谱数据能更详细地拍摄到底栖生物覆盖物的类型,因此也才有可能将底栖生物群落的制图提升到对活珊瑚、不同珊瑚结构形态、死珊瑚以及大型和微型海藻进行拍摄的水平(Mumby et al.,1998;Hochberg et al.,2000,2003;Goodman et al.,2003;Andréfouët et al.,2004b;Mumby et al.,2004a)。虽然现场光谱测量已经完成了大量工作,即在珊瑚礁高光谱特征和色素含量及其他功能性特征之间建立了更为明确的关系,但是很少有公开发表的论作就如何将它提升到基于图像的制图水平进行过论述(Brock et al.,2006;Hochberg et al.,2008)。

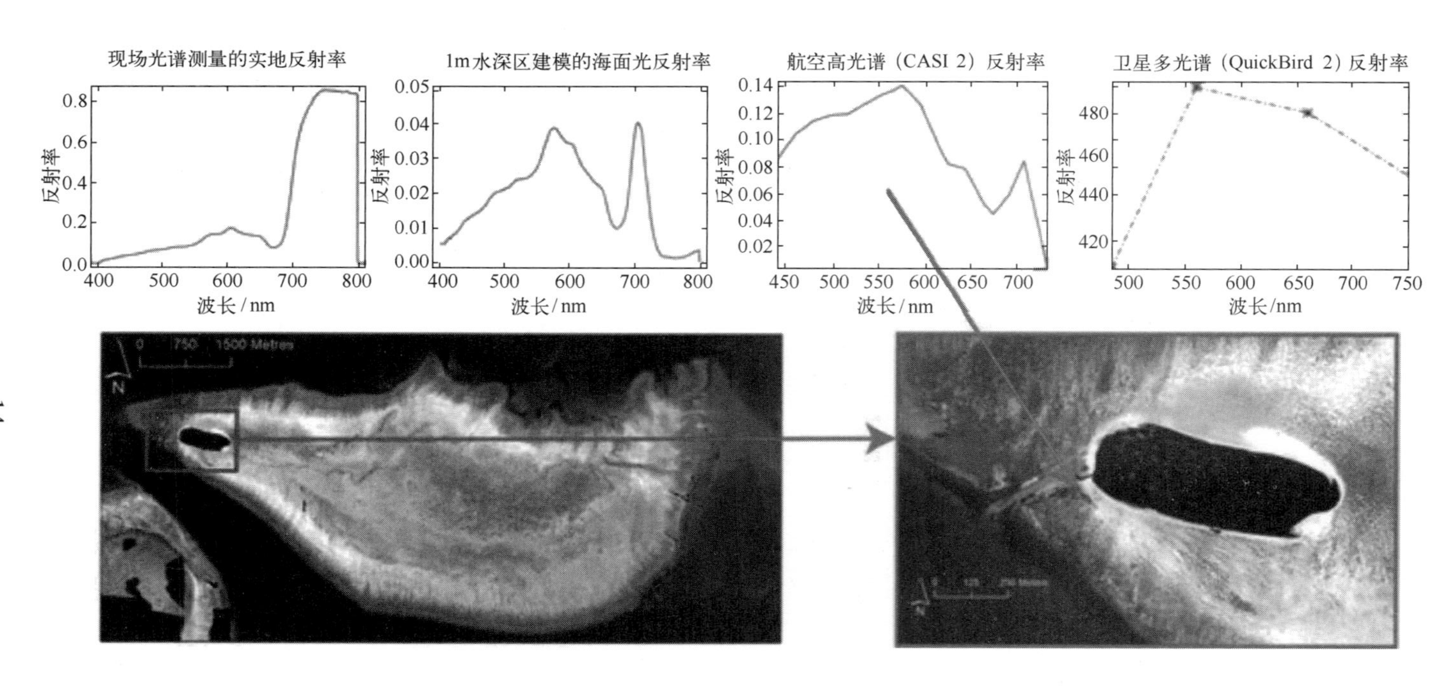

图1.5 取自同一区域活珊瑚的光谱特征实例。按反射特征图的排列顺序，自左而右：现场光谱测量的实地反射率、1m水深区建模的海面光反射率、航空高光谱（CASI 2）反射率、卫星多光谱（QuickBird 2）反射率（×10000）（Ian Leiper提供）（彩色版本见彩插）

1.3 图像处理

在使用珊瑚礁遥感数据的时候,有必要了解其图像或基于图像的地图是如何制作的。第 2~4 章概述了用于制作珊瑚礁特征专题图或量化图的各种多光谱和高光谱图像处理技术类型。要想了解这些制图产品的适用性和质量标准,就必须知道遥感数据的形态和制图处理过程。图 1.6 为这个处理过程提供了一个例子,对多光谱 QuickBird 成像技术生成底栖覆盖生物图所采用的不同步骤做了概述。

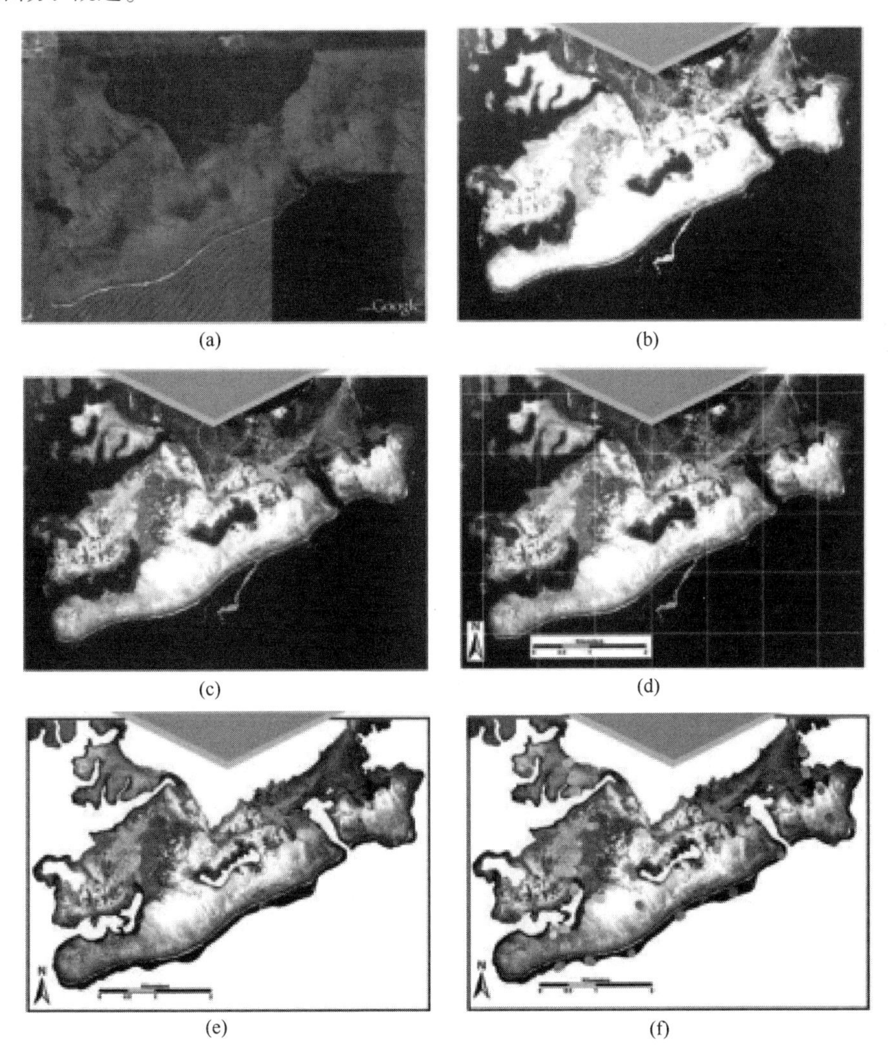

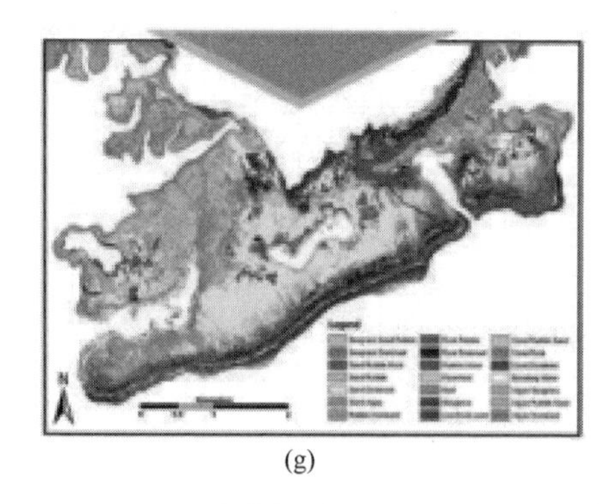

(g)

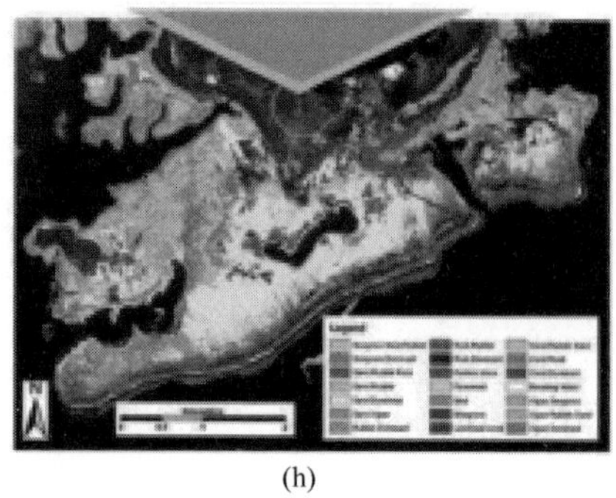

(h)

图 1.6　从图像采集到地图制作的完整遥感图像处理流程(提供人:Phinn et al. ,2010)
(彩色版本见彩插)

(a) 从 Google Earth 浏览图像(Landsat TM/QuickBird 组合图像);(b) 未经校正的 QuickBird 原始图像;(c) 经过大气与气-水界面校正的 QuickBird 图像;(d) 经过几何精校正的 QuickBird 图像;(e) 非珊瑚礁区掩膜;(f) 带有经过校准和验证的现场数据的浅水及出露珊瑚礁图像;(g) 在对(f)做图像分类后的底栖生物覆被图;(h) 叠加在原始图像上的底栖生物覆被图。

1.3.1　图像预处理

由航空或卫星成像系统直接输出的图像集合首先要经过一系列图像预处理作业,运用各种算法对每个图像像元中的几种失真做校正。如果打算将现场数据或其他空间数据与遥感图像联系起来,那么图像处理就必不可少,比如几何校正(将像元坐标转换成已知地理坐标系统、投影和基准)。通过查询 www. ga. gov. au/earth-monitoring/geodesy/geodetic-datums. html,可初步了解这些作业的内容和重要性。如果用这些图像来估计水体或珊瑚的生物物理特征(例如,水深和色素浓度),则还需要额外实施更多的处理作业。

(1) 原始图像数据。此为成像传感器输出的首个数据,一般没有坐标系统、投影或基准,因此不能与其他空间数据,如实地测得的全球定位(GPS)点一同使用或显示。此外,图像像元在数值上还代表反射光的相对测量结果,但未能与水面或珊瑚礁的反射相互关联。尽管如此,这一数据仍然可用于基本目视评估。

(2) 校正数据(几何校正、辐射校正和大气校正)。这些都是图像处理的第一阶段,称作图像预处理步骤。几何校正是将图像与某一特定的坐标体系、投影和基准进行配准,使该图像可与其他空间数据和现场数据共同使用,亦或叠加。作为校正的一部分,需要提供几何校正的精确度或误差率。辐射校正是将相对像元值转换成单位波长光辐射率的绝对测度。大气校正则通过剔除大气效应,进而将辐射值转换成水体辐射或反射值。这就使得能对基于现场的测量或生物物理参数进行估计。在某些情况下,还需要进行额外的数据校正,以剔除水体形成的太阳光反射或衰减所带来的影响。

1.3.2 图像处理类型

将摄影图像、多光谱和高光谱图像从预处理的或校正的图像转换成表现具体珊瑚礁生物物理特征的地图,需要进行人工和/或基于计算机软件的图像处理操作。第2~4章中将对这些作业以及由其产生的珊瑚礁科研研究成果和地图产品管理做详细介绍。本节介绍了图像处理的类型、图像产品和所需的相关验证,用以帮助读者加深对涉及应用和管理的那些章节的理解。当几何校正、辐射校正和大气校正完成后,即可进行后续的图像处理作业。

以在科研或管理工作中所需输出图的类型基于科学或管理目的需求的差别,可将所得输出图的图像处理分为两种类型。在本书中,所有的处理数据和输出数据都是数字格式的,因而可称作数字地图或空间信息。

(1)处理成专题图。如果选用这种处理方式,就要利用各种技术(包括人工和自动化技术)将表示同一块珊瑚礁上相同要素的像元归类,形成系列预定义的分类专题图。所得结果是一幅基于图像的、按照特定细化程度制作的不同类型专题图,如地貌区图或底栖生物群落图(例如,Ahmad et al.,1994;Andréfouët et al.,2003;Andréfouët et al.,2005a)。这些图通常称作分类图或专题图,显示不连续的边界。

(2)处理成生物物理特征图。如果选用这种处理方式,要将经验型关系或已建成的模型用于每个像元,进而得出对某一生物物理特征的估计值。这方面的例子包括海洋测深数据的估计值或水体叶绿素a浓度的估计值(例如,Purkis et al.,2002;Mumby et al.,2004a;Kutser et al.,2006;Kutser et al.,2006)。由于各像元都有其唯一值,因此通常将这些图称作连续图。

以上两种图像处理方式也都可以利用其他类型的遥感图像和空间数据(例如,舰船声纳、机载激光雷达测深,或者业已存在的地图)来改善地图的精确性或增加图中要素的类型或过程(Brock et al.,2009;Bejarano et al.,2010)。输出的每幅地图产品还可用作同一区域的各种历史图,进而用以探测和测量珊瑚礁特征及其相关过程的长期变化和趋势(Palandro et al.,2003,2008;Scopelitis et al.,2007,2009;第15章)。

1.3.3 专题制图

专题制图通常有两种方法:利用预定义的分类类型和解译标志对电子显示

的图像或摄影照片的边界进行人工数字化处理；利用图像处理软件所提供的制图算法进行自动解译。至于选择何种方法，取决于以下因素：所需的珊瑚礁图类型；使用的摄影照片或图像数据类型；制图人员拥有的背景知识和经验；制图区域现场数据的可得性。《遥感工具箱》一文对这一过程及其各种选择做了详细介绍(www. gpem. uq. edu. au/cser-rstoolkit)。

人工数字化可用于处理全部形式的摄影、多光谱和高光谱图像，但其最频繁的用途还是处理高空间分辨率的航空摄影和卫星图像数据。这些用途大多集中在底栖生物群落和珊瑚礁底栖生物覆盖类型制图方面，如活珊瑚或死珊瑚。这种图可为识别珊瑚礁的具体特征提供高度细化的信息和区域性背景知识(Cuevas-Jimenez et al. ,2002;Knudby et al. ,2007;Scopélitis et al. ,2009)。在某些情况下，采用多种细化程度的区域性或全球性适用的制图计划已经利用手工数字化技术来制作珊瑚礁图，如“千年珊瑚礁制图计划”就使用了 30m×30m 像元的 Landsat 专题制图仪和 Landsat 增强型专题成像仪数据(Andréfouët et al. ,2005b;Andréfouët,2008)。

图像处理系统的最新发展趋势是提供可代替人工解译的半自动化处理过程，即面向对象的影像分析技术(GEOBIA)。这些方法按照具体空间比例尺度将图像层层分割分析成预设特征或预设对象(例如，珊瑚礁/非珊瑚礁、地貌区，以及底栖生物群落区和小片群落)(Benfield et al. ,2007)。分割后，再用手工或自动化手段标注图像对象或特征。

图像分类是用多光谱和高光谱数据集制作专题图的最常用算法。图像分类技术用先验知识，即专题分类标志，给图像中的每个像元指定专属类别。分类算法基于以下两个假设：①每个像元仅包含一种类型的珊瑚礁底栖生物特征(即像元要小于制图特征)；②所有包含同一类珊瑚礁特征的图像像元都具有相似的光谱反射特征。由于高光谱图像会产生比多光谱和摄影图像更加详细精确的光谱特征(图 1.5)，因此对高光谱数据应用分类算法能够分辨出更多的珊瑚礁底栖覆盖类型。如果在这一过程中添加更多的背景信息，包括图像纹理或粗糙度以及其他形式的图像和空间信息，那么还可以进一步扩充图中的专题细节信息。此外，还可以在图像分类的常规程序中进一步加入分类后的人工编辑，以增加珊瑚礁图的专题类别信息和精确度。

制图过程的最后一步应当总是某种形式的结果验证。将输出的珊瑚礁图与适当形式的参考数据(现场数据或其他空间数据)进行对比，就可以知道整体图或单项图的精确度(Andrefouet,2008;Mumby et al. ,1998;Roelfsema et al. ,2010)。

1.3.4 生物物理或连续变量制图

珊瑚礁及其周围环境中生物特征或过程的量化图只能用经过完全校正的航空或卫星图像来制作。这种处理方法使用多个公式对每个像元进行计算,将像元值从反射值转换成珊瑚礁或周围水体、大气或陆地的生物物理特征值(Phinn et al. ,2010)。这些方法建立在一个基本假设上,即在某几个特定波段上测得的光谱反射率与估计中的生物物理特征之间存在着直接关系。例如,具体波长上的光吸收率就与以下因素存在已知关系:水体深度;吸收性和发散性有机物质及无机物质的浓度;珊瑚、海草与海藻中光合性和非光合性色素的浓度;诸如光合作用的类似过程(Mobley,1994;Hedley et al. ,2002)。

通常使用以下几种方法来实现珊瑚礁生物物理特征制图。一种方法是用“混合像元分割”技术来估计一组珊瑚礁底栖生物覆盖类型(例如,珊瑚、沙砾、海藻)所占据的每个像元的相对面积。这些技术假设图像像元大于各种制图特征,且被应用于已去除水体影响的图像之中(Hedley et al. ,2003;Hedley et al. ,2004;Goodman et al. ,2007;Lesser et al. ,2007)。随着不相关输入变量(这里指光谱波段)的增多,这些技术所需要的数学解决方案会变得更加精确,因此高光谱数据大多应用于这种方法。其他几种方法一般称作“反演”技术,即通过利用经验型或分析型数学解决方案从图像像元中提取生物物理信息,其中包括水深、水体中有机物质和无机物质的浓度,以及底栖生物覆盖物/海底反射特征。经验型方法主要用于估计水深或测深面,需要用现场测量水深进行校准,而且一般只能在水深5~10m的同质海底准确工作。这些技术既可用于多光谱,也可用于高光谱数据。分析型和半分析型方法对高光谱图像数据更加有效,且常常需要提供关于水体和底栖生物光谱反射特征的局部现场光学特征数据才能产生精确的制图结果。然而,这些制图结果要比经验型方法更加稳健,可对水深在20~25m之间,具有同质底栖生物覆盖层和同质海底特征的海区进行精确制图(Kutser et al. ,2006;Dekker et al. ,2011)。

1.4 未来发展方向

科学与技术的进步将对传感器、数据类型、数据可达性、处理技术,以及我们将遥感图像转换成珊瑚礁生物物理特征图的能力产生影响。图像处理算法的不断发展与测试使我们能更加精确地对珊瑚礁的生物物理特征进行制图和监测。技术的进步能改进机载或卫星平台成像传感器空间、光谱和辐射测量分辨率,以及平台本身的性能。地球观测卫星委员会(CEOS)是一个由建造并利用卫星对地球生态系统进行制图和监测的科学家组成的全球性组织，它维护着一个包括全部现有或即将开发的传感器在内的在线数据库，以及相应的分辨率说明和数据下载网址的链接（名称是任务、仪器与测量数据库，网址为 http://database.eohandbook.com/）。

1.4.1 技术进步

多光谱和高光谱成像传感器在空间分辨率上的改善将不断填补图 1.4 中的尺度空白，从而提供了用不同像元大小的图像覆盖全球的能力：0.05~0.5m（数字化航空摄影）、0.5~10m（高空间分辨率卫星）、10~100m（中等空间分辨率卫星）和 100~1000m（低空间分辨率卫星）。

光谱分辨率的改善将主要发生在多光谱领域。卫星成像传感器将不断超越传统的四光谱模式（蓝、绿、红和近红外）向 10~20 个光谱波段发展。设计后者的目的是为了处理具体的环境应用问题和最大限度地提高传感器灵敏度。高光谱传感器则仍将主要应用在机载平台上，并于 2012—2015 年推出几款人们期待已久的卫星系统（EnMAP、HyspIRI），进而实现中等空间分辨率的全球性高光谱覆盖能力。届时，所有传感器的辐射分辨率和辐射测量校准一致性都将得到改善，因此能够探测到更多的反射率/吸收率差异，并且更准确地探测到图像时间序列的变化。

卫星成像系统的时间分辨率，或重访周期，也将进一步缩短。目前，大多数的单传感器/平台高空间分辨率系统已几乎能够提供每日的重访数据。这一实现得益于点式成像传感器、更灵敏的卫星平台（例如，GeoEye-1，Worldview 2）的出现，以及供同一传感器使用的多个卫星平台组成的星座系统的使用。对某一区域每日重复覆盖的实现，使得用户能够最大限度地发挥采集无云、微风、低浪和低辉太阳耀斑条件下珊瑚礁图像的能力。

图像存储、网络搜索/存档能力方面的技术进步，以及开放式访问软件和图像档案的频繁使用为用户提供了更强的定位、查看和下载全世界珊瑚礁卫星图像的能力。但新图像的采集，特别是航空或高空间分辨率成像的图像的采集，目前仍局限于研究人员或商业服务提供商。此外，GPS 和数字化摄影的进步，特别是低成本精确防水系统方面的进步，使我们更容易实现对现场珊瑚礁生物物理特征测量数据的采集、地理坐标处理，并将其置入一个能与珊瑚礁航空或卫星图像相结合的格式。现场数据与图像数据融合技术的不断改善对于珊瑚礁专题图和生物物理应用图的校准及验证来说，都具有重要意义。

1.4.2 科学进步

在科学层面上,有以下两个驱动力:①图像处理算法的进步;②珊瑚礁生物物理特征制图应用/算法/模型技术的发展。

对于图像处理算法而言,它在遥感领域的内外均获得了持续的发展。例如,数字化图像处理涉及数学、物理、计算机视觉、信号处理、天文学和医学成像等多个领域,因而在图像校正、图像增强、专题制图和建模方面都有广泛发展。目前,它在珊瑚礁应用方面的最新进步是面向对象的图像分析技术、多变量数据融合,以及新形式的空间显示回归分析和混合像元分割技术。这些新方法一经认定,下一步就是检验它们在珊瑚礁生物物理特征制图、监测或建模上的可行性。利用多光谱和高光谱图像制作珊瑚礁区域专题图的做法将作为珊瑚礁遥感的一个主要应用领域而继续存在下去,但是将越来越多地结合使用其他图像数据集(例如,LiDAR,见第7章)和面向对象的图像分析算法(例如,先分割后分类)以及能兼容多种数据形式的分类模型(例如,支持向量机、随机森林等)。应用分析与半分析建模法来估计每一像元中的水深、水质和海底反射率信息正在进入实用状态,而其输出数据则成了一套新的变量集合,要用专题制图方法进行彻底检验(第4章)。

最有应用潜力的多光谱和高光谱珊瑚礁遥感领域应该是在下列珊瑚礁特征制图技术方面的进一步发展:活珊瑚、海藻和沉积物的覆盖量;珊瑚礁坪的结构形态;底栖微海藻生物量;珊瑚和海藻的光吸收效率。这些特征为研究评估珊瑚礁上的珊瑚繁殖能力、珊瑚礁生物化学特征、碳通量和营养动力学特征提供了关键环节。而这些领域的进步将要求在珊瑚礁生态科学家和生物物理遥感界人士之间展开密切合作。

致谢:感谢 Ian Leiper 对本章部分图表的贡献。

推荐阅读

Remote Sensing Toolkit website: www.gpem.uq.edu.au/cser-rstoolkit

CEOS Sensor List website: database.eohandbook.com/measurements/overview.aspx

Green EP, Mumby PJ, Edwards AJ, Clark CD (2000a) Remote sensing handbook for tropical coastal management. UNESCO, Paris

Mumby PJ, Skirving W, Strong AE, Hardy JT, LeDrew E, Hochberg EJ, Stumpf RP, David LT (2004a) Remote sensing of coral reefs and their physical environment. Mar Pollut Bull 48:219-228

Phinn SR, Roelfsema CM, Stumpf RP (2010) Remote sensing: discerning the promise from the reality. In: Longstaff BJ, Carruthers TJB, Dennison WC, Lookingbill TR, Hawkey JM, Thomas JE, Wicks EC, Woerner J (eds) Integrating and applying science: a handbook foreffective coastal ecosystem assessment. IAN Press, Cambridge, pp 201-222

参考文献

Ahmad W, Neil DT(1994) An evaluation of Landsat Thematic Mapper(TM) digital data for discriminating coral reef zonation: Heron Reef(GBR). Int J Remote Sens 15:2583-2597

Andrefouet S(2008) Coral reef habitat mapping using remote sensing: a user vs. producer perspective. Implications for research, management and capacity building. J Spatial Sci 53:113-129

Andréfouët S, Kramer P, Torres-Pulliza D, Joyce KE, Hochberg EJ, Garza-Perez R, Mumby PJ, Riegl B, Yamano H, White WH, Zubia M, Brock J, Phinn SR, Naseer A, Hatcher BG, Muller-Karger FE(2003) Multi-sites evaluation of IKONOS data for lassification of tropical coral reef environments. Remote Sens Environ 88:128-143

Andréfouët S, Zubia M, Payri C(2004a) Mapping and biomass estimation of the invasive brown algae Turbinaria ornata(Turner) J. Agardh and Sargassum mangarevense(Grunow) setchell on heterogeneous Tahitian coral reefs using 4-meter resolution IKONOS satellite data. Coral Reefs 23:26-38

Andréfouët S, Payri C, Hochberg EJ, Hu C, Atkinson MJ, Muller-Karger FE(2004b) Use of in situ and airborne reflectance for scaling up spectral discrimination of coral reef macroalgae from species to communities. Mar Ecol Prog Ser 283:161-177

Andréfouët S, Hochberg EJ, Chevillon C, Muller-Karger FE, Brock JC, Hu C(2005a) Multi-scale remote sensing of coral reefs. In: Miller RL, Castillo CED, McKee BA(eds) Remote sensing of coastal aquatic environments: technologies, techniques and applications. Springer, The Netherlands, pp 299-317

Andréfouët S, Muller-Karger FE, Robinson JA, Kranenburg CJ, Torres-Pulliza D, Spraggins S, Murch B(2005b) Global assessment of modern coral reef extent and diversity for regional science and management applications: a view from space. 10th international coral reef symposium, pp

1732-1745

Atkinson MJ, Grigg RW (1984) Model of coral reef ecosystem. II. Gross and net benthic primary production at French Frigate Shoals, Hawaii. Coral Reefs 3:13-22

Bejarano S, Mumby P, Hedley J, Sotheran IS (2010) Combining optical and acoustic data to enhance the detection of Caribbean forereef habitats. Remote Sens Environ 114:2768-2778

Benfield SL, Guzman HM, Mair JM, Young JAT (2007) Mapping the distribution of coral reefs and associated sublittoral habitats in Pacific Panama: a comparison of optical satellite sensors and classification methodologies. Int J Remote Sens 28:5047-5070

Bierwirth PN, Lee TJ, Burne RV (1993) Shallow sea-floor reflectance and water depth derived by unmixing multispectral imagery. Photogram Eng Remote Sens 59:331-338

Bour W, Loubersac L, Rual P (1986) Thematic mapping of reefs by processing of simulated SPOT satellite data: application to the Trochus niloticus biotope on Tetembia Reef (New Caledonia). Mar Ecol Prog Ser 34:243-249

Brock J, Purkis S (2009) The emerging role of lidar remote sensing in coastal research and resource management. J Coastal Res: Special issue 53—Coast Appl Airborne Lidar 53:1-5

Brock J, Yates K, Halley R, Kuffner I, Wright C, Hatcher B (2006) Northern Florida reef tract benthic metabolism scaled by remote sensing. Mar Ecol Prog Ser 312:123-139

Cuevas-Jimenez A, Ardisson PL (2002) Mapping shallow coral reefs by colour aerial photography. Int J Remote Sens 23:3697-3712

Dekker A, Phinn SR, Anstee J, Bissett P, Brando VE, Casey B, Fearns P, Hedley J, Klonowski W, Lee ZP, Lynch M, Lyons M, Mobley C (2011) Inter-comparison of shallow water bathymetry, hydro-optics, and benthos mapping techniques in Australian and Caribbean coastal environments. Limnol Oceanogr Methods 9:396-425

Eakin CM, Nim CJ, Brainard RE, Aubrecht C, Elvidge CD, Gledhill DK, Muller-Karger F, Mumby PJ, Skirving WJ, Strong AE, Wang MH, Weeks S, Wentz F, Ziskin D (2010) Monitoring Coral Reefs from Space. Oceanography 23:118-133

Gao BC, Montes MJ, Davis CO, Goetz AFH (2009) Atmospheric correction algorithms for hyperspectral remote sensing data of land and ocean. Remote Sens Environ 113:S17-S24

Goodman J, Ustin S (2003) Airborne hyperspectral analysis of coral reef ecosystems in the Hawaiian Islands. International symposium on remote sensing of environment Goodman J, Ustin SL (2007) Classification of benthic composition in a coral reef environment using spectral unmixing. J Appl Remote Sens 1:17

Gordon HR (1997) Atmospheric correction of ocean color imagery in the Earth observing system era. J Geophys Res Atmos 102:17081-17106

Gordon HR, Clark DK (1980) Atmospheric effects in the remote sensing of phytoplankton pigments. Bound-Layer Meteorol 18:299-313

Green EP, Mumby PJ, Edwards AJ, Clark CD (2000b) Remote sensing handbook for tropical coastal management. UNESCO,Paris

Hedley JD,Mumby PJ(2002)Biological and remote sensing perspectives of pigmentation in coral reef organisms. Adv Mar Biol 43:277–317

Hedley JD,Mumby PJ(2003)A remote sensing method for resolving depth and subpixel composition of aquatic benthos. Limnol Oceanogr 48:480–488

Hedley J,Mumby P,Joyce K,Phinn S(2004)Determining the cover of coral reef benthos through spectral unmixing. Coral Reefs 23:21–25

Hernández-Cruz LR,Purkis SJ,Riegl BM(2006)Documenting decadal spatial changes in seagrass and Acropora palmata cover by aerial photography analysis in Vieques,Puerto Rico:1937–2000. Bull Mar Sci 79(2):401–404

Hochberg EJ(2011)Remote sensing of coral reef processes. In:Dubinsky Z,Stambler N(eds)Coral Reefs:an ecosystem in transition. Springer,Dordrecht,pp 25–35

Hochberg EJ,Atkinson MJ(2000)Spectral discrimination of coral reef benthic communities. Coral Reefs 19:164–171

Hochberg EJ,Atkinson MJ(2003)Capabilities of remote sensors to classify coral,algae,and sand as pure and mixed spectra. Remote Sens Environ 85:174–189

Hochberg E,Atkinson M(2008)Coral reef benthic productivity based on optical absorptance and light-use efficiency. Coral Reefs 27:49–59

Hochberg EJ,Atkinson MJ,Andréfouët S(2003)Spectral reflectance of coral reef bottom-types worldwide and implications for coral reef remote sensing. Remote Sens Environ 85:159–173

Hochberg EJ,Atkinson MJ,Apprill A,Andréfouët S(2004)Spectral reflectance of coral. Coral Reefs 23:84–95

Isoun E,Fletcher C,Frazer N,Gradie J(2003)Multi-spectral mapping of reef bathymetry and coral cover;Kailua Bay,Hawaii. Coral Reefs 22:68–82

Knudby A,LeDrew E,Newman C(2007)Progress in the use of remote sensing for coral reef biodiversity studies. Prog Phys Geogr 31:421

Kuchler DA,Biña RT,Claasen DvR(1988)Status of high-technology remote sensing for mapping and monitoring coral reef environments. In:Proceedings of 6th international coral reef symposium,vol 1,pp 97–101

Kutser T,Jupp DLB(2006)On the possibility of mapping living corals to the species level based on their optical signatures. Estuar Coast Shelf Sci 69:607–614

Kutser T,Miller I,Jupp DLB(2006)Mapping coral reef benthic substrates using hyperspectral spaceborne images and spectral libraries. Estuar Coast Shelf Sci 70:449–460

Lee ZP,Carder KL,Mobley CD,Steward RG,Patch JS(1999)Hyperspectral remote sensing for shallow waters:2. Deriving bottom depths and water properties by optimization. Appl Optics 38:3831–3843

Lesser MP,Mobley CD(2007)Bathymetry,water optical properties,and benthic classification of coral reefs using hyperspectral remote sensing imagery. Coral Reefs 26:819-829

Lillesand TM, Kiefer RW, Chipman JW (2008) Remote sensing and image interpretation. 6th edn. Wiley

Loubersac L, Dahl AL, Collotte P, Lemaire O, D'Ozouville L, Grotte A(1988) Impact assessment of Cyclone Sally on the almost atoll of Aitutaki(Cook Islands) by remote sensing. In: Proceedings of 6th international coral reef symposium, vol 2, pp 455-462

Louchard EM, Reid RP, Stephens FC, Davis CO, Leathers RA, Downes TV (2003) Optical remote sensing of benthic habitats and bathymetry in coastal environments at Lee Stocking Island, Bahamas: a comparative spectral classification approach. Limnol Oceanogr 48:511-521

Lyzenga DR (1978) Passive remote sensing techniques for mapping water depth and bottom features. Appl Optics 17:379-383

Lyzenga DR(1985) Shallow-water bathymetry using combined lidar and passive multispectral scanner data. Int J Remote Sens 6:115-125

Mobley C(1994) Light and water: radiative transfer in natural waters. Academic Press, San Diego

Mumby PJ, Green EP, Edwards AJ, Clark CD(1997) Coral reef habitat-mapping: how much detail can remote sensing provide? Mar Biol 130:193-202

Mumby PJ, Green EP, Clark CD, Edwards AJ(1998) Digital analysis of multispectral airborne imagery of coral reefs. Coral Reefs 17(1):59-69

Mumby PJ, Hedley J, Chisholm JRM, Clark CD, Ripley HT, Jaubert J(2004b) The cover of living and dead corals from airborne remote sensing. Coral Reefs 23:171-183

Mumby PJ, Skirving W, Strong AE, Hardy JT, LeDrew E, Hochberg EJ, Stumpf RP, David LT (2004c) Remote sensing of coral reefs and their physical environment. Mar Pollut Bull 48:219-228

Palandro D, Andréfouët S, Muller-Karger F, Dustan P, Hu C, Hallock P (2003) Detection of changes in coral reef communities using Landsat 5/TM and Landsat 7/ETM + Data. Can J Remote Sens 29:207-209

Palandro DA, Andréfouët S, Hu C, Hallock P, Muller-Karger FE, Dustan P, Callahan MK, Kranenburg C, Beaver CR (2008) Quantification of two decades of shallow-water coral reef habitat decline in the Florida Keys National Marine Sanctuary using Landsat data(1984-2002). Remote Sens Environ 112:3388-3399

Phinn SR, Roelfsema CM, Stumpf RP(2010) Remote sensing: discerning the promise from the reality. In: Longstaff BJ, Carruthers TJB, Dennison WC, Lookingbill TR, Hawkey JM, Thomas JE, Wicks EC, Woerner J(eds) Integrating and applying science: a handbook for effective coastal ecosystem assessment. IAN Press, Cambridge, pp 201-222

Purkis S, Kenter JAM, Oikonomou EK, Robinson IS (2002) High-resolution ground verification, cluster analysis and optical model of reef substrate coverage on Landsat TM imagery(Red Sea, Egypt). Int J Remote Sens 23:1677-1698

Purkis SJ,Graham NAJ,Riegl BM(2008)Predictability of reef fish diversity and abundance using remote sensing data in Diego Garcia(Chagos Archipelago). Coral Reefs 27:167–178

Roelfsema CM,Phinn SR(2010)Integrating field data with high spatial resolution multi spectral satellite imagery for calibration and validation of coral reef benthic community maps. J Appl Remote Sens 4(1):043527 doi:10.1117/1.3430107

Roelfsema CM,Phinn SR,Dennison WC(2002)Spatial distribution of benthic microalgae on coral reefs determined by remote sensing. Coral Reefs 21:264–274

Scopelitis J,Andrefouet S,Largouet C(2007)Modelling coral reef habitat trajectories:evaluation of an integrated timed automata and remote sensing approach. Ecol Model 205:59–80

Scopélitis J,Andréfouët S,Phinn S,Chabanet P,Naim O,Tourrand C,Done T(2009)Changes of coral communities over 35 years:integrating in situ and remote-sensing data on Saint-Leu Reef (la Réunion,Indian Ocean). Estuar Coast Shelf Sci 84:342–352

Stumpf R,Holderied K,Sinclair M(2003)Determination of water depth with high resolution satellite image over variable bottom types. Limnol Oceanogr 48:547–556

第 2 章　摄影技术应用

Susan A. Cochran

摘要　在珊瑚礁研究领域,摄影成像应算得上是最古老的遥感技术手段。本章简略地回顾了从 19 世纪 50 年代至今的摄影技术历史,随后对这项技术在珊瑚礁研究领域的用途做了深入研究。相关调研以低空固定翼和旋翼飞机收集到的照片以及航天员从空间中收集到的照片为重点,对不同种类的分类和分析技术进行了讨论,并通过一些研究案例的介绍,来证明摄影照片在珊瑚礁研究领域的广泛应用。

2.1　引言

航空摄影是最古老的遥感形式,其历史可追溯到 1858 年。那一年有个名叫加斯帕德・费利克斯・图纳孔(又名纳达尔;见图 2.1)的法国摄影家、版画家、作家、漫画家和热气球驾驶员,利用一只系链热气球对法国的比埃夫勒山谷进行了摄影(PAPA International,2010;Daunier,1862)。自那时起,摄影家们曾尝试过将摄影相机放置在鸽子、风筝、火箭和卫星等各种各样的物体上,企图得到居高临下的"鸟瞰图"。

第一次将飞机作为航空摄影平台的是威尔伯・莱特。他 1909 年在意大利做生意的时候,在飞机上搭载了一位乘客,对罗马附近一座军用机场进行动态拍摄。而航空摄影的广泛应用则是开始于第一次世界大战,由于专门用于飞机摄影的相机的诞生,航空影像迅速取代了由空中观察员绘制的传统地图。1918 年第一次世界大战结束后,航空摄影相机开始在商界和勘测界得到应用。

虽然早在 1928 年就有人拍摄了大堡礁的航空影像(Stephenson et al.,1931;Fairbridge et al.,1948),但是直到 1939 年第二次世界大战开始的时候,人们才加速了对太平洋岛屿和珊瑚礁的拍摄,其中包括低角度倾斜拍摄的军用照

S. A. Cochran,美国地质勘探局太平洋海岸与海洋科学中心;邮箱:scochran@ wsgs. gov。

图 2.1 “把摄影提升为艺术”,Honoré Daunier 1862 年为纳达尔画的漫画(Daunier,1862)

片。这些军用照片最初是为海滩登陆点绘制海图而用,但是后来很快就转变成从事科学研究所依据的基本资料,包括对地貌变化和海浪形态影响的跟踪,对珊瑚礁坪结构和定位的测量,以及许多其他科研活动(Steers,1945)。从那时开始,航空摄影就成了科学家研究珊瑚礁的重要信息来源。本章讨论了以下内容:固定翼和旋转翼飞机航空摄影照片以及航天摄影照片的应用,其中包括采集珊瑚礁图像以绘制基线信息图,进行珊瑚礁变化监测,以及其他科研与管理方面的应用,并通过几个研究范例来说明航空影像在珊瑚礁环境中的应用情况。

2.2 珊瑚礁摄影

固定翼或旋转翼飞机是采集低空照片的最常用平台。但是,其他平台在珊瑚礁研究方面也有其用途。Rützler(1978)就曾将摄影相机固定在一个悬挂于系留式氦气球下方的铝制框架上,从伯利兹城卡丽弓型珊瑚礁上方50m高的空中成功地采集了图像。此外,Scoffin(1982)也曾在风筝线上悬挂了一个无线电遥控摄影相机,在库克群岛礁坪上方50~200m的不同高度处的空中采集了垂直方式和倾斜方式摄影的照片。这些低成本方法在风速为7~25kn的地点显得特别有用,且这样的地点在受信风控制的热带岛屿附近很常见。

由航天员从宇宙飞船(例如,国际空间站和航天飞机)舷窗处拍摄的高空地球照片在珊瑚礁生态系统研究领域一直扮演着重要角色。这些照片可以从位于约翰逊航天中心的美国航空航天局(NASA)地球科学办公室(http://eol.jsc.nasa.gov)处获得。根据Robinson et al.(2000)的估计,当年的数据库中存有375000幅照片,其中有将近30000幅对珊瑚礁科研具有潜在价值(例如,既未过度曝光又未曝光不足的照片、倾斜度不大的照片和太阳耀斑程度有限的照片)。到2011年10月的时候,这个数据库里已经保存了超过100万张地球照片。如果Robinson et al.(2000)的估计是可靠的,那么现在对于珊瑚礁研究具有潜在价值的照片数量可能已经多达80000张。在利用预定轨道上运行的商用卫星获取热带地区图像的时候,常常会遇到云层覆盖的问题。然而,由于航天员在采集图像的时候可以凭视觉进行选择,用这种方式采集到的照片,均是云量较低或没有云层覆盖(Robinson et al.,2000)的。航天员采集到的照片为商业成像提供了一个低成本的替代手段,对于发展中国家来说具有重要意义。这些照片既可以独立使用,也可为使用其他数据源的分析结果提供补充信息(Robinson et al.,2002)。航空摄影在珊瑚礁环境研究领域中的一个最重要用途就是对多种海洋和沿岸栖息地的位置及范围进行制图。Chauvaud et al.(1998)利用航空摄影对法属西印度群岛的马提尼克岛罗伯特湾中的海洋生物群落进行了专题制图。据他们说,高分辨率航空影像非常适合对结构复杂的热带沿岸栖息地进行制图。Ekebom et al.(2003)对大量生境制图遥感技术的优缺点做了总结。他们对多位用户-判读人员做出的栖息地描绘结果做了实验性比较研究,结论是,高空间分辨率航空影像是对栖息地进行可靠识别的最佳数据源。

采集到的航空影像间常常有60%~65%的重叠率,是利用立体像对观察珊瑚礁三维形态并对其作图的理想资源(Sheppard et al.,1995)。立体像对和摄影测量技术也可用于计算水下物体的深度(Tewinkel,1963)和估计水下地形(Murase et al. ,2008),对珊瑚礁系统地貌制图有着潜在用途。Andréfouët et al.(2002)证明了使用航空影像提供的高分辨率空间信息,而不是从其他空中或卫星传感器获取的光学信息,能更准确地对珊瑚在白化过程中的空间形态进行探测和制图。Fletcher et al. (2003)将航空正射影像镶嵌图、NOAA 地形测量(T-sheets)和海道测量(H-sheets)结合在一起,在夏威夷毛伊岛对岸线的历史位置进行了作图并计算了海岸侵蚀速率。

由于航空摄影是珊瑚礁遥感领域中历史最悠久的制图手段,对那些以珊瑚礁长期变形为研究对象的课题来说,其用途是无与伦比的。Armstrong(1981)利用垂直全色航空摄影照片计算了一座波多黎各近海珊瑚礁上时隔 40 年的变化过程,包括两次飓风造成的影响。为了能准确计算每幅照片的比例尺关系(对于准确计算栖息地面积和测量变形关系来说,这是必要的),对当地已知的人工结构进行了测量并在图像中予以对照。除了垂直照片以外,还利用倾斜照片来辅助定义不同的珊瑚礁特征。Yamano et al. (2000)利用航空摄影跟踪了珊瑚带状构造在 21 年间的变形过程。Lewis(2002)利用航空影像对珊瑚礁结构地貌损失跟踪了 40 年,而 Hernandez-Cruz et al. (2006)则利用航空影像对长达 63 年的海草覆盖范围变化进行了记录存档。

最近,商业性和政府性的航空摄影技术已经从基于胶片的摄影器材转变成数字化相机。这一转变大大改善了照片的覆盖范围,提高了照片质量的一致性,增强了自动化处理能力,也便于航空影像与其他空间信息的整合使用。例如,Palandro et al. (2003)就结合使用航空影像与在轨卫星 IKONOS 图像,对一座珊瑚礁的变化形态进行了 19 年的跟踪研究。为了能将胶片的正片与现代数字化的数据融合使用,首先必须对正片进行扫描。通常,不同的航空影像集合是用不同的摄影相机和镜头在不同的高度采集的,因而会形成不同的空间分辨率和比例尺。用高分辨率(一般为 300dpi 或更高)对照片进行扫描,然后利用重采样和地理校正数据在不同图像集合之间进行逐像元直接比较。先进的计算机技术能简化不同数据集合的融合过程。

2.3 航空影像分析与分类

低空航空摄影所具有的高分辨率特点使之成为珊瑚礁栖息地研究的优质资源。与其他遥感技术一样,航空摄影也能够用于大面积的全景观察。而这种能力是无法通过地面或水中观察手段实现的(一般受到人力资源的限制)。相比较而言,摄影作业的成本不高,而且由于其按需实施的性质,在图像采集过程中可以做最佳条件规划(例如,太阳角度、云量、海面状况和潮汐水平)。照片中出现的变形则主要是摄影相机的性能导致的(例如,径向透镜畸变),可以通过选择摄影相机型号和采用考虑到飞机位置变化的几何算法(例如,高度、横倾角、俯仰角和偏航角)的方式进行改正。照片通常从一个垂直角度(即正上方)进行采集,但有时也以一个倾斜角度进行拍摄。虽然这会引起更多变形,需要在分析的时候予以考虑,但是它提供了一个不同的拍摄角度,对某些应用场合来说可能是有用的。

要对胶卷照片进行计算机分析,首先要按照一定的分辨率(即像元分辨率)对这些照片进行扫描或数字化处理,从而为每一个像元指定一个代表其反射光相对强度数值(DN)。而在数字化照片中,DN 值已经代表了具体光谱波段的相对光强度。每个像元的空间分辨率则取决于摄影相机、扫描仪和摄影时的飞行高度的分辨率,不过一般来说,分辨率必须高到具有足以识别许多复杂珊瑚礁特征的程度(每像元 0.1~1m 不等)。

航空影像的拍摄通常要根据需求而定,并且选择在最佳的天气和水文条件下进行。不过,由于胶片摄影缺乏详细的辐射测量信息,即使对水体做预处理以校正由于光波的吸收和散射造成的辐射衰减,实际上也是不可行的。在一些情况下,数字化航空摄影可以进行水体的这种校正,多光谱和高光谱传感器最为适合,因为这些传感器的光谱特征优于普通摄影相机。例如,Lyzenga(1978,1981)描述了如何利用原图像来生成一个深度不变的海底指数,在判别海底类型时用它来补偿不同的水深值。

如果没有补充数据,在对采集到的珊瑚礁航空影像进行地理标注或地理坐标匹配时,可能会有困难。反映陆地特征的航空影像通过地面控制点、以往的正射摄影照片和/或数字地形模型(DTM)进行几何校正。然而,由于许多珊瑚礁区域都位于近海海区,这些研究区域的图像中可能不包含任何能与图像位置匹配的陆地或海岸线参考点,或者仅仅包含了线性范围有限的一段海岸线。这种情况下如果与陆地的地面控制点或 DTM 结合进行几何配准,就会导致图像向海一侧发生空间变形。因此,就有必要用到测深数据进行几何校正,例如,LiDAR(见第 5~7 章)或者其他水下地形模型,对航空图像做几何校准。此外,由于航天员采集的照片是在不同高度上利用不同的相机镜头拍摄的(会导致不同的比例关系),并且是透过飞船舷窗从不同角度进行的(会导致照片近缘与远缘之间存在不同的空间分辨率),于是就应该采取额外的步骤对这些图像进行重新采样,并根据已知的地图投影关系对它们进行几何校正(Robinson et al.,2000)。Robinson et al.(2002)对航天员采集的照片及其后续生成的数字化遥感数据曾做过完整的背景知识介绍。

预处理完毕后，可对经过几何校正的数字化图像进行单独分析，也可将它们拼接起来覆盖完整的珊瑚礁区域（Chavez et al.，2000）。在制作由多幅航空图像组成的拼接图像时，会出现由于双向太阳角度不同而形成场景交叉照射（cross-scene illumination）的明显差异。这是航空影像中的一种常见现象，是飞机在拍摄区域往返飞行造成的结果。如果发生这种情况，就需要在拼接之前采取额外的辐射校正措施，以对所有图像中的像元作归一化处理（Lillesand et al.，1994；Beisl et al.，2004；Beisl et al.，2006）。最后，如有必要，可施加蒙片遮挡陆地，以便将后续的计算机分析工作全部集中到水中特征的分析上来。

珊瑚礁航空影像的分析方法包括基线目视判读和比较复杂的机助分类等多种方法。最简单有效的办法是直接在照片的硬拷贝副本上手绘多边形图案进行珊瑚礁制图，可覆盖透明叠片也可不覆盖（例如，Manoa Mapworks，1984）。此外，还可用图像处理软件或地理信息软件进行数字化处理后显示在可视显示器上。该技术称作"电子地图可视化"（例如，Coyne et al.，2003；Scopélitis et al.，2009）。

利用数字化航空影像提供的光谱信息可执行监督或非监督分类。彩色胶片记录的是三种波长的光线—— 红光、绿光、蓝光（真彩色，RGB）的反射光。彩色-红外（CIR）胶片，也称假彩色照片，记录的则是近红外、红光和绿光波长光线的反射光。由于茂盛的植被在近红外波长下要比在绿光波长下反射更多的辐射波，因此 CIR 成像常用于陆地制图。然而，近红外波在入水数厘米后就会被吸收掉，因此在利用假彩色照片制作珊瑚礁图时必须考虑到这一点。Hopley et al.（1988）描述了如何利用 NIR 摄影来监测大堡礁几个地点因海平面上升而带来的生态响应并且指出照片的采集时机宜在日间低潮时。因此，CIR 摄影技术在红树林或其他挺水植物，以及某些浅水（<3m）礁坪栖息地（图 2.2）成像时适用，但对超过 3m 水深的珊瑚礁区域，该技术一般不可用（Hopley，1978）。

在运用航空影像（以及多光谱和高光谱遥感）进行珊瑚礁研究时，由于受到深水中透光性差这一局限性的影响，其作为推断整个珊瑚礁区内珊瑚丰度、物种类型和其他底栖生物状况的唯一信息来源，用途非常有限。比较好的做法是将航空摄影与其他遥感或现场采集的数据结合起来使用，如图 2.3 所示。

在 15~20m 水深处，航空影像就很难分辨珊瑚礁特征了。然而，LiDAR 测深技术可以把分辨能力扩大到接近 40m 的深度。将航空摄影采集的光谱信息与利用测深数据创建的晕渲地形结合在一起，可以加深水下特征的"可见"深

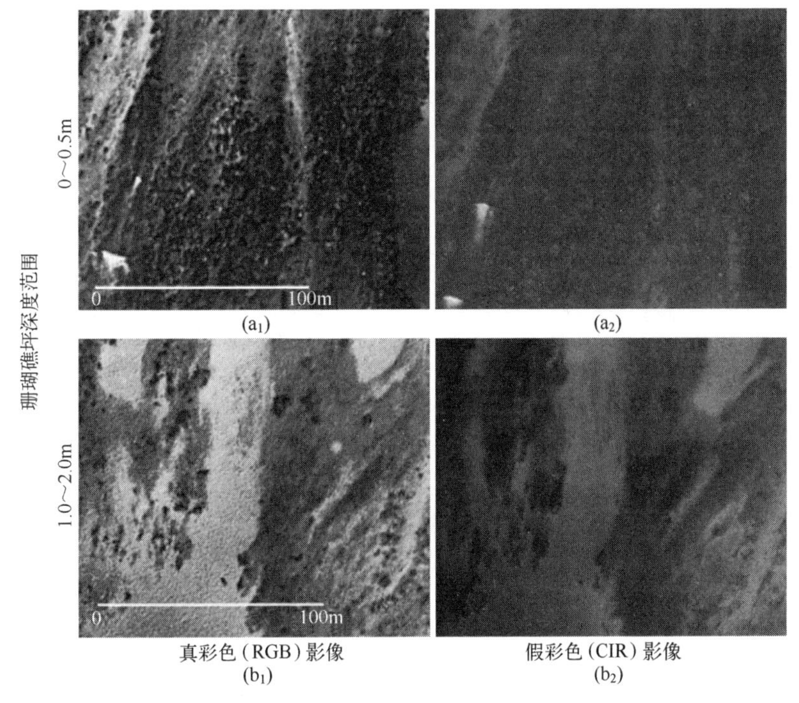

图 2.2　莫罗凯岛南海岸近海处一片礁坪在不同水深上的 RGB 和 CIR 图像比较。上方两幅图(a_1)和(a_2)中的礁坪水深从 0~0.5m 不等;下方两幅图(b_1)和(b_2)中的礁坪水深从 1.0~2.0m 不等。在 0~0.5m CIR 图像(a_2)中,极浅的水深中,可以分辨出礁坪上的特征,但是在水深大于 1m 的图像(b_2)中,由于(b_2)中近红外波长衰减的影响,礁坪特征就开始模糊了(彩色版本见彩插)

度,有助于图像的判读和分析(Cochran et al.,2007)。LiDAR 数据提供的三维细节使我们能够很容易地辨识地貌特征,如小片珊瑚礁、低凹地带和潮流通道等。此外,还使我们能够进行粗糙度以及地貌变化率的计算,而这是导致栖息地结构复杂的一个重要因素(Brock et al.,2004)。第 5~7 章介绍了利用 LiDAR 数据对珊瑚礁栖息地作图和量化的更多实际用途。

最近在计算机软件方面又有了新的进步,即采用多尺度面向对象(图形或纹理)的识别方式代替单一采用光谱数据的方式来对图像进行分类。面向对象的图像分析(OBIA)所采用的处理过程分为两步:首先,用矢量而非栅格像元的方式对图像中的对象进行定义或分割。随后,将这些对象当作模糊逻辑分类系统中的训练区(Wang et al.,2004;Benfield et al.,2007)。这种分析方法将训练区的大小、形状和邻近环境以及光谱信息都考虑在内,因而增加了分类的精度。

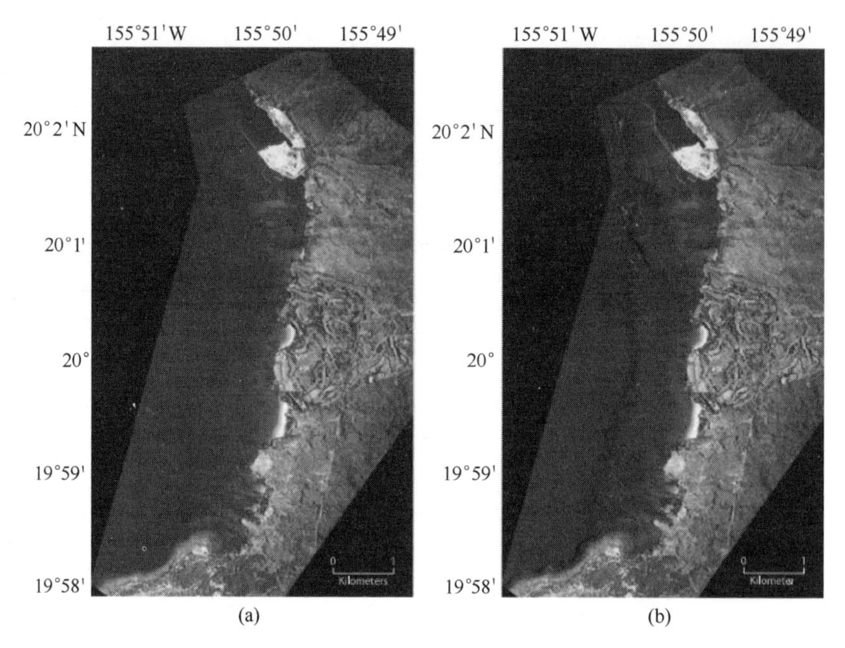

图 2.3　比较范例：(a)沿夏威夷岛西北海岸的近岸珊瑚礁系统的航空影像，(b)与测深数据融合后的同一图像。将航空摄影采集的光谱信息与利用测深数据创建的晕渲地形结合在一起，可以加深水下特征的“可见”深度，有助于图像的判读和分析(Cochran et al.,2007)(彩色版本见彩插)

在分析(相对其他多光谱或高光谱图像而言)光谱信息有限的航空影像时，该方法尤为有效。此外，由于低空航空影像具有较高的空间分辨率，导致其像元一般小于其所代表的特征，故而非常适合 OBIA 分析法。这些技术进步表明，面向对象的分析方法具有可靠的应用潜力，为珊瑚礁应用的摄影工具箱里又增添了一件工具。

2.4　航空摄影应用范例

本章提供的研究案例是为了说明航空摄影的广泛用途而特地精选出来的，但是它们绝对没有将这一重要数据源的众多潜在用途包含在内。为提供有关底栖生物栖息地类型和范围的岸线空间信息，第一项研究利用航空影像创建了珊瑚礁环境图。第二项研究则利用多年积累的航空影像对珊瑚礁的长期变化过程进行了跟踪。第三项研究是在热带环礁制图时，将航天员采集的照片作为辅助性补充数据源来使用。最后一项研究案例利用数字化航空图像所提供的光谱信息,并结合测深数据和现场数据,对礁坪环境中的水体悬浮沉积物做了量化测量。

2.4.1 岸线空间制图

为了能够记录任何生态系统的变化情况,首先必须有一个岸线资源清单。由于底栖生物栖息地地图能够对珊瑚的地点、其他生物和地质区域、活珊瑚覆盖百分比,以及一个系统的整体健康状况等信息进行空间记录,因而成为珊瑚礁管理人员用来评估变形情况的重要工具。1998 年,在意识到美国有许多珊瑚礁都缺乏这样的岸线信息后,美国总统颁布了 13089 号行政命令,并成立了美国珊瑚礁特遣队,其主要职责是保留和保护美国及美国托管地境内的珊瑚礁。为了执行这个命令,国家海洋与大气管理局(NOAA)国家海洋处(NOS)实施了一个在地理信息系统(GIS)中提供美国珊瑚礁数字化图的计划。该计划所完成的第一批图是波多黎各和美属维尔京群岛地区的底栖生物栖息地图(Kendall et al. ,2001),随后又完成了主夏威夷群岛(Coyne et al. ,2003)、西北夏威夷群岛(National Oceamic and Atmospheric Administration, 2003)、美属萨摩亚、关岛和北马里亚纳群岛(NOAA National Center for Coastal Ocean Science,2005),以及帕劳共和国(Battista et al. ,2007)等区域的底栖生物栖息地图,此外,其他美国珊瑚礁的制图工作也正在进行中。这些制图工程中最早的一批图仅以航空摄影图像为基础,而最近的底栖生物栖息地图制图工程不仅利用了航空摄影,还利用了卫星图像。本书提供了主夏威夷群岛的底栖生物栖息地图(Coyne et al. ,2003)。

2000 年,国家海洋与大气管理局采集到大约 1500 幅比例尺为 1:24000 的航摄照片。采集过程中相邻飞行航线之间有着 30%的重叠,且每条航线上连续拍摄的照片间重叠率为 60%,这样可以将日光造成的变形和光谱变化降到最低。之后,以 500dpi 的像元点数扫描基于原始底片制作的透明正片(彩色透明片),制成空间分辨率为 1m 的图像。首先对每幅图像作光学透镜参数校正,并利用空中 GPS 和航空三角测量软件创建正射镶嵌图,为图像提供初步的地理参考标注。

为保证珊瑚礁科学研究的一致性和延续性,经过珊瑚礁科学家、资源管理人员、当地专家和其他人员的一系列专题研讨会,并将提供的输入信息进行整合,制定了珊瑚礁分级分类方案。这个分类方案将总共 27 个不同的栖息地划分成 4 个大类,11 个具体类别,还有许多个细分亚类别(表 2.1)。这个层级分类体系使得用户能够根据需要来扩展或突破专题细节的类别等级。此外,该方案还描述了 11 个区域,每个区域代表栖息地在珊瑚礁生态系统内部的 1 个位置。这些区域的名称与当前科学文献中使用的珊瑚礁地貌术语是一致的(例如,礁坪、礁前区、礁后区、礁顶),但是并不指底质或生物覆盖类型。

表 2.1 夏威夷群岛 8 个主要珊瑚礁分级分类中的大类和细类
(改编自 Coyne et al. ,2003)

一级分类(大类)	二级分类(具体类别)	三级分类(细类)
松散沉积物(0~<10%水下植被)	泥沙	
水下植被	海草	连续海草(90%~100%覆盖); 斑状(不连续)海草(50%~<90%覆盖); 斑状(不连续)海草(10%~<50%覆盖)
	大型海藻(繁茂成丛)	连续大型海藻(90%~100%覆盖); 斑状(不连续)大型海藻(50%~<90%覆盖); 斑状(不连续)大型海藻(10%~<50%覆盖)
珊瑚礁和硬底质	生物栖息群落基底	直线型珊瑚礁; 聚合珊瑚; 坡尖-沟槽; 分散斑状珊瑚礁; 聚合斑状珊瑚礁; 松散沉积物中的分散珊瑚/岩石; 砌砖状生物栖息群落基底; 火山岩/砾石群落基底; 带有沙通道的砌砖状生物栖息群落基底
	非生物群落基底	珊瑚礁碎石; 砌砖状非生物群落; 火山岩/砾石非生物群落; 带有沙通道的非生物群落
	薄壳状/珊瑚藻	连续薄壳状/珊瑚藻(90%~100%覆盖); 斑状(不连续)薄壳状/珊瑚藻(50%~>90%覆盖); 斑状(不连续)薄壳状/珊瑚藻(10%~>50%覆盖)
其他描述对象	陆地; 挺水植被; 人工物体; 未知物体	

为了将这个分级分类方案导入 GIS 系统,作者们使用了栖息地数字化扩展(Habitat Digitizer Extension)软件。这是一个由 NOAA 为 ArcView/ArcGIS 开发的工具软件,其目的是便于对底栖生物栖息地制作电子地图可视化多边形图案(公共域软件,可去 www. esri. com 网址搜索 ArcScripts 数据库,免费下载)。该

扩展软件使得用户能够通过点击窗口对话的方式,根据预定的客户定制分类方案,为底栖生物栖息地多边形分配属性。如果需要,它还能为用户提供设定最小制图单元(MMU)限制值的功能,这样一来,小于该值的多边形就不会做数字化处理。

栖息地边界(颜色相同或图形相同的区域)经过手工进行数值化并根据分类方案指定属性。NOAA 底栖生物生境制图工程基于航空摄影规模和制图计划目标选取了一个 1 英亩(1 英亩 = $4047m^2$)的最小制图单元(Kendall et al. ,2001)。为了加强细微特征的显示并有利于判读,偶尔需要对数字化图像的亮度、对比度和色彩做出调整。如果需要,还备有原始 1∶24000 比例尺的照片和透明正片用作参考。此外,还可以参考外部信息,如海图和补充的历史证据。

完成栖息地图的第一稿后,科学家和当地专家又查看了现场,以验证图中信息。这些现场考察的主要目的包括现场踏勘那些由于某种原因在航空影像中难以判读的区域,以及验证所指定的多边形属性。借助 GPS 导航到达现场后,科学家们利用通气管潜水、自由潜水,或者如果条件允许(水深和清澈度),在船内直接用观察盒进行观察。然后根据需要,利用现场观察结果来修订或改正最终稿。请当地的科学家和管理专家审查终稿,并将他们的建议,特别是就那些被标注为“未知”的多边图形,融入图的最终稿(图 2. 4)。

判读结果或分类图的精度或可用性,可通过精度评估的方法来确定,即将图与现场的实际状况做比较。除确定图的整体精度外,还可以分别从制图和用户的角度来确定图的精度。制图精度表示在现场评估中图上哪些点的分类是正确的;用户精度则是指某一类别的点在现场中是否实际属于这个类别的概率(Lillesand et al. ,1994)。

为了对这项研究做精度评估,由独立第三方使用与现场验证考察相同的方法,测量了总共 1225 个随机选择的样本点。当分类方案为主要栖息地分类级别时,夏威夷 8 个主要岛屿分类结果的整体精度估计为 90%,在细分栖息地级别上其精度则估计为 80%。

这项研究生成的地图(Coyne et al. ,2003)是第一批对夏威夷 8 个主要岛屿沿岸浅水珊瑚礁基线状况进行量化记录的图,总共展现了 $171km^2$ 的水下植被,$204km^2$ 的松散沉积物以及 $415km^2$ 的珊瑚礁和生物群落基底。这些图可以在数字化 GIS 系统内显示,或者打印成独立产品为科学家、管理人员和其他决策人员以及公众提供有用信息。

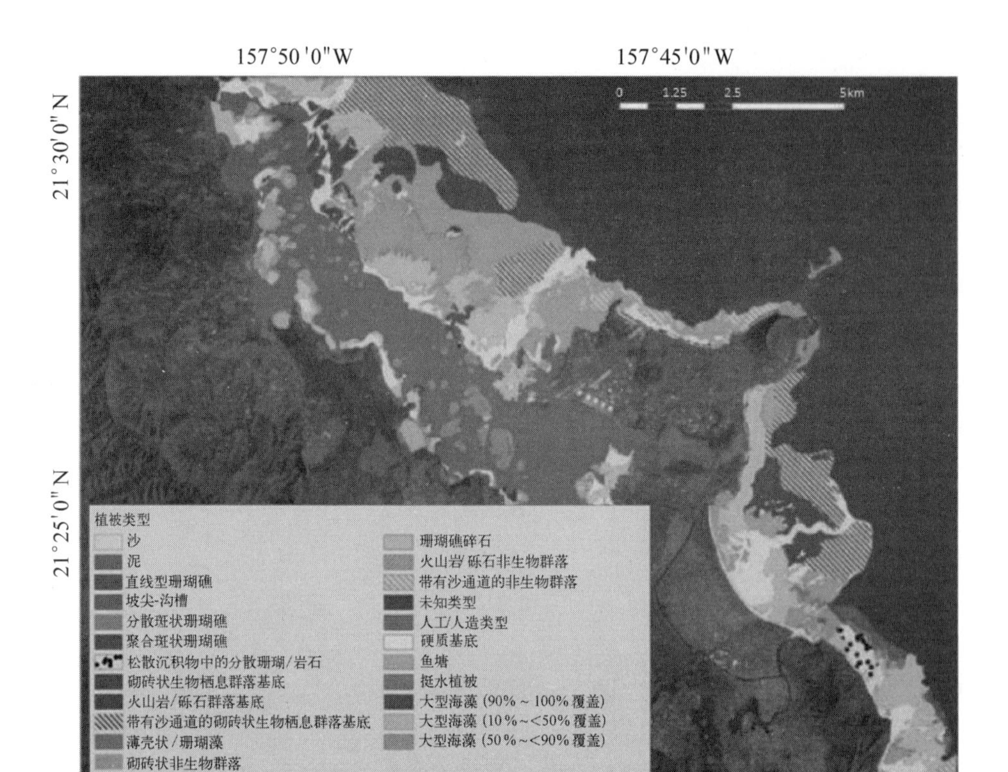

图 2.4 瓦胡岛 Kane'ohe 地区的底栖生物栖息地图,此图用 Coyne et al. (2003)提供的数据生成并覆盖在 IKONOS 卫星图像之上(彩色版本见彩插)

2.4.2 时间序列分析

如今的珊瑚礁面临着各种压力形成的挑战,如沉积现象、海平面上升、越来越频繁的风暴、海洋酸化以及温度变化等,其中许多是由全球气候变化直接引发的长期(>10 年)紊乱(Wilkinson,2008)。要想了解这些趋势,管理人员必须能在同一时间尺度上监测因这些环境胁迫而导致的各种变化。由于航空摄影有着较长的数据采集历史,因而这项技术非常适合用于探测珊瑚礁随时间进程而发生的变化。

Scopélitis et al. (2009)将时间跨度为 30 年(1973 年、1978 年、1989 年、1997 年和 2003 年)的航空影像与两幅 QuickBird 卫星图像(2002 年、2006 年)结合在一起,并按比例增加现场量化数据,以记录西南印度洋留尼汪岛近海的一座名为圣・罗伊的高能量珊瑚礁裙上所发生的变化。在图像所涵盖的 35 年时间跨度内,圣・罗伊定期受到季节性风暴的冲击,然而,有两场大热带气旋所引起的混乱却尤为重大。除1989年发生的第5类热带风暴Firinga所造成的冲击浪损失外,风暴径流产生的沉积作用还造成了严重的珊瑚礁死亡现象(Naim et al.,1997)。虽然在第4类热带气旋Dina(2002)过去2个月后发生了重大的白化现象,但是那场风暴给珊瑚礁带来的物理破坏并没有像Firinga造成的破坏那么严重。表2.2给出了这两场风暴发生时间与本研究所使用数据的获取时间的交叉部分。

表2.2 圣·罗伊珊瑚礁可得数据和重大事件一览表
(改编自Scopélitis et al.,2009)

时间序列/年	1973	1978	1987	1989	1993	1997	2000	2002	2003	2006	2007
航空影像	X	X		X		X			X		
卫星图像								X		X	
现场数据			X		X	X	X	X			X
热带气旋				Firinga				Dina			

一幅2006年的QuickBird彩色合成影像作为参考基准被用来对历史图像进行几何校正。每幅图像上至少选取10个控制点,如果有可能,尽量选择容易识别的物体,如建筑物、道路和沙滩等。然后运用一阶多项式算法(RMSE<0.5)进行计算。由于图像采用目视解译的方法在GIS系统中进行独立判读,因而并未采取图像间的辐射定标措施。

Scopélitis et al.(2007)综合珊瑚的生长形式、生活状态、分类及基质信息,对不同的珊瑚栖息地进行了定义。由于很难保证对全部历史图像中某些参数识别上的一致性,针对这项研究建立起了一个更加宽泛的分类方案。该方案以一个群落为基础,只用珊瑚生长形式和基质这两个参数进行定义。这一细节上的简化使得能在多数历史图像中实现跟踪对比的15个专题类别得以形成。

从2006年的QuickBird图像开始,按时间序列逆向跟踪,根据所有这些图像创建出了一批珊瑚群落图。在做目视判读之前,通过蒙片对这些图像的遮挡进行处理,将陆地、外露海滩和碎波排除在外。所有图像均采用同一种综合蒙片用以防止图像特性发生差异。由于在图像采集日期与现场数据观察日期之间没有发生导致珊瑚礁发生重大紊乱的现象,认为2007年以来采集的现场测量数据可用来代表2006年QuickBird图像中所展现的珊瑚群落状况。这些数据被用来指导2006年的制图作业。为了能制作2003年的专题图,将2006年的多边图形覆盖在 2003 年的图像之上。随后,这些多边形图的边界经过编辑以便吻合 2003 年图像特性的分布,并用现场测量数据予以支持。多边形边界上的任何变化都可看作一个群落在空间范围和/或位置上随时间进展而发生的变化。之后,经过编辑的 2003 年的多边形图以及现场测量数据被用来解译 2002 年的图像,而 2002 年的多边形图及现场测量数据则用来判读 1997 年的图像。

1989 年的图像拍摄于热带风暴 Firinga 过后不久,由于它与 1997 年的图像非常不同,因而不能采用多边形蒙片的办法。又因为缺少同时期的现场测量数据,只能采用 Naim(1989)1987 年的图像作为参考,用以指导 1989 年以前图像的目视判读作业。缺少历史现场测量数据同样会影响图像评估的精度,而这也是在利用存档历史图像做研究时普遍会遇到的一个限制性因素。

GIS 被用来识别每一对连续图之间发生的群落多边形变化。当面积/周长比近似为 0(±1 %)时,群落多边形被看作噪声。这样生成的差异图可供用户跟踪珊瑚礁群落结构的长期变形情况。

Scopélitis et al. (2007)指出,尽管很难在全部图像间保证识别特性的一致性,而且缺乏历史现场数据,但是航空影像仍然是对珊瑚礁群落空间范围做时序分析时所要用到的一个宝贵资源。如果将岸线向后推,就能更好地观察和记录珊瑚礁的适应力(或不适应力),让管理人员有机会更好地了解目前各种珊瑚礁胁迫源的长期发展趋势。

2.4.3 航天摄影照片作为辅助数据源

从潟湖底部升起并散布于海面或接近海面的珊瑚尖峰是许多环礁的一个重要特征,无论从生物学角度还是从航海学角度来看,都是如此。由于它们的光谱特征与空中经常存在的小云团相似,故用遥感图像进行制图就可能是一项颇为艰巨的任务。虽然通过对多时相卫星遥感数据集的比较分析,可解决这个问题,但是,采集多幅图像所付出的成本却令人望而却步。为解决这一问题,Andréfouët et al. (2003)做了一项研究。他们将 NASA 航天飞机的免费空间照片和视频同卫星图像结合在一起,以此来对云团与珊瑚礁尖峰进行区分。

在这项研究中,将航天员采集的硬拷贝照片和取自高分辨率电视(HDTV)视频的隔行扫描数字化静止图像与此前采集的 SPOT HRV 和/或 Landsat ETM+ 图像融合使用,后者涉及遍布南太平洋海区的 84 座环礁。这些硬拷贝照片按 2400 像素/英寸①(10.6μm/像元)进行数字化处理,并用卫星图像作参考,在环礁边缘设定了容易识别的控制点,从而完成了航天图像的几何校正(包括数字

① 1 英寸 = 2.54cm。

化硬拷贝照片和取自 HDTV 视频的隔行扫描数字化静止图像)。

对卫星成像的近红外波段和航天飞机成像的红光波段进行拉伸并设置阈值,就可以创建二值图像。其中,潟湖水域像素值为一个阈值端点(即 0=黑),云团和水下礁峰的像元值是另一个阈值端点(即 255=白)。通过比较这些二值图像,可将在所有图像中均不一样的像元认作云团。通过容差因子的引入可以补偿几何校正中出现的误差,而新确认的礁峰则被用作新增控制点来对航天飞机图像的几何校正进行精化。

Andréfouët et al.(2003)注意到,这种评估办法要求图像中相对无云,因为在多幅图像的同一像元中出现的云团可能会被误判成尖峰。如果使用更多不同时间拍摄的图像,还可以对判读做进一步的精化。作者还发现,有时候用处理过的红光波段很难识别深处的水下礁峰,因为这些礁峰的光谱特征很弱。在这种情况下,将绿光波段进行拉伸并设置阈值将有助于提高判读的准确性。

航天员采集的航天摄影照片是商业卫星图像的一个低成本替代手段。这种手段对于发展中国家以及其他需要多时相图像集但经费又比较紧张的研究项目来说,还是很重要的。尽管用途有限,不能当作珊瑚礁制图研究的主要数据源来使用(因空间校正困难),但是航天员采集的照片却相当适合作为一个辅助数据源,为其他形式的遥感数据作补充。

2.4.4 悬浮沉积物研究

热带岛屿水陆交界地带发生的历史变化常常会加剧陆基的污染现象,包括沉积物质、营养物质,以及其他对世界上许多珊瑚礁的生存带来威胁的污染物。陆地沉积物通过侵蚀和风暴径流被带入到近海环境中,尽管健康的生态系统也需要适量的自然背景沉积物,但是沉积物过量也会导致珊瑚礁的退化(Field et al.,2008)。落在珊瑚上的沉积物可能会抑制养料摄入,减少新珊瑚的补充和减缓钙化速度。而水体中悬浮的细小沉积物则可能遮挡光线,从而减少光合作用所需要的阳光供应(Fabricius,2005)。

夏威夷莫罗凯岛上土地利用的历史变化,导致大量沉积物从高处流向海岸,并沉积在内礁坪上。这些沉积物又因每天的潮汐周期、风和海浪的作用而重新悬浮起来。在 2005 年,“美国地质测量工程”曾利用数字化航空影像、LiDAR 测深数据和现场水样对莫罗凯岛南部海岸水深 0.5m 处的悬浮沉积物浓度进行了量化和制图(Cochran et al.,2008)。

工作过程中使用了一架数字相机系统来采集高分辨率数字化图像,分辨率大约为每像元 15cm。该相机系统设置了三个采集数据的波段,分别为 455~565nm(蓝/绿)、560~640nm(红)和 760~900nm(近红外)。相机被安装在直升机上,并于1500~2000英尺(457~609m)的高度进行图像采集,以此来将大气条件所导致的后处理需求降到最低。此外,还在这架多光谱相机旁边安装了一台高分辨率数字化视频相机,负责同时拍摄自然色视频。多个水中工作团队在直升机临空的时候现场采集水深0.5m处的水样,并用便携式GPS装置标定采样地点。采集到的水样被送至实验室过滤,用以确定每份水样中的悬浮沉积物浓度和总沉积物质量。

由于是低空采集图像,虽然不需要进行大气校正的后处理,但还需做几何校正,以便实现光谱照片相互间的空间匹配和拼接。为了便于图像判读并实现图像的可视化,对通过自然色视频截取的重叠静止图像又进行了重复处理,因而创建了第二幅拼接图。然后利用现有的高分辨率LiDAR测深数据对生成的两份拼接图做进一步空间校正,选定“图像对图像”控制点,将拼接图“同步”到LiDAR主显示器上(图2.5)。

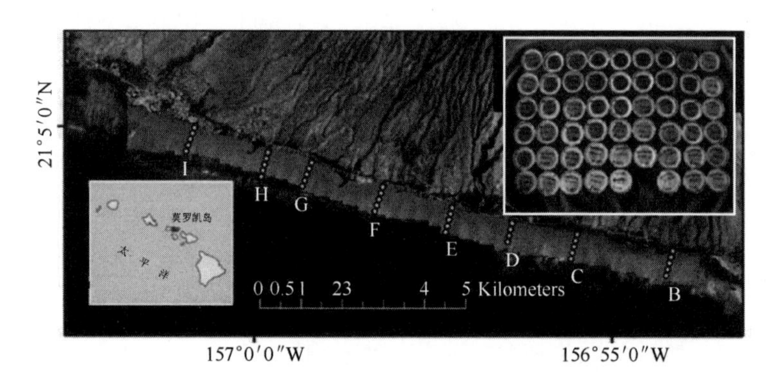

图2.5 用航空视频静止图像和2005年4月7日采集水样的地点所创建的自然色拼接图。该图覆盖于1999年拍摄的莫罗凯岛南海岸航空影像之上。分析结果中未使用采自横断面A的水样,因为这些水样的位置超出了拼接图的边界。右上方插入小图:含沙过滤器的照片,显示顺序为,自横断面I(左)至横断面A(右),自近岸(顶部)至近海(底部)(彩色版本见彩插)

为了对镶嵌图进行校正,将现场水样的悬浮沉积物浓度值(SSC)同各种图像波段、波段组合和波段比值运算得到的DN值建立关系。用多种回归算法对各组进行回归分析,结果表明,对波段1(蓝/绿)与波段2(红)比值的指数回归计算结果为最佳拟合($r^2=0.75, p<0.001$)(图2.6)。这一指数回归方程被用于整幅拼接图像,从而生成一幅能够表示0.5m水深处悬浮沉积物浓度的数字化图(图2.7a)。

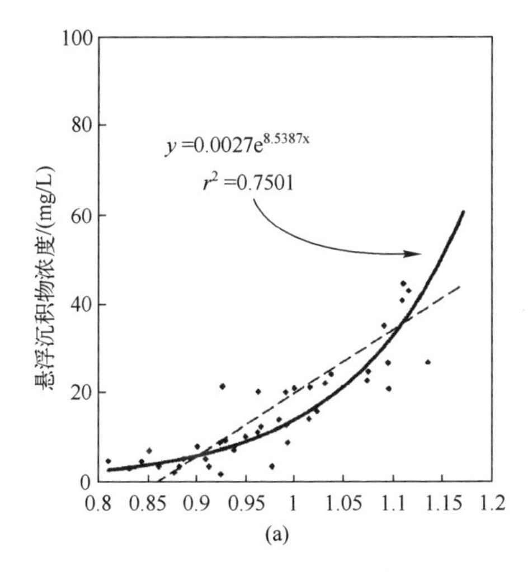

波段联合	指数回归模型r^2值	线性回归模型r^2值
B1(蓝绿波段)	0.1576	0.4007
B2(红)	0.7433	0.4754
B3(近红)	0.7495	0.4664
Grayscale	0.6711	0.0518
B1:B2	0.7501	0.6587
B1:B3	0.7457	0.6587
B2:B1	0.7341	0.5998
B2:B3	0.0706	0.0225
B3:B1	0.7118	0.5415
B3:B2	0.0776	0.0266
B1+B2+B3	0.6386	0.3747

(b)

图 2.6 (a)按照波段1(蓝/绿)与波段2(红)比值标绘的悬浮沉积物图，导致最佳拟合的指数回归。然后将这个方程用于整幅拼接图像做进一步分析。(b)各图像波段组合的悬浮沉积物浓度指数回归和线性回归 r^2 值(Cochran et al. ,2008)

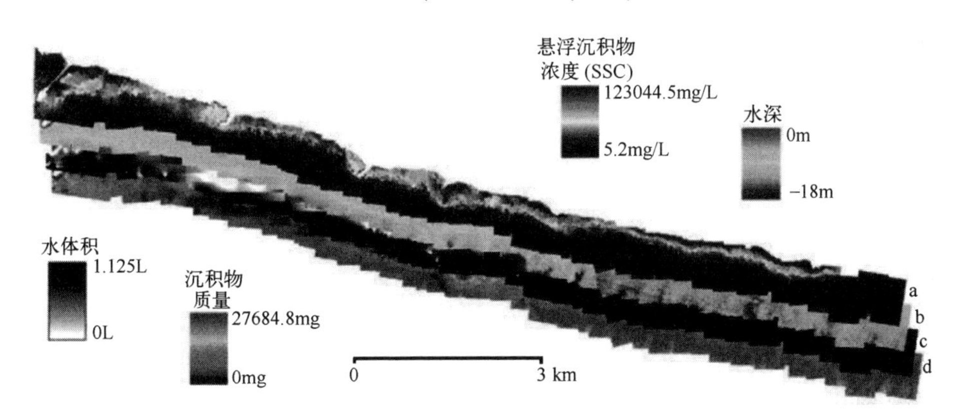

图 2.7 a 表示每个像元内悬浮沉积物浓度(SSC)的图层，b 用来为水体容量计算确定海底的 LiDAR 测深数据图层，c 表示每个像元中 0.5m 深度处水容量的图层，d 表示每个像元中 0.5m 深度处沉积物总量的图层(Cochran et al. ,2008)(彩色版本见彩插)

LiDAR 测深数据被用来计算研究区域内上层 0.5m 的水体体积。首先按照与拼接图像相同的分辨率对这些数据进行重采样(图 2.7 中的 b)。其中水深超过 0.5m 的数据会被删除以便形成一个虚拟的海底，因此可用来表示上层 0.5m 的水体。借助标准 GIS 栅格计算的方法，能够建立起一个可代表各像元中水体体积的图层(图 2.7 中的 c)。悬浮沉积物浓度图层逐像元除以水体积图层,即可确定每个像元中水深 0.5m 处的沉积物质量(图 2.7 中的 d)。对沉积物质量图层的所有像元进行求和,结果得出研究区域(覆盖接近 $10km^2$的面积)内水深 0.5m 处的悬浮沉积物总量接近 120kg,平均浓度为 13.4mg/L。这个结果意义重大,因为已有研究表明,悬浮沉积物浓度大于 10mg/L 就会对珊瑚礁系统造成危害(Rogers,1990)。

航空图像和现场采样数据的联合使用提供了一种计算水深悬浮沉积物浓度和总质量的方法,且在创建遥远的或巨大的珊瑚礁区浑浊度"快视图"方面也有其特殊的用途。值得注意的是,这一方法让我们有可能根据有限的现场测量数据进行悬浮沉积物插值,而且不同的图像波段组合在不同的研究区域或研究季节可能会有更好的工作表现,因而需要进行相应的试验。此外,对两个不同时期的悬浮沉积物浓度分布状况和分布水平进行比较研究,也可能成为一种对长期变化进行监测的技术手段。

2.5 结论和未来发展方向

航空摄影为珊瑚礁管理应用提供了一件独特工具。由于具有按需实施的性质,管理人员可以对数据采集作业进行规划,例如,选择在最佳的日光条件下,或是在某些具体事件(例如,风暴、珊瑚礁白化等)的发展过程中或事件结束后进行采集。航空摄影能够保证以较低的成本获取高空间分辨率的图像,从而可被采用以节省项目预算。对于某些具体的研究项目而言,根据传感器或后勤支援问题的差异,采用其他高分辨率数据采集手段可能需要支出 2~3 倍于此的费用(Mumby et al.,1999,2000)。本章介绍的案例涵盖了航空摄影在珊瑚礁管理工作中的广泛用途,包括从空间制图到岸线条件的建立或对长期变化的监测和跟踪,以及利用数字化图像内在的光谱信息测量水中条件或其他环境参数等多方面的应用案例。

随着航空摄影图像的采集分析技术不断进步,越来越多的研究开始用数字手段采集图像,从而淘汰了硬拷贝照片的冲洗和扫描工作。过去有许多课题利用航空胶片摄影作为研究分析工具,现在正转而采用先进的数字化技术,而且正在向多光谱和高光谱图像过渡,因为这些类型的遥感图像现在已经不难得到,且符合预算(具体细节请参阅第 3 章和第 4 章)。此外,GIS 软件的使用和数字化航空图像与其他遥感数据或现场采集数据图层的联合运用还为科学家和珊瑚礁管理人员提供了一件新的辅助决策工具。

推荐阅读

Aber JS, Marzolff I, Ries J(2010) Small-format photography: principles, techniques and geoscience applications. Elsevier, Amsterdam

Berlin GLL, Avery TE(2003) Fundamentals of remote sensing and airphoto interpretation, 6th edn. Prentice Hall, Upper-Saddle River

Paine DP(1981) Aerial photography and image interpretation for resource management. Wiley, New York

Paine DP, Kiser JD(2003) Aerial photography and image interpretation, 2nd edn. Wiley, New York

参考文献

Andréfouët S, Robinson JA(2003) The use of Space Shuttle images to improve cloud detection in mapping of tropical coral reef environments. Int J Remote Sens 24:143-149

Andréfouët S, Berkelmans R, Odriozola L, Done T, Oliver J, Müller-Karger F(2002) Choosing the appropriate spatial resolution for monitoring coral bleaching events using remote sensing. Coral Reefs 21:147-154

Armstrong RA(1981) Changes in a Puerto Rican coral reef from 1936 to 1979 using aerial photoanalysis. In: Proceedings of the 4th international coral reef symposium 1, pp 309-316

Battista TA, Costa BM, Anderson SM(2007) Shallow-water benthic habitats of the Republic of Palau. NOAA, Silver Spring

Beisl U, Woodhouse N(2004) Correction of atmospheric and bidirectional effects in multispectral ADS40 images for mapping purposes. In: Proceedings of the 20th congress ISPRS, Istanbul

Beisl U, Woodhouse N, Lu S(2006) Radiometric processing scheme for multispectral ADS40 data for mapping purposes. In: Annual conference on ASPRS, Reno

Benfield SL, Guzman HM, Mair JM, Young JAT(2007) Mapping the distribution of coral reefs and associated sublittoral habitats in Pacific Panama; a comparison of optical satellite sensors and classification methodologies. Int J Remote Sens 28:5047-5070

Brock JC, Clayton TD, Nayegandhi A, Wright CW(2004) LIDAR optical rugosity of coral reefs in Biscayne National Park, Florida. Coral Reefs 23:48-59

Chauvaud S, Bouchon C, Maniére R(1998) Remote sensing techniques adapted to high resolution mapping of tropical coastal marine ecosystems(coral reefs, sea grass beds and mangrove). Int J

Remote Sens 19:3625–3639

Chavez PS,Isbrecht J,Velasco MG,Sides SC,Field ME(2000)Generation of digital image maps in clear coastal waters using aerial photography and laser bathymetry data,Moloka'i,Hawai'i. In: Saxena NK(ed)Recent advances in marine science and technology,2000. PACON,Honolulu

Cochran SA, Gibbs AE, Logan JB (2007) Geologic resource evaluation of Pu'ukohola¯ Heiau National Historic Site,Hawai'i Part II Benthic habitat mapping. USGS,California

Cochran SA,Chavez PS,Isbrecht J,Bogle RC(2008)Mapping sediment concentration on a fringing coral reef using airborne multispectral remote sensing and in situ sampling. In: Proceedings, Moloka'i,Hawai'i. Ocean Sci,Orlando

Coyne MS, Battista TA, Anderson M, Waddell J, Smith W, Jokiel P, Kendall MS, Monoco ME (2003)Benthic habitats of the Main Hawaiian Islands. NOAA,Silver Spring

Daunier H(1862)Le Boulevard,http://www. brooklynmuseum. org,last accessed 24 Jan 2012

Ekebom J, Erkkilä A (2003) Using aerial photography for identification of marine and coastal habitats under the EU's habitats directive. Aquatic Conserv Mar Freshw Ecosyst 13:287–304

Fabricius KE(2005)Effects of terrestrial runoff on the ecology of corals and coral reefs;review and synthesis. Mar Poll Bull 50:125–146

Fairbridge RW,Teichert C(1948)The low Isles of the Great Barrier Reef;a new analysis. Geogr J 111:67–88

Field ME,Calhoun RS,Storlazzi CD,Logan JB,Cochran SA(2008)Sediment on the Moloka'I reef. In:Field ME,Cochran SA,Logan JB et al(eds)The coral reef of south Moloka'i,Hawai'i—portrait of a sediment-threatened fringing reef. USGS,California

Fletcher C, Rooney J, Barbee M, Lim SC, Richmond B (2003) Mapping shoreline change using digital orthophotogrammetry on Maui,Hawaii. J Coast Res SI38:106–124

Hernandez-Cruz LR,Purkis SJ,Reigl BM(2006)Documenting decadal spatial changes in sea grass and Acropora palmata cover by aerial photography analysis in Vieques,Puerto Rico:1937–2000. Bull Mar Sci 79:401–414

Hopley D (1978) Aerial photography and other remote sensing techniques. In: Stoddart DR, Johannes RE(eds)Coral reefs:research methods. UNESCO,Paris

Hopley D, Catt PC (1988) Use of near infra-red aerial photography for monitoring ecological changes to coral reef flats on the Great Barrier Reef. In:Proceedings of the 6th international coral reef symposium 3,pp 503–508

Kendall MS,Monaco ME,Buja KR,Christensen JD,Druer CR,Finkbeiner M,Warner RA(2001) Methods used to map the benthic habitats of Puerto Rico and the US Virgin Islands. NOAA,Silver Spring

Lewis JB(2002)Evidence from aerial photography of structural loss of coral reefs at Barbados,West Indies. Coral Reefs 21:49–56

Lillesand TM, Kieffer RW (1994) Remote sensing and image interpretation, 3rd edn. Wiley,

New York

Lyzenga DR (1978) Passive remote sensing techniques for mapping water depth and bottom features. Appl Optics 17:379–383

Lyzenga DR (1981) Remote sensing of bottom reflectance and water attenuation parameters in shallow water using aircraft and Landsat data. Int J Remote Sens 2:71–82

Mapworks Manoa(1984) Molokai coastal resource atlas. USACE, Honolulu

Mumby PJ, Green EP, Edwards AJ, Clark CD (1999) Cost-effectiveness of remote sensing for coastal management. J Environ Manag 55:157–166

Mumby PJ, Green EP, Edwards AJ, Clark CD (2000) Cost-effectiveness of remote sensing for coastal management. In: Green EP, Mumby PJ, Edwards AJ et al (eds) Remote sensing handbook for tropical coastal management. UNESCO, Paris

Murase T, Tanaka M, Tani T, Miyashita Y, Ohkawa N, Ishiguro S, Suzuki Y, Kayanne H, Yamano H (2008) A photogrammetric correction procedure for light refraction effects at a two-medium boundary. Photogramm Eng Remote Sens 74:1129–1136

Naim O(1989) Les platiers recifaux de la Reunion: geomorphologie, contexte hydrodynamique et peuplements benthiques. Université de la Réunion, Laboratoire d'Écologie Marine, Agenced'Urbanisme de la Réunion

Naim O, Cuet P, Letourneur Y(1997) Experimental shift in benthic community structure. In: Proceedings of the 8th international coral reef symposium 2:1873–1878

National Oceanic and Atmospheric Administration (2003) Atlas of the shallow-water benthic habitats of the Northwestern Hawaiian Islands(Draft). NOAA, Silver Spring

NOAA National Centers for Coastal Ocean Science(2005) Shallow-water benthic habitats of American Samoa, Guam, and the Commonwealth of the Northern Mariana Islands. NOAA, Silver Spring

Palandro D, Andréfouët S, Dustan P, Müller-Karger FE(2003) Change detection in coral reef communities using Ikonos satellite sensor imagery and historic aerial photographs. Int J Remote Sens 24:873–878

PAPA International(2010) History of aerial photography. Professional aerial photographers association. http://www.papainternational.org. Accessed 24 Jan 2012

Robinson JA, Feldman GC, Kuring N, Franz B, Green E, Noordeloos M, Stumpf RP (2000) Data fusion in coral reef mapping: working at multiple scales with SeaWiFS and astronaut photography. In: Proceedings of the 6th international conference remote sensing for marine and coastal environment 2:473–483

Robinson JA, Amsbury DL, Liddle DA, Evans CA(2002) Astronaut-acquired orbital photographs as digital data for remote sensing: spatial resolution. Int J Remote Sens 23:4403–4438

Rogers CS(1990) Responses of coral reefs and reef organisms to sedimentation. Mar Ecol Prog Ser 62:185–202

Rützler K (1978) Photogrammetry of reef environments by helium balloon. In: Stoddart DR,

Johannes RE(eds)Coral reefs:research methods. UNESCO,Paris
Scoffin TP(1982)Reef aerial photography from a kite. Coral Reefs 1:67-69
Scopélitis J,Andréfouët S,Largouët C(2007)Modelling coral reef habitat trajectories:evaluation of an integrated timed automata and remote sensing approach. Ecol Model 205:59-80
Scopélitis J,Andréfouët S,Phinn S,Chabanet P,Naim O,Tourrand C,Done T(2009)Changes of coral communities over 35 years:integrating in situ and remote-sensing data on Saint-Leu Reef (la Réunion,Indian Ocean). Est Coast Shelf Sci 84:342-352
Sheppard CRC,Matheson K,Bythell JC,Murphy P,Myers CB,Blake B(1995)Habitat mapping in the Caribbean for management and conservation:use and assessment of aerial photography. Aquatic Conserv Mar Freshw Ecosyst 5:277-298
Steers JA(1945)Coral reefs and air photography. Geogr J 106:223-238
Stephenson TA,Tandy G,Spender MA(1931)The structure and ecology of Low Islands and other reefs:scientific reports of the Great Barrier Reef expedition 1928-1929. Brit Mus Nat Hist 3:17-112
Tewinkel GC(1963)Water depths from aerial photographs. Photogramm Eng 29:1037-1042
Wang L,Sousa WP,Gong P(2004)Integration of object-based and pixel-based classification for mapping mangroves with IKONOS imagery. Int J Remote Sens 25:5655-5668
Wilkinson C(2008)Status of coral reefs of the world. GCRMN,Townsville
Yamano H,Kayanne H,Yonekura N,Kudo K(2000)21 year changes of back sreef coral distribution:causes and significance. J Coast Res 16:99-110

第3章　多光谱应用

Hiroya Yamano

摘要　多光谱卫星传感器已经广泛应用于珊瑚礁研究。多光谱图像的采集有着悠久的历史,仅次于摄影。其数据可覆盖全球,且成本相对较低。本章将总结珊瑚礁多光谱遥感的历史、观测目标和图像处理方法,并对多种应用方法进行介绍,其中包括从图像分类和制图到监测和建模在内的一系列处理过程。本章还将以高空间分辨率、高光谱分辨率、大数据采集能力,以及与其他数据源的整合应用作为重点,对未来多光谱珊瑚礁成像技术的发展方向做预测。

3.1　引言

进行大比例尺的全景制图和监测是珊瑚礁管理和保护工作的基本要求(Green et al. ,2000;Newman et al. ,2006)。而多光谱遥感技术则是符合这一要求的最为实际的解决方案之一。多光谱传感器一般都是宽波段传感器,在电磁谱系的可见光至近红外区内有三个或四个60~100nm宽的波段。虽然宽波段限制了传感器对反射特征相似的底栖生物特性的细节识别能力(例如,珊瑚、海草和大型海藻)(Hochberg et al. ,2003),但是多光谱传感器仍然在珊瑚礁的制图、监测和管理作业中广为应用。究其原因,无非是因为这些传感器有着较长的数据采集历史,能对珊瑚礁区域实现全球覆盖,并且具有较低的成本。目前,多光谱卫星传感器还在不断地发展中。最值得注意的是,越来越高的传感器空间分辨率(即像元尺寸越来越小)将有助于实现更高的栖息地分类精度和更详细的珊瑚礁空间特性制图(Mumby et al. ,2002;Andréfouët et al. ,2003)。

H. Yamano,日本国家环境研究所,环境生物与生态系统研究中心,邮箱:hyamano@ nies. go. jp。

对珊瑚礁进行的多光谱卫星遥感有着大约40年的历史,可追溯到第一颗Landsat卫星发射时的1972年。第一次将多光谱图像应用于珊瑚礁制图是在澳大利亚大堡礁,当时使用的是Landsat MSS数据,空间分辨率为80m(Smith et al.,1975;Jupp et al.,1985),并且图像分析的重点在于用其估计浅海水深以及用于进行珊瑚礁地貌分类。20世纪80年代SPOT HRV和Landsat TM的部署为科学界提供了空间分辨率高达20~30m的数据。虽然这些数据对地区性土地覆被图的制作大有帮助,但是当时,珊瑚礁栖息地的制图仍然局限于区区几个基本类型(Vercelli et al.,1988)。这一时期,有人提出了对海岸热带环境进行特性描述和量化测量的可能性(Loubersac et al.,1986),但是Kuchler et al.(1988)断定"当前技术水平不可能实现这个目标,理由是他们缺乏对珊瑚礁环境作细化描述的能力"。到了20世纪90年代初,一些研究结果证明可利用Landsat TM进行制图以及珊瑚礁变形探测(例如,Zainal et al.,1993;Ahmad et al.,1994),但是并没有给出量化分类的精度,而且利用遥感方法进行珊瑚礁管理的案例仍然是寥寥无几。

20世纪90年代后期,不论从应用角度还是技术角度来看,多光谱遥感都取得了重大进展。Green et al.(1996)不仅介绍了遥感技术在热带海岸带资源评估方面的应用,还指出了事先对不同传感器的性能比较在选择合适遥感手段时的重要性。Mumby et al.(1997)对成本(包括图像成本和处理成本两项)以及几种遥感传感器的优势和分类精度做了评价,并且开发出一个用于珊瑚礁生境制图的底栖生物特性系统分类方案(Mumby et al.,1999)。Green等对一系列研究成果进行了总结并作为指导原则编入了热带海岸带遥感管理手册(Green et al.,2000)。

技术上的重大进展是随着Landsat 7增强型专题制图仪(ETM+)和IKONOS传感器的出现而出现的,二者均于1999年启动。虽然Landsat ETM+的空间分辨率和光谱配置与Landsat TM没有区别,但其图像采集方案却明确针对着全世界的珊瑚礁(Arvidson et al.,2001)。这意味着现在能够利用卫星数据对所有的珊瑚礁进行制图(Andréfouët et al.,2006)。IKONOS提供了第一批公众可用的商业高空间分辨率数据(4m),能保证高分类精度和在地貌区内制作细部图的合适比例尺(Mumby et al.,2002;Andréfouët et al.,2003)。

最近,高空间分辨率卫星的可用性提高了,并且目前已有不下10种可供使用的多光谱卫星数据。关于这些数据的成本和效用,已有大量经同行评审的文章对此做过严格评估(表3.1)。而数据可用性的提高和功能指导书的发行将有助于改善高空间分辨率卫星在珊瑚礁研究领域的应用。

表 3.1 多光谱卫星传感器的属性和特性

传感器	服役年份	空间分辨率/m	波段数①	重复访问周期②	价格/美元		精度约6级分类③
					$50m^2$	$5000km^2$	
中等分辨率							
Landsat MSS	1972—2012	80	3	16	0	免费	30[1]
Landsat TM	1982—2012	30	4	16	0	免费	60~75[1,2,3]
Landsat ETM+	1999—2003	30	4	16	0	免费	60~75[1,4]
Landsat OLI	2013—	30	5	16	0	免费	N/A
IRS LISS-III	1995—	24	3	24	600	600	N/A
SPOT HRV	1986—1996	20	3	26	1680	3360	50~55[1]
SPOT HRVIR	1998—	20	3	26	2660	5320	50~55[1]
SPOT HRG	2002—	10	3	26	1428	7560	N/A
Terra ASTER	1999—	15	3	16	120	240	60~65[5]
ALOS AVNIR2	2007—2011	10	4	46	500	1000	70~75[6]
FORMOSAT-2	2004—	8	4	1	3500	7000	N/A
高分辨率							
IKONOS	1999—	4	4	3	1000	100000	75~90[2,4,7]
KOMPSAT-2	2006—	4	4	28	375	37500	N/A
QuickBird	2001—	2.5	4	1~3.5	700	70000	80[8]
GeoEye-1	2008—	2	4	3	625	62500	N/A
WorldView-2	2009—	2	7	1.1~3.7	1450	145000	N/A
低分辨率							
Nimbus-7 CZCS	1978—1986	825	5	1	0	免费	N/A
ADEOS OCTS	1996—1997	700	8	3	0	免费	N/A
OrbView-2 SeaWIFS	1997—2011	1130	8	1	0	免费	N/A
Terra MODIS	1999—	250~1000	2~9	1~2	0	免费	N/A

① 波段处于可见光至近红外波长范围内。
② 高分辨率传感器有指向性,重访周期具有灵活性。
③ 大约6个类型的栖息地分类精度(如果可得):[1] Mumby et al.(1997);[2] Mumby and Edwards(2002);[3] Call et al.(2003);[4] Andréfouët et al.(2003);[5] Capoisini et al.(2003);[6] Ministry of the Environment(2008);[7] Maeder et al.(2002);[8] Mishra et al.(2006)

其他与珊瑚礁有关的多光谱卫星传感器类型还包括低空间分辨率传感器(0.2~1km空间分辨率)(表3.1)。搭载这类传感器的卫星也早在1970年代就已发射成功。这些传感器,以及最近开发成功的传感器,已经成功地用于观察海洋生物变量,如叶绿素浓度。近期的研究成果表明,这些海洋生物变量提供了珊瑚礁四周的环境信息,因此能有效地帮助我们理解珊瑚礁演变过程中的因果关系(Abram et al. ,2003;Hu et al. ,2003;Maina et al. ,2008)。

3.2 多光谱分析和分类

3.2.1 图像分析类型

珊瑚礁遥感可分为两类:直接遥感和间接遥感(Andréfouët et al. ,2004;Andréfouët et al. ,2005;表 3.2)。直接遥感指的是以珊瑚礁本身为目标的遥感,而间接遥感则重点对珊瑚礁周围海洋和大气环境开展研究。能够用多光谱遥感进行测量的目标在 Mumby et al. (2004)的文章中有所描述。

表 3.2 可用多光谱卫星遥感手段进行测量的观察目标及其用途

目　标	空间分辨率			用　途		
	高	中	低	制图	监测	建模
直接遥感						
珊瑚物种				不可行[1]		
珊瑚/海藻覆盖	x			见第 4 章		
栖息地类别(<5)	x	x		生境制图[2-9]	栖息地变化[22-26]	种群动态[28-29]
栖息地类别(>5)	x*	x*		资源清单[10-11]	珊瑚礁繁殖力[27]	
				珊瑚礁繁殖力[12-15]		
				栖息地多样性[16-17]		
				MPA 评估[18]		
				生物多样性[19-21]		
白化	x	x**			白化探测[30-32]	
结构复杂性	x	x**			栖息地变化[33]	
地理地貌	x	x		类型分类[34-35]		
				MPA 规划[36]		
浅水珊瑚礁地点	x	x	x**	MPA 规划[37]		
				风险评估[38]		
水深测量	x	x		制图[39]		
岸线	x	x		珊瑚礁地貌[40]	岸线变化[41]	沉积物迁移[42]
间接遥感						
陆地利用/变化	x	x	x			
海面温度			x	见第 12 章		
紫外线辐射			x		白化潜伏性[43]	脆弱性[44]

（续）

目　　标	空间分辨率			用　　途		
	高	中	低	制图	监测	建模
间接遥感						
光合有效辐射(PAR)			x		白化潜伏性[43]	脆弱性[44]
光衰减	x	x	x		繁殖力[14]	
云/灰尘覆盖	x***	x***	x		珊瑚退化[45]	
海平面			x			
盐度			x			
叶绿素 a 浓度	x***	x***	x	连通性[46]	珊瑚退化[47-48]	脆弱性[44]
海藻爆发	x***	x***	x		珊瑚退化[47-48]	
浑浊度/悬浮沉积物	x***	x***	x	连通性[46]		沉积物迁徙[49]
风速			x			
大洋环流			x	连通性[46]		
近岸环流			x	连通性[46]		
降水			x			

关于用途的标注：
x =现有用途；
x* =需要进行背景编辑以获得合理的精度；
x** =用途有限,因为空间分辨率低；
x*** =采集间隔有限,不足以满足制图、监测和建模的需要。

有关制图、监测和建模应用的参考文献：[1] Kutser and Jupp(2006)；[1] Mumby et al.(1997)；[2] Mumby and Edwards(2002)；[3] Call et al.(2003)；[4] Andréfouët et al.(2003)；[5] Capoisini et al.(2003)；[6] Ministry of the Environment(2008)；[7] Maeder et al.(2002)；[8] Mishra et al.(2006)；[10] Andréfouët et al.(2004)；[11] Andréfouët et al.(2009a)；[12] Andréfouët and Payri(2000)；[13] Brock et al.(2006)；[14] Hochberg and Atkinson(2008)；[15] Moses et al.(2009)；[16] Mumby(2001)；[17] Harborne et al.(2008)；[18] Rioja-Nieto and Sheppard(2008)；[19] Mumby et al.(2008)；[20] Mellin et al.(2009)；[21] Dalleau et al.(2010)；[22] Dustan et al.(2001)；[23] Palandro et al.(2003)；[24] Palandro et al.(2008)；[25] Schuyler et al.(2006)；[26] Sharma et al.(2008)；[27] Moses et al.(2008)；[28] Riegl and Purkis(2005)；[29] Scopelitis et al.(2007)；[30] Elvidge et al.(2004)；[31] Yamano and Tamura(2004)；[32] Rowlands et al.(2008)；[33] LeDrew et al.(2004)；[34] Andréfouët et al.(2001a)；[35] Yamano et al.(2006b)；[36] Beger et al.(2006)；[37] Mora et al.(2006)；[38] Burke et al.(2011)；[39] Stumpf et al.(2003)；[40] Yamano(2007)；[41] Webb and Kench(2010)；[42] Yokoki et al.(2006)；[43] Masiri et al.(2008)；[44] Maina et al.(2008)；[45] Shinn et al.(2000)；[46] Andréfouët et al.(2002b)；[47] Abram et al.(2003)；[48] Hu et al.(2003)；[49] Ouillon et al.(2004)

1. 直接遥感

直接遥感的对象是生物和形态学特征(表 3.2),其中诸如栖息地这样的底栖生物特性可能是人们关心的重点。蓝光波段的多光谱卫星传感器可以用合理的整体精度识别3~6种栖息地类型(60%~75%,表3.1)。影响分类精度的因素包括传感器的光谱波段设置、传感器的空间分辨率以及待分类的底栖生物特性。由于许多生物特性(珊瑚、海草和大型海藻)具有相似的反射特征,因此限制了宽波段传感器对更具体底栖生物特性的准确识别。于是,有人提出高光谱传感器能够更好地识别出这些特性(表3.1)。此外,由于珊瑚礁特性有着很高的异质性,以及其空间比例尺的原因,一个像元中的光谱特征往往是混杂不清的。这就意味着使用中等空间分辨率的传感器一般只能产生较低的分类精度(Hochberg et al.,2003;图3.1)。而增加栖息地类别的数量同样也会导致分类精度的降低(Mumby et al.,1997;Andréfouët et al.,2003)。对各种结果加以编辑,可以得出一种整体精度与类别数量间的预测关系因子:Landsat ETM+($r^2=0.63$)和IKONOS($r^2=0.82$)(Andréfouët et al.,2003)。

在全部波长范围内,白化珊瑚比健康珊瑚有着高得多的反射率(Holden et al.,1998;Hochberg et al.,2003;Yamano et al.,2004),因此白化现象的发生可用多光谱遥感手段探测到。为了避免一个像元内的光谱混合,Andréfouët et al (2002a)建议使用高空间分辨率(约2m)的传感器来探测一个像元中的白化现象。虽然飞机和合成孔径雷达(SAR)的观察结果给人们带来了某种希望,但目前还没有人运用多光谱遥感成功地探测过珊瑚虫大量生长的现象(Willis et al.,1990;Jones et al.,2006)。

形态学特征为研究珊瑚礁内部和珊瑚礁之间的栖息地分布提供了基础。用光谱卫星传感器能够轻而易举地探测到浅水珊瑚礁区的位置,而且许多珊瑚礁表现出一种共有的、独特的地貌区划模式(即礁前区、礁顶、礁后区和带有点礁的潟湖),能够很容易地用肉眼观察到,且通常在几十米到几百米的空间范围内出现。在从20世纪70年代起直至今日的几十年时间内,多光谱遥感在珊瑚礁环境方面最成功的应用就是用它来调查珊瑚礁地貌的区划情况(地形学调查)(Smith et al.,1975;Andrefouet et al.,2006)。

光透射对波长的依赖性使得我们能够估计珊瑚礁的水深数据,因为可利用地面真实数据来调整某些参数,进而对水深作估计(例如,光的衰减系数、水深和底部反射率)(Philpot,1989)。该方法的最新应用实践表明,在小于25m深的水中识别水深的均方根误差(RMSE)小于真实深度的30%(Stumpf et al.,2003)。虽然其他测量水深的方法也较为有效,而且在某些情况下还要准确得多(即第三部分声学遥感和第二部分LiDAR遥感),但是用多光谱卫星数据来估计水深还是有其优势的,因为在装备声学传感器或LiDAR传感器的舰船或飞机无法到达的地点,多光谱卫星却可以到达。

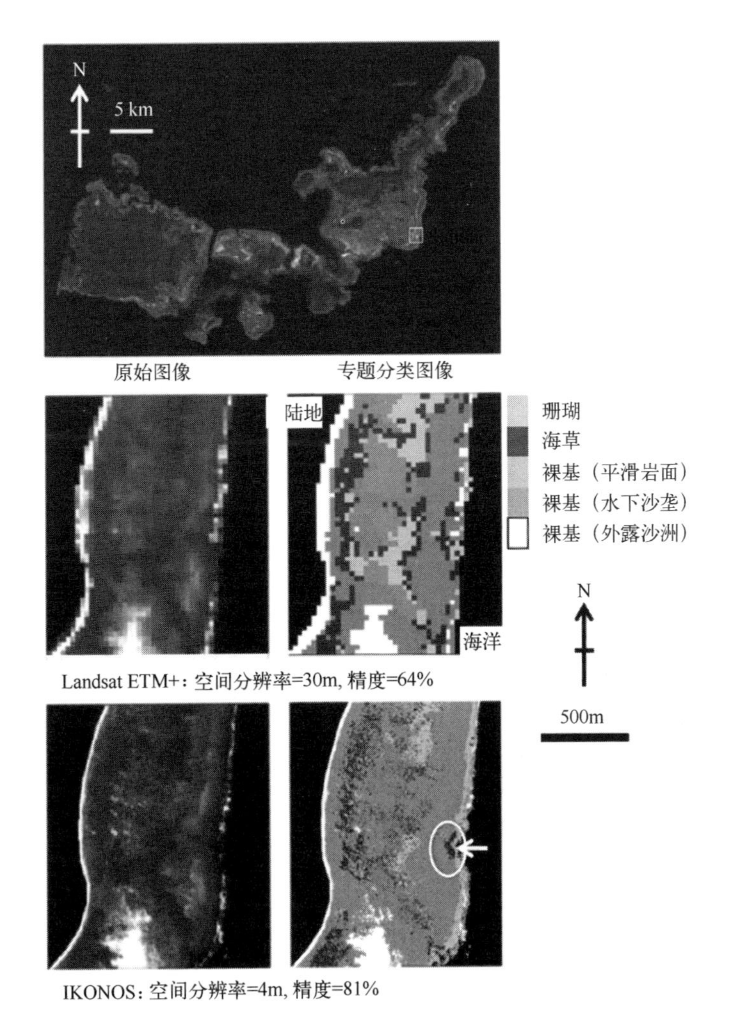

图 3.1 利用 Landsat ETM+和 IKONOS 图像在日本石垣岛 Shiraho 礁(24°22′N,124°15′E)进行简单栖息地分类的例子。较高的空间分辨率能给出较高的分类精度。为了进一步改善精度,在 IKONOS 分类图像中箭头指示的那个椭圆形圈内被归类成"海草"的栖息地可利用背景编辑手段将其修改成"珊瑚"(Andréfouët et al. ,2003)(彩色版本见彩插)

在调查海岸动力学要素的时候,岸线提取(即低潮和高潮极限)是其中的一项重要工作。利用近红外波段的传感器能够成功提取到没有泡沫和悬浮沉积物的珊瑚礁环境中的岸线信息(如果有,会影响近红外波段),以及低潮期间在礁坪上的积水(可影响短波红外波长区),这些都有助于对岸线的探测。Yamano et al. (2006a)发现,在岸线位置误差和近红外波段的空间分辨率之间存在着强线性关系($r^2=0.81$)。由于可将各种不同的岸线看作等高线,因此可将各种水位条件下的水边线提取作为浅水潮间带地形测量的一个替代手段(Yamano,2007)。

2. 间接遥感

间接遥感的对象是珊瑚礁周围的环境(表3.2)。例如,海岸土地利用会通过流域污染而影响珊瑚礁。顾名思义,Landsat(地球卫星)的设计目的是为了陆地制图,并且制成了根据 Landsat 图像而反演的全球陆地覆盖面积估算数据(Robinson et al.,2006),该数据可用于提供对珊瑚礁生态系统陆地输入的估计。海洋和大气环境(例如,光合有效辐射、光衰减系数、云/尘覆盖、叶绿素浓度、海藻爆发、浑浊度/悬浮沉积物浓度、大洋环流和海岸环流)一般都具有大范围的时空可变性。因此,观察间隔较短(约1天)的大尺度低空间分辨率卫星传感器(例如,MODIS、MERIS、SeaWiFS)可能更适合用于观察上述每日变化的大范围海洋和环境特征。相比之下,多数高空间分辨率和中等空间分辨率的传感器的观察间隔时间都相对较长(约10天),由此也就限制了在较短的时间尺度上对变化进行观察的能力。

3.2.2 图像处理

图像预处理的一般程序(即几何校正、辐射校正、大气校正和剔除太阳耀斑)已在第1章中有所介绍,Green et al.(2000)也曾做过概述。本节重点选择一些范例来介绍初期预处理之后应采取的处理步骤,具体包括大气校正、水体校正、图像分类以及背景编辑。

1. 大气校正

卫星传感器接收到的信号总量受到大气散射辐射的支配。因此,大气校正对于从海上反射回的信号来说具有重要意义。这一过程的最简单方式就是暗像元法。根据假设,在图像的某处有一个反射率为0的像元。这意味着传感器记录到的反射率仅来自大气散射。从其他所有像元中减去最小像元值,即可剔除因大气散射而形成的辐射。因为珊瑚礁的图像一般都包含大洋区,所以深海区的像元值经常用来做这种校正。另外一种比较复杂的校正措施是建立大气中的辐射传输模型。Mishra et al.(2005)描述了一种根据辐射传输理论对 IKONOS 图像进行一阶大气校正的程序。此外,也可使用类似 6S(Vermote et al.,1997)和 MODTRAN(http://www.modtran.org)这样的辐射传输模型,而且有些图像处理软件中带有可供选择的大气校正模块(例如,ENVI 的 FLAASH 模块和 ERDAS Imagine 的 ATCOR 模块)。

2. 水体校正

珊瑚礁遥感的一个基本挑战,就是由于研究区海底(即底栖生物栖息地)上方存在水体。随着水深的增加,光强度呈指数下降,这就是光衰减。衰减的程度是一个有关波长、水深和水质的函数。由于水体能够大量吸收超过700nm波长的波段(近红外),因而可利用可见光区域(蓝光、绿光、红光)来制作海底特征图,以及用红外区域来提取岸线和挺水植被。

要想严格剔除海水对底部反射率的影响,就需要知道每个像元所在区的水深与衰减特性,或者能够估算出这些数据。根据这些参数所得的结果可有效评估礁顶的反射率("礁顶"法),以制作水底图(Purkis,2005)。如果能够得到现场实况数据(例如,光衰减系数、水深和海底反射率等),那么光透射现象对波长的依赖性就能够提供强大的珊瑚礁水深估算能力(Philpot,1989;Stumpf et al.,2003)。近来,Mishra et al.(2005)推出了一个新方法,该方法不仅能利用IKONOS数据来估算水深和衰减特性,而且将对地面实况数据的需求降到了最低。他们发现了一个对所有基底类型来说均为恒定不变的波段比例(蓝光和绿光),并据此开发出用于估算水深的多项式方程。此后再将辐射位移理论用于深水像元对衰减特性作估算。这一方法也适用于其他蓝光和绿光波段的多光谱卫星图像。如果无法获取地面实况数据,那么比较实际的做法可能是计算出一个"深度恒定基底指数"。这个办法利用成对的多光谱波段校正水体效应,而非计算单个波段的底部反射率(Lyzenga,1978)。据知,这一程序能增加制图精度(Mumby et al.,1998)。图3.2为深度恒定基底指数的示例(Green et al.,2000)。

3. 图像分类

一般来说,底栖生物栖息地可根据层级地貌或生态分类方案进行分类(Mumby et al.,1999;Andréfouët,2011;表3.3)。利用光谱或者在某些情况下采用纹理的技术能够实现这一分类。通常可分为以下两个基本类型:目视判读法和数字化处理法。

表3.3 加勒比海珊瑚礁底栖生物成分的层级分类
(根据Mumby et al.,1999)

第一层级	第二层级	第三层级
珊瑚基底类		
	枝状珊瑚	
	板状珊瑚	
	带状珊瑚和带有绿色钙化海藻的火珊瑚	
	大型硬壳珊瑚	稀疏大型硬壳珊瑚(1%~5%硬珊瑚覆盖)
		稀疏大型硬壳珊瑚(>5%硬珊瑚覆盖)

(续)

第一层级	第二层级	第三层级
藻类占主导的基底类		
	绿海藻	
	肉质棕色海藻和柳珊瑚虫	
	匍扇藻	
	麒麟藻和叉节藻	
裸露底土占主导的基底类		
	基岩/砾石和密集柳珊瑚	
	基岩/砾石和稀疏柳珊瑚	
	砾石和稀疏海藻	
	沙底带稀疏海藻	
	泥底	
	基岩	
海草占主导的基底类		
	稀疏海草	
	中等密度海草	
	密集海草	
	带有清晰片状珊瑚区的海草	

自从航空摄影时代以来,目视判读法就一直在使用(第2章)。这个方法利用数字化输入板,根据色彩(光谱)和纹理的不同,在不同的地貌单元或栖息地四周划出多边形图案。尽管有着操作人员主观臆断的可能,但是据此制成的地图仍然具有较高的精度(Scopélitis et al. ,2010)。

数字化处理包括基于光谱特征(即像元值、辐射率或反射率)的图像分类或分割,有的情况下也可根据纹理进行分类或分割。光谱处理技术仅根据多光谱特征来区别各种特性,而纹理处理方法则还要考虑多光谱特征的空间变化情况。非监督分类法在分析图像时不使用用户输入数据,而是根据用户的专家知识,将不同的片段指定给某个已知底栖生物的具体分类或层级。而监督分类法则要利用每个类别的地面实况数据(即用户提供的输入数据)对分类方案进行训练,并在图像全范围内识别这些类型。利用纹理进行的分类将空间模式看作一个特定区域内的光谱变量函数。有些底质类型(例如,珊瑚和大型海藻)的光谱特征相似,但是由于在一个离散空间尺度上光谱特征会发生系统的变化,故这些类型又保留着各自的纹理特征。这样就能够探测到群落交错区的边界

(Andréfouët et al. ,1998),而对纹理的分析也就能够提升探测或分类的精度(LeDrew et al. ,2004;Purkis et al. ,2006;Lim et al. ,2009)。另外,空间分辨率的提高更有利于纹理特征的观察,因而图像的平移锐化(Hanaizumi et al. ,2008)可能改善基于纹理的分类输出。

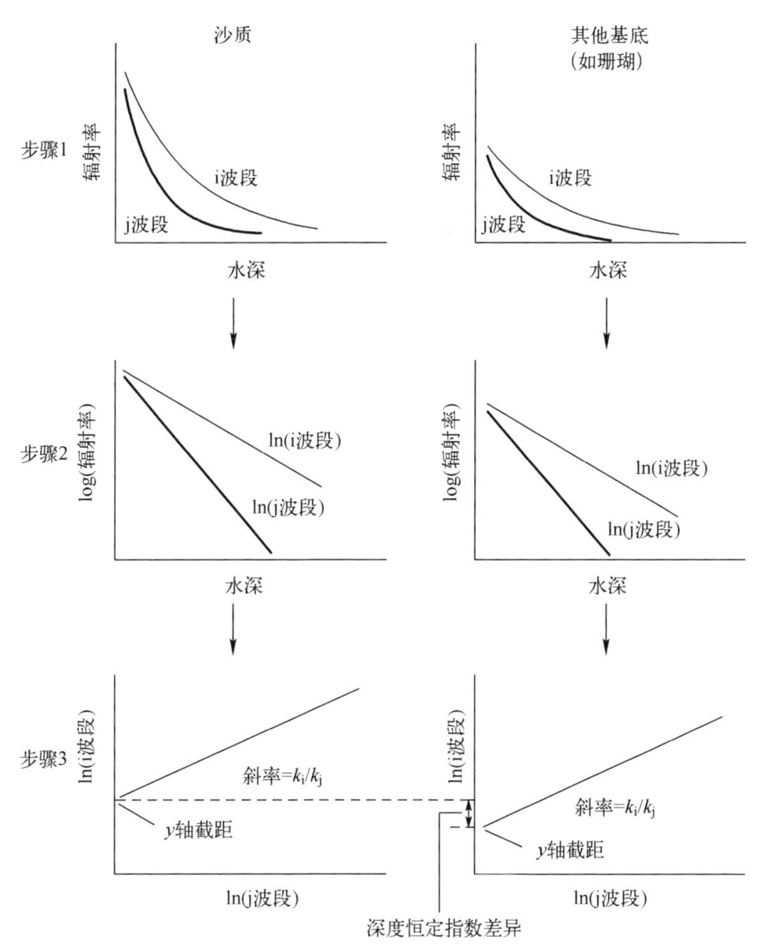

图 3.2 水体校正程序,表示沙质和海草底质类型的深度恒定底部指数的创建步骤。此处的辐射率 L 是经过大气校正的辐射率,即从像元辐射率中剔除深水(大洋)辐射率后得到的结果(改编自 Green et al. ,2000)。(步骤 1)波谱辐射率随水深呈指数衰减,利用 i 波段和 j 波段随水深而衰减的辐射值进行自然对数线性拟合。(步骤 2)拟合后的 i 波段与 j 波段在同质基底不同水深上的对照图。梯度线代表衰减相关系数 k_i/k_j。不论底部类型如何,比例不变。(步骤 3)多种底部类型图。不论其水深如何,每一种底部都有一个独特的 y 轴截距。由此,这个 y 轴截距就是底部类型的深度恒定基底指数

3. 背景编辑

在数字化分类的图像中,发生栖息地类别错误划分的情况是不可避免的。据此,可参照已知的栖息地分布模式对分类结果进行编辑(Mumby et al. ,1998)。例如,有些像元虽然被划分成海草类,但是却出现在一个礁前区的坡面上,而大家都知道在这个坡面上是不存在海草的。那么就可以将这些像元重新划分成合适的珊瑚礁类别(表 3.1)。除了这种后验性背景编辑以外,先验性背景编辑也是一种颇有吸引力的选择(Andréfouët,2008)。Bouvet et al. (2003)和 Andréfouët et al. (2003)曾指出,如果将含有不同栖息地的不同区域分开单独处理,可提高分类的准确性。在这些情况下,建议根据地貌特点作先验性分割处理,因为地貌区的划分与水深和海浪接触状况有关,且影响着栖息地的分布。

3.2.3 时间序列分析

Yamano 开发了一种对比浅水沙底像元、深水像元或重要对象(例如,珊瑚)像元值的模型(Yamano et al. ,2004)。通过这种方法可以研究珊瑚礁退化的时间进程和严重程度。目前,在利用多时相图像进行珊瑚礁变化监测方面已经推出了两种方法(Lunetta et al. ,1998),即后分类法和预分类法。后分类法需要对多时相输出产品(例如,栖息地地图)之间的不同之处进行分析。两幅多时相图之间的变化监测精度是综合了这两幅图之后的精度。因此,要想实现高精度的变化监测,关键问题在于能否得到历史图像的现场数据。如果只能得到近期现场数据,一个有效的办法是对这些图像做校正和归一化处理,以便利用近期现场数据进行训练,进而用于协助对所有图像的分类作业(Palandro et al. ,2008)。预分类法需要对实际光谱特征或光谱指数的变化进行分析(Matsunaga et al. ,2000;Dustan et al. ,2001;Yamano et al. ,2004)。多数光谱变化识别技术都必须经过图像校正或归一化处理才能探测到多时相图像中像元之间的光谱差异。例如,利用深度恒定基底指数(Lyzenga,1978)所做的归一化处理常常对整体光强度的变化不敏感,因为这个指数是以对数变换值为基础的(图 3.2)。对大气、入射光、水深(潮汐)和传感器响应等数据的变化效果进行归一化处理,能够实现光谱值的直接对比。此外,还可利用浅水沙底像元、深水像元或重要对象(例如,珊瑚)像元的模型和/或已知数值实现直接对比(Yamano et al. ,2004)。

鉴于大型海藻的反射特征与珊瑚类似而难以区分,但其在分布状况和丰度上却呈现季节性变化。因此,进行长期变化状况(>10 年)的监测最好选择同一季节所拍摄的图像。此外,由于基于像元的变化监测对像元的空间记录失真非常敏感,故几何校正的均方根误差应小于 0.5 个像元。

3.3 应用范例

为了对珊瑚礁进行有效管理,Phinn et al.(2006)建议使用一种基于知识积累的分析:制图、监测和建模。其中,制图实现了岸线勘测或数据储备;监测将岸线图与更新信息进行对比,从而对变化情况作图或测量;建模则包括对数据进行整合,用以在环境变量与珊瑚礁过程之间建立起统计学或物理学意义上的联系,进而预测系统对某种环境条件的反应状况。本节对基于该方法的几种研究成果做了讨论。表 3.2 总结了其他与珊瑚礁管理有关的应用情况。

3.3.1 珊瑚礁制图

利用多光谱成像技术生成的地图包括:地质、地貌和沉积物特性图(Rankey,2002;Naseer et al.,2004;Purkis et al.,2010);生态栖息地地图(Mumby et al.,1997;Andréfouët et al.,2003)。这些图不仅是研究珊瑚礁结构和资源储备的基本依据,而且能用来对生态功能和生物多样化进行估算。下面将介绍两种不同类型的珊瑚礁制图应用方法,即珊瑚礁规模的制图以及地区至全球规模的制图。

1. 珊瑚礁规模制图

珊瑚礁地图能够提供局部比例尺的栖息地结构和组成信息(图 3.1),可用来评估海洋保护区(MPA)的保护效果(Rioja-Nieto et al.,2008)以及栖息地多样性估算数据(Mumby,2001;Harborne et al.,2006)。虽然不能对物种分布状况和生物多样性状况做直接测量,但是这类参数可以根据栖息地地图推断出来(Mumby et al.,2008)。具有最高复杂度的栖息地专题图可替代简单地图提供更精确的推断参数信息(Dalleau et al.,2010),并在表现空间尺度上的变化时具有更强的稳健性。高空间分辨率传感器的出现为珊瑚礁栖息地及其相关参数的更详细制图提供了条件。

虽然珊瑚礁规模的地质和生态特性图通常是为了估算资源储备而制作的,但其用处不仅于此(例如,珊瑚、海草和大型海藻)。这些地图还用来对巨蛤存量(Andréfouët et al.,2009b)、入侵棕色海藻数量(Andréfouët et al.,2004)以及物种-栖息地相关系数进行估算,并且都在不同程度上获得成功。一份对九项研究成果的述评报告表明,在鱼类参数(例如,物种丰度、总丰度和生物量)与遥感图像生成的栖息地之间存有显著关系(例如,地貌、底栖生物栖息地、粗糙度和水深)(Mellin et al. ,2009)。然而,这些研究结果并没有就不同空间尺度上的鱼类群落情况给出明确结论或通用规则。

2. 地区规模乃至全球规模的制图

在这个层次上,可以对珊瑚礁进行大规模的多点位制图(Andréfouët et al. ,2006;Purkis et al. ,2007)。这些图可用来描述珊瑚礁的景观结构和构成成分,它们反过来又与环境和人类造成的影响联系在一起。Andréfouët et al. (2001a)基于从 SPOT HRV 影像生成地图获取的景观参数对土阿莫土群岛进行了区域划分,结果表明,珊瑚礁的结构主要与大洋涌浪的冲击有关。Yamano et al. (2006b)基于 Landsat ETM+提供的数据,在马绍尔群岛的环礁边缘进行了类似研究,结果发现人类聚落与珊瑚礁特征相关。这暗示着该方法可用于评估群岛应对环境改变的脆弱性。

当前规模最大的制图产品当属“千年珊瑚礁制图工程”(MCRMP)(Andréfouët et al. ,2006;图 3. 3)。这个工程利用 Landsat ETM+的数据对全球的珊瑚礁地貌单元进行了制图(Arvidson et al. ,2001)(eol. jsc. nasa. gov/reefs/Overview2003/mill. htm)。其他大规模栖息地地图还包括日本环境部珊瑚礁图(coralmap. coremoc. go. jp/sangomap_ eng/index. html)和 NOAA 底栖生物覆盖图产品(www. soest. hawaii. edu/pibhmc/)。这些大规模图的数据被用来研究地区性和全球性珊瑚礁的保护情况。Mora et al. (2006)将 MCRMP 产品与海洋保护区的位置做了比较,发现全世界只有 2%的珊瑚礁处于海洋保护区内。此外,用 Landsat ETM+数据生成的珊瑚礁地貌图也已经被整合进了保护区选择软件,以寻找可供优先考虑的区域性海洋保护区场点(Beger et al. ,2006)。

3. 3. 2 变化监测

由于珊瑚礁在年际尺度的退化监测主要通过现场数据来观察(Gardner et al. ,2003),所以按比例放大这些观察结果以便了解局部、地区乃至全球规模的珊瑚礁退化程度就成了一项紧急任务。早在 20 世纪 30 年代,航空摄影照片的分析技术就已用于探测珊瑚礁的年代际变化情况(第 2 章)。虽然照片具有较高的空间分辨率和专题精度,但其采集间隔时间一般较长(>5 年),并且在评估相关环境变化方面的能力也受到限制。相反,多光谱卫星遥感却能解决这些问题,因为它能够以频繁的重访周期对珊瑚礁进行监测(如果云层不影响对目标区观察,不到一个月即可观察一次),而且获得的数据还可用来调查其他环境参数(表 3. 2)。

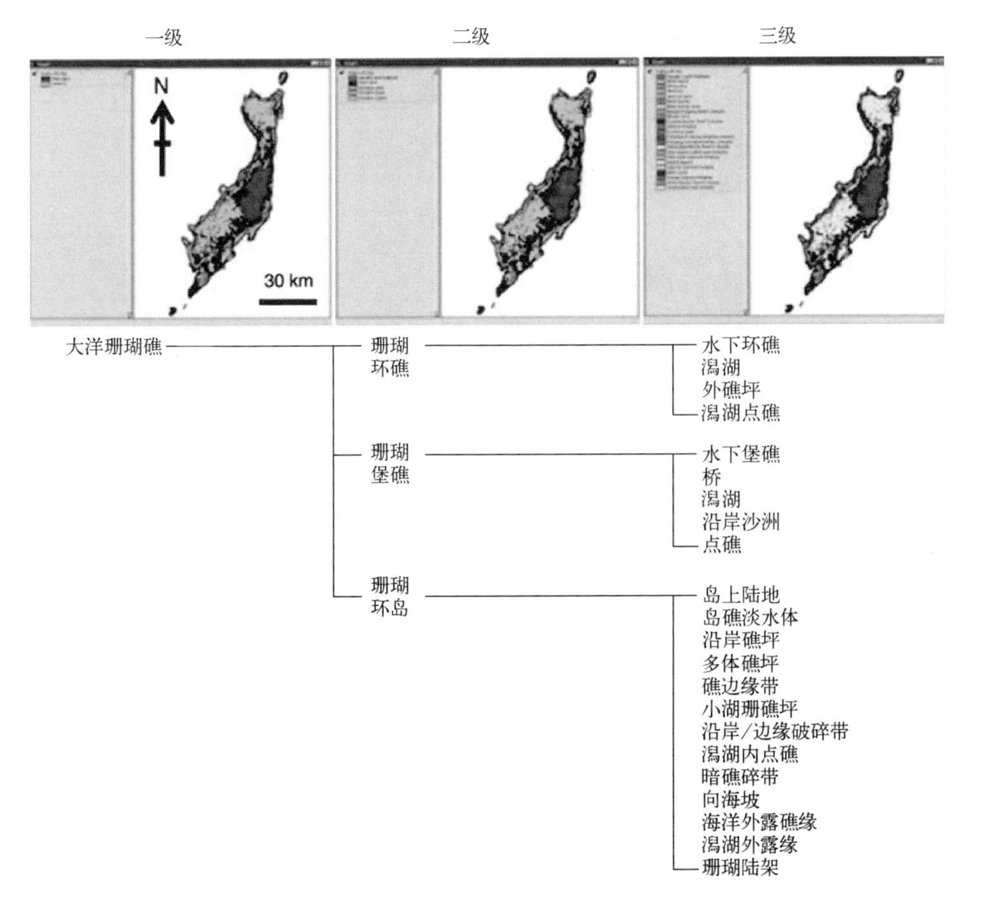

图 3.3 利用 Landsat ETM+图像为帕劳(7°24′N,134°32′E)制作的分级地貌图示例,由“千年珊瑚礁制图工程”提供。分三个层次(细节请参阅 Andréfouët et al. ,2006 和 Andréfouët,2011)

虽然在珊瑚礁变化监测方面已有一些案例(Loubersac et al. ,1988;Elvidge et al. ,2004),但在年际时间尺度的规模性观察和分析案例依然不多。自 1972 年起就开始进行图像采集的 Landsat 计划是实现这一目的的最佳传感器组合(图 3.1)。为评估 Landsat ETM+在珊瑚礁变化监测上的可行性,对辐射位移进行了仿真,结果表明,对三个普遍存在的类别,即“沙”“背景”(包括杂石、平地和被严重破坏的已经死亡的珊瑚结构)和“前景”(包括活珊瑚和大型海藻)的变化速率作评估是最具可复制性和可行性的应用方法(Andréfouët et al. ,2001b)。例如,Dustan et al. (2001)就曾经尝试过利用 Landsat TM 来监测佛罗里达的珊瑚礁变化情况。之后,Palandro et al.(2008)对他们的研究做了扩展,即对四个类型(沙、裸露硬底、覆被硬底和珊瑚)做了分类,并计算了海底的绝对反射率,以此来确保高分类精度。这个研究结果证实了佛罗里达珊瑚礁正在持续退化(图 3.4)。

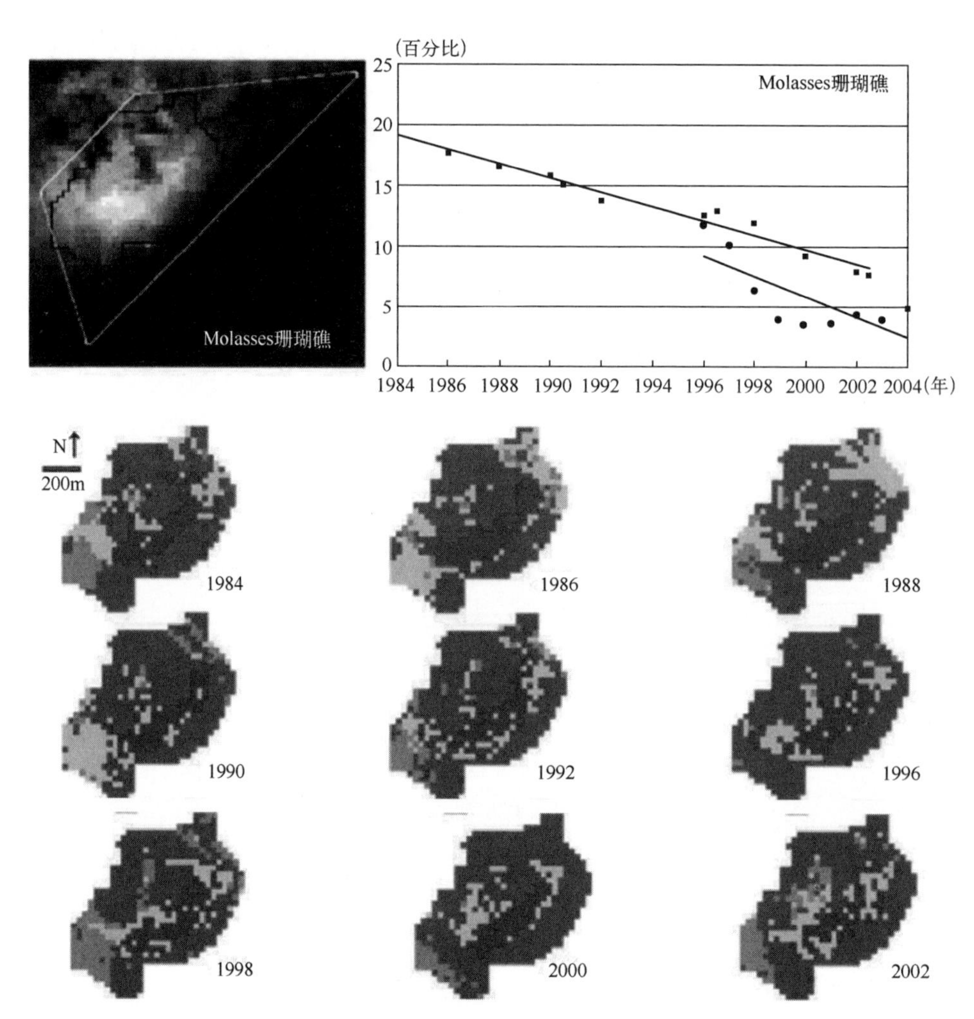

图 3.4 采用 1984—2002 年采集的佛罗里达礁群 Molasses 珊瑚礁地区(25°00′N,80°24′W)Landsat TM/ETM+图像分类数据集。根据分类图像(■)估计的珊瑚礁覆盖百分比图趋势线和地面实况数据(¤)之间呈现高度一致性。分类彩色代码是:红色表示珊瑚栖息地,棕色表示覆盖硬底质,黄色表示裸露硬底质,绿色表示沙(Palandro et al.,2008)(彩色版本见彩插)

除了观察珊瑚栖息地的变化之外,还可以用时间序列图像来监测珊瑚礁白化现象。通过对1998年珊瑚礁白化事件发生期间拍摄的航空影像分析得出,只有通过高空间分辨率(<2m)的传感器才能获得白化珊瑚的相关信息(Andréfouët et al.,2002a)。此外还有另外一个复杂因素,由于含有其他底层特征(例如,海沙)的像元可能与含有部分白化珊瑚的像元具有相似的反射特征,因此对单一图像进行分析未必能正确识别出含有白化珊瑚的像元。由此看来,对多时相图像的比较就成了监测像元中白化珊瑚的一个更准确的评估手段。因为一旦某一地方发生白化,该地反射率增加的情况就会被记录下来。Yamano et al.(2004)就利用1984—2000年拍摄的16张Landsat TM归一化图像对1998年白化事件的严重程度做了记录。此外,还利用对同一张图像的分析来验证辐射传输模型结果,模型建立了通过卫星传感器检测珊瑚礁白化现象的定量化阈值。

3.3.3 珊瑚礁建模

建模是了解事件关键过程的有效工具,它使预测和预报成为可能。遥感对珊瑚礁建模应用的作用可分为两类:①数据验证;②数据输入。

遥感结果可为建模输出提供验证,因而可用于改善建模准确性。这方面的例子有:用IKONOS数据生成栖息地图来估计种群动态模型中的群体大小(Riegl et al.,2009);用IKONOS图像评估栖息地变化以验证气旋轨迹建模的精度(Scopélitis et al.,2007);将地图数据与IKONOS数据进行比较,根据比较结果生成环礁岛屿共生和侵蚀区沉积物迁移模型,并对其进行评价(Yokoki et al.,2006);根据Landsat ETM+图像得到的悬浮沉积物分布状况建立沉积物迁移模型(Ouillon et al.,2004)。

通过遥感反演或测得的变量可直接输入建模过程,也可用来估计统计学模型中的相关系数。例如,用NOAA AVHRR、OrbView-2和SeaWiFS测得的海洋和气候变量(海面温度、叶绿素a浓度等)来预测白化现象和评估白化易感性(Maina et al.,2008;图3.5)。

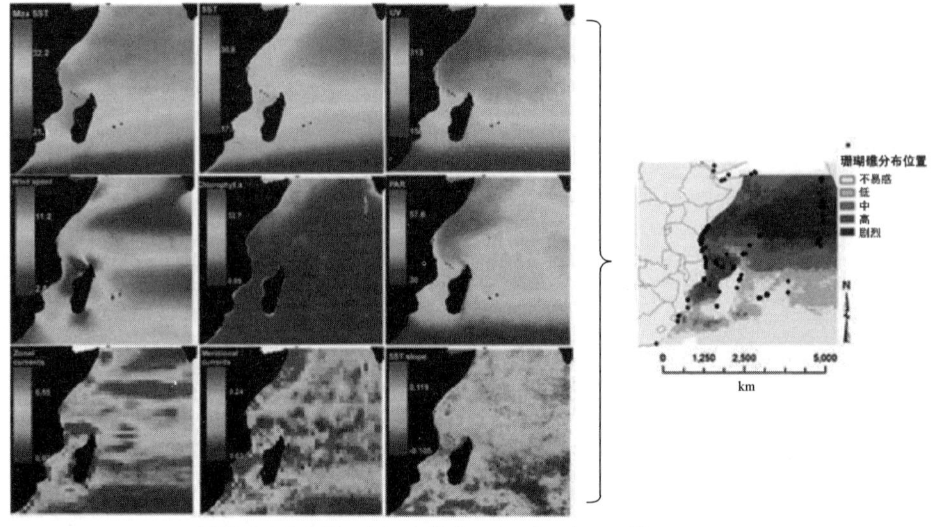

（珊瑚礁分布位置，分级:不易感、低、中、高、剧烈）

图 3.5　非洲东部地区(右)珊瑚礁白化易感图,系根据卫星图像(左)反演/聚合的环境参数估计而成。各图层的计量单位分别是:海面温度(℃);紫外线辐射(UV)(MW/m^2);水溶性叶绿素浓度(mg/m^3);风速(m/s);光合有效辐射((E/m^2)/日);流速(m/s);海温斜率(℃/年)(Maina et al.,2008)(彩色版本见彩插)

3.4　结论与未来发展方向

多光谱传感器是当前唯一能够提供长时间(>40 年)大范围(从珊瑚礁规模到全球规模)的珊瑚礁制图和监测信息的遥感手段。含有蓝光波段的多光谱传感器可以合理精确地(>70%)绘制基本底栖生物特征图。此外,其精度还可以通过添加纹理信息、水体校正和背景(辐射值)校正等手段进一步改善。

目前,多光谱卫星传感器仍在继续发展中。新型仪器具有更高的空间分辨率、光谱分辨率以及更强大的数据采集能力。例如,2009 年 10 月 8 日发射的 WorldView-2 其空间分辨率可达到 1.85m,并具有 8 个多光谱波段(海岸波段、蓝、绿、黄、红、红外,以及两个近红外波段;表 3.1),它的日数据采集能力达到 950000km^2。随着传感器技术的进一步发展,人们将继续评估新型传感器在制图方面的各种不同用途(例如,Mumby et al.,1997;Mumby et al.,2002;Andréfouët et al.,2003;Yamano et al.,2006a),同时分析技术也会得到相应的发展和改善。

3.4.1 与其他传感器模式的整合

除了利用图像处理技术来提高分类精度(例如,纹理信息和背景编辑;见3.2节)之外,多光谱技术与其他制图技术结合同样具有应用前景。例如,声学和光学仪器能够提供性质不同,但具有潜在互补性的底栖生物群落数据(Riegl et al.,2005)。声学遥感可提供海床粗糙度(糙度)、海底硬度和水深数据(第8~9章)。一份对伯利兹Glovers环礁的评估结果表明,在分析过程中增添三种声学测量方法后,利用IKONOS基于恒定深度指数制作的地图其精度得到了提高(Bejarano et al.,2010)。此外,LiDAR遥感技术也能够提供海床粗糙度测量数据和水深数据(第5~7章),这也意味着该项技术又是一条有效的数据融合途径。另外,声学遥感和LiDAR遥感都可对浑浊深水中的海底进行观察。在这些深度上,若仅使用光学遥感手段就会显得观察能力不足。例如,曾有人结合IKONOS成像技术和声学遥感数据,对墨西哥Cabo Pulmo的高纬度类珊瑚礁环境中的沉积物结构进行了制图(Riegl et al.,2007)。类似地,通过综合利用Landsat ERM+多光谱遥感和声学多波束观察技术对新喀里多尼亚的珊瑚礁相关地貌图进行了绘制(Andréfouët et al.,2009a)。

数据融合的另一个好处是它能够利用水深数据进行光学波段的水体校正(Purkis,2005;Bejarano et al.,2010)。此外,测深数据还可用作附加数据层应用在空间建模中。Garza-Perez et al.(2004)综合使用环境数据、IKONOS图像和数字化地形模型,对珊瑚礁底质特征进行了预测。与仅使用传统IKONOS图像非监督分类法所制的地图相比,通过这种方法生成的地图具有更高的分类精度。在所有的数据融合案例中,不同数据源在空间上的几何纠正对于进一步提高分类精度非常重要(Andréfouët et al.,2000;Andréfouët,2008)。

这些研究表明,将多个数据源获得的数据进行融合使用是一个有效方法。此外,珊瑚礁在生长的临界环境(例如,高纬度、浑水和中等水深等环境)中可作为珊瑚躲避气候变化压力的避难所,因而起到越来越重要的作用,而这也将进一步增强对整合数据制图技术的需求。

3.4.2 与现场监测技术的整合

虽然现场监测技术可为小面积的区域提供极其详尽的数据资料,但是当扩展到面积较大的区域时,测量结果和观察结果可能不具备典型意义。进行广域空间勘测的遥感技术与现场测量技术的整合使用是一个非常有效的手段。Reef Check是一项国际公认的现场评估协议,在此可考虑使用。使用这一协议的基质勘测要素包括成活硬珊瑚、死珊瑚、软珊瑚、肉质海藻、海绵、岩石、砾石、淤泥/黏土以及其他覆盖类型。通过将图像分成可供比较的覆盖类型,能够实现这一协议同遥感数据之间的链接。例如,Joyce et al. (2004)利用 Reef Check 的基质类型对澳大利亚大堡礁的 Landsat ETM+图像进行了分类,但是各珊瑚礁的分类精度不等,从 12%~74%都有。之后,Scopélitis et al. (2010)对这一问题做了进一步研究,结果发现,现场数据与卫星数据结合使用最适合珊瑚礁主要地貌和底质类型的制图。

除了底质类型的监测之外,Leiper et al. (2009)还指出了将遥感数据与 CoralWatch(珊瑚监测)数据关联使用的可能性,即对珊瑚颜色的现场观察数据与特定物种的珊瑚健康状况图进行比较。其研究结果表明,白化珊瑚、中等白化珊瑚和正常珊瑚的总体区分精度为 72.41%,这就使区分能力得到了扩展,而此前的研究工作只能做到对白化珊瑚和非白化珊瑚进行重点区分(Andréfouët et al.,2002a;Elvidge et al.,2004)。

这些研究结果说明了现场监测规程与遥感分析手段整合使用的重要性,同时也说明还需要做更多的研究以更好地建立两者之间的关联。

3.4.3 与建模技术的整合

多光谱遥感技术使得制图、监测和建模应用技术取得了相当可观的进步(表 3.2)。而这些进步不仅促进了其与其他数据源的整合,而且促进了不同应用手段之间的交互。例如,它既可以建立现场监测数据、珊瑚退化直接遥测数据(Palandro et al.,2008)和异常环境变量间接遥测数据(Shinn et al.,2000;Abram et al.,2003;Hu et al.,2003)三者的关联,也可以用于找出环境变化和大气扰动之间的因果关系(Purkis et al.,2005)。此外,它还可与敏感性建模技术和风险评估技术整合使用。例如,将物理参数和现场观察数据与栖息地变化轨迹和间接遥感获得的监测信息进行整合,可用来改善敏感性建模的效果(Maina et al.,2008;图 3.5)。

它还可以利用遥感数据建立模型,对生物多样性进行评估(图 3.6)。由于栖息地的变异可作为珊瑚礁中生物多样性的代理项来看待(Mumby et al.,2008;Dalleau et al.,2010),所以栖息地的退化可能导致珊瑚礁中生物多样性的损失。例如,Sano et al. (1987)就曾发现,棘冠海星的出没摧毁了鹿角珊瑚(摩羯鹿角珊瑚)群落,进而导致鱼类品种剧减。这表明,利用遥感数据制作栖息地变化图,特别是像珊瑚礁这样的栖息地损失图,可以与鱼类多样性的变化状况关联起来。周围的物理环境(例如,水面温度)也是一个很好的海洋生物多样性指标(Tittensor et al.,2010)。因此,栖息地集成化、栖息地变化轨迹和物理变量均有助于珊瑚礁生物多样性的评估。

3.4.4 与管理技术的整合

遥感技术是一件重要的海洋保护区(MPA)规划工具(Dalleau et al.,2010)。地图制图与最新 MPA 选择建模技术的结合使用(例如,Possingham et al.,2000)有助于更有效地管理珊瑚礁(Hamel et al.,2012;图3.6)。此外,在珊瑚礁管理中,需要整合多种类、多尺度的数据源,其中包括多光谱遥感数据,用于解决关键问题(Andréfouët et al.,2005;Chabanet et al.,2005)。一个突出的例子是"濒危珊瑚礁"计划。这项计划结合多种数据源的数据对全球珊瑚礁面临的风险进行评估,其中包括关于海岸地区发展、小流域污染、海洋污染与损害、过度捕捞和毁灭性捕捞等方方面面的信息(Burke et al.,2011)。在这项计划中,遥感数据提供了珊瑚礁位置(Andréfouët et al.,2006)、土地利用以及海面温度等信息,Reef Base(www.reefbase.org)则作为所有这些数据的整合平台。目前,Reef Base 还包含其他数据源,如根据海洋保护区(MPA)边界和 ALOS AVINIR2

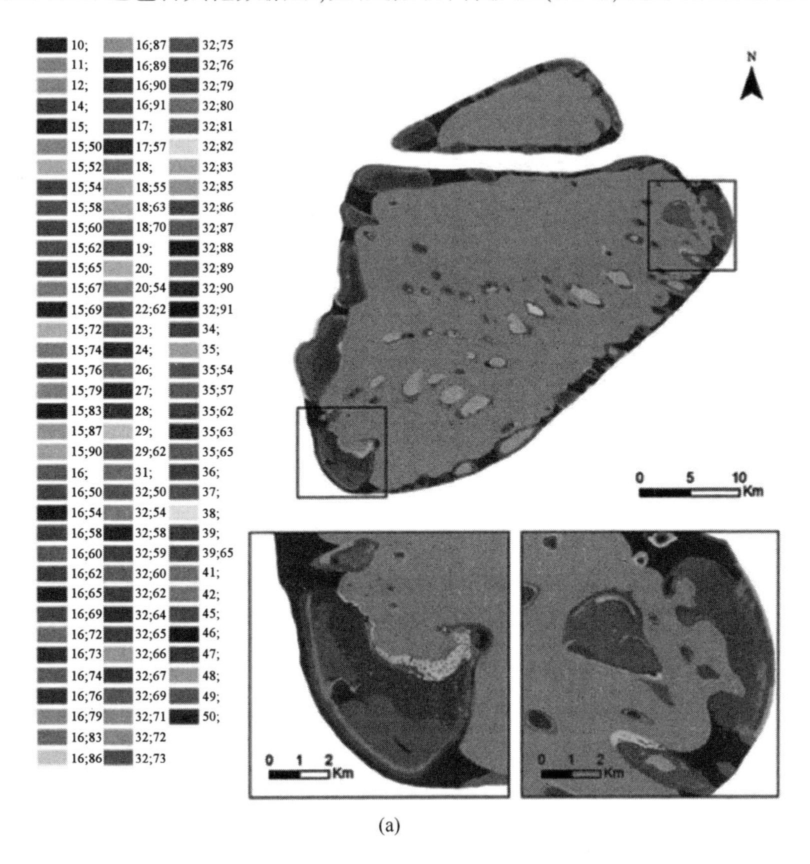

(a)

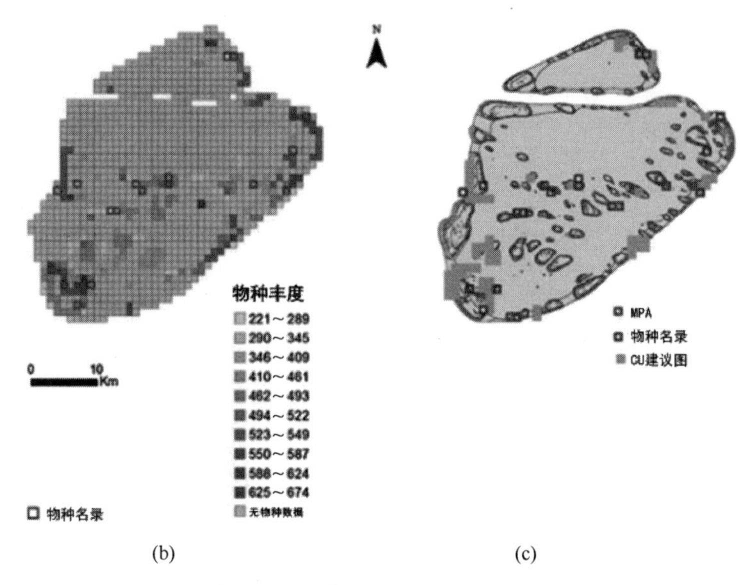

图 3.6 (a) QuickBird 反演的马尔代夫共和国巴阿环礁(5°09′N,73°08′E)栖息地地貌与底栖生物特征图(Andréfouët et al. ,2012)。每一种颜色对应一个不同的栖息地。(b) 联合使用点位生物普查数据(带有深蓝色边界的单元格)和 QuickBird 栖息地图,得到估算的物种丰度空间分布图。(c) 利用 MPA 选择软件从物种丰度综合图中生成的巴阿环礁保护地(CU)建议图(Hamel et al. ,2012)(彩色版本见彩插)

数据生成的简单栖息地图。为了继续改善对生态系统服务和生物多样性的评估能力,以及对未来珊瑚礁管理工作的规划能力,还需要进一步扩大数据融合范围,以便能与其他数据源(例如,海洋生物地理信息系统(OBIS)的海洋生物多样性数据(www. iobis. org/))进行融合(Robinson et al. ,2006)。

推荐阅读

Green EP,Mumby PJ,Edwards AJ,Clark CD(2000a)Remote sensing handbook for tropical coastal management. UNESCO,Paris

Miller RL,Del Castillo CE,McKee BA(2005)Remote sensing of coastal aquatic environments. Springer,Dordrecht

Mumby PJ,Skirving W,Strong AE,Hardy JT,LeDrew EF,Hochberg EJ,Stumpf RP,David LT

(2004a) Remote sensing of coral reefs and their physical environment. Mar Pollut Bull 48: 219–228

Palandro DA, Andréfouët S, Hu C, Hallock P, Müller-Karger FE, Dustan P, Callahan MK, Kranenburg C, Beaver CR (2008a) Quantification of two decades of shallow-water coral reef habitat decline in the Florida Keys National Marine Sanctuary using Landsat data (1984–2002). Remote Sens Environ 112: 3388–3399

Richardson LL, LeDrew EF (2006) Remote sensing of aquatic coastal ecosystem processes. Springer, Dordrecht

参考文献

Abram NJ, Gagan MK, McCulloch MT, Chappell J, Hantoro S (2003) Coral reef death during the 1997 Indian Ocean Dipole linked to Indonesian wildfires. Science 301: 952–955

Ahmad W, Neil DT (1994) An evaluation of Landsat Thematic Mapper (TM) digital data for discriminating coral reef zonation: Heron Reef (GBR). Int J Remote Sens 15: 2583–2597

Andréfouët S (2008) Coral reef habitat mapping using remote sensing: a user vs producer perspective. Implications for research, management and capacity building. J Spatial Sci 53: 113–129

Andréfouët S (2011) Reef typology. In: Hopley D (ed) Encyclopedia of modern coral reefs—structure form and process. Springer, Dordrecht

Andréfouët S, Payri C (2000) Scaling-up carbon and carbonate metabolism of coral reefs using in situ data and remote sensing. Coral Reefs 19: 259–269

Andréfouët S, Roux L (1998) Characterisation of ecotones using membership degrees computed with a fuzzy classifier. Int J Remote Sens 19: 3205–3211

Andréfouët S, Claereboudt M (2000) Objective class definitions using correlation of similarities between remotely sensed and environmental data. Int J Remote Sens 21: 1925–1930

Andréfouët S, Riegl B (2004) Remote sensing: a key tool for interdisciplinary assessment of coral reef processes. Coral Reefs 23: 1–4

Andréfouët S, Zubia M, Payri C (2004) Mapping and biomass estimation of the invasive brown algae Turbinaria ornata (Turner) J. Agardh and Sargassum mangarevense (Grunow) Setchell on heterogeneous Tahitian coral reefs using 4-meter resolution IKONOS satellite data. Coral Reefs 23: 26–38

Andréfouët S, Cabioch G, Flamand B, Pelletier B (2009a) A reappraisal of the diversity of geomorphological and genetic processes of New Caledonia coral reefs: a synthesis from optical remote sensing, coring and acoustic multibeam observations. Coral Reefs 28: 691–707

Andréfouët S, Friedman K, Gilbert A, Remoissenet G(2009b) A comparison of two surveys of invertebrates at Pacific Ocean islands: the giant clam at Raivavae Island, Australes Archipelago, French Polynesia. ICES J Mar Sci 66:1825-1836

Andréfouët S, Clareboudt M, Matsakis P, Pagès J, Dufour P(2001a) Typology of atoll rims in Tuamotu Archipelago(French Polynesia) at landscape scale using SPOT HRV images. Int J Remote Sens 22:987-1004

Andréfouët S, Mumby PJ, McField M, Hu C, Muller-Karger FE(2002a) Revisiting coral reef connectivity. Coral Reefs 21:43-48

Andréfouët S, Hochberg EJ, Chevillon C, Muller-Karger FE, Brock JC, Hu C(2005) Multi-scale remote sensing of coral reefs. In: Miller RL, Del Castillo CE, McKee BA(eds) Remote sensing of coastal aquatic environments. Springer, Dordrecht

Andréfouët S, Muller-Karger FE, Robinson JA, Kranenburg CJ, Torres-Pulliza D, Spraggins SA, Murch B(2006) Global assessment of modern coral reef extent and diversity for regional science and management applications: a view from space. In: Proceedings of 10th international coral reef symposium, 1732-1745

Andréfouët S, Kramer P, Torres-Pulliza D, Joyce KE, Hochberg EJ, Garza-Pérez R, Mumby PJ, Riegl B, Yamano H, White WH, Zubia M, Brock JC, Phinn SR, Naseer A, Hatcher BG, Muller-Karger FE(2003) Multi-site evaluation of IKONOS data for classification of tropical coral reef environments. Remote Sens Environ 88:128-1433 Multispectral Applications 73

Andréfouët S, Muller-Karger FE, Hochberg EJ, Hu C, Carder KL(2001b) Change detection in shallow coral reef environments using Landsat 7 ETM+ data. Remote Sens Environ 78:150-162

Andréfouët S, Berkelmans R, Odrizola L, Done T, Oliver J, Müller-Karger F(2002b) Choosing the appropriate spatial resolution for monitoring coral bleaching events using remote sensing. Coral Reefs 21:147-154

Andréfouët S, Rilwan Y, Hamel MA(2012) Habitat mapping for conservation planning in Baa Atoll, Republic of Maldives. Atoll Res Bull 590:207-221

Arvidson T, Gasch J, Goward SN(2001) Landsat 7's long-term acquisition plan—an innovative approach to building a global imagery archive. Remote Sens Environ 78:13-25

Beger M, Jones GP, Possingham HP(2006) A method of statistical modelling of coral reef fish distribution: can it aid conservation planning in data poor regions? In: Proceedings of 10th international coral reef symposium, pp 1445-1456

Bejarano S, Mumby PJ, Hedley JD, Sotheran I(2010) Combining optical and acoustic data to enhance the detection of Caribbean forereef habitats. Remote Sens Environ 114:2768-2778

Bouvet G, Ferraris J, Andréfouët S(2003) Evaluation of large-scale unsupervised classification of New Caledonia reef ecosystems using Landsat 7 ETM+ imagery. Oceanol Acta 26:281-290

Brock J, Yates K, Halley R(2006) Integration of coral reef ecosystem process studies and remote sensing. In: Richardson LL, LeDrew EF(eds) Remote sensing of aquatic coastal ecosystem processes. Springer, Dordrecht

Burke L, Reytar K, Spalding M, Perry A(2011) Reefs at risk revisited. World Resources Institute, Washington DC

Call KA, Hardy JT, Wallin DO(2003) Coral reef habitat discrimination using multivariate spectral analysis and satellite remote sensing. Int J Remote Sens 24:2627-2639

Capolsini P, Andréfouët S, Rion C, Payri C(2003) A comparison of Landsat ETM+, SPOT HRV, Ikonos, ASTER, and airborne MASTER data for coral reef habitat mapping in South Pacific islands. Can J Remote Sens 29:187-200

Chabanet P, Adjeroud M, Andréfouët S, Bozec YM, Ferraris J, Garcìa-Charton JA, Schrimm M (2005) Human-induced physical disturbances and their indicators on coral reef habitats: a multi-scale approach. Aquat Living Resour 18:215-230

Dalleau M, Andréfouët S, Wabnitz CCC, Payri C, Wantiez L, Pichon M, Friedman K, Vigliola L, Benzoni F(2010) Use of habitats as surrogates of biodiversity for efficient coral reef conservation planning in Pacific Ocean islands. Conserv Biol 24:541-552

Dustan P, Dobson E, Nelson G(2001) Landsat Thematic Mapper: detection of shifts in community composition of coral reefs. Conserv Biol 15:892-902

Elvidge CD, Dietz JB, Berkelmans R, Andréfouët S, Skirving W, Strong A, Tuttle B(2004) Satellite observation of Keppel Islands (Great Barrier Reef) 2002 coral bleaching using IKONOS data. Coral Reefs 23:123-132

Gardner TA, Côté IM, Gill JA, Grant A, Watkinson AR(2003) Long-term region-wide declines in Caribbean corals. Science 301:958-960

Garza-Perez JR, Lehmann A, Arias-Gonzalez JE(2004) Spatial prediction of coral reef habitats: integrating ecology with spatial modeling and remote sensing. Mar Ecol Prog Ser 269:141-152

Green EP, Mumby PJ, Edwards AJ, Clark CD(1996) A review of remote sensing for the assessment and management of tropical coastal resources. Coast Manag 24:1-40

Green EP, Mumby PJ, Edwards AJ, Clark CD(2000b) Remote sensing handbook for tropical coastal management. UNESCO, Paris

Hamel MA, Andréfouët S(2012) Biodiversity-based propositions of conservation areas in Baa Atoll, Republic of Maldives. Atoll Res Bull 590:223-235

Hanaizumi H, Akiba M, Yamano H, Matsunaga T(2008) A pan-sharpened method for satellite image-based coral reef monitoring with higher accuracy. In: Proceedings of 11th international coral reef symposium, pp 626-630

Harborne AR, Mumby PJ, Zychaluk K, Hedley JD, Blackwell PG(2006) Modeling beta diversity of coral reefs. Ecology 87:2871-2881

Hochberg EJ, Atkinson MJ(2003) Capabilities of remote sensing to classify coral, algae, and sand as pure and mixed spectra. Remote Sens Environ 85:174-189

Hochberg EJ, Atkinson MJ(2008) Coral reef benthic productivity based on optical absorptance and light-use efficiency. Coral Reefs 27:49-59

Hochberg EJ, Atkinson MJ, Andréfouët S (2003) Spectral reflectance of coral reef bottom-types worldwide and implications for coral reef remote sensing. Remote Sens Environ 85:159-173

Holden H, LeDrew E (1998) Spectral discrimination of healthy and non-healthy corals based on cluster analysis, principal components analysis, and derivative spectroscopy. Remote Sens Environ 65:217-224

Hu C, Hackett KE, Callahan MK, Andréfouët A, Wheaton JL, Porter JW, Muller-Karger FE (2003) The 2002 ocean color anomaly in the Florida Bight: a cause of local coral reef decline? Geophys Res Lett 30:1151

Jones AT, Thankappan M, Logan GA, Kennard JM, Smith CJ, Williams AK, Lawrence GM (2006) Coral spawn and bathymetric slicks in Synthetic Aperture Radar (SAR) data from the Timor Sea, north-west Australia. Int J Remote Sens 27:2063-2069

Joyce KE, Phinn SR, Roelfsema CM, Neil DT, Dennison WC (2004) Combining Landsat ETM + and reef check classifications for mapping coral reefs: a critical assessment from the souther Great Barrier Reef, Australia. Coral Reefs 23:21-25

Jupp DLB, Mayo KK, Kuchler DA, Claasen DVR, Kenchington RA, Guerin PR (1985) Remote sensing for planning and managing the Great Barrier Reef of Australia. Photogrammetria 40: 21-42

Kuchler DA, Bina RT, van Classen DR (1988) Status of high-technology remote sensing for mapping and monitoring coral reef environments. In: Proceedings of 6th international coral reef symposium 1:97-101

Kutser T, Jupp DLB (2006) On the possibility of mapping living corals to the species level based on their optical signatures. Estuar Coast Shelf Sci 69:607-614

LeDrew EF, Holden H, Wulder MA, Derksen C, Newman C (2004) A spatial statistical operator applied to multidate satellite imagery for identification of coral reef stress. Remote Sens Environ 91:271-279

Leiper IA, Siebeck UE, Marshall NJ, Phinn SR (2009) Coral health monitoring: linking coral colour and remote sensing techniques. Can J Remote Sens 35:276-286

Lim A, Hedley JD, LeDrew E, Mumby PJ, Roelfsema C (2009) The effects of ecologically determined spatial complexity on the classification accuracy of simulated coral reef images. Remote Sens Environ 113:965-978

Loubersac L, Populus J (1986) The applications of high resolution satellite data for coastal management and planning in a Pacific coral island. Geocarto Int 2:17-31

Loubersac L, Dahl AL, Collotte P, Lemaire O, D'Ozouville L, Grotte A (1988) Impact assessment of Cyclone Sally on the almost atoll of Aitutaki (Cook Islands) by remote sensing. In: Proceedings of 6th international coral reef symposium 2:455-462

Lunetta RS, Elvidge CD (1998) Remote sensing and change detection environmental monitoring methods and applications. Ann Arbor Press, Chelsea, Michigan

Lyzenga DR(1978) Passive remote sensing techniques for mapping water depth and bottom features. Appl Opt 17:379-383

Maeder J, Narumalani S, Rundquist DC, Perk RL, Schalles J, Hutchins K, Keck J(2002) Classifying and mapping general coral-reef structure using IKONOS data. Photogram Eng Remote Sens 68: 1297-1305

Maina J, Venus V, McClanahan TR, Ateweberhan M(2008) Modelling susceptibility of coral reefs to environmental stress using remote sensing data and GIS models. Ecol Model 212:180-199

Masiri I, Nunez M, Weller E(2008) A 10-year climatology of solar radiation for the Great Barrier Reef: implications for recent mass coral bleaching events. Int J Remote Sens 29:4443-4462

Matsunaga T, Hoyano A, Mizukami Y(2000) Monitoring of coral reefs on Ishigaki Island in Japan using multitemporal remote sensing data. Proc SPIE 4154:212-2223

Mellin C, Andréfouët S, Kulbicki M, Dalleau M, Vigliola L(2009) Remote sensing and fishhabitat relationships in coral reef ecosystems: review and pathways for systematic multi-scale hierarchical research. Mar Pollut Bull 58:11-19

Ministry of the Environment(2008) Report on evaluation of coral reef mapping methods(FY H19). Ministry of the Environment, Tokyo

Mishra DR, Narumalani S, Rundiquist D, Lawson M(2005) High-resolution ocean color remote sensing of benthic habitats: a case study at the Roatan Island, Honduras. IEEE Trans Geosci Remote Sens 43:1592-1604

Mishra D, Narumalani S, Rundiquist D, Lawson M(2006) Benthic habitat mapping in tropical marine environments using QuickBird multispectral data. Photogram Eng Remote Sens 72: 1037-1048

Mora C, Andréfouët S, Costello MJ, Kranenburg C, Rollo A, Veron J, Gaston KJ, Myers RA(2006) Coral reefs and the global network on marine protected areas. Science 312:1750-1751

Moses CS, Palandro DA, Andréfouët S, Muller-Karger F(2008) Remote sensing of changes in carbonate production on coral reefs: The Florida Keys. In: Proceedings of 11th international coral reef symposium, pp 62-66

Moses CS, Andréfouët S, Kranenburg C, Muller-Karger FE(2009) Regional estimated of reef carbonate dynamics and productivity using Landsat 7 ETM+, and potential impacts from ocean acidification. Mar Ecol Prog Ser 380:103-115

Mumby PJ(2001) Beta and habitat diversity in marine systems: a new approach to measurement, scaling and interpretation. Oecologia 128:274-280

Mumby PJ, Harborne AR(1999) Development of a systematic classification scheme of marine habitats to facilitate regional management and mapping of Caribbean coral reefs. Biol Conserv 88: 155-163

Mumby PJ, Edwards AJ(2002) Mapping marine environments with IKONOS imagery: enhanced spatial resolution can deliver greater thematic accuracy. Remote Sens Environ 82:248–257

Mumby PJ, Green EP, Edwards AJ, Clark CD(1997) Coral reef habitat mapping: how much detail can remote sensing provide? Mar Biol 130:193–202

Mumby PJ, Clark CD, Green EP, Edwards AJ(1998) Benefits of water column correction and contextual editing for mapping coral reefs. Int J Remote Sens 19:203–210

Mumby PJ, Skirving W, Strong AE, Hardy JT, LeDrew EF, Hochberg EJ, Stumpf RP, David LT (2004b) Remote sensing of coral reefs and their physical environment. Mar Pollut Bull 48: 219–228

Mumby PJ, Broad K, Brumbauch DR, Dahlgren CP, Harborne AR, Hastings A, Holmes KE, Kappel CV, Micheli F, Sanchirico JN(2008) Coral reef habitats as surrogates of species, ecological functions, and ecosystem services. Conserv Biol 22:941–951

Naseer A, Hatcher BG(2004) Inventory of the Maldives' coral reefs using morphometrics generated from Landsat ETM+ imagery. Coral Reefs 23:161–168

Newman CM, LeDrew EF, Lim A(2006) Mapping of coral reefs for management of marine protected areas in developing nations using remote sensing. In: Richardson LL, LeDrew EF(eds) Remote sensing of aquatic coastal ecosystem processes. Springer, Dordrecht

Ouillon S, Douillet P, Andréfouët S(2004) Coupling satellite data with in situ measurements and numerical modeling to study fine suspended–sediment transport: a study for the lagoon of New Caledonia. Coral Reefs 23:109–122

Palandro DA, Andréfouët S, Hu C, Hallock P, Müller–Karger FE, Dustan P, Callahan MK, Kranenburg C, Beaver CR(2008b) Quantification of two decades of shallow–water coral reef habitat decline in the Florica Keys National Marine Sanctuary using Landsat data(1984–2002). Remote Sens Environ 112:3388–3399

Palandro D, Andréfouët S, Muller–Karger FE, Dustan P, Hu C, Hallock P(2003) Detection of changes in coral reef communities using Landsat–5 TM and Landsat–7 ETM+ data. Can J Remote Sens 29:201–209

Philpot WD(1989) Bathymetric mapping with passive multispectral imagery. Appl Opt 28: 1569–1578

Phinn S, Joyce K, Scarth P, Roelfsema C(2006) The role of integrated information acquisition and management in the analysis of coastal ecosystem change. In: Richardson LL, LeDrew EF(eds) Remote sensing of aquatic coastal ecosystem processes. Springer, Dordrecht

Possingham HP, Ball IR, Andelman S(2000) Mathematical methods for identifying representative reserve networks. In: Ferson S, Burgman M(eds) Quantitative methods for conservation biology. Springer, New York

Purkis SJ(2005) A "reef–up" approach to classifying coral habitats from IKONOS imagery. IEEE Trans Geosci Remote Sens 43:1375–1390

Purkis SJ, Riegl B(2005) Spatial and temporal dynamics of Arabian Gulf coral assemblages quanti-

fied from remote-sensing and in situ monitoring data. Mar Ecol Prog Ser 287:99-113
Purkis SJ, Myint SW, Riegl BM(2006) Enhanced detection of the coral Acropora cervicornis from satellite imagery. Remote Sens Environ 101:82-94
Purkis SJ, Kohler KE, Riegl BM, Rohmann SO(2007) The statistics of natural shapes in modern coral reef landscapes. J Geol 115:493-508
Purkis SJ, Rowlands GP, Riegl BM, Renaud PG(2010) The paradox of tropical karst morphology in the coral reefs of the arid Middle East. Geology 38:227-230
Rankey EC(2002) Spatial patterns of sediment accumulation on a Holocene carbonate tidal flat, northwest Andros Island, Bahamas. J Sediment Res 72:591-601
Riegl B, Purkis SJ(2005) Detection of shallow subtidal corals from IKONOS satellite and QTC View (50,200 kHz) single-beam sonar data(Arabian Gulf; Dubai, UAE). Remote Sens Environ 95: 96-114
Riegl B, Purkis SJ(2009) Model of coral population response to accelerated bleaching and mass mortality in a changing climate. Ecol Model 220:192-208
Riegl BM, Halfar J, Purkis SJ, Godinez-Orta L(2007) Sedimentary facies of the eastern Pacific's northernmost reef-like setting(Cabo Pulmo, Mexico). Mar Geol 236:61-77
Rioja-Nieto R, Sheppard C(2008) Effects of management strategies on the landscape ecology of a marine protected area. Ocean Coast Manag 51:397-404
Robinson JA, Andréfouët S, Burke L(2006) Data synthesis for coastal and coral reef ecosystem management at regional and global scales. In: Richardson LL, LeDrew EF(eds) Remote sensing of aquatic coastal ecosystem processes. Springer, Dordrecht
Rowlands GP, Purkis SJ, Riegl BM(2008) The 2005 coral bleaching event Roatan(Hondulas): use of pseudo-invariant features(PIFs) in satellite assessments. J Spatial Sci 53:99-112
Sano M, Shimizu M, Nose Y(1987) Long-term effects of destruction of hermatypic corals by Acanthaster planci infestation on reef fish communities at Iriomote Island, Japan. Mar Ecol Prog Ser 37:191-199
Schuyler Q, Dustan P, Dobson E(2006) Remote sensing of coral reef community change on a remote coral atoll: Karang Kapota, Indonesia. In: Proceedings of 10th international coral reef symposium, 1763-1770
Scopélitis J, Andréfouët S, Largouët C(2007) Modelling coral reef habitat trajectories: evaluation of an integrated timed automata and remote sensing approach. Ecol Model 205:59-80
Scopélitis J, Andréfouët S, Phinn S, Arroyo L, Dalleau M, Cros A, Chabanet P(2010) The next step in shallow coral reef monitoring: combining remote sensing and in situ approaches. Mar Pollut Bull 60:1956-1968
Sharma S, Bahuguna A, Chaudhary NR, Nayak S, Chavan S, Pandey CN(2008) Status and monitoring the health of coral reef using multi-temporal remote sensing—a case study of Pirotan Coral Reef Island, Marine National Park, Gulf of Kachchh, Gujarat, India. In: Proceedings of 11th

international coral reef symposium, pp 647-651

Shinn EA, Smith GW, Prospero JM, Betzer P, Hayes ML, Garrison V, Barber RT(2000) African dust and the demise of Caribbean coral reefs. Geophys Res Lett 27:3029-3032

Smith EV, Rogers RH, Reed LE (1975) Automated mapping and inventory of Great Barrier Reef zonation with Landsat data. In: IEEE Ocean'75, 1:775-780

Stumpf RP, Holderied K, Sinclair M(2003) Determination of water depth with high-resolution satellite imagery over variable bottom types. Limnol Oceanogr 48:547-556

Tittensor DP, Mora C, Jetz W, Lotze HK, Ricard D, Vanden Berghe E, Worm B (2010) Global patterns and predictors of marine biodiversity across taxa. Nature 466:1098-1101

Vercelli C, Gabrie C, Ricard M(1988) Utilization of SPOT-1 data in coral reef cartography Moorea Island & Takapoto Atoll, French Polynesia. In: Proceedings of 6th international coral reefs symposium 2:463-468

Vermote EF, Tanré D, Deuzé JL, Herman M, Morcette JJ (1997) Second simulation of the satellite signal in the solar spectrum, 6S: an overview. IEEE Trans Geosci Remote Sens 35:675-686

Webb AP, Kench PS(2010) The dynamic response of reef islands to sea-level rise: evidence from muti-decadal analysis of island change in the central Pacific. Global Planet Change 72:234-246

Willis BL, Oliver JK (1990) Direct tracking of coral larvae: implications for dispersal studies of planktonic larvae in topographically complex environments. Ophelia 32:145-162

Yamano H(2007) The use of multi-temporal satellite images to estimate intertidal reef-flat topography. J Spatial Sci 52:73-79

Yamano H, Tamura M(2004) Detection limits of coral reef bleaching by satellite remote sensing: simulation and data analysis. Remote Sens Environ 90:86-103

Yamano H, Shimazaki H, Matsunaga T, Ishoda A, McClennen C, Yokoki H, Fujita K, Osawa Y, Kayanne H(2006a) Evaluation of various satellite sensors for waterline extraction in a coral reef environment: Majuro Atoll, Marshall Islands. Geomorphology 82:398-411

Yamano H, Yamaguchi T, Chikamori M, Kayanne H, Yokoki H, Shimazaki H, Tamura M, Watanabe S, Yoshii S(2006b) Satellite-based typology to assess stability and vulnerability of atoll islands: a comparison with archaeological data. In: Proceedings of 10th international coral reef symposium, 1556-1566

Yokoki H, Yamano H, Kayanne H, Sato D, Shimazaki H, Yamaguchi T, Chikamori M, Ishoda A, Takagi H (2006) Numerical calculations of longshore sediment transport due to wave transformation in the lagoon of Majuro Atoll, Marshall Islands. In: Proceedings of 10th international coral reef symposium, 1570-1576

Zainal AJM, Dalby DH, Robinson IS(1993) Monitoring marine ecological changes in the east coast of Bahrain with Landsat TM. Photogram Eng Remote Sens 59:415-421

第4章　高光谱应用

John D. Hedley

摘要　高光谱遥感技术属于珊瑚礁环境光学遥感方面的前沿技术。目前，高光谱数据的采集大多采用安装在飞机上的仪器设备进行，但在未来几年里，几个卫星传感器的发射计划将逐渐增强高光谱数据对珊瑚礁分析的实用性。在最简单的层面上，高光谱数据支持各种分类技术以更高的精度获得比多光谱数据更多类别的分类。另外，可采用波段比值或反演法在每个像元的全波段反射曲线中寻找出特定波长上的底栖生物类型的特征值。虽然这种算法的可行性得到了现场数据的支持，但图像分析的可行性不佳。除此之外，全波段反射曲线促进了基于模型的新方法的形成，这些令人兴奋的新方法的目的是同时区分深度、底栖生物类型和水质等参数。这些方法也可以结合误差传播原理，对每个像元的每一个参数设置误差统计表。使用高光谱数据使珊瑚礁遥感技术达到逐像元光学分析的水平。不过底栖生物类型的反射率与水体的属性均存在各种自然变化，这就限制了高光谱的分辨能力，导致一些目标从最初就被混淆。这会促使未来这个方向的发展更注重空间模式的分析，并建立能够节约成本的多种数据融合机制，如融合声波和 LiDAR 数据。

4.1　引言

4.1.1　珊瑚礁管理的有关问题

五颜六色的各种生物群落构成了珊瑚礁的典型特征，这些珊瑚礁底栖生物的颜色光谱细节的丰富程度，超越了人眼对红、绿和蓝等多种色彩的识别能力。而栖居于珊瑚礁的螳螂虾就可以识别出来。螳螂虾的眼睛在 400~700nm 范围内包含十多个不同波长的灵敏度（Cronin et al.，1989）。显然，是生物进化的压

J. D. Hedley，英国 ARGANS 有限公司，他玛科学园，邮箱：jhedley@argans.co.uk。

力引导着螳螂虾去利用珊瑚礁环境的光谱细节。而通过开发利用高光谱遥感数据,人类也可以做到这一点。

从前面的研究可知,珊瑚礁的光谱组成包括多种具有光学意义的要素,水-气界面的反射、水体的反射和底栖生物的海底反射。从底栖生物制图的角度,水体和海面反射光的作用仅仅是“噪声”,进行分析时应该有效排除而只留下底栖生物反射。相反,对于水体成分的研究,多样的底栖生物反射才是“噪声”,是水体成分分析的干扰因素。我们希望通过底栖生物所含色素的光谱曲线来区分其类型。在某些情况下,不同的地物有着相同的色素,如珊瑚和海藻中都有叶绿素;而同种地物有时却含有不同的色素,如红色、绿色和褐色大型海藻的颜色就不相同,因为它们包含特殊的色素成分(Hedley et al. ,2002)。

高光谱分析的前提是,在某种程度上,珊瑚礁系统的组成部分及不同的底栖生物类型在波长上具有不同的光谱曲线形状。光谱通道较宽的多光谱传感器没有足够高的光谱分辨率,从而无法在光谱吸收和散射中捕获细部的光谱曲线的峰和谷,但高光谱(或窄光谱通道)传感器可以揭示这些细节(图 4.1)。水中的有色可溶性有机物(CDOM)对光的吸收呈现出非常有特点的曲线形状,浮游植物的叶绿素和纯水对光的吸收也不例外(图 4.2)。同样,底栖生物类型的光谱反射率(图 4.3)变化也非常大,可反映出我们感兴趣的底栖生物类型之间的不同点(Hochberg et al. ,2003a;Holden et al. ,1999)。高光谱数据让我们能够利用其特有的光谱形状来区分这些不同组成部分的光学构成,因此,在特定应

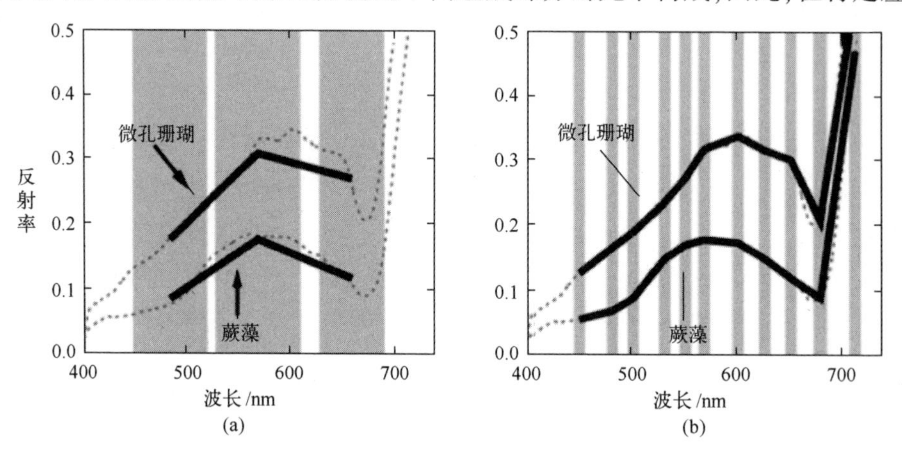

图 4.1 珊瑚和大型藻类反射率实例,重采样至(a)Landsat TM 的蓝色、绿色和红色波段和(b)小型机载光谱成像仪(CASI)的典型波段结构,波段数>10。虚线显示一种珊瑚(微孔珊瑚属)及藻类(蕨藻属)的全分辨率反射光谱,灰色条带表明波段位置和宽度,而实线是重采样到仪器波段中的光谱

用场合中可以将“噪声”与“信号”区分开。然而,珊瑚礁各组成部分本身光学特性的可变性,尤其是复杂的底栖生物空间结构,是实现目标的一个限制因素。重要的是,我们应该认识到,可以以光学特点分离出来的珊瑚礁组分可能并不是科学或管理的角度所需要的。从生态意义上看,珊瑚和大型藻类是明显不同的两个物种,但两者的光谱反射率却非常相似。两者均含有叶绿素。此外,珊瑚共生体和褐藻的主要辅助色素(分别为多甲藻黄素和岩藻黄素)还具有相似的光谱曲线(Jeffery et al. ,1997)。

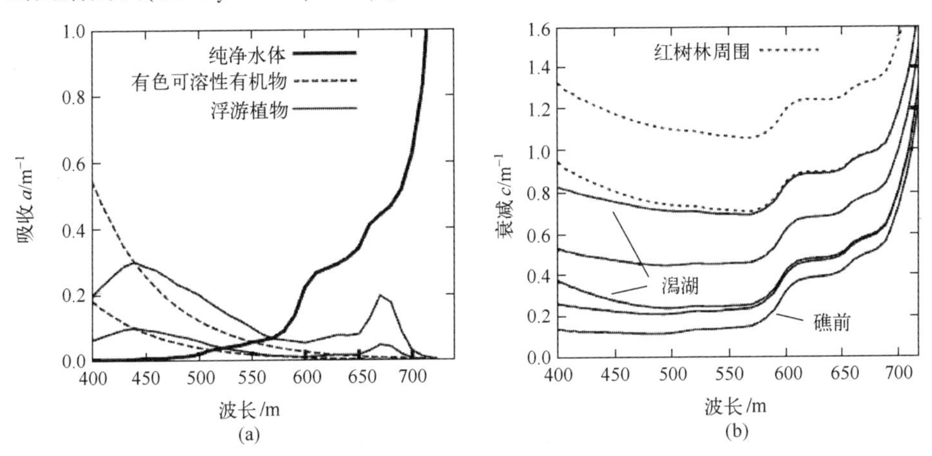

图 4.2 珊瑚礁水域的光谱吸收和衰减特性:(a)不同浓度水体成分吸收剖面实例(Lee et al. ,1998;Pope and Fry, 1997);(b)用透射仪在多个珊瑚礁区域测得的几种衰减(吸收加散射)效果。注意水中有色可溶性有机物的变化如何影响衰减光谱左边缘(<500nm)的形状。其他光谱衰减特性主要取决于纯净水体自身,因为珊瑚礁水域中浮游植物的水平一般都很低。珊瑚礁区域之间衰减量曲线的垂直差异(b)是由不同量的悬浮颗粒物散射造成的

不同的珊瑚礁管理目标需要从不同层次描述底栖生物细节并制图。最具挑战性的目标有量化活珊瑚覆盖面积、区分活珊瑚与死珊瑚(Mumby et al. ,2001,2004)、识别活珊瑚与大型藻类(Goodman et al. ,2007)以及监测珊瑚白化现象等(Elvidge et al. ,2004)。虽然引用的研究结果和其他研究结果都得到了积极的成果,但在撰写此书时尚未在常规作业中利用高光谱数据达成这些目标。机载高光谱数据为栖息地的分类研究提供了很大便利条件,利用这些数据可以准确地估计栖息地类别数量(Mumby et al. ,1997)。然而,这种成功也可能是地面实况调查中较高的空间分辨率或精细尺度测量所导致的,可影响数据精度且难以分离(Caplosini et al. ,2003)。浅水区制图的最新方法是为设备接收到的光谱曲线开发一种模型,然后“反演”,同时提取水深、水体光学特性和底栖生物构成(Lee et al. ,1998,1999,2001;Mobley et al. ,2005;Brando et al. ,2009;

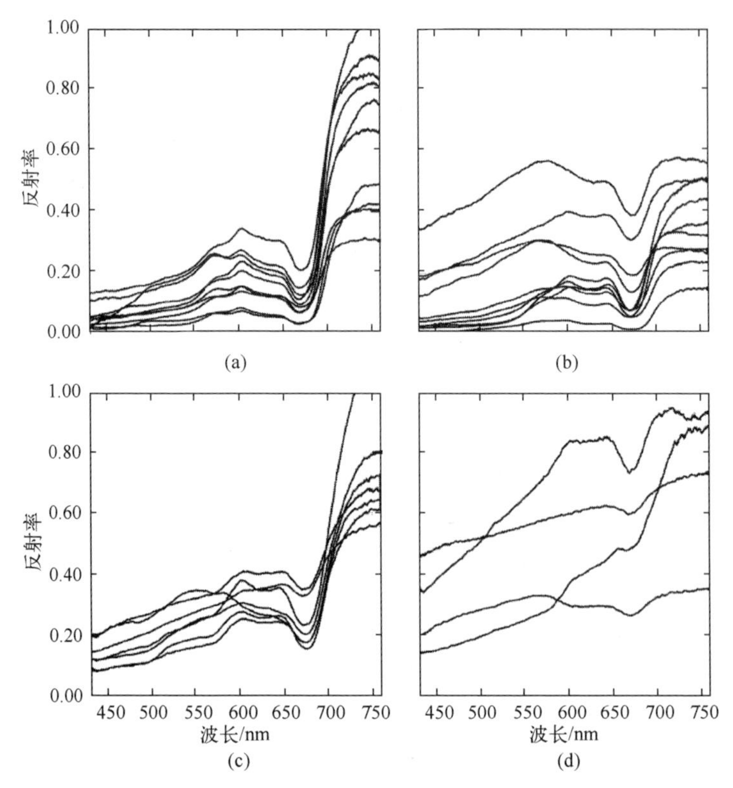

图 4.3 珊瑚礁底栖生物类型和沙子反射光谱实例，使用光谱仪置于水下防护装置内现场测量(Roelfsema et al.，2006)。需要注意的是叶绿素几乎无处不在，并且是680nm 处吸收特征值(下降)的主要原因。在700nm 以上珊瑚的反射率很高(a)这种现象通常认为是由于叶绿素荧光造成的。事实上，叶绿素荧光的作用很小，另一种解释是，峰值的发生是因为处于这些波长的生物体组织是透明的且其下面的珊瑚骨架的反射能力很强(Enriquez et al.，2005)

(a) 珊瑚反射率(10)；(b) 海藻反射率(10)；(c) 碎石反射率(7)；(d) 沙子反射率(4)。

Hedley et al.，2009a；Dekker et al.，2011)。这些方法主要用于高光谱数据，而且可以取得良好的水深提取结果(Hedley et al.，2009a)。在提取水体光学特性和底栖生物构成的时候，结果好坏不一，但在某些环境下这些数据是能够估算出来的(Lee et al.，2001；Mobley et al.，2005；Goodman et al.，2007)。

交叉比较图像的分析方法是较为困难的，因为没有普遍适用的分类方案可以用于直接比较底栖生物的类别。不同的方法所返回的信息类型可能会完全不同。Mumby et al.(1999)为加勒比海珊瑚礁区设计了一种分级栖息地分类方案。该分类方案的好处是：可以将某些类型合并，以便在不同“描述性分辨率”

方法之间做交叉比较(Green et al. ,1996)。在对珊瑚白化现象进行测量时,Siebeck et al. (2006)使用了一种参考色卡。在现场测量或遥感过程中,如果初始分析工作量过于庞大,就需要将各种栖息地类型进行有意义的合并。

4.1.2 设计和操作注意事项

高光谱没有严格的术语定义,它在遥感上通常是指那些具有很多窄谱波段的数据源。大多数公开发表的珊瑚礁高光谱分析结果是使用飞机上安装的传感器获取数据的,如小型机载成像光谱仪(CASI)或机载可见光和红外成像光谱仪(AV-IRIS)(Mumby et al. ,2004;Goodman et al. ,2007)。只有少数的卫星传感器可归类为高光谱传感器并在浅水区中使用。Hyperion 传感器是迄今为止最为引人注目的(Lee et al. ,2007)。当然,可供选用的光谱传感器会变得越来越多,有 2013 年推出的德国的 EnMAP 和 2015 年推出的 NASA 的 HyspIRI(表 4.1)。这些传感器将在不久的将来彻底改变高光谱仪器在珊瑚礁监测中的应用。

表 4.1 已投入使用的和计划中的,按照高光谱和相对窄带原理设计的传感器实例

名称	波段数	波段范围/nm	宽度/nm	像元尺寸/m	珊瑚礁或浅水区应用实例
机载					
Ocean PHILLS	128	400~1000	4.6	≥1	Mobley et al. (2005)
AVIRIS	224	400~2400	约 9	≥4	Goodman et al. (2007)
CASI-2	18~288	405~950	约 9 18 个波段时	≥1	Mumby et al. (2004); Hedley et al. (2009a)
HyMap	128	450~2500	15~20	3-10	Heege et al. (2007)
AISA Eagle	60~488	400~970	1~10	≥1	Mishra et al. (2007)
卫星或国际空间站					
Hyperion	220	430~2500	10	30	Lee et al. (2007);Kutser et al. (2006)
HICO(ISS)	102	380~960	5.7	92	尚未公布
WorldView 2	8	400~1040	40~180	2	尚未公布
Sentinel 2	13	439~2280	15~180	10-60	2014 年启用
VENiS SSC	12	415~910	1640	5	2013 年启用
PRISMA VNIR	66	400~1010	≤12	30	2013 年启用
EnMAP	94	420~1000	约 6	30	2015 年启用
HyspIRI	约 212	380~2500	10	60	2015 年启用

多光谱和高光谱之间的区别有时是模糊的,并随着多波段传感器的出现而变得越来越模糊(表 4.1)。例如,在一个相当成功的高光谱演示中,Mumby et al.(2004)仅使用了小型机械成像光谱仪(CASI)数据集的6个波段。传统上被视为“多光谱”的新一代卫星传感器家族越来越具备高光谱的特性,例如DigitalGlobe公司的WorldView-2额外增加了多个波段(表4.1),欧洲航天局(ESA)推出的Sentinel-2也使用了窄波段(表4.1;Hedley et al.,2012a)。面向高光谱的技术未来很可能会在更多的传感器中得到更多的应用。大部分对多光谱数据适用的技术也同样适用于高光谱数据。当然,估算的精度可能会有所不同,但这未必仅仅与波段的数目相关。空间分辨率、最窄带宽、辐射精度和与影像最小云盖度的特定图像质量及海面日光反射率也都是影响图像质量的重要因素。尤其在珊瑚礁变化监测的应用中,图像重访次数和数据成本也是极为重要的因素。

要想从众多已投入使用和计划中的图像采集系统中选择自己需要的系统,就有必要了解各种光学遥感仪器在设计上的局限性。为了让某个被动光学成像系统达到一定的辐射精度,设计的时候就必须在空间分辨率和光谱分辨率之间做出取舍。在仪器内部,一个像元范围内所收集到的光子被分隔成多个端元,用于量化每个波段中的响应水平。每个端元中收集到的光的能量必须足以确保信号良好,且信号强度高于设备内部噪声。从更小的空间区域收集数据意味着视场更小,即光能量更少,结果降低了将这些光被分隔成众多波长波段的能力。传感器技术的改进使得整体的空间分辨率和光谱分辨率得到了提高,但这种设计同样具有局限性,即限制了可用仪器的扫描范围。例如,ESA MERIS海洋水色传感器在15个窄波段中可实现大约10nm宽度的高辐射测量精度,但空间分辨率为300m。与此完全相反的一项设计方案是IKONOS传感器,它可提供4m的空间分辨率但辐射测量精度较低,且仅有4个65~100nm宽度的波段。设计方案中的这种平衡取舍代表着珊瑚礁遥感方法应用中的数据级决策。研究表明,所有的因素都应该进行优化,因为珊瑚礁应用会因高空间分辨率、高光谱分辨率、高辐射分辨率而受益(Caplosini et al.,2003;Mumby et al.,1997;Mumby et al.,2002)。然而,这三者不可能同时实现最优化,因此,在实践中为特定用途选择数据源时总要进行取舍。还要注意的是,近红外和远红外波段大多无法用于海底测绘,因为对于700nm以上的波长来说,海水几乎是不透明的(图4.2)。因此,虽然Hyperion等仪器有224个波段,但是其中只有约30个波段在海底测绘应用中可以传送足够的信息。

机载传感器则属于上述传感器设计局限性的“例外”,因为它们在飞行时更接近地球表面。因此,在传感器视场中,较小的像元相当于上述传感器中较大的像元,这样就可以同时实现较高的空间分辨率和光谱分辨率。尽管如此,航空遥感数据却又会导致大量图像处理难题的出现。机载高光谱传感器通常以一种“推扫式”设计模式进行工作,传感器随着飞机的前移记录下扫过水面的一连串像元。飞机在飞行中的倾斜和偏航必须最小,可尽管如此,航测结果仍需要经过专门的图像几何校正。更加接近水面的飞行会引起“航迹交叉”性变化,因为飞机航迹的左侧和右侧对水面的视角是不同的。细致的航线设计可以使这种影响最小化(稍后讨论),但通常需要做特殊的图像校正。在所有情况下,图像质量可能会受到飞行员和操作员采集数据的经验以及风力条件的显著影响。需要注意的另一个因素是,仪器的维护和部署比使用卫星平台更加复杂多变。如果没有正确地维护仪器,传感器上的灰尘和其他因素可能会导致数据产生垂直条纹,而飞机的电气噪声则可能会导致水平条纹的产生。

进行底栖生物制图时,应将仪器的辐射灵敏度调整到最佳值以适应相对较暗的海底反射。通过一个针对水下应用而调优的传感器也许很难获得不饱和地面数据,尤其是在热带地区,其陆地表面可能含有反射率较高的珊瑚砂。这会影响到利用地面目标作为大气校正参照物的能力。工作中的卫星较少受到这些问题的影响。它们的任务需求和设备操作特性都从便于长期应用和满足多用户需求的角度出发进行了明确规定,而不仅仅是为了某个客户的临时需求而设定。

一些机载传感器(如 CASI)允许用户配置波段的波长。在这种情况下,就有必要对研究区域的相关文献和特征进行研究,以便将波段配置在可能提供有用信息的波长范围上。表 4.2 中的信息则是为一次已公布的珊瑚礁应用案例之所以会选择 CASI 波段的理由(de Vries,1994)。然而,表 4.2 的信息并不是不可改变的,而且也有些过时了;例如,由于海水的高吸收率,近红外波段是不可能显示红边叶绿素特征的(图 4.2)。此外,也应考虑到感兴趣的栖息地的特征和光谱识别地物方面的最新研究结果(Hochberg et al. ,2003a)。Hedley et al. 于 2002 年探讨了珊瑚礁色素的光谱特征及其与高光谱遥感的关系。

表 4.2 一项珊瑚礁应用实例中使用的 CASI 波段配置(de Vries, 1994)

中心波长/nm	宽度/nm	视觉灵敏度	建议用途
449.6	8.8	蓝色	水中穿透深度
481.4	8.8		叶绿素
500.9	8.9		海洋叶绿素参考
530.8	8.9		散射
550.6	8.9	绿色	参考
568.4	8.9		藻红蛋白
600.6	8.9	红色	参考
625.7	9.0		藻蓝蛋白

（续）

中心波长/nm	宽度/nm	视觉灵敏度	建 议 用 途
650.8	9.0		参考
678.8	10.8		叶绿素 a
712.1	9.0		红边 1
751.0	10.9		红边 2
804.4	9.1		近红外 1
848.0	9.1		近红外 2
注:还指出了人眼色觉灵敏度的峰值波长			

4.2 高光谱计划和预处理

在利用光学遥感对浅水水域底栖生物组成和其他生物物理参数的量化描述方面有着许多不同的方法。实际上,几乎所有方法都同时适用于多光谱或高光谱数据,但是输出的质量有所不同,有些方法在设计时就考虑到了高光谱数据的应用。在选择使用方法时,首先应考虑在特定的应用场合中需要从图像中提取什么样的数据。同时必须考虑哪种方法切实可行,以及采取某种具体方法时会遇到什么样的挑战。目前已公开发表的种种方法在应用复杂度方面千差万别:有的方法在应用时很少需要或根本不需要图像预处理,或者只需使用标准的软件即可完成,而有的方法却需要严格的大气校正和自定义代码。重要的是,已发表的结果往往表现出明显的差异,效果不好的方法所得出的结果远不如运行良好的方法得出的结果。此外,在科学文献中对一个特定图像的成功展示,可能是对这个特定图像进行长期方法学检验的最终结果,并不仅仅是所发表的论文中的一个组成部分。因此,在将一种方法应用到其他研究区时,必须对该地区应用的可行性进行审慎评估。

4.2.1 数据和处理要求

随后的章节会对珊瑚礁生物物理参数的各种图像处理技术进行概述并给出实例。不仅重点讨论可提取的数据类型,而且要讨论在使用各种方法时的实际要求。一般情况下,对公开发表的方法作潜力评价时应考虑以下因素:

(1) 这种方法适合于可用图像吗?

① 该方法依赖于高光谱图像吗?成功展示的方法中所使用的波段的数量、波段的宽度是多少?所用仪器的辐射测量精度是多少?

② 图像的空间分辨率是否适合？研究场地的栖息地底栖生物异质性尺度有多大，这个方法是否能够处理该尺度的混合像元？

③ 图像是否可获取，其质量如何？有大量海面日照反射或大气雾霭的图像可能不会得出论文中所用图像那样好的效果。这里要再次提到一种倾向，即公开发表的最佳实例有可能使用了最高质量的图像（见 Brando et al.，2009，是一个罕见的例外）。

④ 如果尚未获取图像或因图像质量不高而难以分析的风险有多大？例如，商业卫星数据提供商并不总能保证图像中不存在海面日照反射现象。如果航空遥感作业受到时间、人员或成本的限制，那么这些限制是否会影响到数据的质量？

（2）有没有处理需求，以及这些需求如何实现？

① 是否需要大气校正？如果需要校正，应该使用哪种方法或软件且选用什么样的数据（见 4.2.3 节）？

② 是否需要气-水界面修正，以便去除海面日照反射，或者使模拟数据或现场数据与反射的强度和类型相匹配（例如，水上反射率或水下反射率）？

③ 需要何种级别的几何校正，以匹配地面实况数据？规定的图像空间尺度与可用的或潜在的地面实况数据是否具备匹配的可行性？

④ 分析过程是标准图像处理软件常见的例行程序，还是需要自定义码？

⑤ 是否有足够的人力资源可用来处理这些数据？记住，数据采集仅是需要做的工作的一小部分。

⑥ 什么样的长期资源可以分配给该数据集？为了获得最好的价值，对待数据集应该像对待生命体（living entities）一样，不断加以利用和关注。数据集被闲置的时间越长，其被再次使用的可能性越小。

（3）除了图像本身以外，还有哪些数据是有用的或必不可少的？

① 在采集底栖生物构成状态的数据时，需要多少、什么样的空间采样策略和何种级别的“描述性分辨率”？

② 是否需要底栖生物类型的反射光谱库？对某些方法来说，需要这些输入条件，但对于其他方法来说却没有多大的实际用处。

③ 是否需要进行光场、组成或光学特性的水中测量？

④ 如果需要大气校正，在采集替代校准图像的同时测量现场水面反射率，可能会非常有用。

（4）就作业人员的接受程度和使用程度而言，该方法的现状如何？

① 该技术经过什么样的“试用和检验”？这些结果是否能很容易被更广泛的业界所接受和解译？这是一个已经用过多次且得到很好理解的“标准程

序”吗?

② 所发布的精度情况如何? 是否很容易解译并适用于预期的应用?

③ 某种方法的可移植性怎么样? 某种方法可能在一个栖息地区域得到了成功验证,但如果在成分或生物光学特性有所不同的其他栖息地是否也能取得成功?

4.2.2 预处理时的注意事项

要了解各种分析技术需要进行何种类型的预处理,有必要对两种类型的图像处理算法加以区别。第一种,“数据操作”,只是对图像数据进行计算,不会综合考虑像元与像元间不同的附加信息。例如,在一幅图像中,从每一个像元减去暗像元光谱来进行基本的大气校正,或生成一个新的数据层表示两个波段的数值比率。显然,这种类型的处理不会逐像元地为图像添加任何信息。新的数据值只是每个像元中现有数据的转换。实际上,信息可能会丢失,例如在波段比值转换中,会丢弃两个像元值中不同的信息。

因此,问题出现了:如果一个处理步骤既不增加,又不丢弃有用的信息,那还有什么用处。答案是,这些基于图像的预处理步骤(即那些只对图像数据进行操作而不结合任何“外部”辅助数据的步骤)目的是将数据转换为一种更容易进行后续处理的格式。例如深度恒定基底指数的计算(如下所述),就是试图去除有关深度的信息,这样一来,实施分类算法的时候就不会被底栖生物覆盖面制图环境中我们不感兴趣的信息所“混淆”。

如果将外部数据源(如声学测深)纳入分析过程,情况就不同了(Bejarano et al.,2010)。在这种情况下,信息量增加了。理论上,如果信息质量好,基于新信息的分析精度一定会提高。如果添加数据层后精度保持不变甚至下降,要么新数据是错误的,要么分析方法不合适。

在评估不同的处理和预处理算法时,这些观点是非常有用的。在许多情况下,可供选择的算法基本上是相似的,即根据定义对相同的数据源(图像)进行运算。它们的区别仅在于用什么方法去除噪声信息,获取了多少有影响的外部信息,以及这些信息的来源。随后的章节中简要提到了一些预处理步骤,可在不同的环境中重新安排现有数据或纳入外部数据,以促进后续图像分析运算作业的改善。

4.2.3 大气校正

光从光源出发到地球表面,随后从地球表面或海面到传感器,光的这一传输过程在两个方面受到大气的影响:①从地表面到传感器的传输中,“光束”中的光能量被吸收和散射掉，传感器接收到的光量有所减少；②反过来，有些光被散射进光束的路径中，使接收到的光能量有所增加。后一种作用称为“程辐射”。这两个过程都依赖于波长，使得传感器的表观光谱反射率与地球表面的反射率发生偏差。为了表达得更清楚，传感器接收到的辐射量与源自表面的辐射量之间的关系可简化为(Lee et al.，2007)

$$L_t(\lambda)=L_a(\lambda)+t(\lambda)L_w(\lambda) \tag{4.1}$$

式中：$L_t(\lambda)$为传感器接收的辐射；$L_a(\lambda)$为散射进入的分量(程辐射)；$t(\lambda)$为从水表面到传感器的传播；$L_w(\lambda)$为离开水面的辐射。大气辐射分布的一个主要分量是瑞利散射(Rayleigh scattering)，特别是在晴朗的条件下。

这是一种发生在分子水平上的散射，是从地表向上看时出现蓝色天空的原因。同样地，当从传感器上穿过大气层向下看时，地球表面的表观反射往往呈现出过度的蓝色。水蒸气和其他气溶胶也有助于吸收和散射，并可能在不同观测场和时间点发生很大的变化。

并不是所有的方法都需要大气校正，特别是那些以同样方式影响图像中每个像元的大气校正方法，它们并不会影响图像的信息内容。然而，做时间序列分析的时候，为使辐射量有可比性，则需要去除大气影响。而且去除程辐射(雾霭)有助于进行目视解译。下面讨论可以使用的各种大气校正方法和实际遥感影像校正过程中将涉及的步骤。

1. 经验线性法和暗像元减法

严格地说，式(4.1)是一种近似法，因为它忽略了地球表面反射中更复杂的散射路径和空间变化这两个因素。然而，式(4.1)是许多大气校正方案的基础。重要的是，式(4.1)在每个波长上建立了地表反射率$L_w(\lambda)$(目标得到的)与在传感器处的反射率$L_t(\lambda)$(我们已知的)之间的线性关系。每个波段上必须推导出的两个分量是比例因子和偏移量，即$t(\lambda)$和$L_a(\lambda)$。如果有现场地面反射作参考，这些参数可以通过对每个波段的线性回归来估计，这就是“**经验线性法**”大气校正的基础。Smith et al.(1999)探讨了精确进行这一校正所要求的条件，特别提出参考目标必须分布均匀且远远大于像元尺寸，以避免邻接效应或点扩散函数(PSF)效应(Milovich et al.，1995)。另外，参考目标应包括每个波段的反射率范围，以避免波段范围外地物的假设。经验线性法也适用于高空间分辨率的卫星传感器(Karpouzli et al.，2003)。经验线性法的基本形式是暗像元减法(Mather，1999)。它假定图像中最暗的波段值表示表面反射率为0。不建议在大多数需要大气校正的处理算法(例如，反演法，4.3.5节)中使用这个方法，而且该方法对大多数分类方法来说效果甚微或根本没有效果(Caplosini et al.，2003)。

2. 云影法

Lee et al.(2007)提出了一种方便的方法,在图像包含深水区、云以及深水云影的情况下可应用这种方法。该方法还需要得到表面的直接辐照占总辐照比率的估计值,这个估计值可以免费获得,而且可由简单易用的辐射传输模型求得,如 SBDART(Ricchiazzi et al.,1998)或 libRadtran(Mayer et al.,2005)等。在做这种估计的时候,该方法相对不够灵敏,所以当具体描述大气成分的时候,只要假设为"标准大气"可能就足够了。

3. 辐射传输建模

一种更复杂的方法是使用一种辐射传输模型来评估$t(\lambda)$和$L_a(\lambda)$或确定一种更复杂的反演运算参数。后者能更完整地捕捉多重散射光的路径。

例如,MODTRAN 4 可产生像元邻接效应,并且利用商用 ENVI 图像处理软件 FLAASH(Fast Line-of-Sight Atmospheric Analysis of Spectral Hypercubes)插件为处理基础(Adler-Golden et al.,1999;Exelis VIS,2012)。文献中使用的大量研究级大气代码的可用性有限,或得不到任何支持。其中,两种经常出现在浅水制图文献中的模型,一是 TAFKAA(用于 Goodman et al.,2007;Mobley et al.,2005;Lesser et al.,2007)和 c-WOMBAT-c(用于 Brando et al.,2009)。TAFKAA 在 Gao et al.(2000)和 Montes et al.(2001)的文章中都有所涉及,而 c-WOMBAT-c 的基本原理在 de Haan et al.(1997)以及 Brando et al.(2003)的文章中也有描述。免费提供的代码,例如上面提到的 SBDART 和 libRadtran 也可以用于确定校正参数,而包含了极化的 6SV 代码也可以用于这个目的(Kotchenova et al.,2006;Kotchenova et al.,2007)。应指出的是,几乎所有使用辐射传输模型的大气校正都需要对一些未知参数进行估计。由于这个原因,尽管基于模型的方法取得了可验证的成功(Ferrier et al.,1995),却很少能够利用基于模型的方法通过"转动手柄"而轻松实现高精度的大气校正。

4. 替代校准

替代校准是指利用现场测得的水上或水下反射率来改善大气校正的过程。原则上其操作与经验线性法校正相同,但一般在基于辐射传输模型的大气校正后进行,而且使用感兴趣区域的实际水上或水下反射率。有专门的仪器能够采集船基现场发射率,如安装有常平架的 DALEC 设备(Slivkoff,2010)。由于获取航空遥感高光谱数据的费用很高,而且单靠建模的方法来执行精确修正又很困难,故在任何情况下都建议采集替代校准数据。

4.2.4 交叉航迹变化与修正

来自卫星和机载传感器的图像可能会因整个图像在地球表面的视角变化

而受影响,针对水中目标时尤其如此,因为气-水界面可能由于某些季节或时刻的太阳方位角影响而产生较高的反射。整个图像的变化程度可用传感器高度和成像区域宽度的函数来表示。例如,卫星传感器 IKONOS ,轨道高度大约 700km,并具有 0.9°的视场角,对地观测的成像距离为 11km。因此,对于 IKONOS 而言,视场角的变化是非常小的,在最低点上小于 0.5°,并且跨图像视场角的影响可以忽略不计。推扫式(Push-broom)机载传感器具有更宽的视野,以便能在低高度上形成足够宽的照射带。例如当前 CASI-550 具有 40.4°的跨航迹视场角(在飞机航线的左侧和右侧)(ITRES,2008),可对宽度约等于飞行高度的照射带进行成像。因此,从照射带左侧到右侧的视场角变化的最大视角差值为±20.2°,如果飞机横向摆动,该值则会更大。当飞行方向垂直于太阳方位角时的航迹交叉效应最大,因为这时仪器的航迹交叉方向位于太阳平面且直接的太阳光反射率是最大的(Mobley,1994;Kay et al.,2011)。

在水中应用时,有几个过程会导致检测到的辐射率随视角而变化:①角度越大,通过大气层的路径越长;②气-水界面上侧的反射率具有高度的方向依赖性(Kay et al.,2011);③角度越大,通过水体的传输路径越长;④底栖生物会表现为非朗伯二向反射分布函数(BRDF)(Hedley et al.,2010)。在这些当中,气-水界面反射率的影响是最明显的(图 4.2)。虽然大气的路径可以通过大气校正代码进行校正,但水中路径和底栖生物非朗伯二向反射分布函数却很少得到校正。ENVI 等(Exelis VIS,2012)图像处理软件包可以含有交叉校正算法,但通常这些软件在开发中仅考虑了地面应用,并且仅可以基于冠层的非朗伯双向反射分布函数进行参数化(Kennedy et al.,1997)。因为水中图像的主要交叉航迹效应是气-水界面的反射而导致,所以可使用太阳耀斑校正程序,只要存在一块跨越整个航迹线的深水区,便能利用该深水区反射率来确定可见光波段-近红外波段的关系式(见 4.2.5 节和 Kay et al.,2009)。

4.2.5 耀斑校正

高空间分辨率图像中像元间差异的一个主要来源是水面上层的太阳光反射。对于比水面波浪更小的像元,水面起伏会引起明亮的斑点或波浪形的"太阳耀斑"图形(图 4.4)。随着空间分辨率降低到波浪的分辨率以下,影响往往变成渐变的全图像效应(4.2.4 节)。这些图案会模糊底栖生物的特征,并会混淆分类算法。对于模型反演算法(4.3.5 节)来说,表面反射率是一个导致其复杂化的因素。辐射的反射分量从未穿透水面,所以其光谱并没有携带次表面特征信息,为简化分析可将其去除。但需要注意的是,其他遥感方法可以有效地从波浪耀斑的模式推断出波浪能和水深(Cureton et al.,2007;Splinter et al.,

2009)。

现已提出的许多太阳耀斑消除算法(Joyce,2004;Hochberg et al.,2003b;Hedley et al.,2005;Lyzenga et al.,2006)都基于这样一个假设:近红外波段上发生的空间变化完全是由耀斑而导致的。Kay et al.(2009)已经证明,这些算法在功能上是基本相同的,唯一区别是如何确定近红外的“基准”。Kutser et al.(2009)提出的另一种方法是,假设图像具有能够描述这一特征所需的波长的波段,就可利用波长在 760nm 处的氧吸收特征来确定这个“基准”。然而,目前这种方法只是在单次测试案例中证明是成功的。

对于航空作业来说,比较明智的做法是设计图像采集的飞行策略来最大限度地减少耀斑。有人建议采用以 30°~60°太阳天顶角朝向太阳或背离太阳飞行的航线(Mustard et al.,2001;Dekker et al.,2003)。在一个具体的案例中,Lesser et al.(2007)以太阳天顶角 40°~55°,正对太阳飞行的方式采集了图像。

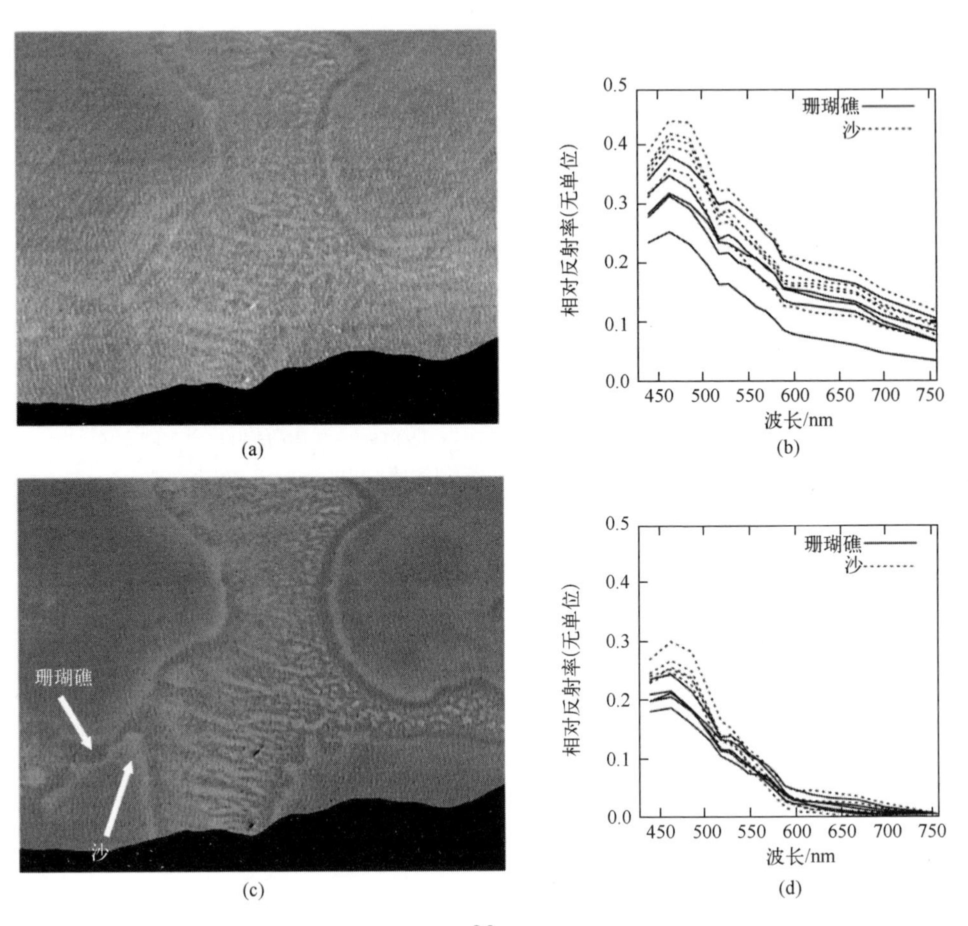

(a) (b)

(c) (d)

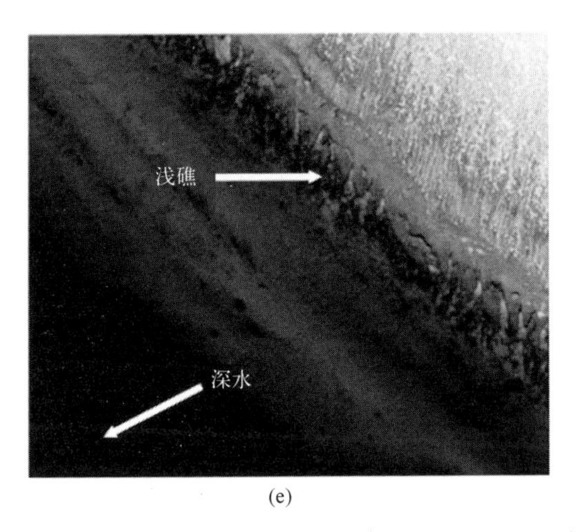

(e)

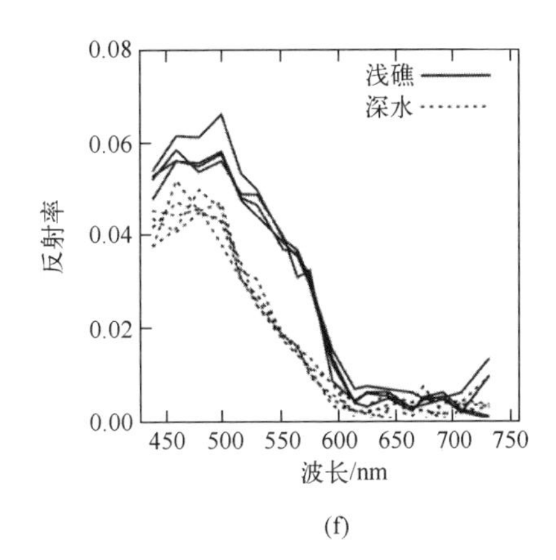

(f)

图 4.4 珊瑚礁航空高光谱数据示例:(a)、(c)是美国维京群岛 St. John 珊瑚礁的 CASI 图像,去除耀斑处理前后(经 Hedley et al.(2005)许可复制),红色、绿色和蓝色分别为 508nm、488nm、467nm 波长处;而(e)是澳大利亚苍鹭礁的 CASI 图像,红色、绿色和蓝色分别为 523nm、508nm、470nm 波长处。每个标绘的图形描述了来自相邻像元的五个反射光谱。需要注意的是去除耀斑能够缩小数据的分布范围,但不一定能增加不同类型之间的光谱分离度(b)(d)。(f)珊瑚礁和深海区都有相似的反射剖面,但到 600nm 波长处即可分离,不论这种变化是由于何种原因而引起的

(b) 海表闪烁的反射光谱;(d) 反射光谱衰减;(f) 浅礁和深水的反射率。

4.2.6 水深校正

水深对在珊瑚礁上空测量的光谱反射率有重大影响。在 400~700nm 波长区间,水的吸收系数范围很大,吸收光谱的形状也受到有色可溶性有机物等水成分的影响(图 4.2)。因此,相同的底层反射在不同深度会产生非常不同的水面反射,而这显然使底层类型的确定变得复杂化。有两种简单的方法可以用来去除不同深度的影响:①“水深校正”,需要知道整个图像的深度数据,无论是声学数据(Bejarano et al.,2010;第 8~10 章)还是 LiDAR 数据(第 5~7 章),或对一些珊瑚礁地形进行简单的水深区分层(Mumby et al.,2004);②使用基于图像的预处理方法计算“深度恒定指数”,旨在根据成对波段的对数值计算新图像层以消除深度变化的影响(Lyzenga,1981;Green et al.,2000)。深度校正和深度恒定基底指数均要求图像内存在不同深度的同质底栖生物区。在珊瑚礁的应用场景中,沙子是一种理想物质,其优点是能够在可见光波段上反射回相对强烈的明亮信号。这两种方法都依赖于光的近似指数衰减的概念。这个概念用每个波段 i 的漫衰减系数 k_i 来表示,于是,对于深度 z 来说,上述波段 i 的水面反射

率与exp($-2k_i z$)成正比。在做深度校正时, k_i 值通过对一系列水深上的沙底面积作回归分析的方式进行估值,然后利用所得到的指数关系将其他像元调整到固定的深度(Bejarano et al. ,2010)。对于分类方法来说,均匀水深不必为0。对于深度恒定指数,使用 $r=\ln(r_j)-(k_j/k_j)\times\ln(r_j)$ 创建新的波段,其中 r_i 和 r_j 是在波段 i 和波段 j 的反射率,而 k_i 和 k_j 是在这些波段波长上的漫衰减系数。在这种情况下,即使不知道实际深度,也没有必要计算实际的 k 值,比值(k_i/k_j)可通过分析不同深度的沙在波段 i 和波段 j 之间的回归关系的方式得到(Lyzenga, 1981;Green et al. ,2000)。深度恒定指数通常用于分类(4. 3. 1 节;Green et al. , 2000)但也可以用于波段差分方法(4. 3. 2 节;Isoun et al. ,2003)。

4.3 高光谱算法

4.3.1 分类

目前多数实用的珊瑚礁遥感制图分类算法已经达到了栖息地级别的分类精细度,如在ENVI(Exelis VIS,2012)或 ERDAS IMAGINE(ERDAS,2011)软件包中实现的k-means 或最大似然算法等(Bertels et al. ,2007;Caplosini et al. , 2003;Harborne et al. ,2006)。分类算法设法将图像中的像元根据其光谱相似性分成若干的类别。这种方法可以进行非监督分类,即只要用户提出希望分成多少个类别,该算法就会自动对光谱相似的像元进行分类;也可以进行监督分类,即先将一组像元标识为已知的类别,然后该算法会在此基础上进行分类运算。无论是监督分类还是非监督分类,都必须拥有关于某些像元类别的先验知识(即"地面实况"或"校准"数据)。做非监督分类的时候,通常分成的类别应2~3倍于实际需要的数目,然后由用户确定这些类别所代表的对象,并逐步合并到实际需要的数目。在没有现场测量数据的情况下,也可能直接结合本地知识对"地面实况"图像做目视判读。建议为接下来要进行的独立精度评估(有时被称为"验证")保留一些地面实测数据。然而,在校准和验证数据的选择及数据结构上应谨慎。如果仅在同一区域重复提取校准和验证数据,那么拥有的点位未必越多越好,因为如果那样,图像中未描述区域的精度就会被夸大。也可以利用背景环境的目视解译来改善制图精度,这意味着必须改变某些错误类别,因为从目视判读中得到这些类别明显是错误的(Mumby et al. ,1998)。

已对不同的图像来源提供的分类精细度级别进行了多次研究(Mumby et al. ,1997;Caplosini et al. ,2003),其结论是相当一致的。多光谱宽带数据,如 Landsat TM/ETM+数据,只能区分出三四类粗尺度的珊瑚结构,而用更多更窄的波段却能够区分出多达 10 个以上的栖息地类别(图 4.5(a))。“栖息地级别的分类”是指可以用“具有较高藻覆盖率的稀疏珊瑚”或“偶尔带有分枝红藻的沙底”这类词组描述的区域(Mumby et al.,1997;Harborne et al.,2006)。能否正确

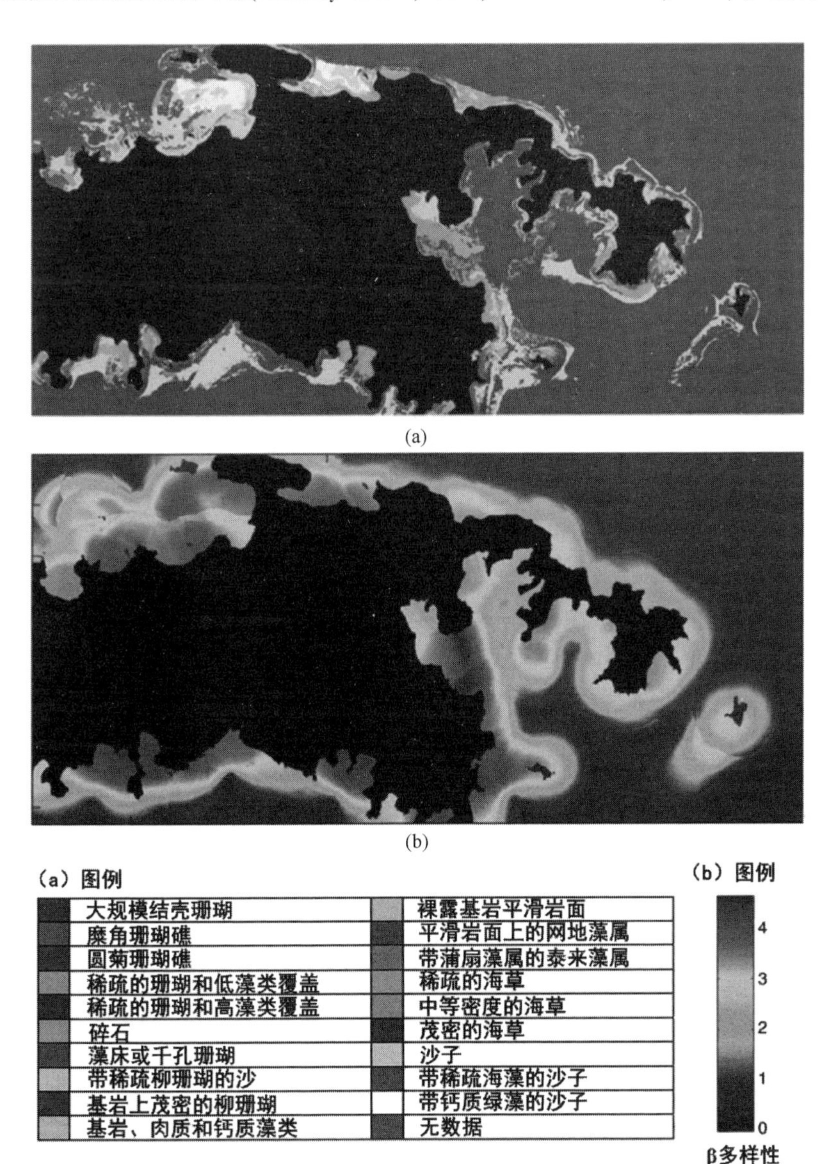

图 4.5 CASI 图像生成的美属维尔京群岛 St. John 底栖生物图。地图覆盖宽度是 15.7km (Harborne et al.,2006)(彩色版本见彩插)

(a) 19-类栖息地地图;(b) β 多样性。

选择类别,要取决于观测场的状况。还没有证明分类技术能够对单一珊瑚礁的构成成分如“活珊瑚”或“大型海藻”等进行制图。实现这种区分是非常重要的,因为人们经常认为珊瑚礁遥感可以对“珊瑚覆盖”制图,但实际上只能做到对“含有珊瑚的栖息地”制图。尽管如此,从高光谱数据得到的细部信息已经达到较高的等级,可以反演出令人感兴趣的产品,如图 4.5(b)的 β 多样性地图。这是根据美属维尔京群岛珊瑚礁的 19 波段 CASI 图像制作的,首次分成了多达 19 个底栖生物类别(Harborne et al. ,2006)。要想实现这么多的类别的分类,就需要有高光谱数据。

对于业务人员来说,要做出的主要决定是确定栖息地分类的类别数量,理想情况下,分类方案还应允许类别的合并(Mumby et al. ,1999)。在一定程度上,这取决于可用的地面实测数据。对于分类方法来说很重要的一点是,如果图像中可见耀斑斑点,应进行太阳耀斑校正(4.2.5 节)。但是,大部分大气校正方案都没有意义或意义不大,因而在实践中通常省略大气校正。计算深度恒定数(4.2.6 节)可以提高精度,但严格地说,如果能够得到整个水深范围的地面实测数据,这种计算就没有必要了,事实上,水深数据可能携带栖息地信息。请注意,使用的类别越多,越需要更详细的地面实测数据来进行校准和验证。所以,如果要充分地利用高光谱数据,那么与此相关的费用可能会超过数据采集本身的费用。

4.3.2 波段特性分析

不少关于珊瑚礁遥感的研究课题都曾探讨过这样一个想法,即能否通过评估特定波长的波段差、波段比或“导数”、光谱剖面的斜率(Tsai et al. ,1998)等特性的方式来制作底栖生物类型图。这些依赖“波长特性”的方法提供了单一珊瑚礁构成的制图水平,而通过分类对栖息地进行一般性描述。虽然已经成功使用波长特性进行底栖生物类型制图的实际遥感应用案例并不多见,而且使用的方法也各有不同,不过一旦取得成功,这些成果就将站到珊瑚礁遥感能力的最前沿(Hochberg et al. ,2000;Isoun et al. ,2003;Mumby et al. ,2001,2004)。

使用波长特性的基础是通过分析现场反射剖面数据库获得信息,其中底栖生物类型的反射光谱是利用光谱辐射计在水下或露天获得(即在陆地环境中的“野外光谱学”)。例如,Holden et al. (1999)获得了一些活珊瑚和白化珊瑚的光谱反射率测量值,并确定波长在 500nm 和 650nm 之间的 3 个波段可以用于识别。Hochberg et al. (2000,2003c)以及 Hochberg et al. (2003a)广泛研究了实测光谱数据库,并确定了可识别底栖生物种类的波长区域(Wettle et al. ,2003)。Hedley et al. (2002)总结了此前关于同一主题的研究成果,并尝试从色素角度入手建立现场实测光谱数据库与观测到的光谱特征之间的生物学因果关系。

使用波长相关特性进行制图需要高光谱数据，首先因为需要自由选择使用哪种波长，其次因为需要用窄带来描述光谱特性。为了改善效果，波长区域中不相关的数据将被丢弃。在海洋水色遥感中，浮游植物色素的重要波长区域早已确立，因此在运行的卫星传感器（如 MERIS）具有位于这些波长的窄带。珊瑚礁遥感是一个充满未知性的领域，仍处于开发阶段，因此不可能在近期推出配备珊瑚礁观测波长波段的传感器，也许永远不可能。目前，即使在只需要为数不多的几个波长的时候，高光谱数据也已经为波长特性分析提供了便利。

在用遥感测量“珊瑚礁健康”方面，Mumby et al.（2001，2004）提供了最成功的案例。他们用 CASI 数据的反演产品在较浅的法属波利尼西亚环礁中区别死的和活的滨珊瑚，并在几种其他底栖生物类型中确定活珊瑚的数量。尤其是光谱曲线在 506~565nm 区间是区分活珊瑚和死珊瑚的关键。Isoun et al.（2003）使用 488nm、551nm 和 577nm 这三个窄波长波段对夏威夷观测场中的活珊瑚覆盖区进行制图。在另一个也发生在夏威夷的研究案例中，Hochberg et al.（2000）利用一个自动程序通过现场测量的各种反射率来建立最佳分离波长，然后将这些波长应用于珊瑚、藻类和沙子的制图之中。建议对这些方法进行水深校正和大气校正，特别是当需要与现场光谱作直接对比的时候更应如此。再者，发表的文章之间的说法也不一致。Mumby et al.（2004）的观测场由极浅的珊瑚礁（<4m）组成，故只做了基本水深校正，而 Isoun et al.（2003）却使用了一种深度恒定指数。由于几乎没有经过验证的用例，所以认为波长特征方法是最具实验性的珊瑚礁制图方法，并且将其应用到其他观测场的可能性也最令人怀疑。

4.3.3 混合光谱分解技术

珊瑚礁的空间异质性的可分辨尺度，甚至比迄今为止传感器所能提供的最高分辨率还要小。具有光谱和功能多样性的底栖生物和基质，如珊瑚、海藻、碎石和沙子存在于亚米级以下的空间。这种混合现象显然给那些试图将每个像元描述为一个类别的分析技术出了个难题。混合光谱分解是一种试图将像元的高光谱反射测量值分离出来，以便量化各亚像元成分比例的方法。要做到混合像素分解，首先要有一个“纯像元”光谱反射库，而且该方法的数学计算假设像元反射率是各个像元成分反射率的总和，并用这些像元成分在像元中所占的比例加权。

混合像元分解方法在矿物学应用中取得了成功（Adam et al.，1986），但在矿物学中端元反射定义明确且物理混合常发生在小尺度或相对平坦的表面。与此相反,珊瑚礁端元光谱界定不清晰(图 4.3),上覆水体又使得反射复杂化,而线性的混合假设可能对珊瑚礁的三维结构不生效(Hedley,2008)。不过建模和实验研究表明,混合光谱分解技术很有潜力(Hedley et al.,2003;Hedley et al.,2004),已发表的图像分析成果中只有少数包含了混合像素分解的成分在内(Goodman et al.,2007;Hamylton,2011)。

然而,近期研究的进展表明,现在可以认为混合像元分解方法是基于模型反演技术的一个子集,两者采用的推理方式相似,但混合像元分解方法的运算方式更加灵活(4.3.6 节)。

4.3.4 水深测量

珊瑚礁区的深度变化会表现出明显的特点,也很有特色,有相对较浅的礁后潟湖和浮出水面的礁前地形及斜坡,也有尖坡和沟槽以及直立的孤立珊瑚丘。水深制图是导航或评价底栖生物亮度级的一个重要目标。大量公开发表的方法都采用了光学遥感数据,而且最早的浅水遥感应用案例中也采用了光学数据(Lyzenga,1978,1981)。虽然深度测量的对象与底栖生物类型制图不同,但是水深对水上光谱反射会产生影响,这意味着两者是密切相关的。事实上,最新的半经验型方法或“基于物理的”模型反演方法(4.3.6 节)能同时提取深度和底栖生物反射率数据。Lyzenga 的深度恒定基底指数技术(Lyzenga,1978,1981)也可生成深度估计值,但是需要首先对底质进行分类以分解出由于底部反射而产生的变化。然而,虽然可变底部反射和水体光学特性的变化被认为是水深提取算法的最大弱点(Dekker et al.,2011),但是如果使用多光谱或高光谱数据,则水深估计值可能具有极好的鲁棒性(Lyzenga et al.,2006)。这是因为纯水对光的吸收大约与水深呈指数相关性,且覆盖了很大范围的可见光波段(图 4.2;Maritorena et al.,1994)。

水深的增加按其特有的方式修改了所有波长的水面光谱反射率,即使存在着水体成分或者在底部反射率多变的情况下也能发出某种强烈的“信号”。随着深度变化而产生指数性衰减的另一个后果是,浅水区内小的水深变化也像深水区内大的水深变化一样可以被分解掉。因此,水深提取方法的灵敏度结构有其特有的合理性。如果希望从高光谱数据中提取水深,最好的方法是 4.3.6 节所描述的多参数算法(图 4.6)。虽然这些方法不需要任何先验性测深数据,但如果没有任何先验性数据则很难评估所生成的图是否值得信任。然而,模型反演方法的实现在技术上具有挑战性,在本书写作时,尚未出现任何商业性处理软件。因此,简单易行的水深校正法(Lyzenga et al.,2006)可能更实用。在前面提到的后几种方法中,很多方法都有这样的优点:如果已知一些图像像元的水深,然后直接根据图像像元来确定这些方法的参数,即可改善不完美大气校正的影响或其他偏离数据。

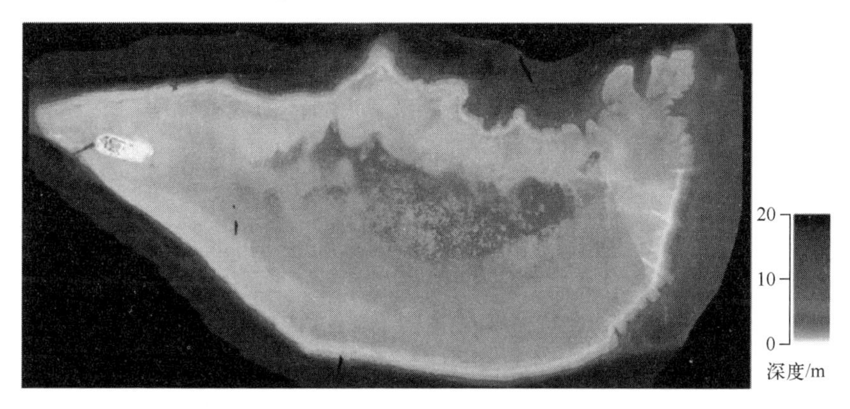

图 4.6 澳大利亚苍鹭礁的测深图,通过将辐射传输模型反演法应用于 19 波段 CASI 数据的方式得出。礁长 11km,整个图像的分辨率为 1m,大约有 5000 万像元。右边的线性不连贯现象是由相邻飞行航线之间的潮汐变化引起的(Hedley et al. ,2009a,该数据集在线可用,Hedley et al. ,2012c)(彩色版本见彩插)

4.3.5 变化监测

珊瑚礁遥感分析中值得进一步开发的一种独特方法是多图像变化监测。原理很简单:将在不同时间点的两个或两个以上的图像通过几何校正实现空间对齐,然后逐像元识别发生变化的区域。不过,这种方法也要面临大量的实际挑战:

(1) 辐射测量校准。必须把不同传感器的特征值以及光照或大气条件数据去除或提取出来。

(2) 空间校准。即使对最高分辨率的图像来说,也会在亚像元尺度上出现珊瑚礁底栖生物特征。

(3) 采集两种或多种合适的图像。成本可能令人望而却步,或卫星采集工作不方便快捷。

变化监测方法是 Elvidge et al. (2004) 使用 IKONOS 数据监测凯博尔群岛 2002 年白化事件展示图的基础,在本书写作时它可能仍然是唯一经同行评审后发表的,用卫星光学数据监测白化现象的展示图。另一个例子:Dadhich et al. (2011) 使用两个 QuickBird 卫星图像评估白化后珊瑚覆盖面的变化。由于高光谱卫星数据可用性低,而航空测量数据不仅复杂,而且成本又高,似乎还没有尝试在珊瑚礁环境使用多光谱多图像变化监测手段。然而,将来发射了重访周期为4天的En-MAP等高光谱卫星传感器以后,将为多图像方法提供新的推动力。除了对变化进行探测以外,使用多图像可提供更多的信息,并且有助于分解出由于大气条件和海况造成的变化。

充分认识环境的干扰效应是用图像进行变化监测的一个先决条件,而这个条件非常重要。例如,珊瑚礁沉积物的再次悬浮可能被误认为是白化。关于珊瑚礁沉积物的一般光学效应,相对来讲我们还知之较少(Hedley,2011a)。

在Landsat卫星应用于珊瑚礁的早期阶段,Bina et al.(1979)提出使用多时点数据,以减少潮汐变化的影响。直至今天,多时间序列数据用于珊瑚礁在很大程度上仅限于Landsat卫星(Andréfouët et al.,2001;Dustan et al.,2002;Phinney et al.,2002;Schuyler et al.,2006),这显然是由数据可得性的限制造成的。尽管航空高光谱数据在一次性制图方面具有公认的优势(Mumby et al.,1997),但Landsat等卫星数据还会继续发挥作用。Dustan et al.(2002)和Phinney et al.(2002)利用20幅Landsat图像,对海藻迁移的反射率变化进行了观察,其结果与加勒比海地区已知珊瑚礁藻类变化的结果一致。欧洲航天局推出的Sentinel 2常被认为是Landsat和SPOT使命的持续,但实际上这件仪器有五个窄带具有"高光谱"性质(表4.1)。建模结果表明,该仪器具有10m的空间分辨率和间隔为5天的沿海地区重复拍摄频度,因而在珊瑚礁应用方面的性能将优于Landsat(Hedley et al.,2012a)。Sentinel 2必将成为未来对珊瑚礁变化状况进行探测的首选工具。

4.3.6 反演方法

浅海遥感的最新发展成果是辐射传输模型反演方法,有人称之为"基于物理"的方法,也有人称之为"半分析"方法。这些方法很大程度上均源自Lee et al.(1998,1999)和Mobley et al.(2005)的重要文章。这些方法的基本理念是建立一个水面光谱反射率的"正向反演模型"。这个模型需要一系列输入参数,包括水深、各种水体成分的浓度,如有色可溶性有机物(CDOM)的浓度和浮游植物的浓度,以及底质的选择,因为底质的类型可决定海底的光谱反射率。针对图像中的每个像元执行反演算法,可有效地促使模型反向运行,以找到输入参数值的最佳组合,在模型的输出数据与测得的像元反射率之间达成最为接近的光谱匹配。这些方法是为高光谱数据开发的,因为需要多个波段将不同成分的光谱影响分离出来(图4.2和图4.3)。该方法同样适用于多光谱数据,但会增加其固有的不确定性(见4.4节)。

图 4.7 和图 4.8 给出了可以用这些反演方法得到的各种结果。原始的输出结果是每个模型输入参数的图层，包括：水深、底栖生物类型、表示 CDOM 或浮游植物相对浓度和水体后散射的值。根据这些原始参数很容易计算出二次输出，重构海底反射率，重新组合各种水体光学特性以得出光谱吸光系数，或者

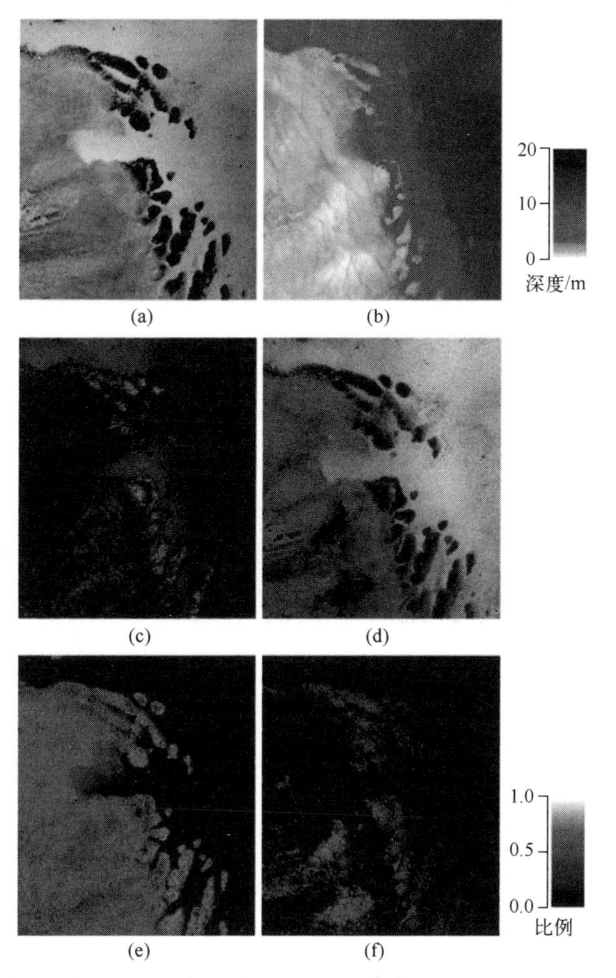

图 4.7　将反演方法应用于(a)澳大利亚大堡礁区苍鹭礁 CASI 数据所得出的输出图层。输出数据包括：(b)估计水深；(c)～(f)四种底栖生物类型覆盖面的估值，应谨慎判读。沙(d)是合理的，但珊瑚(c)、死珊瑚(e)和海藻(f)光谱相似，可能会混淆(图 4.2)。由于受空间复杂性和所涉及尺度的影响，有意义的底栖生物验证是非常具有挑战性的。图像子集来自图 4.4 的右上角，像素为 1m，所代表的区域为大约 500m×600m(彩色版本见彩插)

(a) CASI 彩色合成图像；(b) 水深；(c) 活珊瑚；(d) 沙；(e) 死珊瑚/藻床；(f) 海藻。

将水深和衰减数据组合起来生成相对底栖生物的光制图产品。然而,各原始图层的精度可能差异很大。水深估值是相当可靠的,而且在珊瑚礁环境中始终是最精确的反演值(Dekker et al. ,2011,2009a,2009b,2010;Mobley et al. ,2005;Lesser et al. ,2007)。在珊瑚礁环境中通常水是很清澈的,几乎没有“信号”能够建立起水体的光学特性,因此 CDOM、浮游植物和后散射的反演值基本与海底反射率相同,因而往往无效。在浮游植物或 CDOM 较高的水域中,情况就非常不同了(Lee et al. ,2001)。相反,在非“光学浅水区”的水域,海底反射率无法确定。光谱匹配方法的另一个潜在缺点是,它所采用的光谱拟合的测量通常有利于反演出水深这样影响整个光谱的要素。而在 4. 3. 2 节中讨论过的窄带波长特征对匹配的过程只有微弱的影响。底栖生物类型制图可能会受益于一种重点在已知色素的波长区内进行加权的混合方法,但目前还无人对此进行过尝试。不论在何种情况下,基本的反演方法都不能提供“质量保证”,因而只能由用户自己来判读或验证哪些估值比较可靠。下一节讨论的改进措施可以对质量保证实现量化或自动化。

说到方法的选择,Lee et al. (1998,1999)的方法与 Mobley et al. (2005)的方法在正向反演模型和反演方法的实用意义方面有着很大的差别,但从根本上来看,他们的方法是非常相似的。Mobley et al. (2005)用商业软件 Hydrolight(或与之相关联的 Ecolight 软件)为反射率查询表填入数据。Hydrolight 是一个描述光在水中传播模式的全数字积分模型,有时称之为“精确”模型,因为它体现了辐射传输的物理学原理。Lee et al. (1998 ,1999)采用了一个逼近型的正向反演模型,以一连串一次方程输出的形式直接给出水面反射率。以此对这个模型进行快速评估,以对每个像元执行像龙伯格-马夸特(Levenberg-Marquardt)算法这样的逐次逼近计算(Wolfe,1978)。然而,Lee et al. (1998)采用的几个关键参数是多次运行 Hydrolight 才得出的结果,因此通过相同的参数化过程,各个模型得出的结果应该几乎相同。大部分差异的产生应归咎于执行细节,或者是由于逐次逼近的查表过程中涉及的离散化问题或局部最优化问题而导致的(Dekker et al. ,2011;Hedley et al. ,2009,未公开发表的数据)。由于目前没有这些算法的现成软件,对实际操作人员来说,查表法就是最直截了当的解决方案了。Hydrolight(Mobley et al. ,2000)是一个商业软件包,另外还有一个免费的软件包,即 Planarrad(Hedley,2011b),采用相同解决方案的开源软件。PlanarRad 在功能上近似于 Hydrolight,但缺乏叶绿素荧光。叶绿素荧光对于浮游植物密集的环境来说是很重要的(Tote et al. ,2011),但对大多数珊瑚礁环境来说却是一个微不足道的因素。

自从 Lee et al. (1998,1999)发表了他们的文章以来,很多人都设计出了有其自己特点的半分析算法。Wettle et al.(2006)使用的是“特定固有光学特性”算法(SIOPS)。这个算法需要采集现场水样来确定水体有机物浓度,或“特定的”水成分光谱吸收率。据说它有两个优点:①该方法按当地的水成分进行了校准;②输出值是实际的水成分浓度,而 Lee et al.(1999)的原有公式返回来的浓度替代值却无法直接判读。Wettle et al.(2006)也提出了一个次底层反射率线性混合模型,这个概念已经被其他一些专业人员引用(Klonowski et al.,2007;Hedley et al.,2009a)。在一次对加勒比海数据集和澳大利亚数据集的交叉比较演习中对这些方法的许多变体进行了检验(Dekker et al.,2011)。应当指出的是,在使用这些方法前需要进行高质量的大气校正(Goodman et al.,2008)。

4.4 结论

总体而言,遥感界日益认识到给出遥感产品置信区间的必要性。珊瑚礁分类的正常惯例是,用分类误差率来描述整体精度,但这并不能代表像元层面上的可信度,而且是针对那些有地面实测数据的区域而言的。在现实中,误差的出现可能与目标在图像中的位置有关。例如,底栖生物类型的识别效果会随着水深的增加而变得越来越不可靠。误差也会产生于校准、校正和图像处理工作流程(例如,大气校正、太阳耀斑校正、辐射传输模型等)中必不可少的各种假设和简化计算。重要的是应该知道这些误差在分类和制图输出中是如何表现的。即使几乎没有什么可提取的信息,基于波长特性或模型反演的分析方法也必须在每个像元中给出“答案”。任何一种方法在图像中各点位上所输出数值的置信度可能相差很大,而在实际应用中,当珊瑚礁的环境在多个方面(深度、水成分、海面状态(例如,潟湖内侧与外侧))表现出不均匀特性的时候,则尤其如此。

描述误差的一种方法是考虑噪声等效反射率差(NE△R)(Brando et al.,2003)。在浅水应用中,由水面、大气湍流以及传感器噪声所造成的逐像元光谱反射扰动可以归类为“环境噪声”,并根据波段标准差对图像中的均匀深度水域进行评价(Brando et al.,2003)。Brando et al.(2009)使用这种方法直接在浅水模型反演中提供像元质量保证。如果由于水深因素造成反射率低于 NE△R 确定的阈值,就剔除这些像元。然而,这要求绝对深度必须是正确的,且剔除其他不确定因素,比如,将深水区误判成浅水区的黑色底栖生物。

对不确定度进行量化,较为普遍采用的方法是利用噪声扰动进行反复分析,以确定每个像元的多模型解决方案(Hedley et al.,2009b,2010)。图 4.8 是澳大利亚苍鹭礁的 CASI 和 QuickBird 卫星数据的物理反演算法中发生的不确定度传播现象。在这种情况下,环境噪声表征为反射率在深水区的协方差矩阵。图像中每个像元模型已被反演过 20 次,每反演一次,像元反射率都要被一个随机噪声项扰动一次。因此,每一个像元就有了 20 个水深估值和 20 个底栖生物构成数据等,由此可算出 90%置信区间,给出每个像素中每个参数的误差。

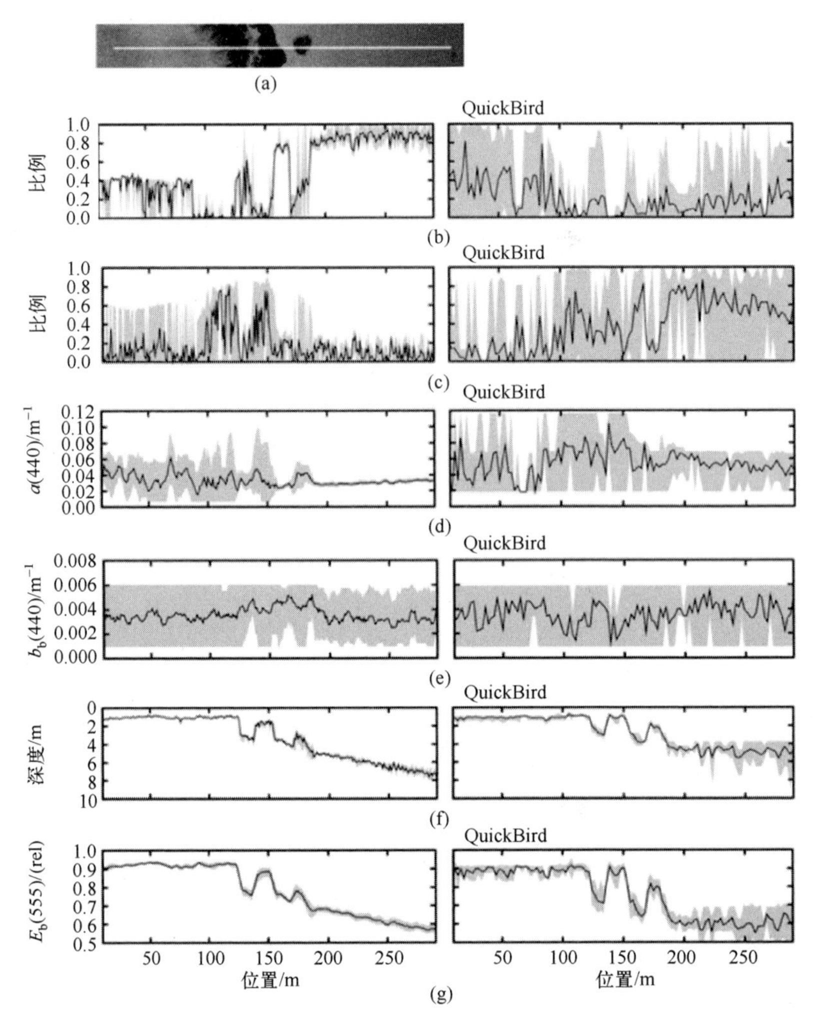

图 4.8 通过用 13 个光谱反射率所代表的 6 个底栖生物类型的物理反演模型(Hedley et al,2009a)得出的不确定度传播现象。图中标绘出一条由浅潟湖(左)通过珊瑚覆盖率很高(约 80%覆盖)的礁前区向深沙区(右)延伸的图像测线断面。灰色区域表明根据 17 波段 CASI 数据和 QuickBird 数据估值的置信区间为 90%

(a) 图像测线断面;(b) 沙子占比-CASI;(c) 珊瑚占比-CASI;(d) 水体吸收率-CASI;(e) 水体后向散射率-CASI;(f) 水深-CASI;(g) 基底光反射-CASI。

图4.8给出了CASI数据19波段与QuickBird卫星4波段数据值的比较。两个数据集均能够用于水深估值(图4.8(f)),但QuickBird数据在低于5m时不确定度开始增大。然而,只有CASI数据能够支持各个层面上的底栖生物类型制图(图4.8(b)和(c))。沙的不确定度较低,且目视判读的结果表明估值是合理的(与图4.8(d)对应)。CASI的珊瑚覆盖面估值是合理的(图4.8(b)和图4.7(c)),而QuickBird卫星对底栖生物类型估值的不确定度却极高(图4.8(b)和(c)),而且其平均估值显然是错误的。需要注意的是不确定度适用于系统的所有组成部分,如果水很浅且底栖生物由很多种类组成,则CASI对于水体的吸收率估值不确定度会很高(图4.7(d)左侧),但它对位于清晰可辨的深水沙质次底层上方的水质所作的估值会比较可靠(图4.8(d)右侧)。

因此,一个特定的遥感传感器其识别地物能力的极限,既取决于背景环境的变化(或者叫"噪声"),又取决于传感器的配置和传感器噪声(图4.9)。用QuickBird卫星进行底栖生物类型制图受传感器限制(图4.9(b)),用高光谱

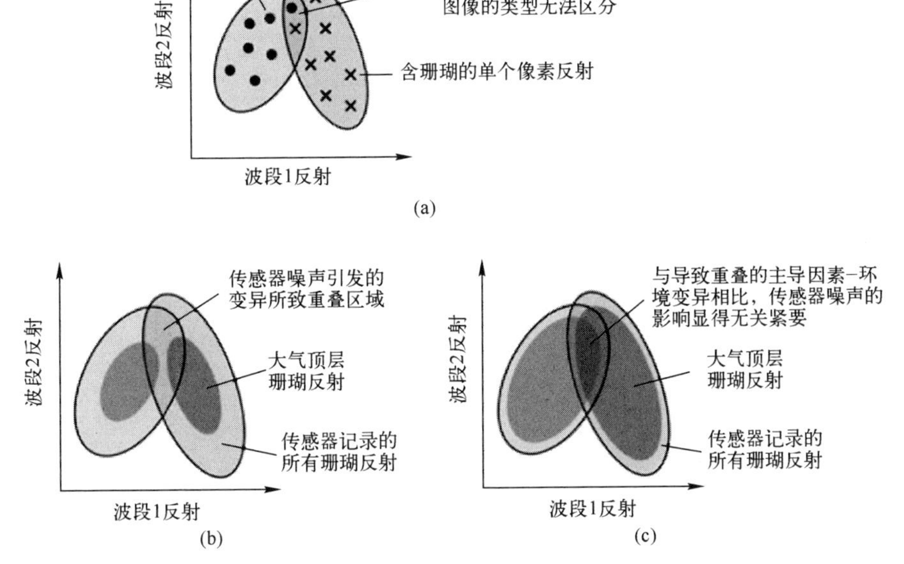

图4.9 可实现的遥感目标,如制作珊瑚与海藻图,可能会受到传感器或环境源噪声的限制。(a)在某些情况下,如果在包含所感兴趣的类型的像元之间存在光谱空间重叠,底栖生物类型就无法区分。在相同底栖生物类型的像元光谱差异是多种环境和传感器噪声造成的结果。(b)、(c)对光谱空间重叠贡献最大的过程就是主要限制因素

(a)光谱空间重叠;(b)传感器噪声是限制因素;(c)环境变异是限制因素。

CASI 数据来做同样的分析可能会做得更好(图 4.8(b)和(c))。如果有传感器噪声为 0 的完美超光谱数据可用,那么背景环境的变化就成了限制因素(图 4.9(c))。关键问题是,在当前传感器技术的发展过程中,还要走多远才能遇到“受环境限制”的情况?这就是说,用拥有更多或更窄的波段,并且具有更好信噪比特性的新传感器,能否得到比迄今所得到的图像更好或更稳定的制图结果?实际上,建模实验(Hedley et al.,2012b)表明,我们距离“受环境限制”的阶段已经非常近了。因此,在珊瑚礁遥感方面下一个重要的发展成果很有可能不是传感器技术,而是那些通过运用多源数据、时间序列和空间模式来降低不确定度的技术。

降低不确定度和增加精度的一种方法是对分析中包含的各种可能性进行约束。例如,我们已经知道某些底栖生物类型生活在特定的水深范围,所以就不可能得出这些底栖生物在其他深度出现的判读结果。按照这个思路,Fearns et al.(2008)利用贝叶斯分析法来改善用 HyMap 数据制作的西澳大利亚州宁格罗礁栖息地图。将统计方法与声纳或其他先验知识等辅助数据(Bejarano et al.,2010)结合使用,肯定会在未来珊瑚礁遥感技术发展过程中发挥重要作用。

最后要说的是,本章开始时强调了螳螂虾的“高光谱”眼睛的功能。然而,只要看到图 4.7(a)中简单的红、绿、蓝珊瑚礁图像,甚至只要看到一个单波段图像,熟悉珊瑚礁的人就很容易辨认出沙质区、礁前区和礁后区,以及在哪里有可能找到珊瑚礁。从一个像元到另一个像元中由亮斑与暗斑组成的空间图案足以让人眼(和大脑)达到与高光谱遥感几乎一样好的效果。很明显,逐一查看每一个独立像元来处理制图问题的做法,与进化赋予我们人类自身的图像处理系统背道而驰。这一发现为未来发展指明了方向:虽然完全模仿人类的视觉功能在技术上是具有挑战性的,但是在一个具有如此强烈空间图案特点的环境中,它却有着丰富的应用潜力。

致谢:图 4.3 的反射光谱为 Chris Roelfsema 收集;Heron 岛的图像来自于 Stuart Phinn 并受到澳大利亚研究所的资助,Karen Joyce 做了图像的预处理。图 4.2(b)的内部光学特性的收集仪器来自于英国 NERC 的现场光谱设备,并在现场观测中,部分得到世界银行全球环境中心珊瑚礁研究组的基金支持。图 4.4(a)和图 4.4(b)来自于 Hedley 等在 2005 发表的图,得到 Taylor and Francis 出版社的许可重新发表。图 4.5 重新编辑自 2006 年 Harborne 发表的图,并得到美国生态协会的认可。

推荐阅读

Dekker AG, Phinn SR, Anstee J, Bissett P, Brando VE, Casey B, Fearns P, Hedley J, Klonowski W, Lee ZP, Lynch M, Lyons M, Mobley C, Roelfsema C (2011a) Inter-comparison of shallow water bathymetry, hydrooptics, and benthos mapping techniques in Australian and Caribbean coastal environments. Limnol Oceanogr Methods 9:396-425

Hedley JD, Mumby PJ (2002a) Biological and remote sensing perspectives of pigmentation in coral reef organisms. Adv Marine Biol 43:277-317

Kirk JTO (2010) Light and photosynthesis in aquatic ecosystems. Cambridge University Press, Cambridge

Lesser MP, Mobley CD (2007a) Bathymetry, water optical properties, and benthic classification of coral reefs using hyperspectral remote sensing imagery. Coral Reefs 26:819-829

Mobley CD (1994a) Light and water. Academic, San Diego

参考文献

Adams JB, Smith MO, Johnson PE (1986) Spectral mixture modelling: a new analysis of rock and soil types at the Viking Lander I site. J Geophys Res 91:8098-8112

Adler-Golden SM, Matthew MW, Bernstein LS, Levine RY, Berk A, Richtsmeier SC, Acharya PK, Anderson GP, Felde JW, Gardner JA, Hoke ML, Jeong LS, Pukall B, Ratkowski AJ, Burke HK (1999) Atmospheric correction for short-wave imagery based on MODTRAN 4. SPIE Proc 3753: 61-69

Andréfouët S, Muller-Karger FE, Hochberg EJ, Hu C, Carder KL (2001) Change detection in shallow coral reef environments using Landsat 7 ETM ? data. Remote Sens Environ 78:150-162

Bejarano S, Mumby PJ, Hedley JD, Sotheran I (2010) Combining optical and acoustic data to enhance the detection of Caribbean forereef habitats. Remote Sens Environ 114:2768-2778

Bertels L, Vanderstraete T, Collie SV, Knaeps E, Sterckx S, Goossens R, Deronde B (2007) Mapping of coral reefs using hyperspectral CASI data; a case study: Fordata, Tanimbar, Indonesia. Int J Remote Sens 29:2359-2391

Bina RT, Ombac ER (1979) Effects of tidal fluctuations on the spectral patterns of Landsat coral reef imageries. In: Proceedings of the 13th international symposium of the remote sensing of environment. University of Michigan, Ann Arbor, pp 2051-2070

Brando VE, Dekker AG (2003) Satellite hyperspectral remote sensing for estimating estuarine and coastal water quality. IEEE Trans Geosci Remote Sens 41: 1378-1387

Brando VE, Anstee JM, Wettle M, Dekker AG, Phinn SR, Roelfsema C (2009) A physics based retrieval and quality assessment of bathymetry from suboptimal hyperspectral data. Remote Sens Environ 113: 755-770

Caplosini P, Andréfouët S, Rion C, Payri C (2003) A comparison of Landsat ETM+, SPOT HRV, Ikonos, ASTER, and airborne MASTER data for coral reef habitat mapping in South Pacific islands. Canadian J Remote Sens 29: 187-200

Cronin TW, Marshall NJ (1989) A retina with at least ten spectral types of photoreceptors in a mantis shrimp. Nature 339: 137-140

Cureton GP, Anderson SJ, Lynch MJ, McGann BT (2007) Retrieval of wind wave elevation spectra from sunglint data. IEEE Trans Geosci Remote Sens 45: 2829-2836

Dadhich AP, Nadaoka K, Yamamoto T, Kayanne H (2011) Detecting coral bleaching using highresolution satellite data analysis and 2-dimensional thermal model simulation in the Ishigaki fringing reef, Japan. Coral Reefs. doi: 10. 1007/s00338-011-0860-1

de Haan JF, Kokke JMM, Hoogenboom HJ, Dekker AG (1997) An integrated toolbox for processing and analysis of remote sensing data of inland and coastal waters—atmospheric correction. In: 4th international conference on remote sensing for marine and coastal environments, Orlando, Florida

de Vries DH (1994) Imaging spectroscopy: CASI operations in Australia during summer 1992/93. In: 7th Australasian remote sensing conference proceedings, pp 136-140, ARSC, Melbourne, Australia

Dekker A, Byrne G, Brando V, Anstee J (2003) Hyperspectral mapping of intertidal rock platform vegetation as a tool for adaptive management. CSIRO Land and Water, Canberra, Australia

Dekker AG, Phinn SR, Anstee J, Bissett P, Brando VE, Casey B, Fearns P, Hedley J, Klonowski W, Lee ZP, Lynch M, Lyons M, Mobley C, Roelfsema C (2011b) Inter-comparison of shallow water bathymetry, hydrooptics, and benthos mapping techniques in Australian and Caribbean coastal environments. Limnol Oceanogr Methods 9: 396-425

Dustan P, Dobson E, Nelson G (2002) Landsat Thematic Mapper: detection of shifts in community composition of coral reefs. Conserv Biol 15: 892-902

Elvidge CD, Dietz JB, Berkelmans R, Andréfouët S, Skirving W, Strong AE, Tuttle BT (2004) Satellite observation of Keppel Islands (Great Barrier Reef) 2002 coral bleaching using IKONOS data. Coral Reefs 23: 123-132

Enriquez S, Mendez ER, Iglesias-Prieto R (2005) Multiple scattering on coral skeletons enhances light absorption by symbiotic algae. Limnol Oceanogr 50:1025-1032

ERDAS (2011). ERDAS IMAGINE. http://www.erdas.com

Exelis VIS, Exelis Visual Information Solutions (2012) ENVI—Environment for visualizing images, Version 4.8

Fearns P, Rodrigo G, Klonowski W (2008) Combining hyperspectral and environmental knowledge using probabilistic methods to produce shallow water habitat maps. In: Proceedings of ocean optics XIX, Ciocco, Tuscany, Italy

Ferrier G, Trahair NS (1995) Evaluation of apparent surface reflectance estimation methodologies. Int J Remote Sens 16:2291-2297

Gao B-C, Montes MJ, Ahmad Z, Davis CO (2000) Atmospheric correction algorithm for hyperspectral remote sensing of ocean color from space. Appl Opt 39:887-896

Goodman JA, Ustin SL (2007) Classification of benthic composition in a coral reef environment using spectral unmixing. J Appl Remote Sens 1:011501

Goodman JA, Lee ZP, Ustin SL (2008) Influence of atmospheric and sea-surface corrections on retrieval of bottom depth and reflectance using a semi-analytical model: a case study in Kaneohe Bay, Hawaii. Appl Optics 47:F1-F11

Green EP, Mumby PJ, Edwards AJ, Clark CD (1996) A review of remote sensing for tropical coastal resources assessment and management. Coastal Manage 24:1-40

Green EP, Mumby PJ, Edwards AJ, Clark CD (2000) Remote sensing handbook for tropical coastal management. UNESCO, Paris

Hamylton S (2011) Estimating the coverage of coral reef benthic communities from airborne hyperspectral remote sensing data: multiple discriminant function analysis and linear spectral unmixing. Int J Remote Sens. doi:10.1080/01431161.2011.574162

Harborne AR, Mumby PJ, Zychaluk K, Hedley JD, Blackwell PG (2006) Modeling the beta diversity of coral reefs. Ecology 87:2871-2881

Heege T, Hausknecht P, Kobryn H (2007) Hyperspectral seafloor mapping and direct bathymetry calculation using HyMap data from the Ningaloo Reef and Rottnest Island areas in Western Australia. In: Proceedings of the 5th EARSel Workshop on imaging spectroscopy, Bruges, 23-25 April, pp 1-8

Hedley JD (2008) A three-dimensional radiative transfer model for shallow water environments. Opt Express 16:21887-21902

Hedley JD (2011a) Modelling the optical properties of suspended particulate matter of coral reef environments using the finite difference time domain (FDTD) method. Geo Marine Letters. doi: 10.1007/s00367-011-0265-8

Hedley JD (2011b) PlanarRad user manual. http://www.planarrad.com

Hedley JD, Enríquez S (2010) Optical properties of canopies of the tropical seagrass Thalassia testudinum estimated by a three-dimensional radiative transfer model. Limnol Oceanogr 55:1537-1550

Hedley JD, Harborne AR, Mumby PJ (2005) Simple and robust removal of sun glint for mapping shallow water benthos. Int J Remote Sens 26:2107-2112

Hedley JD, Mumby PJ (2002b) Biological and remote sensing perspectives of pigmentation in coral reef organisms. Adv Marine Biol 43:277-317

Hedley JD, Mumby PJ (2003) A remote sensing method for resolving depth and subpixel composition of aquatic benthos. Limnol Oceanogr 48:480-488

Hedley JD, Mumby PJ, Joyce KE, Phinn SR (2004) Spectral unmixing of coral reef benthos under ideal conditions. Coral Reefs 23:60-73

Hedley JD, Roelfsema C, Phinn SR (2009a) Efficient radiative transfer model inversion for remote sensing applications. Remote Sens Environ 113:2527-2532

Hedley JD, Roelfsema C, Phinn S (2009b) Uncertainty propagation in a physics-based shallow water mapping algorithm applied to CASI and QuickBird imagery of Heron Reef, GBR. In: Proceedings of RSPSoc conference, Leicester

Hedley JD, Roelfsema C, Phinn S (2010) Propagating uncertainty through a shallow water mapping algorithm based on radiative transfer model inversion. In: Proceedings of ocean optics XX, Anchorage

Hedley JD, Roelfsema C, Koetz B, Phinn S (2012a) Capability of the Sentinel 2 mission for tropical coral reef mapping and coral bleaching detection. Remote Sens Environ. doi: 10.1016/j.rse.2011.06.028

Hedley JD, Roelfsema C, Phinn S, Mumby PJ (2012b) Environmental and sensor limitations in optical remote sensing of coral reefs: implications for monitoring and sensor design. Remote Sens 4:271-302. doi:10.3390/rs4010271

Hedley JD, Roelfsema C, Phinn SR (2012c). Bathymetric map of Heron Reef, Australia, derived from airborne hyperspectral data at 1 m resolution. doi:10.1594/PANGAEA.779522

Hochberg EJ, Atkinson MJ (2000) Spectral discrimination of coral reef benthic communities. Coral Reefs 19:164-171

Hochberg EJ, Atkinson MJ, Andrefouet S (2003a) Spectral reflectance of coral reef bottom-types worldwide and implications for coral reef remote sensing. Remote Sens Environ 85:159-173

Hochberg E, Andrefouet S, Tyler M (2003b) Sea surface correction of high spatial resolution Ikonos images to improve bottom mapping in near-shore environments. IEEE Trans Geosci Remote Sens 41:1724-1729

Hochberg EJ, Atkinson MJ (2003) Capabilities of remote sensors to classify coral, algae and sand as pure and mixed spectra. Remote Sens Environ 85:174-189

Holden H, LeDrew E (1999) Hyperspectral identification of coral reef features. Int J Remote Sens

13:2545-2563

ITRES (2008) CASI-550 airborne hyperspectral solutions. www. itres. com/assets/pdf/CASI-550. pdf

Isoun E, Fletcher C, Frazer N, Gradie J (2003) Multi-spectral mapping of reef bathymery and coral cover; Kailua Bay, Hawaii. Coral Reefs 22:68-82

Jeffery SW, Mantoura RFC, Bjørnland T (1997) Data for the identification of 47 key phytoplankton pigments. In: Jeffery SW, Mantoura RFC, Wright SW (eds) Phytoplankton pigments in oceanography: guidelines to modern methods. UNESCO, Paris, pp 449-559

Joyce KE (2004) A method for mapping live coral cover using remote sensing. Ph. D. thesis, University of Queensland, Brisbane, Australia

Karpouzli E, Malthus T (2003) The empirical line method for atmospheric correction of IKONOS imagery. Int J Remote Sens 24:1143-1150

Kay S, Hedley JD, Lavender S (2009) Sun glint correction of high and low spatial resolution images of aquatic scenes: a review of methods for visible and near-infrared wavelengths. Remote Sensing 1:697-730

Kay S, Hedley JD, Lavender S, Nimmo-Smith A (2011) Light transfer at the ocean surface modeled using high resolution sea surface realizations. Opt Express 19:6493-6504

Kennedy RE, Cohen WB, Takao G (1997) Empirical methods to compensate for a view-angledependent brightness gradient in AVIRIS imagery. Remote Sens Environ 62:277-291

Klonowski WM, Fearns PRCS, Lynch MJ (2007) Retrieving key benthic cover types and bathymetry from hyperspectral imagery. J Appl Remote Sens 1:011505

Kotchenova SY, Vermote EF, Matarrese R, Klemm FJ Jr (2006) Validation of a vector version of the 6S radiative transfer code for atmospheric correction of satellite data Part I: path radiance. Appl Optics 45:6726-6774

Kotchenova SY, Vermote EF (2007) Validation of a vector version of the 6S radiative transfer code for atmospheric correction of satellite data. Part II: homogeneous Lambertian and anisotropic surfaces. Appl Opt 46:4455-4464

Kutser T, Miller I, Jupp D (2006) Mapping coral reef benthic substrates using hyperspectral space-borne images and spectral libraries. Estuar Coast Shelf Sci 70:449-460

Kutser T, Vahtmäe E, Praks J (2009) A sun glint correction method for hyperspectral imagery containing areas with non-negligible water leaving NIR signal. Remote Sens Environ 113:2267-2274

Lee Z, Carder KL, Mobley CD, Steward RG, Patch JS (1998) Hyperspectral remote sensing for shallow waters I. A semianalytical model. Appl Optics 37:6329-6338

Lee Z, Carder KL, Mobley CD, Steward RG, Patch JS (1999) Hyperspectral remote sensing for shallow waters. 2. Deriving bottom depths and water properties by optimization. Appl Opt 38:

3831-3843

Lee Z, Carder KL, Chen RF, Peacock TG (2001) Properties of the water column and bottom derived from airborne visible infrared imaging spectrometer (AVIRIS) data. J Geophys Res 106: 11639-11651

Lee Z, Casey B, Arnone R, Weidemann A, Parsons R, Montes MJ, Gao B-C, Goode W, Davis CO, Dyef J (2007) Water and bottom properties of a coastal environment derived from Hyperion data measured from the EO-1 spacecraft platform. J Appl Remote Sens 1:011502

Lesser MP, Mobley CD (2007b) Bathymetry, water optical properties, and benthic classification of coral reefs using hyperspectral remote sensing imagery. Coral Reefs 26:819-829

Lyzenga DR (1978) Passive remote sensing techniques for mapping water depth and bottom features. Appl Opt 17:379-383

Lyzenga DR (1981) Remote sensing of bottom reflectance and water attenuation parameters in shallow water using aircraft and Landsat data. Int J Remote Sens 2:71-82

Lyzenga D, Malinas N, Tanis F (2006) Multispectral bathymetry using a simple physically based algorithm. IEEE Trans Geosci Remote Sens 44:2251-2259

Maritorena S, Morel A, Gentili B (1994) Diffuse reflectance of oceanic shallow waters: Influence of water depth and bottom albedo. Limnol Oceanogr 39:1689-1703

Mather PM (1999) Computer processing of remotely sensed images, 2nd edn. Wiley, Chichester

Mayer B, Kylling A (2005) Technical note: the libRadtran software package for radiative transfer calculations—description and examples of use. Atmos Chem Phys 5:1855-1877

Milovich JA, Frulla LA, Gagliardini DA (1995) Environmental contribution to the atmospheric correction for Landsat-MSS images. Int J Remote Sens 16:2515-2537

Mishra DR, Narumalani S, Rundquist D, Lawson M, Perk R (2007) Enhancing the detection of coral reef and associated benthic habitats: a hyperspectral remote sensing approach. J Geophys Res 112:C08014

Mobley CD (1994b) Light and water. Academic, San Diego

Mobley CD, Sundman L (2000) Hydrolight 4.1 user's guide. Sequoia Scientific. http://www.sequoiasci.com/products/Hydrolight.aspx

Mobley CD, Sundman LK, Davis C, Bowles JH, Downes TV, Leathers RA, Montes MJ, Bissett WP, Kohler DDR, Reid RP, Louchard EM, Gleason A (2005) Interpretation of hyperspectral remote-sensing imagery by spectrum matching and look-up tables. Appl Opt 44:3576-3592

Montes MJ, Gao B-C, Davis CO (2001) A new algorithm for atmospheric correction of hyperspectral remote sensing data. Proc SPIE-Int Soc Opt Eng SPIE 4383:23-30

Mumby PJ, Green EP, Edwards AJ, Clark CD (1997) Coral reef habitat-mapping: how much detail can remote sensing provide? Mar Biol 130:193-202

Mumby PJ, Clark CD, Green EP, Edwards AJ (1998) Benefits of water column correction and con-

textual editing for mapping coral reefs. Int J Remote Sens 19:203–210
Mumby PJ, Chisholm JRM, Clark CD, Hedley JD, Jaubert J (2001) A bird's-eye view of the health of coral reefs. Nature 413:36
Mumby PJ, Edwards AJ (2002) Mapping marine environments with IKONOS imagery: enhanced spatial resolution can deliver greater thematic accuracy. Remote Sens Environ 82:248–257
Mumby PJ, Harbourne AR (1999) Development of a systematic classification scheme of marine habitats to faciltate regional management and mapping of Caribbean coral reefs. Biol Conserv 88:155–163
Mumby PJ, Hedley JD, Chisholm JRM, Clark CD, Ripley H, Jaubert J (2004) The cover of living and dead corals from airborne remote sensing. Coral Reefs 23:171–183
Mustard J, Staid M, Fripp W (2001) A semianalytical approach to the calibration of AVIRIS data to reflectance over water application in a temperate estuary. Remote Sens Environ 75:335–349
Pope RM, Fry ES (1997) Absorption spectrum (380–700nm) of pure water II. Integrating cavity measurements. Appl Optics 36:8710–8723
Phinney J, Muller-Karger F, Dustan P, Sobel J (2002) Using remote sensing to reassess the mass mortality of Diadema antillarum 1983–1984. Conserv Biol 15:885–891
Ricchiazzi P, Yang S, Gautier C, Sowle D (1998) SBDART: a research and teaching software tool for plane-parallel radiative transfer in the earth's atmosphere. Bull Am Meteorol Soc 79:2101–2114
Roelfsema CM, Marshall J, Hochberg E, Phinn S, Goldizen A, Joyce KE (2006) Underwater spectrometer system 2006 (UWSS04). http://ww2.gpem.uq.edu.au/CRSSIS/publications/ UW %20Spec %20Manual
%2029August06.pdf
Schuyler Q, Dustan P, Dobson E (2006) Remote sensing of coral reef community change on a remote coral atoll: Karang Kapota, Indonesia. In: Proceedings of 10th international coral reef symposium, Okinawa, Japan. 28 June–2 July, 2004, pp 1763–1770
Siebeck UE, Marshall NJ, Kluter A, Hoegh-Guldberg O (2006) Monitoring coral bleaching using a colour reference card. Coral Reefs 25:453–460
Slivkoff M (2010) Dynamic above-water radiance and irradiance collector (DALEC). http://
wwwinsitumarineoptics.com
Smith GM, Milton EJ (1999) The use of the empirical line method to calibrate remotely sensed data to reflectance. Int J Remote Sens 20:2653–2662
Splinter KD, Holman RA (2009) Bathymetry estimation from single-frame images of nearshore waves. IEEE Trans Geosci Remote Sens 47:3151–3160
Tsai F, Philpot W (1998) Derivative analysis of hyperspectral data. Remote Sens Environ 66:41–51
Tote C, Sterckx S, Knaeps E, Raymaekers D (2011) Remote sensing of shallow water bodies: effect

of the bottom substrate on water leaving reflectance. In: 7th EARSeL workshop of the special interest group in imaging spectroscopy, 11–13th April 2011, Edinburgh

Wettle M, Ferrier G, Lawrence AJ, Anderson K (2003) Fourth derivative analysis of Red Sea coral reflectance spectra. Int J Remote Sens 24: 3867–3872

Wettle M, Brando VE (2006) Sambuca: semi-analytical model for bathymetry un-mixing and concentration assessment. CSIRO Land and Water Science Report 22/06

Wolfe MA (1978) Numerical methods for unconstrained optimization. Van Nostrand Reinhold Company, New York

第二部分

LiDAR遥感

第5章　LiDAR遥感概述

Samuel J. Purkis，John C. Brock

摘要　LiDAR技术由于其具有的高精度表述复杂地形结构的能力，因此在珊瑚礁研究和管理方面越来越受到关注。随着激光雷达测绘成本的大幅降低，该项技术正由研究领域转入实际应用。与传统的船载技术相比，以飞机为典型搭载平台的LiDAR设备能够更加快速地覆盖大面积的区域。与依赖辐射度测量或反射系数等作为反演依据的被动式光学遥感数据相比，LiDAR可以实现对高程的直接量测，从而便捷地获得陆地及海洋地形地貌。将高密度的激光扫描测高数据与高精度的GPS数据相结合，能够提供详尽的三维地理空间信息。激光扫描数据不仅能够作为测图的基础数据，同时也可用以推断珊瑚礁的生物物理特性，如海底地貌、粗糙度、纹理以及海床几何形态。相对应地，这类参数可以进一步与所观测生态系统内的生物和地质相关联。

5.1　引言

具有测距功能的激光系统称为LiDAR。与雷达相似，LiDAR探测器依靠自身发射能量信号进行探测，因此属于主动式遥感技术手段。书中第1~4章所讨论的传感器是被动式传感器，因为它们测度的信号是以太阳光为辐射源的自然电磁能量信号。LiDAR系统的特点是其可以将相干光能量限定在非常狭窄的光谱波束范围内，以发射具有极高峰值强度的电磁脉冲。这也使蓝绿波段LiDAR能够透射清澈到一般浑浊的近岸水体以实现水深测量，同时以近红外为主要波段的LiDAR能够探测林窗，从而获取地形信息，建立数字高程模型（Brock et al.，2000；Brock et al.，2009）。在这些测量应用中，LiDAR系统通过脉冲激光测距记录发射和接收反射激光脉冲之间的往返时间差。

S. J. Purkis，美国诺瓦东南大学海洋中心，国家珊瑚礁研究所，邮箱：purkis@ nova. edu。

J. C. Brock，美国USGS国家中心，海岸带与海洋地质署，邮箱：jbrock@ usgs. gov。

LiDAR 技术的发展始于 20 世纪 70 年代,美国和加拿大还构建了这项技术的早期系统(Ackermann,1999)。但直到 80 年代后期才使用飞机作为相关应用的实现平台。至此,该项技术开始用于精确构建地面模型(Baltsavias,1999)。此项应用在使用初期受到自身复杂性、成本效能差和地理匹配精度低等因素的制约。但随着高稳定性电子器件的投入使用,更为先进的 LiDAR 系统的出现,以及全球定位系统空间定位精度的提高,这些限制条件得以克服。1988 年,美国陆军工程部队建造了具有实操特性的 LiDAR 系统,这一技术后被 OPTECH 公司用于民用领域(La-Rocque et al.,1990;Irish et al.,1999)。在这期间,澳大利亚的机载激光测深仪(LADS)系统由 Tenix 公司(Irish et al.,1998)研发并应用于民用领域。在过去 10 年间,LiDAR 成功克服了多个早期的设计缺陷。

目前投入使用的系统,主要是采用脉冲频率可高达 200kHz 的民用激光束和提供指向精度的惯性测量装置(IMUs),其地理空间的配准精度可达亚米级。惯性测量装置是用来测量和记录飞行器的速度、方向和重力的电子仪器,它采用了加速计和陀螺仪相结合的方式来实现测量。LiDAR 良好的定位精度要求其能够精确测定发射与接收激光脉冲时飞行平台的精确位置信息(Latypov,2002)。当采用差分 GPS 作业时,GPS 的定位精度是能够满足要求的。在这种情况下,飞行平台的位置信息由 GPS 获取,而差分 GPS 的实时算法则应用于后处理当中(非实时)。GPS 的基准站应在测区范围内,且与移动站(由飞行器搭载)之间的距离不宜超过 25km。需要说明的是,在对流层和电离层极为稳定(但较为少见)的情况下,此范围可以超过 100km。在后处理中对测量期间的 GPS 数据进行稳健性更好的差分纠正,能够使任何方向上的定位精度限定在 0.05m 之内(Katzenbeisser,2003)。GPS 应用领域取得的进步和惯性测量装置所提供的精确数据使 LiDAR 这项测绘技术在降低成本的同时也提高了精度。

LiDAR 传感器可分为三种类型:①剖面传感器;②离散回波传感器;③全波形传感器。剖面传感器是最为简易的一种,该种传感器沿一窄扫描带,按一定的采样密度每次仅记录一个回波信号。离散回波传感器则更为先进,所采用的激光收发器对于每一束射向目标的激光脉冲,能够记录多个回波信号(通常为 1 束脉冲 5 个回波信号)。而全波形传感器则记录了完整回波信号的数字化波形。扫描单元的足迹(可以是 Z 型、平行线或椭圆等形状)能够极大地增加作业时航迹下的扫描覆盖面积,特别是对于更为现代的探测系统。另外,激光的发射模式也可用于定义该项技术。在多数测距应用中,脉冲式 LiDAR 由一个脉冲式激光发射器、一个用于放大后向散射的光学望远接收器,以及将光能转化为电脉冲的光电倍增管接收器组成。目标距离由发射脉冲到目标的往返时间决定。相比之下,连续波 LiDAR 的测距则通过调制激光强度来实现。这里,行程时间与收发正弦激光信号之间的相位差成正比。值得注意的是,LiDAR 扫描生成的数据,经过处理后,可视为一种影像。相对简单的断面仪只能沿狭窄带宽发送宽间隔的测距信号。为了使 LiDAR 数据不被误读,用户必须充分了解用来获取水深点信息的设备操作规程及数据集的相关警示。

5.2 物理原理

5.2.1 机载 LiDAR

LiDAR 测深设备通常采用飞行器作为搭载平台,通过发射绿色激光(通常在 532nm 波段)并记录后向散射光强度来进行工作。除了绿色激光束之外,多数的 LiDAR 测深系统同时也包含独立的近红外激光脉冲收发装置,此项功能多用于测量传感器到水面距离,但也有部分仪器采用相同的绿色激光脉冲来测量传感器到水面和水底的距离。应当注意的是,仪器只有发射短激光脉冲才能够达到上述效果,且不影响数据的准确性和精确度。这些设计的共同点是绿色激光脉冲透射水体传播,并被海底反射。水深信息由水面回波信号和水底回波信号之间的时滞计算得出(图 5.1)。将反射激光脉冲传播时间的 1/2,乘以光速,便得出 LiDAR 传感器与水面目标之间的距离。需要注意的是,由于激光以光速传播,因此传感器的计时机制就需要精确到纳秒级,且精确至 1ns 以内最为理想。举例说来,1ns 的观测误差会导致 30cm 左右的垂直误差。

激光的能量损失来源于水面、水底和水体的折射,后向散射以及吸收,这些因素都会降低底部返回信号的能量强度从而限制了最大可测深度。测深 LiDAR 和一些传感器之间有着显著的差别,前者是最佳的水深测量技术手段,而后者能够捕捉水下地形信息。传感器需要更准确的飞行轨迹,但不需要进行潮汐或潮位校正。此外,还应当注意的是光速受大气密度的影响,这就意味着光速随着气压、湿度和气温的变化而变化。由于搭载激光雷达的航测飞行器只在清晰的大气环境下作业,因而可以忽略湿度的影响。但气压因素则不可忽略,尤其是在不同高度下飞行时更应当予以重视。举例来说,假设有两条测量航线,一条位于海岸线(0m 平均海平面),而另一条处于高海拔地区(2000m 平均海平面),整条飞行航线均高于 2000m。将适用于海岸线的光速值应用在高海拔地区则会导致测量结果减小约 12cm,该误差值约为定位不精确所引起误差的 2 倍(Katzenbeisser,2003)。

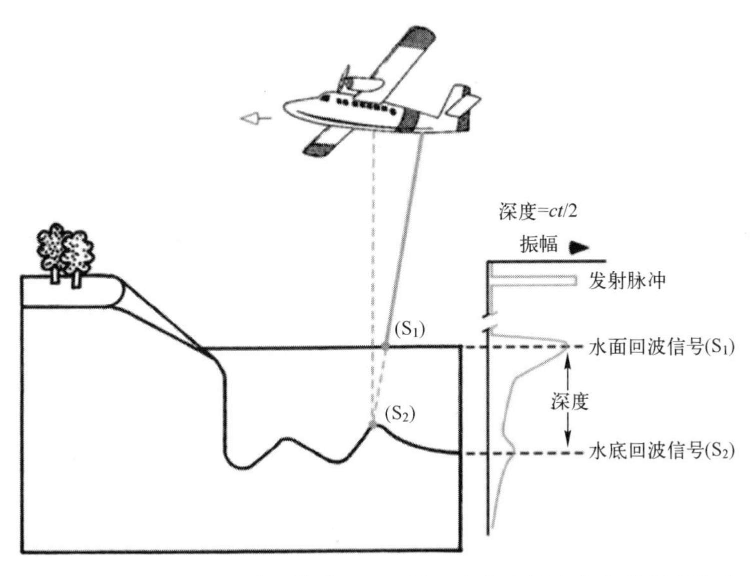

图 5.1　LiDAR 测深仪的工作原理。水深可由水面(S_1)和水底(S_2)脉冲信号的往返行程时间差 t 求得。图中的 c 表示激光脉冲的传播速度

无论是通过 GPS 获得的飞行器绝对高程信息，还是通过水位计测量的参考水面距离信息，LiDAR 都需要利用其进行水位改正。结合可靠的 GPS 信息，在规划航线所覆盖的测区内通过反复的探测能够获得高精度的水深信息。用于水深测量的机载 LiDAR 的典型飞行参数如表 5.1 所列。

表 5.1　典型的 LiDAR 飞行参数

飞行高度	200~500m(400m 典型值)
垂直精度/cm	±15cm
水平精度/m	dGPS=3;kGPS=1
最大制图深度/m	60(清水除外)
典型 kd 产品值	4
典型的沿海 k 值范围	0.2~0.8(d=5~20m)
典型的河口 k 值范围	1.0~4.0(d=1~4m)
水深探测密度/m	3~15
日照角/(°)	18~25(以减少眩光)
幅宽	通常在 250m 的范围

（续）

海况	低(0~1 蒲氏级别)
透水力	蓝绿光 LiDAR(532nm)
相对于水域或地表的飞机高度	近红外 LiDAR(1064nm)
注:dGPS 差分 GPS 模式;kGPS 动态 GPS 模式	

激光测深技术被证明是测量清澈浅水最为有效的方法。由于水体的光学透明度是影响水深测量的最大制约因素。所以在潮汐和水流条件下完成航拍任务是非常重要的,这可以将沉积物再悬浮和河水流入等因素造成的海水浊度影响降到最低。LiDAR 系统需要设置相应的 kd 值以适应研究水域的水深和水浊度(k 代表衰减系数,d 代表水深值)。举例来说,如果已知 LiDAR 系统的 kd 值为 4,而水衰减系数的 k 值为 1,则该系统测量的有效深度仅约 4m。若超过此深度,就需要采用声学测深技术或者侧扫声纳系统(详见第 8~10 章)来完成。由于激光具有高强度的特征,相比于漫射太阳光,LiDAR 脉冲可穿透更深的水体,通常可达到 2~3 塞克盘深度(Cecchi et al. ,2004;Wang et al. ,2007;Mohammadzadeh et al. ,2008),图 5. 2 中的白色矩形为清澈水域 60m 水深处的珊瑚礁。这远优于被动光学系统的探测深度,被动光学系统的监测通常不超过 1. 5 塞克盘深度(Sinclair,1999)。

LiDAR 测深仪普遍使用波长为 532nm 的蓝绿激光器进行海底距离测量,因为其具有最强的水体穿透性。假设水域为蓝色,随着电磁波长在可见光到近红外光的波谱范围内增大,水体对于电磁能量的衰减吸收呈近指数级增加,波长短于 500nm 的纯蓝激光比通常使用的蓝绿激光具有更好的穿透性。然而,使用较短波长的测深仪受工程和物理双重因素的制约因而应用较少。此外,蓝绿激光比蓝色激光在浊度高的沿海水域具有更好的表现。从工程学角度分析,将非线性介质(常见如晶体等)放入激光束中,钇铝石榴石晶体激发输出的 1064nm 激光能被转换到 532nm 的可见光波段。这一过程被为"倍频",是一种相对低廉的获取可见光波段激光的方式。因此,凭借简易的可操作性和低廉的成本,越来越多的 LiDAR 系统采用这种方式生成 532nm 激光束。

从实际操作角度分析,首先,波长短于 532nm 的激光束,相对于长波长激光束来说,更易与大气相互作用。其次,生成 532nm 的激光束相对于生成高强度的蓝色激光束,在能量有效利用率上占优势。此外,蓝色激光在高功率环境下会出现温度问题。因此,532nm 的激光束成为 LiDAR 传感器的首选。尽管如此,制约 LiDAR 采用可见光波段激光束的原因是它们容易被肉眼吸收。因此,

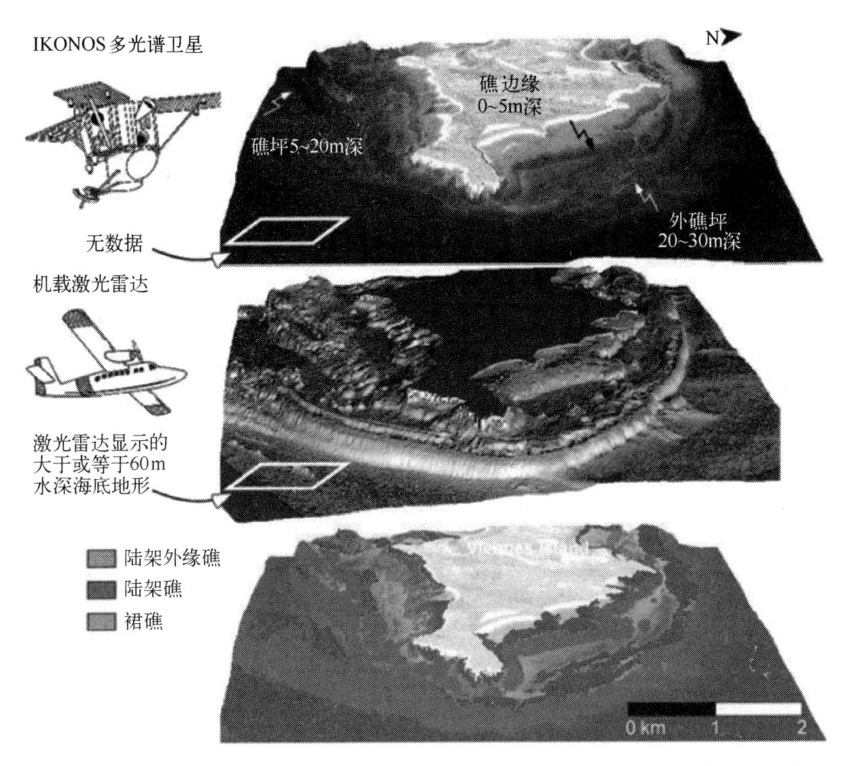

图 5.2 珊瑚礁综合制图(底部)使用 IKONOS 多光谱卫星数据(顶部)和机载 LiDAR 测深探测(中部)。虽然这种 LiDAR 尚未具备多光谱能力,但在非常清澈的海域,它可测量水深超过 60m 的海底(白色矩形)。由此得到的专题地图产品(底部)具有高精度和三维效果,这些数据获取自波多黎各维克斯岛最东点。卫星图像:GeoEye 影像(彩色版本见彩插)

增强该系统的最大功率就不得不受制于裸视安全的需要。

陆地地形 LiDAR 系统通常使用波长为 1064nm 的近红外激光束,它由如前所述相同的钇铝石榴石晶体激光产生,但却不能倍频到可见光谱段。与波长为 532nm 的蓝绿色激光相同,近红外激光同样可被视线所捕捉,因此其功率也必须限制在安全范围之内。因此,尽管精度不足,但军用仪器通常还是采用波长为 1550nm 的红外激光,这样可带来双重优势:①在确保人眼安全的前提下提高功率;②即使通过夜视镜也无法探查到激光束。

无论是陆地地形还是海洋测深激光均会受暗基底的影响而无法收到或仅收到微弱的回波信号。陆地测量的暗基底主要是指水域、沥青和焦油等的表面,而在海洋测深时,则主要指茂密的海草和藻类草地等。另外,雾和云层也会吸收近红外和可见光波段的电磁波。由于云在2000m左右的高度浮动,陆地测量相较于海洋作业,受其影响更大。

尽管在测深应用中可用于探测水面,但是由于不能穿透水体,所以近红外地形测量激光不能用来测量水深。相比之下,蓝绿激光却可以被陆地目标所反射,因而可将其用于测量突出地面的高程。通过采取时域波形数字化的方法,如实验型先进机载LiDAR(EAARL)等复合型系统已经证明了通过单个蓝绿激光来进行陆地测高和海洋测深操作的可行性。(Bonisteel et al.,2009;McKean et al.,2009;Nayegandhi et al.,2009;Wright et al.,2002)。图5.3显示了此类数据资料。这一实验性设备预示着单一蓝绿或近红外波长设备未来将向着多应用结合以及商业化发展。SHOALS和LADS系统也具有测高和测深的能力,但是受限于脚印尺寸,其精度相对较低。单激光技术同样应用于"鹰眼"2号(HawkEyeⅡ)和海岸带测绘及成像LiDAR(CZMIL),并通过增加分段检测器的方法来提高测量密度。以紧凑型海道测量机载快速全测绘(CHARTS)传感器组为基础,CZMIL是在国家海岸带测图项目的支持下开发的新型传感器,其核心组件为一个SHOALS-3000地形-水深LiDAR和CASI1500高光谱成像仪。

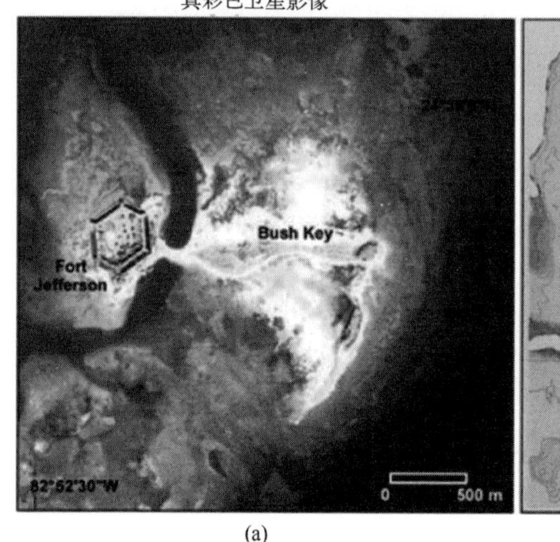

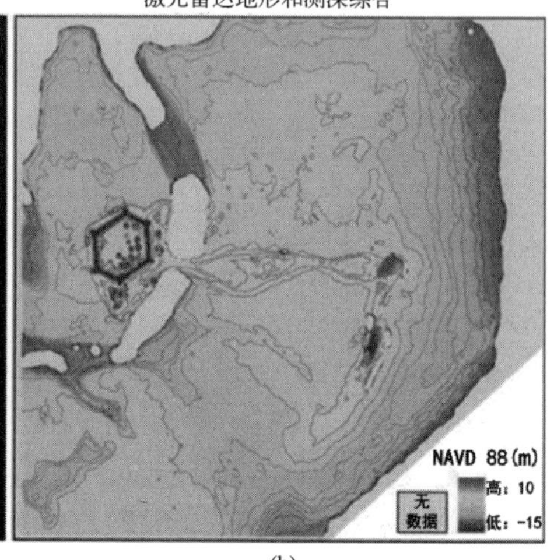

图5.3 (a)真彩色卫星影像,(b)无缝的地面地形和干龟岛的海底地形,这是一片位于美国南佛罗里达的近海珊瑚礁系统,影像通过EAARL LiDAR获得。福特杰弗森(Fort Jefferson)和布什奇(Bush Key)两地的红树林高架结构都在激光返回信号中得以精准捕捉。数据来源于UTM17区,北为上。图片来源:美国地质调查局(USGS)(彩色版本见彩插)

由于双波段 LiDAR 兼备近红外和蓝绿波段激光束，因而它具备对海洋和陆地的测绘能力。获得海洋测深和陆地测高协调一致的高程模型在珊瑚礁研究中至关重要，因为陆生流域的体系结构对珊瑚生长的健康状况有相当大的影响（Rogers，1990；Lapointe et al.，1992）。此内容将在本章后面部分进行讨论。双波段 LiDAR 中的近红外激光对于水体测量来说并不多余，因为其对水面有反射，可用于获得气-水界面的距离，也可以通过信号极化区分陆地与水域（Guenther，2007）。由于光在空气中和水中的传播速度不同，预先判断设备到水面的距离可提高 LiDAR 系统的整体测距精度。此外，对于特定的 LiDAR 设备，如 Optech 的 SHOALS 系统，可记录红色波长的水体拉曼信号（647nm）。水体拉曼信号是由蓝绿激光和水分子相互作用下，当波长改变时部分能量后向散射所致（Guenther，2007）。记录拉曼信号是另一种标识水面的手段，这种方法还可以用于鉴别由于地面反射或者如鸟类等偶然出现目标所造成的不正确的表面探测结果。

SHOALS 和 EAARL 系统证明，LiDAR 测深系统开发的关键进展之一，是在单次测量实施中采用独立系统，通过无缝地采集近岸地形和浅海水深实现海岸带区域的测绘（LaRocque et al.，1990；Irish et al.，1999；Guenther et al.，2000；Wozencraft，2003）。如上所述，现在这一目标可通过使用单一或者双激光技术实现。使用单个系统获取地形和海洋测深数据能够显著地降低成本并提高 LiDAR 的实用性。

EAARL 和双波长 LiDAR 均可为海底地形和陆地地形间提供接近完整的**剖面**，但两个系统均不能在近岸或浪区获得可靠的测深数据。在白浪存在的条件下，激光不能穿透水体。即使是在海面清晰的情况下，如果深度小于 2m，由于系统采用较长的发射脉冲长度（10ns），信号仍不足以区分海底和水面回波的激光波形峰值。在沿海测绘应用中，可通过使用暂时缩短发射脉冲（<2ns），或者通过连续飞行的方式，结合地形使用不同种类的 LiDAR 以解决上述问题（在低潮汐带使用测地 LiDAR，在高潮汐带采用测深 LiDAR）（Pastol et al.，2007）。现代 LiDAR 系统通过采用“浅水区”算法和波形反卷积技术来解决上述问题。此外，浅水问题也可以通过拉曼波形和水深的统计相关关系来解决，尽管这是实验性的应用（Pe'eri et al.，2007）。由于多数礁顶浅于 2m，这些技术进步对 LiDAR 成为成功应用于珊瑚礁测绘的完整系统起到了非常重要的作用。

顶尖的 LiDAR 系统可进行校准操作并有能力捕捉返回脉冲的反射率数据，对三维激光返回数据坐标进行辅助。（Lillesand et al.，2004；Tuell et al.，2004；Tuellet et al.，2005）。与雷达回波强度一样，LiDAR 的回波强度也随着源能量的波长和反射下行激光的材料反射光谱的变化而变化。在测深应用中,辐射信息强度称为 LiDAR 的“强度”,可协助识别海底特征。强度值可从反射激光波形中提取,代表海底反射信号的强度。通过内插,可从现场探测中获取海底回波的强度图像。为获取真实的反射图像,必须采用一套校准系统,并将所有的环境和系统响应参数进行合理建模。反射图像通过发射 LiDAR 系统波段范围内的激光获得。内插图像虽然只有单波段(即单色),但在光谱上也具有很高的辨识度。因此,该方法为基于蓝绿激光反射的海底测绘提供了可能。收集 LiDAR 强度的水深传感器组件包括 Optech SHOALS 系统(图 5.4)、Tenix LADS ADS Mk Ⅱ(图 5.5)和“鹰眼”2 号。对于 SHOALS 和 CZMIL,这些系统的第一代版本并没有返回频谱校准信号,因而,探测结果不能用于光谱反射率的分级。因此,数据常采用手动介入的方式,即用户将珊瑚礁特征数字化(Walker et al.,2008)或者手动设置分级,对未校准的激光后向散射值进行操作(Filin,2004;Arefi et al.,2005;Collin et al.,2008)。无论何种情况下,务必在地面情况良好的情况下进行海底描述、图片拍摄或视频录制。

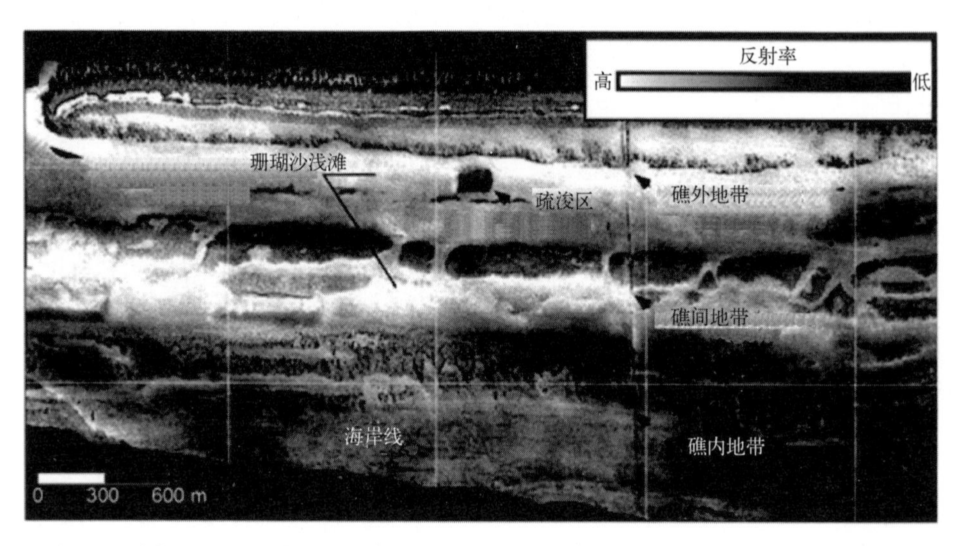

图 5.4 波长 532nm 的 LiDAR 设备—SHOALS-3000 采集的佛罗里达珊瑚礁群局部地区(达尼亚海滩近海)的反射强度图像,该设备也是 CHARTS 系列组件的一个重要组成。除水深数据外,SHOALS 还能提供早期 LiDAR 设备所不能提供的其他两项成果:海底反射和水体衰减信息。认证:Optech International

无论是机载地形测深还是 LiDAR 测深均不能透过云层或密集的阴霾/烟雾进行数据收集;这些数据在相对较低的海拔区域获得,且往往低于云层高度。

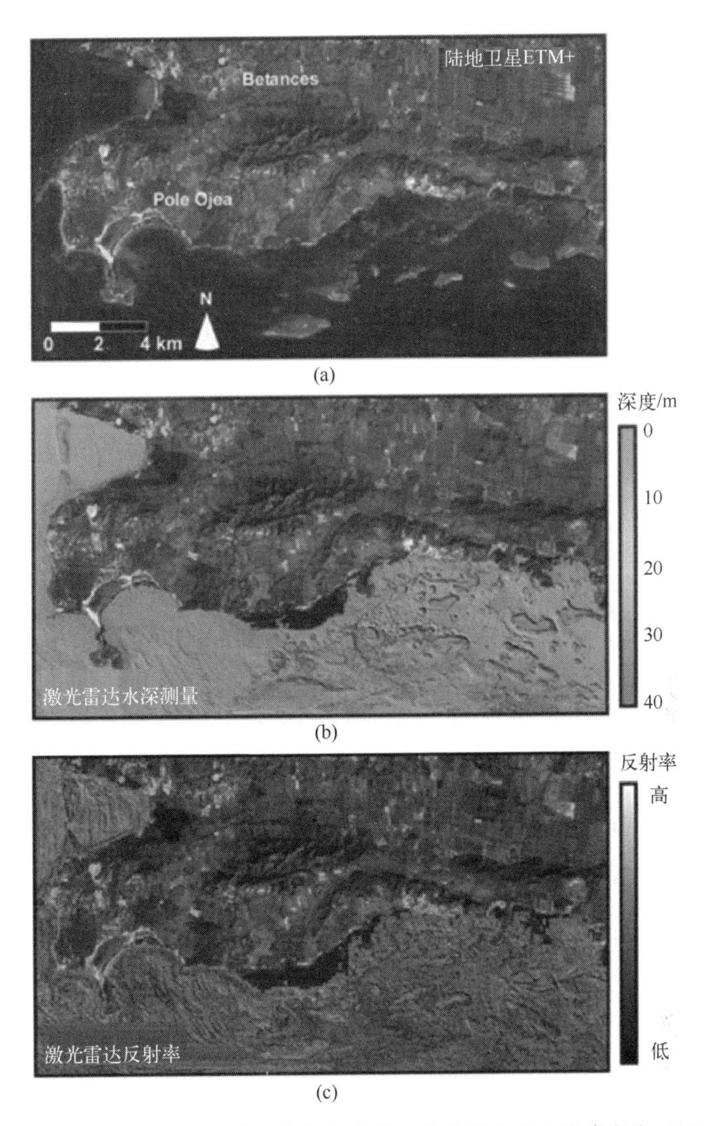

图 5.5 (a)为陆地卫星增强型专题成像仪拍摄的波多黎各西南海岸影像,(b)、(c)分别显示了 LiDAR 测深信息和 LiDAR 海底反射强度,影像均由 Tenix LADS 于 2006 年使用机载系统 ADS Mk Ⅱ获得。Landsat 影像:NASA。LiDAR 认证:NOAA(彩色版本见彩插)

在新一代的 LiDAR 系统中,这一问题将得到解决。相对于现有仪器,新一代 LiDAR 将拥有更高的脉冲重复频率,并且能够保证在适当点间距的前提下,在高度超过 5000m 的区域采集数据。假设不能同时捕获可见光谱图像,且飞机的安全因素得到充分考虑,机载 LiDAR 勘测可以在少云的夜间进行。当夜间亮度足够低的时候,夜航探测的另外一个好处是大大降低了返回波形中的太阳光噪声。

5.2.2 地基 LiDAR

除了常见的机载应用,LiDAR 也被大量应用于与珊瑚礁研究相关的低成本的地基 LiDAR 设备上。在珊瑚礁存在于地球的五亿年间,它通过地壳和海平面变化的影响,构建起了庞大的碳酸盐“帝国”,从现代陆地地形结构中可以发现许多这样的远古物质(Wood,1999)。露出地面的岩层横截面可提供大量信息,例如,地质年代表中气候和海平面的周期性。通常露出地面的岩层可通过集中的野外工作检测,而最近,LiDAR 测距仪已被用于垂直岩层三维地理模型的制作中(Bellian et al.,2005)。通过激光信号的时间和光谱解析可对悬崖壁进行三维定位,且在无植被覆盖的干扰下可根据不同岩石质地的反射情况推断岩层性质。在这种情况下,LiDAR 通过支架支撑并发射宽波段的激光束。发射头可水平旋转且安装有垂直翻转镜面。激光束可测量其发射路径上的第一个物体距离。与机载设备相似,出于用眼安全考虑,地基的绿色波段 LiDAR 同样有功率限制。

激光测距仪也可作为载人或遥控潜水器的有效载荷应用于海洋测距领域。当近距离接近海底时,LiDAR 可用于测量地形地势,经光谱校准后,也可根据反射和荧光信号来界定海底特性(Renter et al.,1995;Harsdort et al.,1997)。此外,这类应用还可同时捕获海底视频或者声纳信号。机载和潜水激光远程传感在渔业研究方面都有较好的应用(Squire et al.,1981;Krekova et al.,1994;Churnside et al.,1997;Churnside et al.,2003)。潜艇水下荧光 LiDAR 也可应用于探测溢油、海面化学漂浮物,以及检测水体中的黄色物质和浮游植物色素含量(Babichenko et al.,1992;Kopilevich et al.,2005;Tuell et al.,2005)。

5.2.3 成本和应用

通过保持高脉冲频率的低空低速飞行,LiDAR 可实现覆盖地表或海底的高密度取样。这种取样密度对于地形差异较大的珊瑚礁环境显得尤为重要。根据绘图时不同的取样密度要求,进行激光断面研究的操作成本也有很大差异。Rohman et al.(2005)评估的预算范围从约 375 美元/km^2(5m×5m 分辨率)~2000 美元/km^2(2m×2m 分辨率)不等。然而这些报价如今也已过时,不能作为绝对依据。最好的办法是考虑两种空间分辨率的相关差异。为提供可用于海洋测绘的数据,需采集 200%海底覆盖率(双倍覆盖)的数据,以确保捕获所有海上导航所需的障碍信息,并消除鱼群和漂浮物等无关伪影。双倍覆盖的必要性相应提升了 LiDAR 勘测的成本。若仅为了绘制海底地形地图,只需单一探测条带便可达到所需的测深空间密度。但是为了控制质量以及消除因飞机过度振荡和偏离等因素所致的数据断层,通常要使卫星影像条带达到 30%的重叠率,以此确定航线之间的偏移率。

在面积小于 100km^2,水深小于 50m 的勘测条件下,机载 LiDAR 相比多波束水声测量效益更高且获取数据的速度更快(Rohman et al. ,2005)。正如 Costa et al. (2009)所强调,LiDAR 测绘的高效得益于其系统独特的数据采集方式,更宽的扫描带宽和更快捷的勘测速度。值得注意的是,LiDAR 的平均采样速度较快,约为 140n mile/h,而测绘船只的速度仅为 8n mile/h。扫描带的宽度取决于扫描角度和飞行器的高度,几乎不受水深因素影响(Stephenson et al. ,2006)。相反地,对于多波束测深系统而言,扫面带宽则和水深成正比(即水深越浅,扫描带宽度越窄,单位测线的覆盖范围也越小)。因而相比于深水作业,浅水作业就显得不尽如人意。由于 LiDAR 是一种机载技术,因此在远距离区域作业时将相比船只能够更为快捷地抵达目的地。然而,考虑到飞行器与研究现场的飞行距离限制以及是否具备合适起飞坪等因素,远洋珊瑚礁区域的 LiDAR 勘测仍有问题亟待解决。值得注意的是,船只不适合在具有敏感性的珊瑚礁海域作业。

得益于自身高分辨率和高密度采样特性,即使一个中等范围的 LiDAR 测量获取的数据量也十分可观(表 5.2)。这种需要高稳定性的电子存储器的支持以及先进的软件进行数据处理和运算。运行此类软件和计算机需要专业技术,如卫星图像处理,成本往往较高。比如,IVS 3D 推出的高端交互式三维数据可视化系统 Fledermaus。这类成本和知识需求使原始 LiDAR 数据处理成本超出珊瑚礁管理者和该领域科学家的成本。美国地质调查局推出的分布式软件 ALPS(机载 LiDAR 处理系统)却是这种趋势下的一个例外,该软件在开源的编程环境下基于 Linux 平台设计而成。ALPS 系统通过 EAARL 来采集 LiDAR 数据,并采取交互式或批处理模式对数据进行探测和处理。ALPS 的处理流程可以无成本地将 LiDAR 原始数据转换为海洋和陆地的数字高程模型(DEM),包括地表和冠层结构模型。EAARL 原始激光波形的人工交互和查询也得到促进。美国海军海洋局(NAVOCEANO)推出了具备区域编辑(ABE)工具的免费软件,但它仅可用于已处理的水深数据、相关波形的可视化以及俯视图。

表 5.2　原始 x、y、z 点的近似文件——ASCII-txt 格式的 LiDAR 数据（不含波形和相关数码相机图像）

勘测区域	1-m 分辨率 /MB	2-m 分辨率 /MB	3-m 分辨率 /MB	4-m 分辨率 /MB	5-m 分辨率 /MB
1 英里^2	77	19	8.5	5	3
1km^2	30	7.5	3	2	1

在美国，LiDAR 技术广泛应用于遥感研究中。原因之一在于大量的数据由政府获取并不受专利权限制。美国地质调查局 LiDAR 信息中心网站（CLICK）（http://lidar.cr.usgs.gov/）是访问陆地和海洋 LiDAR 数据信息的门户网站。美国国家航空航天局、美国国家海洋和大气局和美国地质调查局所获得的水深点信息都可以通过 CLICK 网站获得，浏览者可通过该网站访问 LiDAR 数据库。此外，美国国家海洋和大气局的网站（http://csc.noaa.gov/digitalcoast/）还致力于采集美国海岸沿线的地形和水深 LiDAR 数据。国家地球物理数据中心（NGDC）则通过综合声纳和 LiDAR 数据构建数字高程模型（http://ngdc.noaa.gov/）。

5.3 图像产品和环境变量

5.3.1 深海测深产品

LiDAR 测深并非珊瑚礁地区远程水深测量的唯一方案。从可见光波段的被动遥感数据中（详见第 1~4 章）提取水深信息的方法确实存在。对于多光谱图像，这取决于水在不同波长上的光谱衰减差异（Lyzenga，1981，Stumpf et al.，2003；Lyzenga et al.，2006），或当获取到高光谱信息时，也可通过经验或优化等方式获得水深信息（Gordon et al.，1983；Lee et al.，1999；Dekker，1993；Durand et al.，2000；Hedley et al.，2003）。然而，那些以衰减关系为基础的测量方法往往不可靠，甚至在最优条件下，这些技术也不能达到精度要求或达到 LiDAR 的穿透深度。如图 5.6 所示，基于光学的数字高程模型对海草这样的暗基质区域的测算值总要低于实际情况，而对明亮区域的测算值又高于实际。相对而言，LiDAR 在这些方面的表现颇为准确。被动式可见光遥感和 LiDAR 之间的性能差异随着深度的增加而趋于显著。

利用合成孔径雷达（SAR）进行水深测量也是一种较为成熟的策略，且在价格上具有一定的竞争力。TerraSAR-X 自问世以来就以其高分辨率著称。然

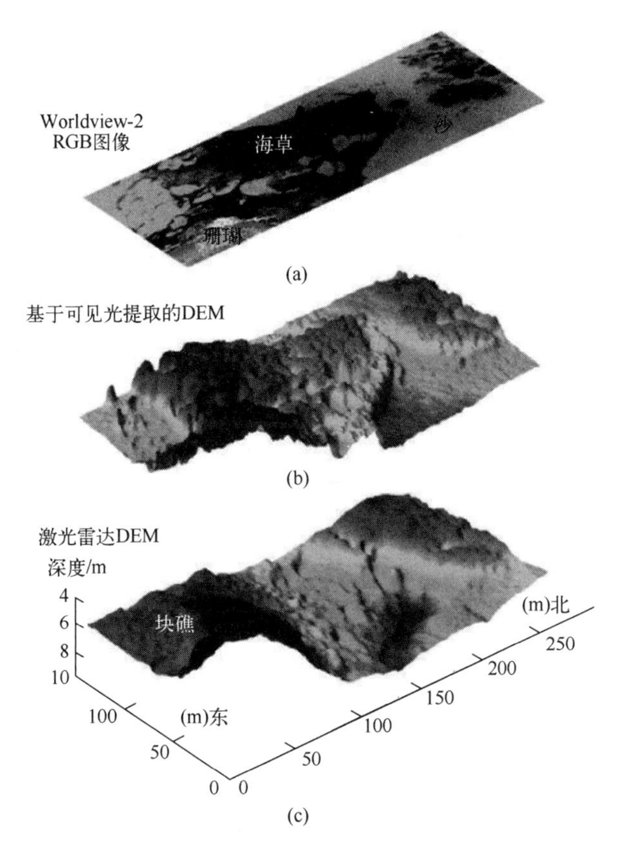

图 5.6 由 Worldview-2(WV2)被动获得的远程 DEM 和通过 LiDAR 主动获得的 DEM 对比。(a)是从佛罗里达群岛北部获取的 WV2 图像,经 Stumpf et al.(2003)处理后生成光学反演 DEM(b)。为方便比较,(c)给出了同一地区由 NASA-EAARL LiDAR 获得的 DEM 图像。尽管两种 DEM 数据在第一阶段趋势相同,但却有着重要差异。以上 DEM 的颜色比例尺均相同。Jeremy Kerr 授权。卫星图像:DigitalGlobe;LiDAR:NASA-EAARL(彩色版本见彩插)

而,海洋 DEM 的构建是一项局限性和复杂性并存的工作。通过 SAR 反演水深要求图像必须在有利的气象和水动力条件下获得;中等风速为 3~10m/s,显著流速约 0.5m/s(Alpers et al.,1984;Vogelzang et al.,1997)。这些标准对于验证水体在海底上的流动是非常必要的,且该流动(通常是潮驱动)与海底地形的相互作用会调节表面流的流速,进而引起表面波型的局部变化。而恰好飞过的 SAR 便可通过调节后向散射雷达信号来探测这种差异变化(Lyzenga,1991)。与 LiDAR 不同的是 SAR 应用光谱的后向散射反演水深,需要测深数据作为反演模型的经验值对模型进行优化。而 SAR 成像所需的合适条件往往难以捉摸,因而限制了该技术在珊瑚礁地貌分析中的广泛使用。尽管如此,由于 SAR 具有昼夜工作能力并且可以透过云层对海面成像,一旦条件合适,SAR 技术便很可能被采用。对于陆地而言,从采集到的成对立体卫星图像或航摄图像中提取的地形信息可生成精确的 DEM,且多个指令的执行成本也低于 LiDAR 勘测。至少在浅水区域,这种技术可被转化并应用于航海领域,但是由于水气交界面的折射,相关的计算也就更为复杂,因此截止到目前这种方法尚未得到广泛应用(Murase et al. ,2008)。

考虑到从卫星图像获取 DEM 的必要性,及其对精度和大面积测量的要求。相比于 SAR 和可见光遥感,LiDAR 已成为测深地图的首选技术。LiDAR 通过三维地理点云,为珊瑚礁测绘地区提供了一个稳定、快速而准确的展示。无论是陆地还是水下,以 LiDAR 为基础的测量方法主要用于三类信息:①地表模型;②DEM 产品;③地貌分析。后两者均与珊瑚礁研究有很多关联。但出于完整性的考虑,三者均应涵盖其中。

许多应用需要用到 DTM,如等高线。但原始点云数据不能直接用于建立 DTM。尽管大多数 LiDAR 系统可以测量“最后返回”数据点,但是在陆地环境中这些末次回波数据掺杂着灌木、汽车、建筑和茂密树冠、地面等信息。对于某些应用程序,LiDAR 点云必须经过后处理,以去除不必要的返回信号。在进行诸如陆地的裸地测绘时,LiDAR 相比于其他测绘方式,其最后的返回信号具有很高的价值。工程师、科学家和研究人员对此类信号的需求较多,用以研究建筑物、基础设施以及丛林树冠。在海洋领域,水面杂波问题则并不十分显著,因为水生植物群落不同于陆地植物,垂直起伏较少。即使如此,如果将这些数据用于制图,必须努力将可能危害航行的杂质从海底地形模型中区分出来。

一个 LiDAR 数据集的原始形式由离散的地形测深点数据构成。等高线地图、DEM 和不规则三角网络(TIN)可从点云数据中提取出地表模型。当其与被动卫星或航摄图像相结合时,这类信息则显示出相当大的使用价值。因为通过独立的水深测量即可进行光谱水柱校正(详见第 7 章)。虽然不是基于像元的成像技术,但可以将测深 LiDAR 测深值内插到栅格中并将其视为单波段图像(图 5.5)。

经由此种方式处理后,数据可显示出海底地形图像,也可类似于卫星图像作为制图基础(Storlazzi et al. ,2003;Brock et al. ,2004,2006;Tuell et al. ,2005;Collin et al. ,2008;Walker et al. ,2008;Nayegandhi et al. ,2008;Purkis et al. ,2008;Costa et al. ,2009)。一旦被栅格化,就可利用 GIS 软件轻松获得诸如等高线地图和山体阴影起伏图这样的衍生产品(图 5.7)。山影图是一种综合考虑

了太阳相对位置的地表灰阶三维模型。该技术为平面图像提供了深度视角,同时也是查看 LiDAR 网格的直观方法。从栅格数据中还可获得粗糙度、褶皱和分形维数等更进一步的指标(Purkis et al.,2008;Zawada et al.,2009)。这些均是将复杂地形模式提炼为相对简单的数字解释的有效途径。地貌学的应用将在以下章节进行探讨,将其作为一种衡量珊瑚礁生物与非生物性质以及识别周围海洋和陆地环境的方式。

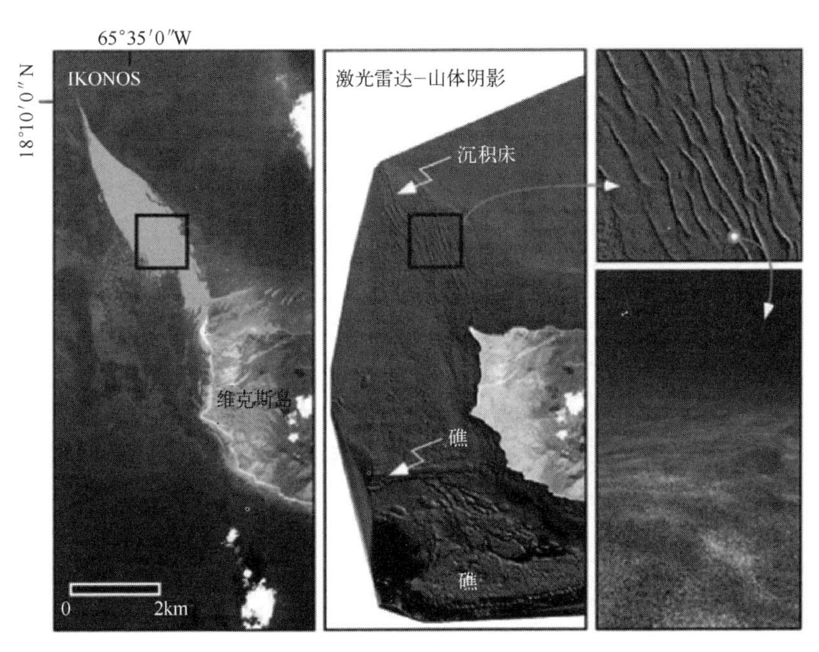

图 5.7 IKONOS 和 LiDAR 确定珊瑚礁属性和底质沉积地形的对比。前者在两部分均可见,后者只存在于 LiDAR 图像中。这些数据来自波多黎各维克斯岛西部海岸线,属于加勒比海的一个混合碳酸盐岩沉积环境(彩色版本见彩插)

5.3.2 生物特性

珊瑚礁的沉积会使海洋底部变得粗糙,进而形成空间尺度范围从厘米到千米不等的复杂地形,而这能够影响和反映许多生态变量。对复杂海底地形探测的优势使得 LiDAR 遥感技术在更全面地表述栖息地复杂性上大有前景(Brock et al.,2004;Brock et al.,2008)。有关于珊瑚礁的基础生态因子,与物种多样性和丰富性,食草动物栖息地、捕食、补给、代谢过程、流体动力学和营养通量相关(McCormick,1994;Sale,1991;Sebens,1991;Szmant,1997;Purkis et al.,2008)。

仅基于海底粗糙度，珊瑚礁栖息地就可明确地与低起伏沙质基质和岩石基质区分开来。虽然分类过程简单，但也意味着可对大面积珊瑚礁区进行分类，从而制定出珊瑚礁区域管理方案。下一代高空间分辨率 LiDAR 将基于丰富且复杂的地形数据实现更为精细的栖息地划分。褶皱状态作为一种区域地形复杂性的传统评估方式，是一种描述海底生物和非生物特性的重要属性，同时也是可从 LiDAR DEM 中轻松提取的一类参数。该计算方法中的几种排列方式可以以研究区内斜率变化阈值估值（Greene et al.，2004）、目标区域内部的高程范围（Dartnell，2000）等多种形式存在。Jenness（2002）通过计算表面与二维（投影的）平面区域的比值展示了一种更为精细的表面粗糙度表示。对于平面表面，该比值等于 1，对于更复杂的表面，该比值则随表面复杂度的增加而增加（Purkis et al.，2008；Purkis et al.，2008）。

由于 LiDAR 探测间隔通常约为 1m，因此这样的空间分辨率不足以根据地形差异严格地区分珊瑚聚群。这也导致至少目前在评估一个地区的生态群落环境时，LiDAR 相比于高光谱航摄图像，效果往往较差。但值得注意的是，现阶段测深 LiDAR 的最高空间探测密度已经在识别大片卵石珊瑚聚集地上取得较大成果（Brock et al.，2006），而且珊瑚聚群在 LiDAR 地形粗糙度上几十米级规模的差异使得以珊瑚为主的栖息地同其他海底类型的区分成为可能（Foster et al.，2009；Zawada et al.，2009）。相比而言，与生态相关的海草和海藻区域则不能只通过地形粗糙度来识别，而是需要结合使用 LiDAR 和光谱或摄影数据进行识别（详见第 7 章）。EAARL 和 CZMIL 均可获得激光扫描探测的数字图像。LiDAR 系统的校准操作（参见 5.2.1 节）也为诸如海草这样缺乏地形特征信号的栖息地提供了一定的鉴别能力（Tuell et al.，2005）。

“生态弹性”这一生态系统参数常用于现场和遥感勘测中。它体现了生态系统在面临如风暴、污染和全球气候变化等危机时的应对能力，即较快恢复到原有状态，并保持其原有结构和功能且不会转化成其他性质状态的能力。对于珊瑚礁而言，通常表现为由珊瑚主导地形转变为低珊瑚覆盖率的大面积肉质海藻地形。对生态系统状态的评估将通过如下几种主要聚集物的比例来衡量：①珊瑚覆盖率；②藻类覆盖率；③软珊瑚、海绵和蘑菇珊瑚的量化百分比。生态系统的弹性评定还需对测试区进行进一步的测定，且往往侧重于以下生态参数：聚群内的小型珊瑚数（作为补充参数）、聚集地尺寸的频数分布，整体优势计算/均匀度/整体聚合物多样性以及白化敏感度。这些参数并不能通过 LiDAR 遥感获得，但是尽管存在着这些限制，某些与珊瑚礁生态弹性有关的生物参数却仍可通过 LiDAR 手段获得，并且所提供的信息可作为计算弹性的指标。比如对珊瑚礁的生长而言，水体在抵御气候变暖时可承受的临界值。这也可被概括为水体运动、深水距离、珊瑚礁基底深度和暴露程度的评估值，且均可通过 DEM 计算得出。

5.3.3 非生物特性

除了珊瑚覆盖的活性以外，珊瑚礁也可根据地貌进行分类。例如，Hopley (1982) 的礁盘进化分类方案以及 Hopley et al. (2007) 根据潟湖和周围边缘的相对深度所采用的三级分类方案，即将其划分为初期、中期和晚期珊瑚礁。这些珊瑚礁的"建筑"属性与珊瑚的覆盖范围或多样性无关，如果没有关于整个系统的详细水深信息，就无法对其进行评估。相比于卫星图像，LiDAR 更适合于进行此类探测，且能够覆盖到整片礁体。正如各类论文所述，反映珊瑚礁形态属性（大小、形状、方向和复杂性等）的地形数据，可用于对珊瑚礁进行基于形态的精细划分（Purkis et al.，2007；Brock et al.，2008；Purkis et al.，2008；Zieger et al.，2009；Purkis et al.，2010；Harris et al.，2011）。尽管 LiDAR 在浅水作业中存在不足，但测深 LiDAR 仍是最先进的珊瑚礁海底地形探测技术，且提供了一种前所未有的数学量化珊瑚礁地貌的测量手段。

这种地貌的建筑师和建设者是珊瑚而非珊瑚礁，它仅由珊瑚一种物质组成。实际上，许多包括动物和植物在内的其他钙质生物，都可以形成大面积的珊瑚礁，且可能比珊瑚单独形成的礁体体量还要大（Blanchon et al.，1997；Wood，1999；Braithwaite et al.，2000；Perry et al.，2009）。在近岸系统中，礁体环境内部可能也含有大量的硅质碎屑沉积物。这样的环境通常称为"混合"碳酸盐系统。如图 5.7 所示，这些沉积物所构建的地形可通过测深 LiDAR 进行判定。因与周围底质有明显的区别，礁体特征很容易在图示 IKONOS 卫星影像中被识别，对于 LiDAR 而言，由于其地形起伏较为明显，因而也具有上述特点。相比之下，底质沉积的海底地形则因光谱特性不明显而不能为卫星影图像所识别，但却可以借助 LiDAR 对起伏差异进行观测将其可视化。这也体现了 LiDAR 在礁体地形绘制上要优于卫星影像。两个图片的南部是一片面积较大的珊瑚礁群，由于其深度较深不能通过 IKONOS 观测到，但却能通过 LiDAR 被探测。

常见的自然海床包括沉积物、水下植物根群以及冲刷和沉积形成的阻塞物。这些结构特性同沉积物供应和粒度等因素相关，且可用于表征海岸带的波形、水流和潮汐特征（图 5.7 所描述的地区显然受到非常显著的潮流影响）。此外，对同一地点用 LiDAR 进行重复探测，可以评估环境的时间变化。当人们通过沿海建设、海滩养护和土地复垦等方式对近海环境行进干预时，此种勘测方式较为有效(Gares et al. ,2006)。

5.3.4 周边环境

礁体附近的 LiDAR 地形应用实例包括由风暴或长期沉积过程所引起的沿岸沙滩变化的区域测绘(Guenther et al. ,1996;Sallenger et al. ,1999;Gutierrez et al. ,1998;Arens et al. ,2002;Woolard et al. ,2002;Bonisteel et al. ,2009;Brock et al. ,2009;Kempeneers et al. ,2009;Klemas,2009)。除测量海底深度外,LiDAR 的回波信号还可用于鉴别水质(Babichenko et al. ,1992;Kopilevich et al. ,2005;Tuell et al. ,2005)。该工作之所以可行是因为返回到机载设备的激光质量和数量会随着水体内部的荧光、吸收和散射情况变化而发生改变。通过量化这些变量,Hoge(2006)论证得出海洋光束衰减可通过机载激光感应和有色溶解有机质荧光性的深度解析获得。海洋和内陆水域的衰减系数也可通过 LiDAR 遥感测得(Tuell et al. ,2005;Hoge,2006)。这些应用与礁体息息相关,因为其健康状况与水域的质量和清晰度有很大关联(Rogers,1990;Fabricius et al. ,2005)。

根据地面目标的反射属性和结构,发射脉冲可能会多次返回到接收器,因其与目标相互作用后发生了扩散和改变。例如,在一丛红树林中,如果部分脉冲击中一个分支的树冠,其余的脉冲仍会继续前进直至到达地面。而这两种与目标的相互作用均会造成反射。目前,某些 LiDAR 的信号接收器可记录多个此类多程返回信号。经过后处理便可有效用于确定类似树冠的稀疏型几何物理结构(Purkis et al. ,2011)。虽然这一应用尚未用于海洋领域,但因为红树林属植物,且是礁岩鱼类主要的栖息地(Mumby et al. ,2004),所以对珊瑚礁周边环境进行 LiDAR 遥感就非常有关联性。研究对全波形(FW)机载 LiDAR 的需求意味着该系统需具备记录每条激光脉冲整个发射和反向散射信号的能力。相比之下,传统仪器(如非全波)只能捕获到三维信号点。由于全波形 LiDAR 激光能穿透植物树冠,因而返程波形与目标的垂直和水平结构有着直接关系(图 5.8 和图 5.9)。例如,完整的 LiDAR 波形和树高、树干胸径及生物量等参数之间存在着直接关系(Blair et al. ,1999;Dubayah et al. ,2000;Brock et al. ,2001;Harding et al. ,2001;Lefsky et al. ,2002)。

流域通常会代表当地地片的流域盆地或下游区域的情况。水域以分层形式流入到其他水域,较小者经合并变得更大,而地形往往决定了水流的方向。为重构一个流域及其相连水域的几何模型,熟悉该地区的地貌特征及地表覆盖物至关重要。除在量化淡水水循环方面的重要性外,水域地图还可为分析珊瑚礁的健康和生态弹性提供多方面数据(Rogers,1990;Lapointe et al. ,1992)。珊瑚礁需要特殊的环境条件才能生存下去,如低营养和低沉积物水平等。而这些条件却易受经该流域流入珊瑚礁的水流的流量和成分影响而发生改变,如森林砍伐、农业作业、沿海开发和水坝建设等人类活动,改变了流域的自然流动,使珊瑚礁面临风险。此外,污水和化学肥料带来的污染物也通过流域水流危害着珊瑚礁的健康状态。基于上述原因,流域的考量对保护规划尤为重要。

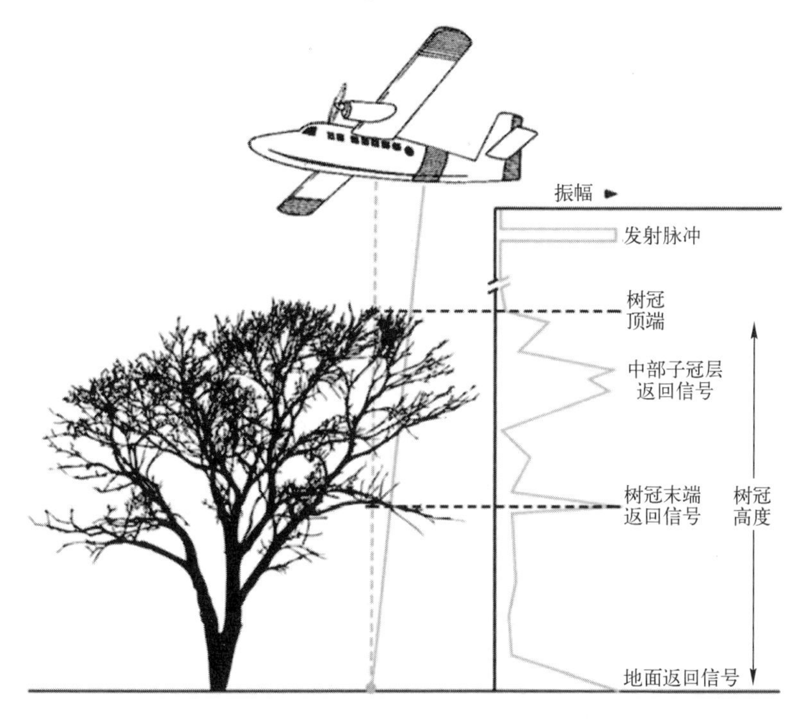

图 5.8 机载激光雷达对树冠的测量原理。激光的入射脉冲经树冠的不同部分反射,形成的给定振幅波形是一个有关冠状结构的函数。最后振幅较大的矩形是地面返回信号

与测深相似,LiDAR 并非是勘测流域地形的唯一方法,但却是最为精确的。应用于粗分辨率区域尺度的流域地图其精度足够,有以下三个相关的遥感项目可提供数据参考,即美国国家航空航天局的航天飞机雷达地形测绘任务(SRTM),ASTER 全球数字高程模型(GDEM)和 TerraSAR-X/TanDEM-X 地形项目。前两者均可免费访问,最后一个则通过实施该项目的德国公司出售。对于珊瑚礁研究这样有着高分辨率需求的工作而言,地形 LiDAR 勘测就显得十分必要。为获取最大的经济效益,应利用 SHOALS 和 EAARL 等工具将流域制图和测深调查结合起来,在单个任务中也能同时获得这两种产品。但是对于覆盖

面积要求远大于测深要求的测绘任务而言,应使用更快覆盖率的传感器,以此来降低成本。

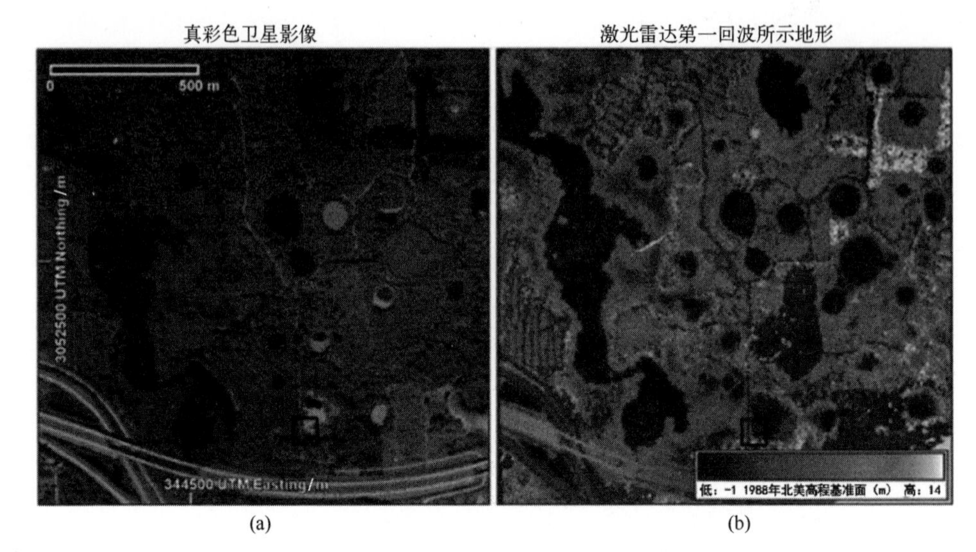

图 5.9 (a)显示位于美国佛罗里达坦帕湾的一处被茂密红树林覆盖的地区。(b)描述了同一地区 LiDAR 第一期返回信号的地形。在这里,由 EAARL 获得的原始波形 LiDAR 信号已转换为地理坐标点(x,y,z)的信号返回。二阶导数的零点被用于检测首先到来的激光信号,这是返回脉冲第一个显著可测的部分。也可认为反射于红树林的顶层枝干。因此所描述的表面结果反映了该区域的冠层高度。此数据来源于 UTM 17 区,北为上。数据来源:美国地质调查局(彩色版本见彩插)

5.4 处理和验证要求

要将离散的 LiDAR 回波信号转化为实用产品需要经数个复杂的处理步骤,其工作流程通常分为以下两个阶段:

(1) 预处理阶段。该阶段包含预备原始数据,结合 GPS/IMU 和激光测距生成点云数据,修正飞行中的几何误差,消除重叠的航线(特别是当 LiDAR 系统内部不一致时),地表操作和原始定位点精度评估。预处理通常由 LiDAR 设备的设计者完成。

(2) 后处理阶段。该阶段是指对点云中的可用信息进行提炼,包括 TINs、DEMs 和树冠高度图等产品。

激光测量由于数据量巨大导致其验证过程耗时严重,因此在源头上采取措施来减少误差进而减轻后期验证负担就显得非常必要。事实上,相当一部分的LiDAR测绘误差可在航测前借助特定仪器测试包的检测来减轻或消除。其中包括激光扫描仪校检、激光光束校准和LiDAR信号降噪等方面,并且这些工作均由仪器设计公司来完成(Adams,2000;Fang et al.,2004;Latypov,2005;Wagner et al.,2006)。由于这些参数会随时间而改变,因此仪器测试包必须定期返厂检修。为进一步减少误差,操作者在起飞前还应对其进行其他的现场校准工作,包括激光扫描仪、IMU和GPS之间的位置转化。而该位置转化关系将在后期影像处理的地理校正中应用于探测数据。另外,激光扫描速率与GPS和IMU采集数据的速率可能并不一致,因而需进行同步校准。这样,每条LiDAR记录都能对应一个地理位置。为确保整个勘测的一致性且始终获得准确的DGPS定位信息,地面的GPS基站,也可能是几个基站,必须对其信号进行核查以确保质量。航测过程中往往会跟随一名专业操作人员来实时监控全程数据的精度和质量以避免出现巨大且难以预估的误差(Mohammadzadeh et al.,2008)。同时操作员还要负责勘测覆盖率的实时显示,以避免出现数据缺口。

着陆后,原始数据需及时下载,并通过LiDAR处理软件转换为可读格式,用作进一步的检验和质量控制。在这一阶段,异常值可能被过滤掉,从而形成一个更为真实的数据集,且点云也被转化为所需的投影系统。尽管有着严格的校准处理,但仍会有操作者控制不了的误差源出现。究其原因可能是由于航空管制和飞行姿态不稳定,或是遭遇较差的海况,从而导致无法在合适高度进行航空测量。在充分考虑所有潜在误差源的条件下,地形LiDAR垂直精度的一个标准差通常为±0.15m(Wozencraft,2003)。而水深数据的这一数值往往略大。

测深LiDAR测量的验证可以依靠深度探测辅助数据集来进行,这些数据通常通过声纳或多波束系统获得(第8~10章)。应注意,卫星图像的光学深度数据并不具备足够的精度来作为验证集。与声纳相似,LiDAR可发送深度数据点,但对其进行逐点的直接验证是不可行的,因为两种勘测方式的结果并不会完全一致。因此,船舶所获得的声学数据必须在验证之前进栅格化,这样LiDAR点便可通过栅格进行对比。通常多波束系统探测的采样密度要高于LiDAR。另一个更为复杂的因素是地面验证,因其水深测量受潮汐影响。相比之下,LiDAR信号可通过参考椭圆采集获得且不受潮汐的影响。如果多波束数据像LiDAR一样进行后期动态处理,则可以减轻潮汐造成的误差。LiDAR和声纳间的另一个差异是,由于激光分析器的设计原理主要为了提供水文数据,通常获得的是激光点范围内最高物体的水深。出于这个原因,测深LiDAR测量结果往往偏浅(Quadros et al.,2008)。因为激光点比声纳测深范围更广,在海底地形比较粗糙的情况下，用声纳来验证水下 LiDAR 结果往往存在问题。对跨潮间带获取数据的双激光 LiDAR 系统而言，可能存在海洋和地形数据集相互验证的机会。但必须谨慎使用这种方法，因为海洋 LiDAR 的激光点尺寸普遍大于地形测绘仪器。由于存在上述测深结果偏浅的问题，测深 LiDAR 所测地形高度要高于地形激光扫描仪的测量值。尽管存在上述问题，声学数据仍然是验证 LiDAR 精度的最好数据源。

从返回激光脉冲中采集反射数据的 LiDAR 传感器的光谱校正也必须得到验证。这可通过与手持分光辐射计获得的实地光学测量结果做对比，且最易实现。这些测量需在空间和时间上与机载 LiDAR 测量同步。对于珊瑚礁遥感而言，底部反射测量也是典型工作流程中的一部分并用于反演辐射传输模型，因此这两种测量方法之间存有相当大的重叠（Tuell et al. ，2004）。其他诸如栖息地特征和水质状况的 LiDAR 产品必须采用现场测量进行校准，其捕获的数据与 LiDAR 数据采集保持一致。在进行多光谱和高光谱测量勘测时，情况也是类似。

随着 LiDAR 传感器功能和相关分析工具的持续发展，还可运用此项技术获得更为精细的地图产品。这一发展前景为 LiDAR 在未来珊瑚礁遥感领域的应用提供了广阔平台。

致谢：诺瓦东南大学国家珊瑚礁研究所为 Sam Ppurkis 提供的支持。

推荐阅读

Brock JC，Purkis SJ（eds）（2009）Coastal applications of airborne LiDAR remote sensing. J Coast Res 25（6）：59-65（Special issue）

Guenther GC（2007）Digital elevation model technologies and applications：the DEM users manual. In：Maune D（ed）Airborne LiDAR bathymetry，2nd edn. American Society for Photogrammetry and Remote Sensing，USA，pp 253-320（Chapter 8）

Lillesand TM，Kiefer RW，Chipman JW（2004）Remote sensing and image interpretation，5th edn. Wiley，New York

Purkis SJ，Klemas V（2011）Global environmental change and remote sensing. Wiley，New York

参考文献

Ackermann F(1999)Airborne laser scanning:present status and future expectations. ISPRS J Photogrammetry Remote Sens 54:64-67

Adams MD(2000)LiDAR design, use, and calibration concepts for correct environmental detection. IEEE Trans Robot Autom 16:753-761

Alpers W,Hennings I(1984)A theory for the imaging mechanism of underwater bottom topography by real and synthetic aperture radar. J Geophys Res 89:10529-10546

Arefi H,Hahn M(2005)A hierarchical procedure for segmentation and classification of airborne LiDAR images. In:Geoscience and remote sensing symposium,IGARSS 05,Vol 7,pp 4950-4953

Arens JC,Wright CW,Sallenger AH,Krabill WB,Swift RN(2002)Basis and methods of NASA airborne topo-graphic mapper LiDAR surveys for coastal studies. J Coast Res 18:1-13

Babichenko S,Poryvkina L(1992)Laser remote sensing of phytoplankton pigments. LiDAR Remote Sens SPIE 1714:127-131

Baltsavias EP(1999)A comparison between photogrammetry and laser scanning. ISPRS J Photogrammetry Remote Sen 54:83-94

Bellian JA,Kerans C,Jennette DC(2005)Digital outcrop models:applications of terrestrial scanning LiDAR technology in stratigraphic modelling. J Sediment Res 75:166-176

Blair JB,Rabine DL,Hofton MA(1999)The laser vegetation imaging sensor:a medium-altitude, digitization-only,airborne laser altimeter for mapping vegetation and topography. ISPRS J Photogrammetry Remote Sens 54:115-122

Blanchon P,Jones B,Kalbfleisch W(1997)Anatomy of a fringing reef around Grand Cayman:storm rubble,not coral framework. J Sediment Res 67:1-16

Bonisteel JM, Nayegandhi A, Wright CW, Brock JC, Nagle DB(2009)Experimental advanced airborne research LiDAR(EAARL)data processing manual. U. S. Geological Survey Open-File Report 2009-1078,p 38

Braithwaite CJR,Montaggioni LF, Camoin GF, Dalmasso H, Dullo WC, Mangini A(2000)Origins and development of Holocene coral reefs:a revisited model based on reef boreholes in the Seychelles,Indian Ocean. Int J Earth Sci 89:431-445

Brock J,Sallenger A(2000)Airborne topographic mapping for coastal science and resource management. USGS Open-File Report 01-46

Brock J,Wright CW,Hernandez R,Thompson P(2006)Airborne LiDAR sensing of massive stony coral colonies on patch reefs in the Northern Florida reef tract. Remote Sens Environ 104:31-42

Brock JC,Palaseanu-Lovejoy M,Wright CW,Nayegandhi A(2008)Patch-reef morphology as a

proxy for Holocene sea-level variability, Northern Florida Keys, USA. Coral Reefs 27:555-568
Brock JC, Purkis SJ(2009b) The emerging role of LiDAR remote sensing in coastal research and resource management. J Coastal Res 53:1-5
Brock JC, Sallenger AH, Krabill WB, Swift RN, Wright CW(2001) Recognition of fiducial surfaces in LiDAR surveys of coastal topography. Photogrammetric Eng Remote Sens 67:1245-1258
Brock JC, Wright CW, Clayton TD, Nayegandhi A(2004) LiDAR optical rugosity of coral reefs in Biscayne National Park, Florida. Coral Reefs 23:48-59
Cecchi G, Palombi L, Mochi I, Lognoli D, Raimondi V, Tirelli D(2004) LiDAR measurement of the attenuation coefficient of natural waters. In: Proceedings of the 22nd international laser radar conference, European Space Agency, Paris, p 827
Churnside J, Hunter J(1997) Laser remote sensing of epipelagic fishes. In: Proceedings of laser remote sensing of natural waters: from theory to practice, SPIE, vol 2964., pp 38-53
Collin A, Archambault P, Long B (2008) Mapping the shallow water seabed habitat with SHOALS. IEEE Trans Geosci Remote Sens 46:2947-2955
Costa BM, Battista TA, Pittman SJ(2009) Comparative evaluation of airborne LiDAR and shipbased multibeam SoNAR bathymetry and intensity for mapping coral reef ecosystems. Remote Sens Environ 113:1082-1100
Churnside JH, Demer DA, Mahmoudi B(2003) A comparison of LiDAR and echosounder measurements of fish schools in the Gulf of Mexico. ICES J Mar Sci 60:147-154
Dartnell P(2000) Applying remote sensing techniques to map seafloor geology/habitat relationships. Master's thesis, San Francisco State University, CA
Dekker AG(1993) Detection of optical water quality parameters for eutrophic waters by high resolution remote sensing. PhD thesis, Vrije Universiteit Amsterdam. ISBN 90-9006234-3
Dubayah RO, Drake JB(2000) LiDAR remote sensing of forestry. J Forest 98:44-46
Durand D, Bijaoui J, Cauneau F(2000) Optical remote sensing of shallow-water environmental parameters: a feasibility study. Remote Sens Environ 73:152-161
Fabricius K, De'ath G, McCook L, Turak E, Williams DM(2005) Changes in algal, coral and fish assemblages along water quality gradients on the inshore Great Barrier Reef. Mar Pollut Bull 51:384-398
Fang H-T, Huang D-S(2004) Noise reduction in Li DAR signals based on discrete wavelet transform. Optics Communications 233:67-76
Filin S (2004) Surface classification from airborne laser scanning data. Comput Geosci 30:1033-1041
Foster G, Walker BK, Riegl BM(2009) Interpretation of single-beam acoustic backscatter using LiDAR-derived topographic complexity and benthic habitat classifications in a coral reef environment. J Coastal Res 53:16-26
Gares PA, Wang Y, White SA (2006) Using LiDAR to monitor a beach nourishment project at

Wrightsville Beach, North Carolina, USA. J Coastal Res 22: 1206-1219

Gordon HR, Morel AY(1983) Remote assessment of ocean color for interpretation of satellite visible imagery: a review. Springer Verlag, New York(Volume 4 of Lecture notes on coastal and estuarine studies)

Greene HG, Kvitek R, Bizzaro JJ, Bretz C, Iampietro PJ(2004) Fisheries habitat characterization of the California continental margin. California sea Grant College Program, University of California, CA

Guenther G(2007) Airborne LiDAR bathymetry digital elevation. Model technologies and applications. In: Maune D(ed.) The DEM users manual. American Society for Photogrammetry and Remote Sensing, pp 253-320

Guenther G, LaRocque P, Lillycrop W (1994) Multiple surface channels in SHOALS airborne LiDAR. SPIE: Ocean Optics XII 2258: 422-430

Guenther GC, Tomas RWL, LaRocque PE(1996) Design considerations for achieving high accuracy with the SHOALS bathymetric LiDAR system. In: Proceedings of laser remote sensing of natural waters: from theory to practice, SPIE, 15: 54-71

Guenther GC, Brooks MW, LaRocque PE(2000) New capabilities of the SHOALS airborne LiDAR bathymeter. Remote Sens Environ 73: 247-255

Gutierrez R, Gibeaut JC, Crawford MM, Mahoney MP, Smith S, Gutelius W, MacPherson CDE (1998) Airborne laser swath mapping of Galveston Island and Bolivar Peninsula, Texas. In: Proceedings of 5th international conference on remote sensing for marine and coastal environments, San Diego 1: 236-243

Harding DJ, Lefsky MA, Parker GG, Blair JB(2001) Laser altimetry height profiles methods and validation for closed-canopy, broadleaf forests. Remote Sens Environ 76: 283-297

Harris PM, Purkis SJ, Ellis J(2011) Analyzing spatial patterns in modern carbonate sand bodies from Great Bahama Bank. J Sediment Res 81: 185-206

Harsdorf S, Janssen M, Reuter R, Wachowicz B(1997) Design of an ROV-based LiDAR for seafloor monitoring. In: Analysis of water quality and pollutants. Proceedings of SPIE, Vol 3107, pp 288-297

Hedley JD, Mumby PJ(2003) A remote sensing method for resolving depth and subpixel composition of aquatic benthos. Limnol Oceanogr 48: 480-488

Hoge FE(2006) Beam attenuation coefficient retrieval by inversion of airborne LiDAR-induced chromophoric dissolved organic matter fluorescence. I Theor Appl Opt 45: 2344-2351

Hopley D(1982) The geomorphology of the Great Barrier Reef: quaternary development of coral reefs. Wiley, New York

Hopley D, Smithers SG, Parnell K (2007) The geomorphology of the Great Barrier Reef: development, diversity, and change. Vol xiii., Cambridge University Press, Cambridge, p 532

Irish J, Lillycrop W(1999) Scanning laser mapping of the coastal zone: the SHOALS system. J Photogrammetry Remote Sens 54: 123

Irish JL, White TE (1998) Coastal engineering applications of high-resolution LiDAR bathymetry. Coast Eng 35:47-71

Jenness JS(2002) Calculating landscape surface area from digital elevation models. Wildl Soc Bull 32:829-839

Katzenbeisser R(2003) About the calibration of LiDAR sensors. In:3-D Reconstruction form Airborne Laser-Scanner and InSAR data. ISPRS Workshop,8-10 Oct, Dresden

Kempeneers P, Deronde B, Provoost S, Houthuys R(2009) Synergy of airborne digital camera and LiDAR data to map coastal dune vegetation. J Coastal Res 53:73-82

Klemas VV(2009) The role of remote sensing in predicting and determining coastal storm impacts. J Coastal Res 25:1264-1275

Kopilevich YI, Feygels VI, Tuell GH, Surkov A (2005) Measurement of ocean water optical properties and seafloor reflectance with scanning hydrographic operational airborne LiDAR system (SHOALS):I. Theoretical Background. In:Proceedings of SPIE. vol 5885

Krekova MM, Krekov GM, Samokhvalov IV, Shamanaev VS(1994) Numerical evaluation of the possibilities of remote laser sensing of fish schools. Appl Opt 33:5715-5720

Lapointe BE, Clark MW(1992) Nutrient inputs from the watershed and coastal eutrophication in the Florida Keys. Estuaries Coasts 15:465-476

LaRocque PE, West GR (1990) Airborne laser hydrography: an introduction. In: ROPME/PERSGA/IHB workshop on hydrographic activities in the ROPME sea area and Red Sea(Kuwait City)

Latypov D (2002) Estimating relative LiDAR accuracy information from overlapping flight lines. ISPRS J Photogrammetry Remote Sens 56:236-245

Latypov D(2005) Effects of laser beam alignment tolerance on LiDAR accuracy. ISPRS J Photogrammetry Remote Sens 59:361-368

Lee Z, Carder KL, Mobley CD, Steward RG, Patch JS (1999) Hyperspectral remote sensing for shallow waters: 2. Deriving bottom depths and water properties by optimization. Appl Opt 38: 3831-3853

Lefsky MA, Cohen WB, Parker GG, Harding DJ(2002) LiDAR remote sensing for ecosystem studies. Bioscience 52:19-30

Lyzenga DR(1981) Remote sensing of bottom reflectance and water attenuation parameters in shallo water using aircraft and Landsat data. Int J Remote Sens 2:71-82

Lyzenga DR(1991) Interaction of short surface and electromagnetic waves with ocean fronts. J Geophys Res 93:10765-10772

Lyzenga DR, Malinas NP, Tanis FJ(2006) Multispectral bathymetry using a simple physically based algorithm. IEEE Trans Geosci Remote Sens 44:2251-2259

McCormick MI(1994) Comparison of field methods for measuring surface topography and their associations with a tropical reef fish assemblage. Mar Ecol Prog Ser 112:87-96

McKean J, Nagel D, Tonina D, Bailey P, Wright CW, Bohn C, Nayegandhi A(2009) Remote sensing of channels and riparian zones with a narrow-beam aquatic-terrestrial LIDAR. Remote Sens 1: 1065-1096

Mohammadzadeh A, Valadan Zoej MJ(2008) A state of art on airborne LiDAR application in hydrology and oceanography: a comprehensive overview. Int Arch Photogrammetry, Remote Sens Spat Inf Sci 37:315-320(Part B1. Beijing)

Mumby PJ, Edwards AJ, Arias-González JE, Lindeman KC, Blackwell PG, Gall A, Gorczynska MI, Harborne AR, Pescod CL, Renken H, Wabnitz CC, Llewellyn G(2004) Mangroves enhance the biomass of coral reef fish communities in the Caribbean. Nature 427:533-536

Murase T, Tanaka M, Tani T, Miyashita Y, Ohkawa N, Ishiguro S, Suzuki Y, Kayanne H, Yamano H (2008) A Photogrammetric correction procedure for light refraction effects at a two-medium boundary. Photogrammetric Eng Remote Sens 74:1129-1135

Nayegandhi A, Brock JC(2008) Assessment of coastal vegetation habitats using LiDAR. In: Yang X (ed) Lecture notes in geoinformation and cartography—remote sensing and geospatial technologies for coastal ecosystem assessment and management. Springer, pp 365-389

Nayegandhi A, Brock JC, Wright CW(2009) Small-footprint, waveform-resolving LiDAR estimation of submerged and sub-canopy topography in coastal environments. Int J Remote Sens 30: 861-878

Pastol Y, Le Roux C, Louvart L(2007) LITTO3D: a seamless digital terrain model. Int Hydrogr Rev 8:38-44

Pe'eri S, Philpot W(2007) Increasing the existence of very shallow-water LiDAR measurements using the red-channel waveforms. IEEE Trans Geosci Remote Sens 45:1217-1223

Perry CT, Smithers SG, Johnson KG(2009) Long-term coral community records from Lugger Shoal on the terrigenous inner-shelf of the central Great Barrier Reef, Australia. Coral Reefs 28:1432

Purkis SJ, Graham NAJ, Riegl BM(2008) Predictability of reef fish diversity and abundance using remote sensing data in Diego Garcia(Chagos Archipelago). Coral Reefs 27:167-178

Purkis SJ, Kohler KE(2008) The role of topography in promoting fractal patchiness in a carbonate shelf landscape. Coral Reefs 27:977-989

Purkis SJ, Kohler KE, Riegl BM, Rohmann SE(2007) The statistics of natural shapes in modern coral reef landscapes. J Geol 115:493-508

Purkis SJ, Rowlands GP, Riegl BM, Renaud PG(2010) The paradox of tropical karst morphology in the coral reefs of the arid Middle East. Geology 38:227-230

Purkis SJ, Klemas V(2011) Global environmental change and remote sensing. Wiley, New York

Quadros ND, Collier PA, Fraser CS(2008) Integration of bathymetric and topographic LiDAR: a preliminary investigation. Int Arch Photogrammetry, Remote Sens Spat Inf SciPart B 37:315-320 (Part B1. Beijing)

Reuter R, Wang H, Willkomm R, Loquay K, Braun A, Hengstermann T(1995) A laser fluorosensor for maritime surveillance: measurement of oil spills. EARSeL Adv Remote Sens 3: 152–169

Rogers CS(1990) Responses of coral reefs and reef organisms to sedimentation. Mar Ecol Prog Ser 62: 185–202

Rohmann SO, Monaco ME(2005) Mapping southern Florida's shallow-water coral ecosystems: an implementation plan, NOAA Technical Memorandum NOS NCCOS 19(Online)

Sale PF(1991) Habitat structure and recruitment in coral reef fishes. In: Bell SS, McCoy ED, Mushinsky HR(eds) Habitat structure: the physical arrangement of objects in space. Chapman and Hall, New York, pp 211–234

Sallenger AH, Krabill WB, Brock JC, Swift RN, Jansen M, Manizade S, Richmond B, Hampto M, Eslinger D(1999) Airborne laser study quantifies El Niño-induced coastal change. American Geophysical Union, EOS Transactions 80: 89–93

Sebens KP(1991) Habitat structure and community dynamics in marine benthic systems. In: Bell SS, McCoy ED, Mushinsky HR(eds) Habitat structure: the physical arrangement of objects in space. Chapman and Hall, New York, pp 211–234

Sinclair M(1999) Laser hydrography—commercial survey operations. In: Proceedings of US hydrographic conference, Alabama, USA

Squire JL Jr, Krumboltz H(1981) Profiling pelagic fish schools using airborne optical lasers and other remote sensing techniques. Mar Technol Soc J 15: 27–31

Stephenson D, Sinclair M(2006) NOAA LiDAR data acquisition and processing report: Project OPR-I305-KRL-06, NOAA data acquisition and processing report NOS OCS(Online)

Storlazzi CD, Logan JB, Field ME(2003) Quantitative morphology of a fringing reef tract from high-resolution laser bathymetry. Geol Soc Am Bull 115: 1344–1355

Stumpf RP, Holderied K, Sinclair M(2003) Determination of water depth with high-resolution satellite imagery over variable bottom types. Limnol Oceanogr 48: 547–556

Szmant AM(1997) Nutrient effects on coral reefs: a hypothesis on the importance of topographic and trophic complexity to reef nutrient dynamics. In: Proceedings of the 8th international coral reef symposium, Smithsonian Tropical Research Institute, Panama, pp 1527–1532

Tuell GH, Feygels VI, Kopilevich YI, Cunningham AG, Weidemann AD, Mani R, Podoba V, Ramnath V, Park JY, Aitken J(2005) Measurement of ocean water optical properties and seafloor reflectance with scanning hydrographic operational airborne LiDAR sysem (SHOALS): II. Practical results and comparison with independent data. In: Proceedings of SPIE, vol 5885

Tuell GH, Park JY(2004) Use of SHOALS bottom reflectance images to constrain the inversion of a hyperspectral radiative transfer model. In: Kammerman G(ed) Laser Radar and Technology Applications IX. Proceedings of SPIE, vol 5412, p 185–193

Vogelzang J(1997) Mapping submarine sand waves with multiband imaging radar 1. Model development and sensitivity analysis. J Geophys Res 102: 1163–1181

Wagner W, Ullrich A, Ducic V, Melzer T, Studnicka N(2006) Gaussian decomposition and calibration of a novel small footprint full-waveform digitising airborne laser scanner. ISPRS J Photogrammetry Remote Sens 60:100-112

Walker BK, Riegl B, Dodge RE(2008) Mapping coral reef habitats in southeast Florida using a combined technique approach. J Coastal Res 24:1138-1150

Wang C-K, Philpot WD(2007) Using airborne bathymetric LiDAR to detect bottom type variation in shallow waters. Remote Sens Environ 106:123-135

Wood R(1999) Reef evolution. Oxford University Press, Oxford, p 414

Woolard JW, Colby JD(2002) Spatial characterization, resolution, and volumetric change of coastal dunes using airborne LiDAR: Cape Hatteras, North Carolina. Geomorphology 48:269-288

Wozencraft JM(2003) SHOALS airborne coastal mapping: past, present and future. J Coastal Res 38:207-216

Wright CW, Brock J(2002) EAARL: a LiDAR for mapping shallow coral reefs and other coastal environments. In: Paper in the proceedings of the 7th international conference on remote sensing for marine and coastal environments, Miami, 20-22 May 2002

Zawada DG, Brock JC(2009) A multiscale analysis of coral reef topographic complexity using LiDAR-derived bathymetry. J Coastal Res 53:6-15

Zieger S, Stieglitz T, Kininmonth S(2009) Mapping reef features from multibeam sonar data using multiscale morphometric analysis. Mar Geol 264:209-217

第6章　LiDAR应用

Simon J. Pittman, Bryan Costa, Lisa M. Wedding

摘要　珊瑚礁生态系统在多重空间尺度上展示出其物理结构的生物复杂性和空间异质性。LiDAR技术近期在珊瑚礁生态系统研究中的应用极大地提高了复杂生态系统的地图制图和信息量化能力。通过从三维立体的视角了解珊瑚礁的地形,LiDAR技术为我们掌握更多海洋环境中的地貌结构与生态进程之间的功能性联系提供了巨大可能。除此之外,LiDAR技术在珊瑚礁生态系统中的近期应用还显示其在沿海地区研究和绘图等操作中深度和广度上的潜能。在第5章(LiDAR测深法的背景和原理)的研究基础上,本章对LiDAR在珊瑚礁领域的应用做了回顾,并介绍了一些能够突出该项技术实用性的研究实例。此外,还展示了LiDAR在导航图表、工程、底栖生物栖息地制图、生态建模以及海洋地质和环境变化监测等方面的应用。最后,本章在结论部分对LiDAR技术的发展方向以及拓展珊瑚礁遥感技术的下一步工作进行了讨论。

6.1　引言

在热带海洋生态系统中,LiDAR系统主要用来获取海底测深信息进而用于导航信息图表绘制(Irish et al.,1999;McKenzie et al.,2001;Wozencraft et al.,2008)、海岸工程建设(Irish et al.,1998;Wozencraft et al.,2000)、底栖生物栖息地制图(Brock et al.,2006;Wang et al.,2007;Wozencraft et al.,2008;Walker et al.,2008;Walker,2009)、生态建模(Wedding et al.,2008b;Pittman et al.,2009,2011a,b)、海岸线提取(Liu et al.,2007)和变化监测(Zhang et al.,2009)。机载

S. J. Pittman,美国国家海洋和大气管理局,生物地理学中心;维京岛大学海洋科学中心,邮箱:simon. pittman@ noaa. gov。

B. Costa,美国国家海洋和大气管理局,生物地理学中心;邮箱:bryan. costa@ noaa. gov。

L. M. Wedding,美国国家海洋和大气管理局,生物地理学中心;加利福尼亚大学圣克鲁斯分校海洋科学学院,邮箱:lisa. wedding@ noaa. gov。

LiDAR 为浅滩珊瑚礁提供了准确的海底数据,以及具有足够垂直分辨率的无缝高分辨率的陆海沿岸地形模型,用以预报海啸和海平面上升带来的洪涝影响(Tang et al. ,2009)。此外,通过对洪水易发区域的 LiDAR 监测数据可绘制沿岸地区生态脆弱性地图。该图像对于那些致力于洪水预防和从事研究如何降低人类以及珊瑚礁生态系统相关风险和成本的规划和管理人员至关重要(Brock et al. ,2009;Gesch,2009)。

6.2 LiDAR 应用举例

本章回顾了珊瑚礁领域的 LiDAR 应用并介绍了一些能够突出该项技术实用性的研究实例。以下是 LiDAR 的相关应用:①导航制图;②珊瑚礁生态系统描述和生态研究;③珊瑚礁地貌检测;④海岸工程与建模;⑤环境变化的了解与监测。我们的初衷是尽可能提供直接应用于珊瑚礁生态系统的 LiDAR 应用,但是由于珊瑚礁领域的 LiDAR 测绘研究数量有限,且仅有少数研究被发表,因此所提供的案例大多针对沿岸地区。所收录的应用案例重点强调了 LiDAR 有助于提升对可影响生态系统结构和功能的更大规模模式及过程的认知水平,如热带海洋的沿海沉积过程监测。

6.2.1 海图制图

LiDAR 通过采集海底水深数据和辨识可能存在的碍航物来支持航海图绘制工作。尤其在如珊瑚礁这样的硬底浅水区航行时,碍航物制图尤为重要,因为借此能够避免可能发生的危险性搁浅以及避免对敏感且有价值的珊瑚礁群落造成危害。根据国际海道测量组织的航海地图制图标准,LiDAR 勘测在垂直和水平方向上的不确定度不得超出预定标准,且可信度要达到 95%以上(IHO,2008)。垂直和水平方向上不确定度的最大值主要取决于勘测区域的水深情况。一般来说,浅水区域(<40m)要受到更为严格的标准约束,在该区域航行时,船只龙骨下的水深间隙较小,从而易对其构成威胁。而深水区域(>100m)的标准则要宽松许多,往往对海底进行一般性的概述即可满足需求。鉴于这些规范对于深度的依赖性,最常通过水深 LiDAR 勘测来达到不确定度的最高标准(即国际海道测量组织特别条例或条例 1)。这是由于绝大多数 LiDAR 系统往往只能穿透平均 30m 水深的水体(许多珊瑚礁环境由于水体清澈可被穿透达 60~70m)。

2006 年,美国国家海洋大气局的海岸调查办公室(OCS)在波多黎各西南部进行了 LiDAR 勘测。勘测区间为海平面以下 70m 至海平面以上 50m。此次勘测使用的是 Mk Ⅱ型 LADS(Stephenson et al. ,2006),该系统使用 900Hz Nd:

YAG(钕钇铝合成石榴石)激光器,发出的激光光束由光耦合器转换为红外线(1064nm)和蓝绿光线(532nm)。红外光束测得的是距离水面最低点的飞机高度,而绿色光束则通过在机身下直线摆动的方式测量深度和高程。数据以 4m×4m 的采集密度和 200%的海底覆盖率进行采集,因而可以确定其扫测带宽、行距以及勘测速度(表 6.1;Baltsavias,1999)。该项目所采集的数据符合国际海道测量组织 1 号条例的不确定性标准,且被美国国家海洋大气局用于更新部分波多黎各西海岸的航海图(例如海图 25671、海图 25673 和海图 25675)(图 6.1)。其中,海图 25671 和海图 25675 更新至 2003 年,而海图 25673 则更新至 2006 年。勘测中发现了新的浅滩和潜在的航行危险(图 6.2)。新近发现的改变已于 2010 年收录进新版海事地图中。在迈阿密,佛罗里达和阿拉斯加半岛等地也均有采用 LADS 传感器进行类似的测绘作业(Fugro LADS,2010)。此外,在 2010 年,LiDAR 捕捉到美国维尔京群岛一些尚未被发现的珊瑚礁的相关信息,该区域的最近一次勘测可追溯至 1924 年,且时有船舶在该海域搁浅。

表 6.1 LADS Mk Ⅱ LiDAR 系统扫描模式配置。来源于 Stephenson et al. (2006)

探测密度/m	测带宽度/m	行距 200%覆盖/m	行距 100%覆盖/m	勘测速度/(n mile/h)
6×6	288	125	250	210
5×5	240	100	200	175
4×4	192	80	160	140
4a×4a	150	60	120	175
3×3	100	40	80	150
2×2	50	20	40	140
注:每种模式均适用于各种操作高度(如 500~1000m 区间内各整百高度值)				

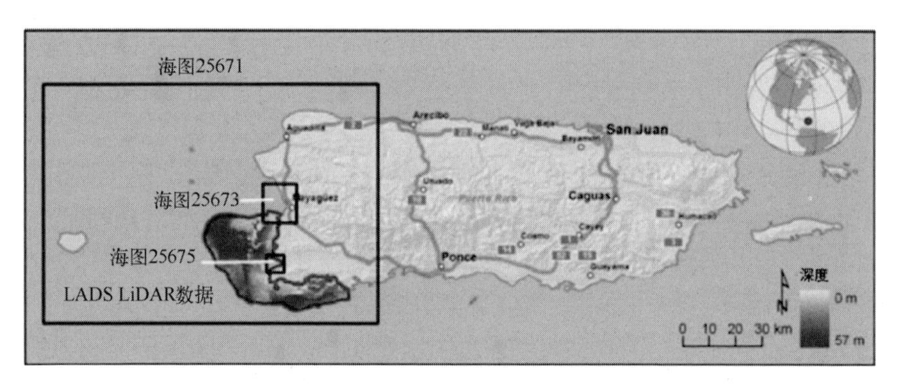

图 6.1 使用 LADS LiDAR 数据更新后的(海图 25671、海图 25673 和海图 25675)波多黎各西部海图。红色的多边形表示了 LADS 数据的完整空间范围

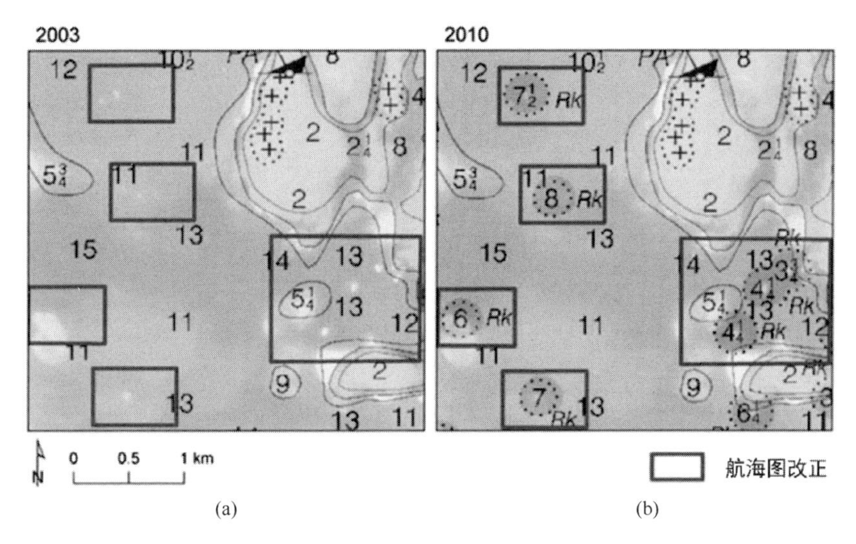

图 6.2　美国加勒比西海岸波多黎各的海图 25671 经 LADS LiDAR 系统进行了更新。勘测过程中发现了新的浅滩和航行危险(位于红色区域内)并对 2003 年版的海图(a)做了更新。新版海图(b)在 2010 年重新发布。两图均采用英寻来显示测量结果(1 英寻 = 1.83m)

6.2.2　底栖生物栖息地制图

绘制底栖生物栖息地地图的重要目标之一,是帮助资源管理者做出与生态相关的合理决策,从而来支持生态环境的有效管理和海洋空间规划。底栖生物栖息地地图可被用于以下方面:①掌握和预测资源的空间分布;②检测环境变化;③设计监测采样策略;④划定区域与评估海洋保护区功效(Ward et al.,1999;Friedlander et al.,2007a,b;Pittman et al.,2011a,b)。LiDAR 通过在最佳条件下采集 60~70m 水深的连续的海底深度和结构特性信息,为底栖生物栖息地制图提供支持(Stumpf et al.,2003)。海底栖息地基于自身地貌结构(如其物理组成)和生物覆盖(如固着于这些结构的底栖生物种类和丰度)的不同而相互区分。即便在没有其他遥感数据类型支持的条件下,LiDAR 提供的三维细节信息也能够为开发高精度的底栖生物地图提供可能。对于多光谱或高光谱图像以及 LiDAR 数据集重叠覆盖的区域,通过结合 LiDAR 数字高程模型和光谱数据可提升底栖生物栖息地地图的整体精度(Chust et al.,2010;参见第 7 章)。在夏威夷,Conger et al.(2006)通过 USACE SHOALS 系统(美国陆军工兵部队机载 LiDAR 水道测扫勘测;Irish et al.,1999;Irish et al.,2000)的 LiDAR 测深与多光谱 QuickBird 卫星图像的配合使用,开发出一项从遥感彩色波段数据中获取浅海深度信息的便捷技术。该技术提供的伪彩色波段可直接用于基于知识的解译，并且也可以用来对绝对海底反射进行校准。

当今，无缝地形和海洋测深数字高程模型（参见第5章）正逐渐进入使用领域，并为量化海陆交互的发展提供了可能，如径流对近岸水域珊瑚礁生态系统的影响等。此外，综合有测深和地形探测功能的LiDAR系统可同时进行陆地和海底的勘测作业，并可有效用于珊瑚礁生态系统毗连地以及存有岩礁和浅滩等危险要素的地区的地图绘制工作。LiDAR的海底三维显示对识别和绘制不同地貌特征及不同地形复杂性的底栖生物类型非常重要。此外，三维地表特征对预测珊瑚礁生态系统的物种分布模型也同样至关重要（Pittman et al.，2009；Pittman et al.，2011；参见6.3.2节）。

由NASA和USGS联合开发的实验性先进机载调查LiDAR（EAARL）（Wright et al.，2002）用于对北佛罗里达大片珊瑚礁带进行1m×1m规模的水深测量，以此进行对比斯坎湾国家公园石珊瑚礁区的水深绘制（Brock et al.，2006）。粗糙度作为一项表面复杂性的度量指标被用来计算平面表面积与实际表面积之比。当表现出高粗糙度特性时需要展开进一步研究，并需使用水下摄像机进行现场观察（图6.3）。该视频被人工分为七个基质类型，每个类型都具有统计层面的不同粗糙值，活珊瑚在珊瑚群落中具有最高的平均粗糙度。对于某些特定的珊瑚礁，如美国维尔京群岛的约翰逊珊瑚礁，EAARL系统以亚米级的分辨率进行珊瑚礁制图，其垂直和水平的不确定度分别为10cm和40cm。鉴于上述结果，EAARL系统在识别和绘制石珊瑚礁区域上表现出了巨大的潜力。其他LiDAR系统，如SHOALS系统（Wang et al.，2007；Wozencraft et al.，2008）和LADS系统（Walker，2009），尽管其最小制图单元（MMU）为1英亩（1英亩=4647m^2）（对于分辨率而言并非很高），但也已应用于珊瑚礁生态系统的地貌图绘制工作当中。

LiDAR系统中某些未被充分利用的数据产品，目前已开发到应用领域。如表面强度，可用于量化从海底返回的激光强度（如海底伪反射率或绝对反射率；参见第7章）。对声学系统而言，强度信息可用于指示海底沉积物特性，包括晶粒尺寸、粗糙度和硬度等（Hamilton et al.，1982；参见第8~10章）。这些沉积物属性，尤其是孔隙度，对底栖生物栖息地制图而言至关重要。这是由于许多热带海洋生物对硬底和软底的栖息地类型反应不一（Friedlander et al.，1998；Pittman et al.，2007）。从LiDAR数据中提取强度信息是当前比较热门的研究领域。近期，紧凑型水文机载快速整体测量系统的强度信息，用于绘制普利茅斯港的底栖生物栖息地地图和不同水下植被类型图（Reif et al.，2011）。在未来，随着技术的进步以及复杂的多元数据分类处理技术和算法的改进，将有更多的LiDAR系统与声学多波束传感器类似的表面强度信息提取功能（Costa et al. ,2009)。尽管如此,LiDAR 和声学测量系统之间存在的基本技术差异和数据特征仍表明这些系统的固有功能是截然不同的。

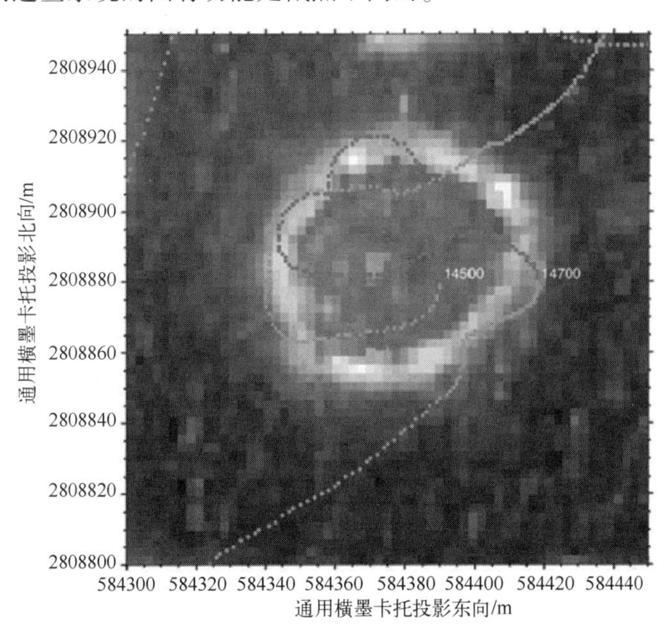

图 6.3 LiDAR 显示的佛罗里达州比斯坎湾一处点礁的粗糙表面。蓝绿点表示水下视频拍摄点的海底位置(来源自 Brock et al. ,2006)(彩色版本见彩插)

6.2.3 形态和地形复杂性

由于栖息地的结构和组成会极大地影响海洋生态系统,生态学家们对使用遥感技术进行三维栖息地的水深测绘产生了浓厚的兴趣。珊瑚礁生态系统在地形上以复杂的表面形态存在,各种形态特征各不相同,这些特征对海洋生物多样性中个体、物种及空间格局的分布具有生态意义(Pratchet et al. ,2008;Pittman et al. ,2009;Zawada et al. ,2009)。同时地形复杂性也能够影响流经珊瑚礁的海水运动(Monismith,2007;Nunes et al. ,2008),以及增强能量消耗,从而增强底栖生物群落的营养吸收(Hearn et al. ,2001)。目前的研究对水深形态与生物分布和生态系统功能这三者之间的关联机制知之甚少,且迫切需要在一系列空间尺度下对地形复杂度模型进行量化,进而为预测鱼类和珊瑚的空间分布提供有效的替代变量(Pittman et al. ,2007;Purkis et al. ,2008,2009;Hearn et al. ,2001)。掌握结构复杂的生态联系变得日趋重要,因为人类活动的沿海地区,往往伴有飓风、海洋疾病和热应力等现象,而这都将会造成大规模的损失以及由造礁石珊瑚、海草和红树林形成的生物结构的退化。在过去的 20 年里,加勒比地区的珊瑚礁经历了珊瑚覆盖率大幅下降的境况(Gardner et al.,2003),导致该地区的地形复杂性趋于"扁平化"(Alvarez-Filip et al.,2009)。

LiDAR水深测量技术提供了一个基本面,其反演的包括地形复杂度在内的诸多地形参数(如坡斜、坡向和曲率)可根据数字地形建模和工业表面测量领域的表面形态测量学进行表面模拟和量化。在这些领域,形态测量用于量化地貌表面特性和工程表面的不规则度或粗糙度,如质量控制或损坏检查(Pike,2001 a,b)。Pittman et al.(2009)在检验了七种表面形态测量法后发现地形复杂性,尤其是坡度的斜率(最大坡度变化的速率测量),能对加勒比海珊瑚礁附近地区的动物物种多样性和丰富性作出最佳预测,尽管形态测量间存在着一些线性对应,但只要它们之间存在哪怕是细微的差别,也可能对动物物种的分布预测产生影响(图6.4)。随后,Pittman et al.(2011)研究了地形复杂性与波多黎各西南跨陆架间的交互作用,发现这为加勒比海珊瑚礁附近生息的几种主要鱼类物种的栖息地适宜性制图提供了良好预测能力。LiDAR所获取的地形复杂度信息对栖息地适应性空间模型有很大的作用。此处以三斑小热带鱼(Stegastes planifrons)为例,它是活珊瑚覆盖的一个重要物种指标,且预测结果的可信度较高(图6.5)。Wedding和Friedlander于2008年在夏威夷进行的研究以及Walker等人于2009年在佛罗里达州进行的研究均显示LiDAR地形复杂度信息可有效用于预测鱼群物种信息。水深差异(75m范围内)表现出同鱼群丰度和物种丰富度之间的强关联性,此外,水深和坡度同样也被认作是有效的空间模式指标(Wedding et al.,2008)。Walker等人于2008年指出了地形复杂度与物种丰富度之间的深度相关关系,且该结论更适用于浅水珊瑚礁区,同时指出的还有地形复杂度同鱼类丰度的相关性,尤其在较深的近海珊瑚礁地区表现出强相关性。出于对珊瑚礁结构瓦解的担心,许多研究正利用LiDAR测深技术来预测珊瑚礁复杂度的下降对鱼类物种栖息地适应性及生物多样性的影响,并对依赖珊瑚礁生存的鱼类和渔业结构可能产生的潜在后果提供预警(Pittman et al.,2011 b)。

地形的复杂度变化也可以用来描述不同底栖生物栖息地之间的差异。Pittman等人在2009年就曾提出,波多黎各西南部的块状珊瑚礁具有最高的坡度斜率比例,其次是突起脊和槽沟;而具有最大面积的坡度变化率的面积范围,是更为常见的占主导地位的一类沙流通道。通过建立相应的栖息地类以支持实现最高的活珊瑚覆盖率和鱼类物种丰度值(Pittman et al.,2009)。Zawada和Brock于2009年利用分形维数(D)量化了佛罗里达大片珊瑚礁区的地形复杂性,发现D中的已知空间模式同该区域的已知珊瑚礁分区之间存在着紧密的联系,并且同包括侵蚀和海平面动态因素在内的珊瑚礁地貌研究的物理进程相一

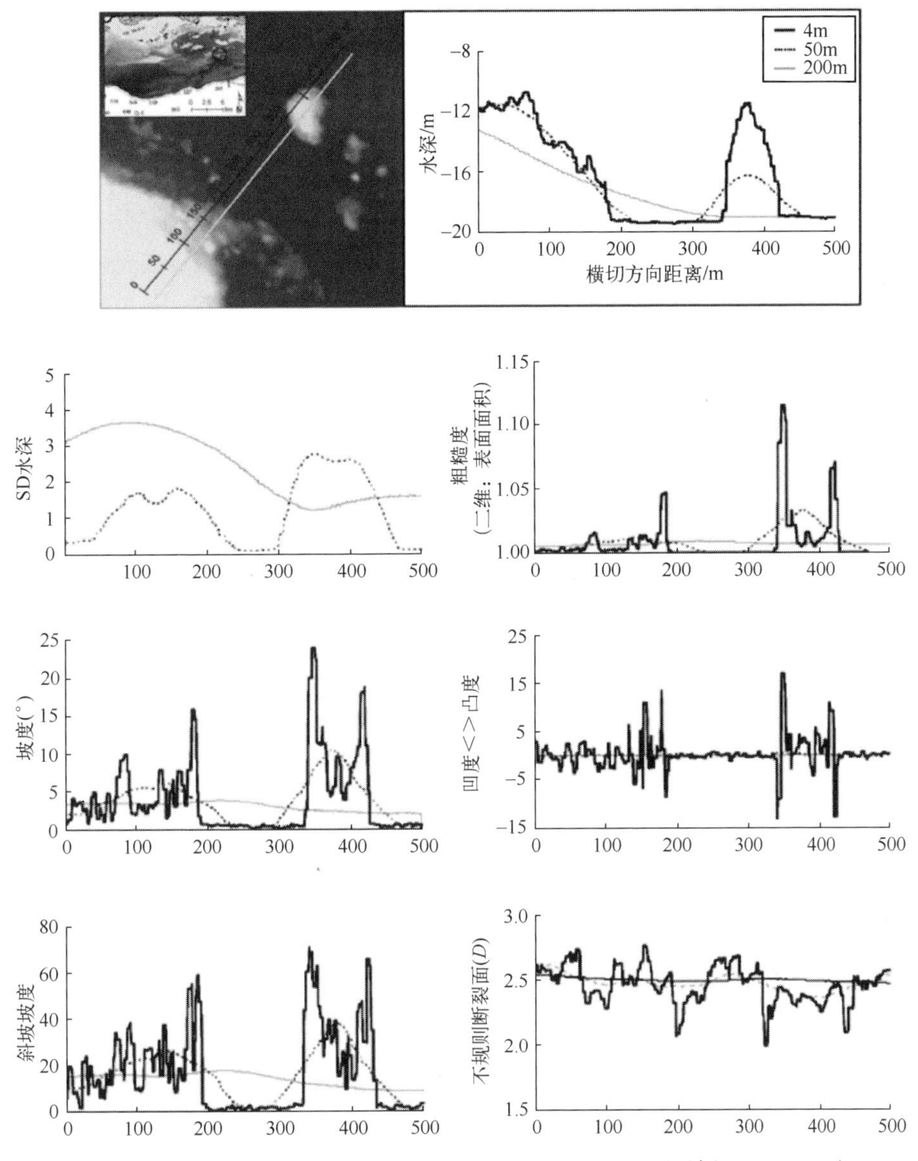

图 6.4 显示了波多黎各西南部 La Parguera 地区珊瑚礁的 500m 长横断面,以 1m 为间隔进行个体形态测量。为检测缩放效果,这七种形态测量被应用在多种空间范围内进行半径为 450m 和 200m 的环形测试(来源自 Pittman et al. ,2009)

致。在利用纳弗沙加勒比岛的多波束数据进行的相似研究中,分形维度量化最高的地区往往有着最高的活珊瑚覆盖率(Zawada et al. ,2010)。利用 LiDAR 反演产品对复杂珊瑚礁生态系统中海洋动物群的高精度预测表明,LiDAR 可作为一种有效手段用以快速且低成本地采集环保规划所需的大规模数据，设计针对性的监测活动以及提升自身对珊瑚礁生态系统的理解。尽管如此，上述研究所达成的普遍共识是鱼群变量表现出比 LiDAR 信号变量更强的地形复杂相关性(Wedding et al. ,2008;Pittman et al. ,2009;Walker et al. ,2009)。这显示，可能需要更高分辨率的 LiDAR 技术来提高对地形的预测能力。

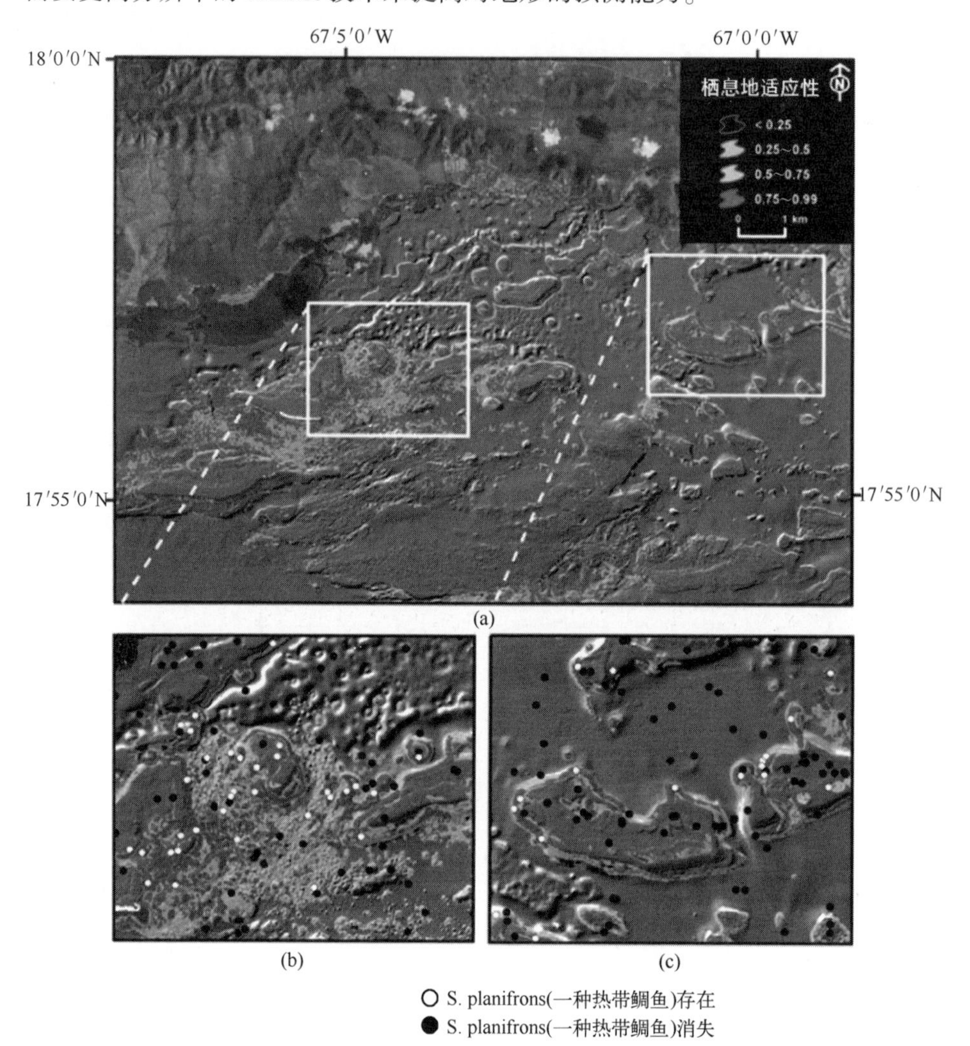

图 6.5 波多黎各西南部珊瑚礁区的栖息地适应性预测模型，对应的热带鱼群(真雀鲷属)是显示珊瑚礁健康情况的潜在指示。根据最大熵分布建模(MaxEnt)得出：基于 LiDAR 的坡度斜率数据和海陆架距离是最为重要的空间预测指标(源自 Pittman et al. ,2011)(彩色版本见彩插)

6.2.4 海洋保护区规划

高效的沿海和海洋空间规划(CMSP)以综合地理空间框架为基础。比如,规划单元通常表现为分散的地理区位,或者是具有独特特性的目标区划,当然亦可认为是“本地化”的区域(Norse et al. ,2005;Olsen et al. ,2010)。在海洋环境中,海洋保护区是一种本地化管理实施最为广泛的形式(Lorenzen et al. ,2010)。要实现高效的沿海和海洋空间规划,关键一步在于绘制和整合生物和物理数据集(Douvere,2008;Pittman et al. ,2011)。值得一提的是,该方法已成功推广用于全球海洋规划和空间保护优先计划中(Sala et al. ,2002;Friedlander et al. ,2003;Jordan et al. ,2005)。

这里所介绍的是夏威夷海洋空间规划的一个案例,案例中使用 LiDAR 技术识别复杂栖息地的空间特征,以协助海洋空间保护计划的实施及其评估。在夏威夷主要群岛内,SHOALS 数据被用于在空间上定性近岸珊瑚礁生态系统中的栖息地复杂性。最初的试点位于恐龙湾海洋生物保护区(MLCD)内,用于确定 LiDAR 数据对于量化连续珊瑚礁环境中复杂度的有效性(Wedding et al. ,2008)。为确定海洋保护区内外的鱼类栖息地使用模式,制成了 4m×4m 分辨率的表面粗糙度数字地图(Wedding et al. ,2008;Friedlander et al. ,2007b,2010;见

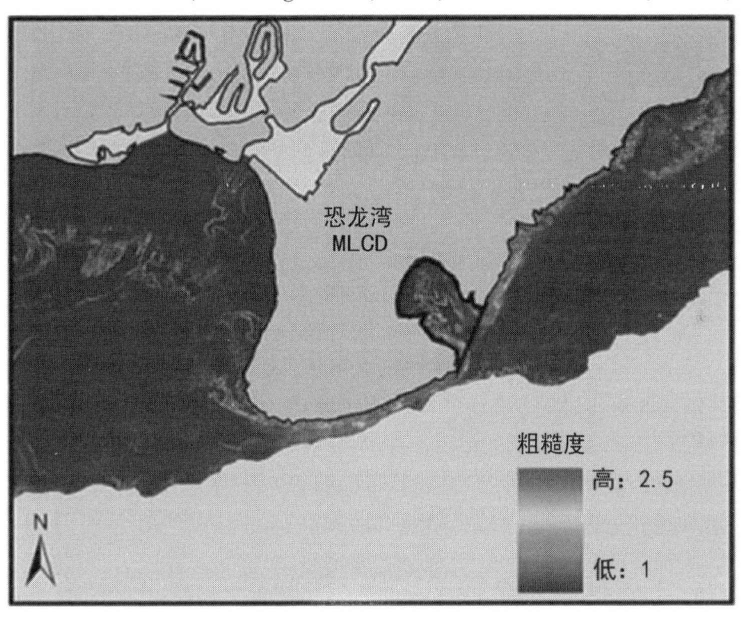

图 6.6 恐龙湾海洋生物保护区(MLCD)试点研究站,应用 USACE SHOALS LiDAR 技术进行珊瑚礁栖息地复杂性评估。基于 LiDAR 的粗糙度由邻域分析中海面与平面地区面积之比计算获得(彩色版本见彩插)

图 6.6)。通过测定样线细部沿线的线长与样线直线距离的比例,得出 LiDAR 获取的粗糙度与现场条带记录的粗糙度明显相关(Wedding et al. ,2008)。初期的研究被用以检验海洋保护区的配置和设计,以此来评估栖息地的特征范围,如水深和栖息地复杂度,以及海洋保护区中相关生态环境类型的拼接。此后,LiDAR 应用被扩大用于夏威夷地区以协助美国国家海洋和大气管理局对美国全境的 MPA 评估(Friedlander et al. ,2010)。同时 LiDAR 数据也被用于各海洋保护区的空间特性界定和三维海底结构量化工作(Friedlander et al. ,2010)。在这里,我们着重分析从瓦胡岛提取的 MLCD 数据结果,且 LiDAR 对该地采集的深度数据和坡度斜率信息被总结用于计算平均值、标准差和各 MLCD 边界范围值(表 6.2,图 6.7)。

表 6.2 基于测深网格获取的夏威夷瓦胡岛的 LiDAR 水深值和海洋生物保护地区复杂性

MLCD	建立年份	深度/m			生态环境复杂性		
		平均值	标准差	范围	平均值	标准差	范围
普普科亚	1983①	8.1	4.2	0.0~16.9	29.9	21.8	0~84.7
恐龙湾	1967	8.6	6.7	0.1~27.7	18.8	17.6	0~80.3
威基基海滩	1988	2.1	1.2	0.0~5.0	7.5	8.6	0~64.6

注:生态环境复杂性由坡度斜率呈现,表中的值均为百分数。
① 普普科亚 MLCD 始建于 1983 年,2003 年扩张至现在的边界。以上表中的数据截止到 2003 年

1. 威基基海洋生物保护区

瓦胡岛南部海岸的威基基海洋生物保护区水深范围较小(0~5m),且具有较低的生态环境复杂度(Friedlander et al. ,2010),但 Williams 等人于 2006 年报告指出该地目标物种鱼类的生物量是邻近区域的 2 倍。Meyer 和 Holland 于 2005 年采用声学设备对菲氏独角鱼(Nasounicornis)的运动进行了跟踪研究,研究发现其栖息地的利用模式与岸礁的地形复杂特性(如礁顶等)相一致。迄今为止,针对体型较大的热带鱼,这类小型 MPA(0.34km^2)已为其提供了有效的保护,因其种群家园均包括在此 MPA 边界之内(Meyer et al. ,2005)。此外,它还表明在 MPA 范围内存在着一种合适的水深和栖息地复杂度条件可用于对该物种的保护。

2. 恐龙湾海洋生物保护区

恐龙湾海洋生物保护区的水深范围(0~28m)远大于威基基海洋生物保护

区,且保护区保护了多个不同的底栖生物栖息地类型,也因此保留下了广泛的结构复杂性(图 6.7;Friedlander et al. ,2010)。在恐龙湾海洋生物保护区内发现的鱼群生物量是港口的 8 倍,同时,相比于其他相邻的开放领域,这里拥有的大型鱼类种群数量更为庞大(Friedlander et al. ,2006,2007a,b)。在恐龙湾,LiDAR 所获取的粗糙度信息可在多重空间尺度(4m、10m、15m、25m)下对鱼类生物量进行明显预测(Wedding et al. ,2008)。该海洋生物保护区以结构复杂的栖息地形式对鱼群提供物理保护,且没有人为捕捞情况的发生,因而保持着较高的鱼类生物量。

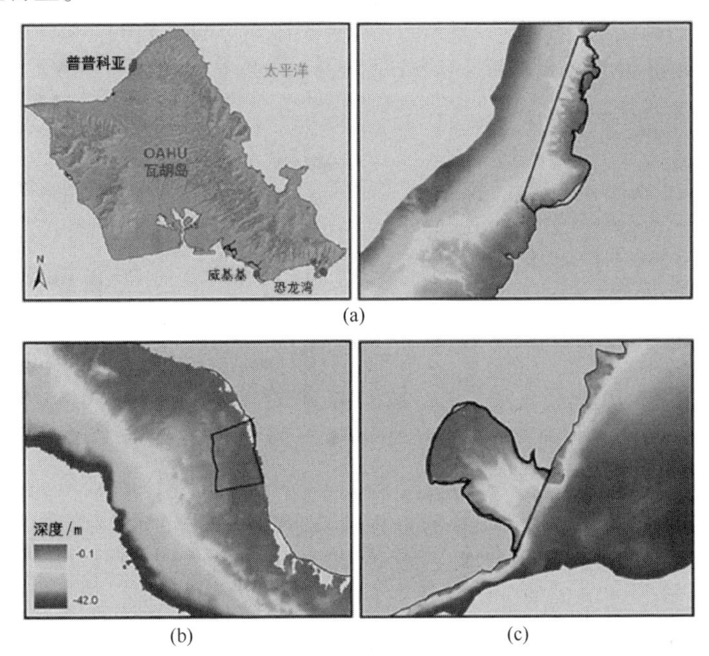

图 6.7　在夏威夷瓦胡岛海洋生物保护区内,LiDAR 地图获取的深度数据(彩色版本见彩插)
(a) 普普科亚 MLCD;(b) 威基基 MLCD;(c) 恐龙湾 MLCD。

3. 普普科亚海洋生物保护区

普普科亚海洋生物保护区始建于 1983 年,并在 2003 年进行了扩建工作,扩建后覆盖了面积大于初始状态 6 倍的海域,具有较大的水深(12~17m)和栖息地范围(如其中包括深度较大的密集珊瑚栖息地和沙质通道)(Friedlander et al. ,2010;图 6.7)。随着海洋生物保护区的扩大,美国国家海洋大气局生物地理机构绘制的底栖生物栖息地地图用于比较扩张后该保护区内的生物覆盖率变化(Friedlander et al. ,2010)。结合上述栖息地地图与 LiDAR 数据可以看出,1983 年的海洋生物保护区仅仅保护着较小深度范围内的藻类主导区。而在

2003 年扩建之后，LiDAR 数据覆盖了较大的深度范围，同时美国国家海洋大气局底栖生物栖息地地图也显示海洋生物保护区保护了更深层次的密集型珊瑚栖息地和大型沙渠。随着普普科亚对深海珊瑚栖息地的接纳，美国国家海洋大气局的渔业利用研究发现，新保护区的鱼类多样性和生物量有大幅度提升（Friedlander et al. ,2010）。

上述研究显示，LiDAR 数据在识别深度范围和栖息地复杂性，确定自然边界或鱼类活动走廊等方面发挥着有效作用，并意在降低鱼类活动范围超出 MPA 边界的可能性。此外，它还显示出远程 LiDAR 数据可结合声学技术有效用于鱼群跟踪（详见第 8 章），或提供其他鱼群栖息地利用信息以及底栖生物栖息地地图等，从而设计出替代性边界以支持海洋保护区的优化配置。

6.2.5 海洋地质

我们对海洋地貌的相关知识知之甚少，因为即使有机载和船载传感器，全球也仅有约 10%的海底进行了测绘（Sandwell et al. ,2003）。直到近期，我们才应用机载激光测深技术进行海洋地貌制图并加强了对沿海地区的了解（Sallenger et al. ,2003；Brock et al. ,2004；Brock et al. ,2009；Chust et al. ,2010）。珊瑚礁地貌是海洋和地质条件相互作用的独特结果，且在不同地理位置下差异较大。高分辨率 LiDAR 可用于较大空间范围的珊瑚礁复杂地形测绘。大量研究表明，LiDAR 技术可有效用于海岸地貌系统数据的定量采集（Sallenger et al. ,2003；Liu et al. ,2007）以及浅水珊瑚礁地貌环境的制图工作（Storlazzi et al. ,2003；Finkl et al. ,2005，2008；Banks et al. ,2007；Purkis et al. ,2008）。在本节中，我们通过一个 LiDAR 技术应用实例来分析南莫洛凯岛大型岸礁带的形成过程（图 6.8）。LiDAR 技术为构建数字高程模型提供的三维数据集，可用于增强对地质演变过程，即珊瑚礁地形发展的理解（Field et al. ,2008；Storlazzi et al. ,2008）。

Field 等人于 2008 年结合使用 SHOALSLiDAR 数据和拍摄自莫洛凯岛的美国国家海洋大气局航空影像，对浅水珊瑚礁的发育和沉积响应进行了研究。研究区域位于夏威夷群岛的主岛之一莫洛凯岛的南部海岸（帕拉奥海岸），这里拥有一条长约 40km 的珊瑚岸礁。莫洛凯岛的南海岸由于受到良好的保护而未受风暴潮和波浪能的影响，这也使该地成长出夏威夷最长的连续珊瑚岸礁。此外，陡峭的陆地斜坡和夹杂着上游土壤的大规模径流也会对沿南部海岸发育的珊瑚礁产生影响。通过结合使用航空影像（二维）和水深 LiDAR（三维），并辅以现场观测，可推断珊瑚礁结构的形态模式与形成珊瑚礁带的海岸进程之间的联系。例如，LiDAR 数据显示出海岸岸礁中一条明显的礁带，该珊瑚礁带受低海平面期间的波浪侵蚀而成(图 6.9;Field et al. ,2008;Storlazzi et al. ,2008)。

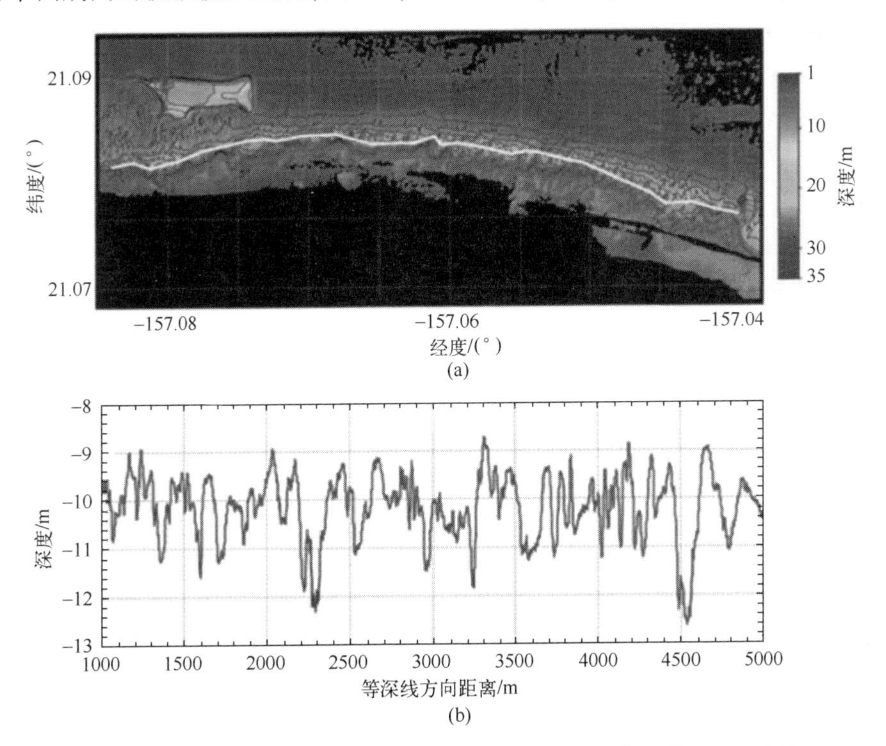

图 6.8 (a) 2m 等深线覆盖的 SHOALS 水深 LiDAR 地貌晕渲图。(b) 沿着 10m 等深线平行海岸的水深剖面(a 中的白线)(取材自 Storlazzi et al. ,2003, 美国地质调查局)(彩色版本见彩插)

通过结合使用 LiDAR 和航空影像显示出一块宽阔的浅水珊瑚礁坪(水深小于 2m),其中散布着一些填有沉积物的深点(即蓝洞,水深小于 25m,图 6.10)。许多蓝洞被认为与陆地径流相关。这些地貌可能是在最低海平面时,由淡水诱发溶解(喀斯特水)或河流侵蚀所形成。岸礁的脊-槽沟结构形态通过 LiDAR 数字高程模型和一系列沿横断面且垂直于岸线的深度剖面进行定义,并用于量化范围更广的(1~10km)珊瑚礁结构形态。LiDAR 深度剖面在受良好保护的岸礁复合体中部识别出中央部分的大型礁坪(海上延伸超过 1200m),但在南部海岸的东西两端,却并未发现浅海礁坪(Storlazzi et al. ,2008,2003)。

除莫洛凯岛这一研究案例外,LiDAR 技术的相关应用也大量用于其他地区以支持珊瑚礁地貌的识别和制图(Brock et al. ,2006,2008;Banks et al. ,2007;Finkl et al. ,2005,2008)。在佛罗里达,EAARL LiDAR 被用于量化点礁系统中的形态差异,以及根据珊瑚礁增生的两个阶段来解释 21 世纪的海平面变化

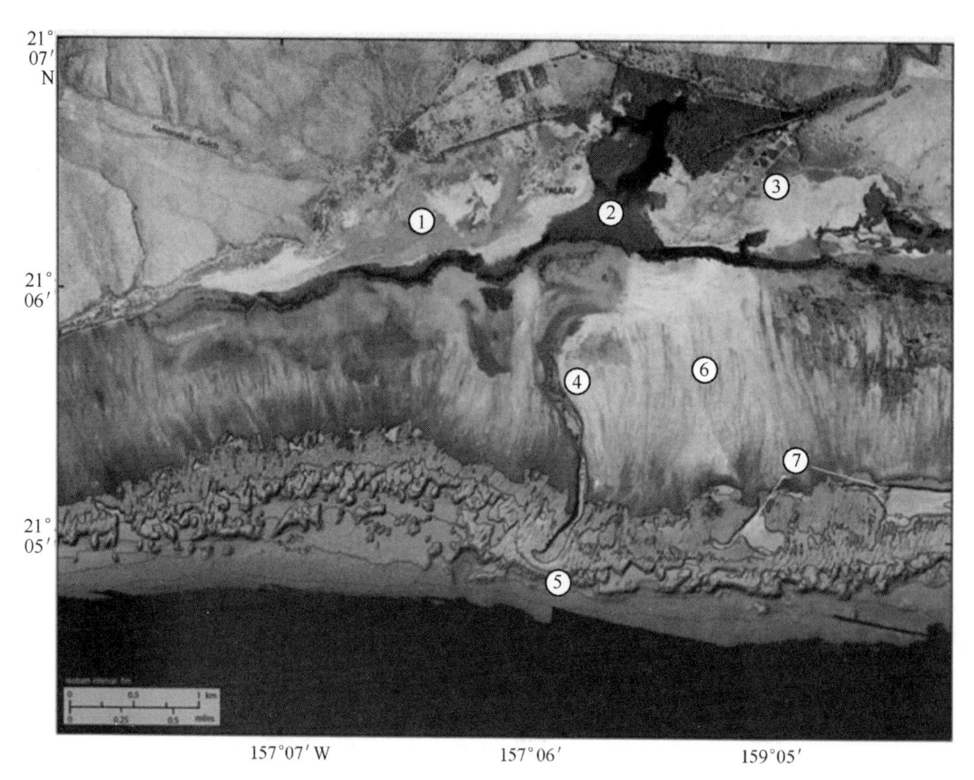

图 6.9　帕拉奥海岸的显著特点是有一个形成于20世纪初由较强洪水和径流所致的面积巨大的泥盐滩(标号①所示位置),以及一个种植于1903年用以遏制严重泥沙流失的面积较大的红树林(标号②所示位置)。红树林的东部是一个狭长农场(标号③所示位置)。帕拉奥珊瑚礁被蜿蜒的航道(标号④所示位置)所切分,由至少12000年前低海平面期间的侵蚀现象所致。值得注意的是,礁体并未在航道尽头(标号⑤所示位置)被冲刷,可能是因为水流直接穿过了礁体上的孔状结构,而不是流经礁体。海峡东部的礁坪面积更为广阔但表面贫瘠,其上覆有略薄的泥沙沉积层(标号⑥所示位置)。礁体中间有巨大的凹面(标号⑦所示位置),这很可能是由淡水流经礁体所引起的长期性岩溶分解所致(取材自 Field et al,2008,美国地质调查局)(彩色版本见彩插)

(Brock et al. ,2008)。LiDAR 获取的数字高程模型可用于协助识别两种不同地貌形态的点礁数量,并通过变化的海平面状况来推断21世纪早期和晚期之间的差异(Brock et al. ,2008)。其他类型的主动式遥感器(如声学系统;第8~10章)可有效用于珊瑚礁的地貌制图,某种程度上可能是浑浊或是深水(>30m)水域唯一可行的海底地形勘测手段。然而,在一些其他情况下(如清澈浅水),LiDAR 可以一定的空间分辨率(≥4m×4m)对大面积浅滩和近岸海底进行快速制图,能够节省较多的时间和成本(Costa et al. ,2009)。随着越来越多的 LiDAR

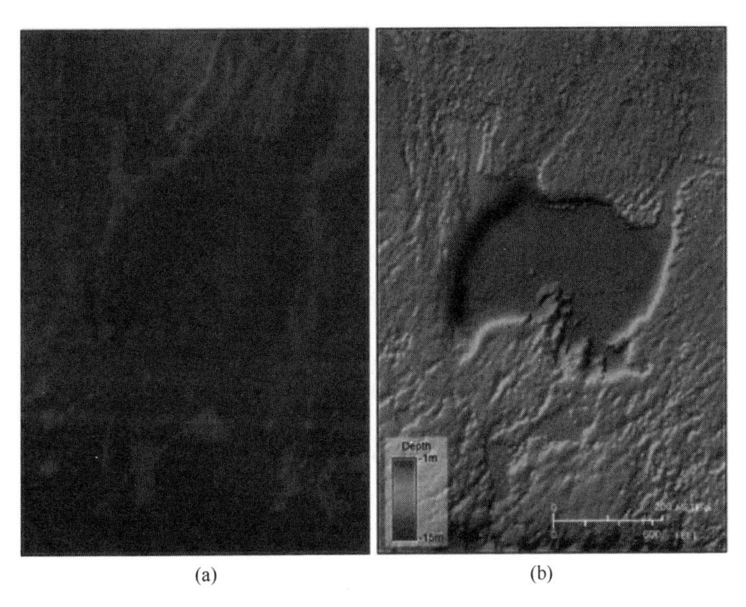

图 6.10　莫洛凯岛礁坪的“蓝洞”实例(彩色版本见彩插)

(a) 航拍照片显示的 Kakahaia 水域内水体呈深蓝色的一处蓝洞;(b) 同一区域内 SHOALSLiDAR 的水深勘测图(取材自 Storlazzi et al. ,2008,美国地质调查局)。

传感器被生产并投入实际应用,以及数据融合(如高光谱数据;第 7 章)技术的发展可使数据采集成本得到降低,LiDAR 正作为一项有效技术广泛应用于地貌勘测研究中。例如,在莫洛凯岛的案例研究中,LiDAR 和航空图像被结合使用并以此来提供更广泛的沿海环境海洋地貌信息(Field et al. ,2008;Storlazzi et al. ,2008,2003)。Walker et al. (2008)也同样将航空影像和激光测深技术结合用于珊瑚礁的地图绘制,同时他们还将声学识别技术和基底分析技术同 GIS 技术相结合以协助制图工作。此外,还通过结合“鹰眼”LiDAR 系统生成的水深 DEM 和多光谱图像,来进行对西班牙沿岸生态环境的分类和测绘工作(Chust et al. ,2010)。从三维视角掌握珊瑚礁的地貌情况,有助于在一系列的空间尺度上进一步认识地理结构和生态进程之间的联系。

6.2.6　海岸带沉积物管理

LiDAR 技术能够为工程项目提供无缝的地形高程和海底深度信息,这些信息可用于计算与区域沉积管理工作相关的沉积区面积。海岸带沉积物管理的目的是通过掌握海岸变化过程来提升疏浚作业的效率,并为海岸规划提供地区背景信息,以此将所有的海岸项目形成一个项目体系,而非各自独立的单个项目(Wozencraft et al.,2005)。区域沉积管理示范项目(RSMDP)成功地展示了如何将大尺度高分辨率的测深和高程数据运用于识别沉积物的运移过程,以及为区域沉积物管理和预测工作做出可靠的沉积量空间分布计算(Wozencraft et al.,2000)。该区域沉积管理示范项目包含了墨西哥湾360km的海岸线,一直从阿拉巴马州东部的多芬岛延伸至佛罗里达州的阿巴拉契科拉湾。1995年到2000年期间,该地区大约有五百万个地形和水深LiDAR测深点通过SHOALS系统被采集。该系统在20世纪90年代初被USACE开发用作监测近岸海洋环境的工具,之后又被用于监测沿海陆地环境。该系统由机载系统和地面处理系统两部分组成。其中机载系统使用的是400Hz的Nd:YAG红外(1064nm)和蓝绿(532nm)激光发射器,且具备五个接收端通道。红外波段测量的是传感器距离最低海平面的距离,而蓝绿波段的激光测量的则是传感器下方的海底深度或地形高程。SHOALS可安装在不同类型的飞机上,通常作业高度为200~400m,速度117~140节(n mile/h)。该配置可对机身下方100~300m范围的测带内进行4m水平点间距的数据采集。

在佛罗里达州奥卡卢萨县德斯坦地区进行的几项SHOALS勘测被分析用于支持区域沉积管理示范项目(Wozencraft et al.,2000)。在德斯坦,由联邦政府授权的东部航道的入潮口通航深度为4.3m,该航道连接着扎克托哈奇湾和墨西哥湾。在1995年奥帕尔飓风过境之后该地进行了首度勘测,这次飓风给整个入海口系统带来了大量的沉积物堆积。LiDAR对这些堆积的沉积物进行勘测,并为航道内的泥沙疏浚提供信息指导,修护毗邻受损的沙滩,以及用于协助修复尼诺哥角(Norriego Point)的缺口。在随后的1996年和1997年间又分别进行了再次勘测,以记录入海口沿线码头的修复工作。由于奥帕尔飓风引起的风暴潮冲毁了码头,因此需要额外的岩石来进行重建工作。尽管上次飓风过境后就已利用疏浚材料进行过修补,但勘测中仍发现尼诺哥角存在着新的缺口。通过对比随时间变化的不同深度表面,USACE能够了解到该动态环境内所发生的形态变化(图6.11)。此外,这些深度表面也被用于计算近两年间沉积物的流失量和积聚量,从而帮助工程师对入海口沉积物的清理工作进行预测,并了解如波浪、潮汐、洋流、风等推动该地物质变化的运移机制。

USACE致力于建立美国国家海岸带测绘项目,并以此来进行用于海岸沉积管理的数据收集工作(Wozencraft et al.,2006)。使用美国国家海军海洋局的CHARTS系统,在美国全境海岸线通过地形LiDAR、水深LiDAR、航空摄影和高光谱图像等手段重复观测,从而得到高分辨率、高精度的数据,并以此作为USACE各海岸带项目的数据分析基础(Reif et al.,2012)。

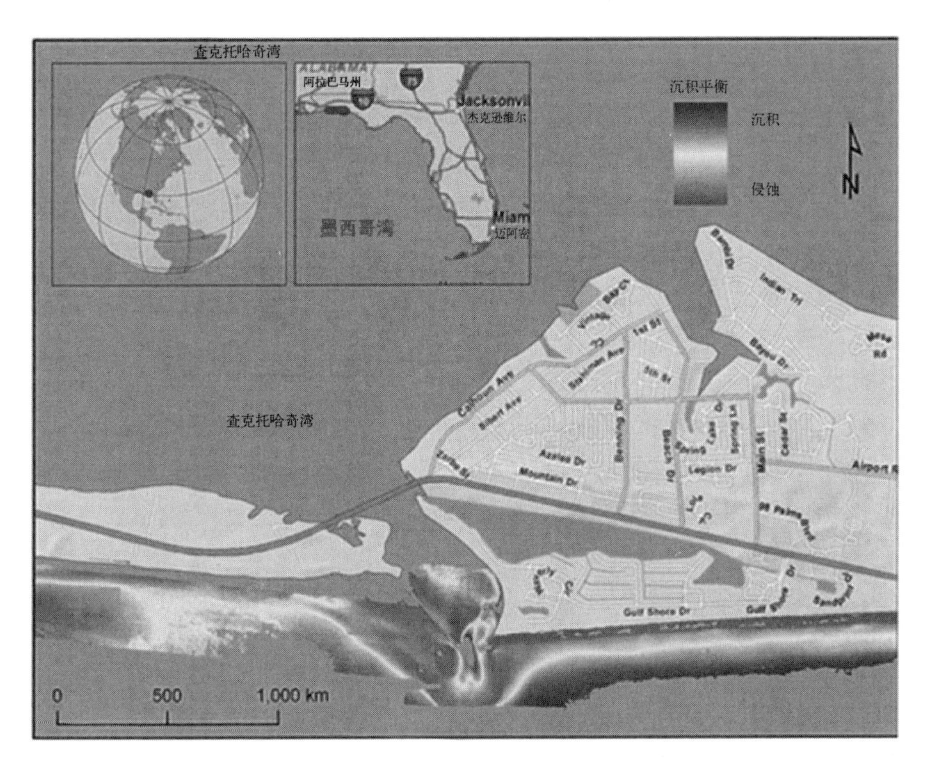

图 6.11　LiDAR 数据由美国陆军工程兵部队在佛罗里达州奥卡卢萨县的德斯坦地区获得。该数据用于表述如水土流失和淤沙现象等情况的沉积平衡，用以指导东部通航航道内的疏浚作业(彩色版本见彩插)

6.2.7　风险评估和环境变化

气候变化对珊瑚礁生态系统的影响主要存在于以下几个方面:海洋温度的升高以及海洋酸化程度的提升,会导致大量的珊瑚白化事件并引发疾病的蔓延(Hoegh-Guldberg,2007)。同时气候变化也会改变生态系统的供给能力,从而威胁到依赖珊瑚礁生态系统生存的生物群落,同样具有威胁性的还有海平面的升高以及暴风雨强度的增加,因为两者都会导致低洼地区被海水淹没。LiDAR等技术为政府制定设计、规划、实施和评估用以应对气候变化的缓解和适应策略提供了方便,从而协助对海岸带地区洪涝风险的评估。

澳大利亚的“未来海岸计划”便是一个这样的 LiDAR 项目,该项目由维多利亚州环境与可持续发展部负责执行(VicDSE)(www.climatechange.vic.gov.au/index.html),用于为澳大利亚海岸带地区应对气候变化做准备,同时管理和削弱可能危及海岸生态群落和自然环境的长期风险(Sinclair et al.,2010)。由于海平面上升会导致澳大利亚的海岸线发生显著变化,这时候高分辨率的地形和水深信息就可用来对此进行评估。所需的地形和水深数据通过两台水平分辨率为2.5~5m的LiDAR传感器(LADS Mk Ⅱ和"鹰眼"2号)采集获得。LADS Mk Ⅱ系统可对内陆100m的整段海岸线进行测绘,范围由沿岸植被线一直延伸至20m等深线处。"鹰眼"2号系统则可对小海湾和大约10m深度的入海口进行测绘。随后,两套系统采集的数据被整合成一个无缝的维多利亚州海岸线的地形和水深表面制图成果。目前该成果已被VicDSE用于模拟沿海风暴潮引发的洪涝情况,评估风险存在区域,管理沿海岸线的未来发展以及确定有效的防范措施。

除监测海平面上升情况外,LiDAR产品也可以用来评估海啸和风暴潮的影响(Brock et al.,2009b;Gesch,2009)。LiDAR系统所提供的高分辨率精确数据集对海岸带地区遭遇洪灾时的脆弱性评估至关重要(Stockdon et al.,2009)。例如,从LiDAR数据中提取出的沙丘高度可用于对遭遇飓风时充当障壁的岛岸滩的脆弱性进行评估(Stockdon et al.,2009)。周期性的LiDAR勘测可用于体积变化分析(White et al.,2003),而重大风暴后海岸带的重复测量则可用于海岸带变迁和演变量级的监测(Liu et al.,2010)。此外,LiDAR也被应用于潮下带以量化栖息地种类的变化及计算沉积物或沙的迁移。Conger et al.(2009a)利用QuickBird卫星图像和SHOALS LiDAR数据来识别和定义瓦胡岛岸礁的砂质沉积物分布(图6.12)。珊瑚砂是珊瑚礁生态系统的一个重要组成部分,并且是一个动态变化的基底类型(Conger et al.,2009a),尤其是在考虑到造礁珊瑚的生长率的情况下,这种变化更为剧烈(例如,夏威夷地区为0~2mm/年;Grigg,1982,1998)。本研究发现岸礁环境的沙质沉积极易受地形影响,而受波浪作用和流体动能的影响则相对较小(Conger et al.,2009b)。Finkl等人于2005年也同样推断出了佛罗里达州东南部海底地形中海岸进程(如波浪运动模式与海滩地貌)与地貌模式之间的联系。利用高分辨率的LiDAR数据来识别海岸进程与地貌模式之间的联系是海洋地质学领域的重要环节。

海啸预测模型可以预测海啸中哪些沿海地区会被淹没。LiDAR所提供的海底深度和地形高程的高分辨率连续数据可用于模拟海啸的传播以及海岸沿线的被淹过程。高分辨率的表面数据被用于真实地模拟沿岸洪水的非线性传播(González et al.,2005;Venturato,2005),因为即使是很小的近岸深度、海岸线或地形上的变化,都会对海啸运动产生影响(Tang et al.,2006)。美国国家海洋和大气管理局的两个海啸预警中心负责全美境内海啸的洪水预测以及疏散计划的实施。其中位于阿拉斯加州帕默(Palmer)地区的美国西海岸和阿拉斯加

图 6.12　夏威夷瓦胡岛南部海岸珊瑚砂分布的 LiDAR 勘测图。
红色多边形代表珊瑚砂砂体(彩色版本见彩插)

海啸预警中心(WC/ATWC)负责对北美的东西部海岸发布海啸警报。另一个则是位于夏威夷檀香山的太平洋海啸预警中心(PTWC),负责向太平洋的周边国家发布海啸警报(该组织受联合国教科文组织/国际奥委会国际协调小组的领导并服务于太平洋海啸预警系统)。2006 年太平洋海啸预警中心被提议搬至珍珠港福特岛的一个新站点。搬迁之前,通过无缝地形/水深数字高程模型对该点在发生海啸时的脆弱性进行了评估(Tang et al. ,2006)。一些数据集被用于建立该数字高程模型,其中包括两个 LiDAR 数据集。其中一个 LiDAR 数据集由联合机载 LiDAR 测深专业技术中心通过 SHOALS 系统以 1~5m 的水平分辨率获得,另一个则由美国国家海洋气象局的海岸服务中心(CSC)通过徕卡 ALS-40 航空 LiDAR 系统以 3m 的水平分辨率获得。这些表面数据信息被结合用于构建一个火奴鲁鲁珍珠港的 10m 分辨率数字高程模型。此外还在 16 个不同地点进行海啸波形建模(图 6.13),以评估对珍珠港地区的潜在影响。Field et al. (2006)通过研究指出:不论是 18 个海啸场景模拟还是已记录在案的海啸事件均没有对 NOAA 设在福特岛上的新站点造成洪水灾害。NOAA 在福特岛上设立的基站均高于平均大潮高潮线(MHW)3. 0m,而所有海啸场景模拟均设立在平均大潮高潮线以上 1.5m 的范围内。

此外,机载 LiDAR 系统也被广泛用于绘制海岸线地图,掌握沿海地貌以及协助进行变化监测等工作(Brock et al.,2009)。海岸线信息对海岸地貌学家进行海岸侵蚀和沉积量化以及沉积运移平衡的评估工作至关重要(Liu et al.,2007)。过去常通过使用现场勘测和航空摄影来测量岸线信息以用于精确制图(Morton et al.,2005)。而随着 LiDAR 的出现,其获取的海岸线信息可更精确地参考潮汐基准面,因此相比于此前仅依靠海滩线航拍照片作为分析依据的岸线信息,在技术上得到了全新的提升(Liu et al.,2007)。除了岸线提取之外,所得到的数字高程模型还可用于支持海岸生态环境的三维可视化以及这些系统的体积变化分析(Zhang et al.,2009)。例如,运用 LiDAR 数据构建的数字高程模型可用于研究沿海岸线和沿岸堡礁的地貌变化(White et al.,2003)。此外,基于 LiDAR 的指标被用于建立海岸侵蚀和沉积同海滩形态之间的联系。例如,Saye 等人于 2005 年通过 LiDAR 数据发现:侵蚀性沙丘常位于陡坡和狭窄海滩,而沉积性沙丘则通常位于缓坡和宽阔海滩。

图 6.13 基于 LiDAR 探测水深和高程得到的数字高程模型所勘测的 16 处海啸洪水模型位置地图(选自 Tang et al.,2006)(彩色版本见彩插)

6.3 LiDAR 的未来发展方向

6.3.1 与其他类型遥感器的结合

近 10 年间,随着多分辨率、多时相和多频数据集的发展,数据融合和集成技术的研究日益成熟(Pohl et al.,1998)。将不同传感器收集的遥感影像融合成一套完整的分析方法可获得比各传感器单独作业更多的信息。为改善对近岸珊瑚礁的分类能力并提升海道测量技术(Smith et al.,2000),LiDAR 数据还与多种传感器进行了整合,其中包括多光谱(Cochran-Marquez,2005;Chust et al.,2008;Walker,2009)和高光谱传感器(Lee,2003;详见第 7 章)。此外,LiDAR 数据还整合了声学传感器获取的图像信息(Tang et al.,2009;Walker et al.,2008)。特别是在 Walker 等人于 2008 年进行的研究中,LiDAR 数据、航摄影像和另外两种类型(声学地面系统(AGDS)和浅层剖面仪)的声波信息被整合,用于佛罗里达州布劳瓦县近海地区的浅水(<35m)底栖生物栖息地制图。栖息地通过如下信息进行定义,即地理位置、地貌特征和生物群落。采用 LADS 系统收集的 LiDAR 信息主要用于海底地貌特征和位置的制图。最终形成的栖息地地图其整体专题精度可达到 89.6%。鉴于栖息地地图的重要性,要从相关图像中尽可能多地提取海底信息。LiDAR 与其他类型传感器的融合和集成为获取信息提供了全新的方法,从而让人们对海底生态环境有了更好的理解。

6.3.2 不同平台的部署

除安装于人工驾驶的飞机上外,LiDAR 系统也可以安装在车辆、无人飞行器(UAV)或者整合在卫星系统上。例如冰、云和陆地高程卫星(ICESat)被用于采集激光测高数据,进而进行冰盖质量平衡的勘测工作,该卫星已于 2009 年退役。ICESat-2 预计将于 2016 年投入使用并继续用于相关服务。同样,LiDAR 系统也可基于后向散射信号和多普勒频移效应测得不同大气层高度的化学浓度(如臭氧、水蒸气和其他污染物,图 6.14;Engel-Cox et al.,2006)和风速(Gentry et al.,2000)。例如,云-气溶胶激光雷达与红外探路者卫星观测为云和气溶胶的相关研究提供了新的机遇,这些研究之所以重要是因为两者均可对地球辐射产生直接影响(Ramanathan et al.,2001),而珊瑚白化研究和未来的珊瑚礁生态系统也因此与之息息相关。如果夏季月份的云层覆盖减少,浅水珊瑚便会具有较高的白化风险,1983 年印度尼西亚在遭遇了无风少云的晴朗天气后所发生的白化事件便是类似的事件之一(Brown et al.,1990)。因此,天基

LiDAR 系统已被证实在预测和应对危害珊瑚礁生态系统健康的白化事件时,是一件非常有价值的资源管理工具。

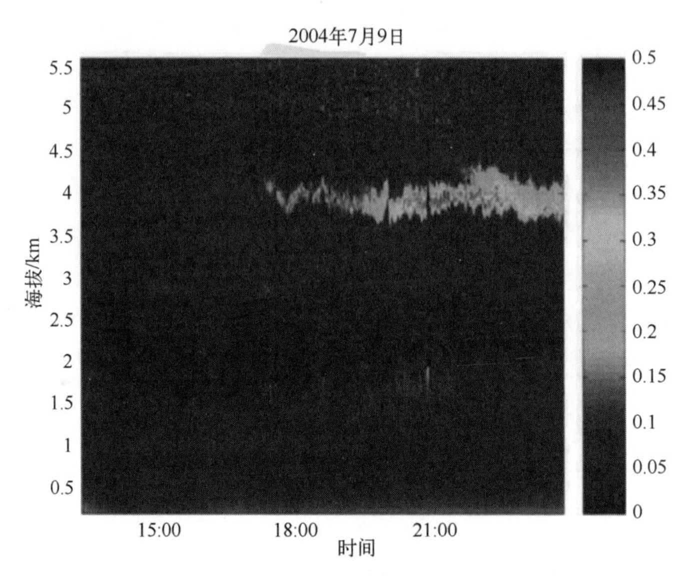

图 6.14 LiDAR 图像对高层大气中烟含量的描绘(约 4km)
(取材自 Engel-Cox et al. ,2006)(彩色版本见彩插)

6.4 结论

本章指出 LiDAR 应用目前已被成功整合用于导航制图、遥感技术工程、底栖生物生境制图、生态建模、海洋地质和珊瑚礁生态系统环境变化监测等多项遥感技术中。这些 LiDAR 应用显示了其支持科学研究的深度和广度,同时也显示了其在珊瑚礁及周围生态系统制图工作中所做出的贡献。一些研究案例对 LiDAR 技术的实际应用做了详尽的说明,以达成特定的研究目的并对其广泛应用的潜力做出阐述。依靠 LiDAR 所提供的三位视角掌握珊瑚礁的地貌特点可以提升我们对海洋环境下地貌结构与生态过程之间功能联系的理解。此外,无缝地貌和海洋测深 DEM 技术的日益流行,为海陆作用模型的发展提供了宝贵的机会。LiDAR 的未来发展方向包括在其他平台上安装 LiDAR 传感器,整合 LiDAR 与其他高分辨率测量手段来获取珊瑚礁结构信息,以及对 LiDAR 获取的海底强度面进行信息发掘。在不久的将来,随着技术的进步,以及信号处理技术和算法两方面研究工作的不断完善,LiDAR 的功能和产品将得到进一步提高和扩大。

致谢:感谢 Tim Battista 对本章的贡献(美国国家海洋大气局生物地理学部),感谢 Alan M. Friedlander(夏威夷大学/USGS), Curt D. Storlazzi (USGS), Michael E. Field (USGS)和 Christopher L. Conger。感谢美国国家海洋大气局珊瑚礁保护计划的大力支持。

推荐阅读

Brock JC, Purkis SJ(2009)The emerging role of LiDAR remote sensing in coastal research andresource management. J Coast Res SI 53:1-5

Conger CL, Fletcher CH, Hochberg EH, Frazer N, Rooney J(2009)Remote sensing of sanddistribution patterns across an insular shelf:Oahu, Hawaii. Mar Geo 267:175-190

Costa BM, Battista TA, Pittman SJ(2009)Comparative evaluation of airborne LiDAR and shipbasedmultibeam sonar bathymetry and intensity for mapping coral reef ecosystems. RemoteSens Environ 113:1082-1100

Pittman SJ, Costa BM, Battista TA(2009)Using LiDAR bathymetry and boosted regression treesto predict the diversity and abundance of fish and corals. J Coast Res 53(SI):27-38

Pittman SJ, Brown KA (2011) Multiscale approach for predicting fish species distributions acrosscoral reef seascapes. PLoS ONE 6(5):e20583. doi:10. 1371/journal. pone. 0020583

Storlazzi CD, Logan JB, Field ME(2003)Quantitative morphology of a fringing reef tract fromhigh-resolution laser bathymetry:Southern Molokai, Hawaii. Geol Soc Am Bull 115:1344

参考文献

Alvarez-Filip L, Dulvy NK, Gill JA, Cote IM, Watkinson AR(2009)Flattening of Caribbeancoral reefs:region-wide declines in architectural complexity. Proc Roy Soc Ser B276:3019-3025

Baker WE, Emmitt GD, Robertson F, Atlas RM, Molinari JE, Bowdle DA, Paegle J, Hardesty M, Menzies RT, Krishnamurti TN, Brown RA, Post MJ, Anderson JR, Lorenc AA, McElroy J(1995)LiDAR-measured winds from space:a key component for weather and climateprediction. Bull Am Meteorol Soc 76(6):869-888

Baltsavias EP(1999)Airborne laser scanning:basic relations and formulas. ISPRS JPhotogrammetry

Remote Sens 54:214-1999

Banks KW, Riegl BM, Shinn EA, Piller WE, Dodge RE(2007) Geomorphology of the SoutheastFlorida continental reef tract (Miami-Dade, Broward, and Palm Beach Counties, USA). CoralReefs 26: 617-633

Brock JC, Wright WC, Clayton TD, Nayegandhi A (2004) LiDAR optical rugosity of coral reefsin Biscayne National Park, Florida. Coral Reefs 23:48-59

Brock JC, Wright CW, Kuffner IB, Hernandez R, Thompson P (2006) Airborne LiDAR sensingof massive stony coral colonies on patch reefs in the Northern Florida reef tract. Remote SensEnviron 104:31-42

Brock J, Palaseanu-Lovejoy M, Wright CW, Nayegandhi A(2008) Patch-reef morphology as aproxy for Holocene sea-level variability, Northern Florida Keys, USA. Coral Reefs27:555-568

Brock JC, Purkis SJ(2009) The emerging role of LiDAR remote sensing in coastal research andresource management. J Coast Res SI 53:1-5

Brown BE, Suharsono(1990) Damage and recovery of coral reefs affected by El Nino relatedseawater warming in the Thousand Islands, Indonesia. Coral Reefs 8:163-170

Chust G, Galparsoro I, Borja Á, Franco J, Uriarte A(2008) Coastal and estuarine habitatmapping, using LiDAR height and intensity and multi-spectral imagery. Estuar Coast ShelfSci 78:633-643

Chust G, Grande M, Galparsoro I, Uriarte A, Borja A (2010) Capabilities of the bathymetricHawk Eye LiDAR for coastal habitat mapping: a case study within a Basque estuary. EstuarCoast Shelf Sci 89(3):200-213

Cochran- Marquez SA (2005) Moloka'i benthic habitat mapping. US geological survey open filereport 2005-1070. Available online: http://pubs.usgs.gov/of/2005/1070/index.html. Visited 27Sep 2010

Conger CL, Hochberg EJ, Fletcher CH, Atkinson MJ(2006) Decorrelating remote sensing colorbands from bathymetry in optically shallow waters. Trans Geosci Remote Sens 44(6):1655-1660

Conger CL, Fletcher CH, Barbee M(2009a) Artificial neural network classification of sand in allvisible submarine and subaerial regions of a digital image. J Coastal Res 21(6):1173-1177

Conger CL, Fletcher CH, Hochberg EH, Frazer N, Rooney J(2009b) Remote sensing of sanddistribution patterns across an insular shelf: Oahu, Hawaii. Mar Geol 267:175-190

Costa BM, Battista TA, Pittman SJ(2009) Comparative evaluation of airborne LiDAR and shipbased-multibeam sonar bathymetry and intensity for mapping coral reef ecosystems. RemoteSens Environ 113:1082-1100

Douvere F(2008) The importance of marine spatial planning in advancing ecosystem-based seause management. Mar Policy 32:762-771

Engel-Cox JA, Hoff RM, Rogers R, Dimmick F, Rush AC, Szykman JJ, Al-Saadi J, Chu DA, ZellER (2006) Integrating LiDAR and satellite optical depth with ambient monitoring for 3-dimensional particulate characterization. Atmos Environ 40:8056-8067

Field ME, Logan JB, Chavez Jr PS, Storlazzi CD, Cochran SA (2008) Views of the SouthMoloka' i Watershed-to-Reef System. In: Field ME, Cochran SA, Logan JB, Storlazzi CD (eds) The coral reef of South Moloka' i, Hawai' i: portrait of a sediment-threatened fringingreef. U. S. Geological survey scientific investigation report 2007-5101, pp 17-32

Finkl CW, Benedet L, Andrews JL (2005) Submarine geomorphology of the continental shelf off-Southeast Florida based on interpretation of airborne laser bathymetry. J Coastal Res21: 1178-1190

Finkl CW, Becerra JE, Achatz V, Andrews JL (2008) Geomorphological mapping along theUpper Southeast Florida Atlantic Continental Platform. J Coastal Res 1388-1417

Friedlander AM, Parrish JD (1998) Habitat characteristics affecting fish assemblages on aHawaiian coral reef. J Exp Mar Biol Ecol 224:1-30

Friedlander A, Sladek-Nowlis J, Sanchez JA, Appeldoorn R, Usseglio P, McCormick C, BejarnoS, Mitchel-Chui A (2003) Designing effective marine protected areas in Seaflower BiosphereReserve, Columbia, based on biological and sociological information. Conserv Biol 17:1-16

Friedlander AM, Brown E, Monaco ME, Clark A (2006) Fish habitat utilization patterns andevaluation of the efficacy of marine protected areas in Hawaii: integration of NOAA digitalbenthic habitat mapping and coral reef ecological studies. NOAA Technical MemorandumNOS NCCOS 23:217

Friedlander AM, Brown E, Monaco ME (2007a) Defining reef fish habitat utilization patterns inHawaii: comparisons between marine protected areas and areas open to fishing. Mar EcolProg Ser 351:221-233

Friedlander AM, Brown EK, Monaco ME (2007b) Coupling ecology and GIS to evaluate efficacyof marine protected areas in Hawaii. Ecol Appl 17:715-730

Friedlander AM, Wedding LM, Brown E, Monaco ME (2010) Monitoring Hawaii' s marineprotected areas: examining spatial and temporal trends using a seascape approach. NOAATechnical Memorandum NOS NCCOS 117. Prepared by the NCCOS Center for CoastalMonitoring and Assessment' s Biogeography Branch. Silver Spring, MD, p 130

Fugro LADS (2010) Capabilities: nautical charts, oil and gas, coastal management, climatechange and seabed classification. Available online: www.fugrolads.com/capabilities.htm. Visited 22 Sep 2010

Gardner TA, Côté IM, Gill JA, Grant A, Watkinson AR (2003) Long-term region-wide declinesin Caribbean corals. Science 301(5635):958-960

Gentry BM, Chen H, Li SX (2000) Wind measurements with 355-nm molecular Doppler LiDAROpt Lett 25(17):1231-1233

Gesch DB (2009) Analysis of LiDAR elevation data for improved identification and delineationof lands vulnerable to sea-level rise. J Coastal Res 10053:49-58

González FI, Titov VV, Mofjeld HO, Venturato AJ, Simmons RS, Hansen R, Combellick R, Eisner RK, Hoirup DF, Yanagi BS, Yong S, Darienzo M, Priest GR, Crawford GL, Walsh TJ (2005) Progress in NTHMP hazard assessment. Nat Hazards 35(1):89-110

Grigg RW (1982) Darwin point: a threshold for atoll formation. Coral Reefs 1:29-34

Grigg RW (1998) Holocene coral reef accretion in Hawaii: a function of wave exposure and sealevel history. Coral Reefs 17:263-272

Hamilton EL, Bachman RT (1982) Sound velocity and related properties of marine sediments. J Acoust Soc Am 72(6):1891-1904

Hearn CJ, Atkinson MJ, Falter JL (2001) A physical derivation of nutrient-uptake rates in coralreefs: effects of roughness and waves. Coral Reefs 20:347-356

Hoegh-Guldberg O, Mumby PJ, Hooten AJ, Steneck RS, Greenfield P, Gomez E, Harvell CD, Sale PF, Edwards AJ, Caldeira K (2007) Coral reefs under rapid climate change and oceanacidification. Science 318:1737

IHO (International Hydrographic Organization) (2008) IHO standards for hydrographic surveys: special publication, vol 44, 5th edn. International Hydrographic Bureau, Monaco, France, pp 1-36

Irish JL, White TE (1998) Coastal engineering applications of high-resolution LiDARbathymetry. Coast Eng 35(1-2):47-71

Irish JL, Lillycrop WJ (1999) Scanning laser mapping of the coastal zone: the SHOALS system. ISPRS J Photogrammetry Remote Sens 54:123-129

Irish JL, McClung JK, Lillycrop WJ (2000) Airborne LiDAR bathymetry: the SHOALS system. Int Navig Assoc PIANC Bull 103:43-53

Jordan A, Lawler M, Halley V, Barrett N (2005) Seabed habitat mapping in the Kent Group ofislands and its role in marine protected area planning. Aquat Conserv Mar Freshw Ecosyst15:51-70

Lee M (2003) Benthic mapping of coastal waters using data fusion of hyperspectral imagery andairborne laser bathymetry. PhD dissertation, University of Florida. Gainsville, Florida, U. S. A, p 119

Lorenzen K, Steneck RS, Warner RR, Parma AM, Coleman FC, Leber KM (2010) The spatialdimensions of fisheries: putting it all in place. Bull Mar Sci 86:169-177

Liu H, Sherman D, Gu S (2007) Automated extraction of shorelines from airborne light detectionand ranging data and accuracy assessment based on Monte Carlo simulation. J Coastal Res23: 1359-1369

Liu H, Wang L, Sherman D, Gao Y, Wu Q (2010) An object-based conceptual framework andcomputational method for representing and analyzing coastal morphological changes. Int JGeogr Inform Sci 24(7):1015-1041

McKenzie C, Gilmour B, Van Den Ameele EJ, Sinclair M (2001) Integration of LiDAR data inCARIS HIPS for NOAA charting. Fugro Pelagos white papers. Fugro Pelagos, San Diego, CA, pp 1-16

Meyer CG, Holland KN (2005) Movement patterns, home range size and habitat utilization of thebluespine unicornfish, Naso unicornis(Acanthuridae) in a Hawaiian marine reserve. EnvironBiol Fishes 73:201-210

Monismith SG(2007) Hydrodynamics of coral reefs. Annu Rev Fluid Mech 39:37-55

Morton RA, Miller T, Moore L(2005) Historical shoreline changes along the US Gulf of Mexico: a summary of recent shoreline comparisons and analyses. J Coastal Res 21:704-709

Norse EA, Crowder LB, Gjerde K, Hyrenbach D, Roberts C, Safina C, Soulé ME(2005) Placebasedecosystem management in the open ocean. Mar Conserv Biol Sci Maintaining Sea' sBiodivers, pp 302-327

Nunes V, Pawlak G (2008) Observations of bed roughness of a coral reef. J Coastal Res 24 (2Suppl. B):39-50

Olsen E, Kleiven A, Skjoldal H, von Quillfeldt C(2010) Place-based management at differentspatial scales. J Coastal Conserv, pp 1-13

Pike RJ(2001a) Digital terrain modelling and industrial surface metrology—converging crafts. Int J Mach Tools Manuf 41(13-14):1881-1888

Pike RJ(2001b) Digital terrain modeling and industrial surface metrology: converging realms. Prof Geogr 53(2):263-274

Pittman SJ, Christenson J, Caldow C, Menza C, Monaco M(2007) Predictive mapping of fishspecies richness across shallow-water seascapes in the Caribbean. Ecol Model 204:9-21

Pittman SJ, Costa BM, Battista TA(2009) Using LiDAR bathymetry and boosted regression treesto predict the diversity and abundance of fish and corals. J Coastal Res 53(SI):27-38

Pittman SJ, Brown KA (2011) Multiscale approach for predicting fish species distributions acrosscoral reef seascapes. PLoS ONE 6(5):e20583. doi:10. 1371/journal. pone. 0020583

Pittman SJ, Connor DW, Radke L, Wright DJ(2011a) Application of estuarine and coastalclassifications in marine spatial management. In: Wolanski E, McLusky DS(eds) Treatise onestuarine and coastal science, vol 1. Academic Press, UK, pp 163-205

Pittman SJ, Costa BM, Jeffrey CFG, Caldow C (2011b) Importance of seascape complexity forresilient fish habitat and sustainable fisheries. In: Proceedings of the 63rd Gulf and Caribbean-Fisheries Institute meeting, San Juan, Puerto Rico, 2010

Pratchett MS, Munday MS, Wilson SK, Graham NAJ, Cinner JE, Bellwood DR, Jones GP, Polunin NVC, McClanahan TR(2008) Effects of climate-induced coral bleaching on coralreeffishes: ecological and economic consequences. Oceanogr Mar Biol Annu Rev46:251-296

Pohl C, Van Genderen JL(1998) Multisensor image fusion in remote sensing: concepts, methodsand applications. Int J Remote Sens 19(5):823-854

Purkis SJ, Kohler KE(2008) The role of topography in promoting fractal patchiness in acarbonate shelf landscape. Coral Reefs 27:977-989

Purkis SJ, Graham NAJ, Riegl BM(2008) Predictability of reef fish diversity and abundanceusing remote sensing data in Diego Garcia(Chagos Archipelago). Coral Reefs 27:167-178

Ramanathan V,Crutzen PJ,Kiehl JT,Rosenfeld D(2001)Aerosols,climate and the hydrologicalcycle. Science 294:2119-2124

Reif M,Dunkin L,Wozencraft J,Macon C(2011)Sensor fusion trends. Earth Imaging J8(2):32-35

Reif MK,Wozencraft JM,Dunkin LD,Sylvester CS,Macon CL(2012)U. S. Army Corps ofEngineers airborne coastal mapping in the Great Lakes. J Great Lakes Res(in press)

Sala E,Aburto-Oropeza O,Paredes G,Parra I,Barrera J,Dayton P(2002)A general model fordesigning networks of marine reserves. Science 298:1991-1993

Sallenger AH,Krabill WB,Swift RN,Brock J,List J,Hansen M,Holman RA,Manizade S,Sontag J, Meredith A(2003)Evaluation of airborne topographic LiDAR for quantifying beachchanges. J Coastal Res 125-133

Sandwell D, Gille S, Orcutt J, Smith W (2003) Bathymetry from space is now possible. Eos TransAGU 84:37

Saye SE,Van Der Wal D,Pye K,Blott SJ(2005)Beach-dune morphological relationships anderosion/accretion:an investigation at five sites in England and Wales using LiDAR data. Geomorphology 72:128-155

Sinclair M,Quadros N(2010)Airborne bathymetric LiDAR survey for climate change. FIGCongress: facing the challenges and building capacity,11-16 April,Sydney,Australia,p 17

Smith RA,JL Irish,Smith MQ(2000)Airborne LiDAR and airborne hyperspectral imagery:afusion of two proven sensors for improved hydrographic surveying. In:Proceedings ofCanadian hydrographic conference,Montreal,Canada,May 15-19

Stephenson D,Sinclair M(2006)NOAA LiDAR data acquisition and processing report:ProjectOPR -I305-KRL-06,NOAA Data acquisition and processing report NOS OCS(Online)

Stockdon HF,Doran KS,Sallenger Jr AH(2009)Extraction of LiDAR-based dune-crestelevations for use in examining the vulnerability of beaches to inundation during hurricanes. J Coastal Res 53(SI):59-65

Storlazzi CD,Logan JB,Field ME(2003)Quantitative morphology of a fringing reef tract fromhigh-resolution laser bathymetry:Southern Molokai,Hawaii. Geol Soc Am Bull 115:1344

Storlazzi CD,Logan JB,Field ME(2008)Shape of the South Moloka'i fringing reef:trends andvariation. In:Field ME,Cochran,SA,Logan JB,Storlazzi CD(eds)The coral reef of South

Moloka'i,Hawai'i-portrait of a sediment-threatened fringing reef. U. S. Geological SurveyScientific Investigation Report 2007-5101,pp 33-36

Stumpf RP,Holderied K,Sinclair M(2003)Determination of water depth with high-resolutionsatellite imagery over variable bottom types. Limnol Oceanogr 48(1):547-556

Tang L,Chamberlin CD,Tolkova E,Spillane M,Titov VV,Bernard EN,Mofjeld HO(2006)Assessment of potential tsunami impact for Pearl Habor, Hawaii, Tech. Memo. OAR PMEL-131.

Seattle, Wash, p 36

Tang L, Titov VV, Chamberlain CD(2009) Development, testing, and applications of site-specifict-sunami inundation models for real-time forecasting. J Geophy Res 114, C12025, pp 22

Venturato AJ(2005) A digital elevation model for seaside Oregon: procedures, data sources andanal-ysis. NOAA Technical Memorandum OAR PMEL-129. Seattle, WA, p 21

Wang C-K, Philpot WD(2007) Using airborne bathymetric LiDAR to detect bottom typevariation in shallow waters. Remote Sens Environ 106:123-135

Walker BK, Riegl B, Dodge RE(2008) Mapping coral reef habitats in Southeast Florida using acom-bined technique approach. J Coastal Res 24(5):1138-1150

Walker BK(2009) Benthic habitat mapping of Miami-Dade County: visual interpretation of LADSb-athymetry and aerial photography. Florida DEP report #RM069. Miami Beach, FL, p 47

Walker BK, Jordan LKB, Spieler RE(2009) Relationship of reef fish assemblages andtopographic complexity on Southeastern Florida coral reef habitats. J Coastal Res SI 53:39-48

Ward TJ, Vanderklift MA, Nicholls AO, Kenchington RA(1999) Selecting marine reserves using-habitats and species assemblages as surrogates for biological diversity. Ecol Appl 9:691-698

Wedding LM, Friedlander AM, McGranaghan M, Yost R, Monaco M(2008) Using bathymetricLiDAR to define nearshore benthic habitat complexity: implications for management of reeffish assemblages in Hawaii. Remote Sens Environ 112:4159-4165

Wedding LM, Friedlander AM(2008) Determining the influence of seascape structure on coralreef fishes in Hawaii using a geospatial approach. Mar Geodesy 31:246-266

White SA, Wang Y(2003) Utilizing DEMs derived from LiDAR data to analyze morphologicchange in the North Carolina coastline. Remote Sens Environ 85:39-47

Williams ID, Walsh WJ, Miyasaka A, Friedlander AM(2006) Effects of rotational closure oncoral reef fishes in Waikiki-Diamond head fishery management area, Oahu, Hawaii. Mar EcolProg Ser 310:139-149

Wozencraft JM, Irish JL, Wiggins CE, Stupplebeen H, Chavez PS(2000) Regional mapping forcoastal management, Maui and Kauai, Hawaii. In: Proceedings of national beach preservation-conference 2000, Maui, Hawaii

Wozencraft JM, Irish JL(2000) Airborne LiDAR surveys and regional sediment management. In: Proceedings 20th EARSeL symposium: workshop on LiDAR remote sensing of land and sea, European association of remote sensing laboratories, June 16-17, Dresden, Germany, p 11

Wozencraft JM, Lillycrop WJ(2006) JALBTCX coastal mapping for the USACE. Int HydrogrRev 7(2):28-37

Wozencraft JM, Macon CL, Lillycrop WJ(2008) High resolution coastal data for Hawaii. AmSoc Civ Eng, 6-8 Nov, Pittsburgh, PA

Wozencraft JM, Millar D(2005) Airborne LiDAR and integrated technologies for coastalmapping and charting. Mar Technol Soc J 39(3):27-35

Wright CW, Brock JC(2002) EAARL: a LiDAR for mapping shallow coral reefs and othercoastal environments. In: Proceedings of the 7th international conference on remote sensingfor marine and coastal environments, May 20-22, 2002, Miami, FL

Zawada DG, Brock JC(2009) A multiscale analysis of coral reef topographic complexity usingLiDAR -derived bathymetry

Zawada DG, Piniak GA, Hearn CJ(2010) Topographic complexity and roughness of a tropicalbenthic seascape. Geophys Res Lett 37: L14604

Zhang K, Whitman D, Leatherman S, Robertson W(2009) Quantification of beach changescaused by Hurricane Floyd along Florida's Atlantic coast using airborne laser surveys

第7章　LiDAR 和高光谱集成

Jennifer M. Wozencraft, Joong Yong Park

摘要　集成 LiDAR 数据和高光谱成像数据是个颇为活跃的研究领域,其主要应用于遥感,包括对沿海和珊瑚礁的测绘。这两项技术可以以多种不同的方式结合,并通过多步处理生成底栖分类图。本章介绍了数据融合的概念,提出了一种数据融合模型,并描述了通过集成 LiDAR 和高光谱数据来进行深海测绘的不同方法。本章首先以举例的方式对分类前预处理阶段的数据融合进行了演示,随后又对处理和分类阶段的数据融合作了说明。本章结尾举例说明了如何在后期处理中,将 LiDAR 数据和高光谱图像各自生成的分类图高度融合并用于集成底栖分类图的制作中。

7.1　引言

近20年来,通过集成 LiDAR 数据与高光谱图像进行深海测绘的概念已经表现在沿海遥感领域的各个方面。如本书4.2.6节所述,初期的尝试是充分利用测深 LiDAR 所提供的水深信息来进行高光谱图像预处理步骤中的"深度修正"工作(Lillycrop et al.,1995;Bissett et al.,2005)。Lee et al.(2003)成功扩展了这两种数据类型的集成能力,两人开发出的一套类似技术可对测深 LiDAR 获取的"伪反射"数据进行深度修正,并用于评估激光波长为532nm 的海底反射。Lee(2003)用最大似然算法,从经水深修正后的高光谱图像和海底伪反射图像中导出了栖息地地图,并利用 Park(2002)所描述的高数据融合技术对输出数据进行集成。这种高度集成数据的方法,使得最终生产的分类图具有较高的精度,而这是任何一种单一的分类法所不能比拟的。Tuell et al.(2004)通过利用

J. M. Wozencraft,美国陆军工程兵部队工程研发中心,海岸带与水利实验室,联合航空 LiDAR 测深技术鉴定中心,邮箱:jennifer. m. wozencraft@ usace. army. mil。

J. Y. Park,美国 Opteoh 有限公司,邮箱:joongyongpark@ optech. com。

LiDAR 伪反射图像,确定了需实施高光谱深度修正方案的均匀海底区域,进而扩展了 LiDAR 数据在高光谱成像预处理过程中的应用。

最近,传感器对环境的响应功能的高级建模使得提取衰减信息以及对 LiDAR 生成的反射率数据进行辐射校正成为可能(Kopilevich et al. ,2005;Tuell et al. ,2005a)。LiDAR 测深过程中所出现的这些技术革新,实现了对绝对海底反射率的获取,而非仅仅是基于经验所得的伪反射率数据。Tuell et al. (2005b)将 LiDAR 生成的深度信息作为固定约束,同时又以其生成的水体衰减信息和绝对海底反射率作为弱约束,以此来实施辐射传输反演模拟,并解决高光谱图像生成的绝对海底反放射率问题(高光谱处理的概念拓展可见本书 4.3.6 节)。随后 Tuell et al. (2006)对数据融合模拟作了介绍并以此来概述 LiDAR 数据与高光谱图像被融合用于深海测绘的过程。Wozencraft 等人在 2007 年的报告中指出 LiDAR 生成的离水反射率也已被应用于高光谱图像的放射性平衡步骤中。

目前研究的重点是利用 LiDAR 生成的参数来约束大气海洋相结合的、针对各类海底和水体性质(Kim et al. ,2010)进行的光谱优化模拟。此外,Park et al. (2010)对他们当时正在进行的工作做了描述,即从 LiDAR 数据中提取纹理特征。随后,所有 LiDAR 生成的参数(例如,深度,LiDAR 海底反射率、海底高光谱反射率和纹理)都可以当作接收机操作特征和线性判别函数的组合分析的输入参数,以用于确定哪些 LiDAR 和高光谱特征最能反映出底栖分类过程。在陆地上也有类似的应用,通过对 LiDAR 数据和高光谱图像的融合来改进土地覆盖类型的分类方法,并以全新的视角反映出了土地覆盖变化(Reif et al. ,2011)。

以下章节对 LiDAR 和高光谱数据融合模拟做了描述,解释了如何利用 LiDAR 生成的参数来表现高光谱预处理过程,并最终提出通过集成高光谱图像和 LiDAR 来进行底栖分类图的绘制。鉴于本章所述的多项技术均较为新颖,因此无法具体举例说明它们在珊瑚礁遥感领域的应用。尽管如此,开发此类数据所需的主要数据集均来自于珊瑚礁地区,原因是因为该地区拥有迥异的底部特征。此处提供的示例来自以下地区:佛罗里达州的劳德尔堡,佛罗里达州的卢港和夏威夷群岛的希洛湾。

7.2 LiDAR/高光谱数据处理

7.2.1 SIT 数据融合模型

SIT(Spatial,Information,Technique)数据融合模型是在现有的两种通用的

数据融合模型(Abidi et al.,1992;Hall,1992)基础上通过修改与结合建立起的一种单一模型,专门用于对底栖生境制图所需的遥感数据进行融合(Tuell et al.,2006)。该模型以组成其整个空间的构成轴进行命名,即空间、信息和技术(图 7.1)。轴的抽象增长表示物体的特征从属性未知的原始数据转换至已知特性的数据。例如,沿空间轴,LiDAR 或高光谱数据可由不具任何几何或地理意义的原始数据转化为地理参考像元或是地理位置明确的点云。沿信息轴,像元则可由数字转换为环境和栖息地参数,如深度、水体衰减和栖息地类型。而沿着技术轴,算法的复杂性(表 7.1)将相应增加,即由简单明了的提取方法转换成如同神经网络这样的人工智能技术。

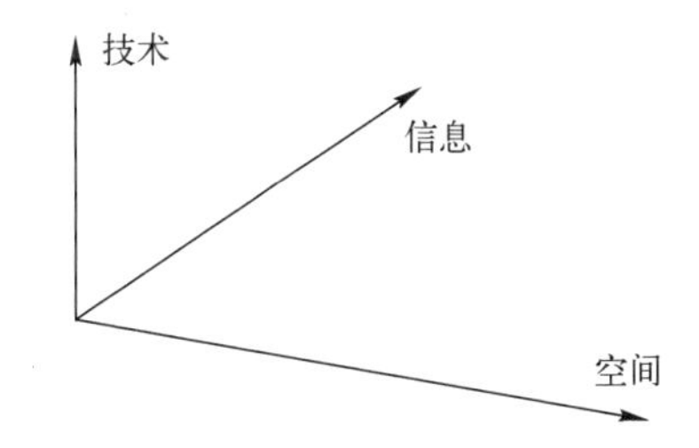

图 7.1 SIT 数据融合模型,以其构成轴命名:空间、信息和技术。由两组普通数据融合模型修正及合并所得,成为一组单一模式,在集成遥感数据用于底栖生物制图上表现尤为突出(Park et al.,2010)

数据融合过程可根据三个轴上的相对位置进行定义。图 7.2 显示了本章中的案例均符合空间域和信息域要求。从这些实例中可以看出,通过数据融合技术为底栖地图所采集的数据在空间域上集中于传感器原始数据这一侧,但却覆盖了整个信息域。这表明,通过数据融合技术为底栖地图所采集的数据可在像元层面包含丰富的信息。新的研究将在空间域范围提升数据融合能力,并由此推进空间范围上目标级的鉴别和分类(如对像元组进行处理,而非逐条像元处理的方法)。表 7.1 显示了目前各个技术级别的底栖地图数据融合方式。

表 7.1 SIT 数据融合模型中技术轴线的处理方法,由简单的模型向复杂程度高的认知方法转变

技　术	举　例
模型	模拟、估值(最小二乘法)
提取	信号、像元、区块
推理	参数(集群)、非参数(神经网络)
认知	模板、模糊集理论、知识系统(规则,Dempster-Shafer 策略)

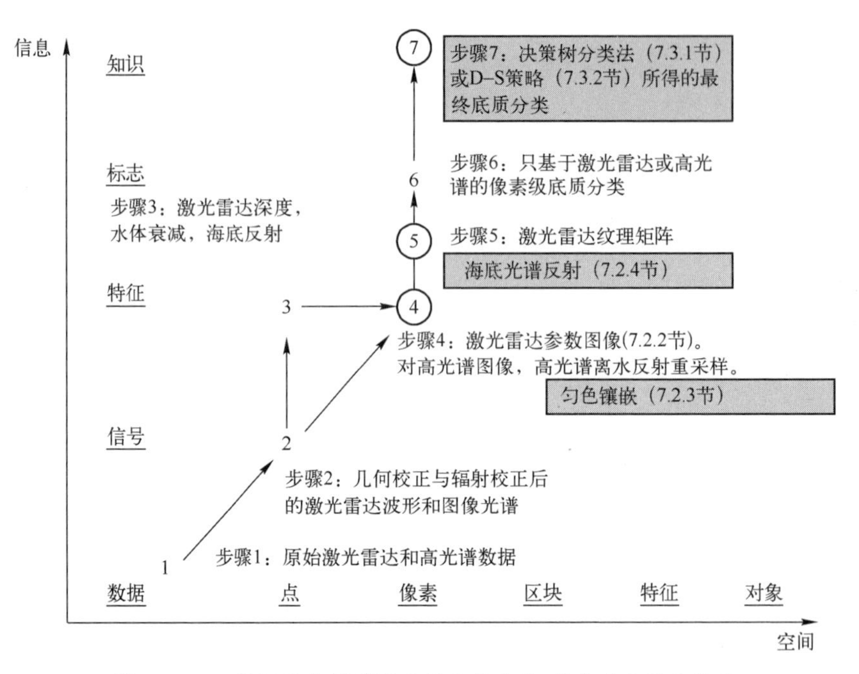

图 7.2　SIT 数据融合模型的空间和信息轴,其中每个编号位置代表在底栖生物制图过程中对 LiDAR 数据和高光谱图像的一个处理步骤:1 是原始传感器数据,7 是分类像元

7.2.2　LiDAR 的反演参数

将 LiDAR 数据和高光谱图像进行整合的第一个步骤是从多个 LiDAR 数据中提取反演参数,如水深、海底反射率、水体衰减、水体体积反射率和离水反射率等信息(图 7.3)。如第 5 章所述,测量的是离散时间间隔(近似纳秒)的返回光线,因此需要记录每个发射脉冲的“波形”。第一个波形的峰值对应从水面返回的一部分光。第二个峰值则对应从海底返回的一部分光,并且可从该峰值的量级中捕获海底反射率。水分子,夹带的泥沙和有机物质对光的反射现象发生在激光脉冲在水体中传播的整个过程中,这一过程也称为水体后向散射。水体衰减量由水体后向散射的对数斜率确定。水体反射通过对水体衰减的积分获得,而离水反射率则是水体反射和海底反射率的总和。各项参数实例可见图 7.4。

图 7.4 中描述的图像采用 Kopilevich et al. (2005)所提供的方法由 SHOALS 系统采用的数据获得,这是目前最严格的方法之一。该方法首先通过已测

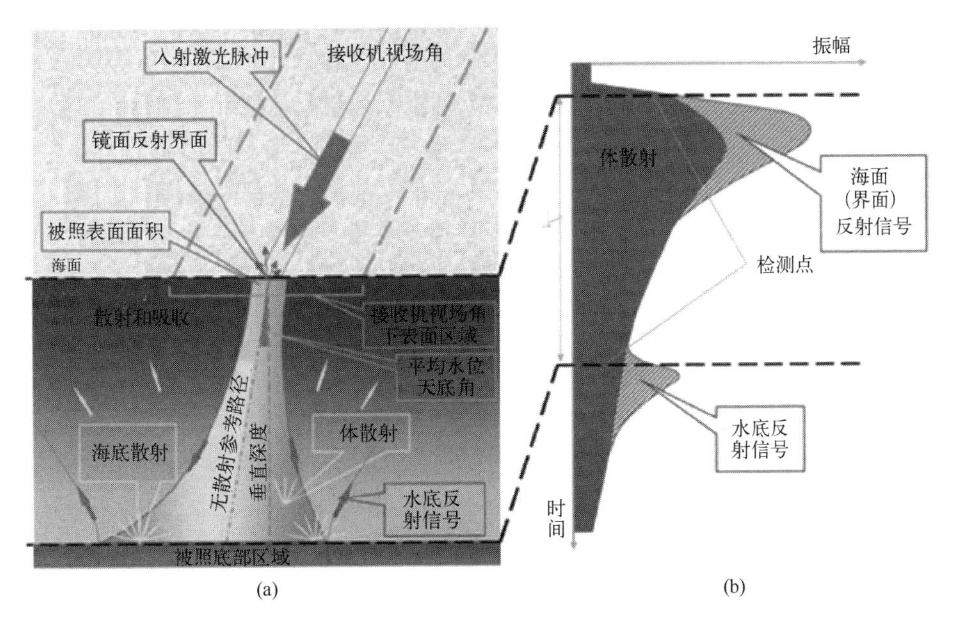

图 7.3 (a)水深激光脉冲同海面、水体和海底的交互作用(Wozencraft et al.,2005)。(b)水深 LiDAR 波形。表面返回信号捕捉到的是海洋表面与激光脉冲的交互情况,而底部返回信号捕捉的则是其与海底的交互情况。体散射量捕获的是水体和水中悬浮微粒的散射(彩色版本见彩插)

LiDAR 波形与 LiDAR 信号对不同水体和底部属性的多前向单后向散射模型获取的信号进行拟合,估算出海水固有光学特性(IOPs)。通过 IOPs 获取的底部反射率可用于对海底反射信号和海底几何结构的模拟进行约束。该方法需要对水深 LiDAR 进行辐射校准,这一过程将辐射度与 LiDAR 接收器的测量电压响应相关联(Tuell et al.,2005)。在水深 LiDAR 范畴中,反射率有几种不同的含义,即反射率、相对反射率、伪反射率和绝对反射率。反射率与激光能量的返回强度相同。相对反射率指的是像元之间或者像元与云像元之间反射率的差值。将物理方程应用到全波形分析或简单经验估计中,可得到伪反射率和绝对反射率。伪反射率可以根据传感器激光返回能量的数字频数函数来计算,而绝对反射率则要求通过辐射校准来将激光返回能量转化为辐射率。在当今的水深 LiDAR 系统中,只有 SHOALS 系统运用辐射度测量进行校准。

水深 LiDAR 信息和海底反射值对珊瑚礁制图的意义已在第 5 章和第 6 章中做了阐述,下一节将讲解上述参数在辅助以 LiDAR 反演的水体信息的情况下,如何处理海底栖息地生物地图的高光谱成像数据。

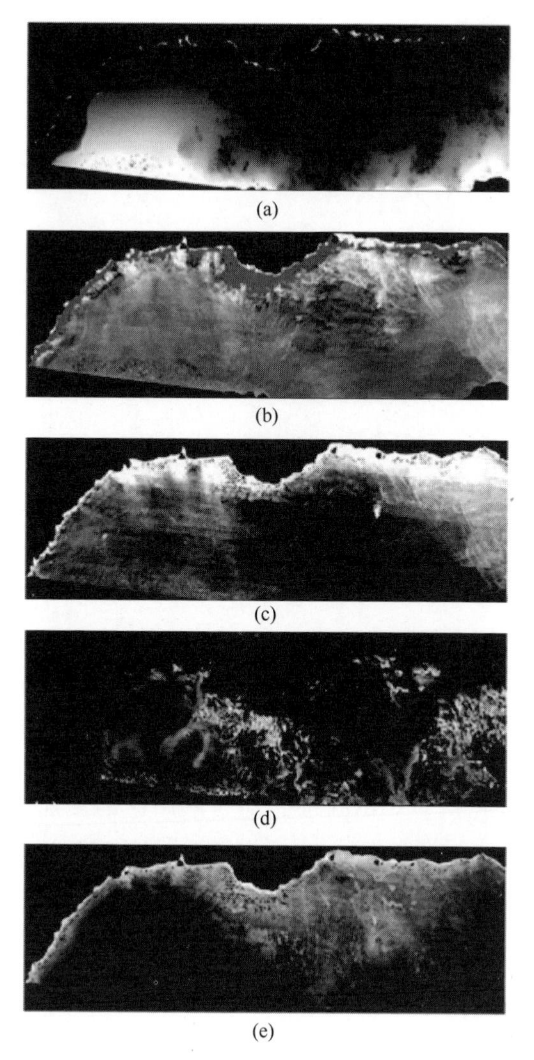

(a)

(b)

(c)

(d)

(e)

图 7.4 夏威夷希洛湾提取的 SHOALS 水深 LiDAR 波形参数

(a) SHOALS 深度取值范围是 0~40m 间,更亮的地方更深;(b) $a+b_b$,空气、水体吸收和后向散射,水的清晰度测量,较亮水域的水体浑浊;(c) 水体反射率,在 $a+b_b$ 基础上集成整个水体的散射,越亮的区域反射率越高;(d) 底部反射,越亮的区域反射率越高,这种情况下,沙子亮且珊瑚暗;(e) 水面反射率是水体反射率和水底反射率的总和。

7.2.3 高光谱色彩平衡

遵循典型的图片预处理步骤(辐射、几何、大气和日光校正,详见第 4 章),LiDAR 离水反射率值可用于归一化相邻高光谱图像的辐射异常。离水反射率的定义如上所述,为 LiDAR 与深度相关的水体反射率和海底反射率之和。随后,该离水反射率可用于界定所有波长的高光谱离水反射率,条件是该类波长位于 532nm LiDAR 离水反射率和与其最接近地带的高光谱成像数据离水反射率之比的范围内。由此产生的图像被为高光谱图像的色彩平衡图像拼接(Wozencraft et al. ,2008)。图 7.5 是夏威夷希洛湾离水反射率的色彩平衡图像拼接与传感器辐射拼接图的比较。LiDAR 数据和高光谱图像分别由 SHOALS 传感器和 CASI-1500 获得。

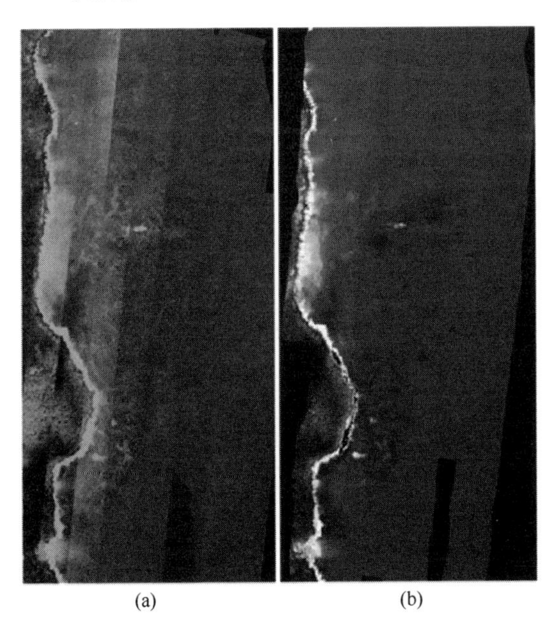

图 7.5 希洛湾 CASI-1500 高光谱成像数据真彩色的图像,HI(彩色版本见彩插)

(a) 辐射校正和几何校正图像拼接;(b) 颜色均衡的拼接图片显示路径长度辐射偏差校正的结果,大气校正,日光耀斑去除,使用 LiDAR 离水反射率后的颜色均衡。

7.2.4 约束优化建模

LiDAR 获取的水体信息可用于约束高光谱辐射传递方程的反演。海底光谱反射率图像中所定义的反射率对应的是高光谱图像中所有可见光波段范围内的海底反射(通常局限于光谱的可见光部分)。当仅有高光谱图像可供使用时,反演高光谱辐射传递方程不失为一种获取此类参数的方法,它可以通过迭代的非线性最小二乘法同时解决海底反射率、光谱水体反射率以及光谱水体衰减等问题(Lee,2003)。此外作为替代方案,可用 LiDAR 数据来约束对高光谱辐射传递方程的反演,以此来提高反射率的获取精度。例如,Tuell et al.(2005)从LiDAR 反演的反射率图像中识别出了同质区域,并对这些区域的水体衰减情况做了计算,以此将高光谱反演深度和 LiDAR 深度之间的差异降到了最低。Tuell et al.(2004)建议将 LiDAR 水体层建立在匀质区域,之后 Tuell et al.(2005 b)利用 LiDAR 反演的水体衰减对高光谱反演的水体衰减进行了推演,从而实现了对其的优化。该方法生成了高光谱数据的各个波段的不同水体衰减系数,以此对辐射传输方程进行反演。通过减小整个高光谱场景中水体持续衰减这一假设的影响,优化最终的光谱海底反射率图像。图 7.6 中所显示的是在佛罗里达州劳德代尔堡利用 SHOALS LiDAR 和高光谱 CASI-1500 数据提供的反射率产品样本。图 7.6(a)所示的离水反射率图像是一种 7.2.3 节中所提到的色彩平衡图像拼接,图 7.6(b)所示的图像则表示高光谱海底反射率。LiDAR 反演的水深、水体衰减和底部反射数据也可用于约束大气-海洋光谱优化模型中的参数数量,以获得水体属性和海底反射率(Kim et al.,2010)。该光谱最优模型中的海洋学部分也遵循第 4 章所述的类似反演方法。然而,在这种耦合模型中,大气修正也表现为反演过程的一部分。使用这种方法,大气、水体和海底被分解成一个个组成部分,并通过一系列分析和经验关系纳入辐射传递方程的反演过程当中,这些关系在海洋光学中都已得到了较好的建立。该种方法的结果是输出一系列数据层,包括各像元中的光谱离水反射率、水深衰减、叶绿素和有色可

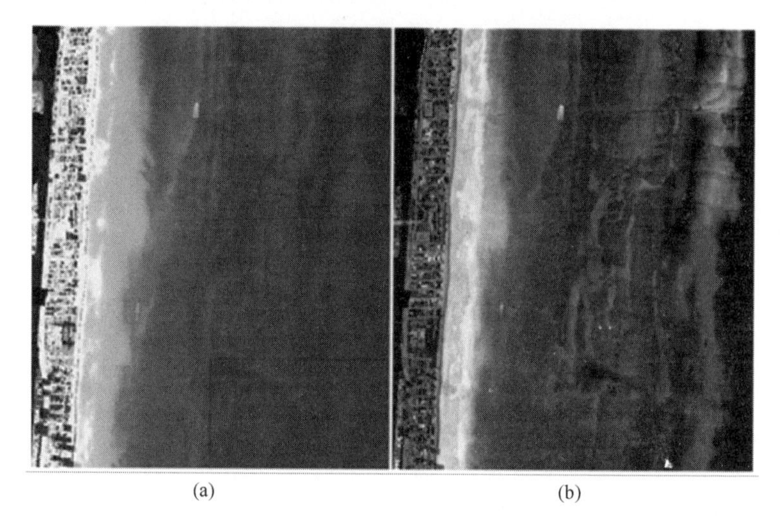

(a) (b)

图 7.6 真彩色图像由劳德代尔堡地区 CASI-1500 高光谱图像的红、绿、蓝波段建立(彩色版本见彩插)

(a) 离水反射率的色彩平衡拼接图;(b) 海底反射图。

溶性有机物的吸收光谱反射率以及描述各海底组成比例的丰度图像(如第4章中的未混合光谱)。图7.7显示了海底光谱反射图像以及沙、珊瑚和海草三者的丰度图,相关数据在佛罗里达州 Looe Key 附近通过 SHOALSLiDAR 和 CASI-2 高光谱图像被采集。

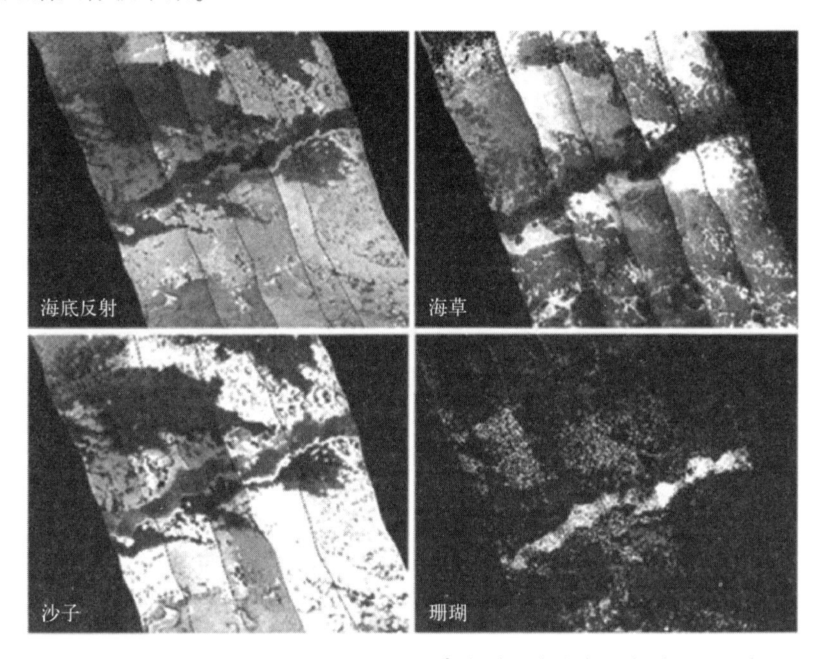

图7.7 由 SHOALS LiDAR 和 CASI-2 高光谱图像生成的光谱优化输出,数据采集地为佛罗里达州的 Looe Key 地区,光谱海底反射图像是其真彩图像。其中,左上角的红色区域是光谱优化过程中识别出来的人工地物,其余图片是海草、沙子和珊瑚的丰度图像。在这些图片中,较亮的像元是与该类型海底光谱最为相似的区域(即高丰度),较暗的像元则表示相似度较低的区域(即低丰度)(彩色版本见彩插)

7.3 LiDAR/高光谱融合技术的应用

LiDAR 数据与高光谱图像的融合技术致力于改善光谱海底反射和光谱水体信息。本节讨论了如何将 LiDAR 提取的信息同光谱信息融合,并利用决策树分类法提升半自动像素级土地覆盖分类能力。虽然该分析是以陆地为基础的,但是随着水深 LiDAR 和高光谱数据融合技术的普及,该概念研究也将拓展到海底生态系统中。此外,一项先进的结合 LiDAR 数据和高光谱数据生成海底分类的方法也在本章中被提出。

7.3.1 决策树分类

决策树分类法是一项相对简单的用于整合 LiDAR 数据和高光谱图像的技术。这里所介绍的例子中,地面高度或表面高度均来自地形 LiDAR 数据,并与特定的高光谱波段结合,逐像元地对基本土地覆盖类别进行分类(Reif et al,2011)。表 7.2 描述了陆地覆盖类型和决策参数,图 7.8 以原理图的形式对图像预处理(即已完成辐射、几何和大气修正)到最终分类的整个决策树分类过程做了描述。图 7.9 则展示了一项利用 SHOALS LiDAR 和 CASI-1500 高光谱图像生成的希洛湾分类实例。

表 7.2 希洛湾决策树分类的地面覆盖类型和总体描述

地面覆盖分类	分类描述
无类别/饱和的	包含“无数据”像元和饱和像元(不易察觉的明亮图像目标)
裸地/道路	包含高度小于 1m 的无植被像元
结构	包含高度大于 1m 的无植被像元
低的植被	包含 NDVI 值大于 0.3 且高度小于 0.5m 的植被像元(如草)
中等植被	包含 NDVI 值大于 0.3 且高度在 0.5~6m 间的植被像元(即小树或灌木)
高大的植被	包含 NDVI 值大于 0.3 且高度大于 6m 的植被像元(即树木)
注:NDVI 即归一化植被指数	

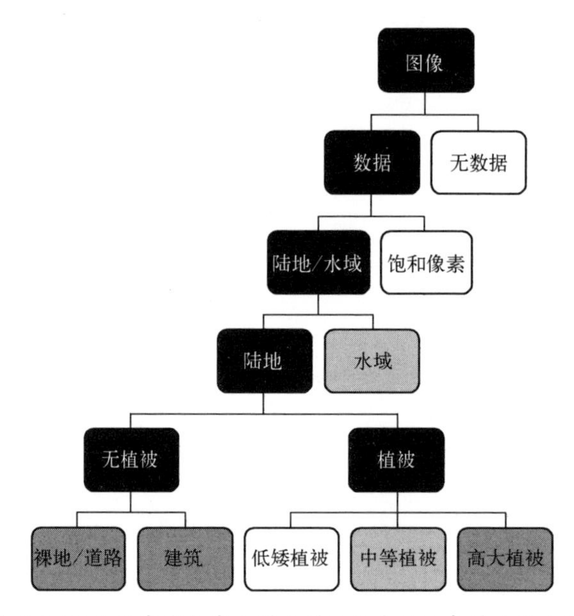

图 7.8 融合 LiDAR 地面高度和高光谱光谱反射率的地表覆盖的决策树分类框架

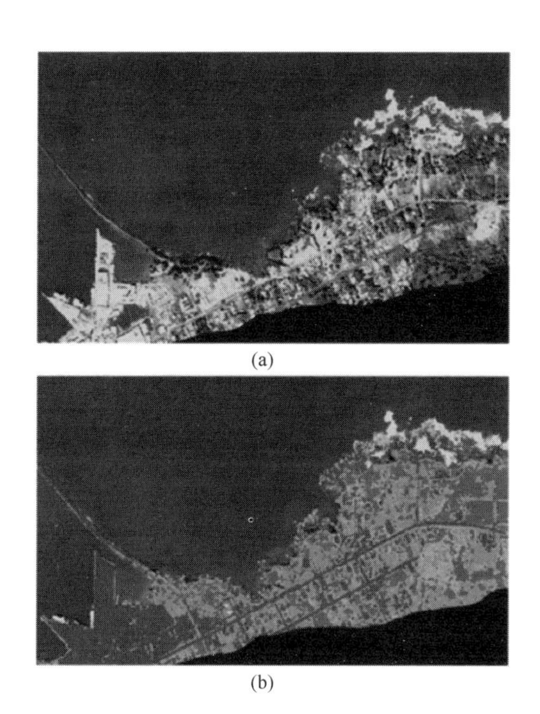

图 7.9 在夏威夷群岛希洛湾地区,利用决策树分类法,融合 LiDAR 反演的地面高度数据和 CASI-1500 高光谱反演的植被数据生成的基础土地覆盖分类(彩色版本见彩插)
(a) 高光谱图像;(b) 地面覆盖分类后的高光谱图像。

第 3 章讨论了对土地覆盖分类的利用,尤其是土地覆盖的变化,有助于了解人类行为对邻近珊瑚礁所造成的影响。决策树分类方法广泛应用于 LiDAR 和高光谱图像的融合,也可用海底分类以进行珊瑚礁测绘工作。例如,使用 LiDAR 反演的反射率、基于纹理分析的度量和高光谱反演海底反射率来导出基于像元的海底分类。

7.3.2 Dempster-Shafer 策略

Dempster-Shafer(D-S)策略是一个决策级数据融合的实例。在这种方法中,Dempster 和 Shafer(Shafer,1976)概括化了贝叶斯的不确定性理论(Lowrance et al.,1982)。D-S 理论基于人类会依据所有可用的证据或其组合实施判断的理念为基础(即根据多个而不是单一的证据)(Hall,1992)。在 D-S 理论中,概率和不确定性区间用于确定一个综合了多个决策变量的假设的可能性。在遥感过程中,有的传感器可以提供用于区分物体高度的信息,有的传感器则可能只对物体形状做出区分。在贝叶斯方法中,所有未知成分,如环境中的对象等,均被赋予了一个等价的先验概率。当未知成分的数量远远超过已知成分的数量时,贝叶斯方法便会出现已知成分概率不稳定的问题,从而导致问题结果的出现(Abidi et al.,1992)。D-S 方法则被开发用于克服此类限制。许多研究人员正致力于探索 D-S 方法在多传感器目标识别、军事指挥和控制,以及地面覆盖分类等方面的应用(Bogler,1987;Waltz et al.,1989;Park,2002)。

作为一项 D-S 方法的应用实例,最大似然分类器(MLC)已应用于基于 LiDAR 和高光谱的海底反射率图像中。MLC 的各类输出概率均被视为 D-S 方法中的先验概率。相关的输入图像和 MLC 处理图像均显示在图 7.10 中。每个 MLC 图像被分为八类,即浅沙、中沙、河道沙、深沙、硬底 1 型、硬底 2 型、硬底 3 型和礁体。在某些情况下,同一区域在两张图像的类别划分相同,但更多的区域的分类是不一致的,这使得基于统计的 D-S 方法在这一领域应用很广。D-S 方法的两个基本构成部分分别是假设和命题。假设是自然属性相关的基本描述(如像元或对象是礁体)。命题也能够以假设或着多个假定综合的形式出现,反过来也会包含重叠或相互矛盾的假设。例如,“命题 1”=海底类型是沙子,“命题 2”=海底类是沙子或礁,和“命题 3”=海底类型是礁。D-S 方法的输入为这些命题,以及设定的每一个命题的概率,输出为综合分类图像(图 7.10(c))。

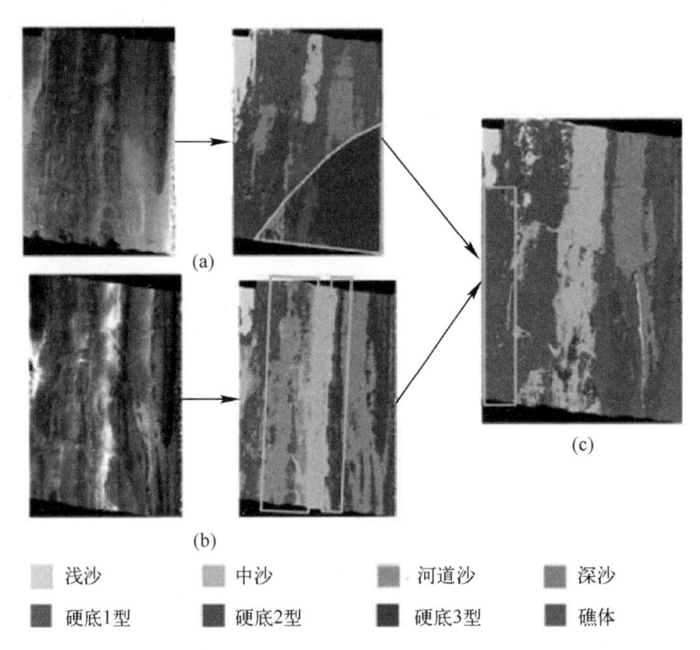

图 7.10 数据融合分类过程(分类错误区由黄色多边形表示)(彩色版本见彩插)

(a) 从海底高光谱图像中获取的最大似然分类图像;(b) 从海底 LiDAR 图像中获取的极大似然分类图像;(c) 通过 Dempster-Shafer 理论所得的海底分类结果。

在图 7.10 中从高光谱海底反射率的角度来检验 MLC 图像,有大片的深水被错误地归类为“硬底 3 型”。类似地,某些南部区域的“中沙”被错误地归类为“礁”,南部区域地“硬底 1 型”也被错误地归类为“硬底 2 型”。图 7.10(b)中由 LiDAR 获取的海底反射率所生成的 MLC 图像似乎具有更多细节和更为清晰的边界,然而也存在被错误分类的区域。例如,大多数的“硬底 1 型”地区被错误地归类为“河道沙”,一些“礁地区”则被错误地归类为“硬底 3 型”。图 7.10 中的误分类用黄色多边形来表示。

在图 7.10(c)所示的融合分类结果图中,基于 D-S 方法使用的不同命题,许多区域被重新归类。例如,高光谱 MLC 图像中的“硬底 2 型”和“河道沙”区域,在 LiDARMLC 图像中被重新归类为“硬底 1 型”。高光谱 MLC 图像中一块被认为是“硬底 3 型”的较大区域,则被重新归类为“深沙”“礁体”和“硬底 2 型”。然而,高光谱 MLC 图像中的“浅沙”地区和一些“中沙”和“河道沙”的区域在 LiDAR 图像中又被错误地修正为“礁”(用黄色多边形表示)。这也表明 D-S 方法仍有许多地方有待提高。但不论怎样,相对于 MLC 图像而言,D-S 方法能够产生较好的总体效果。

7.4 总结和讨论

本章介绍了 LiDAR 与高光谱数据融合的概念,并提出了一个专用于集成 LiDAR 数据和高光谱图像的模型,用以改善底栖生物分类模型。举例介绍了从 LiDAR 波形中提取海底反射率和水体衰减信息的方法,以及如何通过改进的水深校正和模型反演技术来应用数据,进而提高从高光谱数据中提取海底反射率信息的能力。在决策树分类法中展示了 LiDAR 反演信息和光谱数据的融合方法,同时还展示了一项将独立分类图像联合为集成产品的高水平数据融合技术,即 Dempster-Shafer 策略。

集成高光谱图像与 LiDAR 数据的硬件与软件正在积极的研制中。许多研究人员正在考虑通过 LiDAR 传感器的拓展实现该项技术的可能性。值得一提的是一项新开发的传感器,即 CZMIL,目前正处于飞行测试阶段。CZMIL 被设计为一个成像系统,在其硬件上做出了许多改变,以提升其各个层面上数据的融合能力。CZMIL 数据处理系统和机载硬件一同被开发,其本质是一个 LiDAR 和高光谱的数据融合处理系统。

其他领域的研究则对高光谱信息如何影响 LiDAR 处理过程做了调查。该方面的实例包括利用高光谱水体衰减信息来协助处理浅水地区的 LiDAR 海底反射率图像。由于浅水地区表面和底部返回信号的卷积,导致对水体衰减的估算较为模糊。相关技术正不断发展以实现从 LiDAR 数据和高光谱图像中选择最为丰富的特征信息，如决策树、最大似然和其他分类方法中均提及的多重纹理度量和光谱索引等。

高光谱图像同 LiDAR 数据集成后所得信息的类型，同本书中提及的其他遥感技术所得的信息区别不大。本书提供的实例主要针对 LiDAR 和高光谱图像技术，但有理由相信，类似的数据融合技术也能应用到其他遥感的组合产品中。数据融合的优势和最终目标是为了提升从图像所得的珊瑚礁和环境数据产品的精度。

致谢：感谢联合机载 LiDAR 测深专业技术中心（JALBTCX）所提供的高光谱图表项目、美国陆军工程兵团国家沿海制图项目、国家海洋合作项目的高级数据融合软件、SHOALS-1000项目、美国海军研究实验室的反水雷 LiDAR 无人机系统项目等，在本章节编撰过程中对数据收集、数据处理和数据融合技术给予的鼎力支持。JALBTCX、Optech 和南密西西比大学的研发人员已完成了本章中所列出的数据收集、处理和融合等技术研发。

推荐阅读

Lee M (2003) Benthic mapping of coastal waters using data fusion of Hyperspectral Imagery andAirborne Laser Bathymetry. Ph. D. dissertation. University of Florida. Gainsville, Florida, p 119

Park JY, Ramnath V, Feygels V, Kim M, Mathur A, Aitken J, Tuell GH (2010) Active-passivedata fusion algorithms for seafloor imaging and classification from CZMIL data. In: Lewis PE (eds) Proceedings SPIE, 7, 695. Shen SS, Algorithms and technologies for multispectral, hyperspectral, and ultraspectral imagery 16

Reif M, Macon CL, Wozencraft JM (2011) Post-katrina land-cover, elevation, and volumechange assessment along the south shore of lake pontchartrain, Louisiana. J Coast Res ApplLidar Tech [Pe'eri, Long] USA 62:30-39

Tuell GH, Park JY, Aitken J, Ramnath V, Feygels VI, Guenther GC, Kopilevich YI (2005) SHOALS-enabled 3-D benthic mapping. In: Chen S, Lewis P, (eds) Algorithms andtechnologies for multispectral, hyperspectral, and ultraspectral imagery 11, Proceedings ofSPIE 5806:816-826

Wozencraft JM, Macon CL, Lillycrop WJ (2008) High resolution coastal data for Hawaii. Proceedings of sessions of the conference: solutions to coastal disasters, Am Soc Civ Eng, pp 422-431

参考文献

Abidi M, Gonzalez R (1992) Data fusion in robotics and machine intelligence. Academic, SanDiego

Bogler PL (1987) Shafer-dempster reasoning with applications to multisensor target identificationsystems. IEEE Trans Syst Man Cybern SMC 17(6):968-977

Bissett WP, DeBra S, Kadiwala M, Kohler DDR, Mobley CD, Steward RG, Weidemann AD, Davis CO, Lillycrop J, Pope RL (2005) Development, validation, and fusion of highresolutionactive and passive optical imagery. In: Kadar I (ed) Signal processing, sensorfusion, and target recognition XIV. Proceedings of SPIE, vol 5809. SPIE, Bellingham, WA, pp 341-349

Hall D (1992) Mathematical techniques in multisensor data fusion. Artech House, Boston

Kim M, Park JY, Tuell G (2010) A constrained optimization technique for estimatingenvironmental parameters from CZMIL Hyperspectral and Lidar Data. In: Shen SS, Lewis PE (eds) Proceedings SPIE, 7695, algorithms and technologies for multispectral, hyperspectral, and ultraspectral imagery XVI

Kopilevich Y, Feygels V, Tuell G, Surkov A (2005) Measurement of ocean water opticalproperties and seafloor reflectance with scanning hydrographic operational airborne lidarsurvey (SHOALS): I Theoretical background. In: Proceedings remote sensing of the coastaloceanic environment, SPIE, vol 5885, pp 106-114

Lowrance JD, Garvey TD (1982) Evidential reasoning: a developing concept. Proceedings ofIEEE International conference on cyberbetics society, pp 6-9

Lee M (2003) Benthic mapping of coastal waters using data fusion of hyperspectral imagery andairborne laser bathymetry. Ph. D. dissertation, University of Florida. Gainsville, Florida, p 119

Lee M, Tuell G (2003) A technique for generating bottom reflectance images from SHOALSdata, presented at U. S. Hydro 2003 hydrographic conference, Biloxi, Mississippi, pp 24-27

Lillycrop WJ, Estep LL (1995) Generational advancements in coastal surveying. Mapping SeaTechnol 36(6):10-16

Park JY (2002) Data fusion techniques for object space classification using airborne laser dataand airborne digital photographs. Ph. D. dissertation, University of Florida, Department ofcivil and coastal engineering, Gainesville, Florida

Park JY, Ramnath V, Feygels V, Kim M, Mathur A, Aitken J, Tuell GH (2010) Active-passivedata fusion algorithms for seafloor imaging and classification from CZMIL Data. In: Shen SS, Lewis PE (eds) Proceedings SPIE, 7695, algorithms and technologies for multispectral, hyperspectral, and ultraspectral imagery XVI

Reif M, Macon CL, Wozencraft JM (2011) Post-katrina land-cover, elevation, and volumechange assessment along the south shore of Lake Pontchartrain, Louisiana, J Coast Res. Special issue, applied lidar techniques [Pe'eri, Long], vol 62, pp 30-39

Shafer G (1976) A mathematical theory of evidence. Princeton University Press, Princeton

Tuell G, Park JY (2004) Use of SHOALS bottom reflectance images to constrain the inversion ofa hyperspectral radiative transfer model. In: Kammerman G (ed) Proceedigs SPIE vol 5412, laser radar and technology applications IX. pp 185-193

Tuell G, Lohrenz S (2006) High level data fusion for SHOALS-100th, Annual Report for FY2006, National ocean partnership program

Tuell GH, Park JY, Aitken J, Ramnath V, Feygels VI, Guenther GC, Kopilevich YI (2005a) SHOALS-enabled 3-d benthic mapping. In: Chen S, Lewis P (eds) Proceedings SPIE vol5806, algorithms and technologies for multispectral, hyperspectral, and ultraspectral imageryXI. pp 816-826

Tuell GH, Feygels V, Kopilevich Y, Weidemann AD, Cunningham AG, Mani R, Podoba V, Ramnath V, Park JY, Aitken J (2005b) Measurement of ocean water optical properties andseafloor reflectance with scanning hydrographic operational airborne lidar survey (SHOALS): II. Practical results and comparison with independent data. In: Proceedings remote sensing ofthe coastal oceanic environment, SPIE vol 5885. pp 115-127

Waltz EL, Buede DM (1989) Data fusion and decision support for command and control. IEEETrans Syst Man Cybern SMC 16(6): 865-879

Wozencraft JM, Macon CL, Lillycrop WJ (2008) High resolution coastal data for Hawaii. Proceedings of sessions of the conference: solutions to coastal disasters, Am Soc Civ Eng, pp 422-431

Wozencraft JM, Macon CL, Lillycrop WJ (2007) CHARTS-Enabled data fusion for coastal zonecharacterization. Proceedings of the 6th international symposium on coastal engineering andscience of coastal sediment processes 3, Am Soc Civ Eng, Reston, VA. ISBN-0-7844-0926-9, pp 1827-1836

Wozencraft JM, Millar D (2005) Airborne lidar and integrated technologies for coastal mappingand charting. Mar Technol Soc J. 39(3): 27-35

第三部分

声学遥感

第8章　声学遥感概述

Bernhard Riegl, Humberto Guarin

摘要　目前,声学方法已广泛应用于海洋资源(例如,珊瑚礁)的责任管理过程中,并以此来生成该过程中所需的物理、环境和生物数据。在这一章中,我们对可用于主/被动声学遥感系统的水声的基本物理性质进行了概述。通过评估发射声波的回波特性可以获得各类声学的衍生信息,如基于水深数据(由测量传播时间获得)的海底地形信息、海底组成信息(由测量声学后向散射强度获得)以及水体特性信息(由测量多普勒频移获得)。此外,声音还可用于跟踪鱼类等生物,甚至利用自然声源对鱼类等物体进行"探照"以进行制图工作。声学方法现已成为珊瑚礁管理工作中必不可少的手段之一。

8.1　引言

海洋环境中所使用的声学方法通常被归为声纳(声波导航与测距)范畴,而事实上这也只是一系列可用技术中的一部分。由于声学方法的用途极为广泛,因此也诞生了各种"主动式"或"被动式"的技术应用。不同于以探测环境发射能量为工作原理的被动式传感器(例如,监听线基阵),声纳同雷达或LiDAR技术一样,因其自身发射脉冲能的特性而属于主动式探测技术。声纳技术主要依赖于水中的声速测量(即发射和接收声脉冲的时间间隔)和声散射特性的测定。依靠脉冲的强度、宽度和方向,声信号可用于探查水体、沉积物表面或沉积物(基岩)内部的特征。声纳方法也因此成为开阔大洋、沿岸及珊瑚礁环境中功能最全面、应用最广泛的海洋遥感工具。此外,监听线基阵也越来越多地应用于渔业科学中,如利用鱼类及海洋哺乳动物的发声来对其进行跟踪(这一应用尤

B. Riegl,美国诺瓦东南大学海洋中心,国家珊瑚礁研究所,邮箱:rieglb@ nova. edu。

H. Guarin,美国Bert仪器有限公司,邮箱:hguarin@ bertinst. com。

其对跟踪鲸鱼非常有效),也可以将声学发射器绑在动物身上,然后通过被动监听线基阵实施跟踪。

声音在水中的吸收程度主要取决于声脉冲的频率。在高频端,即大于 1Hz (Hz =每秒钟周数),海水对声的吸收状况是一个很重要的特征,并且声纳应用很大程度上也仅限于声学成像和侧扫声纳。而在低频端,即小于 1Hz,声音的生成则较为罕见,可测任务也往往只出现在轻微强度的地震或大爆炸之中。因此,海洋声学应用通常集中在一赫兹至几百赫兹频段内(Tolstoy et al. ,1966)。

声纳技术并非是一项新技术,且已经应用于多种用途。发展初期,声纳主要用于确保航运安全以及服务军事应用。1912 年泰坦尼克号因撞冰山而沉没,并造成了巨大的人员伤亡,此后不久,利用声波回声来进行水下大型物体探测的多项专利便应运而生(Medwin et al. 1998)。该项技术基于这样一种理念,即一旦准确掌握了声音在水中的传播速度,就可以通过测量声音从声源发出到接收机接收之间的时间间隔来精确测定目标散射体与传感器之间的距离。对水中声速的测量最早由 Colladon et al. (1827) 在瑞士的日内瓦湖完成。1916 年,Chilowsky 和 Langevin 测得了浅层海底和 200m 水深处铁板的回声。他们使用静电式声源作为发射机,并以一个碳质按钮的微型电话作为接收器。第一次世界大战期间,加拿大物理学家 Boyle 和英国科学家 Wood 使用石英压电晶体制成了第一台声纳(Medwin et al. ,1998),且因成立了反潜艇侦查调查委员会(ASDIC)而闻名于世。Langevin 将石英压电换能器用作发射器和接收器,使得声音的最远传输距离长达 8km。1919 年 Marti 获得了一项“回声探测器”专利,该仪器可用于进行海底的连续直观记录,到了 1925 年,德国船只 Meteor 号进行了横跨南大西洋的回声探测线作业。随着对洋中脊和深海平原的探测,一场对深海海底的认知革命正悄然兴起。到 1935 年,声学测深技术已发展到能够进行大洋水深探测的水平,而且后向散射技术也开始用于鱼群探测(Medwin et al. ,1998)。第二次世界大战的爆发极大地促进了对远程目标的物理探测能力,雷达和声纳技术也因而得到了长足的发展(Jones,1999)。声学遥感技术的现代应用不仅局限于军事领域,其民用价值也日趋重要。随着受委托进行海洋资源管理的机构对认识其管辖的各系统所做出的努力,生物环境制图(生境制图)也愈显重要。渔业管理、保护区管理和海洋空间规划也越来越依赖于大比例尺的生境制图,而由于这些图所需的水深测量已经超过了光学传感器的分辨率,故只能通过声学手段绘制。因此,与生境制图、生物和渔业评估直接相关的声学应用数量激增。

8.2 物理和技术原理

声波所表现出的不同于电磁波(例如,可见光和红外波段光)的物理特性,使其非常适用于水下勘查。无线电、雷达以及其他电磁波能在大气中以光速进行远距离传播,然而一旦进入水中,其特性就会因发生衰减而受到限制。水,尤其是盐水,由于具有高电导率和高耗散性,使得在更深的水下对物体及其表面进行评估时需要用到其他的能量传播形式。例如,我们可以利用声音特有的物理性质。一次水下扰动的机械传播可以传播很远的距离(鲸鱼的鸣叫声可以传播几千千米远)。声波通过波动方程的形式进行描述,同时其较少的传播损失也弥补了其传播速度上的缺陷(例如,与光相比,声波速度较慢,但损失较少)。

8.2.1 声波

声音是一种依靠媒介传播的机械扰动,本书以海水作为媒介(图 8.1)。这种传播扰动被认为是一种增量式的声压,并且其量级要小于外界压力的量级(Medwin et al. ,1998)。声音在气体和液体中以纵波或者说是压缩波的形式进行传播,其特点是会在局部产生密部或疏部(图 8.1)。“纵向”这一术语是指在媒介中,声波沿其传播方向所产生的位移。与此相反,声音在固体中的传播形式可以表述为“横向”波,其特点是形成垂直于传播方向上的剪切变形(即粒子位移)。这类声波的传播速度约为纵波的 1/2,且因其难以维持剪切力而无法透过液体。

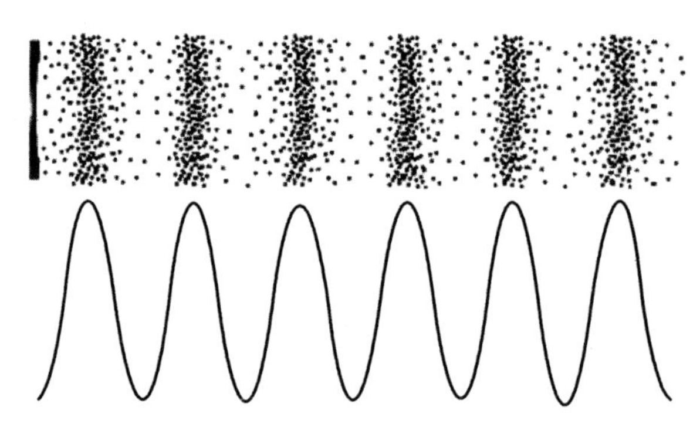

图 8.1 声波在媒介中表现为密部和疏部的交替,在数学上可用正弦波表示

将声波作为能量载体这一物理现象是所有声学技术的基础。波被定义为振动状态在时空内的周期性传播,其特点是在发生能量传递的同时不伴随质量

转移(Benenson et al. ,2002)。波的扰动状态通过其相位来描述。声波可以平面波的形式存在,在这种形态下,波阵面为垂直于传播矢量的平面,此外,也可以球面波的形式存在,该种状态下的波阵面则是围绕振源展开的同心球面。Huygens-Fresnel 原理(Medwin et al. ,1998)指出,前进波阵面上的每个点实际上都是一次新扰动的中心,也是一列新波的波源。而整个前进波其实就是声波遍历的各点所产生的次波总和。运用此原理可以解释衍射现象,因为物体中每一个被声波触及的点都会成为新的声源。此外,这一原理也对声波的传播作了形象的说明(图 8.2)。

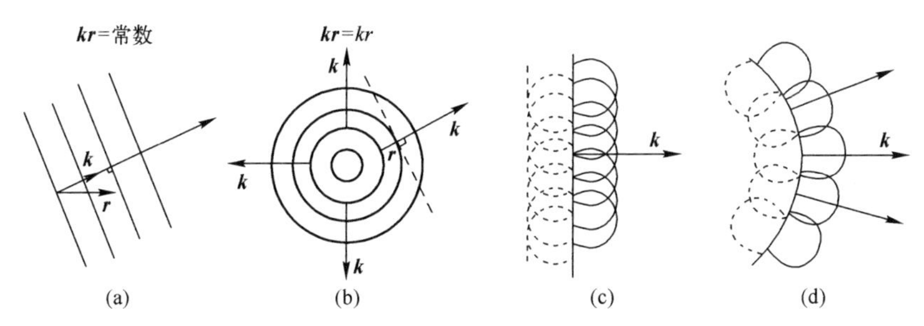

图 8.2 平面波的波阵面(a)与球面波的波阵面(b);$\boldsymbol{k}$ 是波(传播)矢量,单位(1/m),$\boldsymbol{r}$ 是位置矢量,单位 m。在平面波中,波阵面与传播矢量成直角,而在球面波中,波阵面是以声源($\boldsymbol{r}=0$)为中心的同心球面。根据 Huygen 原理得出的平面波的波阵面传播形式(c)和球面波的波阵面传播形式(d)。波阵面上任何一点均可成为一个元波的起点。随后出现的波阵面是由一个特定波阵面产生的所有元波叠加后的包络线

8.2.2 水中声波特性

声音在媒介中的传播速度取决于该媒介的密度,且由于存在水体物理性质的差异,不同水体内的声速也各不相同,甚至是同一水体中的声速也会有所差别(图 8.3)。水体的体积弹性模量和质量密度决定了声速的快慢。1827 年,Colladon 和 Sturm 在日内瓦湖进行了最早的水中声速测量实验。他们将绑在船上的钟悬置于水下并用杠杆进行敲击,与此同时,船上的火药也一并被杠杆点燃而发出亮光,由此远处的观察者可以准确地记录水下声音的起始时间。通过另一艘船上的听筒便可测得闪光和声音到达时的时间间隔。这一研究最终测得的水中声速值为 1435m/s。此后不久,科学家们又意识到了水温、密度和盐度同样也是影响声速的重要因素。因为这些变量在海洋环境中通常表现出水平分层现象,使得声速值也出现了类似的水平分层。此外,水中声速还会随着水

深和环境条件的变化而改变,包括季节和地理变化、洋流、潮汐、涌浪、内波,甚至是测量当日的时间。声波在海水中传播的平均速度约为 1500m/s,然而水温、压力和盐度的变化均会使其产生巨大的偏差(Wilson,1960;Medwin et al.,1998)。

声速剖面是指某一特定地点声速随深度的变化关系,并且可为该地的声速变化提供直观的指示(图 8.3)。观察表明,在靠近水面处,温度是影响声音在水中传播速度的主导因素,而在水深较大处,控制因素则为深度。当盐度为 34‰~35‰时(34~35 实用盐度单位,PSU),其对声速的影响很小。作为实际近似应用时,可认为温度每上升 1℃,接近表面处的声速加快 3m/s;盐度每增加 1PSU,声速加快 1.4m/s;深度每加深 1000m,声速加快 17m/s。

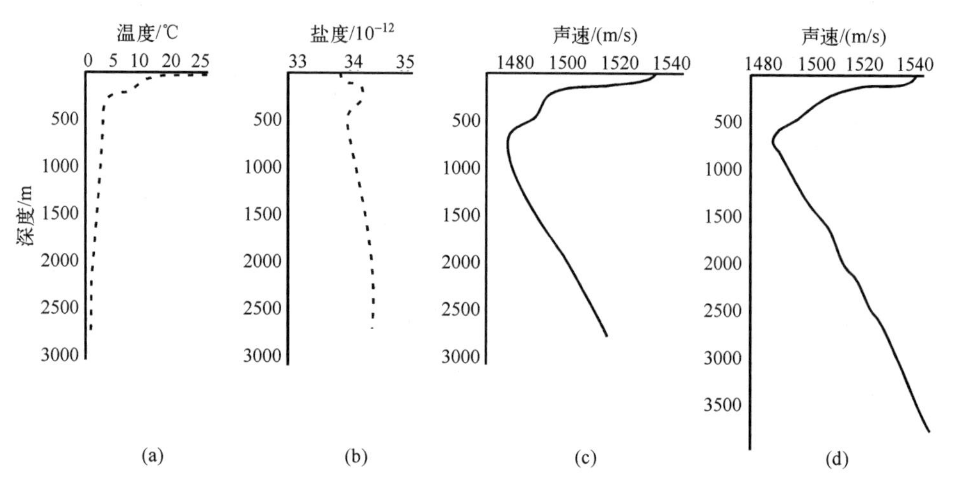

图 8.3 (a)(b)(c)太平洋中部地区声速随温度和盐度的变化,其中最小声速值出现在水深 650m 处。(d)图为大西洋赤道地区的声速变化。不同的水体其特性存在差异,使得世界上各大洋中测得的声剖面图各有不同(经 Wiley 许可,修改自 Jones,1999)

局部地区的声速可以通过飞行时间探针等仪器测量,该设备使用水声换能器发射脉冲,随后发出的脉冲又从设置在固定距离处的金属板反射回来。将所测的双向传播时间除以 2 即可算出声速。然而,对于声学遥感而言,进行整个水体的声速剖面测量十分必要。声速剖面可以采用 CTD 等仪器获取,通常将其置于水面以下,用以定期测量水体的导电性 C(盐度)、温度 T 和深度 D(压力)。联合国教科文组织(UNESCO)基于 Chen et al.(1977)方程所得的 CTD 数据,进行声速剖面的计算,这一算法也被视为海洋学的通用标准。此外,还可使用投弃式温深仪(XBT)计算声速剖面,虽然不够准确,但价格便宜且更便于使用。XBT 以已知的速度在水体中自由下落,并在断开前通过两根非常细的天线将温度信息发送至水面。航行中的舰船可使用船载走航式剖面仪(MVP),该设备通过一台计算机实现对绞车和一台特制拖鱼(鱼,即符合水动力构造的仪器的通称)的控制,可在不停船的情况下进行声速测量。

声学遥感的一个重要影响因素是声波会在水体中发生衰减,主动声纳受双向衰减影响,而被动声纳仅受单向衰减影响。由于声音自声源发出后或是遇阻反射,都以几何的方式进行传播,因此其衰减情况与传播路程相关。用来形象说明波传播的一个经典例子就是将一块石头投入平静的水塘。当石头撞击水面后,会形成圆形波,我们会看到很多圆形波,它们的周长会越来越大,而幅度却呈递减态势。当波从波源向外传播时,总能量保持不变,但是随着圆周增大,能量也向外扩散且分布在整个圆周上,因此表面波单位长度上的能量就越来越小,而波的高度也相应递减。而如果扰动发生在水体中,波就会向四周传播开去,这样的衰减速度较之表面波要快得多,这类传播方式被称作球形传播。最终,扩散的波会覆盖整个水深,即触及表面和水塘底部,随后只能进行侧向传播,这种传播方式则称作圆柱形传播。相比于球形传播,圆柱形传播的声强(在单位面积内向一个特定方向传播的能量)衰减相对较慢。由此可得,水体(或任何一种声音的传播媒介)的化学、物理构成以及形态都可以影响声音的传播和特性。因此,可以将不同类型的声音传播应用于海洋和遥感研究。

声音也受吸收和散射的影响。当声音在一种媒介中传播时,会与媒介的分子相互作用。如果声音的能量足以克服分子的阻抗作用,这些分子就会发生振动,并从声波中吸收一定的能量。分子从声波中获取进行振动的能量,且声波的频率越高,分子在媒介中的振动速度就越快,因而也吸收更多的能量。这也解释了为何在同等条件下,高频声波的传播距离要短于低频声波的传播距离。溶解在海洋中的盐也会吸收声音并将其转化为热能,因而也会减小声波的振幅。此外,声波与海水中的悬浮微生物、气泡和悬浮颗粒物相互作用会发生散射。散射量的大小取决于散射体的体积和声音的波长。如果散射体的体积近似或长于声波波长,散射量就会较大。

声纳的总体目标是获取某一阈值(即可以有效地将信号特征与其他噪声区分)之上的信噪比。由于混响而产生的环境噪声或自身噪声均不可避免地存在于环境中,并对信号产生干涉作用。无论是否有声纳发射机存在,环境噪声总是存在于水中。其声源可能是水面上某些活动,诸如风、波浪、雨或者航行造成的生物因素或热因素。环境噪声很大程度上取决于频率、位置和深度,且通常具有很强的方向性,然而,处理环境噪声的最简模型却都各向同性。混响噪声被定义为环境中发出信号的回声。这种回声往往出现在某些边界处,如水面(由于空气和水之间存在很大的阻抗差,使得水面成为近乎完美的声学反射体)、海底或水中出现的散射体,在这种情况下,我们讨论的是体积混响。混响同信号的能量和持续时间成正比。自身噪声是指声纳及其运输载体在环境中发出的噪声,当需要对小振幅信号进行评估时,这也是不可忽略的重要因素。声源可以是多方面的,例如电气、机械或是最常见也是最主要的自身噪声,即从水中经过时产生的噪声。此外,目标物自身也能发出噪声。当声纳和目标物发出的能量互相干涉而不适于进行主动探测时,即可采用被动方式进行探测。

最终,目标物会发出一个回声。这一点对声纳的渔业应用尤为重要。目标物通常会反射一个与发射源能级成比例的回波信号,并且波形与发射信号一致。回波水平取决于目标物强度,即对目标物反射属性的综合量度。例如,有鱼鳔的鱼类是很好的目标物,因为气泡会产生强烈的回响并返回一个完美的回波信号,没有鱼鳔的鱼类则恰恰相反,主要是因为其相对于水的阻抗差决定了回声强度。游动或移动目标物的回声则是相对发射信号发生了多普勒频移的返回信号。

8.2.3 信号发送和接收

在声学遥感中,用于形成声波的声源通常称为换能器(图 8.4)。目前存在

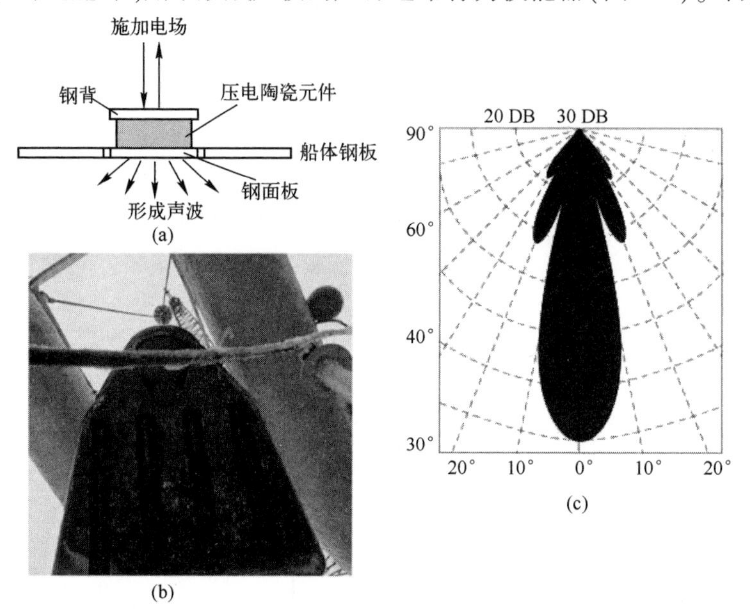

图 8.4 (a) 换能器原理图;(b) 安装在浅地层剖面仪上的发射机(圆形)和长形管状接收器(c) 换能器产生的声波取决于它的形状和结构。通常,会产生一个主波瓣和几个旁波瓣(灰色表示)。大部分能量沿着主波瓣的最低点传输。(c)图所示结构来自一个圆形换能器,其直径为水下声波波长(发射频率下)的 5 倍

(经 Wiley 准许,修订自 Jones,1999)

的换能器种类多样，但在海洋声学应用中，通常所说的压电换能器最为常见。一般而言，压电换能器由钛酸钡（$BaTiO_3$）构成，同时也会含有锆钛酸铅、钛酸铅或偏铌酸铅。当被施加电压（声源）或因受压而激发出电压时（声音接收器），压电材料的尺寸会产生变化。例如，锆酸铅晶体在其静态结构发生约0.1%的变形时会产生压电现象，反之，当外界电场作用其上时，锆酸铅晶体的静态结构也会相应地发生约0.1%的变化。为了利用这一物理性质，将颗粒状的材料熔入可塑成任何形状的类陶瓷块状物，而当被加热（约120℃；Medwin et al.，1998）或施加直流极化电压时，该块状物即可成为一个有主轴的四面体晶体聚合物。电极的方向决定了材料的剪切型压电或压缩型压电特性，进而也确定了换能器的类型及其操作设计。

为了产生声音并利用其在水下的特性，需要进行一系列的工艺流程（图8.5）。计算机是实现用户和声纳系统之间交互的基本装置，且可对引导、跟踪、导航等子系统进行控制。用户可通过计算机确定发生器产生信号类型，信号发生器反过来向大功率发射机提供驱动信号。信号发生器可对生成信号的振幅和相位（频率）、多个输出序列发生器、发射波束的成形与转向以及自身的多普勒抑制（ODN）进行控制。大功率发射机将来自信号发生器的低电平输入信号转化成可驱动换能器元件的大功率信号。收发（R/T）转换开关则将大功率发射机连接到可进行主动发射的换能器。最终，由换能器来实现海洋和声纳电子设备之间的实际交互，即换能器将声音转化成电脉冲（反之亦然）。换能器可以是单个装置，也可以采用线型、平面或体积阵的形式排列。换能器具有信号发射或接收（“水听器”）功能，亦或两者兼备。

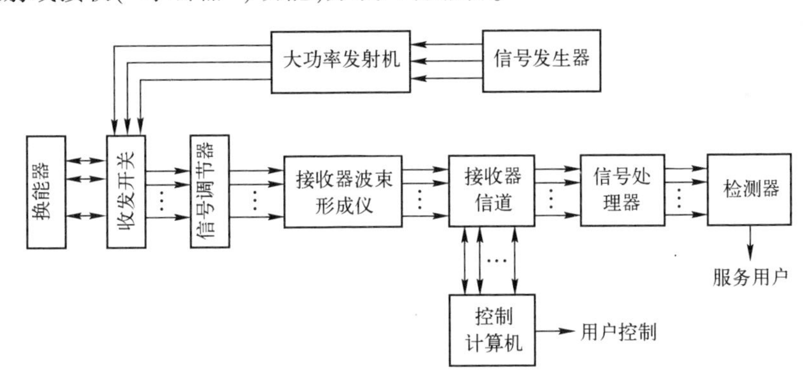

图8.5　声纳系统所需的组件示意图（修订自Mazur，私人交流）

换能器接收到回波信号并通过收发转换开关将信号传至信号调节器，后者通过限制最大信号电平以避免对接收器造成损坏，如果需要，还会匹配阻抗并进行预放大。随后,信号被传递至接收机波束形成器,后者将调整好的换能器信号汇聚成波束,其中每一束波代表一个空间滤波器。随后,各接收机波束被传送至其自身的接收机信道,该信道具有带通滤波和增益控制功能。波束的信噪比则通过信号处理器得以增强,此外,诸如匹配滤波器处理和目标物角度计算等过程也在该处理器中被执行。最终,检测器会给信号处理器的输出信号设定一个固定或可变的阈值,并通过计算机系统对该阈值进行记录。

在许多先进的声纳应用(如条带绘图)中,波束的形成过程是一个重要的组成部分。特殊滤波器的一个特性是可以优先发射或接收某些方向的声音(图8.6)。波束形成可通过信号的干涉来改变阵列的方向性。发射时,波束形成器对各发射机上的信号相位和相对振幅进行控制,以实现波阵面中的相长干涉和相消干涉。接收时,来自不同传感器的信息会以特定方式相互结合,以确保期望辐射形式的优先观测。波束形成与时间信号的频域傅里叶分析相似。在对时间/频率进行滤波时,需要研究时间信号的频率组成。而在波束的形成过程中,也要对信号的角(方向)谱进行分析。波束的形成可通过以下三种方式中的一种来实现:①物理方式,通过激活换能器的不同部分(或一个基阵中的不同换能器);②电方式,通过模拟延迟电路;③纯数学方式,通过数字信号处理。波束的形成要求具有方向性(阻隔来自目标方向之外的噪声),并能进行旁瓣控制(并非所有由换能器产生的声能都只通过主瓣发射;相消干涉和相长干涉会导致其边缘处产生旁瓣,需尽可能抑制,见图8.4),以及波束调

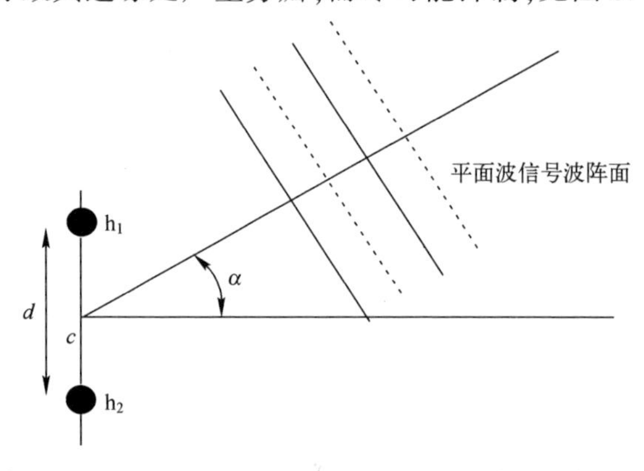

图8.6　单波束形成器的原理,多个接收器(h_1 和 h_2)能够灵敏感知在与基阵平面成 α 角的方向上到达的信号。因而,h_1 将首先被激活,之后 h_2 被激活。这一时间差分需要进行校正。如果将 h_2 看作一个发出信号的波束形成器,h_2 会比 h_1 先发射信号。水听器必须根据期望的角度增加相位,以此使正相干而非负相干最大化(修订自 Mazur,私人交流)

向(波束形成器可以调向,这是一种更改波束折射角的能力)。如果使用了由多个离散换能器构成的一组基阵,还需要在波束形成过程中仔细选择水听器的频率(波束形成器的模式取决于频率,频率越高,波瓣越窄)和间距(以消除空间混淆失真)。

若要以良好的位置精度布设声纳,需要在操作过程中实时提供精确的船位信息。通常,使用 GPS 获取船只的位置信息。如需更精确定位,可采用差分全球定位系统(DGPS)进行亚米级定位,或使用实时动态(RTK)GPS 进行厘米级定位,这两种定位系统除在船只上设有移动站外,均额外增设了一个基准站。船只艏向通过位于船只中心线上的陀螺罗经进行测量。掌握船只的姿态(起伏、纵摇与横摇)信息也会在很大程度上提高声音传播时间的测量精度。起伏是指船只整体向上或向下运动,纵摇是指船首向上或向下运动,横摇则是指左舷和右舷向上或向下运动。这些运动状态通过运动传感器进行测量,测量数据连同定位和艏向的测量信息一并报告给数据收集计算机,以此对声音的传播距离进行适当修正。船只的任何运动都会改变换能器相对于海底的方位,这就会造成探测距离的增加或减少。

就数据采集而言,所采集的几何线段必须能够以理想的空间分辨率完全覆盖所观测的区域,包括必要的重叠。在进行声学测量之前,需要根据区域的海图、地图和环境条件来规划几何布线。最早的几何布线,即人们所知的"除草机"式布线,通过定义一系列与垂线或连线相交的平行线来验证数据的质量并确保一致性。测量过程中,沿着这类线的相关操作称为"修草坪"。而当采用覆盖面积大(例如,侧扫声纳或多波束)的声学系统规划测量时,还需确定测线间合适的重叠面积。

8.2.4 处理要求

一旦数据收集完成,就需对其进行处理。信号处理的工作量及复杂程度取决于所使的系统及测量的预期目标。信号在这被定义为正常"背景"环境中的变化或扰动,在该环境中,声信号是指海水背景压力下的一种扰动。信号可以反映出扰动的性质以及相关的环境信息。然而,记录的数据同时包含有信号和噪声两者的测量结果,因此需要设定阈值来区分何为信号,何为噪声(图 8.7)。这通常基于信噪模型来实现。由于噪声会导致虚假警报或虚假探测,因而需要通过建模去平衡探测过程中虚假警报或探测其同有效探测之间的概率关系。其间存在着一种微妙的平衡:探测阈值越低,可探测到的信号就越多,但由于噪声的影响,虚假警报也越多(例如,会产生错误的水深测量值)。目前,人们在研究接收机工作特征曲线(ROC)方面做了大量的工作及实验验证(该曲线用于协助确定阈值)。此外,在提高信噪比方面还进行了进一步的处理,以此来增大有效目标探测和信号形状判读的概率。在此步骤之后,通常要依据记录信号中的时空或光谱变化进行信号处理。例如,通过评估沿时间轴的信号强度可以确定形状或产生偏向的特定点,比如在普通测深器中使用的底部识别算法。额外的处理过程还包括横截面图绘制、测区表面模型的构建、海底图像拼接以及海水容积表示等。

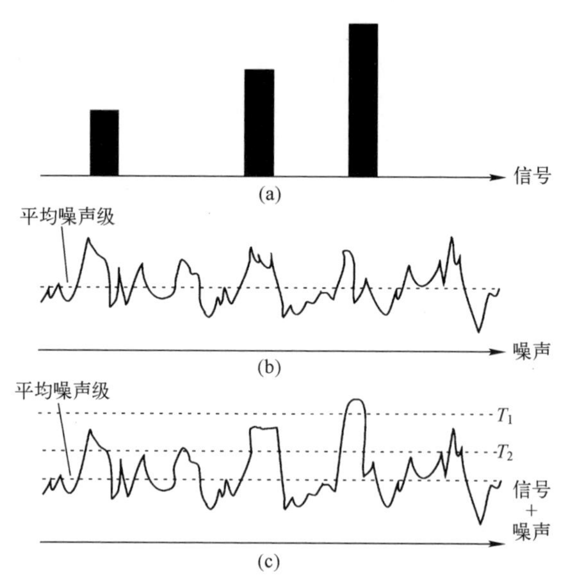

图 8.7 该环境中充满着可轻易掩盖信号的噪声。只有当信号上升至高出平均噪声级一定量时,才可能被检测到。(a) 线 1 代表信号,(b) 线 2 代表噪声,(c) 线 3 代表混有信号的噪声。线 3 中设置了 T_1 和 T_2 两个阈值,且信号只有高于所设阈值才能够被识别。其中 T_2 更有可能导致误报,因为它更接近平均噪声级,而 T_1 则更易遗漏信号(修订自 Mazur,私人交流)

分析和处理还需对声学数据进行相关的航海信息标注(即各数据点均与地理信息和船位属性相关)。上述步骤通常在获取来自数据采集计算机中多个传感器(例如 DGPS 和陀螺罗经)的数据同步输入时便可即时完成。绘制航线时,需要对这些数据进行评估以消除任何观测到的位置异常,进而来进行几何验证以及确保航海仪器的正常操作。此外,还需借助 CTD、XBT 以及其他用于测量水体中声速的装置给出的数据,针对声速剖面图的变化做出数据调整。测量观测中,还需根据潮汐的变化进行数据校正。相关的校正操作可借助诸如英国海军部手册提供的潮汐谐波预测实现,或者使用可通过人工观测(高低水位的时间和高度,或给定区域已公布的潮汐数据)生成潮汐校正的软件程序完成校正。更高精度的潮汐校正可通过在测站点布设验潮仪或在数据采集时使用 RTK GPS 来实现。

8.3 声学应用

主/被动声学探测在海洋科学中应用极为广泛。在海洋地理科学中,沉积物运移情况绘制、沉积物分类、粒度分级、海底制图、浅地层剖面,以及用甚低频进行的地震事件探测中均有相关应用。在海洋学中,典型的声学应用包括海流测量、波浪测量以及利用声波层析成像法进行水质研究(Medwin and Clay,1998)。而在海洋生物学中,主动式声学技术用于进行海底生物探测(如水下水生植物群落制图),以及配合资源评估和群体数量研究对浮游生物和鱼类进行探测。此外,被动式声学技术也日益成为跟踪和识别海洋哺乳动物及鱼类的常用手段。在商业领域,声学技术则是以下应用的重要部分:水深测量、鱼类探测(包含由普通测深仪到鱼群探测仪的一系列专业测量设备——精密程度递增)、目标探测、矿产资源次表层特征研究、海流和沉积物/污染物运移模式描述等。

以下示例主要集中于与周围环境相关的声学应用,而第 9 章和第 10 章则将详细地讨论用于海底探测和分类的声学系统。

8.3.1 单波束测深

最初并且也是最基本的水声应用是通过发射信号与接收回声之间的时间间隔来计算海底或其他目标物的距离。而这也是单波束回声探测所依据的原理,即将信号双向传输时间的 1/2 乘以平均垂直声速来计算水深。测量中要求信号具有明显(较为尖锐)的前沿特征,对海底反射进行精确计时以及准确估算水体中的平均声速。此外,选频也至关重要,因为声音的衰减会随探测距离的增大而增加。例如,当信号频率低于 50kHz 时,就无法测量 20km 外(该距离大致接近声波往返于海底最深处——10008m 深的马里亚纳海沟的路程之和)的物标(Jones,1999)。因此,深水和浅水作业时所使用的换能器不同。

当声脉冲从换能器发出之后,就以锥形波的形式向海底扩散。反射物距离越远或体积越小,换能器的开角就应越窄,以实现对目标的小"足印"(面积)覆盖。如果海底坡度陡峭或是具有很多褶皱,开角这一因素就应当引起足够重视。因为足印过大就无法捕捉到足够的表面细节。进一步而言,尤其是坡度极陡的斜坡或是非常粗糙的表面,其回声的返回角度往往倾斜而非垂直于船体,而这会导致测量结果略微偏大(即认为海底比实际深度更深)。这种小足印覆盖的需求需要针对单波束系统只提供测线沿线水深点信息这一限制进行权衡。若想获得水深点之间的封闭曲面,就必须对相邻水深点之间的区域进行插值。

为避免插值,设计开发出了多换能器测深技术。其最简配置模式为,通过舷外支架布设若干个换能器来实现条带勘测。更为现代的系统则通过波束成形和波束调向来生成源于一个集中式换能器或换能器基阵的扇形声波。

8.3.2 侧扫声纳

侧扫声纳(SSS)的主要目的是用于绘制精确的海底地形图。侧扫声纳可以安装在船上也可以用船拖曳。拖曳式侧扫声纳的换能器基阵安装于"拖鱼"或"鱼"内部,这类"拖鱼"或"鱼"具有流线型结构且经由一条电缆同拖船相连(图 8.8)。"鱼"由于同船舶分离可减弱船体运动对其的干扰,此外对表面噪声

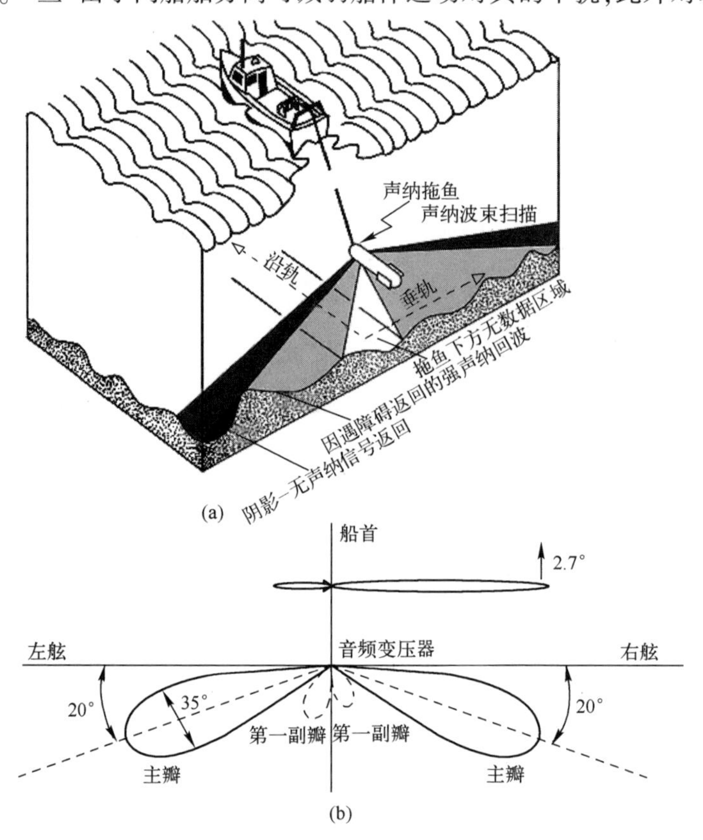

图 8.8 侧扫声纳系统的典型配置(修订自 Purkis et al. ,2011 及 Jones,1999,经 Wiley 允许):(a)拖鱼及其工作原理(b)声音配置(波束图形)。上部为俯视图。与侧向的主瓣能量相比,船只首尾方向的声透射则可以忽略不计。图中只显示了一个波束。下部则为后视图(从船尾向船头看的视角)。主瓣用于垂直定向,第一副瓣用于收集最低点附近的数据。而最低点处则为无数据区

的影响也起到了限制作用。理想情况下,将“鱼”置于距离海底几米处以实现最佳覆盖,而鱼的深度则通过调整电缆长度和拖船速度进行控制。侧扫声纳配置种类多样,适用范围广,从浅水作业中极宽波束的高频系统到深水作业的高能低频系统都有其相关应用,如地质用远程斜向声纳(GLORIA)和拖曳式海底设备(TOBI)等。侧扫声纳提供的海底“俯瞰图”由安装在拖鱼侧面的声换能器产生的两个扇形波束探测获得(图 8.9)。相比于发射圆锥形波的传统回声测深器,侧扫声纳可以同时发射一个水平窄波和一个垂直宽波。其中较小的旁瓣用于记录船体附近的回波。换能器以线性基阵的形式安装,且通常工作在高频模式。换能器发出的短脉冲在触及海底后直接返回基阵,而射向周围海底区域的脉冲信号则以反向散射或单向反射的非直接方式返回基阵。接收机可通过时变增益在一定范围内进行差异补偿。

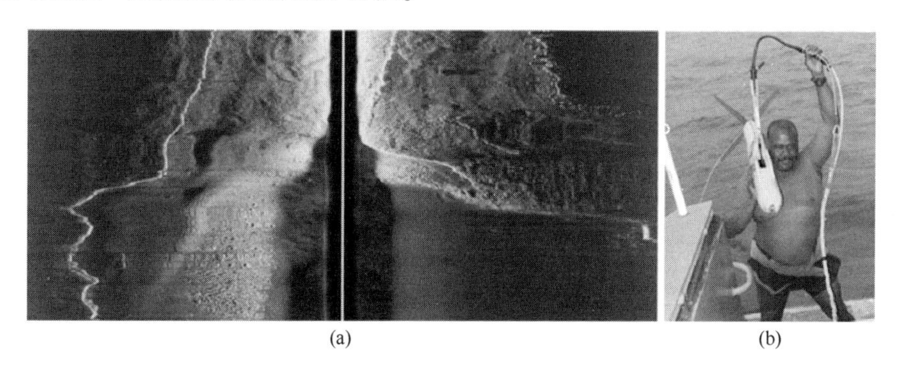

(a) (b)

图 8.9 (a)反映海底泥质的后向散射强度图(来自 Purkis et al.,2011,经 Wiley-Blackwell 许可)(b)硬件设备,侧扫“拖鱼”或“鱼”

大多数侧扫声纳系统主要作为成像设备使用,以检测可产生较强散射和声影的海底粗糙特征要素。海底的后向散射强度取决于后向散射系数(单位面积上的声音强度与入射面声波强度之比)。后向散射强度与海底的粗糙程度、声速及声密度密切相关,因此,侧扫数据主要以后向散射强度的比例(通常为灰度等级)图像表示。侧扫声纳对海底地形绘制的精确程度取决于声纳工作频率、信号脉冲长度、发射功率、透射方法以及接收机带宽。最新的系统可通过图像校正技术对斜距、船速以及信号振幅的变化进行修正补偿。

通过对 CHIRP 技术(即多声脉冲技术)、超长基阵以及同步双频系统的应用,侧扫声纳系统得到了进一步的升级并且可以生成高质量、高分辨率的海底图像。传统的侧扫声纳系统有其自身的局限性,如声纳必须在接收到最远的回声数据后才能进入下一轮循环,而这也给拖曳速度本身带来了限制。CHIRP 多声脉冲系统则通过脉冲编码技术解决了这一问题,既消除了交叉脉冲的干扰,又可对独立脉冲进行跟踪。因而,这些系统可在一个周期内发射多个编码脉冲,进而在不损失分辨率的前提下实现拖曳速度的提升。或者,在低速拖曳时通过增加照射海底的脉冲个数来实现较高的分辨率。多声脉冲系统可以 2 倍于传统系统的速度进行作业且无任何数据损失,并且在同等拖曳速度下,获取的数据密度是传统系统的 2 倍。在该系统中,有高分辨率模式(HDM)和高速模式(HSM)两种作业模式可供操控者选择,最高拖曳速度可达 14n mile/h。此外,现代系统还具有双频工作能力:低频(300kHz)用于扩大范围,高频(900kHz)用于提高分辨率(垂直航迹分辨率最高为 1cm)。

8.3.3 多波束声纳

多波束声纳系统(MBS)实质上是单波束系统的外延,该系统采用的是以基阵方式排列的发射器组(波束形成的物理基阵或虚拟基阵),并由一个或多个声脉冲产生大量的射线路径(图 8.10 和图 8.11)。

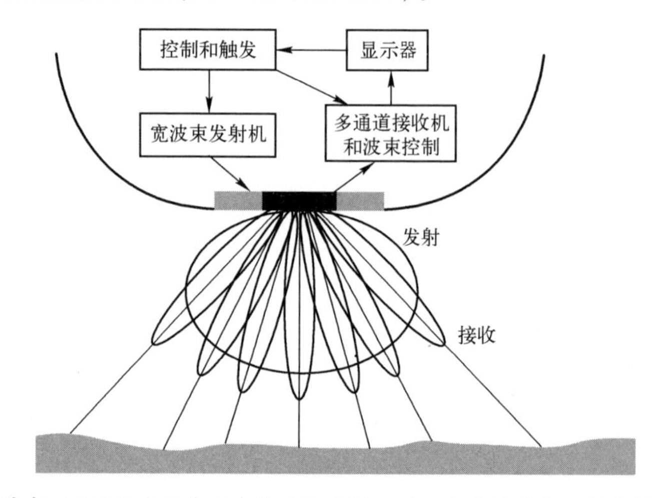

图 8.10 带有预成型波束的多波束系统概念图。以一个宽波束来表示发射。接收机的时延使得接收基阵实现对测量各位置水深的窄波束做好接收预备
(来自 Medwin et al. ,1998,经 Academic 出版社许可)

MBS 可实现单一脉冲对海底的多点成像,且分辨率高于传统的单波束回声探测器。因此,其效能相当于多个窄型单束波回声探测器,进而对多地进行同步测量。美国海军于 20 世纪 60 年代最初开发出了声纳基阵测深系统(SASS),目的是用于生成并接收大量的侧面反射信号,其距离和方位上的差异用于记录偏离航迹处的水深。该系统可依靠若干个换能器基阵来生成一些离散信号,或是通过信号处理(波束形成和波束调向)来生成多重信号。

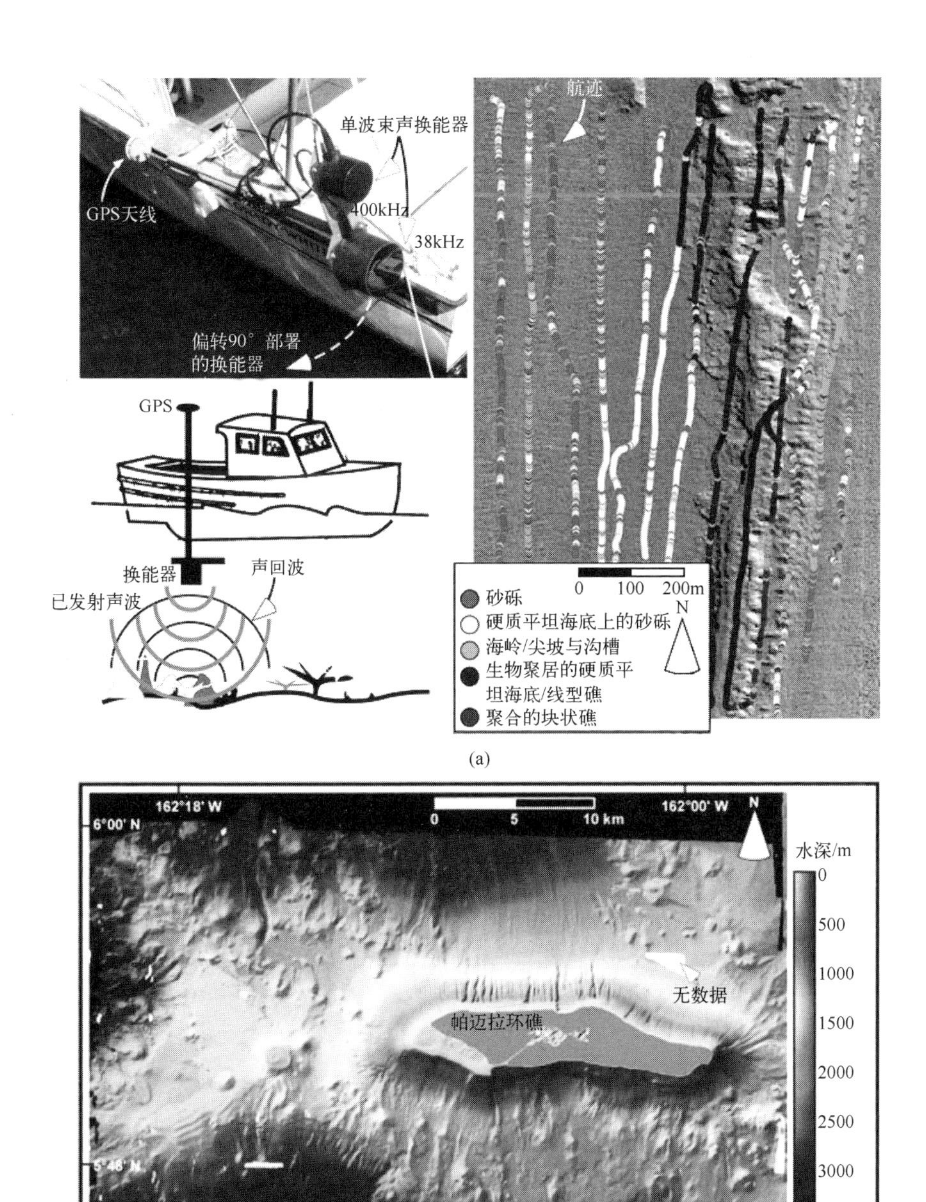

图 8.11 (a) 单波束声学设备只能够覆盖测量航迹线下的不连续测线，尽管单波束回波数据可以反映出海底特性的相关信息(见第 9 章)，却无法提供连续海底的测量数据(来自 Purkis et al. ,2011，经 Wiley-Blackwell 许可)。
(b) 条带测深系统，如可提供完整海底测深信息的多波束测深系统，其用于海底成像的信息更加完善(图像由 NOAA 提供)(彩色版本见彩插)

多波束测量的探测模式可确保其实现连续海底图像的绘制，通常表现为一条垂直于航迹线的条状测带（由一系列探测点构成）。该区域称作一条测带。其中垂直于航线方向的条带尺寸称作带宽，可被测作固定开角或是随深度变化的物理尺寸。声纳换能器发射的声脉冲在一个较宽的横向开角以及一个狭窄的纵向开角内进行传播，而接收器基阵通常垂直于发射基阵进行布设。

通过波束成形操作，接收机基阵可随不同的横向窄角差异进行同步调向操作，之后系统对各个方向的后向散射声信号进行空间滤波。

条带范围内的分辨率称为垂直航迹分辨率（声纳形成的独立波束数量越多，测量分辨率就越好）。大多数多波束声纳系统可以克服单波束系统中因圆锥形波束扩散所致的分辨率下降问题（即多波束声纳系统能克服这一问题：声透面积越大，单个声纳足印所覆盖的区域不规则性也越大，因而难以分辨）。多波束声纳的平行航迹分辨率是指声波波长与基阵长度之比，该比率规定了特定水深的分辨率。典型的多波束系统，该比率的范围是 1∶60～1∶400（即分辨率从 1m 表示 60m 到 1m 表示 400m）。当然如果增加基阵的长度，可以相应地提高该比率的比值，但是这种办法往往不可行也不切实际。此外，也可以通过增大频率来提高比率，但这也意味着测距将因更多的信号吸收而缩短。以上限制可通过合成孔径声纳来克服，办法是利用若干连续的声脉冲数据合成出一个更长的声纳基阵。

不同的频率适用于不同的水深制图。一般来说，高频（>100kHz）适用于浅水而低频（<30kHz）适用于深水。频率不同，也相应地体现在分辨率上，高频系统能够提供高于低频系统的空间分辨率。更重要的一点是，由于声波通过圆锥形方式进行发散，其测带宽度也因水深而异（即水深越深，测带越宽）。因而，此类系统的测带覆盖宽度与水深之间有着直接的函数关系。大多数系统的探测宽度可达水深的 2～7 倍。

在此，通过 Seabeam 这一早期的声纳系统对多波束系统的功能进行说明。沿船龙骨布设的换能器基阵可对垂直于航迹线的海底区域发射脉冲。龙骨上水听器（接收换能器）基阵的轴线则设定为船首至船尾的方向。因此，两个独立的声纳基阵彼此正交布设，一者用于发射，另一者则用以接收。这种排列方式称为米尔斯十字基阵。此基阵和相关的模拟电子装置提供 90×1°宽的不稳定波束。横摇和纵摇补偿将此降低成 60×1°宽的稳定波束，能够以每一个声脉冲绘制一个 60°宽的海底照射条带图像。该系统使得勘探船可对海底进行高分辨率的宽测带作业，且耗时远少于单波束回声探测器，进而极大地削减了制图成本。

在更多的现代系统中，包括波束形成在内的大多数的信号处理，都通过使用数字信号微处理器（DSPmP）芯片实现模拟信号的数字（不连续）化处理。这类现代系统的出现实现了复杂探测算法的应用,同时也增加了条带中的波束数量。入射信号通过矢量相加形成若干波束,且每个波束都与垂直于航迹线的某一方向回波相关(图 8.12)。这些处理信号来自发射和接收波束重叠的海底区域(Jones,1999)。至于其他的声纳系统,水深由传播时间计算获得,而后向散射图像则通过回波强度信息生成。尽管这类多波束后向散射图像可用于描述海底的物质构成,但目前而言大多数多波束系统仅用于水深数据测量。

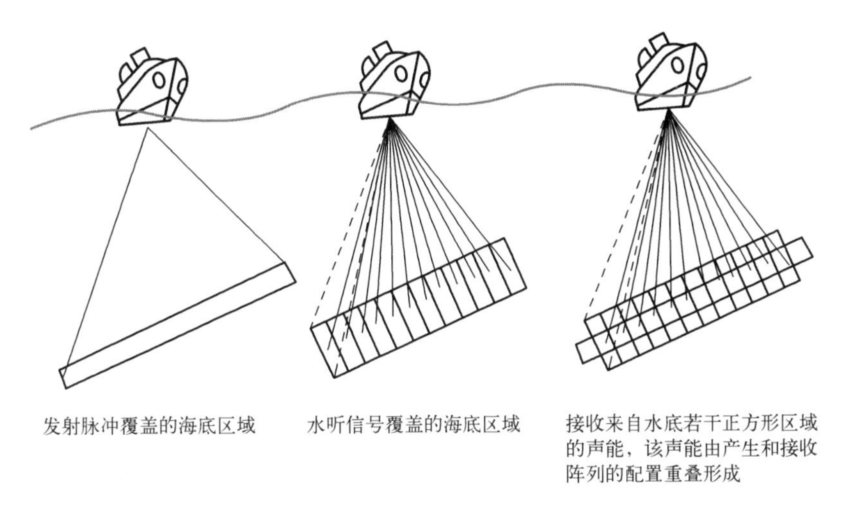

图 8.12 多波束系统的操作原理(修订自 Jones,1999,经 Wiley 允许)

8.3.4 声学多普勒海流剖面绘图

声学多普勒海流剖面仪(ADCP)用于测量水流速度或物体在水中的速度。这些系统的工作原理是多普勒效应,即反射信号相位和频率上的变化。从声脉冲被发射到被接收这一时间段内,信号随水流速度的变化发生相应的频移。如果水流同散射体之间存在相对速度,那么声频也会由此发生改变。通过三角法,求均值以及一些关键假设可以计算水流速度或是水体中回波散射束的速度。回波会被重复抽样,但只有其中一部分会在每一步被评估(这一过程称为“回波数据的时间门控”)。ADCP 因此能够生成一系列深度下的海流剖面(图 8.13)。此外,相控阵技术也用于声能聚焦,并以此来生成经济型的且符合各频率要求(小到 38kHz,大到几兆赫)的小型 ADCP。实际上,这些换能器之所以这样定位是为了实现声脉冲在已知方位基础上的多向传播。

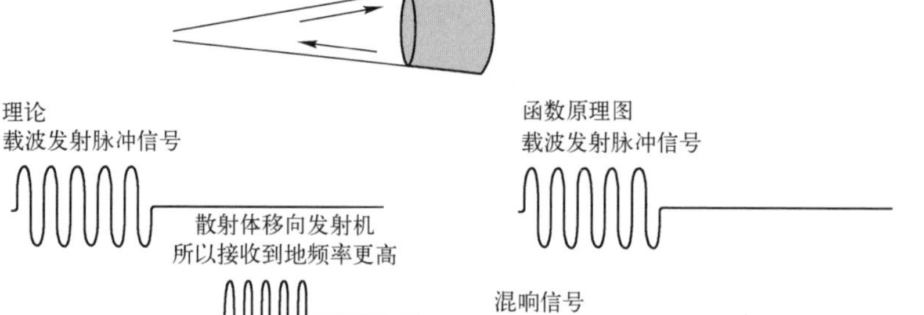

图 8.13　ADCP 运行原理。发射出的 3~4 个声束作为标准的载波信号。声波发射后，换能器监听并接收整个声穿透距离内的复杂多频信号。信号经时间闸形成不同的的面元，信号在其中被分解用于频率分析。根据多普勒原理，如果散射体向声源方向移动，接收到的信号频率要高于发射的载波信号频率，相反，如果远离声源，则接收到的信号频率更低。因此，一个方向元件可适用于各个面元

除换能器外，ADCP 的典型配置还包括电子放大器、接收机、混频器、振荡器、精确时钟、温度传感器、指南针、纵摇与横摇传感器、模数转换器，内存和数字信号处理器（各一个）。模数转换器（ADC）和数字信号处理器（DSP）用于对返回信号的取样，确定多普勒频移，并从指南针和其他传感器中采集信息，以对某一已知方向的距离和速度进行计算（图 8.14）。ADCP 用于海流和珊瑚礁附近悬浮沉积物沉积水平等方面的测量（Hoitink et al. ,2005）。

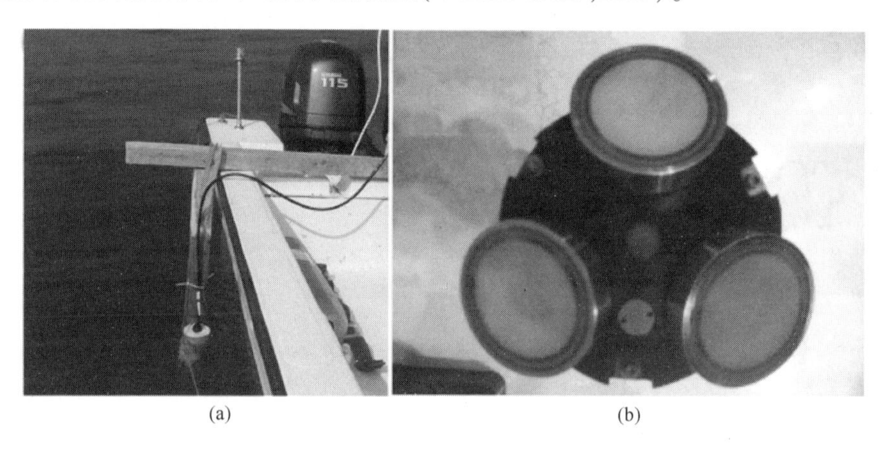

(a)　　(b)

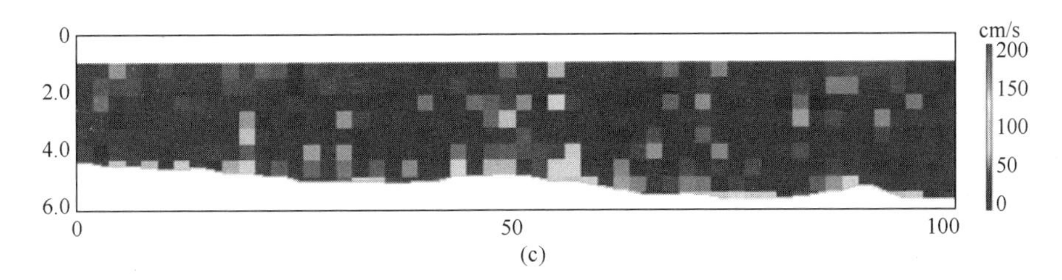

图 8.14 (a) 部署在小型船只上方向朝下的 ADCP,该仪器将船只速度从洋流速度中扣除;(b) ADCP 上典型的传感器配置;(c) 下视状态的 ADPC 横向穿过缓流水域所形成的剖面图。垂直(y)轴表示水深,而仪器的移动距离则显示于 x 轴,并且沿水平方向从左向右增加。距离通过相邻的、经过处理的声脉冲数来表示。每个声脉冲都以数学方式“切割”成几个长度预先确定的部分,在各部分中,洋流速度通过散射体反射回的声音多普勒频移计算获得。因此,每个声脉冲都由一组不同颜色的单元(可根据多普勒频移强度导出洋流的强度,并按照图片右侧的色彩过渡表进行编码)来表示,所有颜色单元沿整个横截面拼凑汇总后可用来详细描述洋流的速度特性(彩色版本见彩插)

8.3.5 渔业声学遥感

渔业声学遥感主要对鱼类的两大重要物理特征进行应用:①大多数鱼有鱼鳔(体内大的封闭泡状物);②鱼类会形成密集的群体。对于一般的海洋声学探测而言,泡状物可作为一类重要的探测对象,随着对该领域认知的发展,鱼鳔成为鱼类探测的极佳目标。Medwin 和 Clay 于 1998 年设计出了一种生物-声学金字塔,使得动物的体长或等效球面半径与适用于对其进行探测的声频相关联(图 8.15)(描述非柱状体等效半径的数学工具,如同展示完全相同的声学特性的柱状体)。需要注意的是,动物的体型越小,所需的探测频率越高。在鱼的体内,躯体与鱼鳔或其他充气体之间的阻抗失配在结构上同生物金字塔非常类似。鱼鳔是鱼体的主要声散射器官。如图所示,鲈鱼(生活在整个水体)鱼鳔的散射占了整体散射的 80%,北方大头叶唇亚口鱼(习惯待在水底附近)鱼鳔的散射则占其整体散射的了 22%(Sun et al. ,1985)。但是即使动物体内没有含有空气的泡状物,也可以根据鱼体的其他散射特性探测到。对鱼体的声学模型而言,鱼鳔产生的散射必须加到内含液体的物质(即肌肉、骨头和血管)所产生的散射中,之后根据入射声波分析散射来自鱼体的哪一部分(Nakken et al. ,1977;Clay et al. ,1994)。目前,水声方法已被成功用于诸多应用之中,例如,Johnston et al. (2006)曾用该方法来搜索鱼类产卵聚集地。

鱼鳔 低频最大值	动物L或a_{es}		鱼体（鱼肉组织） 频率=1
?	哺乳动物和大型鱼类 $L>2m$		<1.2kHz
15~60Hz 150~600Hz	大型自游生物：鳕鱼，金枪鱼等 镖?	200cm L 20cm	1.2kHz 12kHz
150~600Hz 1500~6000Hz	小型自游生物和大型浮游动物： 鳀鱼，虾等	20cm L 2cm	12kHz 120kHz
1.5~6Hz 15~60Hz	浮游生物、子稚鱼端足类动物、磷虾等	200mm L或a_{es} 2mm	120kHz 1200kHz
?	桡足动物	2mm L或a_{es} 0.2mm	1.2MHz 12MHz

图 8.15　Medwi et al. (1998)提出的海洋生物声学金字塔。其中显示了不同等级的动物体长 L 或等效球面半径，a_{es}(描述非球型粒子等效半径的数学工具，如同展示完全相同声学特性的球型粒子)，以及用于探测的有效声频。每个等级均分配有两个频段。左侧显示的是水面上等效球形气泡的径向共振，数值范围对应于各类鱼鳔以及鱼群的不同部分。右侧则给出了 $ka=1$ 时的频率，a 是鱼体的一个等效圆柱半径(即描述非柱状体等效半径的数学工具，如同展示完全相同声学特性的柱状体)或小型浮游生物的等效球面半径 a_{es}

为测量并追踪更小的物体(小至浮游生物，大至鱼类)，如果已知目标体积和作为频率函数(比如，体积越小的动物，其散射回声越小)的散射长度，就可据此得出估值。由于小型动物通常生活在密集群体中(如浮游生物)，回声较小且彼此间的物理距离较近，因而无法达到区分个体动物的分辨率。尽管如此，通过群体散射还是经常能够将它们作为一个整体探测到。让人惊讶的是还探测到了深海散射层(DSL)，这表示有浮游生物在做昼降夜升的垂直运动。通过正确选择采样频率或者使用宽频信号，同样也能识别不同的浮游生物(Medwi et al.，1998)。

在另一渔业应用中，Buckingham et al. (1992)提出了“被动声学”和“声学日光”这两个概念。类比光学，用来指环境中经物体反射的后向散射声音强度以及物体本身所产生的声音强度，即对穿透某一环境的声波其反射声强进行利用或是依靠完全被动的装置记录发出的声音。区别于背景噪声，反射环境声波的物体(比如鱼)因其以特有的方式对声音进行了改变而可被探测到。在这些系统中，各由一台接收机来接收经改变的信号,以及将信息发送至计算机(图 8.16)。经图像处理和增益后,“声学日光成像”系统可形成伪色移动图像(Buckingham et al.,1996)。监听设备在识别海洋栖息生物方面也很有帮助,因为发声的生物体可通过大量典型频率的比较而被识别。

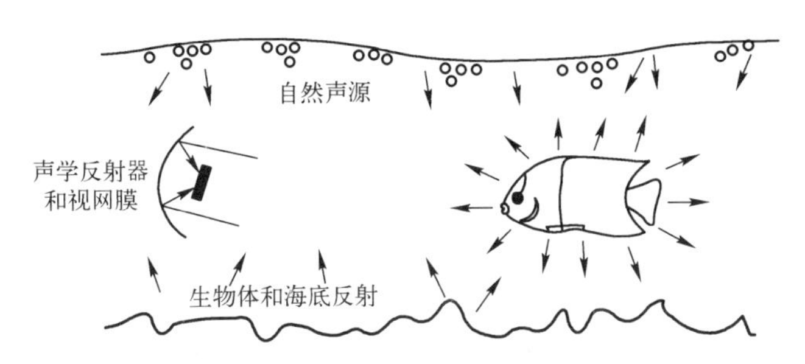

图 8.16　声波对物体(一条鱼)的透射图。自然声源产生“照射”物体的声波,经物体反射后通过声学视网膜成像(修订自 Medwin and Clay,1998,经 Academic 出版社许可)

8.4　结论

研发海洋声学技术的初衷是为了进行军事应用,即对诸如潜艇、水雷之类的水下目标实施探测。目前,这项技术已经发展成一个广阔的领域,且被多样化地运用在大量民用及科研当中。由于对水中声音物理特性的充分掌握,运算能力的提高以及新型聚合材料的出现,促使声学测量硬件和信号处理方面得到了长足发展。在海洋资源管理领域,声学方法通常用于海洋空间规划基线信息的开发,且主要依靠基于海底后向散射特性绘制成的等深图和栖息地地图得以实现。现如今,采用先进的多波束或侧扫声纳系统进行海底制图以及水深制图的标准作业方式。此外,在世界上很多地方的海岸线处还布设有朝上、朝下以及朝向侧面的声学海流剖面仪,用于海流的定期制图。基于对水体中移动目标的探测,渔业声学在资源评估以及运动形式的掌握上发挥着日益重要的作用。当前声学应用在海洋资源管理领域中的地位已经稳固,但随着科技的进步,仪器越来越趋向小型化,其探测能力也日益增强,可以预见声学技术的重要性将进一步扩大。

推荐阅读

Jackson DR, Richardson MD (2010) High-frequency seafloor acoustics. Springer, New York

Jones EJW (1999) Marine geophysics, 5th edn. Wiley, New York

Lurton X (2010) An introduction to underwater acoustics. Springer, Berlin

Medwin H, Clay CS (1998) Fundamentals of acoustical oceanography. Academic, London

Urick RJ (1983) Principles of underwater sound. McGraw Hill, New York

Wille PC (2005) Sound images of the ocean. Springer, Berlin

参考文献

Benenson W, Harris JW, Stocker H, Lutz H (2002) Handbook of physics. Springer, Newyork, p 1181

Buckingham MJ, Berkhout BV, Glegg SAL (1992) Imaging the ocean with ambient noise. Nature356:327-329

Buckingham MJ, Potter JR, Epifanio CL (1996) Seeing under water with background noise. SciAm 274:40-44

Chen C-T, Millero FJ (1977) Speed of sound in seawater at high pressures. J Acoust Soc Am62: 1129-1135

Chilowsky C, Langevin P (1916) Procedes et appareils pour la production de signaux sous-marins-diriges et pour la localization a distance d'obstacles sous-marins. Brevet francais 502913

Clay CS, Horne JK (1994) Acoustic models of fish: the Atlantic cod (Gadus morhua). J AcoustSoc Am 96:1661-1668

Colladon JD, Sturm JKF (1827) Speed of sound in liquids. Ann Chim Phys Ser 2, part IV

Hoitink AJF, Hoekstra P (2005) Observations of suspended sediment from ADCP and OBSmeasurements in a mud-dominated environment. Coast Eng 52(2):103-118

Johnston SV, Rivera JA, Rosario A, Timko MA, Nealson PA, Kumagai KK (2006) Hydroacoustic evaluation of spawning red hind (Epinephelus guttatus) aggregations alongthe coast of Puerto Rico in 2002 and 2003. NOAA Prof Pap NMFS (5). NOAA, Seattle, WA, pp 10-17

Jones EJW (1999) Marine geophysics, 5th edn. Wiley, New York

Medwin H, Clay CS (1998) Fundamentals of acoustical oceanography. Academic, London

Nakken O, Olsen K (1977) Target strength measurements of fish. Rapp P-V Reun Cons Int ExplMers 170:52–69

Purkis SJ, Klemas V (2011) Remote sensing and global environmental change. Wiley–Blackwell, Oxford, p 368

Sun Y, Nash R, Clay CS (1985) Acoustic measurements of the anatomy of fish at 220kHz. J Acoust Soc Am 78:1772–1776

Tolstoy I, Clay CS (1966) Ocean acoustics. Theory and experiment in underwater sound. McGraw Hill, NY, p 293

Wilson WD (1960) Speed of sound in sea water as a function of temperature, pressure, andsalinity. J Acoust Soc Am 32(6):641–644

第9章　声学应用

Greg Foster, Arthur Gleason, Bryan Costa, Tim Battista, Chris Taylor

摘要　在过去的几十年中,航空和卫星遥感影像已经成为珊瑚礁区域性制图的主要资料来源。这些工具非常适合用于典型珊瑚礁区这种清澈的浅水环境,但在较为浑浊的沿海浅水水域或是有中生植物生长的30~75m水深区,尽管有大量的珊瑚礁存在,这两种方法却无法发挥同等功效。由于声学遥感系统受水体透明度和浑浊度的影响非常小,所以在不适于进行光学测绘的珊瑚礁区,声学遥感系统成为了理想的勘探工具。20世纪90年代,当光学航测、卫星及再后来出现的LiDAR技术已日渐成熟并广泛用于珊瑚礁区制图时,珊瑚礁的声学制图技术才处于发展初期。然而,随着近期硬件、软件以及后期处理方面的迅速发展,声学遥感的作用也显著提升,并已具备珊瑚礁的高分辨率制图能力。除用于描绘栖息地外,声学回声的编码信息还可提供水体及基底的有关信息,包括悬浮固体、鱼类大小及其生物量、水深、粒径和底栖动物层的高度和丰度。

9.1　引言

9.1.1　珊瑚礁管理的相关性

在第8章我们介绍了各种声学遥感平台的广泛应用及其基本的物理原理,并给出了评估珊瑚礁周围水深和环境的应用实例。本章将重点研究声学遥感工具在珊瑚礁生态系统底栖生境制图方面的有关应用。现行的高精高吻合度底栖生境地图已成为资源保护和管理领域中诸多方面的重要组成部分,包括:

G. Foster,美国诺瓦东南大学海洋中心,国家珊瑚礁研究所,邮箱:fjohn@ nova. edu。

A. Gleason,美国迈阿密大学物理系,邮箱:art. gleason@ huami. edu。

B. Costa, T. Battista,美国国家海洋和大气管理局,邮箱:bryan. costa. @ noaa. gov 以及 tim. battista@ noaa. gov。

C. Taylor,美国国家海洋和大气管理局,海岸渔业与生态环境研究中心,邮箱:chris. taylor@ noaa. gov。

①珊瑚礁资源清点;②健康状况,覆盖层及物种群落的监测;③栖息地特征描述——用于实施适合特定地点的保护措施,如海洋保护区(MPAs)和重要的鱼类栖息地(EFHs);④以科学方式认知可影响珊瑚礁健康状况的大型海洋和生态过程;⑤作为表征海洋动植物空间分布及其丰度的一项替代技术。其他用于珊瑚礁环境的常见声学遥感应用还包括渔业资源评估、海图制图、海岸工程和环境变化监测。

9.1.2 声学在底栖生物生境制图中的作用

尽管航空和卫星遥感影像一直以来作为热带浅水水域内局域性底栖生物生境制图的主要信息来源,却也无法取代声学遥感在该领域中所扮演的重要角色。与20世纪90年代光学遥感在海岸生境制图上的快速发展相似,声学底栖生物生境制图科学在硬件、软件和后处理方法方面正经历高速发展(Andrefouet and Riegl,2004)。然而,可以预计的是各种声学平台所发挥的作用将主要与其固有属性相关,如空间覆盖、专题分辨率和成本效益。

声学底栖生物生境制图主要应用于无法进行光学测绘作业的极深或浑浊水域。即使是在最清澈的热带水域,当水深接近30m时,也会出现以上限制,至于在沿海或是温带水域,这种限制则更为常见。而这些无法通过卫星或航空影像制图的区域却往往范围广阔并且生态意义重大。例如,受水深或清晰度限制,超出55%的佛罗里达群岛国家海洋保护区(约1540n $mile^2$)尚未被制图(FMRI,1998)。墨西哥湾的Tortugas Bank、Pulley Ridge和Flower Garden Banks这三个案例便很好地证实了30~75m水深处“中等透光度”水域存有大量浅水珊瑚的可能性(Miller et al.,2001;Hickerson et al.,2005;Jarrett et al.,2005)。此外,珊瑚群落还能生长在透光层以下区域,也因而使得该处形成了由深水(azooxanthellate)[①]珊瑚构成的数百米高的珊瑚丘(见第10章)。近期的海洋探测显示:深水珊瑚的广度比人们之前预想的要大得多(Roberts et al.,2006)。深水珊瑚为鱼类提供了重要的栖息地,而表层温水则成了浅水珊瑚伴生物种的庇护处(Riegl et al.,2003)。声学技术还可以用于获取光学技术无法获取的信息,包括粒度分布、海底地形模式、海底生物的丰度及冠层高度、水深数据和地形复杂度估量。此外,还可通过结合使用声学和光学数据以增加分类精度(Bejarano et al.,2010)。

9.1.3 声学遥感平台

1. 单波束回声探测器(SBES)

最简单的系统是仅用于水深测量的垂直入射单波束回声探测仪。被归类

① 一种深水珊瑚,其营养不是来源于太阳,即靠蟥藻能够产生蛋白质、糖类和二氧化碳等碳化合物来为主体提供能量,而是通过捕获一些浮游生物来获得营养。

为 SBES 的廉价底部探测器能够生成相当精确的水深数据。对于先进的 SBES 而言,其作业深度覆盖了浅水至海底之间的任何水深区域,且精确度极高。当与验潮仪配合使用并同 GPS 进行多路复用时,SBES 可显示出一些人们知之甚少的海底分带模式。例如,Heyman 等人于 2007 年开发出一套廉价的非定制型 SBES 系统,用以伯利兹城(Belize)两处岩礁鱼类产卵聚集地的水深绘制。

2. 声学海底分类系统(ASC)

ASC 系统是科技化程度更高的单波束回声探测器。ASC 系统通过配合使用地面验证可从回声波形中提取用来推断海底物理和生物特性的相关信息。至于配合其他声学系统进行的地面验证则可通过潜水员目视观测、拖曳式录像机、水下摄像机或者沉积物物理性质测量来实现。

大多数市场上可买到的 ASC 系统通过以下两种信号处理方法的其中之一进行相关处理。以 RoxAnn 和 ECHOplus 系统为例,第一种方法对第一和第二海底回声的强度进行了利用(Chivers et al. ,1990)。当回声来自相对平坦且无变化的海底时,E_1(第一回声包络线的后沿)和 E_2(完整的第二个回声包络,第一回声经空气-水交界面反射回来的部分回声),通常分别与海底的粗糙度和硬度相关。在第一种分析方法中,针对类型已知的底部(通常以粒径区分),可以在有多个 $E_1:E_2$ 数据对的图上围绕这些点画出多个用户定义的多边形。随后获取的测量数据将根据每个 $E_1:E_2$ 数据对落在哪个多边形中进行分类。第二种信号处理方法通过 QTC IMPACT(Quester Tangent Corporation,2002;Preston et al. ,2004)和其他非商业系统(例如 van Walree et al. ,2005)加以验证,仅对来源于第一个回声的特性进行判读。通过这一方法,描述第一回声形状、持续时间等的许多特性可以计算出来,对于某些系统而言,第一回声的振幅也可以计算出来,使用主成分分析后,这些特性被缩减至数量更少的不相关变量,之后再聚合。这些聚合数据被指定代表不同的底部类型,用于划分随后获取的测量数据。

虽然这两种方法在粒径推算方面已颇见成效,但是地形复杂性较高、斜坡坡度较大以及浅水底栖生物群落多变等因素的影响,使得利用 ASC 进行珊瑚礁环境分类的相关理论基础要比单独的沉积环境分析复杂得多。相比于仅能基于原始波形进行参数输出的模拟系统,可进行数字化波形存储(如 Biosonics、Simrad、QTC)的 ASC 系统适用更广、用途更多。自定义的波形分析方法可为各类应用提供多元数据集,以进行更多的海底类型区分。

3. 分裂波束回声探测器系统

这是单波束回声探测器的又一特殊应用。对比简单的单波束系统,分裂波束回声探测系统可接收来自四个不同象限的回声信号,并且通过四个象限的相位差来确定目标物在波束中的角度位置。系统对波束中角位置的精确探测能力使得目标的强度信息可被精确确定。分裂波束回声探测器主要用于渔业资源的科学测量，能否对回声强度（例如鱼类目标强度）做出精确评估将直接关系到对鱼体积的推断以及生物量和密度的评估。分裂波束回声探测器（作为 ASC 系统组成部分）还可作为底部探测器来使用，或者用于配合底栖生物生境制图系统的相关设备（如 MBES，SSS）进行作业。分裂波束回声探测系统的优点在于，在进行海底探测的同时，还能对水体中的鱼类和其他动物群进行探测，并推断生物量的分布情况以及鱼群占据的珊瑚礁环境栖息地。

4. 侧扫声纳（SSS）

SSS 实质上就是两个回声探测器的一体化设备，并可由左右两舷发射声波。其频率范围通常为 100~500kHz。频率越高，分辨率也越高（1~10s/cm），但同时也意味着探测距离将相应缩短（即缩短测带宽度；见第 8 章）。SSS 可在较大的深度范围内作业，从亚米级到几百米均可，但要对拖鱼进行定位则往往具有难度。SSS 并非像其他声学系统那样可直接生成水深数据，而是重点关注后向散射强度。与此相关的一款传感器——相干声纳（IS），也称作相位差测深声纳（PDBS），除可生成与 SSS 类似的后向散射强度的海底旁侧扫描声纳图外，还能够提供高精度的同位点测深数据。在最优条件下，SSS 可生成高分辨率的海底二维全覆盖影像。通过目视方式即可对该模拟灰度图进行判读，并可从中得出沉积物的粒径以及海底的形态特点，此外，还可用于对硬质海底的特征描述以及进行数十厘米规格的物体探测。模拟灰度图还可通过一阶统计量（色调）和二阶统计量（纹理）来实现数字化和定量分类（Blondel et al. ，2009）。色调统计采用了一系列指标来对回声能量进行描述，并作为后向散射数据。纹理统计包含了分类中最有用的信息，且与后向散射强度的相对空间变化相关联，并提供了粗糙度、斑块分布、随机性等的量化方法。

5. 多波束回声探测器（MBES）

MBES 以不同的角度向外发射 100~500 束窄波，以此来覆盖一个宽度为 3~7 倍水深值的扇形海底测带。复杂的波束几何要求将精确的船只姿态及定位信息综合至数据处理过程中，以此来实现水深的精确测量。具体做法是，使用 GPS 和惯性测量装置（IMU）获取回声生成时的船只位置及方向。早期的 MBES 换能器仅能安装在船体上，但是近年来随着其各组成部件的小型化，换能器系统也可以安装在杆上（信号质量差强人意）或安装在同步远程操作的水下机器人上。MBES 可在较大水深范围内（0. 5m 水深至海底）进行作业操作，但在扩散波束能够覆盖更宽测带的深水处，MBES 的效率最佳。MBES 可以同时获得精确的密集水深数据和后向散射强度信息，这些信息可内插用于高分辨率海底地形和形态的测定。现阶段的 MBES 还可以采集水体信息，并以此对非生物(例如浮油)或生物(例如鱼、浮游生物、硅藻、海洋哺乳动物)的特征进行说明。在早期的 MBES 典型应用中，地形面会被视觉判读为不同类别的地貌结构。而近期的相关应用也将各项测深所得指标以及后向散射强度信息用作主体分类的附加层信息或用于定量多维聚类技术。

9.1.4 声学遥感系统选择

如何选取合适的声学系统需要综合考虑各方面的因素，诸如预算(如系统的部署成本、硬件、软件)、测量目标(如分辨率、覆盖率)、信息输出(如水深、后向散射、专题分类、物标探测)、测量区域(如范围、水深范围、异质性)以及后期处理(如专业知识、数据存储、计算要求)。

当需要对海底进行全覆盖勘测时，SSS 和 MBES 是两种不错的实现工具。对于水下 30m 及更深的珊瑚礁生境制图工作而言，MBES 是最具吸引力的系统。并且这一深度下测带较宽(3~7 倍水深)，有利于进行较为经济的数据采集工作。MBES 的密集型窄波测深点可以插入高分辨率山影地形图，此类地形图具有视觉直观性，信息量大且可用于 GIS。此外，MBES 地形图还通过结合坡度分析、纹理信息以及后向散射强度分析加以完善。对基于专家的地貌特征目视判读、MPA 边界描绘或重要鱼类栖息地的识别而言，这类地图是一种理想选择。在浅水水域，相位差分测深声纳(PDBS)可像 MBES 一样生成水深数据和后向散射强度信息，且作业测带往往更广(10~12 倍水深)。

相比于 MBES，SSS 价格更低且操作费用少，可在亚米级到上百米的水深范围内作业。但就质量方面而言，其生成的二维图像对比 MBES 一致性较差，且在组成上缺少水深数据。此外，单次测量中 SSS 的信号振幅也时常发生大幅变化。各测带的后向散射强度必须通过平衡来生成一致性良好的合成图像，而当有明显海底特征(可展现具有一致性特点的后向散射响应)作为参考时，该类图像更易生成。2003 年，Kenny 等人从覆盖范围、测量水深和物体探测限制等方面对 SSS 和 MBES 做了比较。SSS 和 MBES 条带测深系统所生成的图像均可用于动态过程推演(例如通过海底形态的方向可推断沉积物的运移情况)。SSS 和 MBES 图像中提取的纹理特性(即平均值、标准差和高阶矩，振幅分位数及柱状图、功率谱比值、基于灰度共生矩阵的纹理特征、分形维数)还可用于底栖生物栖息地的统计分类。

尽管 ASC 系统的购买、操作、部署及后期处理这些费用相对便宜，但其沿航迹方向的测深模式并不适合对空间结构复杂的栖息地进行全覆盖的测绘作业。例如，在 15m 水深处以 50m 的行间距进行作业时，一台窄波束角(10°)的换能器仅能覆盖测线间5%的面积。存在如此大的信息缺口,除会降低测深面的分辨率外,还会得出错误的特征信息,这种状况在进行平行线测量作业时尤易发生。然而,由于单波束系统具有可临时更改波形的特性以及固定的几何结构,使其可直接用于海底生物栖息地以及其他环境特征(如植被生物量、生物体表冠层高度和水体中固体悬浮物)的探测。对于相对同质的环境,如部分礁后潟湖,ASC系统可对海草、底栖生物、内栖动物的丰度和分布,以及沉积物的粒径进行制图。ASC系统还可用于完善MBES或LiDAR地形测量生成的栖息地地图。例如,ASC系统可对地形图增补生物信息以实现底栖生物的丰度和分布制图。根据海底分类或沿平行航线方向获得的测深数据,ASC系统还可有效地用于重要鱼类栖息地的识别工作(例如,褶皱或坡度分析)。此外,与此密切相关的分类波束回声探测仪还可通过量化鱼类体积及密度为栖息地地图的判读工作提供另一层面的信息。

9.2 应用

光学区分(即摄影、多光谱和高光谱)通常基于基础水平的直观判断,其分类依据是与之直接相关的底栖生物光谱特性。尽管声学区分还无法达到同等的直接程度,但是基于声音数据的底栖生物生境制图目前也取得了快速的进步。在ASC制图领域,声学后向散射判读方面的最新进步使得底栖生物生境制图具有更高的专题精度和分辨率。而在SSS和MBES制图领域,通过将色调和纹理分类器应用于后向散射图像,极大地扩充了这些系统的信息输出(迅速扩展出一系列的海底特性)。关于此类应用的实例如下所示。

9.2.1 单波束声学海底分类

1999年Mumby和Harborne提出:热带沿海栖息地的标准化制图方法极大地提高了地图产品的实用性。同年,Greene等人在关于深海海底栖息地的标准化制图方面也曾提出了相同观点。Anderson等人于2008年列举了10项可以推动声学海底分类领域发展的优先研究课题。其中至少有5项属于仪器和方法标准化的研究范畴。因而人们都普遍认可标准化的益处,但是在应用方面,凡是使用单波束ASC进行的珊瑚礁研究,没有任何两项采用的是完全相同的分类方案(表9.1)。

表 9.1 珊瑚礁环境中的单波束 ASC 测量等级

来源	# 等级	由生物群界定	由地形界定	由地势起伏界定仅由底质界定	由沉积物特性界定	系统(频率)
1	5	珊瑚 沙砾上的海草	块状礁/硬质海底		沙砾 细沙砾	Rox Ann(未给出)
2a	5				5 个等级的晶粒尺寸	Rox Ann(50kHz)
2b	5				5 个等级的晶粒尺寸	QTC IV(38kHz)
3	3	珊瑚为主			沙砾 淤泥	Rox Ann(200kHz)
4	4			高皱褶状态-硬质海底 低皱褶状态-硬质海底 高皱褶状态-软质海底 低皱褶状态-软质海底		QTC V(50 和 200kHz)
5	2			沙砾 硬质次底层		QTC V(50kHz)
6a	4		岩石海岭	岩石和硬底	粗略分选的沙砾 分选良好的沙砾	QTC V(50kHz)
6b	2			硬底 沙砾		ECHOplus(50kHz)
7	2			硬底 沉积物		QTC V(50kHz)
8	5			>2m 地势起伏 5%~50%硬质海底 >2m 地势起伏 50%~100%硬质海底 <2m 地势起伏 5%~50%硬质海底 <2m 地势起伏 50%~100%硬质海底 95%~100% 沉积物		QTC V(50kHz)

(续)

来源	# 等级	由生物群界定	由地形界定	由地势起伏界定仅由底质界定	由沉积物特性界定	系统(频率)
9a	5		生物聚居的硬质平坦海底/线型礁 聚合的块状礁/海岭、尖坡和沟槽	硬质海底上的沙砾	沙砾/沙砾-深海	BioSonics DT-X (38kHz)
9b	5		生物聚居的硬质平坦海底/线型礁 聚合的块状礁 海岭/尖坡和沟槽	硬质海底上的沙砾	沙砾/沙砾-深海	BioSonics DT-X (418kHz)
10	5	稀疏 SAV 分支珊瑚	硬质平坦海底	多褶皱的硬质海底 沙砾		BioSonics DT-X (418kHz)
11	8		生物聚居的硬质平坦海底 尖坡和沟槽 聚合的块状礁 线型礁 海岭	硬质海底上的沙砾	沙砾 沙砾-深海	BioSonics DT-X

注:第一列参考来源(1)Murphy et al.(1995),(2)Hamilton et al.(1999),(3)White et al.(2003),(4)Riegl et al.(2005),(5)Moyer et al.(2005),(6)Riegl et al.(2007),(7)Gleason et al.(2006,2009,2011)及本章(9.2.1节;监督分类),(8)Miller et al.(2008),(9)Foster et al.(2009),(10)Foster et al.(2011)和(11)Foster(未发表)本章(9.2.1节;监督分类)。注意:唯一一个在多个测量地点使用的方案是硬质海底/沉积物(来源6b,7)

要想制定标准化的制图方案,需要的是采用一种客观系统的方法来对海底分类作出界定。除此之外既不要求各栖息地地图具备相同的空间尺度和专题分辨率,也不要求使用相同的数据源(Mumby et al. ,1999)。分层分类方案不仅能够保留不同地点的共性,还能针对特定的类别做出灵活处理。这些任务所需的主题跨度和空间分辨率也对层次分类方案提出了要求,即通过进一步扩展或压缩达到期望的细节水平和有效数据的分辨率(Mumby et al. ,1999)。分层分类方案的有关示例包括由佛罗里达海洋研究机构(Madley et al. ,2002)和NOAA 生物地理学分支(Costa et al. ,2009a)开发制定的方案。

本节描述了推动单波束 ASC 进步的两项最新发展,两者均以实现基于地形和生物覆盖的分层分类方案(该方案适用于多个地点,且具有较高的精度,有时甚至可以反映极为精细的专题细节)为目的。前半部分回顾了 Foster et al. (2011)的监督分类法,该方法在提高中等水平专题细节的分类精度方面有着广阔的发展前景。后半部分则是 Gleason et al. (2009,2011)提出的无监督分类法,该方法可在多地进行一致的分类,并且只需提供少量甚至完全不需要地面实况信息。

1. 监督分类

随着更多声学海底类型的使用,人们发现通过 ASC 生成的珊瑚礁环境地图其整体精度急剧下降(图 9.1 开符号)。因此需要采取一些方法来提高分类精度,使之具有更高水平的专题细节。Foster et al. (2009)论证了一种通过选择性过滤地面验证 $E_1:E_2$ 数据对来提高精度的方法,该方法将 20%~80% 的过滤器应用于特定等级的 $E_1:E_2$ 数值,在 38kHz 的频率下,整体精确度可由 52%提升至 80%,而在 418kHz 的频率下,频率则能由 58%提升到 82%(图 9.1 开环和闭环),但是,该方法的代价是会有 40%的数据被废弃。Foster et al. (2011)还描述

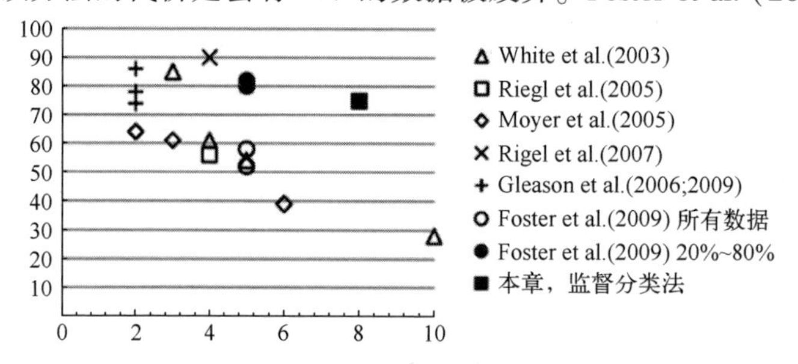

图 9.1 珊瑚礁测量中单波束 ASC 的整体精度,是有关声学海底类型数的函数。通常,随着类型数的增加,之前研究中通过所有可用数据获得的整体精度就会大幅下降(开符号)。有关处理技术经改进后可能会相应提高整体精度,使之具有更高水平的专题细节(闭符号)

了另一种可以提高整体精度的方法,即通过判别分析的多次迭代,将在帕劳的一个珊瑚礁获取的训练样本提炼为 6 个“纯”栖息地端元。

在这一部分中,将通过一小部分由单台 ASC(2006)测量获取的佛罗里达州棕榈滩县的声学数据,论证如何利用 Foster et al. (2011)的监督分类方法完成以下任务:①使用光学制图所用的底栖生物栖息地有关定义进行珊瑚礁区域的制图;②提供补充性的地貌和生物信息。

在棕榈滩近海岸处,沿着南北方向,以 75m 的测线间距,使用一台 DT-X 回声探测仪(Biosonics 公司研发)进行了双频(38kHz 和 418kHz)单波束测量。测区的水深范围是 5~40m。通过 BioSonics Visual Bottom Typer(VBT)海底分类软件,可对水声数据进行处理并得出以下信息:E_0(预底层后向散射)、E_1'(第一个回声的前沿)、E_1(第一个回声的后沿)、E_2(完整的第二个回声)、F_D(第一个回声的分形维数)以及水深。使用沙砾作为校准标准,依靠经验将原始的声纳数据与水深对应进行标准化。约 10%的原始数据会被一些用于探测异常波形的滤波器清除,尤其是那些并非以近似垂直角度入射的声波波形(例如勘探船剧烈纵摇/横摇时所得波形)。测量数据的一个子集被用于构建一个声学训练数据集,构建该数据集需要依据空间一致性地貌分类将声学数据点成对挑选出来(图 9.2),其中地貌分类通过高分辨率 LiDAR 测深图的目视判读完成(Walker et al. ,2009)。

LiDAR 影像判读共识别出七种海底类型:沙砾、沙砾-深海、生物聚居的硬质平坦海底、海岭-深海、聚合的块状礁、海岭-深海-外侧、尖坡和沟槽。此外,38kHz 频率的信号还显示存有第 8 种类型,即覆盖有薄(5~10cm)沙砾层的硬质海底。随后通过一系列三次判别分析(DA),将在 38kHz 和 418kHz 频率下所得的合并训练数据集按照监督分类的方法划分为八种类型。所使用的共计十一个预测变量包括 418kHz 频率下测得的水深,38kHz 和 418kHz 频率下的 E_0、E_0'、E_1'、E_1、E_2 和 F_D 声学参数。

只有符合以下条件的记录才会被传递至下一次判别分析:①经判别分析已被正确归类;②超过同组其他数据的最低概率。将近 40%的声学记录会被选择性地从训练数据集中删除,其结果是将连续的数据云提炼为相对离散的地貌集群。这一点可以从精炼过程前后 7 项(即 $k-1$)典型判别式函数内的前两项中看出(图 9.3)。Fisher 从第 3 次判别分析中获得的线性判别式系数被用于对①原始训练数据集(图 9.2,顶部)和②精确度评估数据(图 9.2,底部)进行分类。可以看出,经过分类的声学航迹图与通过 LiDAR 得出的分类一致程度很高,在由精确度评估数据构成(表 9.2)的混淆矩阵中量化所得的整体预测精确度很高(P_o = 75.3%)。声学分类还可测量相对较大的 LiDAR 多边形地区内的栖息地变化性(最小图距单位:1 英亩)。此外,LiDAR“沙砾-深海”类的声学判读为 75%的“沙砾”加上“25%”硬质海底上的沙砾,因此,可以有效量化靠海侧悬崖的突出量。

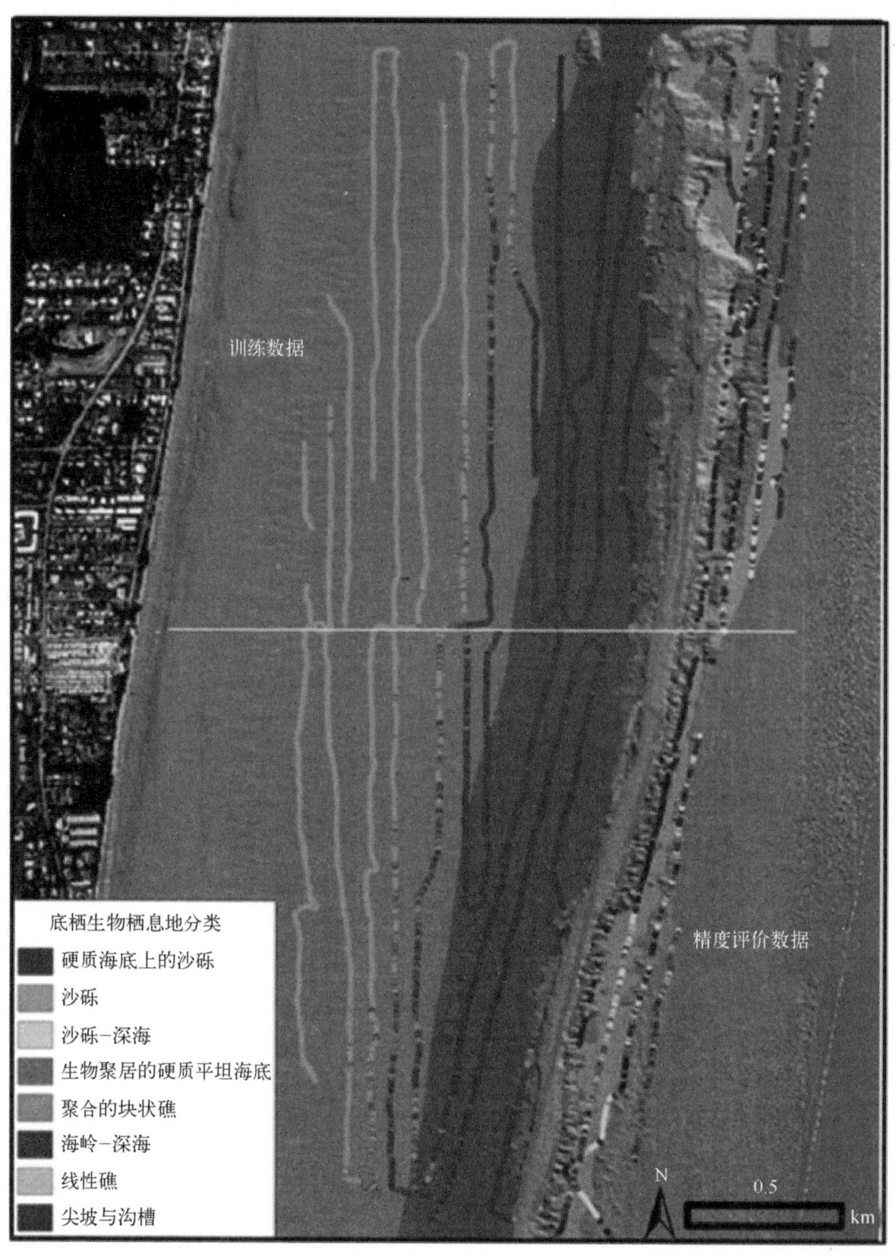

图 9.2　一项于 2006 年进行的单波束(ASC)测量所获得的子集,显示了训练中的分类声学航迹图,以及使用线性判别式函数(将 38kHz 和 418kHz 频率下得到的训练数据集整合后进行的第 3 次判别分析)得到的精确度评估数据。声学航迹图通过 LiDAR 测深的目视判读得以展示(彩色版本见彩插)

表 9.2 声学分类精确度评估数据的混淆矩阵

判别分析	Lidar 描绘的栖息地分类								n	用户精度
	硬质海底上的沙砾	沙砾	沙砾-深海	生物聚居的硬质平坦海底	聚合的块状礁	海　岭	线型礁	尖坡和沟槽		
硬质海底上的沙砾	1675	1021	166	17	2	0	0	4	2885	58.1%
沙砾	45	2911	0	0	0	0	0	0	2956	98.5%
沙砾-深海	0	0	239	0	115	0	0	5	359	66.6%
生物聚居的硬质平坦海底	14	0	0	69	0	0	46	14	143	48.3%
聚合的块状礁	0	0	1	0	200	0	0	9	210	95.2%
海岭	0	0	1	0	167	0	0	0	168	n/a
线型礁	17	1	0	75	0	0	429	33	55	77.3%
尖坡和沟槽	0	0	34	0	125	0	0	297	456	65.1%
n	1751	3933	441	161	609	0	475	362	7732	
产品	95.7%	74.0%	54.2%	42.9%	32.8%	n/a	90.3%	82.0%	$P_o=75.3\%$	

注：针对 2006 ASC 测量的美国棕榈滩县数据，使用线性判别式函数第 3 次判别分析所作的分析

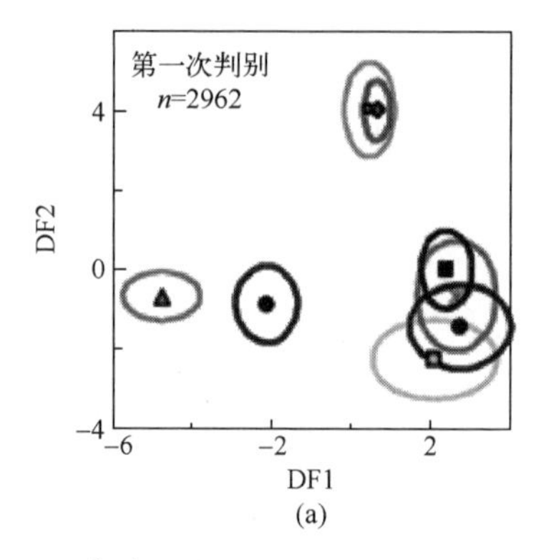

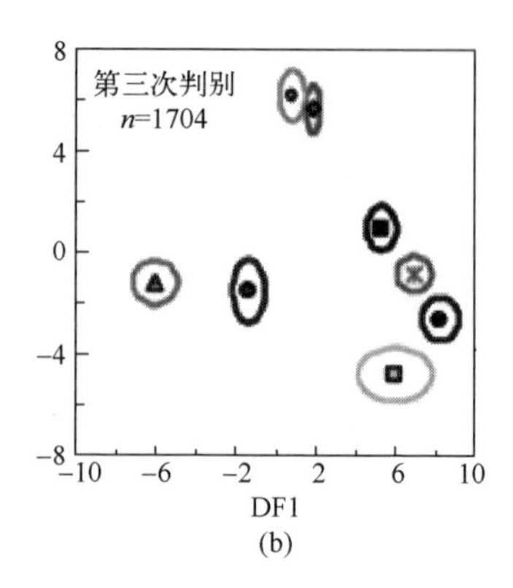

图 9.3 声学训练数据集(38kHz 和 418kHz;E_0、E_1'、E_1、E_2、F_D 和水深)的监督聚类,通过多重判别分析划分为八个地貌类别。用于(a)第一次和(b)第三次判别分析的7个判别式函数中前两个的平面图。经正确分类并超过同组最低概率的记录被传递至下一次判别分析。以平均值的两个标准差显示的离散度

为创造一个与 LiDAR 所测地貌层相匹配的生物层,从矮型(<0.5m)和高型(0.5~1.25m)柳珊瑚中获取的 25 个离散声学样本中,有 700 多条记录被增加至训练数据集,并使用相同的多遍判别分析法进行分类。两类柳珊瑚——矮型和高型,根据预期的次底层类型进行适当分类,这强调了一点内容,即声学识别是通过次底层和海底生物的组合信息完成的。每个多边形地区内的柳珊瑚“采样数”被提取用于生成矮型和高型柳珊瑚丰度地图(图 9.4)。需要注意的是 ASC 也可以用作类似用途,即提供某一栖息地内部以及不同栖息地之间其他底栖动物或底层生物的特性。

显而易见的是,ASC 能够绘制出具有中高等主题分辨率且精度可被接受的珊瑚礁环境地图,本案例研究还展示了不同平台的输出信息如何在一个 GIS 环境中进行合并,用于生产带有地貌和生物信息附加层的制图产品。

2. 非监督分类

非监督分类揭示了在数据系统中应用统计分割来寻找自然边界的优点。非监督分类技术有很多,但都遵循着以下三个步骤:①进行统计、分割、聚类;②对聚类的结果进行标记;③对聚类分析进行精度评价。有针对遥感影像制图的多种分割方法(例如,Legendre et al.,1998)以及精度评价方法(例如,Congalton et al.,1999)。分类标记步骤是非监督分类结果输出的最为困难的一个步骤。首先,要选择出合适数目的类型并非易事。其次,所选的分段和类型也不能一直有效,它们无法总是适用于预先确定的分层系统,或是人们难以确

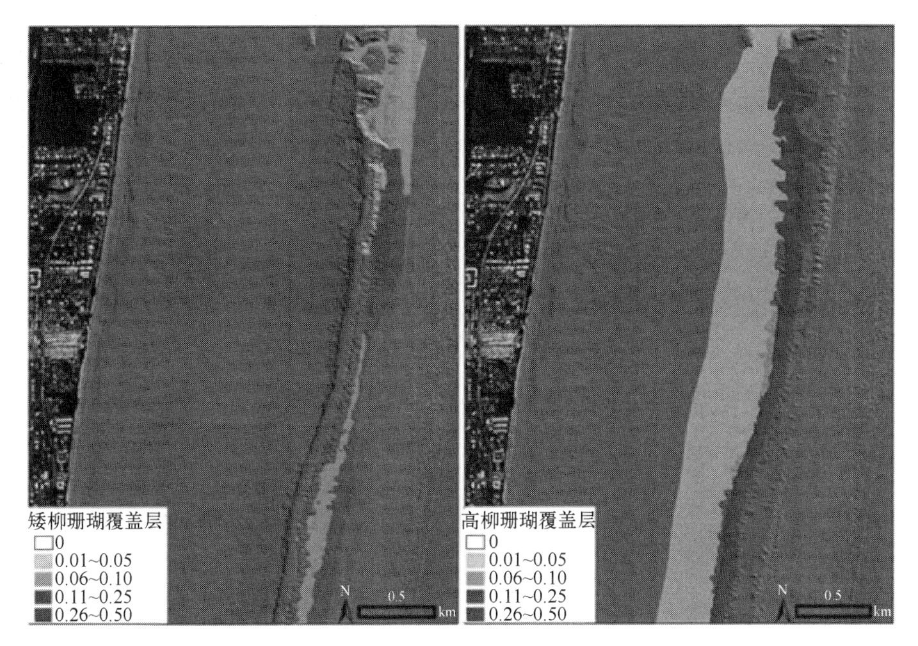

图 9.4 根据 ASC 对美国棕榈滩县的测量数据做出有关矮的(小于 0.5m)和高的(0.5~1.25m)柳珊瑚丰度的声学预测,通过一台 BioSonics DT-X 型单波束回声探测仪(38kHz 和 418kHz 频率下)提供的数据进行非监督分类获得(彩色版本见彩插)

定它们为何被分离。再次,可用的地面真实数据往往有限,且必须分作两个子集用于标记和精度评估。最后,聚类通常位于特定的区域,且有时对数据集的大小非常敏感。尽管如此,无监督分类仍然是一种有效的工具。

对每个数据集的处理步骤可分为以下三步:①利用 IMPACT 软件包(Quester Tangent Corporation,2002)对数据进行聚类。②利用辅助数据集,如卫星影像、潜水观察、各聚类的平均回声以及过去的海床地图将最大的聚类(占数据集 90%以上)标记为硬底或沉积物。③通过潜水员或者拖曳摄像设备的独立观测,对硬底/沉积物分类地图的准确性进行评估。Carysfort、Fowey、LSI 和 Andros 四个调查区的硬底/沉积物地图的总体精度分别为 86%、78%、74% 和 73%。

所有聚类的平均回声都表现出振幅上的急剧上升,这种陡升与海底的初始反射相对应,并在随后开始衰减(图 9.5)。可以预见,岩石要比沉积物具有更强的后向散射。因此,在以上四个区域中,来自平均硬底的回声振幅相比来自沉积物的回声振幅其随时间的衰减要缓慢的多(APL-UW1994),即回声更强,见图 9.5。尽管如此,来自硬底回声的形态变化依旧非常明显。这四个区域中共观察到三种硬底回声的基本形态:①观察自起伏约 0.5m 的硬底上方的 A 型和 B 型(图 9.6),其上升时间要慢于沉积物的回声,并具有明显的峰值,成指数形式衰减(图 9.5);②观察自起伏极其微小的硬底通道的 C 型和 D 型(图 9.6),与同一测区的沉积物回声相比,其上升时间更快,出现振幅峰值的衰减更早;③E 型和 F 型(图 9.6),对应起伏至少 1m 的区域,与 A 型和 B 型相同的是,它们与同一测区沉积物的回声相比,其上升时间更慢,出现振幅峰值的衰减更晚,两者与 A 型和 B 型的不同之处在于它们随时间几乎呈线性衰减,这也导致出现了所有调查中持续时间最长的回声。

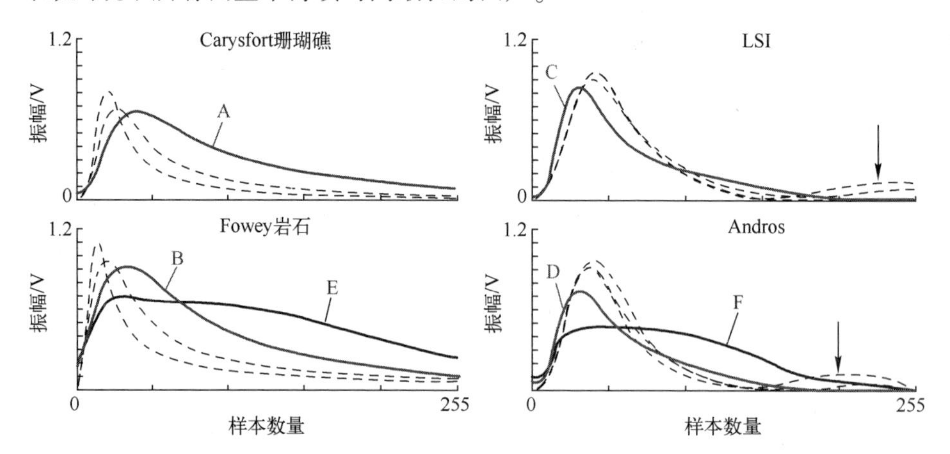

图 9.5　按调查区域分组的四类声学类型的平均回声。样本数量与时间成正比(即时间向右递增;Preston,2004)。其中沉积物类型均以虚线表示,硬底类型则以实线表示,根据它们的一般形式进行着色,并采用与图 9.6 中图片相对应的字母进行标记。黑色的箭头指向 LSI 和 Andros 区域中部分类型可见的二次回声。应当注意的是,如果不考虑二次回波的影响,来自硬底的回波其持续时间要长于来自沉积物的回波(彩色版本见彩插)

这些监督和非监督的 ASC 分类研究表明,专题分辨率、分类精度和周转时间之间的平衡在很大程度上会受到分类方案选择的影响,而分类方案选择本身则又取决于项目的目标。当以粗略地对某一区域进行研究为目标时,也许快速周转是在进行更为详细研究之前的重要因素。在没有或者仅有少量地面真实数据的情况下对四个不同点进行监督分类,能正确区分硬底和沉积物的精度为 73%~86%。这一点不足为奇,几十年来人们一直还采用肉眼观察的方式进行判别。现如今所不同的是要用最少甚至是没有训练数据的情况下通过客观系统的方式来证明其可能性。仅仅依靠不同类的平均回声形态对其做出解译的能力意味着可以采用一贯的分类方案来绘制多个站点。

图 9.6 图 9.5 中所示的 6 个硬底类型所对应的水下斜视照片。(a)和(b)分别表示 Carysfort 珊瑚礁和 Fowey 岩区域内的低起伏硬质海底。(c)和(d)则分别表示 Andros 和 LSI 区域内近乎平坦的硬底通道。(e)和(f)则分别表示 Fowey 岩和 Andros 区域内起伏相对较大的硬质海底。白色箭头指向一个 1m 长的 T 形棒(彩色版本见彩插)

当以绘制详细的底栖生物栖息地地图为目标时,需要耗费相当大的时间和精力来准备训练数据集。利用监督分类的方法,能够以较高的分类精度(75%)来实现高专题细节(8 类)的目标。这是朝着“发展一种基于地貌学和生物覆盖的分层分类方案”这一长期目标至关重要的第一步,该方案适用于多个站点,且具有很高的精度,甚至能够达到精细级的专题细节水平。未来应该以这些方法的融合或是将它们作为构建基础,进而来达到相同的目的。

9.2.2 多波束回声测深仪的应用

鉴于其可提供概要信息,且具有较高的分辨率和定位精度,高分辨率的 MBES 水深图像是描绘珊瑚礁栖息地复杂地貌结构的理想工具。然而,声波标记图却很难同特定珊瑚礁栖息地类型关联起来,这是因为不同类型的栖息地其回声强度差异很大,且互有重叠。为解决这一问题,人们开发出了新型的分类技术,以便更好地从这些高度变化的数据集中发掘并提取海底的地貌和生物属性信息。其中一项由 Costa et al. (2009a)研发所得,其相关信息描述如下:该技术通过使用主要成分分析法(PCA),基于边缘的分段(Jin,2009)以及快速、无偏、有效的统计树(QUEST)算法(Loh et al. ,1997)来进行底栖生物栖息地地图(图 9.7)的绘制工作。

图 9.7 通过声学图像绘制底栖生物栖息地地图的过程。左侧 1/3 描绘了从 MBES 图像中获得的主成分表面。中间 1/3 则通过边缘检测算法对主成分表面中海底特征的轮廓和分段进行了描述。右侧 1/3 描绘了海底特点(依靠 QUEST 通过边缘检测算法提取获得)的分类情况(彩色版本见彩插)

图 9.8 所示为维尔京群岛珊瑚礁国家纪念区(VICRNM)内部及周围中等水深(30~60m)地区的栖息地地图,图中的纪念区位于美属维尔京群岛中的圣约翰岛。图中描述了栖息地特征要素的对应位置(相对于海岸线)、物理构成(即地貌结构)以及在此生存的生物类型(即生物和活珊瑚覆盖层)。该地的水深和后向散射信息由一台 240kHz Reson Seabat8101 型扩展范围(ER)多波束回声测深仪采集获得。通过测深表面导出了一系列复杂指标用以突出海底不同栖息地结构间的差异,其中包括:①平均水深;②水深标准偏差;③曲率;④平面曲率;⑤剖面曲率;⑥褶皱状态;⑦坡度;⑧坡度变化率。将这些度量指标全部转化为各自的主成分,以此删除冗余信息,并且保留可描述海底复杂性和结构的独特信息。使用这一主成分图像,借助边缘检测算法就可将离散的海底特点分段。之后,各海底特征的空间、光谱和纹理属性被计算用以描述海底的尺寸、形状和颜色。

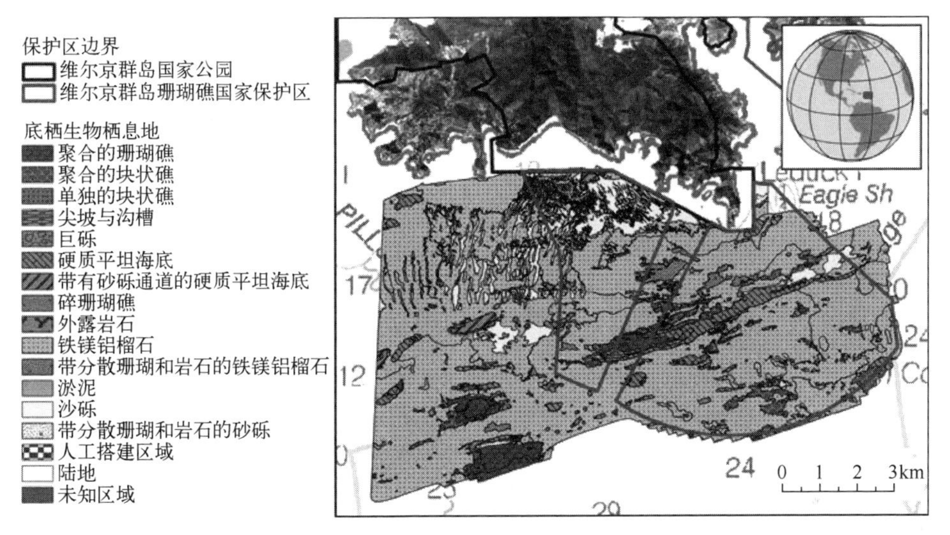

图 9.8 通过 MBES 图像获取的维尔京群岛珊瑚礁国家纪念区(VICRNM)内部及周围中等水深(30~60m)地区的底栖生物栖息地地图,图中纪念区位于美属维尔京群岛中的圣约翰岛。地图经符号标记用以表示海底的物理组成(即地貌结构)(彩色版本见彩插)

使用监督分类方法,海底属性及表示特定地点栖息地类型的已知点被用来训练 QUEST 算法,进而对从分段处理中提取的海底特点进行分类。QUEST 是一种分类和回归树(CART)算法(Breiman et al.,1984),可以有效地以递归方式将图像分为两个部分,直至所有海底特征分类完毕或算法终止。QUEST 将声学图像划分为 35 个包含地貌结构、详细生物覆盖层和活珊瑚覆盖层的独特组合。这种分类栖息地地图在接受专题精度评估之前,先要进行手动评审和编辑。主要和细部结构、主要和细部生物覆盖层、活珊瑚覆盖层的专题精度(依据比例偏置修正)分别是95.7%、88.7%、95.0%、74.0%和88.3%。

利用MBES图像对VICRNM内部以及周围共计90.2km^{2}的海底进行了特征描述。该区域(包括纪念区边界以内和以外部分)主要以铁镁铝榴石(即钙质藻节)为主。尽管在纪念区外存有一个面积为0.25km^{2}的高密度活珊瑚占据区(即50≥90%),该地硬质和软质珊瑚的密度却很低(0≤10%)。总之,栖息地地图表明:生存在VICRNM当前边界之外的活珊瑚相比于边界之内略多。通过这些定量结果可以得出MBES图像在中等水深生境制图以及基于生态系统的资源管理方面的实用价值。有鉴于此,若想推进MBES海底制图的速度就需采集可同时满足多个用户需求的数据集(Costa et al.,2009b),例如,海洋和沿海制图联合工作组(IWG-OCM)的"一次收集,多次使用"方法。为实现基于生态系统的管理和海洋空间规划的目的,具备高专题精度和分辨率的地图至关重要,对物种多样性、丰度和分布的预测可能会因输入地图专题特性的不同而有所差异(Kendall et al.,2008)。

9.2.3 相位差测深声纳

对于处在浅水水域(<30m),且周围的珊瑚礁环境一直处于浑浊状态的底栖生物栖息地而言,要想对其特征做出描述极具挑战性。之所以说具有挑战性是因为许多传统制图技术无法对这些地区进行概括性的制图(如被动和主动光学传感器),或者即使能够绘制这些地区的地图,但却效率低下且成本高昂(如MBES系统)。当其他传感器不具备理想的工作条件时,利用相干声纳(IS),即相位差分测深声纳(PDBS)可以填补这一信息空白。类似MBES系统,PDBS也可以采集同一点位的测深数据和后向散射强度信息。这两类信息(连同水下视频和照片)可以用来绘制海底栖息地地图。与MBES系统不同的是,PDBS还可以在浅水水域(<30m)中进行宽测绘带的且具有空间一致性的数据集收集工作。通常来说,MBES和PDBS系统的测带宽度分别为水深深度的10~12倍和3~5倍(Gosnell,2005)。PDBS能够在浅水水域中进行宽测绘带的数据收集是因为PDBS不是波束形成式仪器,而是通过精确测量声学回波的相位偏移来准确测量水深(Gosnell,2005)。这些相位的偏移量被用来计算接收回波时的角度(如Denbigh,1989)。之后,将角度和距离的测量值(基于双向传播时间)相结合用于计算海底的位置(和深度)。

假定已经测得水深和强度表面数据,就可利用PDBS系统来开发绘制浅水、浑浊的珊瑚礁生态系统中底栖生物栖息地的地图。这类描述海底栖息地地理位置、地貌结构和生物覆盖的栖息地地图,依靠位于波多黎各东南部的Jobos湾国家河口研究保护区(JBNERR)所提供的干涉数据集绘制而成(图 9.9)。具体来说,当时通过一台 200kHz Teledyne Benthos C3D 轻量级柱装式(LPM)系统,从 1~25m 水深范围内获取到 4m×4m 水深和 1m×1m 强度图像。水深图像被用来导出一系列复杂性表面以对海底地貌结构进行更好的描述,该过程同样遵循 MBES 应用一节中和 Costa et al. (2009a)所述的相关流程。这些复杂性表面被转换为三个主要组分,这些成分与强度表面配合使用,以视觉方式描绘并描述浑浊水域内的海底栖息地。然而,需要特别注意的是,由 C3D 系统采集的水深数据(主要成分也是同样情况)在某些地点非常嘈杂。这种噪声是由以下因素共同引起的:①恶劣的天气条件;②运动传感器有限的精确度;③系统固有的垂直和水平不确定性。在这些嘈杂区域,以及研究区域内水下能见度允许的其他位置,可利用美国陆军工程兵团(USACE)采集的 1 英尺×1 英尺分辨率的航摄照片来对海底栖息地进行目力识别、描绘以及特征描述(Zitello et al. ,2009)。同时,PDBS 数据集和航摄照片被一同用来绘制 Jobos 湾内部及周围,从海岸线至大约 25m 水深处珊瑚礁生态系统的无缝栖息地地图。该地图将为 JBNERR 提供更多用于海洋勘探、管理和看护的技术能力。

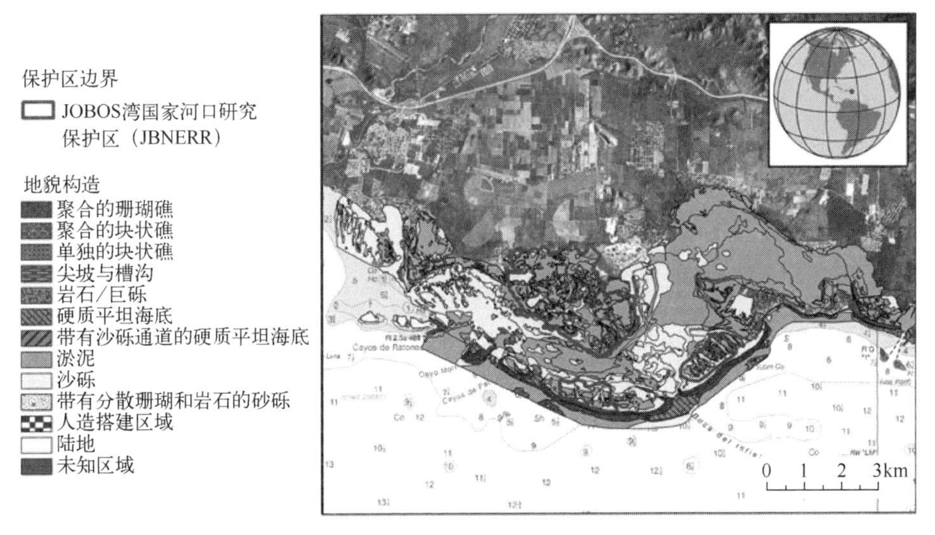

图 9.9 基于航摄照片和声学影像绘制成的波多黎各 Jobos 湾国家河口研究保护区内部及周边浅水水域(小于 30m)的底栖生物栖息地地图,地图经符号标记用以表示海底的物理组成(即地貌结构)(彩色版本见彩插)

9.2.4 分裂波束的应用

珊瑚礁资源使用者和管理者需要具有高分辨率且高度详细的底栖生物栖

息地地图，然而，托管的范围还包括栖息地内的栖居动物（即鱼类和无脊椎动物）。对珊瑚礁栖居动物的测量通常依靠潜水员在精细空间尺度下的目视观测结果、遥控无人潜水器、水下摄像机以及目标采集（布设陷阱和网）的方法来实现。这些测量可提供高度详细的物种组成相关数据，但却成本高昂，且受最大水深、环境条件（如海洋条件、光照水平和能见度）和整体范围的限制。此外，鱼类密度或者群落组成方面高度的空间变化导致人们难以捕捉物种组成的发展趋势或空间模式（两者可用于阐释自然或人为活动所带来的影响）。在现有的珊瑚礁勘探平台上增加应用分裂波束回声测深仪是一项适度的投资，这一投资会在附加值、栖息地地图判读工作和珊瑚礁底栖生物栖息地地图相关产品方面取得丰厚回报。

与市场上可买到的底部探测器和鱼类探测器相似，科学研究所用的分裂波束回声测深仪可对水体内部以及靠近海底的鱼类进行探测，并且其结果具有很高的垂直和水平分辨率。不同于大多数商用回声测深仪，这些用于科学用途的数字回声测深仪可获取并存储数字化回声回波数据，以备后期分析之用。在中等水深处（<100m），短脉冲持续时间（0.1～0.3ms）能实现小于 20cm 的垂直分辨率，而高脉冲重复（5～10Hz）通常在鱼类穿越声束时产生大量的回声回波。

目标跟踪算法累计从鱼类个体那收到的重复性回声回波，以此对每个目标物的属性进行计算（图 9.10）。依据返回回声的强度，对鱼类个体进行识别并将其归属为一个目标强度，随后利用广义关系将该目标强度转换为长度信息。对鱼类个体目标实施定位需要获取以下信息：换能器和鱼之间的距离（依据声学回声回波的时延获得）和声束内部的相对水平位置（通过分裂波束象限中的相位差以及船上定位系统中的地理坐标确定）。

当鱼类存在于密集鱼群或是生物群落中时，很难对鱼类个体实施跟踪。然而，声音透射鱼群时返回的总声能被认为可用作代替所有鱼类个体返回的声能总和。通过这种方式，声能以整个鱼群为单位进行积分，而鱼群的密度则通过以下所述的回声-集成理论进行估算（Simmonds et al.，2005）。此外，还可从鱼群和生物群落获得额外的度量指标（如尺寸、空间结构和平均声能返回）。一个离散区间内的鱼类密度是根据鱼类在声束中的位置，通过对鱼类个体加权计算得出的，这表明当波束变宽后，通过换能器在更远距离上探测鱼类的概率将更高。计算切面或分段上的鱼类重量总和，再除以段长。

从美属维尔京群岛的一个案例中，我们发现分裂波束回声测深仪被集成在一个传感器包当中，且后者被部署于一艘底栖生物生境制图勘探船上，用于绘制整个水体和近海底处鱼类和中层水域中无脊椎动物的分布情况。测量工作

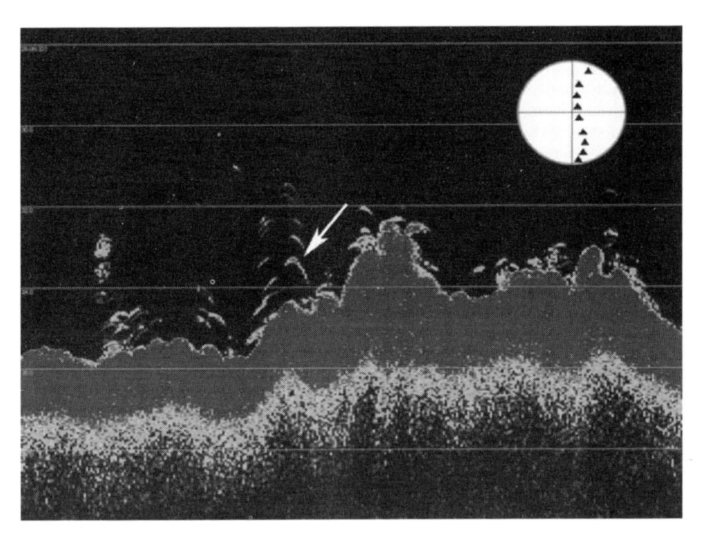

图 9.10 分裂波束超声波回声图,显示了高地势起伏珊瑚礁栖息地中观测到的大量鱼类。水平线为 15m 和 20m 的参照,并显示海底 1m 范围内的鱼也能够被探得。图中箭头所指处是插图的对应位置,该插图显示了当鱼类游经发射于勘探船的换能器波束时,个体返回回声(三角形)的顶视图(彩色版本见彩插)

在以下两个区域(均被区域管理合作者认定为需优先进行生境制图的区域)内进行。第一个地点在维尔京群岛通道附近,位于美属维尔京群岛圣托马斯岛西南约 16km,波多黎各比耶克斯岛东北 6km 处。第二个地点则位于美属维尔京群岛圣约翰岛的南部。通过测量设计完成对 MBES 水文调查的优化,其中要求测量断面应相互平行或沿等深线间隔 50~100m 布设。所用设备为一台 Simrad EK60 型双频分裂波束回声测深仪,工作频率为 120kHz 和 38kHz,在此仅讨论 120kHz 的数据。鱼的体长通过广义 TS-长度关系(Love,1971)从平均目标强度(TS)中估算获得。结果被分为三个鱼类尺寸等级:①小于 12cm,代表小型浮游动物或与珊瑚礁相关的物种;②12~28cm 之间,代表珊瑚礁相关物种的成年个体,以及一些具有重要商业价值物种,如鲷鱼和石斑鱼的青年个体;③大于 29cm,代表大型深海物种及珊瑚礁相关物种,包括鲷鱼和石斑鱼。沿测量断面以 100m 的分段单位计算各尺寸等级下的鱼群密度,进而得出每 $100m^2$ 范围内的鱼类数量。

在整个维尔京群岛航道的采样区域内,尽管调查发现底部起伏较大的区域边缘有着相对较高的鱼类密度,但就整体而言,鱼类密度的分布具有高度的变化性(图 9.11)。与维尔京航道不同的是,圣约翰陆架上的鱼类则主要沿着陆架坡折的高峻地形分布(图 9.12)。通过对这些数据的进一步分析,及其与基于 MBES 数据生成的生境分类图在空间上的直观比较，能够确定出有助于解释该区域鱼类分布格局的生境和景观特征。

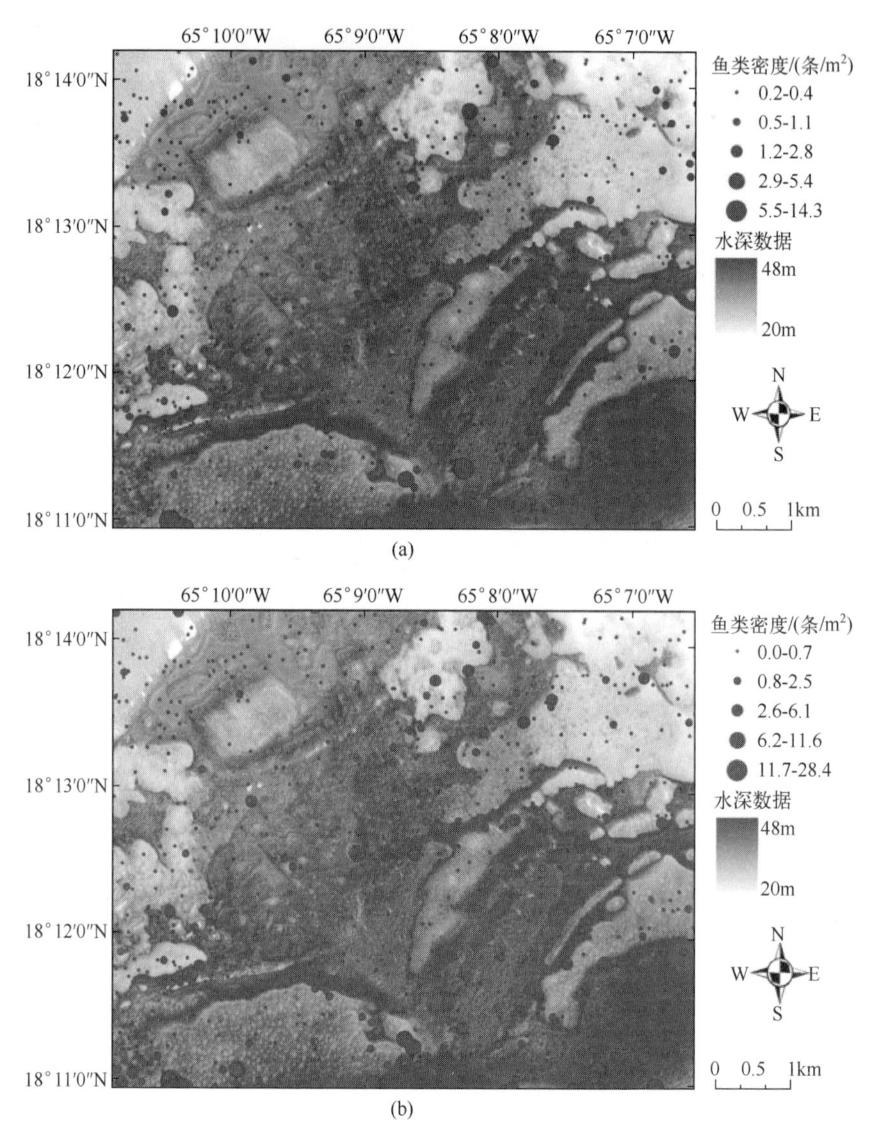

图 9.11 美属维尔京群岛通道附近的鱼类密度地图。水深数据通过 MBES 水文测量获得，其中包括用于鱼类探测的分裂波束回声测深仪。沿测量断面以 100m 为分段单位计算了两种尺寸类型下鱼类的密度（彩色版本见彩插）

(a)体长在 12~28cm 之间的鱼；(b)体长大于 28cm 的鱼。

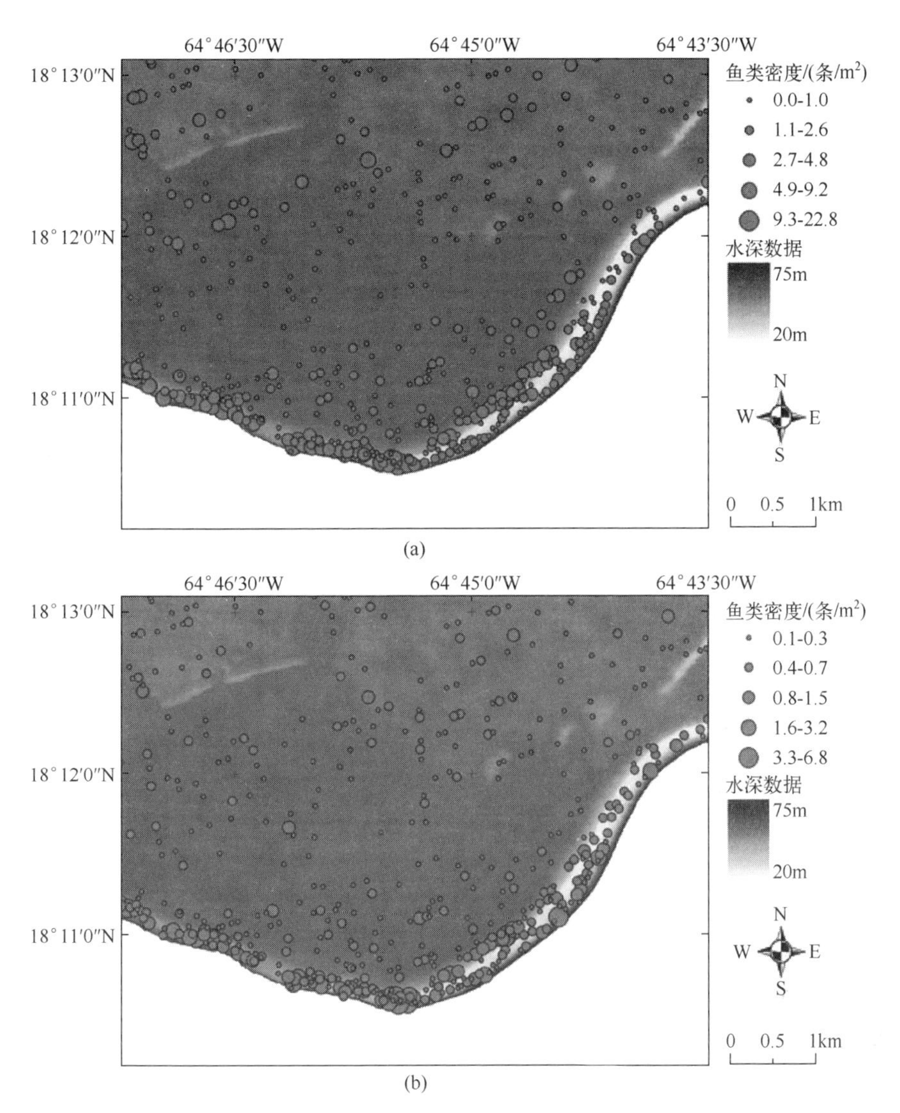

图 9.12 美属维尔京群岛圣约翰岛南部的圣约翰陆架上的鱼类密度地图。水深数据通过水文测量获得,包括用于鱼类探测的分裂波束回声测深仪。沿测量断面以 100m 的分段单位计算了两种尺寸类型下鱼类的密度(彩色版本见彩插)

(a)体长在 12~28cm 之间的鱼;(b)体长大于 28cm 的鱼。

分裂波束回声探测仪对珊瑚礁生态系统中鱼类群落的调查数据存在一定的局限性。虽然分裂波束这项技术能够以较高的空间分辨率实现对整个水体中的鱼类探测,并能借助对声学目标强度的精确估计推算出鱼类的尺寸大小,但仅凭声信号还不足以确定出鱼类的种类。这种局限可能会给珊瑚礁等不同系统的调查工作带来问题,且尤其表现在以监测特定物种丰度或是对管理措施响应为目的的珊瑚礁鱼类评估工作中。相比之下,在识别和研究像珊瑚礁鱼类排卵聚群这样的大型物种单一型聚群时,却能从这项技术中获益良多。分裂波束技术能够实现对大面积区域的快速调查,通过对其数据分析还可以为大型鱼群的密度和丰度提供准确的估计,要知道,此类任务是很难由潜水员来独立作业完成的(Taylor et al.,2006)。

这类珊瑚礁鱼类生境图对珊瑚礁管理工作的使用价值是多方面的。首先,这些地图提供了对珊瑚礁生态系统中鱼类生物量分布的广泛描述,而这将有助于确定不同鱼类密度的区域,并为海洋空间规划和管理工作提供有价值的信息。其次,在尚未对鱼类群落进行视觉探测的区域,这类地图可以通过确定不同位置鱼类密度的相对高低来指导调查设计。再次,这类地图还能够用于协助解释更大空间环境中精细尺度、特定范围的直接视觉观察。最后,这项调查技术还具有快捷、一致以及可重复的特点,并能在多种不同的时空尺度上进行。因此,通过分裂波束回声探测仪进行调查还可以从以下两个方面来提升珊瑚礁评估的价值:①跟踪鱼类生物量随时间的变化;②推断鱼类在每日或季节性时间尺度上的运动和迁移。在建立海洋保护区或其他空间管理措施实施前后对其效力进行监测或评估时,这类调查的价值可能尤为重要。此外,通过统计和基于流程的建模对鱼类栖息地关系进行拓展将对这类产品的进一步解释和使用做出指导。

9.3 科研现状和未来发展方向

为响应资源管理者对各空间尺度下新型高精度匹配度的底栖生境地图的日益增长的需求,一个由各国科学家组成的小组对声学遥感的目前状况做了评述(Anderson et al.,2008)。该小组总结指出:目前通过单波束、多波束和侧扫声纳系统进行声学底质分类的方法尚处于起步阶段,同时还提出了国际科学界今后需要重视的10个问题,以此来推进声学遥感技术在海洋生态系统制图中的应用。Anderson所提的主要问题列举如下,其中还包括这些年间所取得的进展。

1. 统计分类与判读分类

为了推进结果的可重复性,统计分类往往被认为要优于判读分类。这里所指的优势表现在以下两方面:统计和其他机器学习技术进一步提高了自动化程度,并可更为高效地为管理者提供珊瑚礁生态系统的生境地图,此外,还减少了判读上可能出现的偏差和流程误差。本章所述的大多数应用均采取非主观判读方法,而这也有助于可重复分类技术的进步发展。

2. 空间尺度和采样分辨率

分层底栖生物栖息地分类方案的近期发展已经能够满足大空间尺度下的资源管理需求(Madley et al. ,2002; Costa et al. ,2009a)。尽管长期以来声学探测技术都能够满足最大尺度的底质分类(如陆架和盆地),但对于珊瑚礁栖息地分类而言,仍需更多的信息和先进方法对其支撑。而对于能否以及如何利用后向散射和结构属性实现如此精细的区分,目前这方面的声学研究尚处于论证初期。

3. 地面验证尺度

考虑到波束的探测距离和测带的宽度,要想在单项研究内以及各项研究间始终保持验证尺度和声透射尺度的良好匹配是很困难的。在水深 10m 处进行 ASC 操作时,其足印面积的范围是 $3m^2$(5Hz,6. 4°波束角)~$200m^2$(1Hz ,42°波束角)。相比之下,当测带宽度大于 3 倍水深值时,多波束声纳和相干声纳的波束足印在分辨率上要高出 ASC 一个量级。在这两种情况下,需要通过地面验证来打破在该领域付出的努力与最大限度地减少不确定性之间的平衡。

4. 时间变率

在声学遥感研究中,很少有对地形、反射率和生物属性中潜在的时间变率做出分析探究的情况。当涉及生存期短暂的近岸硬质海底栖息地或海草海底时(分别由冬季风暴和年周期性的扩张后退所导致的沉积物运移造成),这种潜在的时间变率尤其会引发问题。遥感平台,如声学应用,可与客观分类技术相互配合用以检测这类变化。事实上,进行反复和可重复测量的能力正是声学系统和遥感系统的一个显著强项。

5. 参考区域

虽然为进行单个测量内或多个测量间的内部校准,会对已知海底区域进行重采样。但是只有在通过适当的地面验证进行辅助,即在确定两次采样之间参考区块的变化程度,重采样才真正有用。参考区块不能解决当前缺乏通用参考标准的问题,而这恰恰阻碍了证实性研究方面做出的努力。

6. 声学系统的校准

声学系统的校准程度在同一声学平台以及不同平台之间均有所不同。不同 ASC 系统间校准工作差异很大,从成套配置到大量手动和自动增益调整都不相同。此外,不同商用 ASC 在消除水深依赖(通过随时间变化的增益完成)和将回声长度归化至参考水深时所采用的方法也各有不同。渔用分裂波束回声测深仪必须经过校准,才能通过声学目标强度准确计算出鱼的尺寸。此外,测量过程中 SSS 照射带的后向散射强度也存有差异，这就需要在整个测量区域内具有明显的海底特点以作为灰度图像的校准参考。变化的波束几何形状同样增加了 MBES 系统的复杂性。鉴于校准情况的范围如此广泛，声学研究的内部对比对通用校准标准的进一步发展提出了要求。

7. 声信号的特性

声学分类的确证需要有关声学信号处理的特定知识。在 ASC 中，RoxAnn 使用的多回声分类方案（即 E_1 和 E_2）相比于 QTC 使用的专有 PCA 降维声学参数集更为简便。各种 MBES 系统不同的波束几何形状会难以进行特征提取以及复制。就校准和参考区域的需求而言，内部比较对信号处理的一致性要求更高。

8. 单频和多频

因为散射和体积散射都随频率变化，将多频数据集成为单一数据集的做法为海底和生物特性分类的发展提供了更大的空间。Anderson et al.（2008）建议在测量过程中对多频 ASC 和单频 MBES 进行联合使用，对于改进海底分类手段而言，这一做法可能更具成本效益。在绘制鱼类栖息地地图时，物种识别依旧是一项挑战。未来，多频和宽波段信号处理技术可能在种组分类或更高水平的生物组织层面有所突破，然而，这一领域还需做出更多工作。

9. 测线设计

目前所使用的沿系统测线断面进行操作的做法应当被重新考虑以增加一个嵌套随机线的策略。沿平行线断面进行 SBES 或 ASC 测量会给通过空间插值获得的连续表面引入偏差和错误。同样，沿等深线进行 MBES 测量以使后向散射强度变化最小化的做法也可能导致无法测得海底特征的小尺度空间变化。测量设计对于鱼类栖息地的测量作业而言尤为重要。要想对鱼类的空间分布模式作出判读就需要考虑鱼类的各种行为，包括觅食、迁移和日/夜间活动模式。

10. 国家级栖息地项目设计

本章及前面章节有关各种进步的描述，表明 ASC 领域已经发展得较为成熟。而在测量设计、效率、精度以及声纳技术的研发方面恰恰相反，仍有很大的提升空间。为此，我们在此复述 Anderson et al.（2008）的建议，即应当建立正式机制以将声学遥感的研发工作整合到国家级的分类和制图项目当中。

11. 定义鱼类栖息地和栖息地的使用

多数单波束测深系统以及部分多波束测深系统可以同时获取用于鱼群探测及计量的水体数据。这些概要性的鱼类和栖息地数据显示了栖息地使用过程中的重大时空变化，同时也表明并非所有的栖息地（即使是经相似分类所得的栖息地)其形成过程都相同。精细尺度地图最有可能用于界定某种鱼类特定生命阶段的生活区域(高位置保真度)。而地形尺度的制图则包含更多的生命阶段和物种的分布格局。地图除了描绘栖息地种类和样式外,还可能从中大量了解到有关各类栖息地镶嵌式的布局会对鱼类分布和丰度产生什么样的影响的信息,以及了解对保持鱼类和生态服务具有重要意义的栖息地和区域如何实行优先排序的信息,以最好地满足管理需求。

推荐阅读

Hamilton LJ (2001) Acoustic seabed classification systems. Department of Defence, Defence Science and Technology Organisation Victoria (Australia) Aeronautical and Maritime Research Lab

Penrose JD, Siwabessy PJW, Gavrilov A, Parnum I, Hamilton LJ, Bickers A, Brooke B, Ryan DA, Kennedy P (2005) Acoustic techniques for seabed classification. Cooperative Research Centre for Coastal Zone Estuary and Waterway Management, Technical Report 32

International Council for the Exploration of the Sea (2007) Acoustic seabed classification of marine physical and biological landscapes, ICES Cooperative Research Report No. 286, pp 183

参考文献

Anderson JT, Holliday DV, Kloser R, Reid DG, Simard Y (2008) Acoustic seabed classification: current practice and future directions. ICES J Mar Sci 65:1004-1011

Andrefouet S, Riegl B (2004) Remote sensing: a key tool for interdisciplinary assessment of coral reef processes. Coral Reefs 23:1-4

Applied Physics Laboratory: University of Washington (APL - UW) (1994) APL - UW highfrequency ocean environmental acoustic models handbook, Technical Report APL - UW TR9407 AEAS 9501. Applied Physics Laboratory, University of Washington, Seattle

Bejarano S, Mumby J, Hedley JD, Sotheran I (2010) Combining optical and acoustic data to enhance the detection of Caribbean forereef habitats. Remote Sens Environ 114:2768-2778

Blondel PH, Gomez-Sichi O (2009) Textural analyses of multibeam sonar imagery from Stanton

Banks, Northern Ireland continental shelf. Appl Acoust 70:1288–1297

Breiman L, Friedman JH, Stone CJ, Olshen RA (1984) Classification and regression trees. Wadsworth and Brooks/Cole, Monterey

Chivers RC, Emerson N, Burns DR (1990) New acoustic processing for underway surveying. Hydrogr J 56:8–17

Congalton RG, Green K (1999) Assessing the accuracy of remotely sensed data: principles and practices. Lewis Publishers, Boca Raton

Costa BM, Bauer LJ, Battista TA, Mueller PW, Monaco ME (2009a) Moderate-depth benthic habitats of St. John, U. S. Virgin Islands. NOAA Technical Memorandum NOS NCCOS 105, Silver Spring

Costa BM, Battista TA, Pittman SJ (2009b) Comparative evaluation of airborne LiDAR and ship-based multibeam SoNAR bathymetry and intensity for mapping coral reef ecosystems. Remote Sens Environ 113:1082–1100

Denbigh PN (1989) Swath bathymetry: principles of operation and an analysis of errors. IEEE J Oceanic Eng 14:289–298

Florida Marine Research Institute (FMRI) (1998) Benthic habitats of the Florida Keys. FMRI Technical Report TR-4. Florida Marine Research Institute/Florida Department of Environmental Protection and the National Oceanic and Atmospheric Administration, St. Petersburg

Foster G, Walker BK, Riegl B (2009) Interpretation of single-beam acoustic backscatter using Lidar-derived topographic complexity and benthic habitat classifications in a coral reef environment. J Coast Res SI53, pp 16–26

Foster G, Ticzon VS, Riegl B, Mumby PJ (2011) Detecting end-member structural and biological elements of a coral reef using a single-beam acoustic ground discrimination system. Int J Remote Sens 32:7749–7776

Gleason ACR, Eklund A-M, Reid RP, Koch V (2006) Acoustic signatures of the seafloor: tools for predicting grouper habitat. In: Taylor JC (ed) Emerging technologies for reef fisheries research and management. NOAA Professional Papers NMFS #5

Gleason ACR, Reid RP, Kellison GT (2009) Single-beam acoustic remote sensing for coral reef mapping. In: Proceedings of 11th international coral reef symposium, Ft. Lauderdale, pp 611–615

Gleason ACR, Reid RP, Kellison GT (2011) Geomorphic characterization of reef fish aggregation sites in the upper Florida Keys, USA, using single-beam acoustics. Prof Geogr 63:443–455

Gosnell K (2005) Efficacy of an interferometric sonar for hydrographic surveying: do interferometers warrant and in-depth examination? Hydrogr J 118:17–24

Greene HG, Yoklavich MM, Starr RM, O'Connell VM, Wakefield WW, Sullivan DE, McRea Jr JE, Cailliet GM (1999) A classification scheme for deep seafloor habitats. Oceanol Acta 22(6):663–678

Hamilton LJ, Mulhearn PJ, Poechert R (1999) Comparison of RoxAnn and QTC-View acoustic bottom classification system performance for the Cairns area, Great Barrier Reef, Australia. Cont

Shelf Res 19:1577-1597

Heyman WD, Ecochard JLB, Biasi FB (2007) Low-cost bathymetric mapping for tropical marine conservation: a focus on reef fish spawning aggregation sites. Mar Geod 30:37-50

Hickerson EL, Schmahl GP (2005) Flower garden National Marine Sanctuary: introduction. Gulf Mex Sci 23:2-4

Jarrett BD, Hine AC, Halley RB, Naar DF, Locker SD, Neumann AC, Twichell D, Hu C, Donahue BT, Jaap WC, Palandro D, Ciembronowicz K (2005) Strange bedfellows: a deepwater hermatypic coral reef superimposed on a drowned barrier island; Southern Pulley Ridge, SW Florida platform margin. Mar Geol 214:295-307

Jin X (2009) Segmentation-based image processing system. US Patent 20,090,123,070. Filed 14 Nov 2007. Issued 14 May 2009

Kendall MS, Miller T (2008) The influence of thematic and spatial resolution on maps of a coral reef ecosystem. Mar Geod 31:75-102

Kenny AJ, Cato I, Desprez M, Fader G, Schuttenhelm RTE, Side J (2003) An overview of seabed-mapping technologies in the context of marine habitat classification. ICES J Mar Sci 60:411-418

Legendre P, Legendre L (1998) Numerical ecology, 2nd edn. Elsevier, New York

Loh W-Y, Shih Y-S (1997) Split selection methods for classification trees. Stat Sinica 7:815-840

Love RH (1971) Measurements of fish target strength: a review. US NMFS Fish Bull 69:703-715

Madley KA, Sargent B, Sargent FJ (2002) Development of a system for classification of habitats in estuarine and marine environments (SCHEME) for Florida. Unpublished report to the U. S. Environmental Protection Agency, Gulf of Mexico Program (Grant Assistance Agreement MX-97408100). Florida Marine Research Institute, Florida Fish and Wildlife Conservation Commission, St. Petersburg

Miller SL, Chiappone M, Swanson DW, Ault J, Smith S, Meester G, Luo J, Franklin E, Bohnsack J, Harper D, McClellan DB (2001) An extensive deep reef terrace on the Tortugas Bank, Florida Keys National Marine Sanctuary. Coral Reefs 20:299-300

Miller MW, Halley RB, Gleason ACR (2008) Reef geology and biology on Navassa Island. In: Riegl B, Deodge RE (eds) Coral reefs of the USA. Springer, Berlin

Moyer RP, Riegl B, Banks K, Dodge RE (2005) Assessing the accuracy of acoustic seabed classification for mapping coral reef environments in South Florida (Broward County, USA). Revta Biologia Trop 53(1):175-184

Mumby PJ, Harborne AR (1999) Development of a systematic classification scheme of marine habitats to facilitate regional management and mapping of Caribbean coral reefs. Biol Conserv 88:155-163

Murphy L, Leary L, Williamson A (1995) Standardizing seabed classification techniques. Sea Tech 36:15-19

Preston JM (2004) Resampling sonar echo time series primarily for seabed sediment classification. United States Patent and Trademark Office, Patent Number US 6,801,474 B2

Preston JM, Christney AC, Beran LS, Collins WT (2004) Statistical seabed segmentation—from images and echoes to objective clustering. In: Proceedings of 7th European conference on underwater acoustics, vol 813, p 818

Quester Tangent Corporation (2002) QTC IMPACT acoustic seabed classification, user guide version 3.00. Integrated mapping, processing and classification Toolkit. Sidney, Canada

Riegl B, Piller WE (2003) Possible refugia for reefs in times of environmental stress. Int J Earth Sci 92:520-531

Riegl BM, Purkis SJ (2005) Detection of shallow subtidal corals from IKONOS satellite and QTC View (50, 200 kHz) single-beam sonar data (Arabian Gulf; Dubai, UAE). Remote Sens Environ 95:96-114

Riegl BM, Halfar J, Purkis SJ, Godinez-Orta L (2007) Sedimentary facies of the Eastern Pacific's northernmost reef-like setting (Cabo Pulmo, Mexico). Mar Geol 236:61-77

Roberts JM, Wheeler AJ, Freiwald A (2006) Reefs of the deep: the biology and geology of coldwater coral ecosystems. Science 312:543-547

Simmonds J, MacLennan D (2005) Fisheries acoustics: theory and practice, 2nd edn., Fish and Aquatic Resources SeriesWiley-Blackwell, New York

Taylor JC, Rand PS, Eggleston DB (2006) Nassau grouper (Epinephelus striatus) spawning aggregations: hydroacoustic surveys and geostatistical analysis. In: Taylor JC (ed) Emerging technologies for reef fisheries research and management. NOAA Professional Paper NMFS 5

van Walree PA, Tegowski J, Laban C, Simons DG (2005) Acoustic seafloor discrimination with echo shape parameters: a comparison with the ground truth. Cont Shelf Res 25:2273-2293

Walker BK, Riegl BM, Dodge RE (2009) Mapping coral reef habitats in Southeast Florida using a combined technique approach. J Coast Res SI 53:16-26

White WH, Harborne AR, Sotheran IS, Walton R, Foster-Smith RL (2003) Using an acoustic ground discrimination system to map coral reef benthic classes. Int J Remote Sens 24: 2641-2660

Zitello AG, Bauer LJ, Battista TA, Mueller PW, Kendall MS, Monaco ME (2009) Shallow-water benthic habitats of St. John, U.S. Virgin Islands. NOAA Technical Memorandum NOS NCCOS 96, Silver Spring

第 10 章　深水声学应用

Thiago B. S. Correa, Mark Grasmueck, Gregor P. Eberli, Klaas Verwer,
Samuel J. Purkis

摘要　由于冷水珊瑚生态系统通常存在于 500～1000m 水深处(这种深度相对不可及),因而为其绘制的精确地图为数不多。本章描述了一种联合声学勘测方法,该方法曾被用于佛罗里达海峡两个冷水珊瑚区的高分辨率(高达 0.5m)地图绘制任务。这一方法通过船载多波束系统以及安装在 AUV 上的多波束及侧扫声纳系统进行多次勘测得以实现。这些勘测工具具有较宽的测带,因而可以覆盖较为广阔的区域,所形成的低分辨率(20m 和 50m)图完成了面积超过 $2600m^2$ 造礁珊瑚的识别任务。

随后用 AUV 平台对侦察工具发现的兴趣区域进行勘测,从而使冷水珊瑚区域图像达到 0.5～3m 的分辨率。AUV 能探测到面积小至 $81m^2$ 的珊瑚丘,且揭示出了勘测图无法分辨的精细级的 20m 高珊瑚脊。此后再用水下设备对 AUV 图以及其他遥感数据进行地面实况匹配,进而生成一个综合性的地理信息数据集。为描述各测区内地貌以及珊瑚礁特征的分布情况,对该数据集进行了空间和量化分析。在迈阿密台地(此处的珊瑚脊不高)处的栖息地分类图和空间分析结果均显示,片状珊瑚优先生长在岭脊的北侧或是沿其北侧生长。而 AUV 探测到的这股向南的底层流,正是引起珊瑚不对称分布的诱因。大巴哈马浅滩低坡区(该处形成有一座座不连续的珊瑚丘)的地貌分析发现:当地的底层流运动规律和珊瑚丘地貌之间不存在相关关系。这些分析结果表明,佛罗里达海峡中的这两处冷水珊瑚区在珊瑚分布、空间参数以及海流规律等方面均存有很大不同。鉴于具有较高的分辨率,这里所述的方法对研究这些以及其他偏远

T. B. S. Correa,美国迈阿密大学罗森斯蒂尔海洋与大气科学学院,邮箱:tcorrea@ rsmas. miami.edu。
M. Grasmueck,美国迈阿密大学罗森斯蒂尔海洋与大气科学学院,邮箱:mgrasmueck@ rsmas. miami. edu。
G. P. Eberli,美国迈阿密大学罗森斯蒂尔海洋与大气科学学院,邮箱:geberli@ rsmas. miami. edu。
K. Verwer,美国迈阿密大学罗森斯蒂尔海洋与大气科学学院,邮箱:klver@ statoil. com。
T. B. S. Correa,美国 ConocoPhillips 公司,邮箱:thiago. bs. correa@ conocophillips. com。
S. J. Purkis,美国诺瓦东南大学海洋中心,国家珊瑚礁研究所,邮箱:purkis@ nova. edu。

脆弱生态系统的生物物理进程而言是一种理想方法。依靠地理信息数据对珊瑚分布状况和珊瑚丘丰度情况进行评估和监测,对冷水珊瑚栖息地的管理来说具有重要意义,同时这也是需要优先研究的重要课题。

10.1 引言

冷水造礁石珊瑚(岩石状)是一种分布在 50~3000m 漆黑深水区的多分支群体生物(图 10.1)(Freiwald et al.,1997;Roberts et al.,2006)。这类珊瑚能够阻挡并捕捉流动状态的沉积物进而形成巨大的丘堆,因此,丘堆中除珊瑚外还含有许多其他生物,如海绵、水螅和海葵等(Mullins et al.,1981; Roger,1999; Reed et al.,2006;Roberts et al.,2006)。同时,这类丘堆还可作为移动物种的栖

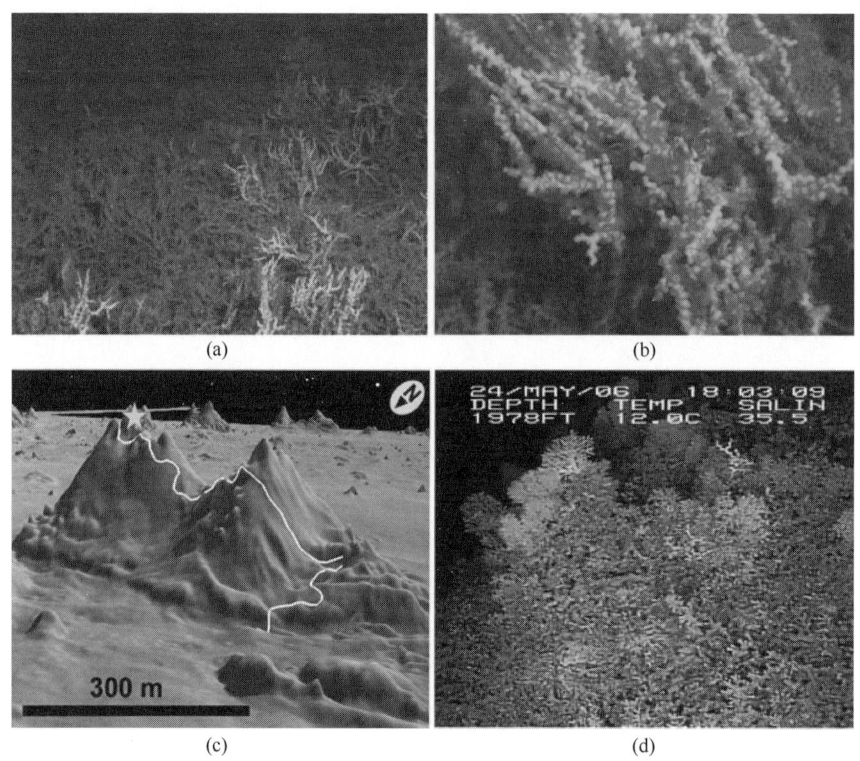

图 10.1 (a)佛罗里达海峡中迈阿密台地海区内分支状的冷水石珊瑚丛(多数是 Lophelia pertusa 和 Enallopsammia spp.)。(b)死珊瑚骨骼密集构架上生长的活珊瑚(明亮的白色部分)特写镜头。(c)大巴哈马浅滩斜坡上的珊瑚丘。白色线条代表水下航迹,黄色星号则代表(d)的位置。(d)珊瑚丘侧面的密集冷水珊瑚构架。两个可见的绿色激光点间距为 0.25m(彩色版本见彩插)

息地，其中包括具有重要经济价值的鱼群（Fosså et al.，2002；Reed，2002；Costello et al.，2005）。处于不同地理位置的冷水珊瑚丘在粒径分布、地貌特征、空间模式以及珊瑚礁的相对暴露程度和掩埋程度等方面都各有不同（Neumann et al.，1977；Del Mol et al.，2002；Huvenne et al.，2003；Wheeler et al.，2007；Correa et al.，2011）。即使在同一区域，珊瑚丘堆的高度（1～300m）和形状（从圆锥体型到细长型均有）也都存有差异（Van Weering et al.，2003；Wheeler et al.，2005a；Grasmueck et al.，2006）。这种复杂多变的情况是由当地流体动力特性、早期地形特征以及其他一些因素（如沉积速率）所决定的（White et al.，2005；Mienis et al.，2007；Dorschel et al.，2007；Correa et al.，2011）。

这类生态系统的详细地图非常罕见，因为多数珊瑚礁区都位于500～1000m的深水之中，而人类要想到达这种深度往往相对困难。由于海水具有极强的光线吸收能力，致使常用于浅水珊瑚礁区地图绘制的传统光学遥感工具一般不能进行大于30m水深的制图作业。目前为止，可用于深水环境的测绘工具只有潜航器和单波束声学测深仪，但也都只能生成有限空间范围内的数据。然而，随着新兴声学勘测技术的发展，已具备对大面积冷水珊瑚区域进行数据采集的能力。例如，侧扫声纳和多波束测深仪具有较宽的扫描带宽，使得科学家能对这些生态系统的范围和多样性进行探测，同时也能够对人类活动造成的环境影响实施监测（如拖网捕捞所引起的破坏；Wheeler et al.，2005b；Roberts et al.，2006）。目前，这些船载声学设备的制图范围和制图质量已经有了大的增加和提高，但在定位精度（约50m；Wheeler et al.，2005a）以及分辨率（约30m；Guinan et al.，2009）方面仍有不足。因此，必须对这些问题的情况、问题最有可能发生的场景以及校正相关错误的能力有所了解。

考虑到各类声学制图工具都有其特有的优缺点，配合使用地理环境参数以及“地面实况”数据的多种声学制图工具联合勘测成了研究冷水珊瑚生态系统的最佳方法。本章描述的测量方法既使用了自主式水下航行器（AUV），也使用了普通的潜水测量仪。AUV采集的地理信息参数（即水深、后向散射、规则海流数据、浅地层剖面和水体的物理化学特性数据等）不论在质量还是在分辨率方面都是前所未有的。然后通过水下断面录像和底质取样的方法对这些参数进行实况匹配。在此，将佛罗里达海峡的两项研究作为由这类数据集实现的量化分析案例，并对分辨率水平（如亚米级或十米级）做了说明。

10.2 冷水珊瑚栖息地的制图历史

一百多年来，人们一直在用挖掘的方式从海底采集冷水珊瑚物种样本

(Pourtales,1868;Cairns,1979)。直到20世纪60年代研究人员才通过单波束测深仪勘察发现,冷水珊瑚虫也能构造出高峻的珊瑚丘,这与热带和亚热带地区浅水珊瑚形成的珊瑚礁非常相似(Teichert,1958;Stetson et al.,1962)。顺着这项发现,人们又通过水下探测器对珊瑚丘上冷水珊瑚虫及相关动物群体的分布情况进行了调查(Neumann et al.,1970;Neumann et al.,1977;Reed,1980;Messing et al.,1990)。这些勘测所得的重要成果是,我们就珊瑚丘地貌及其与当地底层流的关系提出了各种假设。Neumann et al.(1977)有关于巴哈马浅滩坡面上流线型珊瑚丘平行于向北流动的佛罗里达海流的描述成为深水珊瑚丘的一个典型案例,并对该领域内的后续研究工作产生了重大影响。尽管在描绘冷水珊瑚区域方面取得了这一进展,但由于早期测量受空间覆盖率的限制,人们对珊瑚丘的准确位置、规模大小以及丰度等信息仍知之甚少。

工业地震数据在深水环境中的应用方面同期取得的进展,帮助我们发现了更多被冷水珊瑚丘覆盖的区域,同时也引出了珊瑚丘分布和发育相关控制过程的新假设(如Hovland et al.,1994;Del Mol et al.,2002)。在部分地区的珊瑚丘下方还发现了构造断层,并将其绘制成了相应的专题图。这些断层被认为是碳氢化合物(主要是甲烷)的通道,这也是冷水珊瑚虫和相关动物群的食物基础(Hovland et al.,1990,1994)。高分辨率的地震数据表明,珊瑚丘常常位于侵蚀性事件所形成的削截反射层上。由此说明底层流影响着珊瑚丘的生成与分布(Del Mol et al.,2002;vanWeering et al.,2003;van Rooij et al.,2003)。

欧洲大陆边缘发现的大型丘状珊瑚构造(如Kenyon et al.,2003)以及声学测量仪器的改进将过去10年的冷水珊瑚生态系统研究推向一个新的阶段。目前,深水拖曳式侧扫声纳以及之后出现的多波束系统已成为这些生境制图最常用的声学传感器(Paul et al.,2000;Huvenne et al.,2002;Foubert et al.,2005;Wheeler et al.,2005a;Roberts et al.,2005;Mienis et al.,2006;Dolan et al.,2008;Guinan et al.,2009; Dorschel et al.,2009)。两种传感器都能在冷水珊瑚区的空间范围内覆盖一个适当大小的子集(如几十平方千米)。然而,这些传感器生成的数据集往往又受水下定位低精度以及低分辨率的限制。

侧扫声纳(SSS)通过侧翼天线以一定的掠射角向海底发射声波信号来生成图像(Blondel,2009)。SSS常用于冷水珊瑚生态系统的测绘工作,这是因为它能轻易地将珊瑚栖息地从周围海底环境中区分出来(Fosså et al.,2005)。珊瑚栖息地能产生很高的声波振幅,因此在SSS图像柔软平滑的海底背景(海底声波振幅相对较低)中显得特别醒目。大多数SSS传感器都采用贴近海底的深水拖曳方式,因而可在较高的频率下进行探测作业。随着频率的增高,声波的波长将会变短,两次连续声波信号之间的时间间隔也相应变短(即脉冲频率)。这样,在贴近海底处进行拖鱼作业就能实现米级的测图分辨率(如 Mienis et al.,2006)。但是由此带来的传感器与母船之间的距离修正却给相关操作增加了难度,并可能对测量效果和数据质量产生影响(Northcutt et al.,2000)。

拖带装有 SSS 的“拖鱼”需要非常长的拖缆(长达 10000m),这会大幅增加母船的负担(Northcutt et al.,2000)。因此需要将航速限制在约 2.5kn,每个航次所能覆盖的区域也相应受到限制,进而降低了深水拖曳 SSS 的测量效益(Northcutt et al.,2000)。习惯上,拖鱼的位置通过拖缆长度、拖鱼深度和船速之间的三角关系计算获得。然而,船舶航迹的曲折以及受强大海底洋流引发的传感器漂移(冷水珊瑚区常见现象)都可能导致巨大的定位误差(如±50m;Wheeler et al.,2005a)。可以通过在拖缆或拖鱼上额外安装一个水声信标以减少这类误差。该信标会将拖鱼的位置传递给母船。不过这个额外安装的信标所发出的声信号可能会给采集的数据带来新的噪声,也可能因其直接连于拖缆而致使后者发生动摇(Fosså et al.,2005)。另一种方法是在海底布设一个由多台水声应答器环绕而成的网阵,但是需要投入大量的时间和资金(Blondel et al.,1997)。

SSS 传感器生成的声学图像还具有另一重大局限,即无法采集地形数据(见第 8 章),尽管像珊瑚丘这样的物体高度可用三角关系粗略估算出来(Blondel,2009),然而,如果没有准确的地形信息,就难以调和在冷水珊瑚栖息地观察到的视频断面图与海底声波响应之间的差异(Dolan et al.,2008)。总之,尽管深水拖曳式 SSS 获取的图像具有较大的覆盖面积以及较高的分辨率,但是定位精度不高、地形数据缺乏以及这类测量作业相关的操作难度较大等原因存在,使得该传感器无法单独对冷水珊瑚区域进行有效制图。

多波束测深仪是一种用于冷水珊瑚生境制图的新手段。多波束系统一般安装在母船上(Roberts et al.,2005;Dolan et al.,2008;Guinan et al.,2009),最近又可搭载于 ROV(Foubert et al.,2011)上。多波束系统沿垂直于航迹线的方向发射扇形声波(图 10.2)。每个波束都记录了相应的测深数据,进而构建出一个 DEM,相比于单波束测量结果,其覆盖面积更大,连续性更佳。除测深数据外,多波束系统还能记录后向散射信号的振幅。与 SSS 图像类似,后向散射信号的振幅可用来判断表层沉积物的类型,也可对平缓海底和珊瑚栖息地进行区分(如 Fosså et al.,2005)。

多波束声纳的发射波束数量和波束间距因具体型号不同或生产商不同而各有差异,最常用的船载多波束测深仪之一是 12kHz 的 Simrad EM 120 系统,在其 150°的横向开角内共可发射 191 条波束,每个波束角约为 1°(Kongsberg,2005)。DEM 单元格的尺寸(即在其上方测量水深和后向散射强度的对应海底面积)和照射带宽取决于波束在海底的照射面积(图 10.2)。传感器与海底间的距离越大,波束在海底的照射带宽就越宽。对于船载多波束系统,其传感器与所测的冷水珊瑚栖息地相距甚远。因此,该系统生成的地图尽管覆盖面积较大,但是分辨率却不高(图 10.2)。

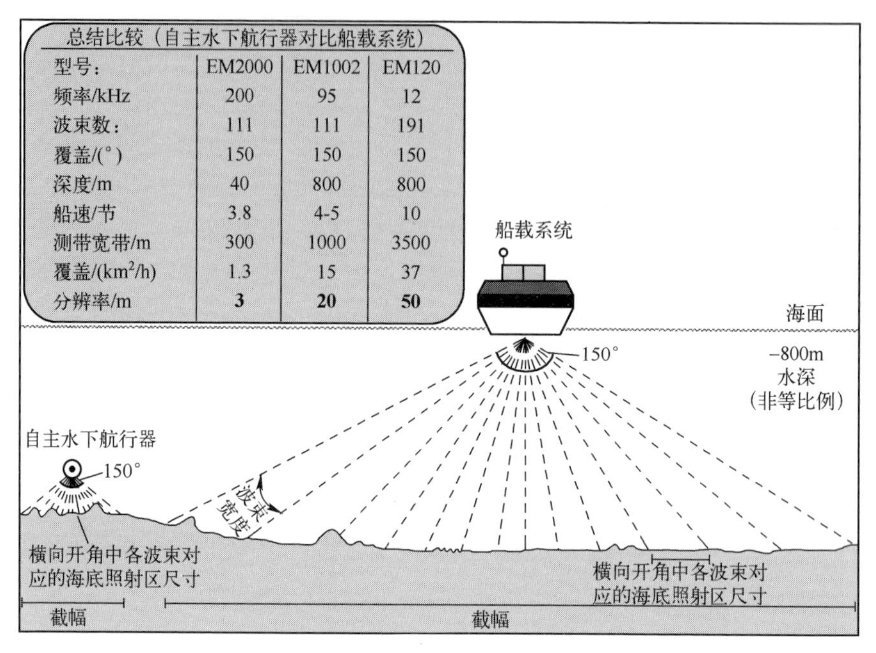

总结比较(自主水下航行器对比船载系统)

型号:	EM2000	EM1002	EM120
频率/kHz	200	95	12
波束数:	111	111	191
覆盖/(°)	150	150	150
深度/m	40	800	800
船速/节	3.8	4-5	10
测带宽带/m	300	1000	3500
覆盖/(km^2/h)	1.3	15	37
分辨率/m	**3**	**20**	**50**

图 10.2 船载多波束系统(EM120 和 EM1002)与自主式水下航行器所搭载的多波束系统(EM2000)间的几何差异示意图。图中灰色方框给出了这些多波束系统的对比信息(数据援引自 Courtney and Shaw,2000)。

将系统安装在母船上的好处是,船的运动、首向、横摇、纵摇、起伏和船位都能通过辅助传感器与 GPS 精确测得(Courtney et al. ,2000)。这些与船只相关的测量数据可用来校正多波束测量数据以及提高 DEM 质量。然而,即使有了这些修正数据,船载多波束声纳系统生成的冷水珊瑚栖息地图在分辨率上还是要比深水拖曳式 SSS 平台所生成的地图粗糙约 10 倍。此外,就后向散射强度而言,船载多波束系统所记录的声波数据质量通常要比深水拖曳式 SSS 系统生成的数据质量低。这主要是因为船载多波束系统相比于深水拖曳式 SSS 上装载的多波束系统,在入射角上的变化更大,因而测得的反射率被均分在各波束的整个扫测条带中(Lurton,2002;Fosså et al. ,2005)。

综上所述,深水拖曳式 SSS 和船载多波束声纳各有其优缺点:SSS 是理想的海底制图手段,而多波束系统则能提供准确的地形图像。这些数据对于评估冷水珊瑚栖息地的分布状况与影响其分布的环境因素而言,都是关键性的数据。

因此,用于生成高质量且高分辨率的地形图和声纳图的最佳测量手段是将这两种传感器安装在同一艘船上。该探测装置应能够:①在接近海底处自由航行;②携带可精确测定平台运动及位置的内置传感器。AUV 和水下遥控无人潜水器(ROV)均无须通过脐带电缆与母船相连。AUV 是典型的鱼雷形平台,因此相比于 ROV 和深水拖曳式 SSS,其运动路线更为确切,且运动速度更快(George et al. ,2003)。例如,AUV 的最大航速可达 4 节,该速度约为 ROV 和多数深水拖曳式 SSS 作业速度的 2 倍(Northcut et al. ,2000)。与深水拖曳平台相比,AUV 所具备的自主性更是增加了其勘测效益。例如在网格测量中,当测量工具到达每条测线的尽头时,必须转弯 180°,并在前一条测线附近开辟一条新的测线(即换线)。AUV 的换线时间约为 5min,而相同的操作在深水拖曳测量中则要耗费 6h(Northcut et al. ,2000)。此外,AUV 可利用多种航行和制图工具,以同时采集测深数据、后向散射数据、水下剖面数据以及环境参数(如海流数据和温度等)。于是,AUV 能够生成详尽且准确的综合数据集合。

10.3 冷水珊瑚制图范例

10.3.1 声纳和 AUV 的配置

不同的 AUV 在制图能力上存有差异,下面我们会对 C&C 技术公司(美国路易斯安那州拉斐特市)制造的 C-Surveyor-II 型 AUV 的一种可行配置方案做出描述。C-Surveyor-II 型 AUV 的一个关键部件是其惯性导航系统,经后期处理,该系统在 800m 水深进行测量作业时其定位精度可达到 3m(Jalving et al. ,2003)。卡尔曼滤波器则对 AUV 的方位、对地速度以及水深数据进行整合,这三者分别通过陀螺罗经、300kHz 声学多普勒海流剖面仪(ADCP)和高精度压力传感器获得。用超短基线(USBL)声学定位系统和部署在船上的差分定位系统同时进行传感器的定位,可将定位误差降到最低程度(Chance et al. ,2001; George,2006)。此外,AUV 还配备了避障声纳,因而能探测并响应地势上的突然变化。AUV 携带的是铝氧燃料电池,使得其续航能力长达 55h(George,2006)。当 AUV 以约 3.8kn 的航速,并以 200m 的测线间隔进行勘测时,单次作业可覆盖 50~60km^2 的面积。

本课题所使用的 C-Surveyor-II 型 AUV,其海底勘测传感器由一台 200kHz 的 Simrad EM2000 多波束声纳和一台 120kHz 的 Edgetech SSS 系统组成。多波束系统可在 300m 宽的条带范围内发射 111 条波束,其中两条相邻测带间有着 100m 宽的重叠区域。设置重叠测带区是为了增加测带边缘处的探测精度,因为处于最外缘的波束通常质量较差(Lurton,2002)。为进一步提高多波束数据的质量,需要利用 AUV 的惯性导航传感器所记录的起伏、纵摇和横摇信息对原始回波测深数据进行修正。虽然多波束系统本身有能力生成 1m 像元尺寸的 DEM,但是由于定位精度的不足,网格的像元尺寸被限制为 3m(George,2006)。SSS 系统每秒钟大约发射 3 次声波,产生一个沿航线方向的约 60cm 的脉冲击发距离(AUV 航速为 3.8 节)。相应的测线宽度约为 400m,每条测线的重叠区宽度为 200m。

此外,AUV 还能在每次作业任务中全程采集浅地层剖面和环境参数。有一种 3kHz 的 Edgetech 脉冲压缩系统能以 200m 的间距进行浅地层剖面的采集,且每次透深可达 40m(Correa et al. ,2011,2012)。海水连续不断地流过 SEB Fast-CAT CTD 传感器,使之能够对温度和盐度进行测量。除用来采集 AUV 的对地速度外(相对海底),ADCP 数据(与陀螺罗经测量数据配合使用)还可用以确定水下探测器与海底之间 40m 水体的速度矢量,该过程的时间间隔为 1s。

40m 的 AUV 巡航高度对海底实况录像数据的采集而言相对过高,因此这些数据必须各自采集。本章接下来几节所介绍的测量任务中,地面数据的采集均由 Johnson-Sea-Link II 型水下探测器实现。这种水下探测器的聚丙烯球镜片为观察人员提供了一片大于 180°的视野,同时还配有一台外置云台摄像机用以记录沿航迹采集的图像。此外,这类水下探测器还装备了一只机械臂,可用来抓、铲或吸取目标样本,如岩石板、沉积物和生物体等。该水下探测器利用 USBL 定位系统进行导航,并可每隔 4s 记录一次水下探测器的实时位置(Reed et al. ,2006)。根据 USBL 在最差跟踪条件下跟踪精度的分析结果估计,其在 500m 水深处的最大统计学定位误差为 9.6m(Opderbecke,1997)。这类定位误差在地形起伏多变的测区最易说明和改正。在数据分析过程中,规律性的地形起伏变化可使观察人员更好地将水下探测器的实际位置同高分辨率的 DEM 相联系。总的来看,在半径大于水下探测器统计定位误差(即<9.6m)的栖息地区块内,基于水下视频进行的地面验证取得了极佳的效果。尽管这些水下探测器在定位精度上存在一定的局限性,但通过结合使用基于视频的地面验证与 AUV 数据,便可使冷水珊瑚栖息地的地形、底栖生物、沉积物特性以及环境参数等要素的分辨率达到前所未有的高水平。

10.3.2 测量设计和数据分析

本章介绍的测量工作流程包括勘测制图、AUV 测量、水下探测器海底实况信息采集、数据处理综合数据集的空间和量化分析。勘测制图通过 EM120 型和 EM1002 型船载多波束测深仪来实施,这两种设备的操作频率分别为 12kHz 和

95kHz(图 10.1)。实际应用时应当依据具体情况对两者做出选择。相比而言,EM120 系统因测带宽、测速快而且覆盖区域较大,EM1002 生成的 DEM 图在分辨率上则又高于 EM120(图 10.2、图 10.1)。根据这一情况,EM120 传感器被用来探测尚无珊瑚虫群落和珊瑚丘记录的区域,而 EM1002 则用于在已探得珊瑚虫群落和珊瑚丘的区域进行更为精细的勘测作业。根据勘测图显示的结果,在佛罗里达海峡内选取了两个测区以进行 C-Surveyor-II 型 AUV 部署(图 10.3)。这两个测区分别位于迈阿密台地的底部以及大巴哈马浅滩(GBB)的坡面上,水深从 580m 到 870m 不等(图 10.3)。两个区域共覆盖了 $75km^2$ 的高分辨率制图区域。这些区域随后由 6 个水下剖面(约 8km 长)进行海底实况匹配。

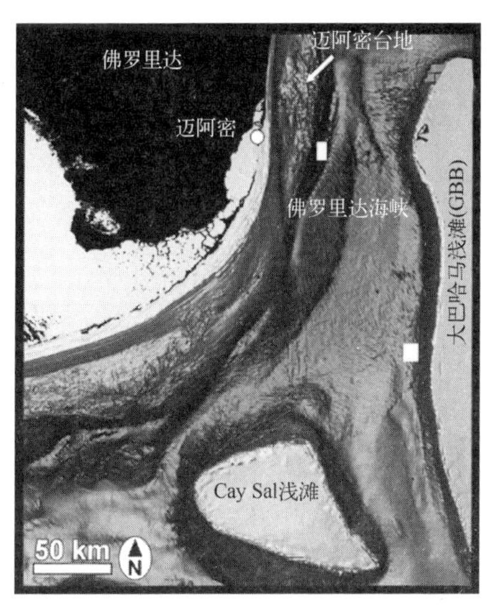

图 10.3 佛罗里达海峡水深测量图,其中两个测区(白色长方形,不按比例显示)分别位于迈阿密台地底部和大巴哈马浅滩的坡脚处

船载多波束系统采集到的多波束数据被提取用于生成各研究区域的 DEM 图。EM120 型和 EM1002 型多波束系统所生成的图分别具有 50m 和 20m 的格网尺寸(表 10.1)。相比之下,AUV 携带的 EM2000 系统可生成 3m 分辨率的 DEM,以及 1m 分辨率的海底后向散射图。这些声学图像连同 SSS 生成的图像被一并覆盖在 DEM 上。然后将后向散射图像和 DEM 载入到 GIS 工程中,并“叠加”以水下航迹线坐标,如此便可将带有时间记录的水下航迹线与视频录像片段的时间进行整合。然后可将识别于水下探测器录像中的底相类型与 AUV 图中观察到的声学后向散射模式进行相关处理。这些图的作用是将制图区域内的泥质沉积物同珊瑚碎石和直立珊瑚丛区别开来。最后,将每次 AUV 底层

流测量任务所对应的时间和坐标标绘到 GIS 系统中用于时空分析。

这些测量作业所记录的地形、声学反射模式、沉积物特性、海流规律和珊瑚分布等数据,在两个测区之间甚至是同一测区内部都存在显著差异。例如,在位于 GBB 坡面的测区中,珊瑚分布状况便与一座座互相独立的珊瑚丘有关(图 10.1)。在这里,珊瑚丘的形态测量(即用来描述珊瑚丘参数的量化分析)将有助于分析珊瑚丘走向与盛行流方向之间的相互关系。相比之下,迈阿密台地测区坡面上珊瑚的分布情况则与占该地较大面积的低矮海脊相关,接着通过栖息地分类及随后的地形空间分析来评估珊瑚分布状况与底层流之间的关系。虽然这两个测区间的部分差异可借助目力的方式在 AUV 图中直接分辨出来,但另一些差异(如珊瑚丘覆盖面积和珊瑚分布状况)则需对测区属性进行系统量化后才能显现出来。所选用于量化目的的变量被逐一确定为各测区其总体特征的函数。以上两种方法以及有关佛罗里达海峡冷水珊瑚栖息地合理制图所需分辨率水平的评估将在以下几节中详细讨论。

表 10.1 用于勘探大巴哈马浅滩和迈阿密台地两处测区的测量平台参数总结

勘测平台	船速/kn	传感器(频率)	测线宽度/分辨率/采样	输出	对象
船载多波束(深度~800m)	10	Simrad EM 120 多波束(12kHz)	3500m;50m 带状	DEM	勘测制图
船载多波束(深度~800m)	4~5	Simrad EM 1002 多波束(95kHz)	1000m;20m 带状	DEM 和声学图像	勘测制图
C-Surveyor-Ⅱ AUV(海底上方 40m)	3.8	Simrad EM 2000 多波束(200kHz)	300m(100m 重叠)3m 带状	DEM 和声学图像	高分辨率制图和空间分析
		Edgetech 侧扫声纳(120kHz)	400m(200m 重叠)0.5m 带状	声学图像	栖息地分类图
		Edgetech chirp 剖面仪(3kHz)	200 线距	浅地层剖面	沉积率和回声特性
		ADCP	每秒采样	流速,流向	AUV 定位;底层流
		FastCAT CTD	每秒采样	温度,盐度	水团性质
Johnson-Sea-Link Ⅱ(可潜水)	<1	摄像机,机械臂	最大定位误差 9.6m(500m 水深)	视频,底样	地形实况匹配

注:见 Reed et al. ,2006

10.3.3 冷水珊瑚丘特征描述

对佛罗里达海峡冷水珊瑚区的有关报道多为独立的珊瑚丘构造,这种构造高度可达 50m,直径则可达 1000m(Neumann et al. ,1977;Mullins et al. ,1981;

Messing et al. ,1990;Paul et al. ,2000;Reed et al. ,2006)。现有地图的分辨率不高,致使这些区域内珊瑚丘的分布状况和空间特征(如规模、地貌、复杂度等)还不能被清晰描述。为确定评估佛罗里达海峡冷水珊瑚丘所需的最低分辨率,该研究对 GBB 区域一块面积为 $47km^2$ 的勘测区域中采集的三幅 DEM 图(50m、20m 和 3m 的网格分辨率;图 10.1)的珊瑚丘规模-频度分布状况做了分析。

GBB 区域的三幅 DEM 图中均能观察到珊瑚丘(图 10.4)。然而这些珊瑚丘的边界却较为复杂且难以对其做出一致的描述。为系统地评估各 DEM 图中珊瑚丘规模-频度的分布状况,人们研究出了一种自动化的珊瑚丘提取方法。该方法基于珊瑚丘与周围环境所呈的坡角得以实现。首先,通过各 DEM 图生成坡面图(图 10.5(a)),然后在等高线上坡度角超过 8°的地方创建出多个闭合多边形(图 10.5(b))。之所以略去这些坡度角大于 8°的地方是为了方便对珊瑚丘边界的手工绘制。手工标绘的结果表明:从周围海底中形成的珊瑚丘大多以约 8°的截断面高出海底。由于在一个珊瑚丘要素内坡度角变化有可能超过 8°,因而也可以借助该算法在一特定珊瑚丘中创建出新的多边形(图 10.5(b))。这样一来,任意两个多边形的重叠部分就会被合并,所以只有最外围的多边形才能代表珊瑚丘的具体边界(即珊瑚丘覆盖面积;图 10.5(c))。随后,位于珊瑚丘边界内的各原始 DEM 数据将被删除(图 10.5(d))。

对 DEM 图重设坐标网格,进而形成不包括珊瑚丘自身在内的新测深图。各去除珊瑚丘后所形成的数据空白区利用其边缘数据内插获得(图 10.5(e))。重设格网的新生表面随后从 DEM 原图中分离出来以生成只显示珊瑚丘范围内垂直起伏信息的地图(图 10.5(f))。最后,通过一个 Matlab 程序对各闭合多边形内的最大厚度(即高度)进行计算。这项研究中,任一 DEM 图中的珊瑚丘要素均被定义为:高度大于 1m,覆盖面积大于 $81m^2$ 的闭合多边形。这种用于形态特征计算的最小珊瑚丘单元其事实依据是 3×3 矩阵的像元面积为 $81m^2$(假定每个像元尺寸为 3m)。而比它更小的矩阵(例如,2×2)则不具有足够的像元来表示自由形态下的珊瑚丘覆盖面积。

由三个分析后的多波束数据集所生成的 DEM 图表明:GBB 研究区内的珊瑚丘规模-频度分布状况总体相似(图 10.4 和图 10.6)。规模-频度分布状况的确定是通过标绘对应于珊瑚丘覆盖区域的超越概率来实现的(图 10.6),其中超越概率是指某一珊瑚丘(y 轴)等于或大于对应区域面积(x 轴)的可能性。例如,通过一系列研究发现:遇到面积等于或大于 $440m^2$ 的珊瑚丘的概率是 50%,但是遇到面积等于或大于 $60000m^2$ 的珊瑚丘的概率却只有 1%。由此表明三幅 DEM 图所表现的 GBB 研究区珊瑚丘规模-频度分布特点均为小型珊瑚丘较多,大型珊瑚丘结构数量有限。然而,勘探图的探测结果却更易显示大型的

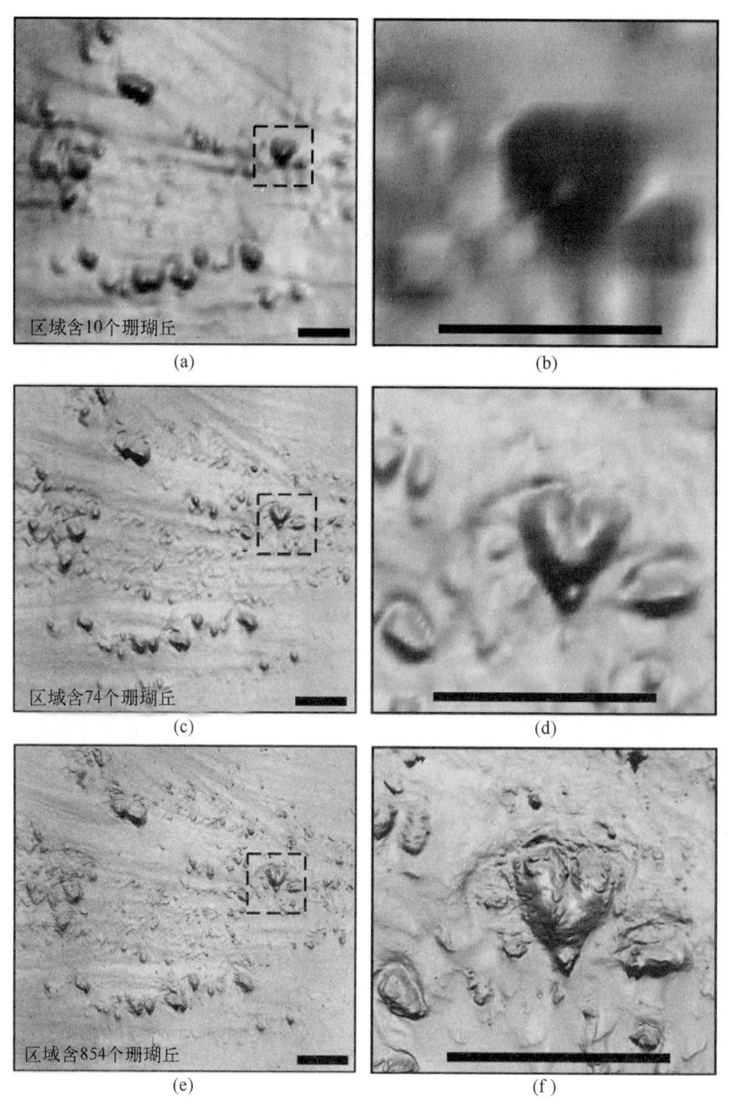

图 10.4　用不同分辨率的多波束系统生成的大巴哈马研究区数字化高程模型(DEM 概览-左侧;DEM 放大图-右侧)。EM120(a)、(b),EM1002(c)、(d)和 EM2000(e)、(f)的像元分辨率分别为 50m、20m 和 3m。随着 DEM 分辨率的增加,探测复杂珊瑚丘地貌形态的能力也相应增加。黑色比例尺条表示实际长度为 1km(彩色版本见彩插)

珊瑚丘(图 10.6)。例如,在 EM120 型多波束系统生成的 50m 分辨率 DEM 图中,共探测到 10 座珊瑚丘(图 10.4 和图 10.6)。这些珊瑚丘的面积均大于 $26000m^2$。相比之下,EM120 生成的 20m 分辨率 DEM 图却只能探测到面积大于

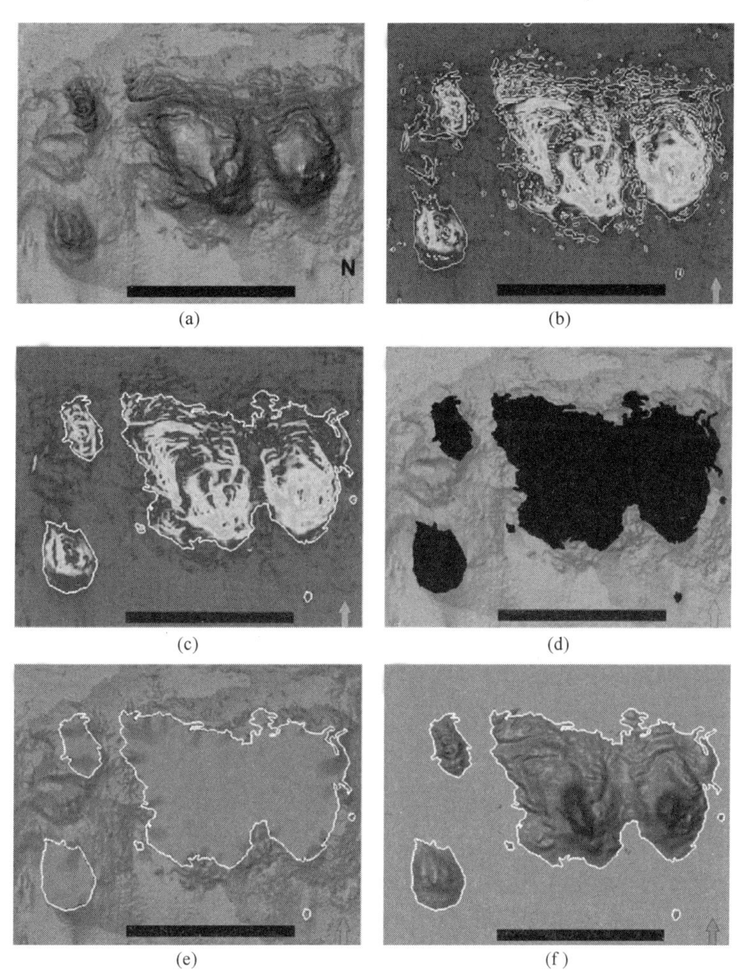

图 10.5　从 DEM 中自动提取和标绘珊瑚丘边界的工作流程。(a)大巴哈马浅滩研究区的一幅高分辨率 DEM 图,且该图是一幅反映珊瑚丘要素的正视图。(b)根据 DEM 绘制的一幅坡度角图,并在等高线上坡度角超过 8°的地方创建出多个闭合多边形(白色线条)。(c)通过合并任意两多边形中的重叠部分以获取真实反映珊瑚丘边界(珊瑚丘覆盖面积)的整合多边形。(d)将 DEM 原图中的数据从珊瑚丘范围内剔除。(e)对剔除数据后的珊瑚丘区域进行内插,以实现垂直起伏信息对整个珊瑚丘区域的全覆盖。(f)将新生成的表面从 DEM 原图中分离用以绘制米级珊瑚丘区域内的垂直起伏信息图。黑色比例尺条代表实际长度为 500m(彩色版本见彩插)

$2600m^2$的珊瑚丘(图 10.6)。另一个对比结果是,在 EM120 勘测图中,GBB 研究区仅有 74 座珊瑚丘(图 10.6)。然而由 AUV 生成的 3m 分辨率 DEM 图却可以识别出 854 座珊瑚丘,其中较小者覆盖面积只有 $81m^2$(图 10.6 和图 10.7)。

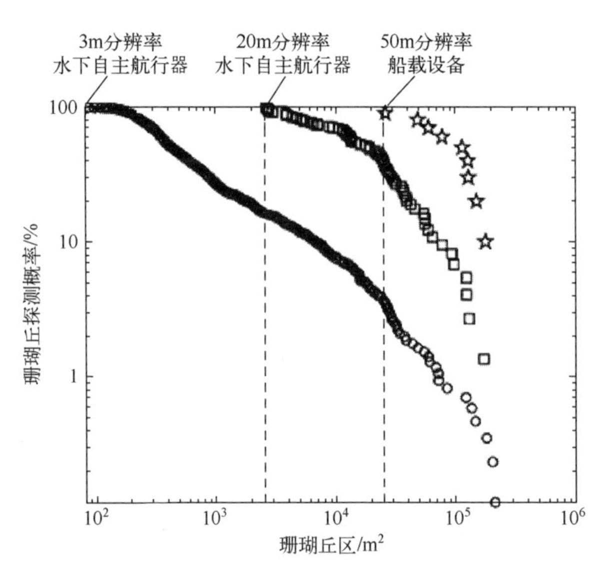

图 10.6　从三种不同多波束系统(3m、20m 和 50m 分辨率)生成的 DEM 图中提取的大巴哈马浅滩冷水珊瑚丘的覆盖面积与超越概率相对应的双对数标绘图。超越概率(y 轴)代表已知珊瑚丘等于或大于其对应面积(x 轴)的可能性。三种分辨率图中所反映的珊瑚丘规模-频度分布状况相似,其中观察到小型珊瑚丘的概率要高于观察到大型珊瑚丘的概率。与船载系统(20m 和 50m 分辨率)采集数据制成的地图相比,AUV 采集数据生成的 3m 分辨率概率曲线所对应的珊瑚丘规模范围更大,频度更高。短划线代表各系统的最低珊瑚丘探测阈值

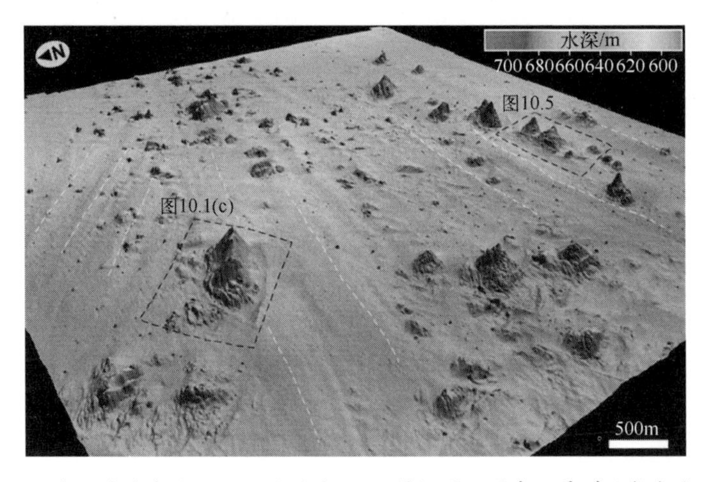

图 10.7　大巴哈马浅滩(GBB)附近的 DEM 斜视图。图中可看到无数大小不一,形状各异的一座座珊瑚丘。白色短划线用来突出高达 5m 且向西微倾(海盆方向)的凸出地形(彩色版本见彩插)

目前,对小型珊瑚丘在生态环境方面所起的作用尚缺乏彻底的了解。然而,Correa et al.(2011)却依据同等分辨率的 AUV 图评估了沉积规律对珊瑚丘分布状况的影响。小型珊瑚丘在高沉积速率的区域内并不存在,但在中等或较低沉积速率的区域内却时被发现(Correa et al.,2011)。用分辨率只有 50m 或 20m 的 DEM 数据是不可能发现这一现象的,因为从中等沉积速率到低沉积速率的区域中无法提取出小型珊瑚丘。图 10.4 还说明,分辨率的变化可进一步影响精确观察珊瑚丘地貌及其复杂度的能力。随着 DEM 分辨率的增加,探测复杂珊瑚丘地貌以及小覆盖面积珊瑚丘的能力也相应增加(图 10.4 和图 10.6)。因此这些研究结果表明:有必要借助 3m 分辨率的 AUV 勘测图对佛罗里达海峡冷水珊瑚丘的分布状况和地貌形态进行相应研究。这样即可基于高分辨率的 AUV 数据集进行形态数据计算,从而对 GBB 研究区的珊瑚丘地貌(即形状与走向)和盛行底层流方向做出评估。

10.3.4 珊瑚丘形态测量数据

从 GBB 测区(总面积 $47km^2$)的高分辨率图中分析出的 854 座珊瑚丘的形态测量数据(例如,高度、形状、走向等)表明:这些珊瑚丘的覆盖面积从 81 ~ $268000m^2$ 不等,高度则从 1 ~ 83m 不等。该测区内的珊瑚丘大多分布在一系列高度不超过 5m 的高地上,从整体上看,这些高地呈东西走向,且分布在 500 ~ 1500m 的宽度范围内(图 10.8)。目前,尚不能确定这些常见于碳酸盐台地坡面上的高地的组成成分(例如,Mullins et al.,1984)。虽然 GBB 测区中最高的珊瑚丘均位于这些高地上(图 10.1 和图 10.7),但在低地处也存有起伏达 60m 的大型珊瑚丘(图 10.7)。经水下探测器对该区域中最大的珊瑚丘进行地面实况调查后发现,那里存在着以深海珊瑚 Lophelia pertusa 珊瑚和 Enallopsammia profunda 珊瑚为主的密集型珊瑚虫群落(图 10.1(c) ~ (d))。

各珊瑚丘的覆盖面形状可由其最长直径与最短直径之比量化计算得出(即主轴线之比)。就这一参数而言,值为 1 时表示珊瑚丘为圆形,当该值接近 0.5 时则表示珊瑚丘呈长椭圆形,而当该值接近 0.1 时,表示的则是长线型的珊瑚丘(例如,Purkis et al.,2007;Correa et al.,2011)。取主轴线比小于 1 的珊瑚丘,并对各自最长轴的方位作了计算(即覆盖区方向)。对珊瑚丘覆盖区形状和走向的分析结果表明,面积和形状之间不存在相关关系(图 10.8(a))。这意味着珊瑚丘的形状不会因面积的增加而趋向流线型。同样也没有任何有关珊瑚丘主方向的记录(图 10.8)。

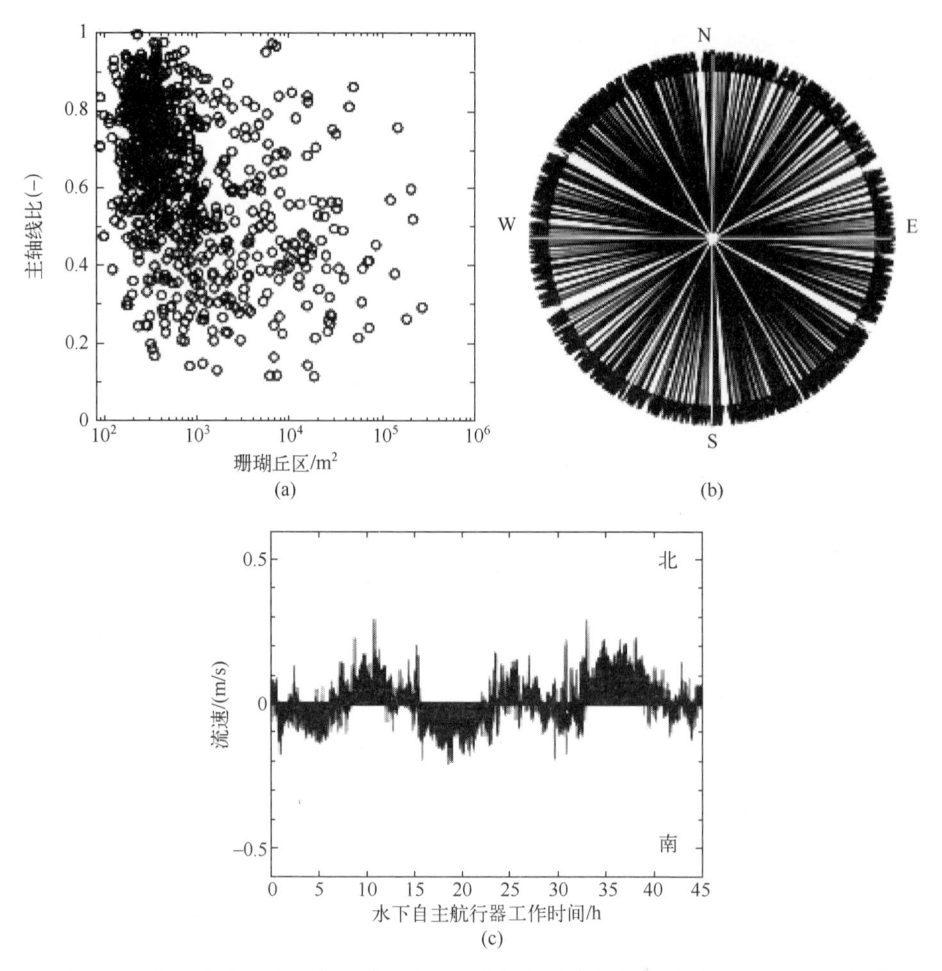

图 10.8　大巴哈马浅滩研究区的形态测量分析和海流数据标绘图。(a)珊瑚丘覆盖面积与珊瑚丘覆盖面形状的对应关系图。珊瑚丘形状取决于主轴线比(PAR,y 轴):比值接近 1,表明形状近似圆形,而比值接近零则代表其形状呈细长形。图中显示,珊瑚丘并不随着其规模的增大而变得更长。(b)珊瑚丘覆盖面的走向取决于每座被分析珊瑚丘的主轴线(黑色箭头)方位。图中显示,珊瑚丘覆盖面的走向并不具有一定的倾向性。(c)南北流向海流的流速同 AUV 测量耗时的对应关系(x 轴)。海流大约每隔 6h 发生一次逆流,反映出潮汐底层流的相应规律

AUV 测得的底层流数据表明,海底存有一股南北流向的海流,并且在这 45h 的勘测时段内大约每隔 6h 该海流就会发生一次逆流(图 10.8(c))。Grasmueck et al.(2006)利用同一海流数据发现,底层流的流向变化还与邻近 North Bimini 地区验潮仪所模拟的曲线存在关系。由此表明,全日潮是 GBB

测区坡面上起主导作用的潮汐类型。因而根据海流数据可以得出，在主导性底层流的南北流向上，并不存在某种倾向性的珊瑚丘排列模式(图10.8)。此外，珊瑚丘覆盖面的形状与南北流向的海流规律间并未表现出任何联系。因此，这些发现便与此前的研究结果(即佛罗里达海峡中的珊瑚丘呈泪滴形状，并且其分布与南北流向的海流平行)产生了冲突(Neumann et al.,1977; Messing et al.,1990)。

10.3.5 栖息地分类图

迈阿密台地测区位于佛罗里达半岛东侧，水深从630~870m不等(图10.9(a))。AUV高分辨率DEM图显示，迈阿密台地坡面上覆盖着一连串的线性海脊。这些海脊向下坡方向延伸2000m，高度起伏达20m(图10.9(b))。海脊走向与台地的断层面相互垂直，其剖面具有轻微的不对称性，并且其陡面朝向北侧(图10.9)。然而，这些小尺度的海脊只能被3m分辨率的AUV图像探测到(图10.9)。在分辨率为50m的勘测图中，海脊被识别为三座覆盖面积达1.5km^2的大型珊瑚丘(图10.9(a))。这两幅图的对比结果表明，此前只用低分辨率船载多波束系统测量过的其他区域也可能存有冷水珊瑚海脊(过去曾误判作独立珊瑚丘)。

这些珊瑚海脊在一个向东延伸的、高达5m的沉积沙丘处突然终止。该沙丘的陡面朝南，与海脊剖面呈相反方向(图10.9(c))。海脊与沙丘的交界地带，在SSS图像和多波束图像中均表现为陡变的后向散射强度特征。此外，从这两种图像中也可观察到海脊与海槽间的强后向散射变化(图10.10)。这些声学变化之所以能被察觉，是因为与海槽和沙丘的低反射率相比，海脊的反射信号幅值相对较高(图10.10)。在SSS图像中，可观察到独立海脊之间存在着平缓的声学特征变化。而这也是多波束图像所不及的，因为后者只能反映海底特征骤变区域的声学特征变化(即海脊与海槽或沙丘间的交接区域；图10.10)。跨海脊的声学特征变化在SSS图像中表现并不明显，因而难以借助目力对其做出评估。图像的自动化分析方法则可用来提取小尺度(<1m)的结构变化。针对SSS数据的自动化图像分析的主要局限性在于，声透射角在垂直航迹向上的变化会明显影响图像的质量，这种状况在SSS扫描带的底部区域尤为突出(图10.11)。此次测量当中，上述跨海脊所引起的SSS声学特征变化大多沿航迹向发生(图10.11)，因此声透射角误差相对较小。为进一步减少误差，将一个30m的缓冲带底区数据从中删除(图10.11)。虽然该方法致使最终的分析带宽由400m缩短至370m，却保证了所记录的海脊反射模式能代表海底不同的物理特征，而不受传感器的限制。

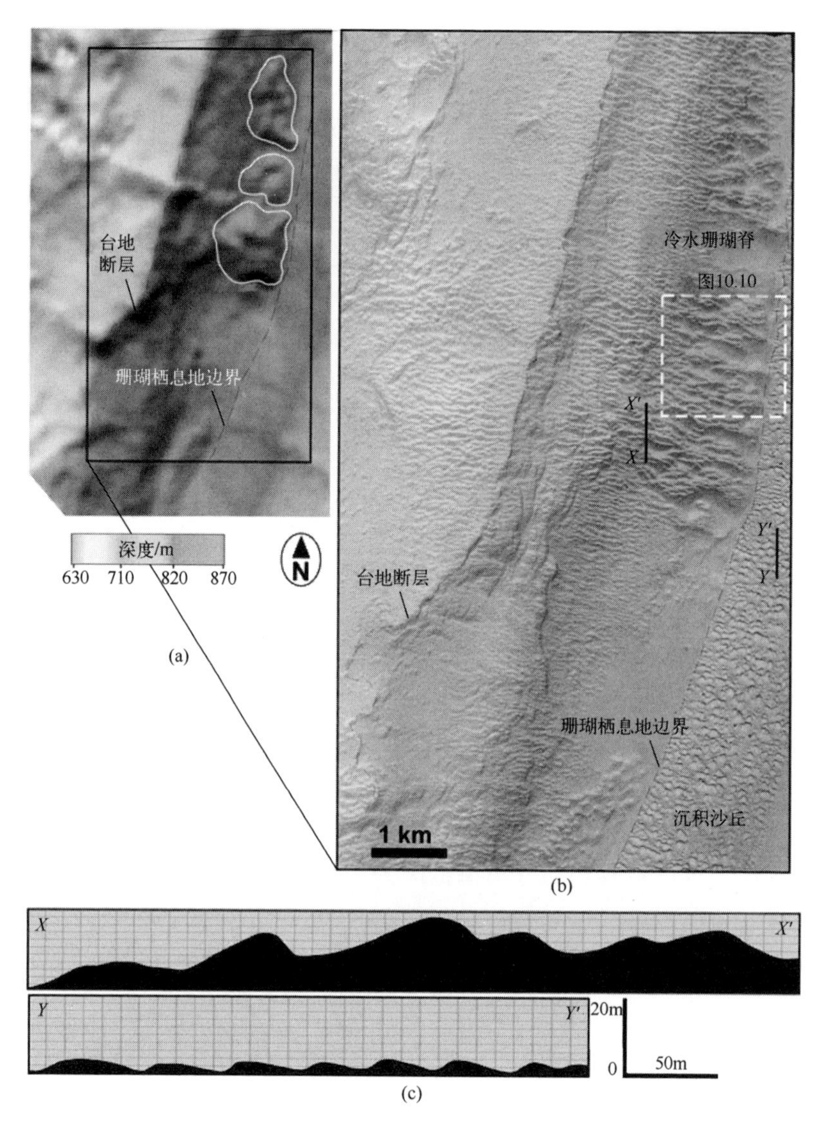

图 10.9　迈阿密台地研究区的不同分辨率 DEM。(a)50m 分辨率的 DEM 勘测图像(由 EM120 系统采集)显示:迈阿密台地底部有三座面积达 $1.5km^2$ 的大型珊瑚丘(白色轮廓线)。(b)利用 C-Surveyor-II 型 AUV 所采集数据制成的 3m 分辨率 DEM 图显示:原先看似珊瑚丘的地貌(根据 50m 分辨率 DEM 图)实际上是一组规则排列的海脊,该海脊垂直于台地的断层面并一直延伸到佛罗里达海峡。黑色短划线则是指(a)和(b)中的台地断层以及从珊瑚区向沉积沙丘过渡的地区。这些沙丘在 50m 分辨率的图中毫无特征可言,这也表明只有 3m 分辨率的 DEM 才能满足这些深水地区高精度地貌要素制图的分辨率要求。(c)(底部)反映珊瑚海脊(X–X')和沙丘(Y–Y')区之间地貌差异的典型剖面(彩色版本见彩插)

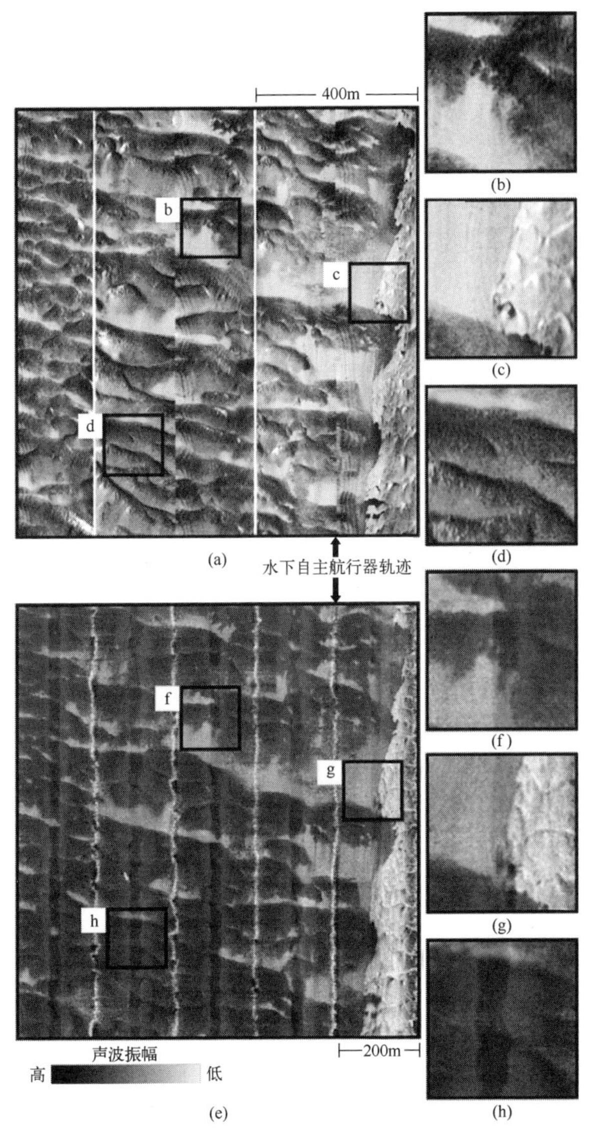

图 10.10 迈阿密台地同一研究区域借助 C-Surveyor-II 型 AUV 绘制的 SSS 图像与多波束图像所反映的声学特征变化对比。(a)SSS 图像及其相关的特写图(b)~(d)。(e)多波束系统的声学图像及其相关的特写图(f)~(h)。SSS 图像和多波束声学图像均观察到的由跨海脊(在海脊向海槽过渡的区域内)所引起的强后向散射特征变化。同样,在 SSS 图像(c)和多波束声学图像(g)中,也能观察到海脊与沙丘的接壤处发生了强烈的后向散射特征变化。海脊的反射信号幅值相对较高,而处在海脊和沙丘之间的海槽其反射信号幅值却比较低。(d)SSS 图像描绘出了跨海脊所对应的声学变化状况,而多波束图像(h)却不具备这样的分辨能力。在多波束图像中,南北向的灰色条带是外缘波束产生的伪影,而白色平行线则是 AUV 航迹线下方被遮挡的最底部波束

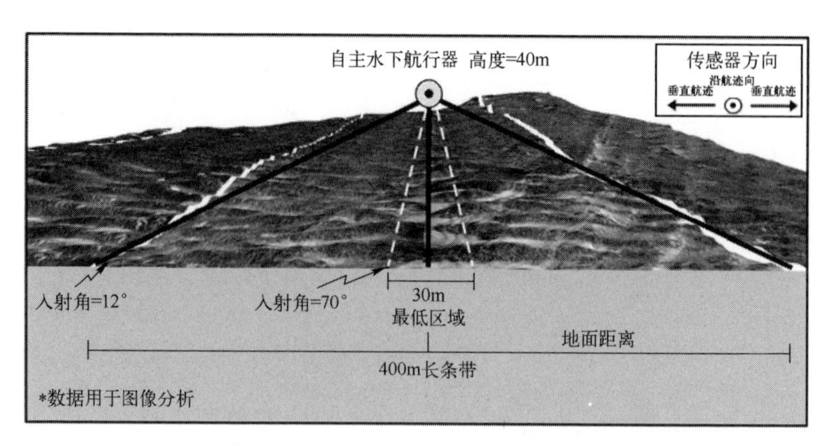

图 10.11 用 C-Surveyor-II 型 AUV 采集的 SSS 几何参数数据,图像背景是迈阿密台地研究区。应当注意,沿着底部区域的声学反射率出现失真(在背景图像中用白色线条表示,失真数据在分析时已被删除)

通过五幅水下剖面图对研究区进行地面实况匹配后发现,处于迈阿密台地的观测区为冷水珊瑚丛所覆盖(图 10.1(a))。大部分活珊瑚虫和死珊瑚虫群落属于普罗方德和佩尔图萨(图 10.1(b))。珊瑚丛主要位于海脊的冠部,而海脊的两翼则主要分布着逐渐解体落入海槽的珊瑚碎石。根据珊瑚覆盖率的高低以及颗粒粒度的大小,将沿水下剖面分布的栖息地分为六个类型:①密集型活珊瑚丛(海底有 25%~100%的面积被活珊瑚虫群落以及留在其生长地的死珊瑚虫群落所覆盖);②密集型死珊瑚丛(海底有 25%~100%的面积仅被死珊瑚虫群落所覆盖);③孤立珊瑚丛(海底有小于 25%的面积被留在其生长地的死珊瑚虫群落所覆盖);④珊瑚碎石(落在海底沉积层的碎石);⑤软泥状沉积物(没有珊瑚);⑥粗质生物碎屑沙滩(多数是翼族类动物和浮游性有孔虫)。各栖息地类型被分配以不同的色码,并在 SSS 图像上为各个类型标示了合适的色点,随后以这些色点为中心做出代表不同栖息地的多边形(图 10.12)。利用 ENVI 图像分析软件(Exelis Visual Information Solutions)可从这些多边形中提取出各类栖息地的声学特征。

基于该过程,可以确定能够通过声学手段区分出五种类型的栖息地。由于"活"的和"死"的密集型珊瑚丛无法通过声学手段进行区分,故将这两者合并为同一类型,即"密集型珊瑚丛"。借助监督分类算法(ENVI:马氏距离分类器),这五类栖息地的声学特征信息随后被进一步用于整个 SSS 图像的分类。该分类法对 SSS 图像进行逐像元的分段,其中每个分离出的像元代表一个小型同质区,且各同质区具有自身独特的声学特性(易于同其他类型区分)。为将该像元分类法转换为基于向量的分类法(即多边形),先用一个 3×3 像元的中值滤波器对图像进

图 10.12 附有 SSS 图像的海脊(迈阿密台地研究区内)数字高程模型整合图。图中彩点代表从水下剖面结构中识别出的栖息地类型。密集型珊瑚栖息地与海脊冠部较高的回波振幅相吻合,而较低的回波振幅则对应海脊地形低处的软泥状沉积底型。由黑色短划线构成的多边形(右下角)是一个被挑选出来用于软泥状沉积底型声学特征提取的区块(彩色版本见彩插)

行滤波处理。该方法利用滤波器来删除孤立的异常像元(即周围不存在相似的像元),进而达到减少噪声的目的。同时滤波处理也致使图像由 0.5m 的原始分辨率降低至 1.5m,于是区块规模分析的最低门限最终缩减到了 2.25m^2。借助由一组组相似特征像元形成的若干个多边形,可将分类后的 SSS 图像转换为向量形式。下一步,会将最终形成的各类型对应的多边形记录为单一的 shapefile 文件(即 ArcGIS 向量格式),并将所有栖息地类型的 shapefile 文件覆盖至 DEM 图上,以生成一个高分辨率的三维栖息地分类图(如图 10.13 中的密集型珊瑚丛区块)。

上述工作流程表明,对迈阿密台地所标绘的部分是一个重要的冷水珊瑚区:各类珊瑚栖息地(即密集型珊瑚丛、孤立珊瑚丛和珊瑚碎石)覆盖了该区域约 76%(约 13km^2)的面积(图 10.8)。其中珊瑚碎石的面积占比最高(48%),然后是密集型珊瑚丛(16%)和孤立珊瑚丛(12%)。此外,由生物碎屑构成的沙丘区占据了 14%的制图面积,而泥状沉积物仅占有约 8%的制图面积。如果仅分析海脊的特征,则珊瑚碎石占据的主导地位更加明显(整个海脊区域的

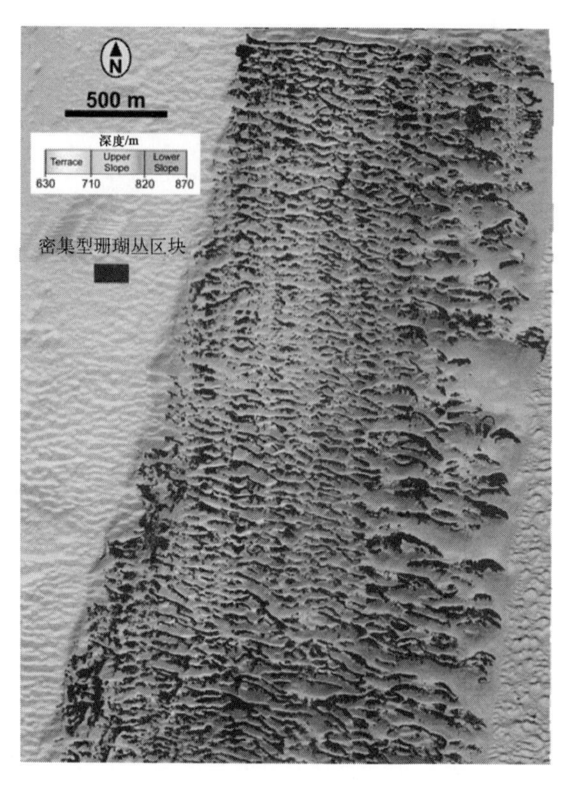

图 10.13 迈阿密台地研究区密集型珊瑚丛栖息地分类图。蕾紫色区块代表用监督分类算法提取的密集型珊瑚类多边形。这些区块占据着分析区域约 16%的面积,且大部分生长在海脊的冠部(彩色版本见彩插)

62%),排在它后面的仍然是密集状珊瑚类型(22%)和孤立珊瑚类型(16%)。经目视判读发现,各类珊瑚栖息地在整个研究区域中并非随机分布,例如,密集型珊瑚栖息地多分布在海脊的冠部,而海脊之间的海槽中却多为珊瑚碎石区块或泥状沉积海底区块。这两种区块中都不存在直立珊瑚丛。

通过水深测量参数对密集型珊瑚栖息地的一个子类别做了进一步的分析,目的是用于推断影响迈阿密台地冷水珊瑚分布的有关进程。坡度角和方位角这类测深参数可借助 Malab 程序实现的 DEM 计算获得。坡度角表示某一特定位置上区块的坡度,因而也能够反映出该位置的地形起伏状况(即冠部、坡面或海槽)。方位角则表示某一区块的基本方位(即北、南等)。通过结合这两个变量与栖息地类型信息,可以得出一个遥感区域内的各类已知栖息地是否呈非随机分布。

经测深参数分析过的 1086 个密集珊瑚区块,其坡度分布在 0°~25°的区间内,但多数为 5°左右(图 10.14(b))。方位角则多处于第一象限内,且主要朝东北偏北方向(图 10.14(b))。这些数据综合表明:密集型珊瑚丛区块主要位于海脊的冠部,且一般面向北方(图 10.13)。水下视频的观察结果也为声学遥感数据提供了支持,因而可以得出:密集型珊瑚丛区块的不对称分布可以作为迈阿密台地海脊的界定性征。

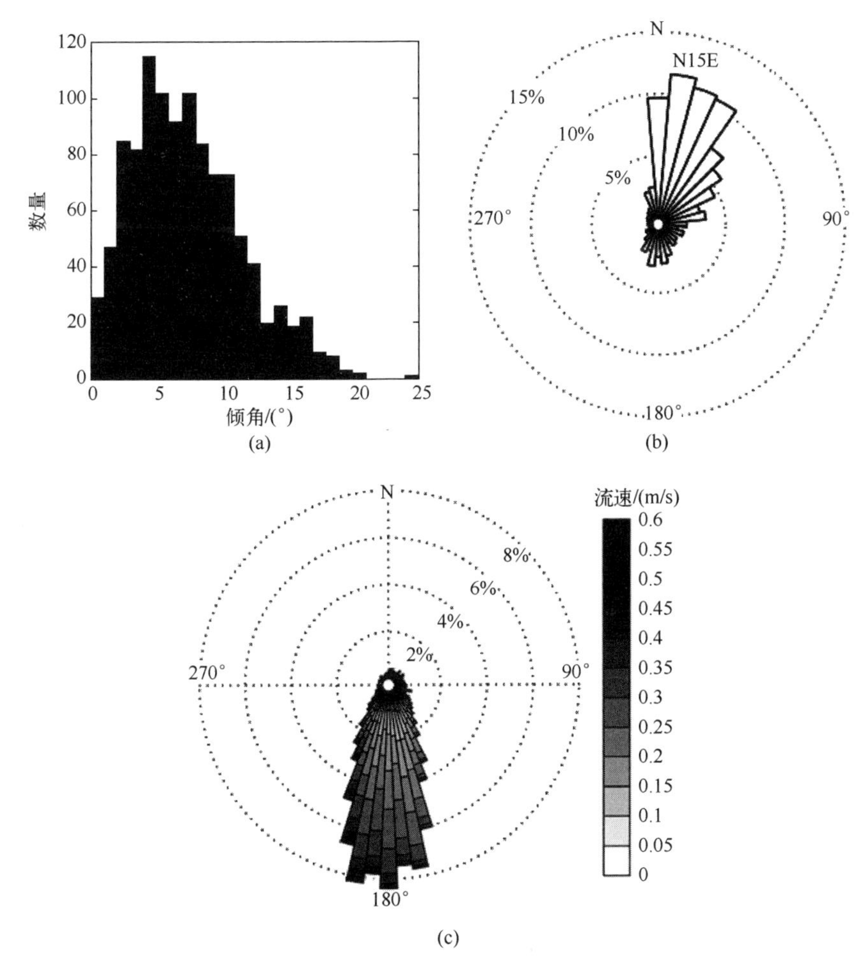

图 10.14 迈阿密台地研究区中一个样本区的空间水深分析和海流数据示意图。(a)密集型珊瑚丛区块的坡度角直方图。图中表明其坡度位于 0°~25°,且以 5°居多。(b)方位角玫瑰图表明这些区块中坡面主要呈东北偏北方向。(c)AUV 以 1s 的采样间隔连续 24.5h 采集的海流流向玫瑰图。盛行的流向为正北方向,平均流速为 18cm/s,这与主珊瑚区块的走向近似相反

密集型珊瑚丛沿迈阿密台地研究区的非随机性分布状态是由当地的流体动力学因素造成的。AUV 连续 24.5h 记录的底层流数据表明:该地存有一股不

断向南流动的海流,其平均流速为 18cm/s,最高流速为 60cm/s(图 10.14)。AUV 采集的海流数据因而证实了此前在迈阿密台地底部发现的一股区域性深水逆流的存在。其流向与西北流向的佛罗里达主海流方向相反(Hurley et al.,1963;Düing et al.,1971;Neumann et al.,1970)。这股向南的海流会流入这些海脊的北侧(大多数密集型珊瑚区块均位于此处),海流的流向与珊瑚空间分布状态之间的相互关系也表明:迈阿密台地中面向海流一侧的海脊具有最高的珊瑚虫存活率。因而可以假设,与背流处的珊瑚虫相比,面向海流的珊瑚虫群落能够截获更多的食物颗粒(如 Messing et al.,1990;Dorschel et al.,2007)。由此可见,这里给出的综合数据集和空间分析结果不仅为冷水珊瑚的分布状况提供了量化信息,也有助于从生态角度提出相关假设——环境参数对珊瑚的分布状况有着决定性的影响。这类信息对于预测更多冷水珊瑚栖息地的分布情况而言至关重要,因为可以借此来确定未来需要优先勘测的区域。

10.4 结论与建议

本章描述了一种对冷水珊瑚区进行整体和局部规模综合测量的方法。通过比较不同测绘工具后发现:高分辨率(0.5~3m)AUV 生成的地图对佛罗里达海峡中珊瑚脊以及珊瑚丘具体分布状况的描述来说具有重要意义。然而,AUV 的操作成本非常高,且扫描带相对较窄。为实现最高的测量成本效益,强烈建议在目标区域部署 AUV 之前,为该地绘制出区域性的勘测图。鉴于较宽的扫描带宽以及相对较低的操作成本,船载多波束系统被认为是一种理想的勘察测量系统。在未探测过的潜在冷水珊瑚栖息地,则建议使用 EM120,因为其具有测带宽,测速快的特点,因而单次测量所能覆盖的区域面积也最大。在已有冷水珊瑚特征记录的区域,建议使用 EM1200 进行勘察,原因是其不仅能够提供中等水平的分辨率,还能覆盖相对较大的区域面积。

在已被识别的感兴趣区域,通过联合使用 AUV 生成图和地面实况数据,可实现对重要地区(面积达数十平方千米)冷水珊瑚丰度的量化评估。例如,在迈阿密台地,该方法发现,高达 76%的已观察海脊区域(约 13km^2)为珊瑚栖息地所覆盖。然而,水下观测的结果却表明,利用后向散射特性在该地探得的大多数“珊瑚丛”实际为死亡的珊瑚群落。相比之下,通过水下地面实况数据调查所得的 GBB 测区,活珊瑚比例相对更高,但是这些活珊瑚的分布仅限于孤立珊瑚丘的范围之内。这些事例证明:水下实况录像是一种重要的遥感输出数据验证手段。此外,通过前面所述遥感工作流程识别的“珊瑚丛”应被判读为直立状珊瑚丛(既有活的,也有死的),因而不能用作活珊瑚覆盖率的相关量度。

此处描述的综合测量方法以及量化数据分析对于描述冷水珊瑚生态系统来说具有重要的应用价值。我们建议从所有已知含有冷水珊瑚生态系统的区域中选择有代表性的场地,先采集高分辨率基线数据库,然后进行长期监测。以上各测量建议方案都要求利用船载多波束系统先期进行大规模的草图预绘,以在全区规模上探测/确认珊瑚栖息地的范围及分布状况。然后利用 AUV 对待测地区的珊瑚地貌特征进行测图作业。这些 AUV 图还可用于精确规划由水下探测或 ROV 平台实施的海底实况数据测量任务。随后所有的地理参考数据会被整合进 GIS 系统以用于生成珊瑚栖息地的综合信息图。通过对这些图进行量化分析,还可系统地计算出珊瑚的丰度和分布状况。这些冷水珊瑚栖息地的基本评估结果可为长期监测计划和政策制定提供重要的参考信息,如受特别关注的栖息地(HAPCs)以及重要鱼类栖息地(EFHs)的确定。此外,还可在这些指定地点作进一步测量,并通过对比基本信息数据,即可实现对该地动态变化的跟踪,特别是在经受剧烈的(如海底拖网)或缓慢的扰动(如海洋酸化)之后。高分辨率的遥感工具和海底实况测量工具在冷水珊瑚生态系统管理方面的应用,代表我们在认识和保护这些宝贵生态系统的能力上已经取得了重大进步。

推荐阅读

Freiwald A, Murray JR (2005) Cold water corals and ecosystems. Springer, Berlin, p 1243

Lurton X (2002b) An introduction to underwater acoustics: principle and application. Springer, Chichester

Roberts MJ, Wheeler AJ, Freiwald A, Cairns SD (2009) Cold-water corals: the biology andgeology of deep-sea coral habitats. Cambridge University Press, New York

参考文献

Blondel P (2009) The handbook of sidescan sonar. Springer, Chichester

Blondel P, Murton BJ (1997) Handbook of seafloor sonar imagery. Wiley-Praxis, ChichesterCairns

S (1979) The deep-water scleractinia of the Caribbean Sea and adjacent waters. StudFauna Curacao Other Caribbean Isl 57:1-341

Correa TBS, Grasmueck M, Eberli GP, Reed JK, Verwer K, Purkis SJ (2012) Variability of coldwatercoral mounds in a high sediment input and tidal current regime, straits of Florida. Sedimentology 59:1278-1304

Correa TBS, Eberli GP, Grasmueck M, Reed KJ (2012) Genesis and morphology of cold-watercoral ridges in a unidirectional current regime. Marine Geol 326-328:14-27

Courtney R, Shaw J (2000) Environmental marine geoscience 2. Multibeam bathymetry andbackscatter imaging of the Canadian continental shelf. Geosci Can 27:31-42

De Mol B, Van Rensbergen P, Pillen S, Van Herreweghe K, Van Rooij D, McDonnell A, Huvenne V, Ivanov M, Swennen R, Henriet JP (2002) Large deep-water coral banks in theporcupine basin, Southwest of Ireland. Mar Geol 188:193-231

Dolan MFJ, Grehan AJ, Guinan JC, Brown C (2008) Modeling the local distribution of coldwatercorals in relation to bathymetric variables: adding spatial context to deep-sea videodata. Deep-sea research part I-oceanographic research papers, 55:1564-1579

Dorschel B, Hebbeln D, Foubert A, White M, Wheeler AJ (2007) Hydrodynamics and cold-watercoral facies distribution related to recent sedimentary processes at Galway Mound West ofIreland. Mar Geol 244:184-195

Dorschel B, Wheeler AJ, Huvenne VAI, de Haas H (2009) Cold-water coral mounds in an erosiveenvironmental setting: TOBI side-scan sonar data and ROV video footage from the NorthwestPorcupine Bank, NE Atlantic. Mar Geol 264:218-229

Duing W, Johnson D (1971) Southward flow under the Florida current. Science 173:428-430

Fosså JH, Lindberg B, Christensen O, Lundalv T, Svellingen I, Mortensen PB, Alvsvag J (2005) Mapping of Lophelia reefs in Norway: experiences and survey methods. In: Freiwald A, Murray JR (eds) Cold water corals and ecosystems. Springer, Berlin, pp 359-391

Fosså JH, Mortensen PB, Furevik DM (2002) The deep-water coral Lophelia Pertusa inNorwegian waters: distribution and fishery impacts. Hydrobiologia 471:1-12

Foubert A, Beck T, Wheeler AJ, Opderbecke J, Grehan A, Klages M, Thiede J, Henriet JP (2005) New view of the Belgica mounds, Porcupine Seabight, NE Atlantic: preliminary results fromthe Polarstern ARK-XIX/3a ROV cruise. In: Freiwald A, Murray JR (eds) Cold water coralsand ecosystems. Springer, Berlin, pp 403-415

Foubert A, Huvenne VAI, Wheeler A, Kozachenko M, Opderbecke J, Henriet JP (2011) TheMoira mounds, small cold-water coral mounds in the Porcupine Seabight, NE Atlantic: part B: evaluating the impact of sediment dynamics through high-resolution ROV-borne bathymetricmapping. Mar Geol 282:65-78

Freiwald A, Henrich R, Patzold J (1997) Anatomy of deep-water coral reef mound fromStjernsund, West Finnmark. In: James NP, Clarke JAD (eds) Cool-water carbonates, vol 56. SEPM Special

Publication, Tulsa, pp 741-762

George RA, Shuy JP, Cauquil E (2003) Deep-water AUV logs 25,000km under the sea—technology provides high-quality remote sensing data for deep-water seabed engineeringprojects in half the time. Sea Technol 44:10-15

George RA (2006) Advances in AUV remote-sensing technology for imaging deep-watergeohazards. Lead Edge 25:1478-1483

Grasmueck M, Eberli GP, Viggiano DA, Correa TBS, Rathwell G, Luo JG (2006) AutonomousUnderwater Vehicle (AUV) mapping reveals coral mound distribution, morphology, andoceanography in deep water of the straits of Florida. Geophy Res Lett, vol 33. doi:10.1029/2006GL027734

Guinan J, Grehan AJ, Dolan MFJ, Brown C (2009) Quantifying relationships between videoobservations of cold-water coral cover and seafloor features in Rockall Trough, west ofIreland. Mar Ecol Prog Ser 375:125-138

Hovland M, Croker PF, Martin M (1994) Fault-associated seabed mounds (carbonate knolls?) offWestern Ireland and Northwest Australia. Mar Pet Geol 11:232-246

Hovland M (1990) Do carbonate reefs form due to fluid seepage? Terra 2:8-18

Hurley RJ, Fink LK (1963) Ripple marks show that countercurrent exists in Florida straits. Science 139:603-605

Huvenne VAI, Blondel P, Henriet JP (2002) Textural analyses of sidescan sonar imagery fromtwo mound provinces in the Porcupine Seabight. Mar Geol 189:323-341

Huvenne VAI, De Mol B, Henriet JP (2003) A 3D seismic study of the morphology and spatialdistribution of buried coral banks in the porcupine basin, SW of Ireland. Marine Geol198:5-25

Jalving B, Gade K, Hagen OK, Vestgård K (2003) A Toolbox of aiding techniques for theHUGIN AUV integrated inertial navigation system. In: Proceedings from Oceans, San Diego, pp 1146-1153

Lurton X (2002) An introduction to underwater acoustics: principle and application. Springer, Chichester, p 347

Kenyon NH, Akhmetzhanov AM, Wheeler AJ, van Weering TCE, de Haas H, Ivanov MK (2003) Giant carbonate mud mounds in the Southern Rockall Trough. Mar Geol 195:5-30

Kongsberg (2005) 12 KHz multi-beam echo sounder-seabed mapping to full Ocean depth, http://www.kongsberg-simrad.de, Kongsberg Newsletter. Accessed November 2010

Messing CG, Neumann AC, Lang JC (1990) Biozonation of deep-water lithoherms andassociated hardgrounds in the Northeastern Straits of Florida. Palaios 5:15-33

Mienis F, van Weering T, de Haas H, de Stigter H, Huvenne VAI, Wheeler AJ (2006) Carbonate699 mound development at the SW Rockall Trough margin based on high resolution TOBIand 700 seismic recording. Mar Geol 233:1-19

Mienis F, de Stigter HC, White M, Dulneveldc G, de Haas H, van Weering TCE (2007) Hydrodynamic controls on cold-water coral growth and carbonate-mound development at theSW and SE Rockall Trough margin, NE Atlantic Ocean. Deep-Sea Research PartI-Oceanographic Research

Papers 54:1655-1674

Mullins HT, Newton CR, Heath K, Vanburen HM (1981) Modern deep-water coral moundsNorth of Little Bahama Bank—criteria for recognition of deep-water coral bioherms in therock record. J Sediment Petrol 51:999-1013

Mullins HT, Heath KC, Van Buren HM, Newton CR (1984) Anatomy of a modern open oceancarbonate slope: Northern Little Bahama Bank. Sedimentology 31:141-168

Neumann AC, Ball MM (1970) Submersible observations in straits of Florida—geology andbottom currents. Geol Soc Am Bull 81:2861-2873

Neumann AC, Kofoed JW, Keller GH (1977) Lithoherms in straits of Florida. Geology 5:4-10

Northcutt JG, Kleiner AA, Chance TS, Lee J (2000) Cable route surveys utilizing autonomousunderwater vehicles (AUVs). Mar Technol Soc J 34:11-16

Opderbecke J (1997) At-sea calibration of a USBL underwater vehicle positioning system, Oceans 1997 MTS/IEEE 1:721-726

Paull CK, Neumann AC, Ende BAA, Ussler W, Rodriguez NM (2000) Lithoherms on theFlorida-Hatteras slope. Mar Geol 166:83-101

Pourtales LF (1868) Contributions to the fauna of the gulf stream at great depths. Bull Mus CompZool Harvard 1:121-142

Purkis SJ, Kohler K, Riegl BM, Rohmann SO (2007) The statistics of natural shapes in moderncoral reef landscapes. J Geol 115:493-508

Reed JK (1980) Distribution and structure of deep-water Oculina-Varicosa coral reefs off Central-Eastern Florida. Bull Mar Sci 30:667-677

Reed JK (2002) Comparison of deep - water coral reefs and lithoherms off Southeastern USA. Hydrobiologia 471:57-69

Reed JK, Weaver D, Pomponi SA (2006) Habitat and Fauna of deep-water Lophelia pertusa coralreefs off the Southeastern USA: blake plateau, straits of Florida, and Gulf of Mexico. BullMar Sci 78:343-375

Roberts JM, Brown CJ, Long D, Bates CR (2005) Acoustic mapping using a MultibeamEchosounder reveals cold-water coral reefs and surrounding habitats. Coral Reefs 24:654-669

Roberts JM, Wheeler AJ, Freiwald A (2006) Reefs of the deep: the biology and geology of coldwatercoral ecosystems. Science 312:543-547

Rogers AD (1999) The Biology of Lophelia pertusa (LINNAEUS 1758) and other deep-waterreef-forming corals and impacts from human activities. Int Rev Hydrobiol 84:315-406

Stetson TR, Squires DF, Pratt RM (1962) Coral Banks occurring in deep-water on the BlakePlateau. Am Museum Novitates 2114:1-39

Teichert C (1958) Cold- and deep-water coral banks. Am Assoc Pet Geol Bull 42:1064-1082

Van Rooij D, De Mol B, Huvenne VAI, Ivanov M, Henriet JP (2003) Seismic evidence ofcurrent-controlled sedimentation in the Belgica Mound Province, upper porcupine slope, Southwest of Ireland. Mar Geol 195:31-53

Van Weering TCE, de Haas H, de Stigter HC, Lykke-Andersen H, Kouvaev I (2003) Structureand development of giant carbonate mounds at the SW and SE Rockall Trough margins, NEAtlantic Ocean. Mar Geol 198:67-81

Wheeler AJ, Beyer A, Freiwald A, de Haas H, Huvenne VAI, Kozachenko M, Roy KOL, Opderbecke J (2007) Morphology and environment of cold-water coral carbonate mounds onthe NW European margin. Int J Earth Sci 96:37-56

Wheeler AJ, Kozachenko M, Beyer A, Foubert A, Huvenne VA, Klages M, Masson DG, Olu-LeRoy K, Thiede J (2005a) Sedimentary processes and carbonate mounds in the Belgicamound province, Porcupine Seabight, NE Atlantic In: Freiwald, Murray JR (eds) Cold watercorals and ecosystems, Springer, Berlin, pp 571-603

Wheeler AJ, Bett BJ, Billett DSM, Masson DG, Mayor D (2005b) The Impact of demersaltrawling on NE Atlantic deep-water coral habitats: the case of the Darwin mounds, UK. In: Barnes PW, Thomas JP (eds) Benthic habitats and the effects of fishing. American FisheriesSociety, Maryland, pp 807-817

White M, Mohn C, de Stigter H, Mottram G (2005) Deep-water coral development as a functionof hydrodynamics and surface productivity around the submarine banks of the RockallTrough, NE Atlantic. In: Murray JR, Freiwald A (eds) Cold water corals and ecosystems. Springer, Berlin, pp 503-514

第四部分

热红外和雷达遥感

第 11 章　热红外和雷达遥感概述

Scott F. Heron, Malcolm L. Heron, William G. Pichel

摘要　本章对被动接收外界发射辐射(无源传感器)进行海面温度测量以及主动发射雷达辐射(有源传感器)进行一系列环境特性测量的遥感技术做了概述。这些参数的遥感探测通过电磁波谱中的红外线、微波以及无线电波来实现。书中介绍了上述两种遥感技术的物理学基础,提出了影响各项参数获取的相关因素,并且还对可被监测的环境变量进行了描述。随后的第 12、13 章则分别介绍了珊瑚礁热遥感和雷达遥感的具体应用。

11.1　引言

1800 年,威廉·赫歇尔发现了“热射线”,也就是现在大家所熟知的“红外线”,这是热红外遥感领域发展的第一步。18 世纪六七十年代,詹姆斯·克拉克·麦克斯韦在电磁学领域做出了里程碑式的贡献,使得能够发射电磁波并接收其后向散射回波的主动式遥感得以实现,被动式遥感技术也因此得到了拓展。无线电探测与测距(RADAR)技术早在第二次世界大战时就已被应用,这项技术不但影响了战争的走向,而且在大气条件监测方面也发挥着重大作用。通过这些技术以及其他辅助研究,环境遥感已逐渐发展成为当今社会必不可少的一部分。

11.2　热红外遥感概述

11.2.1　热红外遥感的物理原理

热红外遥感测量通过被动探测辐射体的发射热辐射得以实现。所有温度

S. F. Heron,澳大利亚海洋与大气管理局,珊瑚礁监管中心;澳大利亚詹姆士库克大学,工程与物理学院物理系海洋地球物理实验室,邮箱:scott. heron@ noaa. gov。

M. L. Heron,澳大利亚詹姆士库克大学环境和地球科学学院海洋地球物理实验室,澳大利亚海洋科学研究所,邮箱:mal. heron@ ieee. org。

W. G. Pichel,美国国家海洋与大气管理局,卫星应用与研究中心,邮箱:william. g. pichel@ noaa. gov。

高于绝对零度（即 0K=−273.15℃）的物体都会产生热辐射。放射率，或辐射率 ε，定义为物体的辐射通量密度与同温度下黑体的辐射通量密度之比，因而没有单位。按此定义，黑体的辐射率 $\varepsilon=1$。辐射率可以表示为波长，辐射角和温度的函数。然而，通常假设特定材料的辐射率为一恒定的常数。需要注意的是，吸收率，也就是辐射吸收的效率，与辐射率相等。由此推断，黑体是一个吸收所有外来辐射的物体（即它没有反射），白体则是 $\varepsilon=0$ 的物体（即理想反射体）。此外，辐射率位于 0~1 之间的物体称为灰体（如水的辐射率约为 0.96）。

根据普朗克定律，黑体的辐射能量密度 ρ，随波长和温度变化（Atkins，1994），即

$$\rho(\lambda,T)=\frac{8\pi hc}{\lambda^5}\frac{1}{e^{hc/\lambda kT}-1} \tag{11.1}$$

式中：λ 为波长；T 为开尔文温度（K）；h 为普朗克常数（6.63×10^{-34} J·s）；c 为光速（3.00×10^{8} m/s）；k 是玻耳兹曼常数（1.38×10^{-23} J/K）。图 11.1 显示了不同温度下，辐射能量密度与波长之间的关系。值得注意的是，对于一给定的温度和波长条件，都有其确定的辐射能量密度。这对温度遥感而言意义重大，即通过测量辐射体在特定波长下的辐射水平就能得到其对应的温度值。灰体的辐射率将决定式（11.1）中能量密度的大小。

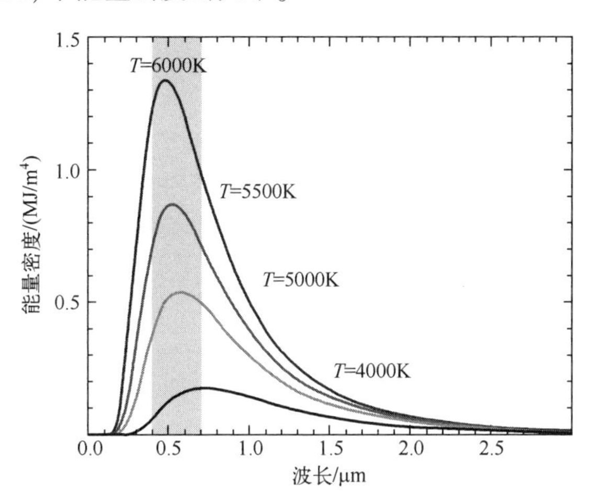

图 11.1　不同温度下，黑体辐射的光谱能量密度。注意到，波长的峰值随温度的降低而增大。阴影区域表示的是可见光的波长范围（0.4~0.7μm）

由普朗克定律可以推出两个显著的关系：

（1）当式（11.1）的导数为 0 时，可以得出能量密度峰值位置所对应的波长。在高温条件下，可以得出维恩位移定律（Atkins，1994）：

$$\lambda_{\max}=\frac{b}{T} \tag{11.2}$$

式中：$b=2.898\times10^{-3}\mathrm{m}\cdot\mathrm{K}$。式(11.2)表明，温度为5700K的辐射体其峰值辐射波长约为500nm(即根据太阳表面温度求得的波长，对应为黄光)。

(2) 能够得出辐射总能量，通过对式(11.1)中所有波长所对应的能量密度积分而得，其结果只受温度影响(Atkins，1994)：

$$E=\sigma T^4 \tag{11.3}$$

式(11.3)通常称为斯忒藩-玻耳兹曼定律，其中 $\sigma=5.67\times10^{-8}\mathrm{W/m^2}\cdot\mathrm{K}^4$ 是斯忒藩-玻耳兹曼常数。

为进行热辐射遥感，我们采用了电磁波谱中的两段区域(应当指出，这些区域的具体边界随机选取，且随应用的不同而发生变化)。第一段区域，即红外光谱区(频率低于红光的非可见光；图11.2)，紧邻电磁波谱中的可见光波段。该区域的波段范围在700nm~1mm(频率在400THz~300GHz区间)。在近红外光谱中最靠近可见光的波段范围内(700nm~2.5μm)，主要观测的是目标物的反射辐射，故而具有类似可见光范围内的遥感应用。相比之下，红外光谱中其他波段范围内(约2.5μm~1mm)的遥感则主要依靠目标物的热辐射(带有辐射体本身的热力学特征)。用于热红外遥感的第二个光谱区域，即微波波段，波长范围为1mm~1m(频率在300~0.3GHz区间)。以下我们将对基于这两个光谱段所进行的温度遥感的利弊进行讨论。

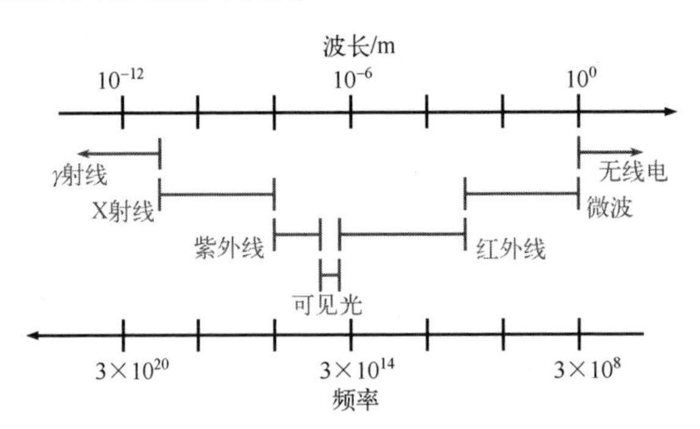

图 11.2 电磁波谱示意图。应当注意，光谱带间的边界可随具体应用发生改变。本章讨论的光谱带为绿色波段部分(Sabins，1997)

卫星传感器被用于珊瑚礁附近的海温(以及其他相关环境参数)探测，且通常观测波段位于电磁波谱中400nm~15.0μm的波长范围内，涵盖了可见光以及部分红外光谱部分。仪器的设计决定了自身的工作频段(上述范围内)，反过来仪器设计又取决于为具体研究所设的各项参数(例子见表11.1)。大气对海表辐射的影响与仪器的通道设计有关,具体影响将在 11.2.2 节做出讨论。此外,多个不同微波通道的组合应用能够实现对温度及其他参数(如降雨量、风速、水蒸气、云、雪、冰以及土壤湿度)的监测。例如,地球观测系统先进微波扫描辐射计(AMSR-E)在 6.925GHz、10.65GHz、18.7GHz、23.8GHz、36.5GHz 和 89.0GHz(波长从 43mm 降到 3mm 不等)的通道频率下对水平和垂直极化信号进行无源观测。

表 11.1　卫星设备应用实例及相应的红外通道,括号中为传感器的通道数

应　用	AVHRR/μm (NOAA POES,ESA MetOp)	Imager/μm (NOAA GOES)	MODIS/μm (NASA aqua/terra)
云层和海表制图	0.580~0.680(1) 0.725~1.10(2)	0.55~0.75(1)	0.620~0.670(1) 0.841~0.876(2)
陆地/云层特性	1.580~1.640(3a)		0.459~0.479(3) 0.545~0.565(4) 1.230~1.250(5) 1.628~1.652(6) 2.105~2.155(7)
水汽	0.725~1.10(2)		0.890~0.920(17) 0.931~0.941(18) 0.915~0.965(19)
海表/云层温度	3.55~3.93(3)	3.8~4.0(2)	3.660~3.840(20) 3.929~3.989(21) 3.929~3.989(22) 4.020~4.080(23)
大气温度			4.433~4.498(24) 4.482~4.549(25)
水汽		6.5~7.5(3)	1.360~1.390(26) 6.535~6.895(27) 7.175~7.475(28) 8.400~8.700(29)
海表/云层温度	10.3~11.3(4) 11.5~12.5(5)	10.2~11.2(4) 11.5~12.5(5)	10.780~11.280(31) 11.770~12.270(32)

卫星的轨道特性会对卫星数据的时空分辨率产生影响。现代环境卫星的轨道运行模式通常分以下两种:太阳同步和地球同步。太阳同步卫星以相对较低的高度(约 800km)沿近极地轨道运行,且每天多次飞经地球两极以实现对大部分海洋区域每日两次的覆盖。此外,这些卫星每次都在同一当地时间穿越赤道。相比之下,地球同步卫星则以较高的轨道高度(约 36000km)运行在赤道附近的一个固定位置,并以与地球自转相同的角速度沿赤道平面轨道飞行。因此,单颗地球同步卫星只能实现对地球表面的部分覆盖(覆盖率相对恒定),而

其优势则是时间分辨率上的提升。应该指出的是,无论是当前还是过去都存有运行在这两种轨道倾角之间的卫星(例如,国际空间站的轨道倾角是倾斜的,因而可以覆盖 51.6°S 到 51.6°N 之间的地表区域;热带测雨卫星的轨道倾角为 35°,因而可以覆盖 38°S 到 38°N 之间的地表区域)。

卫星轨道的几何特征是正确理解卫星分辨率的一项重要考虑因素,掌握这些几何特征有助于对卫星影像信息进行有效判读及应用。上述要求的关键在于理解地球参考系(解译和应用观测数据的框架)与轨道(卫星)参考系(采集观测数据的框架)之间的区别。这类考虑最初伴随卫星观测的视场和视角出现。虽然常用地面距离或面积来表述卫星的像元分辨率,但事实上两者的效果不及采用卫星设备视场角所表示的分辨率,这是由于实际的地面距离会随视角的变化而改变(图 11.3(a))。例如,卫星正下方的地面足印最小,而测带边缘处的足印在距离向上明显更大。此外,由于传感器以一个特定的角度进行观测,因而卫星高度以及由地形差异导致的相对卫星高度的变化也会引起足印尺寸的变化。因此,图 11.3 背后蕴含着动态卫星-地球系统的三维特性,即测绘带上不同位置上的足印点不一定具有相同的形状或尺寸。

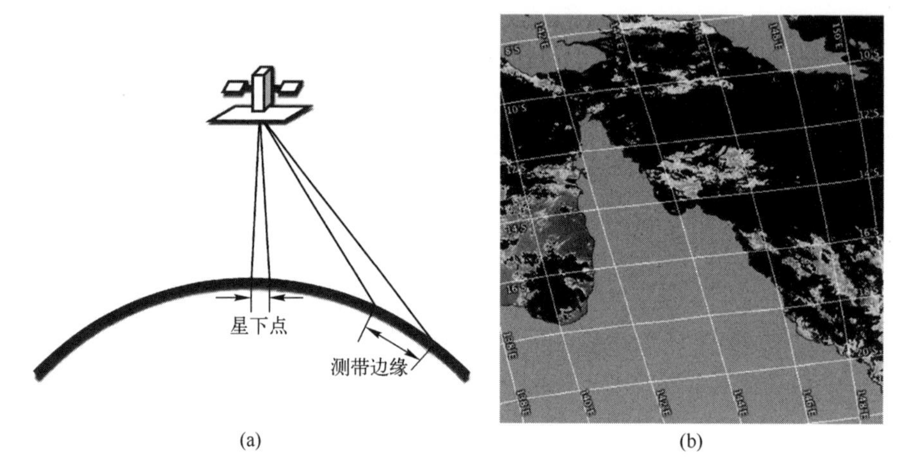

图 11.3 (a)不同观测视角所对应测带位置的地面分辨率差异。(b)轨道参考系下的海面温度测带,于 2010 年 1 月 12 日 23 时 19 分(UTC)在澳大利亚东北部上空获取。注意尺寸、角度以及网格线(和其中像元)曲率上的变化情况。图像由 NOAA 海岸监测数据分析工具生成

对于太阳同步卫星而言,由于地球自转现象的存在,其轨迹并非直接沿地球表面呈南北朝向。再加之脚印尺寸的变化,致使原始数据获取自不规则的网格当中。然而,数据用户更希望看到的是规则网格(经纬网给定)下的数据产

品,由此需要对轨道数据进行空间变换,具体实现可能会涉及求平均值或者重采样操作。多数用户在使用数据过程中可能不会考虑上述影响。但事实上,掌握理解卫星遥感的几何关系以及在判读和数据分辨率方面的潜在影响对用户而言至关重要。

如前所述,仪器的视场是描述卫星数据分辨率的最佳参数,照此,地球表面上相应的脚印尺寸取决于卫星的高度。由万有引力定律可知,卫星运行的轨道周期(卫星绕地一周所用时间)随轨道半径(卫星高度)的增加而增大,并且同一视场角所对应的脚印尺寸也同样随之增大。例如,地球同步卫星(运行周期为 24h)与地球表面相距很远,而且在视场角相同的情况下,其空间分辨率比极轨卫星(周期约 100min)要低。因此,在覆盖率(以及传感器的视场特性)与空间分辨率之间存有一种基于具体应用的相互妥协关系。也因为这种情况的存在,必须就仪器性能(如视场角),相应空间分辨率和回归周期对各遥感应用的影响做出考虑。

11.2.2 探测机理

大气对卫星进行海表遥感的影响最为显著。大气中的气溶胶(如水蒸气(H_2O)、臭氧(O_3)、氧气(O_2)、二氧化碳(CO_2)、一氧化二氮(N_2O)、甲烷(CH_4)、二氧化氮(NO_2)、氮气(N_2)、灰尘以及颗粒物)通过吸收和散射作用对特定波长的电磁波起衰减作用(图 11.4)。由于大气在可见光范围内(400~700nm)可完全透射,因而有助于进行可见光遥感(如海洋水色遥感)。此外,它还能在其他特定窗口下发生透射现象,因而这些窗口同样也应用在设备的通道设计中。就 SST 观测而言,对这些大气透射窗口下多通道信息进行利用的常用方法包括“双窗”“分裂窗”和“三窗”算法(见 Li et al. (2001) 及其中的引用)。这些算法基于对卫星数据回归分析所得的参数以及现场的测温数据来实现,且在某些情况下,还依赖于外部 SST 数据集的先验估计。

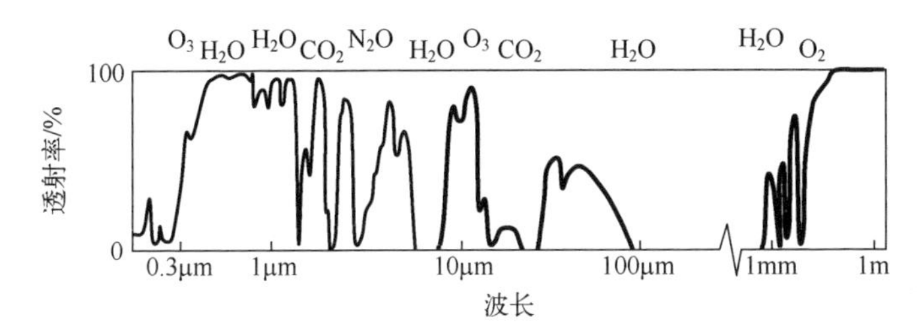

图 11.4 在各种气溶胶作用下形成的大气透射谱(图像来自:Canadian Centre for Romote sensing,2007;Gibson,2000;Sabins,1997;Woodhouse,2006)

这种衰减特性为卫星设定特定通道用于进行大气成分(如水蒸气;表11.1)观测提供了可能。通过这些通道获取的相关信息有助于提高人们对大气状况的认知水平,同时也能够整合用于大气辐射传输模型(如用于大气改正)。这使得通过"物理反演"的方法来改进 SST 测量成为可能(Nalli et al.,1998)。这些方法采用了初估海温和大气剖面信息,并结合卫星辐射、辐射传输模型以及测量和步骤中的不确定信息,并以此来改善 SST 观测方法。除利用全球平均回归系数外,还可通过当地信息来改善物理反演的精度。然而,这些潜在的改进很难在现实中实现。

云层会对红外波段下的 SST 观测产生严重影响,如同在可见光波段内进行遥感测量一样,由于这些波段下的海表辐射发生散射作用,因而无法被卫星传感器所测得。传感器也进而改为在云端施测,并因此导致 SST 观测结果中出现数据缺口。然而,较长的微波辐射却能够穿过云层以及其他气溶胶系统(如尘埃和薄雾),因此能够实现对地表信息的连续观测。微波传感器能对反射辐射、海表辐射以及大气辐射进行探测。与红外探测类似,通过对比不同微波通道的观测结果可为 SST 观测手段的改进提供有效的大气信息(如水和臭氧)。

应当注意,卫星传感器由于观测波段波长的不同,所测量的水表温度对应的深度也不一致。这是由于:①微波的透射深度要比红外辐射高出一个量级;②由辐射和热通量引起,常存于海洋表面(称作表面层)的明显温度梯度现象(Donlon et al.,2002;图11.5);红外遥感测量的是海洋上层约10μm 的水体温度(SST_{skin})。与之相比,微波测量的则是上层约1mm 的水体温度,表示海洋表面层的层底温度($SST_{subskin}$)。再往下,海温(SST_{bulk})随深度的加深而变化。因此,现场观测所得的是水体的体温,应当注以对应的水深。

珊瑚白化事件与晴朗天气及水体分层时的低混合条件有关,这种条件下,白天的近表层海温升高(Skirving et al.,2006)。温度的日变化(昼夜波动)通常在0.6k 左右,但也有报道称曾高达2.8k(Zeng et al.,1999),这对珊瑚礁环境条件的卫星监测而言,是一项重要的考虑因素。虽然卫星所测的热力学温度与珊瑚所处位置的温度存有差异,监测应用依旧经常采用温度异常来描述特定区域的热应力水平(见第12章)。该方法的根本在于"珊瑚状况同海表异常相一致"的猜想,由此要求相关工作(如珊瑚礁监测)严格采用夜间的数据来避免温度昼夜波动的影响。

卫星监测的最后一个影响因素是太阳耀斑,在某些特定情况(尤其是低风条件)下,海表会将太阳光反射至传感器的"视野"中。反射的热辐射会对卫星的海温观测造成干扰,进而导致得出错误的温度结果。在 SST 分析过程中,会

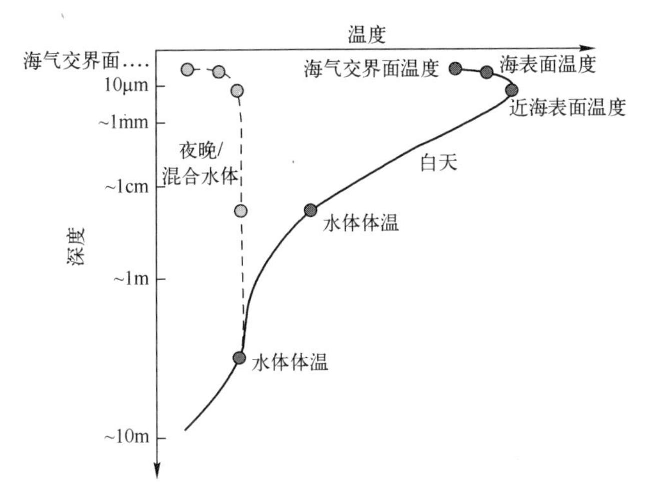

图 11.5 近海表温度随深度变化示意图,显示了海洋表层以及卫星 SST 观测所对应的位置。黑色实线表示的是海表温度的日间变化以及强日照,低混合条件下的(常见于珊瑚白化期间)水体分层现象。灰色虚线则表示出现在夜间以及水体充分混合条件下的温度剖面。黑线与灰线之间的海表面温度差异通常为 0.6k,最高可达 2.8k(在 Donlon et al. ,2002 之后)

依据太阳位置以及对应时间对太阳耀斑区域进行识别,并通过进一步处理将这些区域进行剔除,因此会导致数据缺口的出现。

11.2.3 热辐射监测发展史

1960 年,美国政府发射了首颗气象卫星——泰罗斯-1(TIROS-1),且率先在宇宙空间实现地球重复影像的获取。1965 年以后,红外传感器被开发用于卫星的观测任务,并在 1972 年载有双通道扫描辐射计和双通道甚高分辨率辐射计的第二代 NOAA 卫星发射后得以告终。在进一步改良后诞生了四通道的改进型甚高分辨率辐射计(AVHRR),并于 1978 年首次搭载 TIROS-N 卫星发射升空,此后,五通道的 AVHRR/2 以及六通道的 AVHRR/3 分别搭载 NOAA-7(1981)和 NOAA-15(1998)升空并投入使用(表 11.2)。迄今为止,极轨卫星的 AVHRR 已累计观测了 30 年的连续数据。为增加这些 NOAA 卫星,AVHRR 还被装载于 MetOp-A 卫星(发射于 2006 年),即三颗 MetOp 卫星中的首颗卫星,MetOp 卫星属于欧洲航天局和欧洲气象卫星组织(EUMETSAT)联合推出的一个项目。第二颗卫星 MetOp-B 于 2012 年 9 月发射升空。此外,具有 22 个光谱波段的可见光红外成像辐射仪(VIIRS)预备项目(NPP)的首颗卫星也于 2011 年 10 月发射升空。

表 11.2　用于温度遥感的(a)极轨和其他低轨卫星系列和(b)地球同步卫星系列及相关设备

卫星系列的管理组织	服役时间	阶段代表卫星(计划)	热红外传感器	空间分辨率
(a)极轨和其他低轨道卫星				
NOAA Polar	1960 年至今	NOAA-2	SR 与 VHRR(1972)	约 4.4km 全球覆盖
(TIROS, ESSA)		TIROS-N	AVHRR(1978)	约 1.1km 局部覆盖
NOAA(U.S.)		NOAA-7	AVHRR/2(1981)	
		NOAA-15	AVHRR/3(1998)	
		NOAA-19(最新)		
DMSP	1987 年至今	F17(最新)	SMMR(1987)	约 25km
DoD/NOAA(U.S.)			SSM/I(1987)	
ADEOS	1996—1997 年	ADEOS(1996)	AVNIR(ADEOS)	8~16m
JAXA(Japan)	2002—2003 年	ADEOS-II(2002)	AMSR(ADEOS-II)	5~50km(特定通道)
NAVA(U.S.)				
CNES(France)				
TRMM①	1997 年至今	TRMM	TMI	约 25km
JAXA			VIRS	约 12.5km
NASA				
EOS	2000 年至今	Terra(2000)	MODIS	0.25~1.1km(特定通道)
NASA		Aqua(2002)	AMSR-E(Aqua)	5.4~56km(特定通道)
MetOp	2006 年至今	MetOp-A(2006)	AVHRR/3	约 4.4km 全球覆盖
ESA(Europe)		(MetOp-B, 2012 年中期)		约 1.1km 局部覆盖
EUMETSAT(Europe)		(MetOp-C, 2016/17)		

（续）

卫星系列的管理组织	服役时间	阶段代表卫星（计划）	热红外传感器	空间分辨率
(b)地球同步卫星				
GOES	1974 年至今	SMS-1	Imager	1~8km
(SMS)		GOES-11 (West, 135°W, 2000)		
NOAA		GOES-13 (East, 75°W, 2006)		
		GOES-15 (待用, 2010)		
METEOSAT	1977 年至今	Meteosat-1(0°, 1977)	MVIRI	2.5~5km
EUMETSAT		Meteosat-7(57.5°E, 1997)	SEVIRI	1~3km
		Meteosat-8(9.5°E, 2002, MSG)		
		Meteosat-9(0°, 2005, MSG)		
GMS/MTSAT	1978 年至今	GMS-1(140°E, 1978)	VISSR	1.25~5km
JAXA		MTSAT-2(145°E, 2006)	Imager	1~4km
Electro	1994—1998 年	Electro-1(76°50′E)	STR	1.25~6.25km
RFSA(Russia)	2011 年至今	Electro-L(76°E)	MSU-GS	1~4km
Kalpana	2002 年至今	Kalpana-1(74°E)	VHRR	2~8km
ISRO(India)				

①TRMM 轨道倾角为 35°(覆盖 38°S-38°N);Davis(2007);Harris(1987)

中分辨率成像光谱仪(MODIS)被部署于NASA地球观测系统(EOS)的两颗极轨卫星上:发射于2000年的Terra卫星,以及发射于2002年的Aqua卫星。MODIS传感器设计有36个通道,可用于包括海洋水色与臭氧监测在内的一系列应用(具体通道信息见表11.1)。除MODIS之外,Aqua卫星还载有用于地球观测系统的先进微波扫描辐射计(AMSR-E)。该设备的前身-AMSR搭载于由日本宇航局(JAXA),NASA和法国航天局(CNES,法国)共同研发的ADEOS-II卫星上,遗憾的是该卫星只服役了短暂时间(2002—2003年)。自1978年起,开始应用多通道微波扫描辐射计(SMMR;1978—1987年,搭载于Seasat和Nimbus 7卫星)、专题微波辐射成像仪(SSM/I;1987至今,搭载于美国国防气象卫星计划的相关卫星,现由NOAA管理)以及热带测雨卫星(TRMM)微波成像仪(TMI;1997至今)来进行温度的微波遥感。由于存在一个35°的轨道倾角,TRMM卫星仅适用于进行热带地区的监测。此外,该卫星还携带有可见光/红外波段扫描仪,因而最先被用于进行微波和红外温度观测的直观比较。

首颗用于环境监测的地球同步卫星SMS-1于1974年发射升空,用于监测大西洋中部地区(45°W)的环境状况,SMS-2于随后一年发射并同步于太平洋上方(135°W)。19世纪70年代末,由SMS延续到了GOES卫星系列(美国)。此外,其他地球同步卫星系列的卫星发射也一直持续至今:如GMS(日本;现在是多功能运输卫星,MTSAT)与METEOSAT(欧洲;现在是气象卫星-二代,MSG)。随着较新的Electro系列(俄罗斯,1994—1998年,2011年)和Kalpana-1(印度,2002年)的出现,工作在经度135°W、75°W、60°W、0°、57.5°E、74°E和76.8°E上的地球同步卫星实现海温及其他环境参数的重叠覆盖成为可能(基于数据共享协议的前提)。此外,中国气象局的风云2号地球同步卫星于1997—1998年间工作在105°E经度位置。

11.2.4 热处理要求

星载遥感设备在特定波长通道内对目标辐射进行测量,所得结果可通过普朗克定律(式(11.1))转化为表观温度。由于这是在理想辐射率(个体)的假设条件下所得的,因而对地表辐射而言并不准确,需要进行有关改正。照此,物理温度可以根据传感器定标过程(依靠多波段观测下建立的温度-亮度关系实现)所得的经验关系得出(分裂窗算法)。多数算法需要依赖一个参考温度,且往往基于较低分辨率的数据来实现对温度的初步估计。随着“大气及其对辐射吸收和散射所产生影响”方面的建模能力以及观测手段的改进,温度的“物理反演”如今可由当地条件而非全球定标参数来确定。

处理过程还必须包括地理配准,即建立卫星位置和相关影像特征(例如海岸线)的模型来实现参考数据与地球表面的配准。受卫星存储设备的容量限制,需要对原始数据进行重采样,因而下载所得的资料信息也是重采样后的结果(如AVHRR全球覆盖数据从原始数据中每三行的扫描行数据选取一行,且对抽取的行,每四个相邻样点取平均值并跳过第五个抽样点进行存储,最终的结果是空间分辨率由1.1km×4km下降至4km×4km)。对于珊瑚礁用户而言,对影响观测值和记录位置精确度的限制条件(及相关的不确定因素)进行了解是很重要的。

值得注意的是通过微波辐射还能反演出海表盐度信息,而这种能力是红外辐射所不具备的。正因如此,可以通过比较不同波段的观测结果来实现盐度测量。之所以进行盐度观测是因为其变化会给珊瑚礁的生存带来压力。然而,卫星对海表盐度的观测正处于初期阶段,并且当前还不具备适用于珊瑚礁管理的空间分辨率。

卫星观测的海表温度数据已为珊瑚礁利益相关者所广泛采用。并且目前已有大量有关温度变化对生态系统产生影响的研究,伴随研究产生的管理工具则通过互联平台向用户发布。第12章将对上述成果进行概述并对其在珊瑚礁管理方面的适用性做举例说明。

11.2.5 热校验

对海温观测资料的校验可通过对比现场测量结果来实现。如前所述,在对比过程中必须注意不同方法所得温度的区别(即SST_{skin}和$SST_{subskin}$与SST_{bulk}比较;图11.5)。卫星观测结果同深水浮标测得的近海表温度(验证用)往往大体相似(如Kilpatrick et al.,2001)。此外,为进行更为精准的对比,还可采用船载辐射计所测的温度来进行比较(如Minnett et al.,2001)。传感器校验的一项重要工作是要理解仪器如何在特定通道内做出响应,以及这些响应如何随时间发生变化。这对所得参数进行定期校验是非常有好处的。第12章将对温度校验,尤其是对采用当前技术进行的有关珊瑚礁环境的监测工作进行深入讨论。

11.3 雷达综述

11.3.1 雷达物理原理

海洋表面以及气-海边界区域的遥感探测可通过测量不同波段下雷达发射(主动式)信号的后向散射回波来实现(表11.3)。这些用于表示海洋状态的后向散射参数包括传播时间、频移、相位差以及极性变化。这里,将介绍电磁波谱中微波和无线电部分的雷达遥感原理(图11.2)。

表 11.3 通信波段具体分划(3~3000MHz)与高频雷达波段的 IEEE(美国电机及电子工程师学会) 521 标准

划 分	频 段	波 段
高频(HF)	3~30MHz	100~10m
甚高频(VHF)	30~300MHz	10~1m
超高频(UHF)	300~3000MHz	1~0.1m
L 波段	1~2GHz	30~15cm
S 波段	2~4GHz	15~7.5cm
C 波段	4~8GHz	7.5~3.75cm
X 波段	8~12GHz	3.75~2.50cm
Ku 波段	12~18GHz	2.50~1.67cm
K 波段	18~27GHz	1.67~1.11cm
Ka 波段	27~40GHz	1.11~0.75cm
注:地波雷达通常在高频、甚高频下工作,SAR 一般在 L 波段和 X 波段间进行相应的探测工作		

后向散射是入射雷达信号与海洋表面重力波之间的相互作用过程(图 11.6)。除近似垂直入射外,海面主要的雷达回波都由海表波浪的布拉格散射产生。一般情况下,在入射角 θ 一定时,雷达波长 λ_0 和海洋表面波的波长 λ_S 之间存在一个确定的关系:

$$\lambda_S = \frac{\lambda_0}{2\sin\theta} \tag{11.4}$$

布拉格散射在入射方向上存在两种极限情况。第一种是垂直入射($\theta = 0°$),由式(11.4)可得出这种情况下的海浪波长为无穷大。与此对应的是下视雷达(例如,来自卫星),这种雷达必须通过其他要素来反演海洋信息(例如,卫星测高的传播时间;散射测量的相对振幅)。第二种极限情况为水平入射($\theta = 90°$),对应的是地波雷达,这种雷达的探测对象为自身发射信号波长 1/2 大小的波浪。星载雷达一般工作在这两种极值情况之间,且通常在以下两种成像模式下对海洋目标进行探测:雷达波束指向沿着卫星轨迹的正侧视模式以及波束指向与卫星轨迹斜交(向前或向后倾斜)的斜视模式。

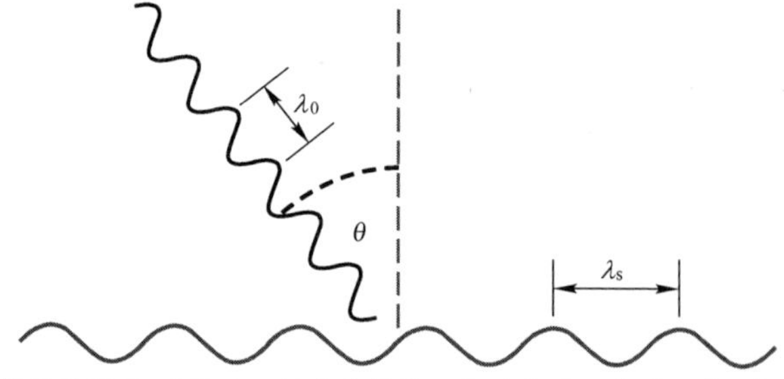

图 11.6 布拉格关系原理:波长为λ_0的雷达信号以与法线呈 θ 角度入射,海面波的波长为λ_s

高频雷达返回光谱(即回波谱)其波长范围在10~100μm(30~3MHz),且通常具有明显的布拉格峰(由于接近或远离雷达的表面重力波对入射的雷达波产生了散射作用)以及清晰的二阶谱结构。这也使得有关海表洋流、波浪特征以及风向的信息能够被提取获得。图11.7(a)所示的是一个来自地波高频雷达的典型后向散射光谱。其中两个后向散射能量峰值是由布拉格共振形成的(即由$\lambda_0/2$波长的靠近或远离雷达源的海洋表面波所散射的波长为λ_0的无线电波所致)。对于朝向(远离)雷达源的波浪,该散射会引起一个正向的(负向的)多普勒频移,并且取决于重力波的速度。根据提出的且合乎绝大多数海洋监测情况的深水波假设(即水深远大于海洋表面波的波长),布拉格频移作为雷达发射频率的函数可被很容易计算得出。在理论的偏移值的基础上,任何额外的布拉格峰的频移都对应着表层流在雷达径向上的流速分量。一般来说,如果能从多个位置(多个和/或移动雷达)对某一特定海洋区域进行监测,就可实现对表层流矢量的反演。此外,根据两个布拉格峰强度的相对关系还能反演出风向信息。

二阶散射(由海浪对电磁波的二次散射以及海浪之间非线性相互作用后的合成作用所致)可以产生额外的不同于入射雷达频率的回波。例如,Barrick(1977)提出了二阶谱能量与一阶谱能量之比R同均方根波高h_{rms}之间的相互关系。经Marasca et al.(1980)以及Heron(1998)对此关系的实证检验,证实了雷达具有海浪监测的能力。Wyatt(1991,2011)更是进一步地将雷达后向散射光谱进行了转化,并以此来反演完整的波谱信息。

高频地波雷达可对100~200km探测范围内的珊瑚礁其内部及周边海域进行有效探测(空间分辨率通常在3~50km以内)。此外,更高频率的雷达系统也被用于布拉格散射的探测。但其对应的回波谱的解译方法也必然不同,因为在这种情况下一阶和二阶谱信息的区分将变得更加困难(图11.7(b)(c))。

波长1~10m(300~30MHz)的甚高频雷达,其回波谱由于一阶峰和二阶谱(主要由浪涌引起)的混叠,致使布拉格峰发生展宽而影响识别。尽管如此,展宽后的布拉格峰仍可能用来确定表面流以及有效波高。甚高频地波雷达的空间分辨率可达25m,能够生产其独特的范围在3~20km的表面流场的详细地图。对于甚高频雷达在珊瑚礁环境的应用而言,应将雷达站部署在附近的环礁或者岛屿上。

在珊瑚礁地区进行雷达应用的一个重要前提是假设深水重力波满足布拉格散射的理论公式。依据公式,当水深在1/6布拉格波的波长时,重力波长相比于水深很可能会过长。例如,10m波长的重力波会对高频地波雷达(15MHz,波长20m)的入射电波产生布拉格散射,根据以上假设,则要求水深超过2m。因

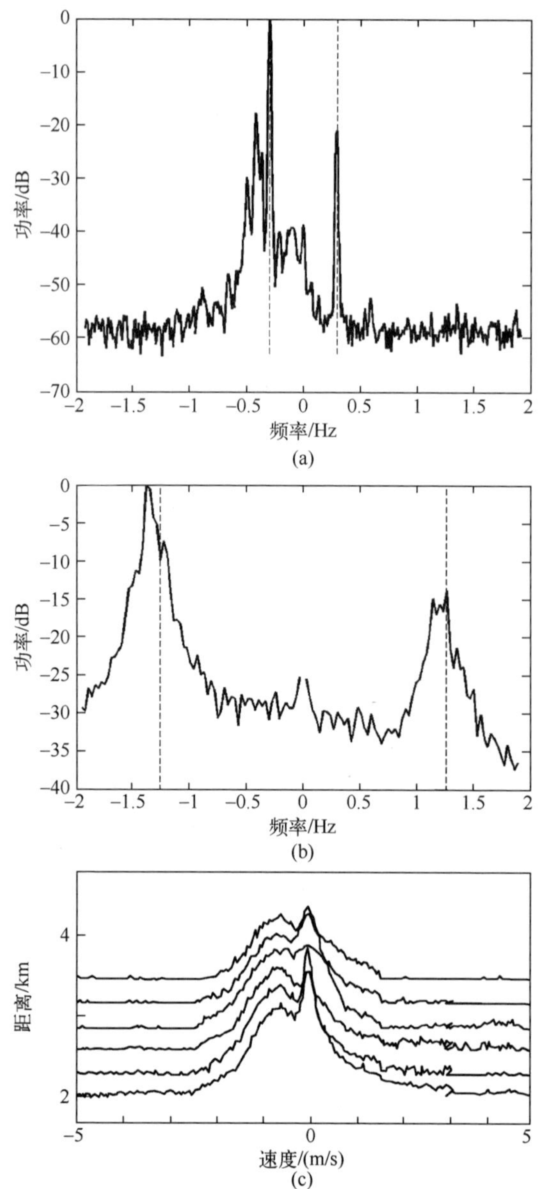

图 11.7　几种类型雷达的典型后向散射功率谱：(a) 显示有布拉格峰的高频雷达(HF;8.348MHz)回波谱，其中布拉格频点在±0.295Hz 处，对应表面流速为 0 时的情况(虚线)，此外，在一阶峰周围还分布着二阶谱。(b) 甚高频雷达(VHF;152.2MHz)回波谱，由于一二阶谱的混叠而导致布拉格峰扩大，其中布拉格频点在±1.259Hz 处，对应表面流速为 0 时的情况(虚线)。(c) X 波段雷达回波谱，来自毛细波的散射(修改自 Heron et al,1996)。每一个例子当中能量为 0 的点对应静止物体的回波

此,在珊瑚礁附近水域的监测效果就可能大打折扣。然而,甚高频雷达由于具备较短量级的波长而不存在此类问题,因而能有效地监测水深较浅的环境。

当雷达频率在 C 波段(4~8GHz)和 X 波段(8~12GHz)内时(表 11.3),由毛细波引起的布拉格散射在重力波的调制作用下导致谱线显著展宽,进而导致接近和远离的布拉格波难以被区分。在这些波段中,振幅被用于确定海面参数,并可以通过大型天线形成的极窄光束来实现高空间分辨率。星载散射计则通过测量不同方向上的回波能量来确定风速和风向,空间分辨率为 12.5~50km,经特殊处理,可试验性地达到 2.5km 的空间分辨率(Plagge,2009)。X 波段水平传播雷达的一项应用是通过波峰观察回波振幅,并以此推断出二维波谱。这些通常称为 X 波段雷达。

雷达的分辨率应当分别从径向和角度两个方面来考虑。其中角分辨率取决于发射信号的波长(线性)和天线长(相反),应当注意的是,在发射角一定的情况下,雷达单位探测范围的大小随之与天线距离的增加而增大。因此,目标的距离越远,对应的单位探测面积就越大。在径向方向上,距离分辨率的大小与发射脉冲的持续时间线性相关。然而,短脉冲意味着较小的发射能量,进而会削减系统发射脉冲的传播距离。通过对长脉冲的调制作用可以克服以上限制,这种技术也被称作脉冲编码技术(如线性调频脉冲)。该系统在处理过程中其后向散射信号与对应的发射编码有关。

雷达测量容易受其他噪声源的影响而变得复杂。因此,噪声的检测属于信号处理的一个重要方面。最为显著的影响与电离层的昼夜变化有关,这种变化能够改变背景噪声并且能够明显地降低信号的质量以及缩小探测的范围。太阳辐射所引起的电离作用为雷达信号的反射提供了条件,而夜间自由电子和离子的中和则会削减这种反射能力。Savige et al.(2011)通过部署在美国东南部海岸线上的高频雷达所进行的一项为期 13 个月的雷达回波昼夜观测发现,夜间雷达的覆盖面将显著地减少(图 11.8)。雷达后向散射的其他噪声源还包括外界无线电信号的干扰,以及穿越雷达测区的物体产生的回声(如船舶)。

11.3.2 雷达系统

这里将对目前用于珊瑚礁周围环境条件监测的两种雷达系统进行详细讨论:地波雷达;机载或星载合成孔径雷达。

1. 地波雷达系统

该系统发射的垂直极化信号可沿弯曲的海洋表面进行传播。现有的高频、甚高频地波雷达系统被部署在近岸的陆地位置。能够用于珊瑚礁周围环境条件监测的地波雷达系统可分为以下两种类型:相控阵和测向雷达系统。

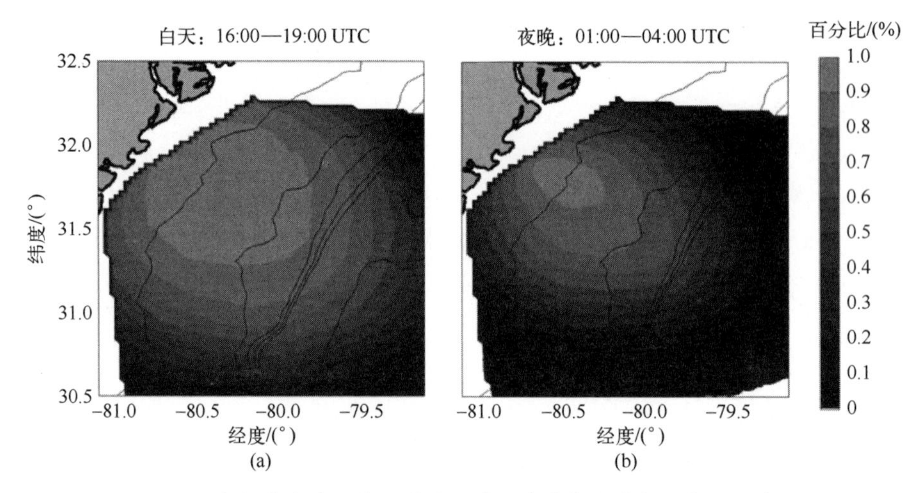

图 11.8 WERA 高频雷达系统获取的反映美国东南部海岸部分表面流情况的地图，对应时间为 2006 年 4 月—2007 年 5 月，显示了距离随时间的变化情况：(a) 白天 16:00—19:00 UTC；(b) 夜间 01:00—04:00 UTC。等深线对应的水深为 20m、40m、60m、80m、100m 和 500m(引用于 D. Savidge)(彩色版本见彩插)

相控阵雷达系统采用独立的发射(通常全方位)与接收天线阵列来获取兴趣领域的海洋表面参数。根据信号发送与接收间的时间延迟(距离)，以及预先设定各接收天线的相对相位(方向)将探测范围设定在特定的目标海区。在现代系统中，用于测距的时延信息通过 chirp 调频技术进行编码。通过扫描目标区域(即改变天线相位)并且接收波束方向上各径向单元的回波来实现对广阔海洋区域的测控。布拉格峰的多普勒频移现象可用来反演目标表层流的径向流速信息。根据二阶后向散射光谱，可以得出各个海洋目标的波谱信息。然而，由于向两个方向反射，其振幅会减少波浪数据在海流场当中提取的范围。雷达的径向分辨率与发射辐射的带宽成反比，而方位分辨率则取决于天线阵列的长度，通常约为波长的 6~8 倍。

测向雷达的工作原理是系统向各个方位发射雷达信号，并通过三根相互独立且正交(x,y,z)的接收天线对后向散射信号进行分离，进而用以确定海洋条件。因此，可以同步实现对海的全方位监测，相关的海洋状态参数可在之后的分析过程中提取获得。同相控阵雷达一样，海洋目标的距离通过信号发射与接收之间的时间延迟(编码成 chirp 信号)计算得出，表层流的观测则基于布拉格回波的多普勒频移来实现。海洋目标的方位信息通过上述三根相互正交的接收天线同步接收所得的后向散射能量的相对水平得出。同样，测向雷达的径向分辨率也取决于频带宽度，不同的是其方位分辨率与自身接收天线的幅度分辨率相关。测向雷达系统的一个显著优势是其天线的足印尺寸相对较小，通常用拉绳固定两个孔径。

高频、甚高频雷达系统自 20 世纪 70 年代发展至今，已实现商业系统的广泛应用（表 11.4）。目前在珊瑚礁区域部署有 WERA（相控阵）和 CODAR SeaSonde（测向）雷达系统。有关这些系统部署的具体讨论将在第 13 章做出阐述。

表 11.4 迄今为止具有代表性的高频和甚高频海洋地波雷达系统及其技术参数

雷达系统机构	服役时间	雷达类型	频率范围/MHz
CODAR 美国国家海洋大气局 CODAR 海洋传感器公司	从 1960 年代末	相控阵，测向	25~35
SeaSonde 高频地波雷达系统 CODAR 海洋传感器公司	1990 年至今	测向	4.3~5.4，11.5~14，24~27，40~45
COSRAD 詹姆斯库克大学	1983-2001	相控阵	30
OSCR 卢瑟福·阿普尔顿实验室，马雷克斯，马可尼	1982-2000	相控阵	15~27
PISCES 伯明翰大学，海王星雷达公司	1981 年至今	相控阵	3~38
WERA 汉堡大学，黑尔策尔测量有限公司	1995 年至今	相控阵	5~50
PortMap Portmap 海洋遥感企业有限公司	2006 年至今	相控阵	60~180
注：系统原型/生产的大致日期范围；某些设备在结束日期之后可能仍继续运行			

2. 合成孔径雷达

合成孔径雷达作为一种主动式的微波成像设备，具备独特的环境遥感能力。这些设备搭载在飞机或卫星上，向外发射几厘米波长的电磁脉冲，并通过观测这些脉冲的后向散射辐射来实现对地球表面的观测。通过记录返回辐射的相位与振幅，对数秒内的返回信号进行相干叠加处理，并利用复杂信号处理技术进行多普勒处理，可以形成一幅高分辨率的图像，而如此高的分辨率理论上需要数千米长的天线才能实现（因此称作合成孔径，图 11.9）。合成孔径能够实现航迹方向上分辨率的增强（即沿着卫星或飞机的运动方向）。垂直航迹方向的高分辨率（即垂直于运动方向）则通过雷达脉冲调频（即 chirping）的方法以及回波信号频率的处理来实现。

合成孔径雷达通常工作在 L 波段（23.5cm，1.28GHz）与 X 波段（3cm，

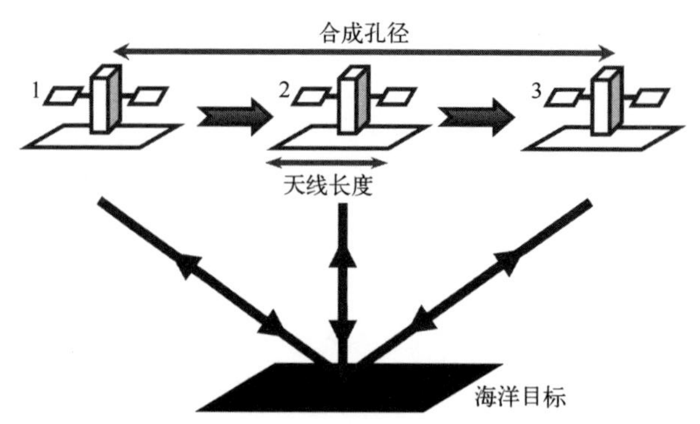

图 11.9　基于雷达相对运动实现的合成孔径雷达原理
(其分辨率理论上需要数千米长的天线才能实现)

10GHz;表 11.3 和表 11.5)之间。L 波段是毛细波在过渡到风波之前的极限状况,因此波高和风速之间存在着线性关系(见 13.5.1 节进一步讨论)。X 波段容易受到降水的影响,因而与较长的波段相比更容易受到大气的影响。现代的合成孔径雷达设备可在具有不同分辨率以及测绘带宽度的多种模式下进行工作。具体可由 1m 分辨率的聚束模式(可覆盖 10km×10km 的区域)变化至 1km 分辨率的条带模式(测绘带宽度可达 1000km)。其中最为典型的模式为"标准模式"(分辨率为 25m,测绘带宽度为 100km)和"扫描模式(分辨率 50~100m,测绘带宽度 300~500km)"。标准模式适用于进行波浪测量、溢油区测绘以及沿海船舶探测,而"扫描模式"则适用于进行"风力监测"以及公海范围的溢油测绘和船舶探测。

第一台星载合成孔径雷达于 1978 年部署在美国的海洋资源卫星(Seasat)上,该卫星由于电气故障在 106 天之后提前终止了工作。然而,该卫星的相关数据却为空间雷达的使用提供了参考依据,同时也为未来的探测任务铺平了道路。下一阶段则发展出了航天飞机成像雷达(SIR)系列,SIR-A 作为其中首款成像雷达由海洋资源卫星的备件构成,该型雷达搭载哥伦比亚号航天飞机对地球表面 1000 多万 km^2 面积的区域进行了为期 8 天的数据采集(Ford et al.,1982)。此后 SIR 项目还进行了包括机械倾斜在内的各项改进,使得雷达能够进行多角度,多频率的对地观测,并且具备垂直与水平极化以及电子天线转向的能力。该项目以搭载"奋进"号航天飞机的 SRTM(航天飞机雷达地形测绘任务)系统的运行达到高潮,它能测绘 80%的地球陆地面积,并以此生成精确的高分辨率地形图。目前,分属不同机构的众多卫星(表 11.5)为覆盖全球的合成孔径雷达观测提供了可能,同时也实现了测量模式的多样化,包含有多种不同的分辨率、覆盖率、极化以及合成孔径雷达频率(McCandless et al.,2004)。

表 11.5 星载合成孔径雷达系统及说明,并给出多种 SAR 工作模式下的分辨率及带宽

雷达计划机构/国家	服役时间	卫星(计划)	波段名称	波长/cm	平均地面分辨率/m	刈幅宽度/km
Seasat,NASA	1978 年	SAR	L	23.5	25	100
航天飞机成像雷达,NASA	1981 年	SIR-A	L	23.5	40	50
	1984 年	SIR-B	L	23.5	20-50	25~58
	1994 年(2)	SIR-C/X-SAR	L	23.5	10-200	15~90
			C	5.8		
			X	3.1	25	15~40
	2000 年	SRTM	C	5.6	30	225
			X	3.1	25	45
ALMAZ,俄罗斯	1987 年	Cosmos1870	S	10.0	15	40
	1991—1992 年	ALMAZ				
ESR,ESA	1991—2000 年	ERS-1	C	5.6	25	100
	1995—2011 年	ERS-2			30/150/1000	100/400/400
	2002—2012 年	ENVISAT				
	2013—2015 年	(Sentinel-1A)			5/20/40	60/250/400
		(Sentinel-1B)				
JERS,日本	1992—1998 年	JERS-1	L	23.5	18	75

（续）

雷达计划机构/国家	服役时间	卫星（计划）	波段名称	波长/cm	平均地面分辨率/m	刈幅宽度/km
	2006—2011 年	ALOS			10/20/30/100	70/70/30/250~350
	2013 年	[ALOS-2]			3/6/10/100	50/50/70/350
RADARSAT，加拿大	1995 年至今	RADARSAT-1	C	5.6	8/25/30/50/100	50/100/150/300/500
	2007 年至今	RADARSAT-2			3/8/28/50/100	20/50/100/150/300/500
	2016—2017 年	（RADARSAT 接续任务，3 颗卫星）			3/5/30/50/100	20/30/125/350/500
TerraSAR，德国	2007 年至今	TerraSAR-X	X	3.1	1/3/16	10/30/100
	2010 年至今	TANDEM-X				
	2013 年	[TerraSAR-X 2]				
COSMO-SkyMed 意大利	2007 年至今	COSMO-1	X	3.1	1/3/15/30/100	10/40/30/100/200
		COSMO-2				
		COSMO-3				
		COSMO-4				

11.3.3 雷达处理要求

雷达后向散射光谱处理首先要求从背景噪声中辨识出反射信号,并以此来获取反映海洋状态的相关参数。对于地波雷达而言,上述过程往往通过检测频率明显不同于原始发射信号的功率谱水平来实现(如布拉格峰和二阶散射)。然而,这些可能会过分地受到能量爆发的影响而非背景噪声的影响(例如,一艘行驶的船)。Heron(2001)通过对光谱响应的排序,提出了一个基于理论的噪声级评估办法,用以区分信号和噪声。该方法改善了对噪声的识别能力,并最终实现更为精确的信号描述。

如前所述,根据测量一阶(布拉格)峰 Doppler 频率的频移量可以计算出海流的径向流速,因此,两台或两台以上的雷达系统就能够完成流速矢量的确定(或者通过单台雷达在运动中的多视角观测实现)。进而能够建立珊瑚白化与其周围湍流动能(水体混合)之间的相互关系。此外通过风场观测(基于一阶谱)和浪场的观测(基于二阶谱)也能够反映出珊瑚礁周围水体的混合程度。具体应用将在第 13 章做具体阐述。

使用早期地球资源卫星 SAR 数据进行的相关研究最初因该卫星 SAR 设备所产生的巨大数据量而受阻碍,因而需要开发数字 SAR 信号处理技术。此外,这项技术只适用于能将实时分析数据传送至地面接收站的观测,其原因是受限于卫星的存储能力。虽然当前这种存储能力的限制已不存在,并且数字 SAR 处理技术也已非常成熟,现代 SAR 卫星设备所获取的大量数据仍对数据的采集、通信、和信号/产品加工,特别是实时应用造成了一定的挑战。部分应用实例(如测风)还需进行精确的 SAR 校准,迫使需要采用主动或被动的地面验证目标以及通过分散目标(如亚马逊雨林)来精确确定天线方向图的有关校正。尽管受到各种条件的限制,通过这些数据获取高分辨率信息依旧具有很大的发展潜力。

11.3.4 雷达验证

对雷达所测海流的验证可通过海洋漂浮物的位置观测以及现场仪器施测来实现(既可通过海流计直接测得,也可使用声学设备遥感实现,这同雷达测量一样基于多普勒机制来进行工作,只是以声波为媒介,见于 8.3.4 节)。通过对比雷达和声学多普勒流速剖面仪的潮流观测结果发现,两种方法所得结果大体相似,且均方根差异只有 4~20cm/s(Graber et al.,1997;Shay et al.,2007),但往往会受海面雷达测点与 ADCP 最上层有效深度单元之间的速度剪切所限(Kohut et al.,2006)。根据海上漂浮物位置推算出的海流(即位置点间的移动速度和方向)与雷达探测所得的海流之间表现出了较强的相关性(Paduan,

2006)。通过整合雷达的潮流观测数据用于路径跟踪模拟的技术表现出了较好的应用前景(Ullman et al.,2006),而近来在高频雷达数据处理方面所取得的进步相比于漂浮跟踪则有了明显改善(Mantovanelli et al.,2010;请参阅13.2.2节)。不论从环境因素(如珊瑚产卵)还是安全因素(如有人落水)考虑,这对粒子跟踪的应用而言都至关重要。通过对比同一位置的气象浮标信息(Monaldo et al.,2001),机载下投式测风仪和无源微波观测的测量结果(即使用频率步进微波辐射计;Fernandez et al.,2006),以及散射计/模型所得结果,完成了雷达测风结果的相关验证(Monaldo et al.,2004;Horstmann et al.,2003)。为确定雷达波浪观测的准确性,除对比预测模型外还应用了浮标的测量结果(Monaldo et al.,1998;Kerbaol et al.,2004;Collard et al.,2005,2009)。通过对比ENVISAT ASAR涌高观测数据以及同一位置的浮标数据(200km,1h内)发现均方根误差为0.38m(Collard et al.,2009)。比较数据集仅限在高质量SAR成像,具有12~18s波峰时期以及3~9m/s风速的情况下使用。这些约束通过风海波谱对污染进行限制并通过对较短方位行波的测量将困难最小化。

11.4 结论

充分理解热红外和雷达遥感技术对确保数据的合理应用至关重要。第12章和第13章对这些技术在珊瑚礁环境中的运用进行了检验。其中第12章列举了一些可用的温度数据并就其在近期趋势确定以及珊瑚礁系统监控和管理方面的应用进行了介绍。第13章则对地面和卫星雷达在珊瑚礁周围海区及大气条件方面的研究和监测应用做了描述,其中包括海洋特征的识别以及生物和人类活动影响的跟踪。

致谢:首先感谢William Skirving对本章初始布局的建议以及Al Strong在审查过程中提出的有用评价。本章内容仅代表作者本人的意见,且与政策、决议无关,此外也不代表美国国家海洋与大气管理局以及美国政府。

推荐阅读

Barrett EC (1992) Introduction to environmental remote sensing,3rd edn. Chapman and Hall,Lon-

don
Campbell JB (2007) Introduction to remote sensing,4th edn. The Guildford Press,New York
Jackson CR,Apel JR (eds) (2004) Synthetic aperture radar marine user's manual. U.S. National Oceanic and Atmospheric Administration,Washington
Robinson IS (1985) Satellite oceanography:an introduction for oceanographers and remotesensing-scientists. Ellis Horwood,Chichester

参考文献

Atkins PW (1994) Physical chemistry,5th edn. Oxford University Press,Oxford
Barrick DE (1977) The ocean wave height non-directional spectrum from inversion of the HFsea-echo Doppler spectrum. Remote Sens Environ 6:201-227
Canadian Centre for Remote Sensing (2007) Tutorial:fundamentals of remote sensing. http://www.ccrs.nrcan.gc.ca/resource/tutor/fundam/index_e.php. Accessed 17 Oct 2011
Collard F,Ardhuin F,Chapron B (2005) Extraction of coastal ocean wave fields from SARimages. IEEE J Ocean Eng 30(3):526-533
Collard F,Ardhuin F,Chapron B (2009) Monitoring and analysis of ocean swell fields fromspace: New methods for routine observations. J Geophys Res. doi:10.1029/2008JC005215
Davis G (2007) History of the NOAA satellite program. J Appl Remote Sens. doi:10.1117/1.2642347
Donlon CJ,Minnett PJ,Gentemann CL,Nightingale TJ,Barton IJ,Ward B,Murry MJ (2002)Toward improved validation of satellite sea surface skin temperature measurements forclimate research. J Clim 15(4):353-369
Fernandez DE,Carswell JR,Frasier S,Chang PS,Black PG,Marks FD (2006) Dual-polarized CandKu-band ocean backscatter response to hurricane-force winds. J Geophys Res. doi:10.1029/2005JC003048
Ford JP,Cimino JB,Elachi C (1982) Space Shuttle Columbia view the world with imaging radar: the SIR-A experiment. JPL publication 82-95,Jet Propulsion Laboratory,Pasadena
Gibson PJ (2000) Introductory remote sensing:principles and concepts. Routledge,London
Graber HC,Haus BK,Shay LK,Chapman RD (1997) HF radar comparisons with mooredestimates of current speed and direction:expected differences and implications. J GeophysRes 102:18749-18766
Harris R (1987) Satellite remote sensing:an introduction. Routledge & Keegan Paul,London
Heron ML,Heron SF (2001) Cumulative probability noise analysis in geophysical spectralrecords.

Int J Remote Sens 22(13):2537–2544

Heron ML, Nadai A, Masuda Y (1996) An estimate of Doppler frequency shift and broadeningfor grazing incidence C – band ocean surface backscatter. In: Proceedings Pacific Ocean remotesensing conference 12–16 Aug 1996 Victoria, pp. 151–159

Heron SF, Heron ML (1998) A comparison of algorithms for extracting significant wave heightfrom HF ocean backscatter spectra. J Atmos Ocean Technol 15(5):1157–1163

Horstmann J, Schiller H, Schulz-Stellenfleth J, Lehner S (2003) Global wind speed retrieval from-SAR. IEEE Trans Geosci Remote Sens 41:2277–2286

Jones AT, Thankappan M, Logan GA, Kennard JM, Smith CJ, Williams AK, Lawrence GM (2006) Coral spawn and bathymetric slicks in synthetic aperture radar (SAR) data from theTimor Sea, north west Australia. Int J Remote Sens 27:2063–2069

Kerbaol V, Johnsen H, Chapron B, Rosich B (2004) Quality assessment of ENVISAT ASARwave mode products based on regional and seasonal comparisons with WAM model output. In: Proceedings 2004 envisat and ERS symposium (ESA SP-572), Salzburg, CDROM #2. 1, 6–10 Sep 2004

Kilpatrick KA, Podestá GP, Evans R (2001) Overview of the NOAA/NASA advanced very highresolution radiometer Pathfinder algorithm for sea surface temperature and associatedmatchup database. J Geophys Res 106:9179–9197

Kohut JT, Roarty HJ, Glenn SM (2006) Characterizing observed environmental variability withHF Doppler radar surface currents mappers and acoustic Doppler current profilers. IEEE JOcean Eng 31:876–884

Li X, Pichel W, Maturi E, Clemente-Colón P, Sapper J (2001) Deriving the operational nonlinear-multichannel sea surface temperature algorithm coefficients for NOAA-15 AVHRR/3. Int JRemote Sens 22:699–704

Mantovanelli A, Heron ML, Prytz A (2010) The use of HF radar surface currents for computingLagrangian trajectories: benefits and issues. In: Proceedings oceans 2010 IEEE, Sydney, 24–27 May 2010

Maresca JW Jr, Georges TM (1980) Measuring RMS wave height and the scalar ocean wavespectrum with HF skywave radar. J Geophys Res 85:2759–2771

McCandless SW Jr, Jackson CR (2004) Principles of synthetic aperture radar. In: Jackson CR, Apel JR (eds) Synthetic aperture radar marine user's manual. U. S. National Oceanic andAtmospheric Administration, Washington

Minnett PJ, Knuteson RO, Best FA, Osborne BJ, Hanafin JA, Brown OB (2001) The Marine-Atmosphere Emitted Radiance Interferometer (M-AERI), a high-accuracy, sea-going infraredspectroradiometer. J Atmos Ocean Technol 18:994–1013

Monaldo FM, Beal RC (1998) Comparison of SIR-C SAR wavenumber spectra with WAMmodel predictions. J Geophys Res 103(C9):18815–18825

Monaldo FM, Thompson DR, Beal RC, Pichel WG, Clemente-Colón P (2001) Comparisons ofSARderived wind speed with model predictions and ocean buoy measurements. IEEE TransGeosci Remote Sens 3(12):2587-2600

Monaldo FM, Thompson DR, Pichel WG, Clemente-Colón P (2004) A systematic comparison ofQuikSCAT and SAR ocean surface wind speeds. IEEE Trans Geosci Remote Sens42(2):283-291

Nalli NR, Smith WL (1998) Improved remote sensing of sea surface skin temperature using aphysical retrieval method. J Geophys Res 103(C5):10527-10542

Paduan JD, Kim KC, Cook MS, Chavez FP (2006) Calibration and validation of direction-finding-high-frequency radar ocean surface current observations. IEEE J Ocean Eng 31(4):862-875

Plagge AM, Vandemark DC, Long DG (2009) Coastal validation of ultra-high resolution windvector retrieval from QuikSCAT in the Gulf of Maine. IEEE Geosci Remote Sens Lett 6(3):413-417

Sabins FF (1997) Remote sensing: principles and interpretation, 3rd edn. W. H. Freeman & Co., New York

Savidge D, Amft J, Gargett A, Voulgaris G, Archer M, Conley D, Wyatt L (2011) Assessment ofW-ERA long-range HF-radar performance from the user's perspective. In: Proceedingscurrent, waves and turbulence measurements IEEE/OES/CWTM, Monterey, 20-23 Mar 2011, pp 31-38

Shay LK, Martinez-Pedraja J, Cook TM, Haus BK, Weisberg RH (2007) High-frequency radar-mapping of surface currents using WERA. J Atmos Ocean Technol 24:484-503

Skirving WJ, Heron ML, Heron SF (2006) The hydrodynamics of a bleaching event: implicationsfor management and monitoring. In: Phinney JT et al (eds) Coral reefs and climate change: science and management. American Geophysical Union, Washington

Ullman DS, O'Donnell J, Kohut J, Fake T, Allen A (2006) Trajectory prediction using HF radar-surface currents: Monte Carlo simulations of prediction uncertainties. J Geophys Res111:C12005

Woodhouse IH (2006) Introduction to microwave remote sensing. Taylor & Francis, Boca Raton

Wyatt LR (1991) HF radar measurements of the ocean wave directional spectrum. IEEE J OceanEng 16:163-169

Wyatt LR (2011) Wave mapping with HF radar. In: Proceedings current, waves and turbulence-measurements IEEE/OES/CWTM, Monterey, 20-23 Mar 2011, pp 25-30

Zeng X, Zhao M, Dickinson RE, He Y (1999) A multiyear hourly sea surface skin temperaturedata set derived from the TOGA TAO bulk temperature and wind speed over the tropicalPacific. J Geophys Res 104:1525-1536

第 12 章　热遥感应用

Scarla J. Week, Ray Berkelmans, Scott F. Heron

摘要　对于科学家而言,SST 无疑是所有遥感应用最为广泛的数据来源,且这种现象对珊瑚礁管理者以及利益相关者来说更为显著。目前,该技术已经较为成熟,且正致力于在高质量的时间序列、气候序列和特殊专业领域的应用,以协助管理者和外行人员评估海洋生态系统中的热应力风险。而为发展和改善全球性的热应力监测产品(如热点、周热度以及 ReefTemp 之类的区域性产品)所做出的努力则恰恰反映出其对珊瑚礁管理者、珊瑚礁使用者以及各领域科学家的重大价值。近些年来,有关 SST 的预报工作正由即时预报向季节性预报发展,目前已经能预报 6 个月以内的温度变化,但随着时间的往后推移,预测的精度也会相应降低。这种 SST 的预报能力通过整合实时的 SST 数据于复杂统计的,动态的海洋-大气耦合模型来实现。增加使用实时的和历史的 SST 数据并配合使用其他数据源有助于解决复杂的生态和管理问题。

12.1　引言

12.1.1　红外和微波传感器

SST 作为一项关键性的测量要素,通常由卫星搭载的热红外遥感(TIR)和被动微波遥感(PMW)辐射计、系泊式和漂流式浮标以及顺路观测船施测完成。测量结果则被用于绘制完整的日常性全球空间 SST 反演图,进而用于服务海况

S. J. Weeks ,澳大利亚尼士兰大学地理学院,规划与环境管理系生物物理海洋学研究组,邮箱:s. weeks@ uq. edu. au。

R. Berkelmans,澳大利亚海洋科学研究院,邮箱:r. berkelmans@ aims. gov. au。

S. F. Heron,澳大利亚海洋与大气管理局,珊瑚礁监管中心;澳大利亚詹姆士库克大学工程与物理学院物理系海洋地球物理实验室,邮箱:scott. heron@ naa. gov。

预报、天气预报以及诸如珊瑚管理和渔业养殖的海岸带相关应用,同时还被科学家用于海洋、气象和气候研究。

TIR 传感器已搭载于地球观测卫星上 30 余年,可为大多数卫星观测任务提供接近实时的热红外 SST 观测服务。其中,应用最广的是搭载于 NOAA 极轨环境业务卫星的改进型甚高分辨率辐射计以及搭载于 NASA 地球观测系统 Terra 号和 Aqua 号卫星上的中分辨率成像光谱仪。极轨卫星上的热红外传感器能够以其典型的 1.1km(天底)空间分辨率实现日常的准全球覆盖探测。热红外遥感通过对两个明显的波段(约 4μm 和 10~13μm)的辐射观测实现。尽管在 4μm 的波段内工作对 SST 更为敏感,但却因该波段内具有过强的太阳辐射反射而只能在夜间应用。10~13μm 这一波段则适合进行 SST 的昼夜观测。值得注意的是,云雾的阻挡、气溶胶以及大气水蒸气的散射都会对这两个波段造成较大的影响,因而要想获得准确的反演结果就需要对接收信号进行大气校正,并且只适用于无云的像元。因此,在 SST 反演过程中需要对 TIR 传感器的星上定标(如 Corlett et al.,2006)补充以替代定标,通过现场的 SST 观测来实现对离水辐亮度的大气衰减的补偿(如 Kilpatrick et al.,2001;Zhang et al.,2009)。地球同步卫星所搭载的热红外辐射计具有类似于改进型甚高分辨率辐射计的工作频段。虽然其空间分辨率较低(约 5km),但却具有很高的时间分辨率,因而能够在短时云层覆盖的海域进行 SST 测量。

1998 年以前,全球范围内的 SST 反演只能借助 TIR 传感器实现,但是随着 1997 年 12 月搭载有微波成像仪(TMI)的热带测雨卫星(TRMM)发射升空,使得 SST 的被动微波(PMW)反演成为可能(Gentemann et al.,2010)。而全球范围内 SST 的 PMW 反演则在 2002 年搭载有先进微波扫描辐射计(AMSR)的卫星成功发射之后得以实现。这种探测的优势在于较长波长的辐射不易受云层的影响,且更易对大气影响进行校正。然而,这种 PMW 信号却会受到海表粗糙度以及降水的影响。幸运的是,海表粗糙度和大气的干扰信号与 SST 的特征信号截然不同,因而能够轻易地消除这类信号带来的影响(Gentemann et al,2010)。SST 的 PMW 反演仅受制于具有光照和降雨条件的近地面区域,并且几乎每两天就能实现一次完整的全球覆盖(尽管空间分辨率要低于基于 TIR 的 SST 观测,25km 对比 1km)。

12.1.2 测量精度

TIR 和 PMW 辐射计所测辐射分别来源于海洋的表面层(约 0.1mm)和近表面层(约 1mm),而非下层的水体部分,即现场温度计测得的海温。靠近海表的温度梯度可由多方面因素引起,如对太阳辐射的吸收、与大气的热量交换,以及近表面处的湍流混合等(Minnett,2010)。通常,海洋的表面温度要比其下层的海温低十分之几度,这是由于热流总是由海洋传向大气(Hanafin,2002;Hanafin et al.,2001)。这种状态非常容易确定,并且在夜间几米水深处以及白天风速大于6m/s的条件下很容易保持,但在低风条件下则不然(Donlon et al.,2002;Minnett,2010)。垂直温度梯度的大小受昼夜循环、云层覆盖以及风速情况的影响,且会对湍流的混合发生作用(Price et al.,1986;Fairall et al.,1996;Gentemann et al.,2008)。在低风条件下,海洋上层的热量(源于日照)不能在表层很好地混合,进而出现了温度分层现象,即造成了海洋表层与其下层水体之间的温度差异。因此,表面层或近表面层温度与低风条件下温度计的实地测量结果之间存在差异,且与水体的深度密切相关(Kearns et al.,2000;Minnett,2003;Ward,2006)。

通过热红外传感器测得的海表温度易受云层干扰,且由此所得的SST值比实际的SST值要低(Donlon,2010)。对于具有绝对精度值要求的SST应用来说,任何受云层干扰的像元都应排除在外。然而对于那些充分利用相邻像元的相对SST值的应用(如某一海洋特征的具体位置)来说,云层的干扰则相对较小。云筛选算法所针对的是对SST绝对精度有严格要求的应用,并且主要依赖于海表和云层在辐射系数、反射系数、温度以及空间结构上的差异(Donlon,2010;Cayula et al.,1996)。

当大气中含有高浓度的悬浮微粒时(如撒哈拉沙尘或火山灰),会降低SST观测的准确性,且通常会引入高达数度的偏差(反演所得的SST值过低)。例如,1991年6月皮纳图博火山的喷发大幅地影响了对温度的全球遥感监测能力(Reynolds,1993)。因此,任何数据分析都应将这些受影响的时间段排除在外,或者采取一些预估的特定参数用于大气校正,以应对特定的气象条件。通过升级算法来囊括尘埃指数方案以将问题控制在一定范围以内(Merchant et al.,2006)。

卫星SST观测的不确定性可能由上述表层效应和昼夜升温、云层和气溶胶影响以及大气校正算法存在的缺陷造成(Minnett et al.,2010)。确定SST不确定性的标准方法是对比来源相互独立的同步观测结果。Minnett 2010年发表的论文中叙述了几种运用不同工具验证卫星所测SST数据的途径。船载辐射计是用于确定卫星SST反演误差特性的理想方案,如海洋-大气发射辐射干涉仪(M-AERI;Minnett et al.,2001),该仪器对卫星测量结果的模拟非常接近。对于改进型甚高分辨率辐射计而言,其用于大气校正算法的有关系数通过对AVHRR反演温度和漂流浮标所测实地温度进行稳健回归得出(Kilpatrick et al.,2001)。根据卫星和现场测量数据之间的匹配关系能够确定出海表温度与水体温度之间的平均温度差异。同样,对中分辨率成像光谱仪(MODIS)而言,SST 的反演结果为表面海温,它同 1m 或者更深水深浮标所测水体温度得出的平均偏差则是热表层效应的体现(Donlon et al.,2002)。Minnett 在 2010 年的一份总结报告中通过对比独立观测得出了不同卫星传感器所测海表温度的精度。例如,无云条件下,"探路者"号卫星 AVHRR 在 1985—1998 年间的 SST 反演数据其不确定度与漂流浮标所测温度相比有接近 0.02℃ 的平均偏差(SD = 0.53℃)。通过比对所有 MODIS(11μm)的反演温度与浮标所测的海温,得出一个-0.16℃的平均偏差(SD=0.55℃)。该结论通过与漂流浮标观测结果进行的 600000 多次比对得出。然而,相比于 M-AERI 所得的辐射海温,探路者卫星通过 AVHRR 反演的海温存在 0.14℃的平均偏差(SD=0.36℃),而 MODIS 的反演结果则存在 0.02℃的平均偏差(SD=0.55℃)。这意味着反演温度与实际温度之间仍有差异存在。总之,在其他因素相同的情况下,MODIS 数据要比 AVHRR 数据平均低约 0.16℃,这是由于 MODIS 通过海表温度进行校正,而 AVHRR 则通过浮标测得海温(Minnett 个人资料)。

对于科学应用而言,通常采用约 1km 空间分辨率由 TIR 反演所得的 SST 数据,且通常来源于 NOAA AVHRR 和 MODIS 之类的传统探测仪器。而对于许多应用(如全球海表温度制图)来说,通常采用较低分辨率的子样本或分箱数据,如 4km 或 9km 的像元单位。基于卫星获得海温的某些应用,如对温度锋位置和演变情况的监测,或是海洋中尺度特征的监测,对观测精度或者相对精度有一定要求,而在绝对精度方面的要求则相对较低。然而,对于许多应用而言,卫星所得海温资料的绝对精度却至关重要(Minnett,2010)。气候研究是对精度要求最高的应用实例,需要掌握数十年的海温资料以对短期变化背景下的细微变化进行探测(NRC2000)。对长期变化特征的 SST 时序数据分析要求测量不确定度并且误差低于预期信号或变化量级,大约小于 0.2℃/10 年,因此需要进行一致且准确的 SST 资料反演(Donlon,2010;Minnett,2010)。鉴于海温资料的记录可能跨越数个卫星任务,因而在气候数据的记录期间确保验证观测的准确性至关重要。此外,对因轨道衰减引起的伪迹进行消除也同等重要。所有 NOAA 的极轨平台在发射后都会损失高度,如不进行修正就会人为地降低卫星测得的温度。所需的衰减校正也逐年变化,且在太阳活动最强期间达到最高水平,该期间由于太阳的紫外线辐射更强会导致上层大气升温以及飞船阻力增加(Wentz et al.,1998)。消除多个卫星轨道衰减以及衍生趋势的影响是一个复杂的过程,需要借助于精确稳定的气候监测系统。基于 TIR 数据的 SST 资料其精度目前受到现场基础设施可操作性的限制,所得的全球海温数据与漂流浮标的观测结果相比通常存有小于 0.15℃的偏差(Donlon,2010;O'Carroll et al.,2008)。

12.1.3 质量控制

通常会根据反演算法中的云筛选环节对海温观测数据进行不同的质量等级划分。整体精度与每一个 SST 数值相关,是在一个精度等级当中相对的 SST 质量分配数值。这一指标使得用户能够根据自身所需的质量标准对海温资料进行分离。然而,不同来源的数据其数据质量的等级划分各有差异,要求用户对相关文档中所列的不同含义予以特别关注(Donlon,2010)。例如,MODIS SST 数据的质量等级分 0~4 级,其中 0 表示质量最佳;4 表示彻底无效(oceancolor.gsfc.nasa.gov/DOCS/modis_sst)。与之相比,探路者卫星的 AVHRR 反演数据其质量等级则分为 0~7 级,并以 0 为最低,7 为最高(www.nodc.noaa.gov/sog/pathfinder4km/userguide.html)。对于大多数应用而言,所采用的海温观测数据其质量等级通常位于探路者卫星海温数据标准的 4~7 级或者 MODIS 海温数据标准的 0~2 级以内,至于对观测精度要求最高的应用来说(以牺牲观测数量为代价),只能使用精度等级最高的观测数据(Kilpatrick et al. ,2001)并且保留一部分数值以便分析。随着用于获取气象质量 SST 数据的传感器的逐步多样化,可以预见在未来 10 年中将在云筛选、大气气溶胶探测以及标记算法方面取得重大突破,以实现探测灵敏度及有关性能的提升(Casey et al. ,2010;Donlon,2010)。

12.2 热数据产品和分析

12.2.1 AVHRR 探索者系列

虽然目前能够在太空中观测到多种海洋参数,但只有 NOAA AVHRR 系列具备完整的 SST 数据,并且在进行遥感探测的 30 年中从未更换使用别种探测设备。AVHRR 的遥感观测数据可以追溯至 1981 年,且预计该系统还将持续观测另一个 10 年(Casey et al. ,2010)。“探路者”于 1990 年由美国国家海洋与大气管理局和美国国家航空航天局联合提出,协议用于支持美国全球变化研究计划(King et al. ,1999),并为大量经处理的卫星数据集提供了前所未有的访问途径。AVHRR 探索者计划于 1992 年提出的官方目标是用于提供:①研究、建模以及趋势分析所需的长期性全球数据;②经社会认可的最有效算法处理后的数据集;③基于整合概念由一常见输入流获取的多种地球物理产品;④一种具备浏览及在线访问功能的长期性,低维护且易实现的 AVHRR 数据存档机制(Casey et al. ,2010)。因此,探路者计划的目标可归结为,为随后开展地球观测系统的系列工程任务指明前进道路(Casey et al. ,2010)。

“探路者”SST 项目在其 20 年历史中共推出了 5 种不同版本的 SST 产品,且目前正在发展其第 6 版。“探路者”的 SST 算法在非线性 SST(NLSST)算法(Walton et al. ,1998;Kilpatrick et al. ,2001)的基础上历经大量修改实现了其性能的不断提升(Casey et al. ,1999;Kilpatrick et al. ,2001;Casey et al. ,2010)。2002 年,“气候数据记录”一词出现在人们的视野中,同时“探路者”SST 项目也开创出了新局面,所提供的“探路者”SST 第 5 版相比以往提供的 SST 数据集更为准确一致,且分辨率更高。此外,该版本还在空间分辨率(4km),陆地掩膜以及质量水平评定方面做了改进(Casey et al. ,2010)。目前在网上可以访问到 5.2 版的探路者应用,其中包括从 1981 年到 2010 年的全部记录(www.nodc.noaa.gov/SatelliteData/pathfinder4km),并在用户指南中提供了有关产品及参数的详细描述。除 SST 值外,5.2 版本还提供了风速、海冰和气溶胶信息,以及其他一些可用于高阶统计计算、单独评判有效 SST 资料构成和质量测试输出检测的有用参数。

“探路者”6.0 版本正在预备阶段(Casey 个人资料),并且明显将会遵守最新的高分辨率 SST(GHRSST)数据格式、数据内容和元数据要求。这一版本的上述改进将会增强探路者卫星数据对众多符合 GHRSST 的数据流的兼容性,并将提供更为准确、一致和有效的 SST 气象数据记录,以支持更为广泛的科学研究及应用(Casey et al. ,2010)。

12.2.2 国际高分辨率海温组织

为满足对准确、实时、中等分辨率 SST 产品的需求,自 2002 年起以国际合作的形式开始实施全球海洋资料同化实验(GODAE)高分辨率 SST 试点项目(GHRSST-PP),并于 2009 年被国际高分辨率海温组织(GHRSST)所取代。该组织的宗旨是通过国际合作和科学创新,以最经济、高效的方式为不同时间尺度(短期、中期或以 10 年/气候为时间尺度)下的应用提供最优质的 SST 资料(www.ghrsst.org)。在过去的 10 年里,GHRSST 项目利用 TIR、PMW 卫星和现场数据,以及海洋和大气预报系统中演示的有关应用,为 10km 分辨率以内的全球 SST 研究及应用构建出一个框架(Donlon et al. ,2007)。此外,GHRSST 项目取得成功的关键(Donlon et al. ,2009)还在于以下几个方面:①对海洋上层不同 SST 参数定义达成的国际协定,用以区分热红外辐射计测量、PMW 辐射计测量、近海表实地观测以及 SST 混合输出之间的差异;②为确保将 SST 日变化信息正确标记在观测数据内所进行的大量研究;③纠正不同卫星数据集偏差的方法;④目前可操作的海温分析系统中用于海表温度(辐射测量)和海温(船只和浮标测得)转换的方法;⑤卫星 SST 数据产品格式和包含所测各项 SST 数据不确定度测算的产品内容;基于现场数据以及 PMW 和热红外卫星数据融合的新型 SST 分析产品的操作实现。本质上,GHRSST 建立起了新一代的数据产品及服务,为获取众多海温数据产品提供了(接近实时)广泛且开放的途径。在 GHRSST 网站上可以访问到详细的 GHRSST SST 产品信息,包括空间分辨率及各数据集的可用时段(ghrsst. jpl. nasa. gov/GHRSST_product_table. html)。一个国际性的 GHRSST 用户组织最近正对 GHRSST 数据产品与服务进行测试,并将其应用至科学项目以及实时的操作系统当中。GHRSST 团队所面临的挑战是为用户群体持续提供稳定且高质量的 SST 数据产品和服务,以此来展示持续性操作的相关要求。

长期的网格化数据集也能够融合卫星与现场数据用以提供更大范围的长期 SST 趋势预测。例如,NOAA 的扩展重建海温资料(ERSST)分析,该资料基于现场海温资料并利用能够对稀疏数据进行稳定重建的统计方法获得。ERSST 月平均海温资料分析(2°空间分辨率)从 1854 年一直延续至今(Smith et al. ,2004)。由于该资料进行了平滑处理,因而对局地和短期的分析会出现误差,对于全球或区域性的长期研究则较为适用。再如,NOAA 的最优插值海温分析(OI)以 1°的空间分辨率以及逐周和逐月的频度由 1981 年延续至今(Reynolds et al. ,2001),该分析整合了现场观测数据,卫星 SST 资料以及海冰数据。然而在应用再分析和重建技术时必须谨慎,因为数据密度以及采集物特征的差异会导致不同的海温输出结果。尽管如此,这些数据集仍可有效用于同其他变量的对比以及模拟长期性的海温趋势。实质上,对于任何热力学数据的相关应用而言,都必须仔细考虑 SST 数据集的特征、质量、限制、警示及时域以为特定应用选择最适的产品。

12.2.3 量化趋势和变化

卫星数据记录所反映的 SST 变化表明:大部分的海洋区域发生了变暖现象。用以量化上述现象及其他海温时间趋势的相关研究介绍如下。通过回顾 1985—2006 年期间"探路者"卫星的 AVHRR 海温数据集,Strong et al. (2009)对热带海洋(35°S~35°N)的夜间海温趋势做了评估,用以调查其对热带生态系统产生的影响。相关趋势由月平均温度计算得出,其中显示:除东北太平洋在北纬 20°附近的一小部分地区有显著降温外,整个热带海洋正普遍变暖,或者仅有轻微的冷却(图 12.1)。在观察到 20 世纪 90 年代中期太平洋海温的异常转变后,Strong et al. (2009)通过计算分析得出两段以 11 年为周期的变化趋势(1985—1995 年和 1996—2006 年)。该分析指出:全球海洋的重要地区(主要位于南半球)在第一个阶段首先发生冷却(西太平洋、南印度洋和南大西洋),却又在第二个阶段表现出明显的升温趋势。上述观察到的转变可能恰好与太平洋年代际涛动的反转同步(PDO;Mantua et al.,1997),即在20世纪90年代中期从暖位相阶段过渡至冷位相阶段。PDO在暖位相阶段的典型环境是赤道太平洋地区的海温表现为正异常,而极地海洋地区则表现为负异常(冷位相阶段恰好相反)。这些发现表明:对1985—2006年这22年期间计算所得的变暖趋势可能因PDO的由暖向冷转变而减弱。由此可见,在结果判读过程中仔细考虑趋势分析所在的时间域至关重要。

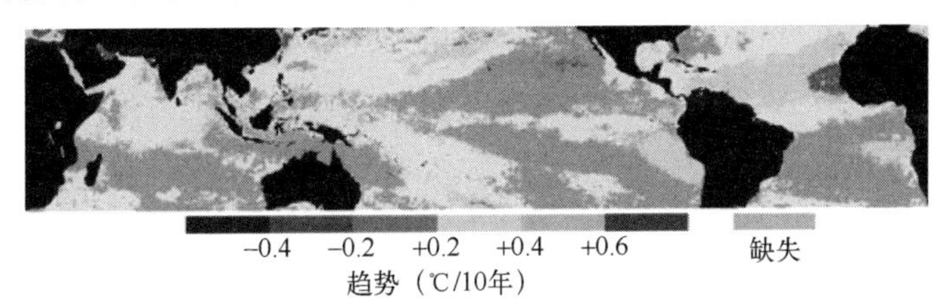

图12.1 SST变化趋势图(1985—2006年)。图中显示:几十年来热带海洋普遍表现为升温或者轻微降温的趋势(Strong et al.,2009)(彩色版本见彩插)

Eakin et al.(2009)对1997—1998年全球性珊瑚白化事件中观测有白化现象发生的50个珊瑚礁位置进行了海温异常情况调查(Wilkinson,1998)。他们对表12.1中的四个地区分别进行了年平均海温异常计算,同时还分析计算了这些地区1985—2006年间长期的地区性及全球性趋势。每个地区在这22年期间都表现出明显的升温趋势,其中太平洋地区升温速率相对略低(尽管并无统计上的差异)。作者指出,计算所得的全球性趋势现已处于21世纪的变暖预测(2~4℃/世纪;政府间气候变化专业委员会,2007)范围内(不考虑温室气体减排条件下)。通过对卫星时代的累计热应力分析得出,除出现在2005年加勒比海/大西洋地区珊瑚白化事件期间的最大热应力外,全球性以及地区性的最大热应力水平均出现在1998年(Eakin et al.,2010)。

Eakin et al.(2009)还通过19世纪末海温的历史资料(HadISST,ERSST)对上述50个珊瑚礁位置的热应力累计进行了调查研究。这些分析证实,于2005年在加勒比海和大西洋地区以及1998年全球及部分地区所记录的热应力水平是史无前例的。Heron et al.(2008)也对1880—2007年期间含有珊瑚的像元的区域性海温异常趋势(ERSST数据)进行了相似计算。此外,还在所有地区观察到了海温的上升情况,上升幅度由东太平洋地区的每10年0.024℃变化至印度洋及西南太平洋地区的每10年0.050℃。通过以上数据和卫星资料(表12.1)的对比表明:20世纪以来气候变暖现象速度加快。

表 12.1　五个不同地区中珊瑚白化曾发地的海温异常趋势数据
通过 1985—2006 年间探路者卫星的 AVHRR 海温资料计算获得

区　　域	平均含珊瑚礁像元数量	海温异常趋势(℃/10 年)
印度洋和中东地区	18	0.261
东南亚地区	9	0.232
太平洋地区	11	0.181
加勒比和大西洋地区	12	0.257
全球	50	0.237
注:区域性异常值通过对 1997—1998 年间曾发生白化现象的特定珊瑚礁位置的观测结果取平均获得(Eakin et al.,2009)		

Heron et al.(2009)对 1985—2006 年间的探路者数据进行了分析,以确定气候最热月份(取决于不同位置)的海温趋势,进而对夏季热应力水平(可用作珊瑚白化的风险指标)进行变化调查。该研究表明了全球绝大多数地区的变暖趋势,并且这种现象在北半球更为明显(图 12.2)。通过对比趋势值及其标准误差(图 12.2(b))表明:仅有一小部分海洋区域的降温速率明显不为 0(尤其是南大洋地区)。而西太平洋和北太平洋的大部分地区以及北大西洋地区却表现出多于 2 倍该趋势标准误差的海温增长。

短期气候变化的一个主要因素是著名的厄尔尼诺-南方涛动(ENSO)现象,其中厄尔尼诺和拉尼娜现象的极端阶段表现出同特征性海洋和大气条件(通常演变过程为 12~18 个月)的关联性(McPhaden,2004)。就 ENSO 事件本身而言并不会引发珊瑚白化现象。然而,它们却能够通过改变常规的海温模式对不同海洋盆地中珊瑚的白化概率进行调节。Eakin et al.(2009)对比分析了 SST 模式在 20 个厄尔尼诺、20 个拉尼娜、20 个厄尔尼诺-南方涛动现象的表现,同时也将既往与接下来的年份的平均模式考虑进来。研究表明,大多数热带海洋地区在厄尔尼诺事件中表现出的最大海温明显高于正常年份,这种现象最初仅发生在东太平洋地区,随后一年中在印度洋及加勒比地区也有发现。值得注意的是,在出现厄尔尼诺现象的年间存在一段由太平洋中北部经西太平洋延伸至太平洋中南部的“马蹄状”弧形冷区。然而,这种情况却在拉尼娜现象发生年间出现反转,致使在其他地区普遍变冷时这片弧形区处于温暖的气候条件(对比 ENSO 正常年)。ENSO 监测不仅可用海温指数作为指标,如尼诺 3.4 区指数(170°~120°W、5°S~5°N 区域的平均海温异常),也可用大气指数作为指标,如南方涛动指数(法属波利尼西亚塔希提岛与澳大利亚达尔文市之间的气压差异)。应当注意,目前已有证据显示在太平洋中央地区存有不遵循传统厄尔尼

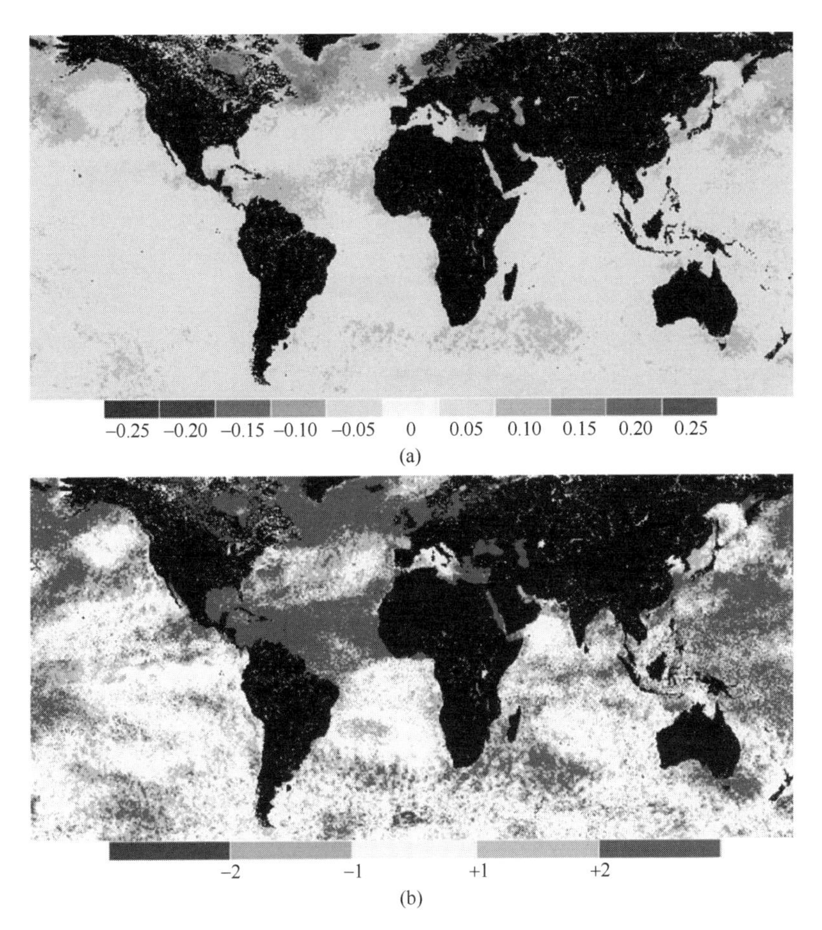

图 12.2 (a) 1985—2006 年间气候最热月份平均海温(℃/年)的变化趋势。(b) 该趋势与其标准误差的比值,用以反映海温变化(上升/下降)明显不为 0 的地区(彩色版本见彩插)

诺事件规律的异常升温区(Ashok et al.,2007)。上述情况称为假象(Modoki),即一种新型的厄尔尼诺/拉尼娜现象,据介绍,这些 Modoki 事件随着全球变暖将越来越普遍,并在未来将变得更为常见(Yeh et al.,2009;Lee et al.,2010)。此外,由 Redondo-Rodriguez 等人于 2011 年进行的一项研究发现,ENSO 与 Modoki 事件对大堡礁的空间结构有显著的影响。典型的 ENSO 事件并未显示同大堡礁北部地区的海温存有明显关系,但在大堡礁南部地区却有较大关联。与此相反,厄尔尼诺/拉尼娜假象则表现出同大堡礁北部地区夏季海温明显的关联性,但是在南部地区则未发现有关联性。

12.2.4 珊瑚礁管理应用

当珊瑚遭受环境剧烈改变的压力及其引发的珊瑚组织内部共生藻类(虫黄藻)缺失时,就会引发珊瑚白化现象(Glynn,1993)。对全球范围内进行的海温监测为研究人员及利益相关者提供了工具,用以掌握和更好管理导致珊瑚白化的复杂相互作用。当白化条件出现时,这些工具可用于帮助制定白化响应计划以及支持合理管理决策(Beggs,2010)。

美国国家海洋和大气管理局的珊瑚礁观测项目(CRW;www.coralreefwatch.noaa.gov)可提供当前的珊瑚礁环境状况用以辨识潜在珊瑚白化风险的地区。CRW 使用可操作的 NOAA/NESDIS 每周两次测得的夜间 AVHRR 海温综合资料(0.5°,约 50km)进行接近实时的热应力(可引起珊瑚白化)监测(Liu et al.,2009)。该产品组合包括数据资料,全球的海温和海温异常图以及珊瑚特定产品(热点:最热月的气候正异常;周热度:DHW,热点所对应的温度压力累积)。Skirving 等人于 2006 年对这些产品进行了完整描述。最近,又增添了额外的管理产品。如白化预警产品对热点及周热度数据进行了巩固强化以生成热应力的现状图。自动电子邮件将通过卫星白化预警系统进行发送,用以对目前用户指定的 227 个珊瑚礁位置做出白化风险总结并向利益相关者通知有关珊瑚礁的变化情况。

除 NOAA 产品外,澳大利亚大堡礁海洋公园管理局(GBRMPA)还使用 ReefTemp(Maynard et al.,2008)这一高分辨率的区域性制图产品,该产品通过综合海温资料和其他热应力观测来提供接近实时的白化风险信息(www.cmar.csiro.au/remotesensing/reeftemp)。ReefTemp 是基于 NOAA 的珊瑚礁观测工作建立的,因其能以 0.018°(约 2km)的分辨率提供每日的白化风险预报。通过对比 10 天的 AVHRR 综合海温资料以及 1992—2002 年间的月平均温度(Griffin et al.,2004),ReefTemp 可提供海温及相关热应力测量的成果图。对于受云层影响而无法进行海温计算的位置,采用该地最近 10 天的海温资料作为代替(大多数地区的海温值通常每 1~4 天就会有更新)。用来描述热应力情况的图例同澳大利亚周围白化应力的现场观测相一致。ReefTemp 是(大堡礁海洋公园管理局)GBRMPA 珊瑚白化响应计划(www.gbrmpa.gov.au/corp_site/key_issues/climate_change/management_responses)早期预警系统的一个重要组成部分,用于珊瑚礁白化易发地区的环境评估以及监测规划。

NOAA CRW 利用海温预报模型的输出信息来实现对可导致大量珊瑚白化的潜在热力学条件的季节性预报,这些信息可提前数月对异常的海温现象作出预测。目前,CRW 的白化预报产品基于以下两种预报系统的预测实现:①线性转置模型(LIM)系统提供(2°分辨率)的每周海温确定预报(Liu et al.,2009);②最近应用的动态气候预报系统(CFS),通过其28个组成成员为每个位置和所需的每个预报时段提供一系列的海温预测信息。借助这些模型可以实现珊瑚的白化风险预报(通过整合长达18周的预测信息以及每周更新的潜在风险水平实现)。基于LIM系统得出的预报反映的是风险的预测水平,而基于CFS系统的预报则是提供超出确定应力阈值的可能性。在白化风险期间,会每月提供有关白化风险预报的必要解译。

澳大利亚气象局已实现对海温异常的季节性动态预报,并通过澳大利亚海气耦合预报模型来协助大堡礁海洋公园的管理工作(POAMA;Spillman et al.,2009)。POAMA是一个季节性全球海气耦合预报系统,其海洋模型的纬向和经向分辨率分别为2°和0.5°~1.5°。这是动态珊瑚白化的季节性预测模型的首个应用,为珊瑚礁管理人员(以可用的时间尺度)提供了一项有价值的预报工具(Spillman et al.,2009)。基于过去30天的预报数据,可以对未来6个月的海温异常进行实时预测(每日更新)。此外,该系统还会计算出一个GBR指数,即大堡礁研究区域内每月海温异常的区域平均值,用作区域平均条件的指标。月热度则基于最大月平均温度以及随后3个月内承受热应力的累积得来(Spillman et al.,2010)。集成预报的使用使得评估特定的海温异常或者超出热应力阈值的可能性成为现实(Spillman et al.,2009)。在预报过去每月的海温异常和提前0~2个月GBR指数方面,该模型已经显示出良好的预测能力。然而,季风爆发的不确定性目前对该地区夏季的长期预报起着限制作用(Spillman et al,.2010;Spillman,2011)。

虽然该模型能够用于预测大气季节内震荡(MJO)及其引发季风的发生。但其有效性最终却受系统整体精度所限(Rashid et al.,2010)。而未来有关模型分辨率、初始化和集成创造方面的改进,以及对这些主要驱动因素可预测性的理解加深,将会实现更为提前并且成熟的预测。

海岛礁预测系统需要高精度的仪器设备来为近岸浅水海域提供长期且优质的海温气候资料(Gramer et al.,2009;Liu et al.,2009)。为有效模拟同一珊瑚礁环境不同分区的珊瑚白化响应,需要具有比目前NOAA CRW所使海温产品更高的时空分辨率(Beggs,2010)。AVHRR和FFFMODIS传感器以1km分辨率进行的海温观测在极浅水深覆盖地区尤为适用,且非常适合用于近岸的海温测量。这些功能目前正为大量珊瑚礁应用的研究小组所采用,但尚无合适的操作依据。

要想准确监测珊瑚礁区的热应力水平,对海温昼夜变化进行观测非常必要(Maturi et al.,2008)。相比基于极轨卫星(每天最多对同一位置进行两次观测)的海温产品而言,地球同步卫星(重复观测周期为约 30min)对昼夜变化的监测更为有效。例如,目前 NOAA CRW 在全球范围内通常仅依据夜间极轨(AVHRR)的反演结果来确定每日的海温情况,然后进行海温异常计算用以表示珊瑚白化期间所在水深范围的海温异常水平(Skirving et al. ,2006)。考虑到珊瑚对极端温度和热辐射随时间的变化非常敏感,基于不间断海温昼夜观测数据的白化预测技术(Leichter et al. ,2006)将明显优于每日只进行一次资料更新的预测技术(Maturi et al. ,2008)。GHRSST 目前正进行大量研究以确保海温的昼夜变化被正确标记在观测数据内并开发出相关方法用于不同卫星数据集的偏差改正。NOAA 正转型投资综合了地球同步卫星和极轨卫星观测数据的复合型海温产品。应当指出,在昼夜全时段海温产品的解释与应用过程中,需要将近表面的温度变化包含在内。

此外,还有部分基于卫星 SST 资料的产品(用于各项珊瑚生态参数描述)目前正处于评估阶段。如 NOAA CRW 开发的用于描述珊瑚白化应力水平周期、发生事件持续时间以及近期海温的短期趋势的实验产品。

当然,基于近期冬夏季节温度数据进行珊瑚疾病爆发风险描述的区域性产品也同样可行(Heron et al. ,2010)。ReefTemp 基于温度条件生产的实验性风险图对预防珊瑚疾病爆发大有益处(Maynard et al. ,2010;www. cmar. csiro. au/remotesensing/reeftemp/web/ReefTemp_Disease. htm)。另一项 NOAA CRW 的实验产品综合了卫星 SST 资料和太阳辐射的影响,为珊瑚白化提供了另一种可行的预测方法。光应力损伤(LSD)算法是在特别考虑了珊瑚共生体(虫黄藻)的光合系统以及检测了不同光照和温度条件下珊瑚-藻共生关系的生理反应后开发出来的。虽然现有 CRW 算法的开发仅仅依靠珊瑚对温度的响应,通过专门设计的生理实验创建的 LSD 算法被用来确定温度对光阈的影响(Nim and Skirving,2010)。初步结果表明,应用 LSD 算法比单独应用温度产品更能够使得珊瑚白化预测能力得到改善。

12.2.5 局限性

对当前所使各种来源的卫星反演海温资料以及模型衍生产品的限制和担忧:

(1) 很可能也是最重要的一点是输出产品的精度完全取决于对珊瑚礁生态和物理进程的掌握程度。但现实情况是我们对这些过程的了解总是有限。作为任何模型及产品的关键步骤,测试和验证过程应确保模型输出与观测到的模式密切相关。然而,再强的相关性也不意味着存在因果关系(Aldrich,1995)。因此,在结果分析时需要谨慎地进行科学研究,并且考虑适应领域的应用。

(2) 大多数模型的复杂程度往往远超非专业人士的理解范围,因此在对管理环境进行产品应用及输出解译时必须确保每一环节都有专家参与。

(3) 大多数建模应用会涉及各种不同的学科,且每一方面都要求相关人员具备专业的技能来确保源数据以及输出产品被恰当地使用。建模研究的成功关键在于同相应科学及管理领域的专家保持密切的合作。

(4) 星载热辐射计本质上测得的是海水的表面特性,而非海面以下水层的相关特性,这也是大多数科研以及管理应用的主要兴趣所在。尽管在校准海温数据来匹配总体水温方面做出了大量工作,但仍有误差存在,且尤其出现在水体明显分层以及高大气水分含量的极端气候条件时期。这些环境状况不可避免地会出现在珊瑚白化事件的前期,这一阶段对观测精度的要求也往往更为严格。因此,必须谨慎地进行有关判读并做出临近预报。

(5) 不同热力学产品之间所存在的时空不匹配现象会给有关应用以及数据判读带来严重问题。将相对粗分辨率的卫星数据应用至特定位置的生态数据及进程中是文献中较为常见的一种误差来源。微尺度下空间异质性的探测很难在粗分辨率的条件下实现,相反,宏观模式也难以在精细的空间分辨率下实现。热遥感数据极大地促进了人们对珊瑚礁生态系统的理解,与此同时,我们也应当谨慎选择最为适合的分辨率用以有关应用以及数据判读工作。

12.3 热力学应用举例

尽管遥感温度产品的直接应用通常而言非常有助于珊瑚礁的管理及研究,但其最大的潜在价值在于这些经验数据同其他数据集、统计关联、专家意见和模型输出的整合。将这些不同的信息源整合于同一建模框架使得对更为复杂问题的客观检查成为可能,从而可进一步地揭示珊瑚礁的物理和生态动力学特征。此外,还实现了珊瑚礁管理者对新型工具的开发,进而在合理的科学基础上对管理策略做出评估,同时将相互矛盾的生态、社会和经济需求权衡在内。Marxan 就是此类工具的一项实例,即一种用于陆地和海洋保护区设计的综合软件系统。该软件被用于 2003—2004 年大堡礁的区域重划工作,并自此成为应用最广的保护规划软件(Fernandes et al.,2005;Watts et al.,2009)。以下案例研究与通过整合与建模手段获取遥感海温数据的最新进展相关。

12.3.1 海洋保护区设计

为海洋保护区设计和管理制定弹性原则这一概念相对较新,且包含以下四个主要原则:①分散灾难性事件(如珊瑚白化)的整体风险以增加珊瑚的存活概率；②识别并保护关键地点；③具备连通和补给模式；④开展有效的适应性的管理(Green et al.,2007)。这些原则被应用于 Kimbe Bay,Papua New Guinea(www.nature.org)和 the Bahamas(www.living oceansfoundation.org)三地的海洋保护区设计(MPA)当中。这些项目的一个关键理念是将气候变化影响明确纳入海洋保护区设计的考虑因素当中。白化风险的分散通过探索和利用经常存在于珊瑚礁环境周围的复杂热力学环境来实现。对这些区域的识别与测绘为保护区进行一系列风险预测提供了可能,从而降低了大规模影响的可能性。

Mumby 等人于 2011 年在连接模型的配合下,对巴哈马(Bahamas)地区长期的强热应力环境进行了测绘,并将成果用于保护区设计的开发与测试工作以在将来实现珊瑚礁恢复力的最大化。结果表明,珊瑚幼虫的扩散规模与珊瑚礁的连通性相称,所表现出来的适应现象也会显著影响保护区的最优化设计。这一研究描述了以下几种适应情况及其对应的优先级策略(图 12.3):

(1)“适应”充分。如果适应率足够,最好优先考虑低慢性、低急性应激水平的珊瑚礁同低急性、高慢性应激水平的珊瑚礁之间的联系。而高环境应力(慢性和急性)下的珊瑚礁可作为“进化泵”来实现更为快速且指向更为明确的适应。

(2)“适应”不足,但遗传。如果适应率不足,而其表型适应具有遗传基础,那么应当优先将目前表现出高慢性应激水平的珊瑚礁中具有耐热基因型的个体迁移至低慢性、低急性环境应力的珊瑚礁中。

(3)“适应”不足,但表型。如果表现出的局部适应完全表型,那么在保护区规划当中就不需要迁移耐热的幼虫个体。这种情况下,最好优先考虑那些经历低慢性、低急性环境应力的珊瑚礁当中的连通性,因为当环境应力下的珊瑚礁遭遇致命条件时它们有可能存活下来。

(4)“两面下注”。在适应率不确定以及是否所有适应均由基因型或表型所致未知的情况下,这种两面投注的策略可能更为合适,因其综合考虑了以上情景中优先的连接数目以及最重要连接的排名。

在巴哈马的例子中,Mumby et al.(2011)发现 Bet-hedging 情景产生了一种与“适应不足,但遗传”情节最为相似的保护区设计,其中在现有的群落中存在着具有遗传基础的适应能力。他们得出了一个这样的结论:尽管很难创建一个适合所有情景的折中策略,但还是存在一个在所有情景下挑选出来的 15%的子集,使得它们成为保护区网络早期保护和组成的理想候选。

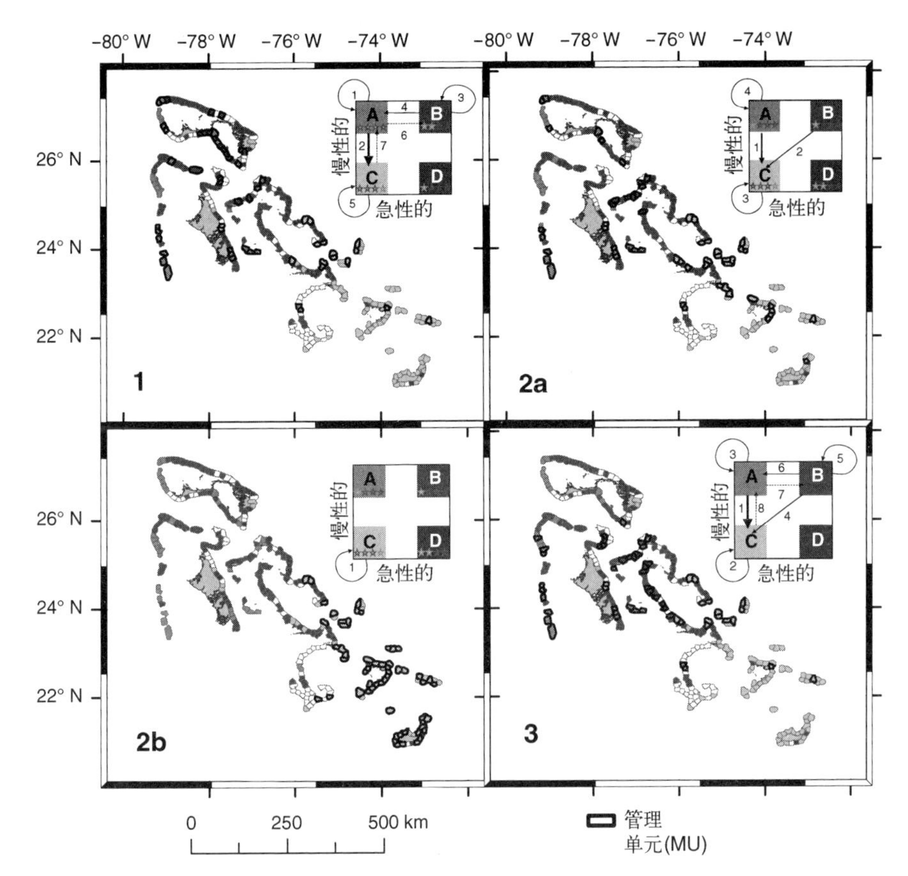

图 12.3 Bahamas 地区以下几种情景的最优化保护区网络:1("适应"充分)、2a("适应"不足,但遗传)、2b("适应"不足,但表型)和 3(Bet-hedging)。图中显示了单独珊瑚礁规划单元的具体位置,其中带有黑色边缘的是可能的保护区。内部的插图则显示了各种情景连接情况的优先次序(Mumby et al.,2011)(彩色版本见彩插)

12.3.2 水质和珊瑚白化

Wooldridge et al.(2009)将贝叶斯方法用于建模与数据整合,进而对可能与海洋升温和水质情况存在相互作用的生态进程做出新的阐释。这种关联的机理在于:当辐射强度增大以及温度升高时,无机溶解氮含量的增加(DIN)刺激了(非理想状态下)珊瑚共生生物体量的增长以及更高的代谢需求。共生生物对能量消耗的增加反过来会导致流向宿主珊瑚的能量减少,进而对宿主的生产率以及二氧化碳产量造成抑制作用,扩散至共生生物的 CO_2 也相应减少。通常认为,当共生生物体内的 Rubisco 酶(即二磷酸核酮糖羧化酶)其环境基质中的

CO_2 含量受到抑制时,就会对光合作用的暗反应阶段产生干扰,并最终导致白化现象(Wooldridge,2009a)。因此,高 DIN 环境中的珊瑚共生藻类更不稳定,引发白化现象的温度相比低环境 DIN 含量时更低。

Wooldridge et al.(2009)指出,相比单一使用热应力因素,将海岸 DIN 含量与热力学记录一并作为解释变量纳入研究,能够与 1998 年和 2002 年大堡礁地区的珊瑚白化事件(Berkelmans et al.,2004)建立更强的关联性(预测精度分别为 84%和 73%)。在水质良好且热应力水平较低的环境中,引起珊瑚白化的温度会相对升高 1~1.5℃(图 12.4)。对珊瑚礁管理的意义在于通过预防入海径流带来的富营养化,可明显改善珊瑚礁环境并且增强其应对气候变化所引起的海水升温的能力(Wooldridge,2009 b)。此外这些研究还为进一步的资源整合提供了机会,通过社会经济学建模进行评估和优化,来实现因减少化肥使用带来的经济成本与生态及行业效益(如发展旅游业)之间的平衡(Thomas et al.,2009)。

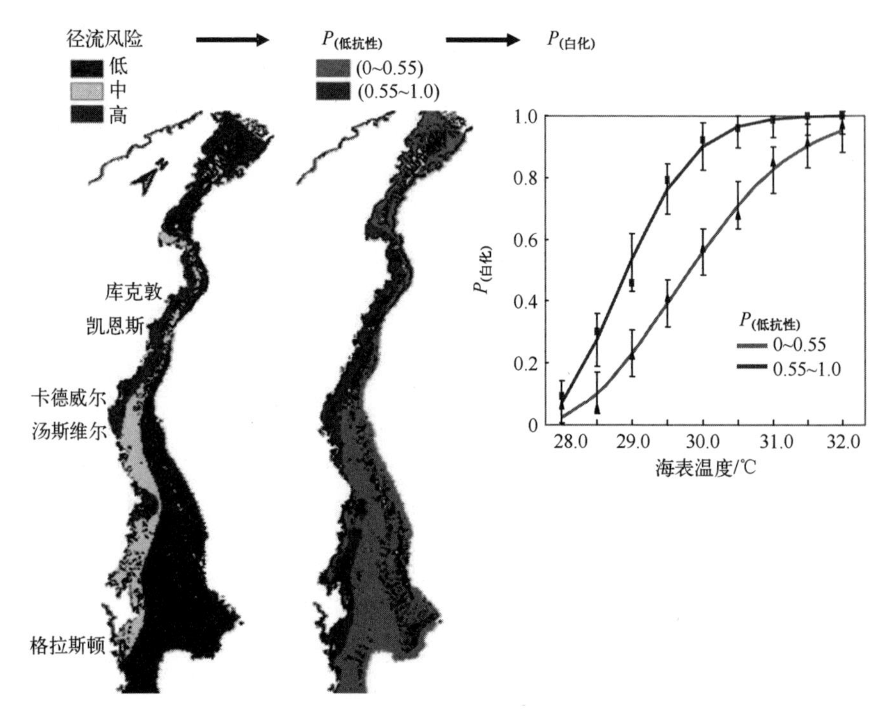

图 12.4 基于 1998 年珊瑚白化事件期间热力学信息记录,水质状况与热应力条件所建立的大堡礁地区影响水质的风险分布及抗白化能力(即恢复力)建模。在良好的水质条件下,每单位 SST 降低 1~1.5℃(Wooldridge,2009b)(彩色版本见彩插)

12.3.3 沿海和海洋上升流

要想理解并预测全球气候变化带来的影响需要掌握从地区到全球规模不等的海洋动力学进程。虽然大规模的海洋进程往往容易理解,但是像热带珊瑚礁环境中上升流这种小规模进程却并非如此。例如,Berkelmans et al. (2010)发现大堡礁中心地带的上升流活动与当地和区域的海表温度密切相关,而1998年和2002年珊瑚白化现象的发生就与期间最强上升流的出现有关(图12.5)。在这些情况下,由于水体的严重分层,温水依然占据了大堡礁的大部分区域,而上升的冷流则主要活动在海表以下。此外,还发现上升流活动与异常温暖的夏季之间存在一定联系,当处于无风期的东澳大利亚海流加速时,会加剧水体的分层现象。增强的上升流随后通过几周的时间引起白化并可用作炎热夏天的季节性预报工具。

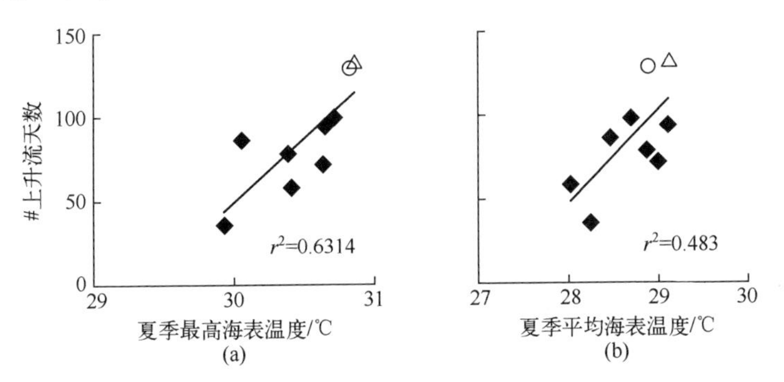

图12.5 探路者卫星对夏季(12月,1月,2月)整个大堡礁区域的SST遥感数据((a)为最高温度,(b)为平均温度)同Myrmidon礁区(大堡礁中央地带)上升流活动关系图。无白化事件发生的夏季-封闭棱形;发生白化事件的1997—1998年夏季-开口圆圈;发生白化事件的2001—2002年夏季-开口三角形(Berkelmans et al.,2010)

在另一案例中,Weeks等人使用MODIS测得SST的时间序列以及叶绿素数据,同时配合现场测量和模型观测来确定和评估澳大利亚东部海岸一股中尺度涡的相关特性(摩羯座涡流)。由于东澳大利亚海流的持续南流,并吸入大堡礁海岬地貌背部的海水(图12.6),在大堡礁南端背风处形成了直径约150km的涡流。由浅海海底及周围陆缘引起的摩擦阻力连同沿岸湍流对这一背风区的水体产生一个侧向应力,并在水面引发一个顺时针方向的涡旋。Weeks et al. (2010)应用了一个可操作的三维海洋预报模型(OceanMAPS),该模型能够用来复制从卫星图像中观测到的涡流模式。在该模型中,风应力与现场海温数据(大约5m深,13~44m宽)对涡流的动态热力学结构进行了揭示。顺时针方向的旋转导致涡流中心以及东澳大利亚海流“剪切区”出现上升流(图 12.7)。该系统在本质上随东澳大利亚海流、地方和地区性风应力以及温跃层内部扰动的强度改变而动态变化。

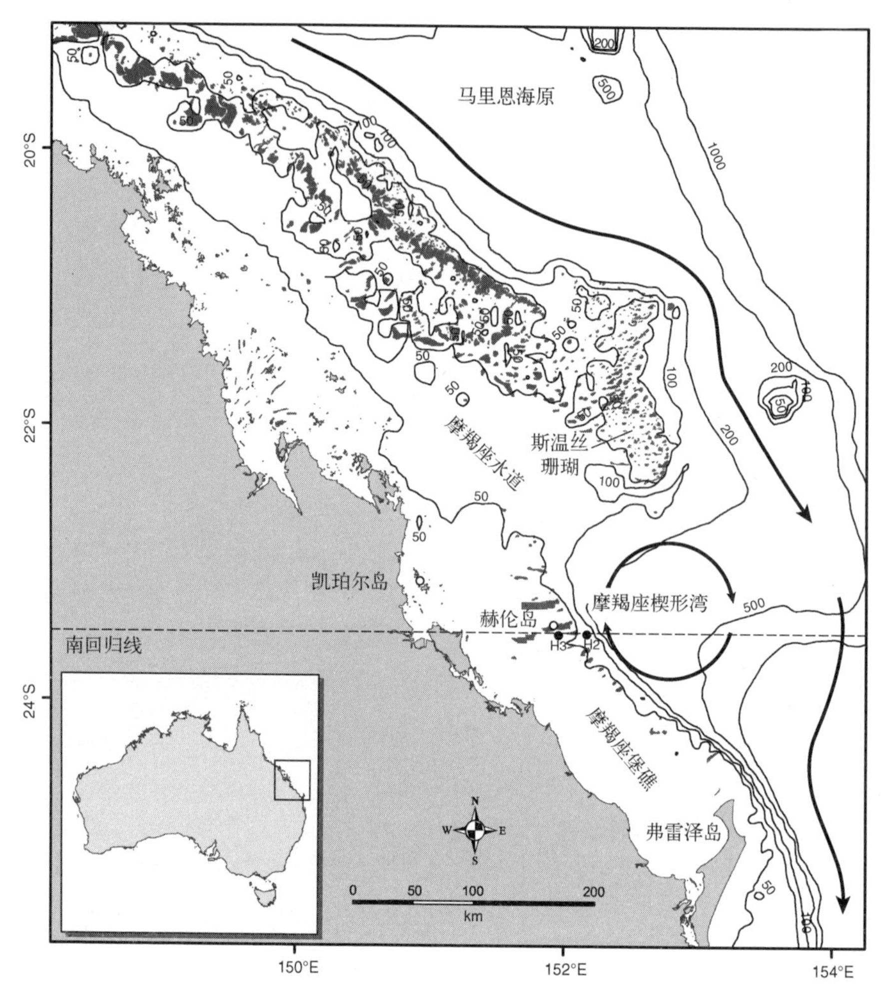

图 12.6　形成于大堡礁南端背风处的摩羯座涡流(在 Weeks et al.(2010)发表论文之后)

这种中尺度的海洋特性会对珊瑚生态产生显著的影响。Weeks 等人(文章在评审)指出,曳尾鹱(Puffinus pacificus)的摄食生态同摩羯座涡流密不可分。这种鸟将巢筑在该股涡流的西南边缘并以涡流区内的浮游生物食性鱼类为食。在出现强劲的夏季东澳大利亚海流和旋转涡流期间,增强的上升流会导致水体的分层现象,且在夏季高强度日晒和低风条件下情况加剧。例如,上述环境条

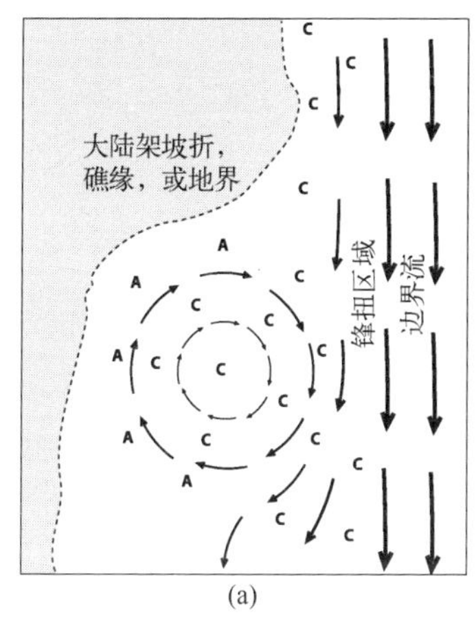

(a)

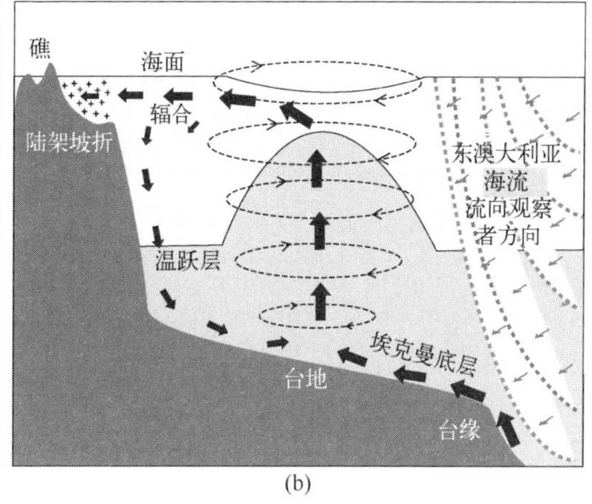

(b)

图 12.7　由东澳大利亚海流前段尖锐的地带和滨海浅水地形摩擦阻力所致，对漩涡产生影响的旋转力，由此造成 C 区和 A 区分别出现上升流和下降流。(b) 海水上涌至陆架坡折但绝大部分留在了近海表区域，由此导致了水体分层现象的发生，这种现象尤其容易发生在炎热无风的天气条件下（在 Weeks et al. ,2010 之后）

件致使赫伦岛在 2006 年发生了轻微的珊瑚白化现象，但更为严重的是对海鸟的猎食产生了直接影响，其原因是猎物通常生活在温跃层以下的较冷水深，致使以表层生物为食的海鸟无法进行觅食活动。在出现强分层现象期间，海鸟的摄食及喂食量相应减半，这与 2002 年伴随珊瑚白化事件发生的低 P. pacificus 繁殖成功率现象所处的环境条件相似。

12.4　未来的发展方向

在未来，用于管理以及物理/生态过程理解的热力学遥感数据无疑将建立在迄今所取得的成就之上。在 20 世纪 80 年代以及 90 年代早期，遥感被视作“不能进行实际应用的工具”（Andrefouet et al. ,2004）。随着令珊瑚礁管理者及研究人员直接获益的 SST 产品的发展，这种看法在 90 年代后期得以消除。上述 NOAA 的全球热点及周热度产品在珊瑚礁管理以及开展更为广泛的珊瑚礁研究方面起到了重要作用。对热力学遥感数据以及其他数据集和相关建模的整合解决了诸多问题且实现了许多复杂性日益增加的应用。上述实验性的 LSD 产品以及案例研究就能很好地反映出这种复杂度的增加趋势，且 SST 数据在其中的应用程度将持续扩大。

除能够解决更为复杂的问题之外,整合与建模对于珊瑚礁管理者而言还具有两个明显优势。其一,它们使得用户以及有关利益方了解到这些数据被用于何处以及如何应用,以突出模型中的联系及相关设想。产品输出也可借助交替性的视图、数据和管理方案实现调整与重构。实现这种透明度是现代海洋保护区设计的基本原则,且在利用不理想或者不完全的数据进行有关决策时也显得尤为重要和常见(Fernandes et al. ,2005;Causey,2010)。其二,对于该模型面向相关利益方及更广大群体的培养和推广潜力不可小觑。珊瑚礁管理者常常不为广大群体所欢迎,因其做出的管理决策不可避免会有损部分利益。除非模型输出能将利益相关者联系在一起,或是能对未来事件做出成功预测,才能使得有关利益方对其适应,且为珊瑚礁管理者赢得良好的声誉并帮助他们建立信任和合作关系,否则是不可能实现的(Keller et al. ,2005)。

在一次对珊瑚礁区域气候变化进行卫星监测的研讨会上(Nim et al. ,2010),一个由科学家和珊瑚礁管理者组成的重点小组发现了大量有助于未来科研和管理的新兴集成型遥感产品。这类同热力学应用密切关联的产品将具备以下功能:跟踪和预测气候波动的变化情况(如太平洋年代际振荡);识别和监控温度锋以协助珊瑚礁渔业的管理工作;检测和量化生态系统的变化(如珊瑚的白化死亡率以及海草枯死);预测珊瑚和海绵群落中的疾病爆发(Heron et al. ,2010;Maynard et al. ,2010);预测珊瑚产卵;预测白化及上升流扰动前的无风期(Berkelmans et al. ,2010;Weeks et al. ,2010);预测冷水白化(Hoegh-Guldberg et al. ,2004)。这些产品将为珊瑚礁管理和科学应用提供有价值的信息。

致谢:作者要感谢 Peter Minnett, Ken Casey, Helen Beggs, Claire Spillman, Jeff Maynard 和 William Skirving 对这一章提出的宝贵意见。感谢 Gang Liu 和 Al Strong 对图 12.1 所提供的援助。我们感谢 Peter Mumby, Scott Woolridge 和 Brad Congdon 授权我们使用他们的工作案例研究以解决更为复杂的问题。本书的内容仅代表作者的意见,不构成政策声明,也不代表美国国家海洋和大气管理局的立场,更不代表美国政府。

推荐阅读

Barale V, Gower JFR, Alberotanza L (eds) (2010) Oceanography from space revisited. Springer, Dordrecht. doi:10.1007/978-90-481-9292-2_2

Martin S (2004) An Introduction to ocean remote sensing. Cambridge University Press, Cambridge, UK. ISBN 0521802806

Robinson IS (1985) Satellite oceanography: an introduction for oceanographers and remotesensing-scientists. Ellis Horwood, Chichester 455

Robinson IS (2010) Discovering the oceans from space: the unique applications of satelliteoceanography. Springer, Berlin, p 638

Selig ER, Casey KS, Bruno JF (2010) New insights into global patterns of ocean temperatureanomalies: implications for coral reef health and management. Glob Ecol Biogeogr. doi: 10.1111/j.1466-8238.2009.00522.x

Zhang ZM, Tsai BK, Machin G (eds) Radiometric temperature measurements and applications. Academic/Elsevier, New York, pp 333-391

参考文献

Aldrich J (1995) Correlations genuine and spurious in Pearson and Yule. Stat Sci 10:364-376

Andrefouet S, Riegl B (2004) Remote sensing: a key tool for interdisciplinary assessment of coral-reef processes. Coral Reefs 23:1-4

Ashok K, Behera SK, Rao SA, Weng H, Yamagata T (2007) El Niño Modoki and its possibleteleconnection. J Geophys Res 112:C11007. doi:10.1029/2006JC003798

Beggs HM (2010) Use of TIR from space in operational systems. In: Barale V, Gower JFR, Alberotanza L (eds) Oceanography from space revisited. Springer, Dordrecht. doi:10.1007/978-90-481-9292-2_2

Berkelmans R, De'ath G, Kininmonth S, Skirving WJ (2004) A comparison of the 1998 and 2002coral bleaching events on the Great Barrier Reef: spatial correlation, patterns and predictions. Coral Reefs 23:74-83

Berkelmans R, Weeks S, Steinberg CR (2010) Upwelling linked to warm summers and bleachingon the Great Barrier Reef. Limnol Oceanogr 55(6):2634-2644

Casey KS, Cornillon P (1999) A comparison of satellite and in situ based sea surface temperature-climatologies. J Clim 12:1848-1863

Casey KS, Brandon TB, Cornillon P, Evans R (2010) The past, present, and future of the AVHRRpathfinder SST program. In: Barale V, Gower JFR, Alberotanza L (eds) Oceanography fromspace revisited. Springer, Dordrecht. doi:10.1007/978-90-481-9292-2_2

Causey B (2010) Managing coral reefs in a changing climate. In: Nim CJ, Skirving W (eds) Satellite monitoring of reef vulnerability in a changing climate. NOAA Technical ReportCRCP 1. NOAA Coral Reef Conservation Program. Silver Spring, p 53-56

Cayula JF, Cornillon P (1996) Cloud detection from a sequence of SST images. Remote SensEnviron 55:80-88

Corlett GK, Barton IJ, Donlon CJ, Edwards MC, Good SA, Horrocks LA, Llewellyn-Jone DT, Merchant CJ, Minnet PJ, Nightingale TJ, Noyes EJ, O'Carroll AG, Remedios JJ, Robinson IS, Saunders RW, Watts JG (2006) The accuracy of SST retrievals from AATSR: an initialassessment through geophysical validation against in situ radiometers, buoys and other SST-data sets. Adv Sp Res 37(4):764-769

Donlon CJ (2010) Sea surface temperature measurements from thermal infrared satelliteinstruments: status and outlook 211-227. In: Barale V, Gower JFR, Alberotanza L (eds) Oceanography from space revisited. Springer, Dordrecht. doi:10.1007/978-90-481-9292-2_2

Donlon CJ, Minnett PJ, Gentemann C, Nightingale TJ, Barton IJ, Ward B, Murray MJ (2002) Toward improved validation of satellite sea surface skin temperature measurements forclimate research. J Clim 15:353-369

Donlon CJ, Robinson I, Casey KS, Vazquez-Cuervo J, Armstrong E, Arino O, Gentemann C, May D, LeBorgne P, Piolle J, Barton I, Beggs H, Poulter DJS, Merchant CJ, Bingham A, Heinz S, Harris A, Wick G, Emery B, Minnett P, Evans R, Lewellyn-Jones D, Mutlow C, Reynolds RW, Kawamura H, Rayner N (2007) The global ocean data assimilation experiment (GODAE) high resolution sea surface temperature pilot project (GHRSST-PP). Bull Am MetSoc 88(8):1197-1213. doi:10.1175/BAMS-88-8-1197

Donlon CJ, Casey KS, Robinson IS, Gentemann CL, Reynolds RW, Barton I, Arino O, Stark J, Rayner N, LeBorgne P, Poulter D, Vazquez-Cuervo J, Armstrong E, Beggs H, LlewellynJones D, Minnett PJ, Merchant CJ, Evans R (2009) The GODAE high resolution sea surfacetemperature pilot project (GHRSST-PP). Oceanography 22(3):34-45

Eakin CM, Lough JM, Heron SF (2009) Climate variability and change: monitoring data andevidence for increased coral bleaching stress. I. In: Lough J, Van Oppen M (eds) Coralbleaching: patterns, processes, causes and consequences. Springer, Berlin, pp 41-67

Eakin CM, Morgan JA, Heron SF, Smith TB, Liu G, Alvarez-Filip L, Baca B, Bartels E, BastidasC, Bouchon C, Brandt M, Bruckner AW, Bunkley-Williams L, Cameron A, Causey BD, Chiappone M, Christensen TRL, Crabbe MJC, Day O, de la Guardia E, Diaz-Pulido G, DiResta D, Gil-Agudelo DL, Gilliam DS, Ginsburg RN, Gore S, Guzman HM, Hendee JC, Hernandez-Delgado EA, Husain E, Jeffrey CFG, Jones RJ, Jordan-Dahlgren E, Kaufman LS, Kline DI, Kramer PA, Lang JC, Lirman D, Mallela J, Manfrino C, Marechal JP, Marks K, Mihaly J, Miller WJ, Mueller EM, Muller EM, Toro CAO, Oxenford HA, Ponce-Taylor D, Quinn N, Ritchie KB, Rodriguez S, Ramirez AR, Romano S, Samhouri JF, Sanchez JA, Schmahl GP, Shank BV, Skirving WJ, Steiner SCC, Villamizar E, Walsh SM, Walter C, WeilE, Williams EH, Roberson KW, Yusuf Y (2010)

Caribbean corals in crisis: record thermalstress, bleaching, and mortality in 2005. PLoS ONE 5 (11): e13969. doi: 10. 1371/journal. pone. 0013969

Fairall C, Bradley E, Godfrey J, Wick G, Edson J, Young G (1996) Cool-skin and warm-layereffects on sea surface temperature. J Geophys Res 101: 1295-1308

Fernandes L, Day J, Lewis A, Slegers S, Kerrigan B, Breen D, Cameron D, Jago B, Hall J, LoweD, Innes J, Tanzer J, Chadwick V, Thompson L, Gorman K, Simmons M, Barnett B, SampsonK, De'ath G, Mapstone B, Marsh H, Possingham H, Ball I, Ward T, Dobbs K, Aumend J, Slater D, Stapleton K (2005) Establishing representative no-take areas in the Great BarrierReef: large-scale implementation of theory on marine protected areas. Conserv Biol19: 1733-1744

Gentemann CL, Minnett PJ (2008) Radiometric measurements of ocean surface thermalvariability. J Geophys Res 113: C08017

Gentemann CL, Wentz FJ, Brewer M, Hilburn K, Smith D (2010) Passive microwave remotesensing of the Ocean: an overview 13-33. In: Barale V, Gower JFR, Alberotanza L (eds) Oceanography from space revisited. Springer, Dordrecht. doi: 10. 1007/978-90-481-9292-2_2

Glynn PW (1993) Coral reef bleaching: ecological perspectives. Coral Reefs 12: 1-7

Gramer LJ, Hendee JC, Hu CM (2009) Integration of SST and other data for ecologicalforecasting on coral reefs. In: GHRSST 2009 International Users Symposium ConferenceProceedings, Santa Rosa, USA, 29-30 May 2009, pp 110-113

Green AL, Lokani P, Sheppard S, Almany J, Keu S, Aitsi J, Karvon JW, Hamilton R, Lipsett-Moore G (2007) Scientific design of a resilient network of marine protected areas. KimbeBay, Papua New Guinea: the nature conservancy. Pacific Island Countries, report no 2/07

Griffin DA, Rathbone CE, Smith GP, Suber KD, Turner PJ (2004) A decade of SST satellite data. Final report for the National Oceans Office, contract NOOC2003/020, pp 1-8

Hanafin JA (2002) On sea surface properties and characteristics in the infrared. Ph. D. thesis, University of Miami, Miami, p 111

Hanafin JA, Minnett PJ (2001) Profiling temperature in the sea surface skin layer using FTIRmeasurements. In: Donelan MA, Drennan WM, Saltzmann ES, Wanninkhof R (eds) Gastransfer at water surfaces. American Geophysical Union Monograph, pp 161-166

Heron SF, Skirving WJ, Eakin CM (2008) Global climate change and coral reefs: reeftemperature perspectives covering the last century. In: Wilkinson C (ed) Status of coral reefsof the world. Global Coral Reef Monitoring Network and Reef and Rainforest ResearchCentre, Townsville. ISSN 1447-6185, pp 35-40

Heron SF, Skirving WJ, Christensen TR, Eakin CM, Gledhill DK, Liu G, Morgan JA, Parker BA, Strong AE (2009) Satellite SST trends and climatologies—how many years is enough? EosTrans AGU 90(22) Jt Assem Suppl, Abstract OS23B-03

Heron SF, Willis BL, Skirving WJ, Eakin CM, Page CA, Miller IR (2010) Summer hot snaps andwinter conditions: modelling white syndrome outbreaks on Great Barrier Reef corals. PLoSONE

5:e12210

Hoegh-Guldberg O,Fine M (2004) Low temperatures cause coral bleaching. Coral Reefs 23:444

IPCC (2007) Climate change 2007: summary for policymakers of the synthesis report of theIPCC fourth assessment report

Kearns EJ,Hanafin JA,Evans RH,Minnett PJ,Brown OB (2000) An independent assessment of-pathfinder AVHRR sea surface temperature accuracy using the marine-atmosphere emittedradiance interferometer (M-AERI). Bull Am Meteorol Soc 81:1525-1536

Keller BD,Causey BD (2005) Linkages between the Florida Keys National Marine Sanctuaryand the South Florida Ecosystem restoration initiative. Ocean Coast Manag 48:869-900

Kilpatrick KA,Podesta GP,Evans R (2001) Overview of the NOAA/NASA advanced very highresolution radiometer Pathfinder algorithm for sea surface temperature and associatedmatchup database. J Geophys Res 106(C5):9179-9197

King MD,Greenstone R (eds) (1999) Earth observing system (EOS) reference handbook. National Aeronautics and Space Administration,EOS Project Science Office

Lee T, McPhaden MJ (2010) Increasing intensity of El Niño in the central-equatorial Pacific. Geophys Res Lett 37:L14603

Leichter JJ, Helmuth B, Fischer AM (2006) Variation beneath the surface: quantifying complexthermal environments on coral reefs in the Caribbean,Bahamas and Florida. J Mar Res64: 563-588

Liu G,Christensen TRL,Eakin CM,Heron SF,Morgan JA,Parker BA,Skirving WJ,Strong AE (2009) NOAA coral reef watch's application of satellite sea surface temperature data inoperational near real-time global monitoring and experimental outlook of coral health andpotential application of GHRSST. GHRSST 2009 international users symposium conferenceproceedings, Santa Rosa,USA,29-30 May 2009,pp 106-109

Mantua NJ,Hare SR,Zhang Y,Wallace JM,Francis RC (1997) A Pacific interdecadal climateoscillation with impacts on salmon production. Bull Am Meteorol Soc 78(6):1069-1079

Maturi E,Harris A,Merchant C,Mittaz J,Potash B,Meng W,Sapper J (2008) NOAA's seasurface temperature products from operational geostationary satellites. Bull Am Meteorol Soc89(12): 1877-1888

Maynard JA,Turner PJ,Anthony KRN,Baird AH,Berkelmans R,Eakin CM,Johnson J,Marshall PA,Packer GR,Rea A,Willis BL (2008) ReefTemp: an interactive monitoringsystem for coral bleaching using high-resolution SST and improved stress predictors. Geophys Res Lett 35:L05603

Maynard JA,Anthony KRN,Harvell CD,Burgman MA,Beeden R,Sweatman H,Heron SF,Lamb JB,Willis BL (2010) Predicting outbreaks of a climate-driven coral disease in the GreatBarrier Reef. Coral Reefs 30:485-495. doi:10.1007/s00338-010-0708-0

McPhaden MJ (2004) Evolution of the 2002/03 El Niño. Bull Am Meteorol Soc 85(5):677-695

Merchant CJ, Embury O, Le Borgne P, Bellec B (2006) Saharan dust in nighttime thermalimagery: detection and reduction of related biases in retrieved sea surface temperature. Remote Sens Environ 104(1):15-30

Minnett PJ (2003) Radiometric measurements of the sea-surface skin temperature—thecompeting roles of the diurnal thermocline and the cool skin. Int J Rem Sens 24:5033-5047

Minnett PJ (2010) The validation of sea surface temperature retrievals from spaceborne infraredradiometers, 229-247. In: Barale V, Gower JFR, Alberotanza L (eds) Oceanography fromspace revisited. Springer, Dordrecht. doi:10.1007/978-90-481-9292-2_2

Minnett PJ, Barton IJ (2010) Remote sensing of the earth's surface temperature. In: Zhang ZM, Tsai BK, Machin G (eds) Radiometric temperature measurements and applications. Academic/Elsevier, New York

Minnett PJ, Knuteson RO, Best FA, Osborne BJ, Hanafin JA, Brown OB (2001) The marineatmosphereemitted radiance interferometer (M-AERI), a high-accuracy, sea-going infraredspectroradiometer. J Atmos Oceanic Tech 18:994-1013

Mumby PJ, Eakin CM, Skirving WJ, Elliott IA, Paris CB, Edwards HJ, Enriquez S, Iglesias-Prieto R, Cherubin LM, Stevens JR (2011) Reserve design for uncertain responses of coralreefs to climate change. Ecol Lett 14:132-140

Nim CJ, Skirving W (eds) (2010) Satellite monitoring of reef vulnerability in a changing climate. NOAA Technical Report CRCP 1. NOAA Coral Reef Conservation Program, Silver Spring

NRC (2000) Issues in the integration of research and operational satellite systems for climateresearch: II. Implementation. National Academy of Sciences, Washington

O'Carroll AG, Eyre JR, Saunders RW (2008) Three-way error analysis between AATSR, AMSRE-and in situ sea surface temperature observations. J Atmos Ocean Technol 25:1197-1207

Price JF, Weller RA, Pinkel R (1986) Diurnal cycling: observations and models of the upperocean response to diurnal heating, cooling and wind mixing. J Geophys Res 91:8411-8427

Rashid HA, Hendon HH, Wheeler MC, Alves O (2010) Prediction of the Madden-JulianOscillation with the POAMA dynamical prediction system. Clim Dyn. doi:10.1007/s00382-010-0754-x

Redondo-Rodriguez A, Weeks SJ, Berkelmans RB, Hoegh-Guldberg O, Lough JM (2011) Climate variability of the Great Barrier Reef in relation to the tropical Pacific and El Niño-Southern oscillation. Mar Freshw Res 63:1-14. http://dx.doi.org/10.1071/MF11151

Reynolds RW (1993) Impact of Mount Pinatubo aerosols on satellite-derived sea surfacetemperatures. J Clim 6:768-774

Reynolds RW, Rayner NA, Smith TM, Stokes DC, Wang W (2002) An improved in situ andsatellite SST analysis for climate. J Clim 15:1609-1625

Skirving WJ, Strong AE, Liu G, Liu C, Arzayus F, Sapper J (2006) Extreme events andperturbations of coastal ecosystems: Sea surface temperature change and coral bleaching. In: Richardson LL, LeDrew EF (eds) Remote sensing of aquatic coastal ecosystem processes. Springer, Dordrecht

Smith TM, Reynolds RW (2004) Improved extended reconstruction of SST (1854-1997). J Clim17:2466-2477

Spillman CM (2011) Operational real-time seasonal forecasts for coral reef management. J Oper-Oceanogr 4:13-22

Spillman CM, Alves O (2009) Dynamical seasonal prediction of summer sea surfacetemperatures in the Great Barrier Reef. Coral Reefs 28:197-206

Spillman CM, Alves O, Hudson DA (2010) Seasonal prediction of thermal stress accumulationfor coral bleaching in the tropical oceans. Mon Weather Rev. doi:10. 1175/2010MWR3526. 1

Strong AE, Liu G, Eakin CM, Christensen TRL, Skirving WJ, Gledhill DK, Heron SF, MorganJA (2009) Implications for our coral reefs in a changing climate over the next few decades—hints from the past 22 years. In: Proceedings of the 11th International Coral Reef Symposium, Ft. Lauderdale, Florida, pp 1324-1328, July 2008

Thomas CR, Gordon IJ, Wooldridge S, van Grieken M, Marshall P (2009) The development of anintegrated systems model for balancing coral reef health, land management and tourism riskson the Great Barrier Reef. 18th world IMACS/MODSIM Congr, Cairns, Australia, pp 4346-4352, 13-17 July 2009

Walton CC, Pichel WG, Sapper JF (1998) The development and operational application of nonlinearalgorithms for the measurement of sea surface temperatures with the NOAA polarorbitingenvironmental satellites. J Geophys Res 103:27999-28012

Ward B (2006) Near-surface ocean temperature. J Geophys Res 111:C02005

Watts ME, Ball IR, Stewart RS, Klein CJ, Wilson K, Steinback C, Lourival R, Kircher L, Possingham HP (2009) Marxan with Zones: software for optimal conservation based landandsea-use zoning. Env Model Softw 24:1513-1521

Weeks S, Bakun A, Steinberg C, Brinkman R, Hoegh-Guldberg O (2010) The Capricorn Eddy: aprominent driver of the ecology and future of the Southern Great Barrier Reef. Coral Reefs29: 975-985. doi:0. 1007. 0. 1007/s00338-010-0644-z

Weeks SJ, Steinberg C, Congdon BC (in review) Oceanography and seabird foraging: withinseason-impacts of increasing sea surface temperatures on the Great Barrier Reef. Mar EcolProg Ser

Wentz FJ, Schabel M (1998) Effects of orbital decay on satellite-derived lower-tropospherictemperature trends. Nature 394:661-666

Wilkinson CR (ed) (1998) Status of coral reefs of the World: 1998. Global Coral Reef MonitoringNetwork. Australian Institute of Marine Science, Townsville

Wooldridge SA (2009a) A new conceptual model for the warm-water breakdown of the coralalgaeendosymbiosis. Mar Freshw Res 60:483-496

Wooldridge SA (2009b) Water quality and coral bleaching thresholds: formalising the linkage forthe inshore reefs of the Great Barrier Reef, Australia. Mar Pollut Bull 58:45-751

Wooldridge SA, Done TJ (2009) Improved water quality can ameliorate effects of climate changeon corals. Ecol Appl 19:1492-1499

Yeh SW, Ku JS, Dewitte B, Kwon MH, Kirtman BP, Jin FF (2009) El Niño in a changingclimate. Nature 461:511-U70

Zhang HM, Reynolds RW, Lumpkin R, Molinari R, Arzayus K, Johnson M, Smith TM (2009) An integrated global observing system for sea surface temperature using satellites and in situdata: research to operations. Bull Am Meteorol Soc 90:31-38

第13章　雷达遥感应用

Malcolm L. Heron, William G. Pichel, Scott F. Heron

摘要　主动雷达遥感主要依靠电磁波与海面波之间的相互作用,其中由海水表面张力形成的毛细波主要对微波起散射作用,而在重力与表面张力共同作用下形成的表面重力波则主要对工作频率在1GHz以下的雷达所产生的电磁波发生作用。高频和甚高频雷达可生成高质量的表层海流图,并且部分系统能够以50m~20km的格网比例尺绘制浪高图。散射计是一种微波雷达系统,可对海面风场以及海面粗糙度进行大规模($1000km^2$)的测绘工作。合成孔径雷达通常以几米的精细分辨率进行观测,且被用于波高测量以及表面粗糙度的变化探测。利用卫星、航空器以及海上平台进行雷达遥感是一个快速发展的领域,具备由珊瑚礁潟湖到局部乃至全球的规模不等的观测能力。

13.1　引言

除书中介绍的其他遥感学科外,在电磁波谱中还存有广泛的频段可用于珊瑚礁的遥感工作,其中包括用于探测丰富海洋表面特性的雷达波段。通过电离层探测仪对海杂波的调查研究,Crombie(1955)发现海洋的雷达散射回波中存在谐振峰现象。然而,此后的15年中高频(HF;3~30MHz)海洋雷达仅仅停留在相关概念的理论发展阶段,实际的进展则一直推迟到了20世纪的70年代中期,即微型计算机被应用在该领域之后。过去的10年中,相关工作主要集中在创新研究和开发方面,直至20世纪90年代中期商用系统出现后才将重心转移

M. L. Heron,澳大利亚,詹姆士库克大学环境和地球科学学院海洋地球物理实验室;澳大利亚海洋科学研究院,邮箱:mal.heron@ ieee.org。

W. G. Pichel,美国国家海洋与大气管理局,卫星应用与研究中心,邮箱:William. g. pichel@ noaa. gov。

S. F. Heron,澳大利亚海洋与大气管理局,珊瑚礁监管中心;澳大利亚詹姆士库克大学工程与物理系海洋地球物理实验室,邮箱:scott. heron@ noaa. gov。

至沿海海流的雷达观测上。高频海洋雷达目前正用来为珊瑚礁周围的海流和波场提供特定的应用(如珊瑚礁同其他生态系统间连通性、污染管理以及导致珊瑚白化的物理应力方面)。

星载雷达技术也同样经历了类似的发展阶段,其内在发展动力都依赖于数字处理技术的进展。在飞行器应用领域经历了漫长的发展之后,美国国家航空航天局于1978年发射了第一颗海洋资源探测卫星,并首次将SAR和散射计送入到太空。最初,SAR数据单纯依靠视觉处理。然而,在卫星发射后不到一年就实现了部分SAR数据的数字化处理。遗憾的是,这颗卫星因电力系统发生重大故障而导致其仅仅工作了100多天。这一早熟计划的终结使得星载合成孔径雷达的研究成为了一项主要计划。在接下来的20年中,美国国家航空航天局将工作重心转移到了航天飞机成像雷达计划上,集中执行一些短期的飞行任务,并随2000年开展的航天飞机雷达地形测绘任务(SRTM)到达顶点。继海洋资源探测卫星之后,其他可自由飞行的星载SAR直至1991年欧洲航天局成功发射ERS-1卫星之后才得以实现。在那时,数字SAR处理系统已得到了长足的发展,并已具备接近实时的SAR成像能力,于是,SAR在海洋、陆地、冰冻圈以及大气方面的应用开始迅猛发展。

本章首先对高频雷达技术做了描述,介绍了其在珊瑚礁管理中的一些应用,接着自然延伸至用于较小区域(如潟湖和港口)表层海流测绘的高分辨率甚高频(VHF;30~300MHz)雷达系统。随后将结合风场、石油溢油以及其他海洋特征的测绘实例对合成孔径雷达系统的应用进行介绍。紧接着又对用于测风的散射计进行了介绍,其中包括中美洲西海岸外一个赤道无风带的研究案例。最后,对用于二维波场的X波段雷达做了简单描述。

13.2 高频海洋雷达

13.2.1 分析分类技术

基于多普勒频移原理可从高频海洋雷达回波中分析获取海面参数。图13.1所示的例子分别对应高频雷达中两种最为常见的系统:相控阵(图13.1(a))和交叉环测向(图13.1(b))雷达系统。在这些图中,主要的尖峰由一阶布拉格散射引起,而一阶峰周围的连续谱部分则由波的二次散射以及非线性效应所致(第11章)。在这两个系统中,海流的径向分量(朝着雷达站的方向)均已确定。为进一步地确定表层流矢量,在与其近似正交的角度还需要进行额外的雷达观测。相控阵雷达之所以能实现精细尺度的时空分辨率,是因为其测量以独立的像元为单位。相比之下,交叉环测向雷达的天线更为紧凑,但一般只能进行较大尺度的海面流场观测。

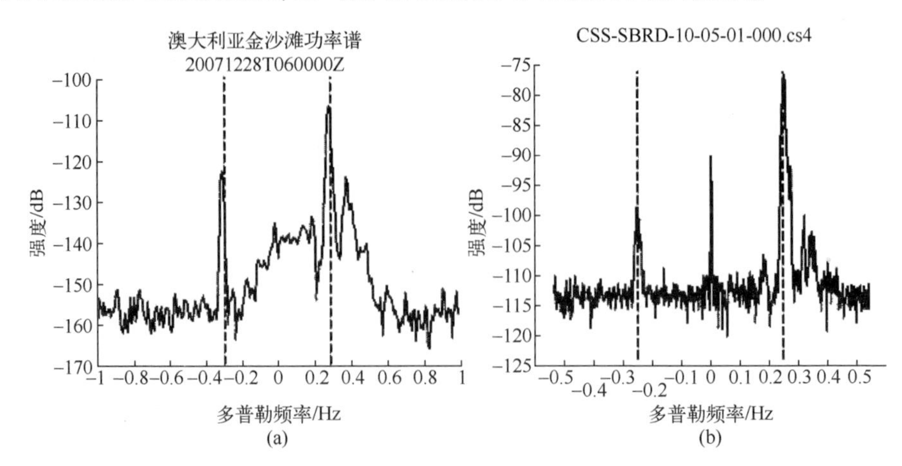

图 13.1　回波谱:(a) 位于大堡礁的相控阵雷达系统所得的一个 4km×4km 大小的像元;(b) 位于西澳大利亚州的交叉环测向雷达系统所得的一个 3km×180°环状扫描单元。(b)中较大的目标区域导致了布拉格线的展宽

对于探测距离可达 200km 的远程高频雷达而言,所测海流的径向误差为 5~20cm/s。Chapman et al.(1997)通过对比高频雷达和系泊式声学剖面仪顶部可用深度单元的海流观测结果发现,两者之间存在着 15cm/s 的均方根差异。然而,Kohut et al.(2006)指出部分上述差异是由于雷达有效探测深度与声学剖面仪最上层深度单元之间的剪切流所导致的,并总结得出雷达观测误差仅为 5cm/s。Cook et al.(2007)采用模拟法对交叉环系统的误差进行了估算,结果发现短程测距内其误差为 6cm/s,而长距离探测时由于信噪比的降低致使其误差超出 20cm/s。相比较而言,相控阵雷达系统其误差通常为 6~12cm/s,且不随距离改变。

高频雷达的空间分辨率变化较大,可由短距离探测时(受工作带宽所限)的 1km 变化至长距离探测时(受雷达方位角精度所限)的 8~20km。而时间分辨率则因雷达类型和配置的差异从 10min 变化至 3h 不等。

受无线电、船舶回波,以及周围环境(如影响天线性能的动物或者车辆)等各种现象的干扰,原始的高频雷达数据很容易包含有异常值。人们往往通过对布拉格峰以及数据点性能的质量评估来严格控制高频雷达数据的质量(Heron et al.,2011)。然而,在许多情况下,质量控制处理必须完全依赖于数据点的一致性。风向观测,作为高频雷达分析的主要输出,非常有助于海岸和礁石的管理与研究,因为它们在地面气象站网络(往往对海洋环境不具有代表性)和离岸全球风波模型(往往对近岸环境不具有代表性)之间建立起了联系。风向结果由频谱中正负一阶(布拉格)峰的强度比得出。其原理是,如果风向存在一个朝向雷达站的分量,那么正一阶峰的强度将大于负一阶峰;而如果正负一阶峰的强度相等,可以断定风向与雷达观测方向相互垂直。如果我们对具有布拉格波长的风浪建立一个方向传播模型,并对两个雷达站所观测的布拉格比率进行利用,可将风向观测的误差控制在±10°左右(Heron et al. ,2002)。然而,Heron et al. (2010)指出上述假设的波浪方向模型通常代表稳定状态。当有明显的中尺度气象结构存在时(如冷锋),直接通过布拉格峰的强度比来获取风的空间结构更为合适。例如,Wyatt et al. (1994)用于波浪方向谱的反演方法并没有基于稳态假设,因此当风场不稳定时这种方法更具优势。

高频海洋雷达所进行的浪高观测可为发生波流相互作用以及波浪浅水变形的沿海地带提供空间数据。如图 13.1(a)所示,波高信息根据相控阵雷达系统多普勒谱的二阶谱部分获得。二阶谱由海面重力波的二次散射和非线性特性所导致,而一阶布拉格峰则被用来对二阶谱测量进行规范(Barrick,1977)。由于该分析方法对二阶谱进行了利用(通常在低于一阶信号并且大于 10dB 的部分),因而常常受到信噪比的限制。此外,相比利用一阶回波所进行的海流与风向观测,空间覆盖程度大为减小(Heron,1998)。

13.2.2 系统比较

如上所述,目前使用的两种主要高频雷达系统分别为相控阵和交叉环测向系统。这里列举了部署在南大堡礁世界遗产保护区内摩羯座群岛的一个相控阵系统,该系统具有一个 12 元接收天线阵(图 13.2)。该系统在 8.34MHz 的工作频率和 33kHz 的带宽下运行,其最大发射功率为 30W。交叉环测向雷达(图 13.3)则以部署在西澳大利亚州首府(珀斯)北部的绿松石海岸上的雷达系统为例,其工作频率为 5.2MHz,带宽 50kHz,最大发射功率为 80W。33kHz 与 50kHz 的带宽可分别对应获得 4km 与 3km 的距离分辨率。上述两种类型的雷达均通过海洋回波的多普勒谱中较强的布拉格散射信号来获取环境参数。此外,两个系统都同时应用了基于时间延迟的距离方法进行线性频率侧扫编码。

这两类高频雷达的主要区别之一在于,它们确定回波方向的方式不同以及由此导致的观测结果空间分辨率上的差异。这两类雷达系统的原始像元均采用极坐标系统进行表示,而通过标准处理技术可将原始像元重采样到规则矩形格网当中。相控阵系统采用了一个形成窄波束的经典方法。沿着距离方向的分辨率,每一束波能够区分海表面一个像元大小的区域,其中心点位于接收回波的格网中心。对于部署在大堡礁的 12 元相控阵而言,其波束宽度为 9.47°,这意味着在 24km 探测距离处,极坐标系中单位像元对应 4km×4km 大小的实地

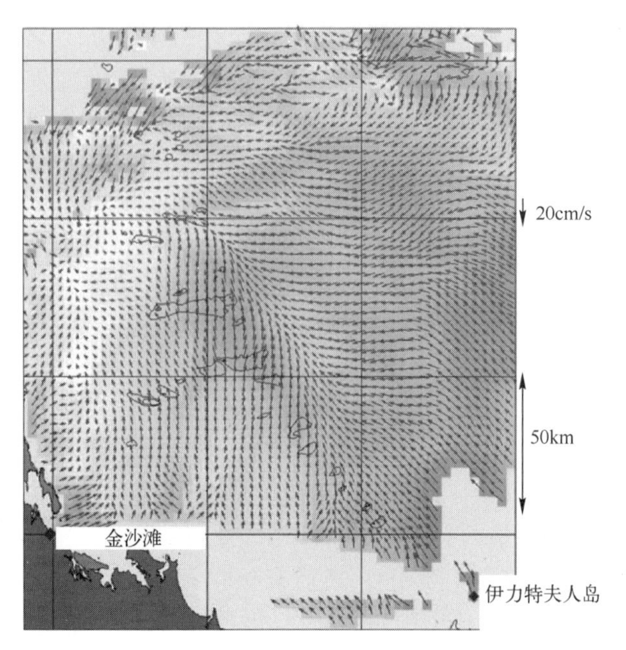

图 13.2　南大堡礁综合海洋观测系统(www. imos. org. au)所属相控阵雷达一段典型的 10 min 表面流观测记录,所用雷达被部署在金沙滩和伊力特夫人岛的 HF 海洋雷达站。图中箭头的长度和方向分别用来表示表面海流的流速和方向,此外,绿色阴影部分越暗,表示流速越大(彩色版本见彩插)

区域。在距离向上,像元的尺寸大小不随距离的远近而变化,即保持 4km 分辨率不变,但在方位向上,距离越近,尺寸就越小,反之则越大。因此,当雷达距离扩大至 100km 时,单位像元所对应的实地尺寸将变为 4km×16km。图 13.2 中所示的是未经平滑处理或解译的相控阵雷达探测数据,这些数据被显示在一个固定的矩形格网中(间隔 4km)。这意味着在距离较近时,不能获取完整的空间尺度,而当距离较远时,则又出现过度采样的现象。两独立的表面海流间的时间分辨率为 10min。

相比而言,具有交叉环天线阵的雷达系统所需的天线数较少,但以牺牲时空分辨率作为代价。对于部署在澳大利亚 Turquoise 海岸的该型系统而言,其方位不确定度约为 18°,这意味着在 10km 探测距离处,极坐标系中单位像元对应 3km×3km 大小的实地区域。与相控阵雷达系统相同,像元的尺寸在距离向上保持不变(3km),在方位向上则随距离的增加(缩减)而变大(小)。因此,当雷达距离扩大至 100km 时,单位像元所对应的实地尺寸将变为 3km×31km。图 13.3中所示的是经平滑处理到矩形格网(间隔 3km)中的探测数据。经该处

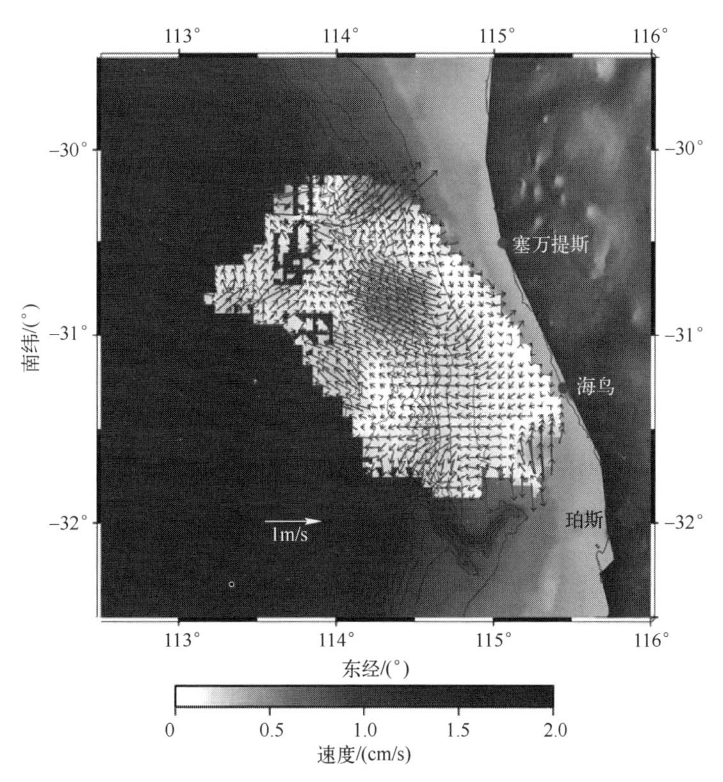

图 13.3 西澳大利亚州综合海洋观测系统(www.imos.org.au)所属的交叉环测向雷达获取的一段典型的 80min 表层流观测记录(由 D. Atwater 提供)(彩色版本见彩插)

理后,有效分辨率变为在以下区间,即由近岸处的 20km 分辨率扩大至最远格网点处的 50km 分辨率。该系统的时间分辨率为 80min,且输出结果每 60min 发布一次。

交叉环系统适用于进行大尺度的海流观测,如西澳大利亚的 Leeuwin 海流。相控阵系统则在进行珊瑚礁周围以及陆缘附近海流的细节评估方面效果更佳。典型的相控阵雷达系统其接收天线遍布在约 200m 的距离范围内。而交叉环系统只需要三根间距约为 60m 的较长天线。如果环境对雷达的天线有限制要求,那么采用交叉环系统更为合适,但是从以下的案例中可以看出,相控阵系统的性能往往更佳。

13.2.3 实例应用

1. 带状礁周围海流

高频海洋雷达在珊瑚礁环境的一项早期应用由 Young et al. (1994)给出,

他们利用部署在澳大利亚 Lizard 岛上的一个雷达站,对其东部 18km 外的带状礁周围的海流进行了观测。单站雷达仅能观测到径向的海流,其中包括经狭水道流至珊瑚礁背风面的涨潮流(图 13.4:虚线)。实线则用来模拟循环过程,表明海水被直接带入到珊瑚礁的避风一侧,而这将会对珊瑚礁区的营养分布造成一定影响并且可能引发显著的生物性后果。

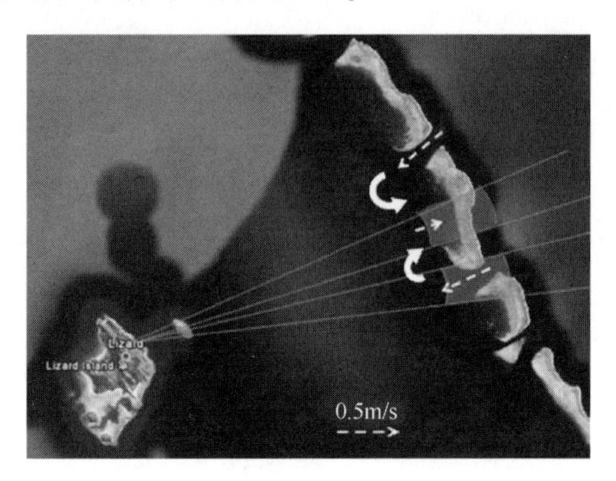

图 13.4 大堡礁北部地区一带状礁附近海流的示意图。如图所示,在位于大堡礁以西 18km 处的 Lizard 岛上部署有一座雷达站,它被用来进行径向海流的信息监测。位于雷达有效作用范围内的两块阴影区域其相关数据被用来确定涨潮期间狭水道内以及堡礁背侧的海流情况。中部的 Yonge 礁同其周边的礁盘之间表现出极大的流速,并且在礁的背侧存有一股逆行的回流(虚线)。实线部分由软件模型获得。图中两条水道相互间隔 6.8km(彩色版本见彩插)

2. 表面海流制图

澳大利亚海洋综合观测系统(IMOS)利用相控阵雷达系统对大堡礁南部的表面海流进行了常规观测。图 13.2 是一个未经平滑处理的 10min 表层流样本。该图所捕捉到的空间结构以适合珊瑚礁环境海洋动态理解的尺度对辐合区、漩涡和急流进行表示。

3. 拉格朗日粒子追踪及连通性

类似图 13.2 中所示的数据可通过对数据点本身的质量控制评定来提高数据的质量。Mantovanelli et al.(2010)通过以下步骤对上述操作进行了实现:Mantovanelli et al.(2010)首先除去了每个网格点的潮汐变化,然后对 10min 的数据作余水位去除技术。随后他们对潮汐信号进行了复原并以此来计算可用于拉格朗日追踪的高质量的每小时平均海流。这是一个数学过程(利用逐时获取的表面海流数据的空间图来生成悬浮颗粒的运动轨迹)。利用大堡礁南部的高频海洋雷达所进行的拉格朗日追踪现已具备足够的精度且完全能够实现珊瑚礁之间连通性的详细调查。通过结合物种行为模型,可很好地用于幼虫及营养物质的运动跟踪。此外,拉格朗日追踪还可有效地运用在搜救以及污染管理工作当中(Ullman et al. ,2006)。图 13.5 所示的是带有被检测信号的浮标与 HF 雷达同步进行的拉格朗日追踪结果。

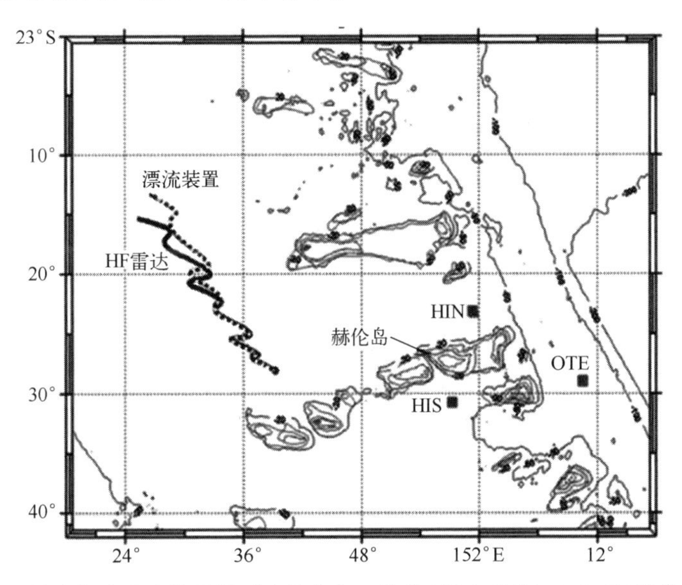

图 13.5　利用表面漂流装置得到的拉格朗日轨迹(图中虚线)以及 HF 海洋雷达的探测数据(实线),释放点位于大堡礁南部的赫伦岛以西的大陆架处。其中节点表示半日潮响应。两者轨迹在前 36h 非常接近,随后 30h 逐渐分离,到 76h 之后两者间隔约 5km(由 A. Mantovanelli 提供)

4. 湍流动能与珊瑚礁白化

为应对珊瑚礁管理方面的挑战,一项高频海洋雷达数据的直接应用是评估湍流动能及其与珊瑚白化之间的关系。大多数的珊瑚白化现象发生在低风、弱流和微波的条件下,此时的水体出现分层且上层海温由于太阳辐射的影响而到达临界水平。Simpson et al. (1974)在一篇经典的论文中指出:水深与潮流的特征速率决定了水体由层化变为混合(由湍流动能引起)的临界条件。据此,Dimassa et al. (2010)对高频雷达足印范围内那些受 24h 湍流动能影响而出现层化现象的区域进行界定。通过该方式确定的区域能够不受风浪影响而始终保持混合状态,且当上层水体出现温暖分层时不易遭受珊瑚白化的影响。这种与珊瑚白化之间的相对敏感性可被有效用于珊瑚礁的规划与管理工作。这一概念在图 13.6(一个 24h 周期内的最大表层流流速图)中得到了说明。Dimassa et al. (2011)还根据 Simpson-Hunter 理论进行了垂直混合区的制图工作，使得上述分析得到了拓展，进而可为局地的混合状况提供更进一步的信息。

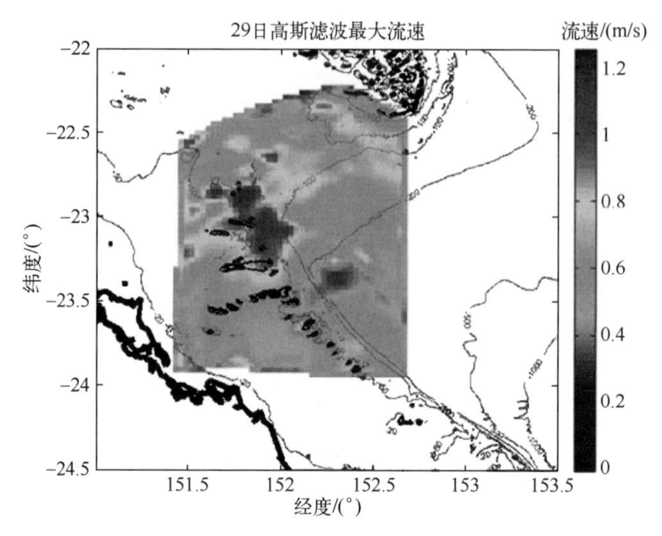

图 13.6 南大堡礁地区 HF 雷达 24h 观测所得最大表面流速，流速越大意味着珊瑚礁白化敏感性越低（由 D. DiMassa 提供）（彩色版本见彩插）

13.3 甚高频高分辨率雷达

13.3.1 系统概览

由于工作频率更高，甚高频雷达相比高频雷达具有更宽的带宽。由于在如此高的频率下测距范围往往会降低，所以当一台典型的甚高频雷达系统以150MHz 的工作频率 1.5MHz 的带宽以及 100mW 的输出功率进行工作时，其最大探测距离通常仅为 4km，距离分辨率则在 100m 左右。其方位分辨率约为 5°，因而当探测距离在 1km 时，所能分辨的像元单位为 100m×100m。上述性能参数适用于小范围的海流制图作业，如珊瑚礁潟湖和航道。

例如，WERA 和 SeaSonde 甚高频雷达系统工作在 40~50MHz 频段，并分别采用相位和振幅的方式来实现测向要求。PortMap 系统则工作在60~180MHz频段，通过对波束形成和相位测向的混合分析来确定回波方位。这些系统结构相对紧凑，且工作频率不断增大，因而非常适合部署在空间有限的环境。为了用于近海珊瑚礁附近的海流观测，需要将雷达站安装在环礁或者人造平台上。

13.3.2 实例应用

图 13.7 所示的表面海流地图由 PortMap 甚高频雷达系统获得(工作频率为 152.2MHz,带宽为 1.5MHz,发射功率为 100mW)。所处位置位于澳大利亚凯恩斯港的三圣湾内。图中显示,落潮过程中在来自潮滩的径流与水道中湍流的作用下,会产生一种复杂的环流现象,并随后产生一个由湾口沿水道返回至潮滩的回流。这个例子反映出高分辨率 VHF 系统在小范围内详细海流特性研究方面的适用性。

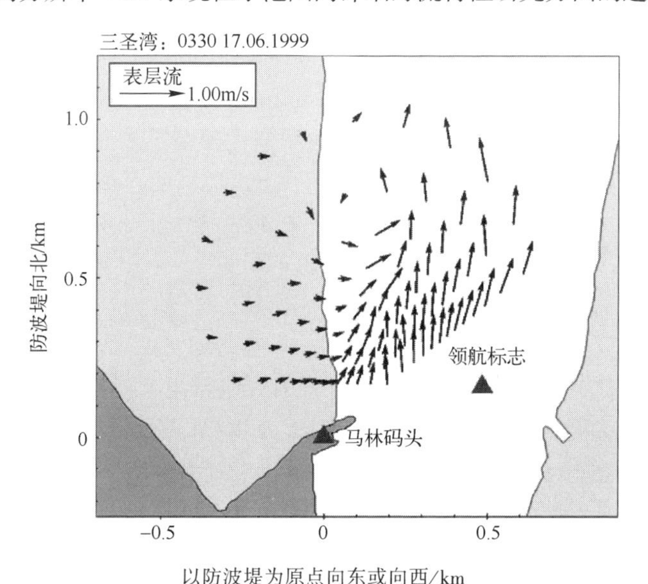

图 13.7 VHF 海洋雷达形成的潮汐通道表面海流图(澳大利亚凯恩斯港三圣湾内),黄色部分表示潮滩,绿色表示陆地。两台 VHF 设备其中一台位于码头的最高位置,另一台位于航标处(红色三角位置)(彩色版本见彩插)

13.4 合成孔径雷达

13.4.1 分析和分类技术

为测量,观察和绘制定量和定性的海表信息,许多自动化和交互式技术被开发用来发掘 SAR 图像特有和/或有用的属性信息(即全天候、昼/夜、高分辨率以及对细微海表粗糙度变化的敏感度)。这里将对珊瑚礁研究和管理过程中一些较为成熟的 SAR 图像分析和分类技术做出介绍。

1. 海面风场反演

由于后向散射强度随着风速的变大而同比例增强,因而可直接用于测风工作。基于 SAR 获得的风场资料由于其独特性质而非常适用于珊瑚礁的管理工作:①具有高分辨率的优势(从几百米到 1km 不等);②精确观测可覆盖到海岸地带,甚至在潟湖、海峡和海湾地区也能实现(与散射计因邻近陆地而易受干扰的特性不同);③与散射计相比,其在开阔海域观测精度与之相当,而在海岸附近则较之更高(Yang et al. ,2011)。地球物理模型函数(GMF)是 SAR 风场反演的最常用手段,该模型函数最初被开发用来服务散射计的有关工作(Monaldo et al. ,2004a)。具体实例包括 CMOD-4(Stofflen et al. ,1997)、CMOD-5(Hersbach et al. ,2007)和 CMOD-IFR2(Quilfen et al. ,1998)。在其他参数输入过程中(Christiansen et al. ,2008),这些地球物理模型需要估计风向和雷达视向间的角度。为确定该角度,必须首先确定出风向,风向参数的获取可以通过多视角的散射计,或者气象模型/浮标来实现,但不能由 SAR 设备直接测得。另外,在其他数据源匮乏的情况下,风向信息还可通过 SAR 影像本身所包含的线性纹理特征(如涡旋、岛礁背风面形成的风阴影)获得(但结果存在 180°的风向模糊)。

由于现有 C 波段散射计相应的(4~8GHz)地球模型函数都是基于 VV 极化(垂直发射、垂直接收)的,因此在使用 HH 极化(水平发射、水平接收)的 SAR 影像进行风场反演时,必须根据极化比进行转化。目前采用的极化率仅为一个与入射角相关的函数(Thompson et al. ,1998),或者是与入射角和风向相关的函数(Mouche et al,2007)。与浮标或者散射计的观测结果相比,当风速小于 15m/s 时,利用 SAR 数据并配合使用这些地球物理模型函数以及极化率所得的风速精度在±(1.5~2.5)m/s 之间(Monaldo et al. ,2001,2004b;Xu et al. ,2010)。Pichel et al. (2008)也对 2006 年 11 月至 2007 年 4 月期间白令海的浮标数据与 Radarsat-1 卫星影像的反演风速进行了类似对比。当风速在 0~15m/s 范围内时(136 组对比观测),平均差和标准偏差分别为-0.02m/s 和 2.23m/s。而当风速在 15~25m/s 范围内时(22 组对比观测),平均差和标准偏差则分别为 2.33m/s 和 2.37m/s。至于风速大于 25m/s 时,现有的单极化 GMF 其灵敏度尚不足以支持上述对比观测实验。目前正处于开发阶段的交叉极化技术在今后有望实现大风速条件下的精确观测(Vachon et al. ,2010)。

2. 溢油

海上溢油能够彻底杀死珊瑚或使之更易白化(Johannes et al. , 1972;Haapkylä et al. ,2007),并且会对珊瑚礁环境中的鱼类、海洋哺乳动物、海鸟以及海龟造成伤害。表面活性剂对波的抑制(阻尼)作用会给海表粗糙度带来显著变化,即在溢油区出现一条明显光滑于周边海域的海面斑带(Hu et al.,2009)。SAR 设备对海表的这种粗糙度变化非常灵敏,并且这种变化即使在油量或表面活性剂极少的情况下也能出现。由于雷达信号在光滑的海水表面发生镜面反射,导致 SAR 传感器接收到的反向散射信号减少,在遥感图像上以暗斑的形式表现。SAR 设备在溢油监测方面的良好表现众所周知,并在大大小小的溢油事件中都得到了充分验证(Clement-colón et al.,2006;Clement-colón et al.,1997;Gade et al.,1999)。意外事故、人为倾倒(如泵出舱水)、管道泄漏、石油平台出油、沉船的泄油以及沿海污水的排放都会导致溢油事件的发生(Clement-colón et al.,2006)。遗憾的是 SAR 遥感影像中的暗区并非总是表示溢油。海面上同样也存在着其他类似溢油的弱反向散射因素(即误判):低风区、上升流、天然渗油、藻华和珊瑚虫卵等生物性浮层、捕鱼和渔业加工过程产生的鱼油、陆地直接排放或由河流携带入海的有机表面活性剂。尽管存在上述潜在的误判因素,但已建立起相应的规范用以确保对油斑的有效监测。

一般来说,当风速在 3~15m/s 范围内就能够探测到油迹的存在(Espedal et al.,1998;Johannessen et al.,1994;Wahl et al.,1996;Wismann et al.,1998),而生物性表面活性剂常常要在 2~8m/s 的风速范围内才能被探测到(DiGiacomo et al.,2001)。当出现强风时(即 24h 内风速长期超过 10m/s),海面上的浮油将与上层海面混合,此外海面上的斑带也不再出现(Simecek-beatty et al.,2006;Simecek-beatty et al.,2004)。对溢油及其他自然生成浮层的区分要求具有专业的分析人员并且具备丰富的当地海洋和大气状况知识。此外,基于神经网络、模糊逻辑、小波变换以及其他专业分析技术实现的全自动探测算法也同样取得了一定成就(Garcia-Pineda et al.,2009;Liu et al.,2000,2010);事实上没有一种单通道,单极化的算法能够在油迹探测中不出现误报情况。由于溢油海面与普通风成海面两者的散射机理存在差异,通过检测背景信号中极化差异的多频,多极化分析技术或许有助于减少误报情况(Gade et al.,1998;Trivero et al.,1998;Mugliaccio et al.,2009;Zhang et al.,2011)。

3. 海洋特征

由于 SAR 设备对任何能改变毛细波和短重力波(SAR 波长尺度;即 C 波段内 5cm 波长附近)的海洋现象异常敏感,因而 SAR 图像能够反映出诸多海洋特征。具体包括:

(1) 海流。由于波浪传播以及波高受到海流水平剪切应力的影响,致使 SAR 图像上能够清楚地显现出较强海流、涡流以及河流羽流之类的环境现象,它们的边界往往用窄而亮的特征标记(Zheng et al.,2004)。天然的表面活性物质同样也会受到海流的影响,由于对毛细波具有抑制作用并且以暗线的形式在遥感影像中显现,因而可用来标记环流特征。与海流、海流剪切应力以及涡流相关的湍流混合现象能够改变海洋表面的热应力环境,并且珊瑚的白化现象就与此种环境有关。沿海河流流量的激增,特别是河流泛滥,会导致附近海域的盐度降低以及沉积物与养分的增加,进而对珊瑚礁区产生不良影响(如 Devlin et al. ,2005;McCulloch et al. ,2003)。

(2) 上升流。冷水的上升会对风应力起到削弱作用,进而导致 SAR 遥感图像上出现暗区(在富含养分的冷水导致藻华现象后还往往伴有光滑线带出现)(Clement-colón,2004;Li et al. ,2009b)。

(3) 海洋锋。在 SAR 图像中,海洋锋往往会以一条明显锋线的形式呈现,在锋线的两侧其灰度值明显不同,常常是一侧较亮,另一侧较暗。当锋面与雷达视向垂直时,其辐聚区和发散区由于雷达回波的强弱分别对应遥感影像中的亮纹与暗纹(Johannessen et al. ,1996;Li et al. ,2005)。

(4) 水深特性。在流与海底相互作用的情况下,可利用 SAR 设备对浅水水深特性进行测绘(Li et al. ,2009a)。

(5) 内波。内波包普遍存在于具备其产生机制(如潮流与浅水亚层海脊或岛屿等不规则地形的相互作用;Li et al. ,2008b;Jackson,2004;Wolanski et al. ,1998)的地区的 SAR 遥感影像当中。这些沿着海洋密度跃层传播的内波可能具有 30~40m 的振幅,在某些特定情况下振幅甚至可达 100m(Apel,2004)。在珊瑚礁区,内波能对珊瑚的健康与生长产生积极或消极的作用。一方面它们能给珊瑚带来富含营养的次表层冷水,缓解可导致珊瑚白化的海面升温状况;另一方面又能产生显著的热应力,短期内温度起伏可达 10~20℃(Wolanski et al. ,2004),进而导致那些不能承受这种温度变化的物种死亡。

绝大多数情况下,SAR 数据中的海洋要素都是通过视觉方法进行判别。然而丰富的 SAR 影像判读经验、当地的海洋环境知识以及其中的操作工艺对正确判读而言都至关重要。海洋上所表现出的海表粗糙度情况往往是一系列复杂过程的综合作用结果。此外,大气边界层现象也会干扰海洋特征的正确判读。例如,大气重力波和海洋内波的信号往往相似,并且大气锋与海洋锋亦是难以区分(Shuming et al. ,2010)。这些相似性给海洋特征的自动分析算法带来了严峻挑战,例如那些基于小波变换的算法(Wu et al. ,2003)。

4. 波浪观测

SAR 设备通过对以下三方面因素的处理来实现二维海面波场的绘制:①风浪和涌浪对较之更小的布拉格波的调制作用致使后向散射发生改变;②波倾角的变化会改变直接反射的雷达波强度;③波浪运动速度引起的多普勒频移会影响 SAR 的成像过程,由此产生图像强度上的变化称为速度聚束。然而,小尺度波的随机运动也能够产生影响图像光谱方位(即纵向)分辨率的多普勒频移(即方位向截断)。事实上,对于极轨卫星而言,所得短波长风浪的波浪信息往往有限。一般情况下只能取得波长较长的涌浪信息。对于这些波长较长的涌浪而言,人们能够测得优势涌浪的波长、波向、波谱(Li et al.,2002)以及有效波高。珊瑚白化期间的涌浪监测可提供上层海洋的混合信息,这对缓解珊瑚白化现象具有一定作用(Skirving et al.,2006)。

通过采用合适的转换函数进行反演,可从二维的SAR图像光谱中获取相应的二维海面波谱。对于不大且沿距离方向上运动的涌浪来说,相关波谱可通过对SAR图像光谱进行线性转换后直接获得。然而,除非波长在300m以上,否则严格运动在方位方向上的涌浪就无法被通常的天基雷达探测成像。

总之,当利用工作在太阳同步卫星轨道高度的SAR设备进行更短更陡波的观测时,尽管还会有方位限制的存在,但必须采取非线性转换的办法(Vachon et al.,2004)。通过RADARSAT-1标准模式图像所得涌浪的有效波高与俄勒冈州海岸附近的NOAA46029浮标(46.144°N,124.51°W)测量结果的对比观测,发现2001—2005年间168对(在去除了两个以上标准差偏差的匹配对以后)有效波高所得的均方差异为0.6m,在这些对比中波高的区间为0~4m。

5. 船舶监测

受保护或者开发受限的海洋保护区其内部的船舶交通常常能引起珊瑚礁管理者们的兴趣,而渔船的位置及其密度信息则往往吸引着渔业管理者和渔政执法人员。超过300t的国际商船以及所有的客轮都被要求安装船舶自动识别系统(AIS)发射机,然而更小的商船或者不遵守相关规定的船只则无法通过AIS系统进行监控。由于SAR能够昼夜工作并且适应多云/晴朗等各种天气状况,使之成为这类船只的有效监测手段。在风况和海况合适的情况下,船只可产生三种不同的SAR信号:①直接反射信号;②尾迹信号(Lyden et al.,1998);③海面带斑信号(Clemente colón et al.,1998)。由于绝大多数的远洋船只都属于钢体船,对SAR雷达的来波信号具有很强的直接反射能力(即它们是"硬目标"),因而它们的反射信号往往要比附近海面的反射信号强得多。船舶的雷达回波由以下因素所致:①垂直于来波信号的船体部分对雷达信号的直接反射(一次反射);②船体和海面的二次反射;③船体上层建筑的角反射(三次反射)(Pichel et al.,2004)。总之,大多数情况能够测得的是来自钢体船(船长大于或等于图像分辨率)的直接反射信号,当船长缩小至图像分辨率的1/2时,能被探测到的概率也随之减为原来的1/2。船舶的直接反射信号能否被探测到受以下几方面因素的影响:①船舶特性-结构形式和所用材料,船体与雷达信号的相对方位以及船舶尺寸;②环境条件-海况、风速以及同陆地或小岛之间的距离;③雷达特性-入射角度、极化模式、分辨率以及灵敏度；④SAR 图像质量-图像处理误差、波缝、斑点噪声，星下点模糊；⑤图像分辨率，尤其是在由近及远的情况下人们可以发现 SAR 的船舶探测能力将会发生变化，这是由于海面对小角度（约 20°）入射的雷达波的后向散射非常强，而当入射角度（约 50°）增大时后向散射强度就会明显减弱。不同的是，船舶的后向散射强度不随入射角的变化而发生改变，因而船舶的自动化探测算法必须对上述差异作出适当考虑。许多这类算法通过对全图进行局地的海洋信息统计，从而可为图像的不同部分设定一个动态阈值来进行船舶探测。同时还使得该算法能够保持信号检测时的恒虚警率（CFAR），并在全图中保持一个稳定的探测灵敏度（Vachon et al. ,2000；Wackerman et al. ,2001）。

13.4.2 实例应用

1. 风能

基于 SAR 获得的风场影像有助于监测由以下因素引起的海岸风空间变化：①岛屿以及沿岸地形形成的背风区，岛隙和岛屿尾迹（Beal et al. ,2005）；②下降风（Li et al. ,2007）；③地形喷流（Winstead et al. ,2006）；④涡街（Li et al. ,2008a）；⑤大气锋（Young et al. ,2005）；⑥飓风及其他风暴（Horstmann et al. ,2006；Sikora et al. ,2000）；⑦对流体，雷暴和滚轴涡（Sikora et al. ,2004）；⑧海岸和山体处形成的背风波；⑨其他大气海洋边界层现象。

图 13.8 显示了澳大利亚东部罗克汉普顿附近大堡礁地区的局地风况变化以及滚轴涡和岛屿尾迹这些特殊的海表模式。该区域从图像南端中部位置的柯蒂斯岛一直延伸至图像北端的马尼福尔德角。图像中部偏左的岛屿为大克佩尔岛。风场信息从 RADARSAT-1 卫星的标准模式图像（覆盖一块边长为 100km 的区域）中计算得出（原始 SAR 图像的分辨率为 30m）。CMOD5 算法中用到的风向信息由美国海军作战全球大气预测系统（NOGAPS）获得。图中用 NOGAPS 矢量（以蓝色箭头表示，起始于南纬 23°，东经 151°）表示风来自东南方向，并且可通过岛屿尾迹以及大气滚轴状涡旋来反映，以上两者都与风场保持一致。

图 13.9 是依据宽测绘带 ENVISAT ASAR 数据实现的菲律宾局地风场图，图示区域为菲律宾的中部地区，其中吕宋岛位于图的北部，班乃岛位于图的中部，苏禄海则位于班乃岛的西南方向。利用 NOAA 的全球预测系统（GFS）天气模型获取的风向信息以风羽的形式表现在图中，可以看出，在吕宋岛南部形成的间隙流以及顺风延伸至一些较大岛屿（如班乃岛）的尾流处风速较大（Beal et al. ,2005）。在这些高风区内，上层海水的混合程度以及浅水的浑浊程度将更为明显。

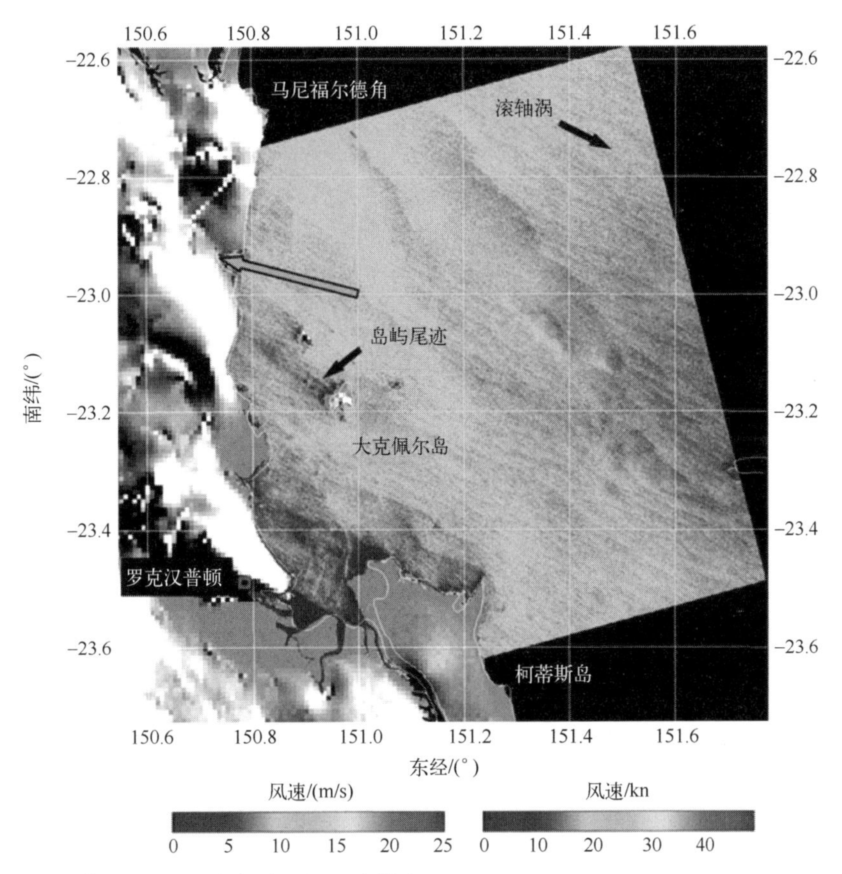

图 13.8 采用 CMOD5 散射计风场反演算法(Monaldo et al. ,2004a)从 ADARSAT-1 卫星标准模式图像(图像分辨率为 30m,)中计算获得的 SAR 风场反演图,对应世界时为 2008 年 2 月 26 日 8 时 28 分。该图由约翰霍普金斯大学应用物理实验室开发的软件和算法生产所得。其中蓝色箭头表示 CMOD5 算法中所用的 NOGAPS 风向(彩色版本见彩插)

2. 溢油制图

利用 SAR 数据对珊瑚礁周围的溢油情况进行监测是 SAR 图像在珊瑚礁监测和管理领域的一项实际应用。例如,根据航行期间人为的排油来监测船舶交通(如舱水泵出和油舱清洗)。这项应用常见于世界上的许多地方,尤其是中国南海(Lu et al. ,1999)。此外,通过对大规模溢油事故的监测可以确定是否需要进行围油栏隔离来保护礁区、湿地及其他敏感区域。图 13.10 所示为 Solar Ⅰ油轮的溢油事故,该船携带约 200 万 L 的石油沉没于菲律宾吉马拉斯岛的南部。

3. 海洋要素

通过 SAR 影像分析所得的海洋要素或许能提供对珊瑚礁产生影响的物理

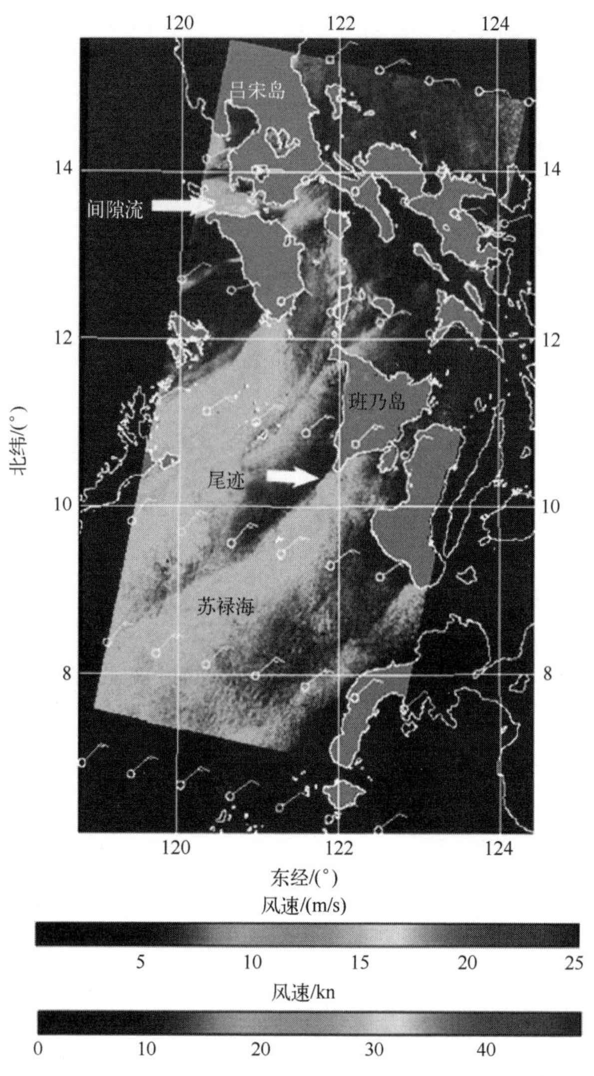

图 13.9　基于 SAR 的风场图，对应世界时为 2008 年 1 月 31 日，图像分辨率约 500m，根据 CMOD5 散射计风场算法计算所得(Monaldo et al.,2004)。该图由约翰霍普金斯大学应用物理实验室开发的软件和算法生产所生成(彩色版本见彩插)

海洋进程的相关线索(如海流、漩涡、湍流混合以及辐合过程)。至于上升流和冷水的混入是否能够改善珊瑚潜在或实际的白化状况，为珊瑚礁生态系统带去额外的营养物或是导致热应力，这方面的信息也能基于上述分析结果获得。这些波的振幅经测定被确定大于 50m，由它们引起的冷水干扰能够导致 8℃的降温、溶解氧含量的变化以及叶绿素浓度的增加。上述这些条件变化均会对珊瑚礁生态系统产生影响。

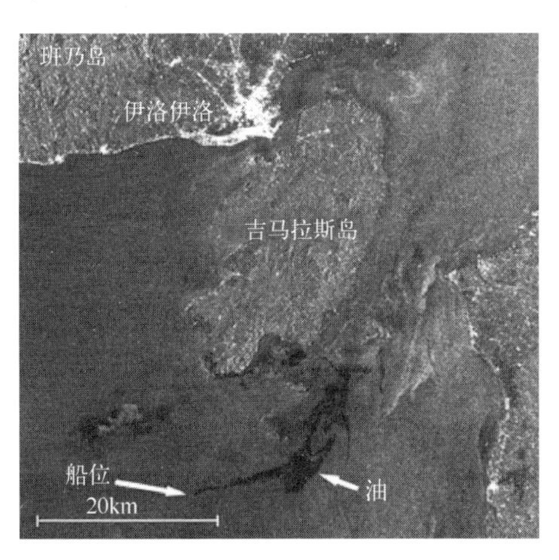

图 13.10 图为 2006 年 8 月 24 日 Solar Ⅰ号溢油事件的 ENVISAT ASAR 遥感影像,地点位于吉马拉斯岛南部,班乃岛东部,并在菲律宾伊洛伊洛城附近(图像© 欧洲航天局,2006)

4. 波浪观测

沿海的波浪信息有助于休闲和商业性质的航船与钓鱼、沿海驳船和渡船运输,以及冲浪、潜水和生态旅游等活动。对于珊瑚礁的管理工作而言,波浪的分布和强度信息对监测珊瑚白化或者破坏性风暴期间波浪的机械运动至关重要。图 13.11 是由 RADARSAT-1 单视复数图像获得的有关涌浪的实验成果,图中反映了夏威夷群岛中毛伊岛与夏威夷岛之间 Alenuihaha 海峡的涌浪变化情况。SLC 图像包含了算法运算所需的振幅和相位信息。有关波场在这两方面的描述提供了丰富的海岸变化信息(包括波高、波长和波向),因而可推断海峡中涌浪有效波高的最大值为 3m。但是在图像所示区域没有任何海洋波浪浮标可用来证实这一估计。而在图示范围的西侧存在一个开放式的海洋浮标 51202,具体位置在北纬 21.417°,西经 157.608°,在这一天世界时为 16 时时报道的有效波高为 3.8m(浮标数据可从美国国家海洋和大气局的国家航标数据中心获得:www.ndbc.noaa.gov)。

5. 船舶监测

船舶对珊瑚礁所造成的影响包括抛锚和搁浅对珊瑚的破坏作用,入侵物种的引入以及因油料和其他化学物质排放所造成的海洋污染(Franklin,2008)。虽然目前通过高频使用 SAR 影像来进行珊瑚礁管理区内船舶交通的不间断监视耗资极大,但仍可用于抽查不符合 AIS 国际规范的船只以及定期监视敏感或保密的地区。例如,图 13.12 中显示了帕帕哈瑙莫夸基亚(Papahānaumokuākea)国家海洋保护区内一艘船只的出没，该保护区由夏威夷主岛向西北方向延伸出的长达1530km的大量珊瑚环礁和岛屿构成。进行保护区内船舶交通的监测对禁渔区和禁航区的强制执行至关重要，此外，也有助于监视航运以及驶经该岛链或者经珀尔-赫米斯环礁（Pearl and Hermes Atoll）与利西安斯基岛之间的航道穿越该保护区的船只可能带来的石油泄漏情况。船舶与斑带之间联系为"海上斑带是由人为溢油还是天然表面活性剂引起"这一议题提供了参考。

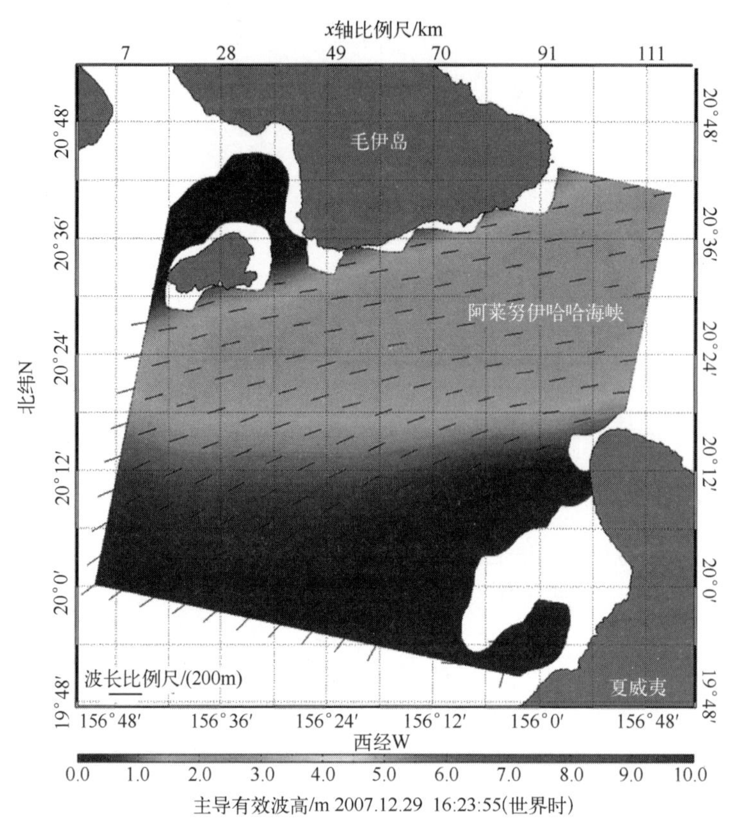

图13.11 RADARSAT-1标准模式单视复数图像所得的有效波高结果，对应世界时为2007年12月29日16时23分。该图所示区域为夏威夷群岛中毛伊岛和夏威夷岛之间的Alenuihaha海峡。优势涌浪的有效波高通过颜色并以m为单位反映在图中，涌浪的方向以及波长则通过场线进行表示。场线所对应的比例尺表示在图像的左下角。图像对应于北纬，西经地区，其顶部的刻度单位为km。该图由法国布雷斯特的BOOST科技（Boost现为法国采集定位卫星公司的一部分）所开发的应用软件绘制而成，有关涌浪算法的描述见Collard et al.，2005（彩色版本见彩插）

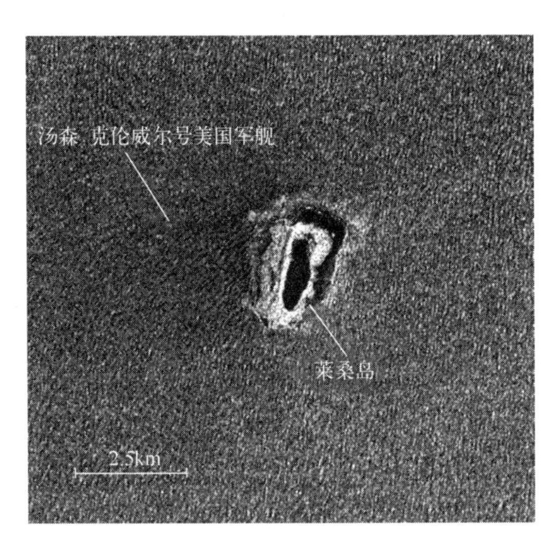

图 13.12　位于莱桑岛西侧的美舰汤森克伦威尔号的 RADARSAT-1 标准影像，对应世界时为 2001 年 11 月 9 日 17 时 27 分。该岛位于夏威夷群岛的西北部，现属帕帕哈瑙莫夸基亚国家海洋保护区的一部分。汤森克伦威尔号军舰长 49.7m，宽 10.1m，排水量 652t（影像© 加拿大太空局，2001）

13.5　散射计

13.5.1　分析和分类技术

散射计是一种可用于海表风况测量的机载或星载微波雷达。载具上的笔形波束散射计以前视、后视观测的方式进行信号的发射、接收和记录（Nadel et al.，1991）。散射计的数据分析无须运用相移或者多普勒频移信息，因此相比于 SAR 该项技术更为简单，且所需处理更少。根据微波的后向散射强度信息来反演风矢量涉及两个物理学原理。其一是海面的微波散射以布拉格散射为主，由此微波雷达便能探测到海洋表面的毛细波。其二则是一个简洁且为经验性的原理-均方波高（毛细波）与风速之间存在着线性关系，Cox et al.（1954）对此做出了证明。由海面风所引起的风应力会导致厘米级的海面起伏发生。此外，浪高对风向还具有一定的方向依赖性，而这也用来定义方向分布函数（Elfouhaily et al.，1997；Heron et al.，2006）。

图 13.13 是对散射能量方向依赖性的程式化说明。该图解释了散射计如何通过前视、中视、后视三个不同视角的对地观测来采集风向信息，即实现了短

时间(几分钟)内对海面同一位置的多角度观测。随后利用一个经验性的地球物理模型函数将后向散射能量的观测结果反演为风速和风向信息(如 13.4.1 节所讨论)。

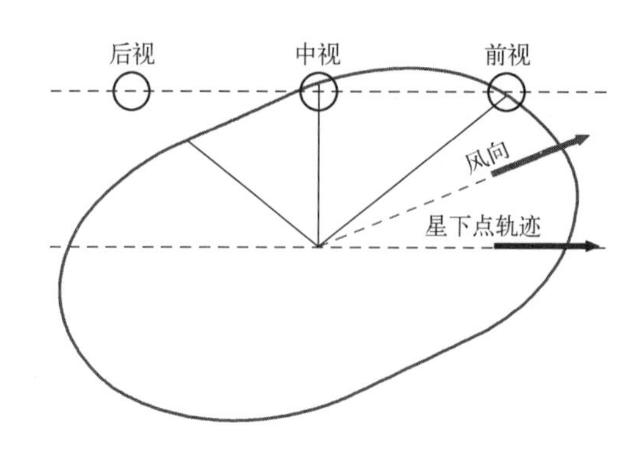

图 13.13 椭圆代表后向散射强度的方向模型,下方的虚线则代表星下点轨迹。随着卫星的移动,会在三个不同视角(循环)对海面一点进行采样,拟合模型椭圆的大小和方向则通过地球物理模型函数转化为风矢量

早期的 Seasat 卫星辐射计工作在 Ku 波段,受雨衰的影响较大,而近来频率相对较低的 C 波段设备则受其影响较小。当出现热带气旋或者雷暴引起的大雨(雨滴直径大)天气时,雨衰现象可能会导致问题发生。目标区域内海冰或陆冰的出现也会对分析产生不利影响。

13.5.2 实例应用

散射计的空间分辨率,或者说是像元尺寸通常为 25km,而经过一些改良处理后产品精度可达 12.5km。对于珊瑚礁管理而言,散射计的测风结果有助于对珊瑚礁尺度的周边环境进行描述,且这与互联性和污染管理,以及海流和波浪的评估均有关系。由风、流以及波浪引起的水体垂直方向上的混合将导致海表处的太阳能发生转移,进而降低珊瑚白化的可能性。此外,低风条件还能减弱蒸发冷却和显热传递以及增强有色可溶性有机物的光降解(该降解过程将导致阴影面积减小)。

意识到珊瑚白化现象同低风期之间的联系,NOAA 的珊瑚礁监测项目利用国家气候资料中心的复合型海风产品对其赤道无风带的试验结果中正经历持续低风条件的地点进行识别(图 13.14)。该产品结合了多达 6 颗卫星的观测结果,且能以 6h、25km 的时空分辨率进行近实时的提供。赤道无风带的试验结果能够提供日平均风速在 3m/s 以下的天数。另外,低风的持续时间越长,意味着珊瑚的白化风险越高。

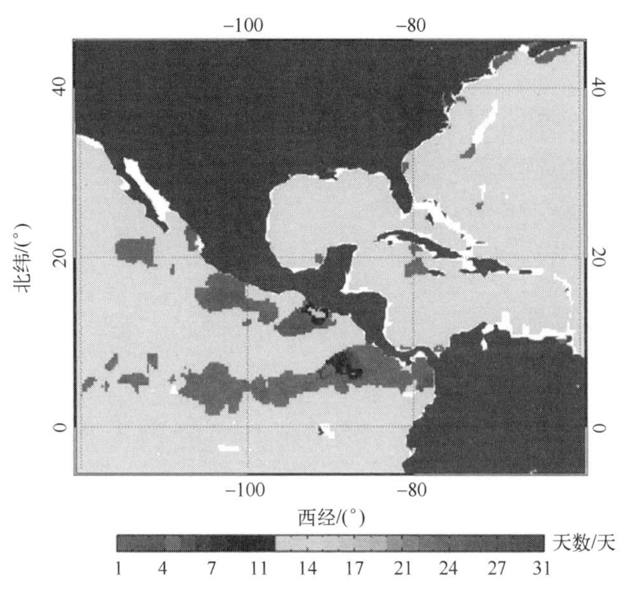

图 13.14 NOAA 珊瑚礁观测项目对赤道无风带的试验结果(该试验结束于2011 年 4 月 30 日),图中显示中美洲地区经历了长时期的低风现象。下方的色条用来表示日平均风速小于 3m/s 的天数,墨西哥和危地马拉边境以南的黄色区域在前两周经历了持续的低风,白色区域则表示数据缺失或不足(彩色版本见彩插)

13.6 X 波段雷达

X 波段雷达(8~12GHz)代表海洋遥感领域的一项利基(非主流)技术,一种常见的航用 X 波段旋转天线被用来接收 1km 范围内的“杂波”。雷达天线每转动一个周期(3~4s)能形成一幅雷达图像,并且两次扫描过程中将发生波峰的位移。如图 13.15 所示,二维的回波强度图像经转化可以生成二维的海面高度图。X 波段雷达非常适用于进行以下观测:珊瑚礁构造周围的波场,波浪在礁前发生破碎时的相应变化以及进入潟湖中的余波。这里所述的是有关礁前冲击动态以及混合状态的应用。

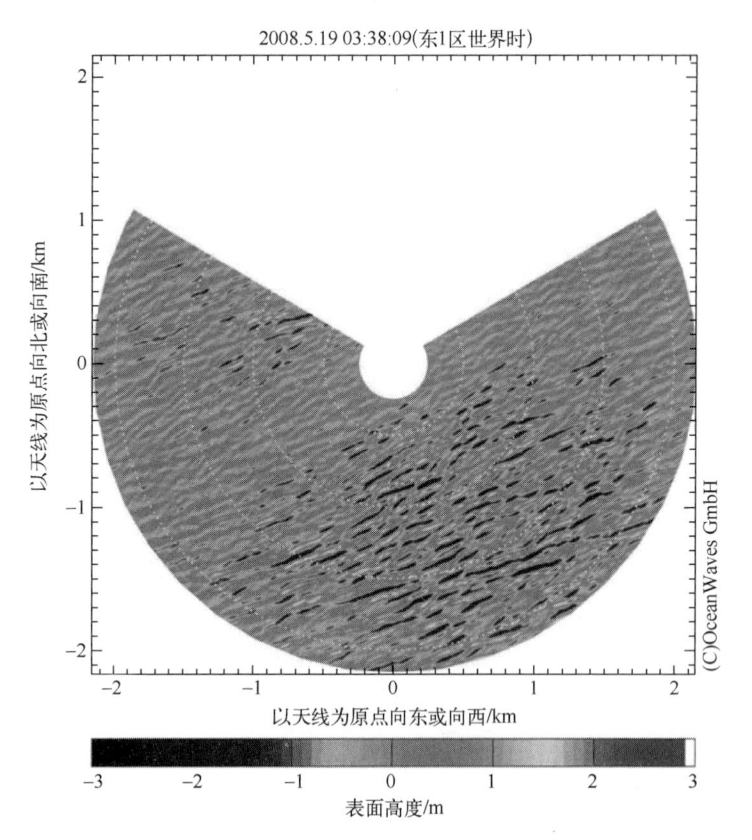

图 13.15　一幅典型的二维海面高图像(反映了一个约 $8km^2$ 区域内波峰和波谷的信息)。利用这些数据或许能够生成全方位的波谱(版权属于 Wamos GmbH)(彩色版本见彩插)

13.7　结论及展望

有关海洋及珊瑚礁方面的雷达分析技术和应用正被快速地发展并应用在可操作的监测产品当中。这得益于政府、行业以及学术界从事海洋雷达平台研究、商业开发以及操作使用的相关人员的增加。过去的十年半中,与雷达遥感相关的应用迅速地成熟起来,目前,新型的雷达系统正被搭载或发射以用于对监测作业提供直接的支持。

高频海洋雷达正处于一个扩张部署的阶段,目前已在美国、澳大利亚以及欧洲进行了组网工作。有关拉格朗日跟踪以及精细尺度测量方面的研究将促使出现更多珊瑚礁环境所需的新兴应用。有预测称:高分辨率的甚高频海洋雷达以及微波雷达同样也能对珊瑚礁及其周边环境的海流监测做出巨大贡献。新一代 SAR 卫星,尤其是哨兵一号(Sentinel-1)卫星和雷达卫星合成体使命项目,将作为全业务卫星进行操作使用而非仅仅用作科研或商用卫星(当前所有 SAR 卫星的现状),可以预见的是,未来低成本、可操作并能实现日常性重复覆盖的 SAR 影像将使得上述应用全面运用在珊瑚礁群落中。新兴的 SAR 应用也必将对多极化信道进行更为复杂的运用(如船只探测以及强风测量),这是因为新兴卫星越来越多地具备双极化、交叉极化和全极化的工作模式。自 Terra SAR-X 卫星起,还应当提高顺轨干涉在海流观测方面的实用性,并且通过调和 SAR 轨道及其采集数据使部分多频应用成为现实(如溢油与天然生物油膜的区分)。

致谢:数据取自澳大利亚综合海洋观测系统存档的部分高频雷达影像资料,RADARSAT-1 卫星的 SAR 影像由费尔班克斯市阿拉斯加大学的卫星设备进行处理,ENVISAT 影像则由欧航局处理。感谢约翰霍普金斯大学应用物理实验室的 Frank Monaldo,美国国家海洋与大气局(GST,NOAA/NESDIS)的李晓峰,以及致力于 SAR 产品发展并对上述图像及所述产品处理做出贡献的 Christopher Jackson。论文中的观点、主张和发现仅代表作者本人的意见,不能理解为美国国家海洋与大气管理局和美国政府的立场、政策或决定。

推荐阅读

Ackermann F (1999) Airborne laser scanning: present status and future expectations. ISPRS J Phogrammetry Remote Sens 54:64-67

Garello R, Romeiser R, Crout RL (2005) Special issue on synthetic aperture radar imaging of theocean surface. IEEE J Ocean Eng 30(3):470-569

Harlan J, Terrill E, Keen C, Barrick D, Whelan C, Howden S, Kohut J (2010) The integratedobserving system High-Frequency radar network: Status and local, regional and nationalapplications. Mar Technol Soc J 44:122-132

Wyatt LR, Heron ML, Garello R (eds) (2006) Special issue on HF/VHF ocean surface radars. J Ocean Eng 31(4)

Jackson CR, Apel JR (eds) (2004) Synthetic aperture radar marine user's manual. US NationalOceanic and Atmospheric Administration, Washington

Graber HC, Paduan J (1997) Special issue on high frequency radars for coastal oceanography. Oceanography 10(2)

参考文献

Apel J (2004) Oceanic internal waves and solitons. In:Jackson CR, Apel JR (eds) Syntheticaperture radar marine user's manual. US National Oceanic and Atmospheric Administration, Washington

Barrick DE (1977) The ocean wave height non-directional spectrum from inversion of the HFsea-echo Doppler spectrum. Remote Sens Environ 6:201-227

Beal RC, Young G, Monaldo FM, Scott C, Thompson DR, Winstead NS (2005) High-resolutionwind monitoring with wide swath SAR:a users guide. NOAA, Washington

Chapman RD, Graber HC (1997) Validation of HF radar measurements. Oceanography 10:76-79

Christiansen M, Hasager C, Thompson D, Monaldo F (2008) Ocean winds from syntheticaperture radar. In:Niclos R (ed) Ocean remote sensing:recent techniques and applicationsresearch Signpost, Kerala. ISBN:978-81-308-0268-8

Clemente-Colón P (2004) Upwelling. In:Jackson CR, Apel JR (eds) Synthetic aperture radarmarine user's manual. US National Oceanic and Atmospheric Administration, Washington

Clemente-Colón P, Montgomery D, Pichel W, Friedman K (1998) The use of synthetic apertureradar observations as indicators of fishing activity in the Bering Sea. J Adv Mar Sci TechnolSoc 4:249-258

Clemente-Colón P, Pichel W (2006) Remote sensing of marine pollution. In: Gower JFR, RenczAN (eds) Manual of remote sensing, 3 edn. Wiley, New York

Clemente-Colon P, Yan X-H, Pichel W (1997) Evolution of oil slick patterns as observed by SARoff the coast of Wales. In:Proceedings 3rd ERS symposium on space at the service of ourenvironment, pp 565-568, 17-21 Mar 1997

Collard F, Ardhuin F, Chapron B (2005) Extraction of coastal ocean wave fields from SARimages. IEEE J Ocean Eng 30(3):526-533

Cook TM, De Paolo T, Terrill EJ (2007) Estimates of radial current errors from high frequencyradar using MUSIC for bearing determination. IEEE OCEANS 2007, IEEE Xplore. doi: 10.1109/OCEANS.2007.4449265

Cox C, Munk WH (1954) Statistics of the sea surface derived from sun glitter. J Mar Res13:198-227

Crombie DD (1955) Doppler spectrum of sea echo at 13.56 Mc/s. Nature 175:681-682

Devlin MJ, Brodie J (2005) Terrestrial discharge into the Great Barrier Reef Lagoon: Nutrientbehavior in coastal waters. Mar Pollut Bull 51:9-22

DiGiacomo PM, Holt B (2001) Satellite observations of small coastal ocean eddies in theSouthern California Bight. J Geophys Res 106(C10):22521-22544

DiMassa D, Heron ML, Mantovanelli A, Heron SF, Steinberg C (2010) Can vertical mixing fromturbulent kinetic energy mitigate coral bleaching? An application of HF Ocean radar. IEEEOCEANS Sydney, IEEE Xplore

DiMassa D, Heron ML, Mantovanelli A, Heron SF (2011) HF radar: a tool for coral reef planningand management. MTS/IEEE OCEANS Kona, IEEE Xplore

Elfouhaily T, Chapron B, Katsaros K, Vandemark D (1997) A unified directional spectrum forlong and short wind-driven waves. J Geophys Res 102:15781-15796

Espedal HA, Johannessen OM, Johannessen JA, Dano E, Lyzenga DR, Knulst JC (1998) COAST-WATCH'95: ERS 1/2 SAR detection of natural film on the ocean surface. J GeophysRes 103: 24969-24982

Franklin EC (2008) An assessment of vessel traffic patterns in the Northwestern Hawaiian Islandsbetween 1994 and 2004. Mar Pollut Bull 56:136-162

Gade M, Alpers W (1999) Using ERS-2 SAR for routine observation of marine pollution inEuropean coastal waters. Sci Total Environ 237-238:441-448

Gade M, Alpers W, Huhnerfuss H, Masuko H, Kobayashi T (1998) Imaging of biogenic andanthropogenic ocean surface films by the multifrequency/multipolarization SIR-C/X-SAR. J Geophys Res 103(C9):18851-18866

Garcia-Pineda O, Zimmer OB, Howard M, Pichel W, Li X, MacDonald IR (2009) Using SARimages to delineate ocean oil slicks with a texture-classifying neural network algorithm(TC-NNA). Can J Remote Sens 35(5):411-421

Haapkylä J, Ramade F, Salvat B (2007) Oil pollution on coral reefs: a review of the state ofknowledge and management needs. Vie et Milieu—Life and Environment 57:91-107

Heron SF, Heron ML (1998) A comparison of algorithms for extracting significant wave heightfrom HF radar ocean backscatter spectra. J Atmos Ocean Technol 15:1157-1163

Heron ML, Marrone P (2010) Wind direction manifestation on HF Ocean radar echoes. IEEEOCEANS Sydney, IEEE Xplore

Heron ML, Prytz A (2002) Wave height and wind direction from the HF coastal ocean surfaceradar. Can J Remote Sens 28:385-393

Heron ML, Prytz A (2011) The data archive for the phased array HF radars in the AustralianCoastal Ocean radar network. IEEE OCEANS Santander, IEEE Xplore

Heron ML, Skirving WJ, Michael KJ (2006) Ocean wave slope models for short wave remotesensing data analysis. IEEE Trans Geosci Remote Sens 44(7):1962-1973

Hersbach H,Stoffelen A,de Haan S (2007) An improved C-band scatterometer oceangeophysical model function:CMOD5. J Geophys Res 112(C3):C03006

Horstmann J,Koch W,Thompson DR,Graber HC (2006) Hurricane winds measured withsynthetic aperture radar. Proceedings 2006 IEEE international geoscience remote sensingsymposium,IEEE Xplore,Denver

Hu C,Li X,Pichel WG,Muller-Karger FE (2009) Detection of natural oil slicks in the NW Gulfof Mexico using MODIS imagery. Geophys Res Lett 36:L01604. doi:10. 1029/2008GL036119

Jackson CR (2004) An atlas of internal solitary-like waves and their properties,2nd edn. GlobalOcean Associates,Alexandria. Available online at:http://www. internalwaveatlas. com. Accessed 02 Nov 2011

Johannes RE,Maragos JE,Coles SL (1972) Oil damages corals exposed to air. Mar Pollut Bull3: 29-30

Johannessen JA,Shuchman RA,Wackerman C,Digranes G,Lyzenga D,Johannessen OM (1994) Detection of surface current features with ERS-1 SAR. Proceedings second ERS-1symposium—space at the service of our environment,ESA SP-361,Hamburg,Germany,pp 565-569,11-14 Oct 1993

Johannessen JA,Shuchman RA,Digranes G,Lyzenga DR,Wackerman C,Johannessen OM,Vachon PW (1996) Coastal ocean fronts and eddies imaged with ERS 1 synthetic apertureradar. J Geophys Res 101(C3):6651-6667

Kohut JT,Roarty HJ,Glenn SM (2006) Characterizing observed environmental variability withHF Doppler radar surface currents mappers and acoustic Doppler current profilers. IEEE JOcean Eng 31:876-884

Li X,Pichel W,He M,Wu S,Friedman K,Clemente-Colon P,Zhao C (2002) Observation ofhurricane-generated Ocean swell refraction at the gulf stream North Wall with theRADARSAT-1 synthetic aperture radar. IEEE Trans Geosci Remote Sens40(10):2131-2142. doi:10. 1109/TGRS. 2002. 802474

Li X,Zheng W,Pichel WG,Zou C-Z,Clemente-Colon P (2007) Coastal katabatic winds imagedby SAR. Geophys Res Lett 34:L03804. doi:10. 1029/2006GL028055

Li X,Zheng W,Zou C-Z,Pichel WG (2008a) A SAR observation and numerical study on oceansurface imprints of atmospheric vortex streets. Sensors 8:3321-3334. doi:10. 3390/s80533212008

Li X,Zheng W,Yang X,Li Z,Pichel WG (2011) Sea surface imprints of coastal mountain leewaves imaged by SAR. J Geophys Res. doi:10. 1029/2010JC006643

Li X,Li C,Xu Q,Pichel W (2009a) Sea surface manifestations of signatures of along-tidalchannelunderwater ridges imaged by SAR. Trans Geosci Remote Sens 47(8):2467-2477

Li X,Zhao Z,Pichel WG (2008b) Internal solitary waves in the northwestern South China Seainferred from satellite images. Geophys Res Lett 35(L13605). doi:10. 1029/2008GL034272

Li X,Li C,He M (2009b) Coastal upwelling observed by multi-satellite sensors. Science in ChinaSeries D:Earth Sci 52(7):1030-1038. doi:10.1007/s11430-009-0088-x

Li X,Li C,Pichel WG,Clemente-Colón P,Friedman K (2005) Synthetic aperture radar imagingof axial convergence fronts in Cook Inlet,Alaska. IEEE J Oceanic Eng. doi:10.1109/JOE.2005.857510

Liu AK,Wu SY,Tseng WY,Pichel WG (2000) Wavelet analysis of SAR images for coastalmonitoring. Can J Remote Sens 26(6):494-500

Liu P,Zhao C,Li C,He M,Pichel WG (2010) Identification of ocean oil spills in SAR imagerybased on fuzzy logic algorithm. Int J Remote Sens 31(17):4819-4833

Lu J,Lim H,Liew SC,Bao M,Kwoh LK (1999) Oil pollution statistics in Southeast Asian waterscompiled from ERS SAR imagery. Earth Obs Quart ESA Publ EOQ 61:13-17

Lyden JD,Hammond RR,Lyzenga DR,Shuchman RA (1988) Synthetic aperture radar imagingof surface ship wakes. J Geophys Res 93(C10):12293-12303

Mantovanelli A,Heron ML,Prytz A (2010) The use of HF radar surface currents for computingLagrangian trajectories:benefits and issues. In:Proceedings IEEE Oceans 2010,24-27 May2010, Sydney,Australia

Manzello D,Hendee JC,Ward D,Hillis-Starr Z (2006) An evaluation of environmentalparameters coincident with the partial bleaching event in St. Croix,US Virgin Islands 2003. Proceedings 10th International Coral Reef Symposium,Okinawa,Japan,pp 709-717

McCulloch M,Fallon S,Wyndham T,Hendy E,Lough J,Barnes D (2003) Coral record ofincreased sediment flux to the inner Great Barrier Reef since European settlement. Nature421:727-730

Monaldo F,Kerbaol V,Clemente-Colón P,Furevik B,Horstmann J,Johannessen J,Li X,PichelW, Sikora T,Thompson D,Wackerman C (2004a) The SAR measurement of ocean surfacewinds:an overview. Proceedings second workshop on coastal and marine applications ofsynthetic aperture radar,Svalbard,Norway,SP-565,European Space Agency,pp 15-32,8-12September,2003

Monaldo F,Thompson D,Beal R,Pichel WG,Clemente-Colón P (2001) Comparisons of SARderivedwind speed with model predictions and ocean buoy measurements. IEEE TransGeosci Remote Sens 3(12):2587-2600

Monaldo FM,Thompson DR,Pichel WG,Clemente-Colón P (2004b) A systematic comparisonof QuikSCAT and SAR ocean surface wind speeds. IEEE Trans Geosci Remote Sens42(2):283-291

Mouche AA,Chapron B,Reul N (2007) A simplified asymptotic theory for ocean surfaceelectromagnetic wave scattering. Waves Random Complex Media 17(3):321-341

Migliaccio M,Nunziata F,Gambardella A (2009) On the copolarised phase difference for oilspill observation. Int J Remote Sens 30(6):1587-1602

Mumby PJ,Skirving W,Strong AE,Hardy JT,LeDrew EF,Hochberg EJ,Stumpf RP,David LT (2004) Remote sensing of coral reefs and their physical environment. Mar Pollut Bull48:219-228

Nadel F,Freilich MH,Long DE (1991) Spaceborne radar measurement of wind velocity over theo-

cean—an overview of the NSCAT scattereometer system. Proc IEEE 79:850-866
Pichel WG, Clemente-Colón P, Wackerman C, Friedman K (2004) Ship and wake detection. In: Jackson CR, Apel JR (eds) Synthetic aperture radar marine user's manual. US NationalOceanic and Atmospheric Administration, Washington
Pichel WG, Li X, Monaldo F, Sikora T, Jackson C (2008) High-velocity wind measurementsusing synthetic aperture radar, 2008. Proceedings international geoscience and remote sensingsymposium (IGARSS 2008), Boston, 7-11 July 2008
Quilfen YB, Chapron B, Elfouhaily T, Katsaros K, Tournadre J (1998) Observation of tropicalcyclones by high-resolution scatterometry. J Geophys Res 103:7767-7786
Sikora T, Friedman KS, Pichel WG, Clemente-Colón P (2000) Synthetic aperture radar as a toolfor investigating polar mesoscale cyclones. Weather Forecast 15(6):745-758
Sikora TD, Ufermann S (2004) Marine atmospheric boundary layer cellular convection andlongitudinal roll vortices. In: Jackson CR, Apel JR (eds) Synthetic aperture radar marineuser's manual. US National Oceanic and Atmospheric Administration, Washington
Simecek-Beatty D, Clemente-Colón P (2004) Locating a sunken vessel using SAR imagery: detection of oil spilled from the SS Jacob Luckenbach. Int J Remote Sens 25(11):2233-2241
Simecek-Beatty D, Pichel WG (2006) RADARSAT-1 synthetic aperture radar analysis for M/VSelendang Ayu oil spill. Proceedings twenty-ninth arctic and marine oilspill program (AMOP) technical seminar vol 2. Vancouver, British Columbia, Canada, pp 931-949, 6-8 June 2006
Simpson JH, Hunter JR (1974) Fronts in the Irish Sea. Nature 250:404-406
Shuming L, Li Z, Yang X, Pichel WG, Yu Y, Zheng Q, Li X (2010) Atmospheric frontal gravitywaves observed in satellite SAR images of the Bohai Sea and Huanghai Sea. Acta OceanolSin 29 (5):35-43. doi:10. 1007/s13131-010-0061-8
Skirving WJ, Heron ML, Heron SF (2006) The hydrodynamics of a bleaching event: Implicationsfor management and monitoring. In: Phinney JT et al (eds) Coral reefs and climate change: science and management. Am Geophys Union, Washington
Stofflen A, Anderson D (1997) Scatterometer data interpretation: measurement and inversion. J Atmos Ocean Technol 14:1298-1313
Thompson DR, Elfouhaily TM, Chapron B (1998) Polarization ratio for microwave backscatteringfrom the ocean surface at low to moderate incidence angles. Proceedings 1998international geoscience remote sensing symposium seattle WA, IEEE
Trivero P, Fiscella B, Gomez F, Pavese P (1998) SAR detection and characterization of seasurface slicks. Int J Remote Sens 19(3):543-548
Ullman DS, O'Donnell J, Kohut J, Fake T, Allen A (2006) Trajectory prediction using HF radarsurface currents: Monte Carlo simulations of prediction uncertainties. J Geophys Res111:

C12005. doi:10. 1029/2006JC003715

Vachon P,Thomas SJ,Cranton J,Edel HR,Henschel MD (2000) Validation of ship detection bythe RADARSAT synthetic aperture radar and the ocean monitoring workstation. Can JRemote Sens 26:200–212

Vachon P,Monaldo M,Holt B,Lehner S (2004) Ocean surface waves and spectra. In:JacksonCR, Apel JR (eds) Synthetic aperture radar marine user's manual. US National Oceanic andAtmospheric Administration,Washington

Vachon P,Wolfe J (2010) C–Band cross–polarization wind speed retrieval. IEEE Geosci RemoteSens Lett 99:456–459. doi:10. 1109/LGRS. 2010. 2085417

Wackerman C,Friedman K,Pichel WG,Clemente–Colón P,Li X (2001) Automatic detection ofships in RADARSAT–1 SAR imagery. Can J Remote Sens 27:568–577

Wahl T, Skøelv Å, Anderssen T, Pedersen JP, Andersen JH, Follum OA, Strøm GD, Bern TI, Hamnes H,Solberg R (1996) Radar satellites:A new tool for pollution monitoring in coastalwaters. Coastal Manag 24:61–71

Wang Y–H,Dai C–F,Chen Y–Y (2007) Physical and ecological processes of internal waves on anisolated reef ecosystem in the South China Sea. Geophys Res Lett 34:L18609

Winstead NS,Colle B,Bond N,Young G,Olson J,Loescher K,Monaldo F,Thompson D,PichelWG (2006) Using SAR remote sensing,field observations,and models to better understandcoastal flows in the Gulf of Alaska. Bull Am Meteorol Soc 87:787–800

Wismann V,Gade M,Alpers W,Huhnerfuss H (1998) Radar signatures of marine mineral oilspills measured by an airborne multi–frequency radar. Int J Remote Sens 19:3607–3623

Wolanski E,Deleersnijder E (1998) Island–generated internal waves at Scott Reef,WesternAustralia. Cont Shelf Res 18:1649–1666

Wolanski E. Colin P,Naithani J,Deleersnijder E,Golbuu Y (2004) Large amplitude,leaky,island –generated,internal waves around Palau,Micronesia. Estuar Coastal Shelf Sci60:705–716

Wu SY,Liu AK (2003) Towards an automated ocean feature detection,extraction,andclassification scheme for SAR imagery. Int J Remote Sens 24(5):935–951

Wyatt LR,Holden GJ (1994) HF radar measurement of multi–modal directional wave spectra. Glob Atmos Ocean Syst 2:265–290

Xu Q,Lin H,Li X,Zuo J,Zheng Q,Pichel W,Yuguang L (2010) Assessment of an analyticalmodel for sea surface wind speed retrieval from spaceborne SAR. Int J Remote Sens3(4):993–1008

Yang X,Li X,Zheng Q,Gu X,Pichel WG,Li Z (2011) Comparison of ocean surface windsretrieved from QuikSCAT scatterometer and Radarsat–1 SAR in offshore waters of the USWest Coast. IEEE Geosci Remote Sens Lett 8(1):163–167. doi:10. 1109/LGRS. 2010. 2053345

Young GS,Sikora TD,Winstead NS (2005) Use of synthetic aperture radar in fine–scale surfaceanalysis of synoptic-scale fronts at sea. Weather Forecast 20:311-327

Young IR, Black KP, Heron ML (1994) Circulation in the ribbon reef region of the Great Barrier-Reef. Cont Shelf Res 14:117-142

Zhao Y, Liu AK, Hsu M-K (2008) Internal wave refraction observed from sequential satelliteimages. Int J Remote Sens 29(21):6381-6390

Zhang B, Perrie W, Li X, Pichel WG (2011) Mapping sea surface oil slicks using RADARSAT-2quad-polarization SAR image. Geophys Res Lett. doi:10.1029/2011GL047013

Zheng Q, Clemente-Colón P, Yan X-H, Liu WT, Huang NE (2004) Satellite SAR detectionof Delaware Bay plumes: Jet-like feature analysis. J Geophys Res 109 (C3): C03031. doi: 10.1029/2003JC002100

第五部分

遥感在科学与管理领域的有效应用

第14章　验　　证

Chris M. Roelfsema, Stuart R. Phinn

摘要　充分理解珊瑚礁遥感产品所含信息的有效性,对研究、管理和决策十分必要。本章介绍了两种常用的与珊瑚相关的地图精度评价方法:离散型地图(例如,底栖覆盖类型)和连续型地图(例如,珊瑚覆盖率)。一则关于80个珊瑚礁遥感制图出版物的评论提出了测量精度的常用方法和度量标准。文献回顾显示,很少有研究报道精度信息,"整体精度"是获得地图产品之后最常用的精度评价方法。精度的变化不仅是制图的精度差异导致的结果,也可能是由于:研究区底栖生物特征空间复杂度;相关的校正和验证样本的分布;对每个样本精细测量的水平。因此,不同研究所得的精度评价方法要谨慎地进行比较并且应该注意这些评价方法是如何导出的。本章使得科学家和管理人员能够理解、设计和诠释基于图像的珊瑚礁环境地图的验证过程。

14.1　引言

科学家和管理者在研究和保护活动方面越来越多地使用空间信息和空间建模进行评价决策。前几章讨论了如何应用各种被动和主动遥感传感器及其相关的应用程序来获取珊瑚礁环境数据,特别是底栖或底质组分信息的获取(Phinn et al. ,2012)、生物物理过程(Weeks et al. ,2006;Pittman et al. ,2009;Scopélitis et al. ,2010)、珊瑚礁群体特征(Knudby et al. ,2011)、海洋公园的管理效率(Newman et al. ,2007)。在这些影像地图或空间产品中衡量和理解相关的误差来源对确定误差水平和产品的可靠性是必不可少的。因此,科学家、技术人员和管理人员需要了解常用的验证过程,遥感产品精度测量以及他们相对的

C. M. Roelfsema,澳大利亚昆士兰大学地理学院规划与环境管理系,生物物理遥感组,邮箱:c. roelfsema@ uq. edu. au。

S. R. Phinn,同上,邮箱:s. phinn@ uq. odu. au。

可比性。(Congalton et al. ,1999;Foody,2002;Andréfouët,2008;Foody,2011)。

本章重点介绍遥感产品的验证过程,这里,验证被定义为衡量遥感影像图上的参考要素或数值与公认的参考要素或数值间的差异。参考要素或数值可以是现有的地图或调查收集的数据。我们专注于三种类型的生物和非生物环境信息:①不同细节程度的珊瑚礁组分(例如,底质或底栖覆盖类型,地貌带,生态环境,或礁群落组成);②珊瑚礁形状(例如,水深地形的复杂性);③珊瑚礁生态环境的生物物理特性(例如,海面温度,海面风,有机物质的浓度,水下光场)。

这些环境变量表现出在特定的空间即最小尺寸和最大范围的情况下,以及在不同结构或不同时间尺度情况下结构或集合的变化特征(Hatcher,1997)。因此,对每个要素进行制图以及验证,所需的合适参考值的测量都要求对制图变量的时空尺度进行再认识和考虑(图 14.1)。例如,珊瑚礁组分和生物物理特性会在不同时间和空间尺度上变化,变化范围可以是以分钟为变化尺度的小区域(例如,水体的叶绿素浓度)到以月为变化尺度的更大区域(例如,大规模藻类覆盖)。此外,不同环境变量可获取的程度和可利用的尺度并不总是一致的。例如,海水环境要素的制图(例如,SST,叶绿素浓度)往往比珊瑚礁自身性质制图的可获取程度要大(例如,底栖生物组分,深度)。

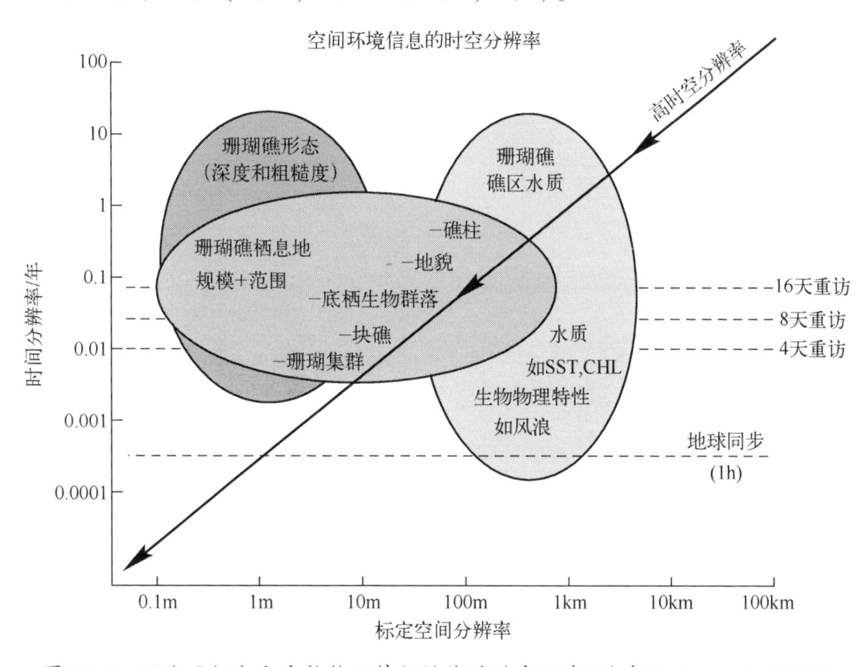

图 14.1 珊瑚礁组分和生物物理特征性能的时空尺度(改自 Phinn et al. ,2010)

珊瑚礁环境变量的制图和监测过程中,其变量的离散与连续性,以及时空上的可变性,会影响验证过程的某些方面。例如,要素类型相对稳定的离散地图制图(例如,珊瑚礁地貌图)与描绘动态环境变量的连续地图制图(例如,海表温度图)相比需要不同的验证方法。这两种主要类型图的差异定义如下:

(1) 离散图。在这些地图中,每个像元都被判别为一个特定的珊瑚礁类别(例如,底质或底栖类型)。这些地图常用来描述礁/非礁区、地貌带、特定的生物群体和栖息地。

(2) 连续图。都是定量地图,每个像元定量衡量某种生物物理性能(例如,SST、深度、水体组份浓度、光学性能和活珊瑚覆盖率)。

本章的目的是为科学家和管理人员提供常见珊瑚礁遥感地图产品的概览和精度评价方法。我们首先提供一个简短的采样设计说明(14.2.1 节),然后分别介绍两类遥感制图产品:离散(14.2.2 节)和连续(14.2.3 节)地图的精度评价方法,随后是在一篇文献中给出评估珊瑚礁地图时最常用的精度评估方法和指标(14.3 节)。

14.2 采样设计和精度评价方法

确定地图的一个无偏精度值(要给地图确定一个无偏的精度评定方法),需要收集独立的参考数据并与制图数据相比较。然而,收集参考数据之前需要确定采样方法,并回答如何收集参考数据,收集什么样的参考数据以及参考数据收集地等问题。而参考数据和制图数据的比较结果将用于计算离散和连续制图的精度。

14.2.1 采样设计

一个精心设计的采样的数目、位置和专题地图类或连续值的样本制图分布,是收集参考数据所需的,因为这决定着该设计的有效性、统计能力和精度评估总成本(Stehman et al.,1998;Congalton et al.,1999)。采样设计通过采样单元的大小、样品的数量、样品的空间分布和数据收集过程来表述(Stehman et al.,1998;Congalton et al.,1999)。另外一个考虑是与每一个类型覆盖面积相关的制图专题的样本验证数目(Green et al.,2000)。采样单位,可以是点或区域(例如,像元或像素集合),定义为一定空间范围的参考数据,以便校准和验证一个地图产品和它的地图类(Stehman et al.,1998)。根据每一个地图类或连续制图值所需的样本数进行有效的统计分析,如在统计学中的概率抽样可实现实际操作中的部分要求(Congalton et al.,1999)。理想的情况下,样本的数量可以基于预期的精度要求、所允许的误差和预期的置信水平(Fitzpatrick-Lins,1981)来确定。虽然设计是最严密的,但这种理想化的概率抽样方法并不常用,因为它需要大量的样本数和高的空间样本分布,在现有的资源下通常不能进行采样,特别是在考虑到珊瑚礁环境实地调查的困难后(Stehman,2001)。这些后勤保障方面的挑战包括:有限的资源(例如,船只、熟练的人员和设备),样本区域的可达性(例如,水的深度、水体透明度、洋流、潮汐、危险的海洋动物),样区的范围以及可达性。作为一种妥协,Congalton (1991)提出了每个离散的制图类至少需要 50 个验证样本的"经验法则"。本研究进一步建议最小样本数应当在研究面积大于 4000km^2 或制图类型超过 12 个时有所增加。这种方法被大多数已发表的基于卫星影像的土地覆盖制图应用采纳为默认的采样方法(Foody,2002;Jensen,2005;Lillesand et al. ,2008),通常应用于珊瑚礁,如在本章后面所显示的文献综述结果。

对样本单位的空间分布,为了有一个随机选择独立样本的过程,需要建立一个确保所给研究区域内不同制图类型具有相等采样概率的过程。常见的采样方案(图 14.2)有简单随机采样、系统化采样、分层随机采样以及分层系统非均衡采样(Congalton et al. ,1999)。随机采样是从统计角度出发最健全的采样方式(Congalton et al. ,1999;Stehman,1999),但是需要大量的样本单位,往往在海洋环境中实施这种方法因后勤保障方面的挑战而不可行。例如,前往采样点的船只受水深及表面粗糙度或观察能力的限制。分层随机采样方案在海洋环境中更易实现而被频繁采用,因为这种现场采样的方式可在限制的条件内实现。(Stehman et al. ,1998)。

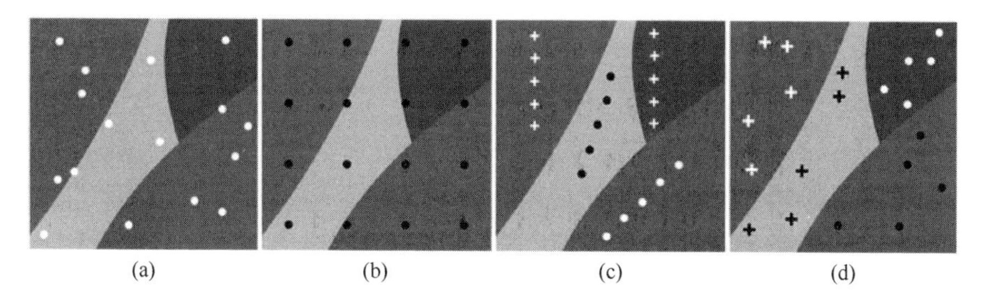

图 14.2 常用的概率采样组合的例子

(a) 简单随机采样;(b) 系统化采样;(c) 分层系统非均衡采样;(d) 分层随机采样。

14.2.2 离散地图的精度

通常采用误差矩阵来确保离散图的精度(表 14.1)。表中列出了基于影像的地图上某一位置的专题类型和相同位置的参考数据之间的一致性水平(Congalton et al. ,1983;Story et al. ,1986;Ma et al. ,1995)。每个制图类型的精度由单独的类或根据由误差矩阵衍生出的用户和生产者的精度来描述(Congalton,1991)。参考点数据被正确分类的概率决定了生产者的精度,而一个像元被正确分类的概率则决定了用户的精度。用户和生产者的精度将用来评估分类特征,如像元被错误地从类别中排除(省略)与像元错误地包含在一个类中。总体精度由正确分类的像元总数计算得出(表 14.1 的主轴即正确分类),这些像元点包括参与验证或构建误差矩阵的参考像元(Congalton,1991)。全面了解后可知,用户和生产者的精度值对解译专题图至关重要,由此可以确定其是否适合特定的应用程序,以及理解何种影像地图类型制图更准确。

虽然总体精度是最常用的精度测量方法,但它并不能考虑到所有单个类型所包含和遗漏的误差。因此,总体精度往往高估了精度(Ma et al. ,1995)。结果,往往用总体精度的调整来说明期望一致性或制图类型中完全随机分配像元所致的精度(Lilles et al,2008)。这是以 Kappa(Congalton et al. ,1983)值或 Tau (Ma et al. ,1995)值为代表的"调整后"总体精度。虽然调整准确率的措施常用于过去的遥感研究,但是最近的研究发现,因他们的假设和方法的重大缺陷而不如想象中那样适用,因此只建议报告总体精度(Foody,2011;Portius Jr et al. ,2011)。

表 14.1 总的来说,生产者和用户精度由误差矩阵显示,并将图像(行)中表示的某一位置的专题类型和相同位置的参考数据(列)的一致性绘制成表:总体精度=对角值之和除以所有值之和;生产者精度=列总和除以某一特定类的对角值;用户精度=行总和除以某一特定类的对角值

	参考数据							行总和	用户精度
	海草覆盖率				沙	深度	红树林		
	1%~10%	10%~40%	40%~70%	70%~100%					
图像数据 海草覆盖(率)									
1%~10%	179	177	61	1	103	0	0	521	34%
10%~40%	161	333	343	69	87	0	0	993	34%
40%~70%	47	297	542	217	22	0	0	1125	48%
70%~100%	11	27	168	403	2	0	0	611	66%

（续）

	参考数据							行总和	用户精度
	海草覆盖率				沙	深度	红树林		
	1%～10%	10%～40%	40%～70%	70%～100%					
沙	41	198	68	3	760	2	0	1073	71%
水深	0	0	2	31	0	914	0	947	97%
红树林	1	5	1	12	2	0	276	297	93%
列总和	440	1037	1186	736	976	916	276		
生产者精度	41%	32%	46%	55%	78%	100%	100%	整体精度	61%

14.2.3 连续地图的精度

与离散图相比,连续地图不包含固定的专题类型组,而是代表每个范围既定的像元的生物物理属性(例如,深度),因而需要精度替代方案(例如,水深0～30m)。在一般情况下,连续地图制图的方法适用于不同图像的生物物理特性制图,包括百分比、深度和水体的性质,如叶绿素生物量和光衰减。连续制图最常用的精度措施是均方根误差和回归系数(即判定系数),并都应用于量化参考数据和制图数据之间的协方差。

因为均方根误差和线性回归分析已广泛应用于各种珊瑚礁的地图数据集,用户可以很容易地用已发表的文献来评价地图产品的相对质量的好坏。与主题精度的评估数据相同,连续地图的参考数据集也应是连续参数在统计学上的再现。

连续变量的有效性验证需要收集与遥感数据结果一致的现场测量值,而这在动态环境中常具有挑战性,或在远的或规模非常大的珊瑚礁中不具可行性。结果现场测量和图像数据的点对点的比较往往受到限制。因此,需要不同的统计参数(例如分布函数)来评估动态连续变量的精度。

实际上,这意味着一系列已知位置的现场测量被用于模拟随时间和空间变化的测量参数分布函数。这个功能可以用来评估获取遥感数据时的值(例如,作为一个具备潮汐变化功能的水深值),即可用来与遥感数据获取的测量值进行比较(Gregg et al.,2004)。

14.3 验证文献综述

以上所描述的用于收集参考数据和验证图像产品的方法,大部分来自于地面遥感,但它们也可用于珊瑚礁的遥感研究(Ma et al. ,1995;Stehman et al. ,1998;Foody,2002)。为给如何将这些方法常规应用于珊瑚礁环境提供背景,以下提供了包含 80 篇论文的回顾(表 14.2;Roelfsema,2009)。这 80 遥感论文着重于沿海环境的珊瑚礁和海草制图,有 66 篇在 2002—2009 年期间发表,9 篇在 1992—2002 年发表,以及 5 篇发表于 1976—1992 年间。其中 41 篇刊登在遥感期刊上,另有 39 篇则刊登在其他与珊瑚礁或海岸环境相关的期刊(例如《珊瑚礁》《海岸研究杂志》《河口》)。审查的信息包括:①制图方法(14.3.1 节;表 14.3);②相关的采样设计(14.3.2 节;表 14.4);③特定制图目的下的精度(14.3.3 节;表 14.5)。

表 14.2 《遥感方法和验证审查》(Roelfsema,2009)中收录的出版物简编:数字表示表 14.3~表 14.5 中使用的引文

[1] Capolsini et al. (2003)	[21] Dierssen et al. (2003)
[2] Cuevas-Jimenez and Ardisson (2002)	[22] Habeeb et al. (2007)
[3] Fornes et al. (2006)	[23] Palandro et al. (2003)
[4] Newman et al. (2007)	[24] Rowlands et al. (2008)
[5] Young et al. (2008)	[25] Bouvet et al. (2003)
[6] Isoun et al. (2003)	[26] Chauvaud et al. (1998)
[7] Andréfouët and Dirberg (2006)	[27] Hochberg and Atkinson (2003)
[8] Andréfouët et al. (2003)	[28] Goodman and Ustin (2007)
[9] Dekker et al. (2005)	[29] Chauvaud et al. (2001)
[10] Call et al. (2003)	[30] Armstrong (1993)
[11] Mumby and Edwards (2002)	[31] Meehan et al. (2005)
[12] Pasqualini et al. (2005)	[32] Gullstrom et al. (2006)
[13] Peneva et al. (2008)	[33] Franklin et al. (2003)
[14] Riegl and Purkis(2005)	[34] Naseer and Hatcher (2004)
[15] Mumby et al. (1998)	[35] Sagawa et al. (2008)
[16] Roelfsema et al. (2002)	[36] Garza-Perez et al. (2004)
[17] Roelfsema et al. (2006)	[37] Andréfouët et al. (2004)
[18] Sheppard et al. (1995)	[38] Bainbridge and Reichelt (1998)
[19] Zhariko et al. (2005)	[39] Bertels et al. (2008)
[20] Wabnitz et al. (2008)	[40] Holmes et al. (2007)

(续)

[41] Maeder and Narumalani (2002)	[61] Dahdouh-Guebas et al. (1999)
[42] Mishra et al. (2006)	[62] Kutser et al. (2006)
[43] Purkis and Riegl (2005)	[63] Vanderstraete et al. (2006)
[44] Riegl et al. (2005)	[64] Jordan et al. (2005)
[45] Purkis et al. (2008)	[65] Kendrick et al. (2002)
[46] Houk and van Woesik (2008)	[66] Moore et al. (2002)
[47] Benfield et al. (2007)	[67] Andréfouët and Guzman (2005)
[48] Phinn et al. (2008)	[68] Lauer and Aswani (2008)
[49] Joyce et al. (2004)	[69] Ahmad and Neil (1994)
[50] Roelfsema et al. (2009)	[70] Ackleson and Klemas (1987)
[51] Schweizer et al. (2005)	[71] Aswani and Lauer (2006)
[52] Klonowski et al. (2007)	[72] Alexander (2008)
[53] Palandro et al. (2008)	[73] Benton and Newman (1976)
[54] Prada et al. (2008)	[74] Jupp et al. (1985)
[55] Lesser and Mobley (2007)	[75] Andréfouët et al. (2005)
[56] Louchard et al. (2003)	[76] Lathrop et al. (2006)
[57] Cassata and Collins (2008)	[77] Lennon and Luck (1989)
[58] Matarrese et al. (2004)	[78] Murdoch et al. (2007)
[59] Kvernevik et al. (2002)	[79] Orth et al. (2006)
[60] Pergent et al. (2002)	[80] Pasqualini et al. (2000)

注：遥感数据类型包括多光谱中等空间分辨率数据(MRMS)、高空间分辨率数据(HRMS)、高光谱数据以及航摄或声学数据。校准/验证数据类型包括抽样、样条、视频及其他(地方性知识，航摄照片和不确定信息)。处理类型包括监督分类、非监督分类、光谱分析和辐射传输模型(光谱+辐射)、人工绘制及其他类型。

表 14.3　80 篇珊瑚礁和海草遥感制图出版物的制图方法构成总结，包括(栖息地、研究区域规模、遥感影像、校准/验证方法和制图/处理方法)

区域类型		论文数	遥感数据					校准验证数据				处理方式					参考文献
环境类型	区域规模/km^2		MRMS	HRMS	高光谱	航测	声学	抽查	断面	视频	其他	监督	非监督	光谱+辐射	描绘	其他	
珊瑚礁环境																	
堡礁，台地，边界	-10																
	10~100	2		1		1		2				1				1	[7,8]

（续）

区域类型		论文数	遥感数据					校准验证数据				处理方式					参考文献
环境类型	区域规模/km^2		MRMS	HRMS	高光谱	航测	声学	抽查	断面	视频	其他	监督	非监督	光谱+辐射	描绘	其他	
	100~360	1				1		1								0	[18]
	360-	4	4					1	1		2	2			1	1	[34,67,74,75]
堡礁，台地	-10	4	2	2				2	2			3	1				[1,23,37,38]
	10~100	8	5	1	2			2	5		1	4		1	1	2	[16,25,38,45,49,53,62,69]
	100~360	2	2					1	1			1				1	[30,63]
	360-																
岸礁	-10	9		3	3	3		5		3	1	5	1	3			[2,4,6,22,24,36,55,56,72]
	10~100	14	2	5	3	1	3	5	3	6		2	3	3	2	4	[11,14,15,27,28,32, 41, 42, 43,54,57,58,59,61]
	100~360	2		1			1		1	1					1	1	[47,64]
	360-																
潟湖	-10	1			1			1						1			[21]
	10~100	3	2	1				1		1	1	1	1		1		[10,46,68]
	100~360	3				3		1			2				2	1	[33,71,78]
	360-	1	1						1			1					[51]
海草环境	-10	4		2	1	1		2		2		2		1		1	[3,5,35,52]
	10~100	10	5		1	3	1	5	1	1	3	4	1			5	[9, 12, 13, 26, 40,44,60,70,76,77]
	100~360	7	2	1		3	1	2	1	1	3	3			4		[17,29,48,65,73,79,80]
	360-	5	2			3		3	2			2			1	2	[19,20,31,50,66]
总计		80	27	17	11	19	6	34	18	15	13	31	7	9	14	19	

表 14.4 珊瑚礁和海草区域遥感制图的 80 篇科学出版物的珊瑚礁及海草环境类型特征评估,列举了制图区域规模、分类、已报道采样设计、样本单元和采集样本的相对数量(>50 或<50)

区域类型					论文数	报道的采样设计							参考文献
环境类型	区域规模/km²	分类				采样组合			样本单元		样本数		
		珊瑚	海草	地貌		分层随机	分层不随机	随机	点	区域	>50	<50	
珊瑚礁环境													
堡礁	约 10												
台地,边界	10~100	2			2		1		1	1	2		[7,8]
	100~360	1			1		1			1	1		[18]
	360-	1		3	4		1			1	1		[34,67,74,75]
堡礁,台地	-10	3		1	4	1	2		1	2	2		[1,23,37,38]
	10~100	7		1	8	4	1		2	3	1	4	[16,25,38,45,49,53,62,69]
	100~360	1	1		2								[30,63]
	360~												
岸礁	-10	8	1		9	3	1	1	5	1		4	[2,4,6,22,24,36,55,56,72]
	10~100	12	1	1	14	2	4	2	9	1		7	[11,14,15,27,28,32,41,42,43,54,57,58,59,61]
	100~360	2			2		1		2			1	[47,64]
	360-												
潟湖	-10		1		1	1			1			1	[21]
	10~100	3			3	1			2	1		3	[10,46,68]
	100~360	2	1		3			1	1				[33,71,78]
	360-			1	1			1		1		1	[51]
海草环境													
	-10		4		4	2	1		3	1	3		[3,5,35,52]

（续）

区域类型					论文数	报道的采样设计							参考文献
环境类型	区域规模/km²	分类				采样组合			样本单元		样本数		
		珊瑚	海草	地貌		分层随机	分层不随机	随机	点	区域	>50	<50	
海草环境	10~100	1	9		10	2	2		5	3	2	4	[9,12,13,26,40,44,60,70,76,77]
	100~360	1	6		7	2			1	1	2	1	[17,29,48,65,73,79,80]
	360–		5		5	1	1		3		1	2	[19,20,31,50,66]
总计		44	29	7	80	19	16	5	36	17	15	28	

表 14.5 80 篇有关珊瑚礁和海草遥感制图上制图应用的精度测量类型总结。这些研究反映了制图应用和所提供验证方法的详细程度。粗体的参考信息对所采用的验证方法做了详细说明

制图应用	论文数	所提供的精度测量					报道的样本数	验证方法说明			参考
		全体	Kappa	Tau	误差矩阵	生产者及用户		多	少	无	
管理											
资源规模及组成	27	9	5		7	7	11	2	11	14	[4,19,20,26,29,31,32,34,49,50,51,57,60,61,63,64,66,67,68,71,74,75,76,77,78,79]
资源规模及组成上的变化	5	2	1			1			3	2	[9,23,46,53,65]
科技											
珊瑚礁规模及组成上的制图技术发展	11	8			2	3	9	1	7	3	[5,7,8,16,17,18,22,24,33,37,45]
珊瑚礁规模及组成的不同图像类型评估	16	11	4	2	2	9	10	5	6	5	[1,2,3,11,15,27,30,35,41,42,44,48,69,70,72,73]
珊瑚礁规模及组成的处理技术评估	9	5	3	1	4	3	7	3	3	3	[10,12,13,25,36,40,43,47,59,]
珊瑚礁规模及组成的外业/声数据评估	4	1	1		2	1	2		2	2	[14,38,54,80]

(续)

制图应用	论文数	所提供的精度测量					报道的样本数	验证方法说明			参考
		全体	Kappa	Tau	误差矩阵	生产者及用户		多	少	无	
基于辐射传输的珊瑚礁规模及组成处理技术评定	8	3	1		4	2	3	2	3	3	[6,21,28,39,52,55,56,62]
总计	80	39	15	3	21	26	42	13	35	32	

14.3.1 制图方法

为了描述应用于珊瑚礁环境的各种制图方法,按栖息地分类将 80 个专家评审的关于沿海和海洋遥感的研究分为两个主要部分:珊瑚礁(54 篇),海草(26 篇)。然后在珊瑚礁礁区的论文研究基础上进行了细分:堡礁、台礁和岸礁(7 篇);堡礁和台礁(14 篇);岸礁(26 篇);潟湖(8 篇)。每个文献中的区域范围变化:0~10km^2(13 篇);10~100km^2(37 篇);100~360km^2(15 篇)和大于 360km^2(10 篇)。0~10km^2 规模尺度的主要研究方向是珊瑚礁栖息地制图及栖息地验证的研究(例如,Rowlands et al.,2008)。

各种制图方法可根据遥感数据类型、校证和验证数据类型以及制图的目的进行区分(表 14.3)。相关研究也同样根据影像数据的类型、校准和验证数据收集方法及用于地图产品影像数据转换的制图技术进行分类。应当指出的是,这 80 份文献中的一部分使用了一个以上的数据类型组合和/或处理/制图技术以作为比较研究的一部分或者作为补充信息。表 14.3 表明,审查的 80 项研究中,主要使用的遥感数据类型是中等空间分辨率的多光谱影像(例如,Landsat 系列卫星)(27 篇),其次是航空摄影(19 篇),高空间分辨率多光谱影像(例如,IKONOS)(17 篇),高光谱影像(例如,CASI,Hyperion)(11 篇)以及声学数据(例如,Roxan)(6 篇)。在 54 篇珊瑚礁栖息地制图的文章中,有 20 篇文章使用了中等分辨率影像,14 篇采用了高空间分辨率的影像以及 9 篇论文使用了航摄照片。海草区域的制图(26 篇),有 10 篇论文使用了航空拍摄的照片,7 篇论文使用了中等空间分辨率的影像以及 3 篇论文使用了高空间高分辨率影像。传感器类型的选择往往基于地图产品所需的类型。一些与这一决定相关的权衡和相关例子如下:

(1) 光谱分辨率:多光谱影像如陆地卫星有三条与高光谱图像(如 CASI)相对应可见光波段范围,在这个范围内可以分割成预定数量高达 512 个的波段。

(2) 时间分辨率:过去 30 年来陆地卫星影像每 16 天获取一次,而诸如 IKONOS 的高空间分辨率的影像需要具体计划,且只在 2002 年之后投入可用。

(3) 空间分辨率:MODIS 影像的空间分辨率:250m×250m,而 IKONOS 为 4m×4m。

(4) 空间范围:Landsat 系列卫星影像覆盖了一个面积为 185km×185km 的区域,而 QuickBird 只覆盖了大约 12km×12km 的区域。

这些研究在进行校准和验证时使用的数据源主要是现场检查或点数据(34 篇),其次是无视频的航拍数据(18 篇)、视频截取画面(15 篇)以及其他数据来源,如当地知识(13 篇)。珊瑚礁栖息地制图的 54 篇论文中,22 篇论文采用抽样调查方法,25 篇论文使用视频断面的方法。海草制图 26 篇论文中,12 篇采用抽查,8 篇使用视频断面。采用何种手段往往是选择何种校准和验证数据集合技术(例如,人、设备、船、距离)和所需的信息(例如,物种组成的活珊瑚部分)的决定性因素。在某些情况下,收集其他目的的现有数据被认为适用于不同的校准和验证应用(Roelfsema et al. ,2006;Roelfsema et al. ,2010)。

对栖息地分类最常用的方法是监督分类(31 篇),其次是手工描绘(14 篇)、光谱分析和辐射传输模型(9 篇)、非监督分类(7 篇)。剩下的 19 篇代表那些使用各种组合的处理技术,或不常用的技术,如回归分析(2 篇)和面向对象的分类(3 篇)。如何选择分类方法取决于可用的软件,设备和生产者的知识技能。例如,非监督分类,可采用遥感与地理信息系统软件包轻易实现(例如,ArcGIS,ENVI,IMAGINE)。然而,面向对象的影像分析往往因需要操作者的专业培训而显得昂贵。

全球千年珊瑚礁制图项目(the millennium global coral reef mapping project)(Andréfouët et al. , 2005)是对整个加勒比地区的海草区域进行制图,其中 Wabnitz et al. (2008)面对的是最大的海草区域。此外也不乏其他著名的覆盖大空间范围的制图实例:鲨鱼海湾 22000km^2 的海草制图,澳大利亚西部区域的制图(Bruce,1997)和一个基于 Landsat 卫星 TM 数据的面积为 345400km^2 的澳大利亚大堡礁海洋公园的大堡礁珊瑚礁栖息地地图(Lewis et al. ,2003)。然而,尽管其规模很大,但最后这两项研究由于未发表在常见的科学期刊或报告中而没有收录在文献综述中,在制图方法评论之后,随之是一个实验,其中有八种不同的制图方法应用于三种不同的珊瑚礁环境地图制图中。这些制图方法结合了不同的遥感影像组合类型、校证/验证的方法和处理方法,并根据生产每幅地图的成本、时间和所需知识及技能进行评估。最终,对地图成品的分析是通过地图用户来对感知相关性进行分析(Roelfsema et al. ,2008)。结果表明,珊瑚礁环境的变化与地图的目的差异性影响着用户对合适制图方法的选择。

14.3.2 采样设计

80 篇评论中,19 篇采用了基于分层随机抽样的采样方案,16 篇采用分层和非随机采样,5 篇采用简单随机采样,其余 32 篇由于没有提供足够的信息因此不能确定其使用的采样方案类型(表 14.4)。40 篇报道采样方案的论文中,呈现了校证和验证样本位置的地图仅包含在 36 篇之中。理想情况下,样本的数量和分布可以基于先前建议的统计规则决定(14.2.1 节);然而,由于后勤保障方面的挑战,这并不总是可行的。因此抽样方案大多分层以及实际选用的采样位置数少于统计所需数也并不奇怪,这也是为克服后勤保障方面的挑战所做出的必要牺牲。

共有 15 篇论文报道,对于每个制图类型,用超过 50 个推荐的验证样本制图,有 28 篇论文使用数目少于 50,此外剩下的 37 篇没有提供样品的数量。现实中,每个制图类型统计上所需的最优采样点数并不能总是实现,特别是覆盖区域小的制图类型,因此很难真正找到符合采样目的的样本数目。而这也是 Chauvaud et al. (1998) 以 95.7% 的整体精度在一个面积为 240km^2 的范围内建立起一个包含 32 种类型的地图的原因。统计上至少应当采样 1600 个点(每个类型 50 个采样点),但是每个类型都能找到足够的样本数是不可能的,因此仅对 111 个样本区域进行了评估。

校准和验证样品采集的时间和成本往往是精度评估的限制因素(Green et al., 2000; Stehman, 2001; Andréfouët et al., 2008)。可以通过以下方面来降低这些成本:

(1) 通过不同监测机构在该领域内的协作努力(Roelfsema et al., 2009);

(2) 应用一个易被分割成独立的校准和验证数据集的实地采样方法(Roelfsema et al., 2010; Andréfouët, 2008);

(3) 利用交叉验证的方法,其中样本的大多数用于校准,其余部分用于验证。该方法以一种迭代的方式加以应用从而来实现校准/验证对不同样本子集的重复利用(Andréfouët, 2004)。

在收集独立校准和验证集资源不足的情况下,也可以使用所有的样品用于校准和验证,会形成一个"伪"精度评估(Schweizer et al., 2005; Roelfsema et al., 2006)。由于它描述了训练样本在相同的样本集下的区分度,所以伪精度的准确性要高于正常精度。虽然这种方法通常不被推荐,但在没有独立验证数据可用的情况下,它可以提供一些精度评价方法(Congalton et al., 1999)。

14.3.3 精度评价方法

对 80 篇研究将根据以下相关的应用目的进行分类:①管理;②研究/科学(表 14.5)。在管理应用方面,绘制栖息地地图的目的是为了报告资源情况(resources extent)及组成(Laner et al.,2008)或资源情况及组成的变化(Palandro et al.,2008)。最常见的制图应用是评估资源的程度和组成(27 篇)和评估珊瑚礁范围的图像和组成(16 篇)。科学应用往往关注不同类型的遥感图像和图像处理技术能否有效地用于珊瑚礁的特定属性制图(例如,藻类生物量;Andréfouët,2004)。科学应用也通过关注研究以下方面的变化来提高遥感技术:不同图像类型的制图精度(Phinn et al.,2008)、处理方法(Purkis,2005;Benfield et al.,2007)和额外的现场数据及基于声学图像的数据集(Pasqualini et al.,2000)。

80 篇出版物中只有 38 篇报道了制图区域的大小、制图类别的数量、地图精度和传感器类型。表 14.5 显示,最常见的地图精度评价方法为总体精度(39 篇)、Kappa 系数(15 篇)和 Tau 系数(3 篇)。25 篇出版物提供了用户和生产者的精度,这其中 21 篇还对误差矩阵进行了报告。一般情况下,提供误差矩阵的论文往往关注少数的地图以及单个站点(Lewis et al.,2003)。

在重复性的研究中,13 篇论文包含有对其采用方法的详细细节,某种程度上来说此类方法可以重复。有 35 篇论文包含的方法受限或不可重复,另 32 篇没有提供对采用方法的描述。这些差异可能是由于该文预期的观众不同所导致,他们可以是管理人员、科学家和技术人员。32 篇论文集中在资源管理的应用中,有 11 篇提供了一个总体精度,然而只有 2 篇提供了可重复的方法。48 篇论文的出发点为科学/技术,有 28 篇研究报告了一个整体精度,11 篇提供了重复精度评估方法。

有 27 篇出版物的研究课题是关于定义资源程度及珊瑚礁组成的应用,其中的 25 篇提供了很少或者没有提供验证信息。这 25 个出版物中,有 19 篇被发表在生物学、保护和管理期刊,这也表明研究的重点不在于创建地图而在于遥感产品。这也意味着过程的重要性被低估。深入了解制图的方法和产品验证的过程将带来更可靠和更明智的管理决策。因此,在申请遥感产品和研究时,制图产品用户需要一个包括制图方法说明和详细验证过程描述的报告,其中包括采样设计、采样单位、样本数、样本分布、误差矩阵和精度评价方法。

在各种的应用中,关于如何利用底栖现场数据和声学图像数据的论文很少提供对收集验证数据和精度评价的描述,关于通过解析或半解析模型进行的辐射传输亦是如此。这些文献主要研究测深信息或底质反射率的反演情况。结果导致详细的精度信息主要用于水深的验证，但对底栖生物的栖息地地图的验证却很有限。此外，不应当忽视误差的传播，在开发融合有不同类型传感器的系统时也应当加以重视（Aitken et al. ，2010）。对合并有不同数据类型的创新信息产品进行融合运算可以提高产品的整体精度，但也会整合单个传感器引起的系统误差。

共 80 篇论文旨在揭示验证特性如何因传感器类型而异（图 14.3）。结果表明，中等空间分辨率的多光谱传感器（例如，Landsat 卫星）最常用于类别数量有限（通常约为 6 类），平均精度为 65%的大区域制图（面积范围从 16~21377km²；平均 2362km²）。面积较小的区域制图常使用高空间分辨率的高光谱（平均面积 46km²，80%的精度）和多光谱（平均面积 44km²，72%精度）传感器。然而，中等空间分辨率的多光谱传感器的平均制图类型数（13 类）要高于高光谱传感器（8 类）。航空摄影则适用于各种大小的区域，其平均面积为 71km²，精度 73%，制图类型数为 14 类。

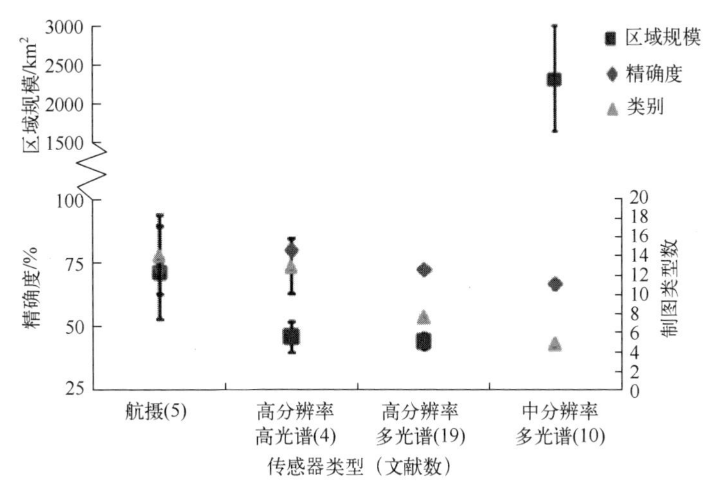

图 14.3　图中所绘研究区域平均尺寸、类型平均数、生产地图平均精度，用于珊瑚礁和海草栖息地制图的各遥感传感器类型来源于 80 篇专家评审的科学出版物中的 38 篇，其中传感器类型包括航空摄影、高空间分辨率高光谱、高空间分辨率多光谱以及中等空间分辨率多光谱传感器（误差线代表每种传感器类型的标准误差）

14.3.4　验证的局限性

这 80 篇论文表明，在许多情况下，文献对关于珊瑚礁地图精度评估的数据收集和分析进程的报道非常有限。我们回顾了各种各样的珊瑚礁制图文献

(表 14.3~表 14.5),结果表明在这 80 篇论文中只有 13 篇提供了足够的重复验证过程信息(例如,样本单元、数量、位置和方案),并充分评估和比较了精度(即包括误差矩阵、整体地图及其地图类别的精度评价)。类似的结果也显示于对陆地植被图的校准和验证方法的评估当中(Trodd,1995;Foody,2002)。

综述文献主要由面积小于 100km^2 的区域主导,并没有把焦点放在更大的区域,这在管理需求中更为常见,它通常包含各种的需要同时制图的珊瑚礁。事实上,大多数的论文基于一个单一的小礁区,而在应用于较大地区时其有效性会受到限制。因此,建议珊瑚礁遥感研究应该包括对珊瑚礁集、珊瑚礁类型和/或大面积的珊瑚礁礁区的测试和验证。

点位调查和横断面调查是最常用的实地校准和验证的方法,因为两者都显示了在各种环境中的适用性(Roelfsema et al. ,2010)。监督分类过程同中等空间分辨率的多光谱图像相结合是最常用的制图方法。其含义是,大多数分类方法不能在非监督的情况下被完全应用,表明校准和验证对于领域知识来说同等重要。

值得注意的是,审查本身具有局限性,在评价结果时也应当有所考虑。首先,这 80 篇论文只能代表已发表科学文献而非未发表的有价值的报告。因为和科学研究的应用相比,未发表的文献往往报告可操作的制图应用,因而可以揭示其他结果。其次,论文被分配到每个评估表格的单一类型中。然而,一部分文献还比较了栖息地制图的各种环境、图像数据类型、校准和验证方法、制图方法以及精度评价,因而可以被分配到多个类别。第三,审查只重视最常见的精度措施和采样设计,并没有讨论不常用却可供选择的方法,如回归分析(Mumby et al. ,1999)和保持(hold-out)方法(Andréfouët et al. ,2004)。虽然文献中所报告的精度信息准确性受限,但可据此推测在大多数情况下,除受科学论文长度限制的信息之外,作者获得的信息要多于报道信息。

14.4 结论和建议

本章强调了所有的珊瑚礁测绘应用应当包含有精度评价方法的详细信息。缺少采样设计和精度评价方法的相关信息可能会对测绘结果产生误解,因而无法与其他制图方案进行比较,科学家和/或管理者也可能因此得出不正确的结论。为了达到更好的交互和更优的结果,精度报告至少应包括:

(1) 研究区域的描述,即范围、深度、水体透明度的范围。

(2) 采样设计,即采样单位的尺寸、样本的数量、样本的空间分布(含样本位置的研究区图)和每个样本单元的数据收集过程。

(3) 用于连续地图数据的精度评价方法,即 RMSE、相关系数及其他。

(4) 用于专题地图数据的精度评价方法,即误差矩阵、单个专题类型精度(用户/生产者精度)和地图精度。

(5) 方法,即所选采样方法的说明、精度评价和参考样本。

本章表明,独立验证数据的收集成本相对于栖息地的制图项目总成本而言较高,这也是收集的样本数减少的主要因素(Green et al.,2000;Stehman,2001;Andréfouët,2008)。受航行时间、划船、潜水或浮潜、多变的海况及天气因素的综合影响,在珊瑚礁环境进行验证采样所用时间较长,所耗成本较高。为了降低成本和增加验证样本的数量,可以利用替代方法来获取验证信息,如利用 geowikki 门户网站对基于群体的土地覆盖地图进行验证(Fritz et al.,2009),或通过 SeaWiFS 生物光学存档和存储系统(SEABASS)对海洋水色产品进行验证。这些方法也受志愿者和数据提供方的欢迎而广为使用(Fargion et al.,2004;Baileg et al.,2006)。

本章还讨论了验证过程,该过程对制图数据集和参考数据集在特定的位置和时间下进行了比较。然而,它没有讨论在没有或参考数据集不充分的条件下地图精度评估的替代方法。Congalton(1991)建议可以通过目视检查、非特异性分析、差值图像制图,或误差预算来替代定量的精度评估方法。例如,海洋水色产品的验证,不仅是基于图像数据与现场观测数据的匹配(Baileg et al.,2006),也可以基于长时间序列的算法评估、单一位置的参考数据集(Werdell et al.,2007)、时间趋势评估(Campbell et al.,1995)以及对不同处理算法走势的比较(Campbell et al.,1995)。

虽然本章中心是珊瑚礁和海草的生境制图验证,但其结果和结论也适用于通过其他影像获取的地图,如水深、粗糙度和水质。显然,不同环境信息类型的实地数据采集存在差异性。这些差异包括:

(1) 深度和粗糙度需要专用的设备和处理技术,如船载单波束或多波束声纳。

(2) 水质特征采样方法需要考虑到珊瑚礁周围的大面积水域以及受潮汐、涌流和风影响下水分子和其他颗粒物的混合和三维运动。

(3) 呈现连续性的地图(例如,叶绿素浓度)要求样本的性能及测量结果代表标准化的连续性分布。

(4) 呈现专题性的地图(例如,栖息地类型、地貌单元)需要对该区域每个专题类型的样本在珊瑚礁范围上进行最大程度的评估。

为了在未来更好地了解珊瑚礁地图精度及优化方法,应建立更多的研究模型来帮助预测和解释特定的珊瑚礁环境和特定类型的图像精度。对于栖息地信息,该模型应当结合与传感器类型相关的栖息地地图精度预测(Andréfouët,2003)、底质的空间复杂性(Gustafson,1998)、所需制图类型的详细信息(Mumby et al.,1997)和采样设计(Stehman et al.,1998)。基于前人研究的结果,这种模型设计草案被概念化地表示在了图 14.4 上。虽然该模型还需要进一步的研究来验证趋势线,但它确实表达了本章所阐述的结果。例如:①特定传感器的栖息地制图类型数增加时,预测的栖息地地图精度将会下降(Phinn et al.,2010);②对于一组制图的类型数,当空间分辨率增加时,预测的栖息地地图精度随之增加(Roelfsema et al.,2008);③对于一种规格的区域单元和特定的传感器类型,预测的栖息地地图精度将随着底质的空间复杂度增加而降低(Roelfsema et al.,2010)。

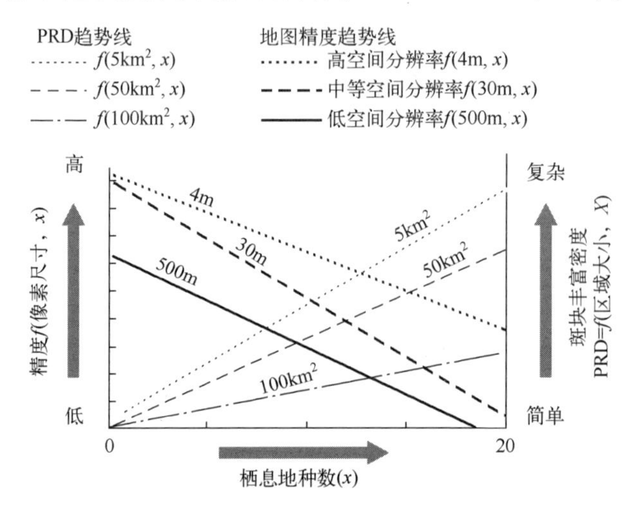

图 14.4 作为一个草拟模型将以下几个方面进行了概念化:底栖生物栖息地制图精度,所绘栖息地类型数,所绘研究区域尺寸,用于绘制栖息地地图的传感器的像元尺寸,以及斑块丰度所表示的底栖空间复杂性

如图 14.4 所示的生态环境制图,也应该为其他研究的环境信息类型建立精度概念及其影响因素,如水深和水柱属性。这样的模型可以帮助珊瑚礁环境管理人员更好地评估在特定的应用下,什么样的制图方法更适合,并协助其解释相关的地图精度。

致谢:这项工作受到了 ARC(Australian Research Council)珊瑚礁创新制图发现项目,昆士兰大学,南太平洋大学,世界银行 GEF 珊瑚靶向研究-珊瑚礁遥感工作组,南太平洋应用地球科学委员会,珊瑚礁保护(机构)和太平洋珊瑚礁倡议的资助,以及 Biel Aalbersberg,James Comley 和 Leon Zaun 的支持和援助。14 人参与了地图的用户评价。D. Kleine,Navakavu 和 Dravuni Qoliqoli 提供了援助。

推荐阅读

Andréfouët S (2008a) Coral reef habitat mapping using remote sensing: a user versus producerperspective. Implications for research, management and capacity building. J Spatial Sci53(1):113-129

Congalton RG, Green K (1999) Assessing the accuracy of remotely sensed data: principles andpractices. Boca Rotan FL, Lewis Publishers, p 137

Foody GM (2011) Classification accuracy assessment. IEEE Geosci Remote Sens Soc Newsl, 8-13

Roelfsema CM, Phinn SR (2010a) Integrating field data with high spatial resolution multispectralsatellite imagery for calibration and validation of coral reef benthic community maps. J ApplRemote Sens 4:043527

Roelfsema CM, Phinn SR (2008) Evaluating eight field and remote sensing approaches formapping the benthos of three different coral reef environments in Fiji. In: proceedings of SPIEAsia Pacific remote sensing conference—remote sensing of inlands, coastal and oceanicwater, Noumea, New Caledonia, 7150:17-21 Nov 2008

Stehman SV (2001a) Statistical rigor and practical utility in thematic map accuracy assessment. Photogrammetric Eng Remote Sens 67(6):727-734

参考文献

Ackleson SG, Klemas V (1987) Remote-sensing of submerged aquatic vegetation in lowerChesapeake Bay—a comparison of landsat MSS to TM imagery. Remote Sens Environ22(2):235-248

Ahmad W, Neil DT (1994) An evaluation of landsat-thematic-mapper (Tm) digital data fordiscriminating coral-reef zonation—heron-reef (GBR). Int J Remote Sens 15(13):2583-2597

Aitken J, Ramnath V, Feygels V, Mathur A, Kim M, Park JY, Tuell G (2010) Prelude to CZMIL: seafloor imaging and classification results achieved with charts and the rapid environmentalassessment (REA) processor. Algorithms and technologies for multispectral, hyperspectral, and ultraspectral imagery Xvi. SS Shen and PE Lewis. Bellingham, Spie-Int Soc Opt Eng, 7695

Alexander D (2008) Remote sensing and the coast: development of advanced techniques to mapnuisance macro-algae in estuaries. New Zealand Geographer, 64(2):157-161

Andréfouët S, Dirberg G (2006) Cartographie et inventaire du système récifalde Wallis, Futuna etAlofi par imagerie satellitaire Landsat 7 ETM + et orthophotographies aériennes à hauterésolution. In Report Conventions:Sci Mer Biol,Noumea. p 53

Andréfouët S,Guzman HM (2005) Coral reef distribution,status and geomorphologybiodiversityrelationship in Kuna Yala (San Blas) archipelago,Caribbean Panama. CoralReefs 24(1):31-42

Andréfouët S,Kramer P,Torres-Pulliza D,Joyce KE,Hochberg EJ,Garza-Perez R,Mumby PJ,Riegl B,Yamano H,White WH,Zubia M,Brock JC,Phinn SR,Naseer A,Hatcher BG,Muller-Karger FE (2003) Multi-site evaluation of IKONOS data for classification of tropicalcoral reef environments. Remote Sens Environ 88(1-2):128-143

Andréfouët S,Muller-Karger FE,Chevillon C,Brock JC,Hu C (2005) Global assessment ofmodern coral reef extent and diversity for regional science and management applications: aview from space. In 10th International coral reef symposium,Okinawa,Japan:Internat CoralReef Soc,pp 1732-1745

Andréfouët S,Zubia M,Payri C (2004) Mapping and biomass estimation of the invasive brownalgae Turbinaria ornata (Turner). Agardh and Sargassum mangarevense (Grunow) setchellon heterogeneous tahitian coral reefs using 4 m.resolution IKONOS satellite data. Coral Reefs23(1):26-38

Andréfouët S,Hochberg EJ,Chevillon C,Muller-Karger FE,Brock JC,Hu C (2005) Multi-scaleremote sensing of coral reefs. Remote sensing of coastal aquatic environments: technologies,techniques and applications. In:RL Miller,CE Del Castillo,BA McKee,Springer,pp 299-317

Andréfouët S (2008b) Coral reef habitat mapping using remote sensing:a user versus producerperspective. Implications for research,management and capacity building. J Spatial Sci53(1):113-129

Armstrong RA (1993) Remote sensing of submerged vegetation canopies for biomass estimation. Int J Remote Sens 14(3):621-627

Aswani S,Lauer M (2006) Benthic mapping using local aerial photo interpretation and residenttaxa inventories for designing marine protected areas. Environ Conserv 33(3):263-273

Bailey SW,Werdell PJ (2006) A multi-sensor approach for the on-orbit validation of ocean colorsatellite data products. Remote Sens Environ 102(1-2):12-23

Bainbridge SJ,Reichelt RE (1998) An assessment of ground truth methods for coral reef remotesensing data. In:Proceedings of the 6th international coral reef symposium,Townsville,p 439-444

Benfield SL,Guzman HM,Mair JM,Young JAT (2007) Mapping the distribution of coral reefsand associated sublittoral habitats in Pacific Panama: a comparison of optical satellite sensorsand classification methodologies. Int J Remote Sens 28(22):5047-5070

Benton AR,Newman JRM (1976) Color aerial photography for aquatic plant monitoring. J AquatPlant Manage 14:14-16

Bertels L,Vanderstraete T,Coillie V,Knaeps E,Sterckx S,Goossens R,Deronde B (2008) Mapping of coral reefs using hyperspectral CASI data; a case study:Fordata,Tanimbar. Indonesial Internat J Remote Sens 29(8):2359-2391

Bouvet G,Ferraris J, Andréfouët S (2003) Evaluation of large-scale unsupervised classification ofNew Caledonia reef ecosystems using landsat 7 ETM+ imagery. Oceanolog Acta26(3):281-290

Bruce EM (1997) Application of spatial analysis to coastal and marine management in the sharkbay world heritage area. Ph. D,University of Western Australia,Western Australia Perth

Call KA,Hardy JT,Wallin DO (2003) Coral reef habitat discrimination using multivariatespectral analysis and satellite remote sensing. Int J Remote Sens 24(13):2627-2639

Campbell JW,Blaisdell JM,Darzi M (1995) Level-3 seaWiFS data products:spatial andtemporal binning algorithms. NASA Tech Memo 104566,Hooker SB,Firestone ER,JGAcker. Greenbelt Maryland,NASA Goddard Space Flight Center,p 32

Capolsini P,Andréfouët S,Rion C,Payri C (2003) A comparison of landsat ETM+,SPOT HRV, ikonos, ASTER, and airborne MASTER data for coral reef habitat mapping in South PacificIslands. Can J Remote Sens 29(2):187-200

Cassata L,Collins LB (2008) Coral reef communities,habitats,and substrates in and nearsanctuary zones of Ningaloo Marine Park. J Coastal Res 24(1):139-151

Chauvaud S, Bouchon C, Maniere R (2001) Thematic mapping of tropical marine communities (coral reefs,seagrass beds and mangroves) using SPOT data in Guadeloupe Island. Oceanol-ogActa 24:S3-S16

Chauvaud S,Bouchon C,Maniere R (1998) Remote sensing techniques adapted to highresolution mapping of tropical coastal marine ecosystems (coral reefs,seagrass beds andmangroves). Int J Remote Sens 19(18):3625-3639

Congalton RG,Mead RA (1983) A quantitative method to test for consistency and correctness in-photo interpretation. Photogrammetric Eng Remote Sens 49(1):69-74

Congalton RG (1991) A review of assessing the accuracy of classifications of remotely senseddata. Remote Sens Environ 37:35-46

Congalton RG,Green K (1999) Assessing the accuracy of remotely sensed data:principles and-practices. Lewis Publishers,Boca Rotan,p 137

Cuevas-Jimenez A,Ardisson PL (2002) Mapping shallow coral reefs by colour aerialphotography. Int J Remote Sens 23(18):369-371

Dahdouh-Guebas F, Coppejans E, Van Speybroeck D (1999) Remote sensing and zonation of-seagrasses and algae along the Kenyan coast. Hydrobiologia 400:63-73

Dekker AG,Brando VE,Anstee JM (2005) Retrospective seagrass change detection in a shallow-coastal tidal Australian lake. Remote Sens Environ 97(4):415-433

Dierssen HM,Zimmerman RC,Leathers RA,Downes TV,Davis CO (2003) Ocean color remote-sensing of seagrass and bathymetry in the Bahamas banks by high-resolution airborneimagery. Limnol Oceanogr 48(1):444-455

Fargion GS, BA Franz, Kwiatkowska E, Pietras C (2004) SIMBIOS program in support of oceancolor missions:1997-2003. Ocean remote sensing and imaging:II. In:Proceedings SPIE, pp 49-60

Fitzpatrick-Lins K (1981) Comparison of sampling procedures and data-analysis for a land-useand land-cover map. Photogrammetric Eng Remote Sens 47(3):343-351

Foody GM (2002) Status of land cover classification accuracy assessment. Remote Sens Environ80:185-201

Foody GM (2011) Classification accuracy assessment. IEEE Geosci Remote Sens Soc Newsl,8-13

Fornes A, Basterretxea G, Orfila A, Jordi A, Alvarez A, Tintore J (2006) Mapping Posidoniaoceanica from IKONOS. J Photogrammetry Remote Sens 60(5):315-322

Franklin EC, Ault JS, Smith SG, Luo J, Meester GA, Diaz GA, Chiappone M, Swanson DW, Miller SL, Bohnsack JA (2003) Benthic habitat mapping in the Tortugas region, Florida. MarGeodesy 26:19-34

Fritz S, McCallum E, Schill C, Perger C, Grillmayer R, Achard F, Kraxner F, Obersteiner M(2009) Geo-Wiki. Org:the use of crowdsourcing to improve global land cover. Remote SensEnviron 1: 345-354

Garza-Perez JR, Lehmann A, Arias-Gonzalez JE (2004) Spatial prediction of coral reef habitats: integrating ecology with spatial modeling and remote sensing. Mar Ecol-Prog Ser269:141-152

Goodman J, Ustin SL (2007) Classification of benthic composition in a coral reef environmentusing spectral unmixing. J Appl Remote Sens, p 17

Green EP, Mumby PJ, Edwards AJ, Clark CD (2000) Remote sensing handbook for tropicalcoastal management. Paris, UNESCO, 316

Gregg WW, Casey NW (2004) Global and regional evaluation of the seawifs chlorophyll data set. Remote Sens Environ 93(4):463-479

Gullstrom M, Lunden B, Bodin M, Kangwe J, Ohman MC, Mtolera MSP, Bjork M (2006) Assessment of changes in the seagrass-dominated submerged vegetation of tropical ChwakaBay (Zanzibar) using satellite remote sensing. Estuar Coast Shelf Sci 67(3):399-408

Gustafson EJ (1998) Quantifying landscape spatial pattern: what is the state of the art? Ecosyst1 (2):143-156

Habeeb RL, Johnson CR, Wotherspoon S, Mumby PJ (2007) Optimal scales to observe habitatdy-namics: a coral reef example. Ecol Appl 17(3):641-647

Hatcher BG (1997) Coral reef ecosystems: how much greater is the whole than the sum of theparts? Coral Reefs 16(5):S77-S91

Hochberg EJ, Atkinson MJ (2003) Capabilities of remote sensors to classify coral, algae, andsand as pure and mixed spectra. Remote Sens Environ 85(2):174-189

Holmes KW, Van Niel KP, Kendrick GA, Radford B (2007) Probabilistic large-area mapping of-seagrass species distributions. Aquat Conserv-Mar Freshwater Ecosyst 17(4):385-407

Houk P, van Woesik R (2008) Dynamics of shallow-water assemblages in the Saipan Lagoon. Mar

Ecol-Prog Ser 356:39-50

Isoun E, Fletcher C, Frazer N, Gradie J (2003) Multi-spectral mapping of reef bathymetry andcoral cover Kailua Bay. Hawaii Coral Reefs 22(1):68-82

Jensen JR (2005) Introductory digital image processing: a remote sensing perspective, 3rd edn. Prentice Hall, p 316

Jordan A, Lawler M, Halley V, Barrett N (2005) Seabed habitat mapping in the Kent Group ofislands and its role in marine protected area planning. Aquat Conservat-Mar FreshwaterEcosyst 15 (1):51-70

Joyce KE, Phinn SR, Roelfsema CM, Neil DT, Dennison WC (2004) Combining landsat ETMplus and reef check classifications for mapping coral reefs: A critical assessment from thesouthern Great Barrier Reef. Aust Coral Reefs 23(1):21-25

Jupp DLB, Mayo KK, Kuchler DA, Claasen DVR, Kenchington RA, Cuerin PR (1985) Remotesensing for planning and managing the Great Barrier Reef of Australia. Photogrammetria40:21-42

Kendrick GA, Aylward MJ, Hegge BJ, Cambridge ML, Hillman K, Wyllie A, Lord DA (2002) Changes in seagrass coverage in cockburn sound, Western Australia between 1967 and 1999. Aquat Bot 73(1):75-87

Klonowski WM, Fearns PR, Lynch MJ (2007) Retrieving key benthic cover types and bathymetryfrom hyper spectral imagery. J Appl Remote Sens p 1

Knudby A, Roelfsema C, Jupiter S, Lyons M, Phinn S (2011) Mapping fish community variablesby integrating field and satellite data, object-based image analysis and modeling in atraditional Fijian fisheries management area. Remote Sens 3(3):460-483

Kutser T, Miller I, Jupp DLB (2006) Mapping coral reef benthic substrates using hyperspectralspace-borne images and spectral libraries. Estuar Coast Shelf Sci 70(3):449-460

Kvernevik TI, Akhir MZM, Studholme J (2002) A low-cost procedure for automatic seafloormapping, with particular reference to coral reef conservation in developing nations. Hydrobiologia 474 (1-3):67-79

Lathrop RG, Montesano P, Haag S (2006) A multi-scale segmentation approach to mappingseagrass habitats using airborne digital camera imagery. Photogrammetric Eng Remote Sens72(6):665-675

Lauer M, Aswani S (2008) Integrating indigenous ecological knowledge and multi-spectral imageclassification for marine habitat mapping in Oceania. Ocean Coast Manag 51(6):495-504

Lennon P, Luck P (1989) Seagrass mapping using landsat tm data. In: Asian conference onremote sensing. Asian association on remote sensing, Kuala Lumpur

Lesser MP, Mobley CD (2007) Bathymetry, water optical properties, and benthic classification ofcoral reefs using hyperspectral remote sensing imagery. Coral Reefs 26(4):819-829

Lewis A, Lowe D, Otto J (2003) Remapping the Great Barrier Reef position magazine. SouthPacific Science Press International, 46-49

Lillesand TM, Kiefer RW, Chipman JW (2008) Remote sensing and image interpretation. Wiley, Danvers, p 756

Louchard EM, Reid RP, Stephens FC, Davis CO, Leathers RA, Downes T (2003) Optical remote-sensing of benthic habitats and bathymetry in coastal environments at Lee Stocking Island, Bahamas: a comparative spectral classification approach. Limnol Oceanogr 48(1):511–521

Ma ZK, Redmond RL (1995) Tau–coefficients for accuracy assessment of classification ofremote–sensing data. Photogrammetric Eng Remote Sens 61(4):435–439

Maeder J, Narumalani S, Rundquist DC, Perk RL, Schalles J, Hutchins K, Keck J (2002) Classifying and mapping general coral–reef structure using Ikonos data. Photogrammetric EngRemote Sens 68(12):1297–1305

Matarrese A, Mastrototaro G, D'onghia G, Maiorano P, Tursi A (2004) Mapping of the benthiccommunities in the Taranto Seas using side scan sonar and an underwater video camera. Chem Ecol, 20(5):377–386

Meehan AJ, Williams RJ, Watford FA (2005) Detecting trends in seagrass abundance using aerial-photograph interpretation: problems arising with the evolution of mapping methods. Estuaries28 (3):462–472

Mishra D, Narumalani S, Rundquist D, Lawson M (2006) Benthic habitat mapping in tropicalmarine environments using QuickBird multispectral data. Photogrammetric Eng Remote Sens72(9):1037–1048

Moore KA, Wilcox DJ, Orth RJ (2002) Analysis of the abundance of submersed aquaticvegetation communities in the Chesapeake Bay. Estuaries 23(1):115–127

Mumby PJ, Edwards AJ (2002) Mapping marine environments with IKONOS imagery: enhancedspatial resolution can deliver greater thematic accuracy. Remote Sens Environ 82(2–3): 248–257

Mumby PJ, Green EP, Clark CD, Edwards AJ (1997) Reef habitat assessment using (CASI) airborne remote sensing. In: 8th International coral reef symposium, Panama, pp 1499–1502

Mumby PJ, Green EP, Edwards AJ, Clark CD (1999) The cost–effectiveness of remote sensing fortropical coastal resources assessment and management. J Environ Manage 55(3):157–166

Mumby PJ, Green EP, Clark CD, Edwards AJ (1998) Digital analysis of multispectral airborneimagery of coral reefs. Coral Reefs 17(1):59–69

Murdoch TJT, Glasspool AF, Outerbridge M, Ward J, Manuel S, Gray J, Nash A, Coates KA, PittJ, Fourqurean JW, Barnes PA, Vierros M, Holzer K, Smith SR (2007) Large – scale decline inoffshore seagrass meadows in Bermuda. Mar Ecol–Prog Ser 339:123–130

Naseer A, Hatcher BG (2004) Inventory of the Maldives' coral reefs using morphometricsgenerated from landsat ETM+ imagery. Coral Reefs 23(1):161–168

Newman CM, Knudby AJ, LeDrew EF (2007) Assessing the effect of management zonation onlive coral cover using multi–date IKONOS satellite imagery. J Appl Remote Sens, p 1

Orth RJ, Luckenbach ML, Marion SR, Moore KA, Wilcox DJ (2006) Seagrass recovery in theDelmarva Coastal Bays. USA Aquat Bot 84(1):26–36

Palandro DA, Andréfouët S, Hu C, Hallock P, Muller-Karger FE, Dustan P, Callahan MK, Kranenburg C, Beaver CR (2008) Quantification of two decades of shallow-water coral reefhabitat decline in the Florida Keys National Marine Sanctuary using landsat data(1984–2002). Remote Sens Environ 112(8):3388–3399

Palandro D, Andréfouët S, Dustan P, Muller-Karger FE (2003) Change detection in coral reefcommunities using Ikonos satellite sensor imagery and historic aerial photographs. Int JRemote Sens 24(4):873–878

Pasqualini V, Clabaut P, Pergent G, Benyoussef L, Pergent-Martini C (2000) Contributions ofside scan sonar to the management of Mediterranean littoral ecosystems. Int J Remote Sens21(2):367–378

Pasqualini V, Pergent-Martini C, Pergent G, Agreil M, Skoufas G, Sourbes L, Tsirika A (2005) Use of SPOT 5 for mapping seagrasses: an application to Posidonia oceanica. Remote SensEnviron 94(1):39–45

Peneva E, Griffith JA, Carter GA (2008) Seagrass mapping in the northern Gulf of Mexico usingairborne hyperspectral imagery: a comparison of classification methods. J Coastal Res24(4):850–856

Pergent G, Djellouli A, Hamza A, Ettayeb K, El Mansouri A (2002) Characterization of thebenthic vegetation in the Farwà Lagoon (Libya). J Coastal Conserv 8(2):119–126

Phinn SR, Roelfsema CM, Dekker A, Brando V, Anstee J (2008) Mapping seagrass species, coverand biomass in shallow waters: an assessment of satellite multi-spectral and airborne hyperspectralimaging systems in Moreton Bay (Australia). Remote Sens Environ 112:3413–3425

Phinn SR, Roelfsema CM, Stumpf R (2010) Remote sensing: discerning the promise from thereality. In: Longstaff BJ, Carruthers TJB, Dennison WC, Lookingbill TR, Hawkey JM, Thomas JE, Wicks EC, Woerner J (eds) Integrating and applying science: a handbook foreffective coastal ecosystem assessment. IAN Press, Cambridge

Phinn SR, Roelfsema CR, Mumby P (2012) Multi-scale object based image analysis for mappingcoral reef geomorphic and ecological zones. Internat J Remote Sens

Pittman SJ, Costa BM, Battista TA (2009) Using lidar bathymetry and boosted regressiontrees to predict the diversity and abundance of fish and corals. J of coast Res 25(6):27–38

Pontius RG Jr, Millones M (2011) Death to kappa: birth of quantity disagreement and allocationdisagreement for accuracy assessment. Int J Remote Sens 32(15):4407–4429

Prada MC, Appeldoorn RS, Rivera JA (2008) Improving coral reef habitat mapping of the PuertoRico insular shelf using side scan sonar. Mar Geodesy 31(1):49–73

Purkis SJ (2005) A 'reef-up' approach to classifying coral habitats from IKONOS imagery. IEEETrans Geosci Remote Sens 43(6):1375–1390

Purkis SJ, Graham NAJ, Riegl BM (2008) Predictability of reef fish diversity and abundanceusing remote sensing data in Diego Garcia (Chagos Archipelago). Coral Reefs 27(1):167–178

Purkis SJ, Riegl B (2005) Spatial and temporal dynamics of Arabian Gulf coral assemblagesquantified from remote-sensing and in situ monitoring data. Mar Ecol-Prog Ser 287:99–113

Riegl BM, Moyer RP, Morris L, Virnstein R, Dodge RE (2005) Determination of the distributionof shallow-water seagrass and drift algae communities with acoustic seafloor discrimination. Rev Biol Trop 53:165–174

Riegl BM, Purkis SJ (2005) Detection of shallow subtidal corals from IKONOS satellite and QTC-View (50, 200 kHz) single-beam sonar data (Arabian Gulf; Dubai, UAE). Remote SensEnviron 95(1):96–114

Roelfsema CM, Dennison WC, Phinn SR (2002) Spatial distribution of benthic microalgae oncoral reefs determined by remote sensing. Coral Reefs 21(3):264–274

Roelfsema CM, Phinn SR (2010b) Integrating field data with high spatial resolution multispectral-satellite imagery for calibration and validation of coral reef benthic community maps. J ApplRemote Sens 4:043527

Roelfsema CM, Phinn SR, Udy N, Maxwell P (2009) An integrated field and remote sensingapproach for mapping seagrass cover, moreton bay. Aust J Spatial Sci 54(1):45–62

Roelfsema CM, Phinn SR (2008) Evaluating eight field and remote sensing approaches formapping the benthos of three different coral reef environments in Fiji. In: proceedings of SPIEAsia Pacific remote sensing conference—remote sensing of Inlands, coastal and oceanicwater, Noumea, New Caledonia, vol 7150: G6800 17–21 Nov 2008

Roelfsema CM, Joyce KE, Phinn SR (2006) Evaluation of benthic survey techniques forvalidating remotely sensed images of coral reefs. In: Proceedings 10th international coral reefsymposium Okinawa

Roelfsema CM, Phinn SR, Dennison WC, Dekker A, Brando V (2006b) Monitoring toxic cyanobacteriaL. majuscula in moreton bay, Australia by integrating satellite image data and fieldmapping. Harmful Algae 5:45–56

Rowlands GP, Purkis SJ, Riegl BM (2008) The 2005 coral-bleaching event Roatan (Honduras): use of pseudo-invariant features (PIFs) in satellite assessments. J Spatial Sci 53(1):99–112

Sagawa T, Mikam A, Komatsu T, Kosaka N, Kosako A, Miyazaki S, Takahashi M (2008) Mapping seagrass beds using IKONOS satellite image and side scan sonar measurements: aJapanese case study. Int J Remote Sens 29(1):281–291

Schweizer D, Armstrong RA, Posada J (2005) Remote sensing characterization of benthichabitats and submerged vegetation biomass in Los Roques Archipelago National Park, Venezuela. Internat J Remote Sens 26(12):2657–2667

Sheppard CRC, Matheson K, Bythell JC, Murphy P, Myers CB, Blake B (1995) Habitat mappingin the Caribbean for management and conservation: use and assessment of aerial photography. Aquat Conserv-Mar Freshwater Ecosyst 5(4):277–298

Scopélitis J, Andréfouët S, Phinn S, Arroyo L, Dalleau M, Cros A, Chabanet P (2010) Thenextstep in shallow coral reef monitoring: combining remote sensing and in situ approaches. MarPollut Bull 60(11): 1956-1968

Stehman SV, Czaplewski RL (1998) Design and analysis for thematic map accuracy assessment: fundamental principles. Remote Sens Environ 64: 331-344

Stehman SV (1999) Basic probability sampling designs for thematic map accuracy assessment. Int J Remote Sens 20(12): 2423-2441

Stehman SV (2001b) Statistical rigor and practical utility in thematic map accuracy assessment. Photogrammetric Eng Remote Sens 67(6): 727-734

Story M, Congalton RG (1986) Accuracy assessment: a users perspective. Photogrammetric EngRemote Sens 52(3): 397-399

Trodd NM (1995) Uncertainty in land cover mapping for modelling land cover change. RSS95remote sensing in action, Nottingham, 1138-1145

Vanderstraete T, Goossens R, Ghabour TK (2006) The use of multitemporal landsat images forthe change detection of the coastal zone near Hurghada. Egypt Internat J Remote Sens27: 3645-3655

Wabnitz CC, Andréfouët S, Torres-Pulliza D, Muller-Karger FE, Kramer PA (2008) Regionalscaleseagrass habitat mapping in the wider Caribbean region using landsat sensors: applications to conservation and ecology. Remote Sens Environ 112(2008): 3455-3467

Weeks SJ, Barlow R, Roy C, Shillington FA (2006) Remotely sensed variability oftemperatureand chlorophyll in the southern benguela: upwelling frequency and phytoplanktonresponse. Afr J of Mar Sci 28(34): 493-509

Werdell PJ, Franz BA, Bailey SW, Harding LW, Feldman GC (2007) Approach for the long-termspatial and temporal evaluation of ocean color satellite data products in a coastal environment, Art. no. 66800G. Coastal Ocean Remote Sensing. Frouin RJ, Lee Z. 6680: G6800-G6800

Young DR, Clinton PJ, Specht DT, DeWitt TH, Lee H (2008) Monitoring the expandingdistribution of nonindigenous dwarf eelgrass Zostera japonica in a Pacific Northwest USAestuary using high resolution digital aerial orthophotography. J Spatial Sci 53(1): 87-97

Zharikov Y, Skilleter GA, Loneragan NR, Taranto T, Cameron BE (2005) Mapping andcharacterising subtropical estuarine landscapes using aerial photography and GIS for potentialapplication in wildlife conservation and management. Biol Conserv 125: 87-100

第15章 科学与管理

Stacy Jupiter, Chris M. Roelfsema, Stuart R. Phinn

摘要 从事珊瑚礁工作的科学家和管理人员越来越依赖遥感数据来提供礁体生物物理进程信息以及帮助确定珊瑚礁资源优化管理策略。对于这些用户,我们提供了一些关于如何确定适用于解决珊瑚礁研究和管理问题的遥感工具及数据的指导方法。此外,我们还讨论了以下几个方面:能够调解珊瑚礁信息用户和生产商需求之间可能产生的冲突的机会;特定珊瑚礁的管理应用的数据需求和限制;珊瑚礁遥感数据产品的生产成本与精度之间的权衡。最后,我们提供了一些目前较为深入的遥感数据使用案例:为管理的优先领域提供明确的资源清单;建立详细的礁区鱼群空间特征模型;监测和应对威胁(例如,地表径流、棘冠海星的爆发、石油泄漏和船只搁浅)。总之,遥感可以在珊瑚礁管理程序的综合成本效益之内提高支撑管理决策的信息质量。

15.1 引言

由于各方面管理的需要,珊瑚礁遥感学应运而生。近期,处理系统、数据存储能力的快速发展以及数据在互联网的便捷传播使得遥感数据和数据产品构成了完整的早期预警系统(例如,美国国家海洋与大气管理局的珊瑚礁观测预测系统;第12章)。对发达国家和发展中国家的威胁评估(例如,石油泄漏;第13章)和监测活动(例如,环境变化监测,本章)(Mumby et al. ,2004a)。对珊瑚礁遥感学的自信同样表现在管理者和决策者们现在可以依靠遥感产品来发展、实施、评估和适应管理策略及政府政策。通常,遥感技术能够满足管理者们的需求,但与管理者们的期望值之间仍然存在很大的差距(Andréfouët,2008)。导

S. Jupiter,斐济,野生动物保护协会,邮箱:sjupiter@ wcs. org。

C. M. Roelfsema,澳大利亚,昆士兰大学地理学院规划与环境管理系,邮箱:c. roelfsema@ uq. edu. au。

S. R. Phinn,澳大利亚,昆士兰大学地理学院规划与环境管理系,邮箱:s. phinn@ uq. edu. au

致这些差距的原因可能由于成本、缺乏使用数据的技术能力、不切实际的期望或者被更多用于日常应用的设计过度的产品。因此,为了优化关于珊瑚礁管理的遥感科学应用,需要设计传感器的工程师、制作数据产品的研究者和使用这些产品的管理决策者们保持长期的沟通。这样的沟通将有助于确定最适合解决珊瑚礁研究与管理问题的遥感工具,并且能够明确最好的可能产品,以及有效应用的可操作性和必要成本。

在这章中,通过提出如何选择合适的珊瑚礁遥感数据与产品的指导方法来讨论怎样弥补这些沟通差距,并以此解决研究和管理问题。另外,为了使对珊瑚礁管理的远大期望回归现实,描述了遥感数据目前所存在的一些缺陷。最后,提供了一些明确的例子,阐述了遥感应用是如何从陆地走向海洋的:①提供基线库;②预测海洋栖息地威胁;③评估生态系统对干扰的响应;④从时空尺度了解生态和生物物理动力学。在每个例子中,我们都利用珊瑚礁遥感技术对其建立科学的理解,并对发展和实施管理策略进行了描述。

15.2 研究和管理的需要

绝大多数的珊瑚礁遥感研究产品可以直接应用于管理,过去的几十年中取得了通过其他数据与遥感产品的集成来制定管理决策的重大进步。珊瑚礁管理者通常依赖遥感数据来提供生态系统情况、栖息地资源详细目录、生态系统破坏、外界干扰带来的威胁和损害、最佳管理地点、管理干预的效益等方面的信息。同时,应用研究着重于发展与提高现有的工具和方法,以此来满足珊瑚礁管理者的信息需求。纯理论研究从生物体到生物圈的角度建立了对环境如何运作的理解。特定的研究和珊瑚礁科学家与管理者的需求将最终决定所需的处理工具。以下选择将有助于做出这些决定:

(1) 提出框架研究和管理问题的指导方案;

(2) 强调珊瑚礁遥感数据生产商与用户之间时而产生矛盾的需求,提出可调解双方需求矛盾的方法来提高珊瑚礁管理效益;

(3) 讨论特殊珊瑚礁管理应用的数据需求及限制;

(4) 对遥感影像数据所得礁区信息的准确性与生产成本做出权衡取舍。

15.2.1 问题引入

图像及分析技术的选择很大程度上取决于研究和管理的工作重点。对于研究而言，科学家们首先需要确定具体问题。例如，Andréfouët et al.（2000）致力于结合法属波利尼亚的莫雷阿岛（火山岛）周围珊瑚礁栖息地的地图和现场数据，并以此来评定整个礁区系统有机和无机的新陈代谢。他们首先要找到能覆盖研究站点（$35km^2$）的图像，并从中可靠识别具有不同新陈代谢速率的栖息地（需要多光谱图、高空间分辨率的数据）。研究结果可以用来改进处理技术、完善管理信息。例如，Mumby et al.（1998）提出了能否利用不同多光谱传感器进行水体校正和整体校正来提高对土耳其和加勒比海凯科斯群岛浅水区珊瑚礁和海草栖息地分类的准确性。他们的比较结果显示：实际上所有的处理步骤结合到一起充分地提高了机载和卫星影像制图的精度，而且在管理决策的应用方面能以很少的额外成本使质量大大提高（Mumby et al.，1998）。

至于管理问题，管理者首先应该确定管理目标和指标，然后再询问珊瑚礁遥感数据是否有助于制定管理策略。比如，非政府组织（野生动植物保护协会、世界野生动植物基金会、大洋洲湿地国际组织）在斐济利用威胁分析技术（例如Salafsky et al.，1999）来确定珊瑚礁威胁因素的简化概念模型，如图15.1所示。只要描述出了概念模型，非政府组织就能很容易确定哪些地方可应用遥感工具和产品来帮助当地组织保护珊瑚礁的生物多样性和减少珊瑚礁的资源衰退。因此，遥感数据也被这些斐济的当地组织应用于以下方面：帮助确定关键集水流域，来使管理部门维持集水流域与礁区之间的生态联系（Jenkins et al.，2010）；确定海洋保护区域网络的形成机制，使渔民的成本降至最小值（Adams et al.，2011）；为渔业资源管理预测珊瑚礁区鱼类生物量的空间分布和多样性（Knudby et al.，2011）。

一旦明确了研究或管理的问题，是否使用遥感数据以及选择何种传感器或遥感产品将取决于所绘环境的属性和绘图组织的能力（Phinn，1998）。包括以下方面：

（1）研究或管理区的规模；

（2）制图区的环境条件；

（3）研究对象的最小尺寸；

（4）要求的精度和最低制图精度；

（5）评估变化的时间要求；

（6）处理新数据和使用现有数据产品的整合能力（Phinn et al.，2010）

表15.1和图15.2对Phinn（1998）和Phinn et al.（2000）确定选择影像数据时应当考虑的因素和珊瑚礁生物物理特性图像处理的方法做了改进。

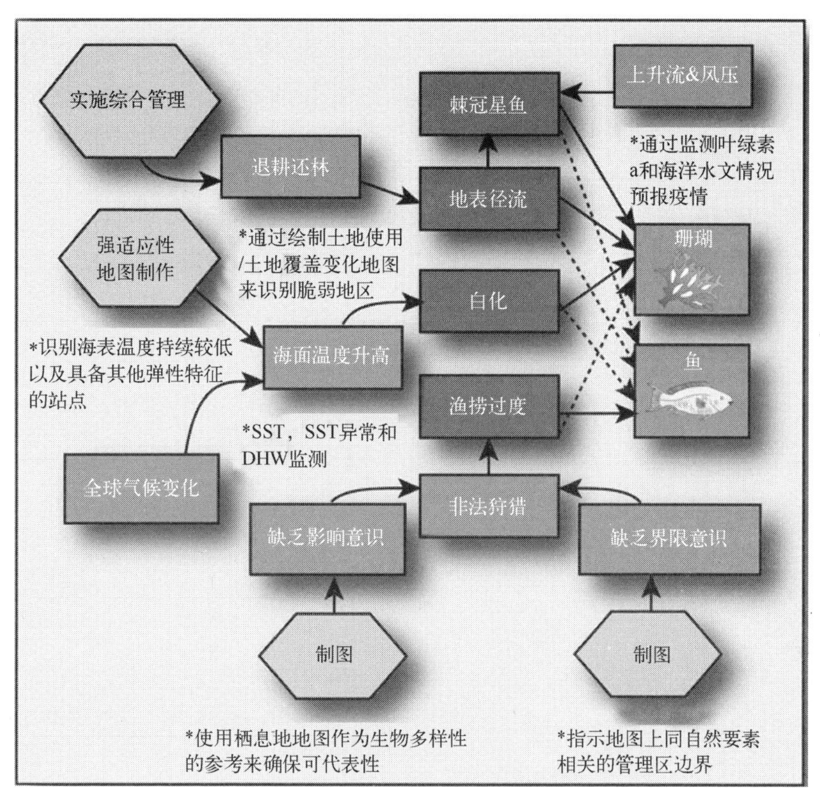

图 15.1　基本概念模型描述了一些对于珊瑚礁管理对象(绿色方框)直接或间接的威胁,其中直接威胁用红色矩形来表示,间接威胁则用橙色矩形表示。图中黑色的文本则指出了哪些地点可以通过遥感工具进行威胁监测以及管理策略实施(黄色六边形)。实线箭头表示的是珊瑚礁管理对象和威胁之间存在直接联系,而虚线箭头则表示存在间接联系(彩色版本见彩插)

表 15.1　选择遥感数据用于研究和管理的参考标准

数据选择的重要考虑	制图与监测的需求				
研究和管理区域的尺度	0~50km^2	50~250km^2	250~500km^2	500~5000km^2	5000~50000km^2
研究区域的可达性	简单	按需	困难(过于遥远或过多点)	危险	无
制图对象最小特征尺寸	极细(<5m)	细(5~20m)	中等(20~250m)	粗(250~100m)	极粗(>1000m)

(续)

数据选择的重要考虑	制图与监测的需求				
最小测量精度(即最小可测变化占珊瑚礁覆盖的百分比)	0%~5%	5%~10%	10%~25%	25%~50%	任意
最小测量准确性(如活珊瑚覆盖的估值与实际值达成可接受的一致)	任意	低(10%~40%)	中(40%~70%)	高(70%~90%)	极高(90%~100%)
评估改变的时相需求	≤1 天	每周	每月	每年	>1 年
各组织处理及使用数据的能力	无(仅可使用地图)	受限(能将产品融于 GIS)	部分(可用但不能用来处理变为其他产品)	高(能够处理并应用于其他方面)	极高(可作为数据供应者提供给其他机构)
注:表改编自昆士兰大学的在线遥感工具包,www. gpem. uq. edu. au/cser-rstoolkit					

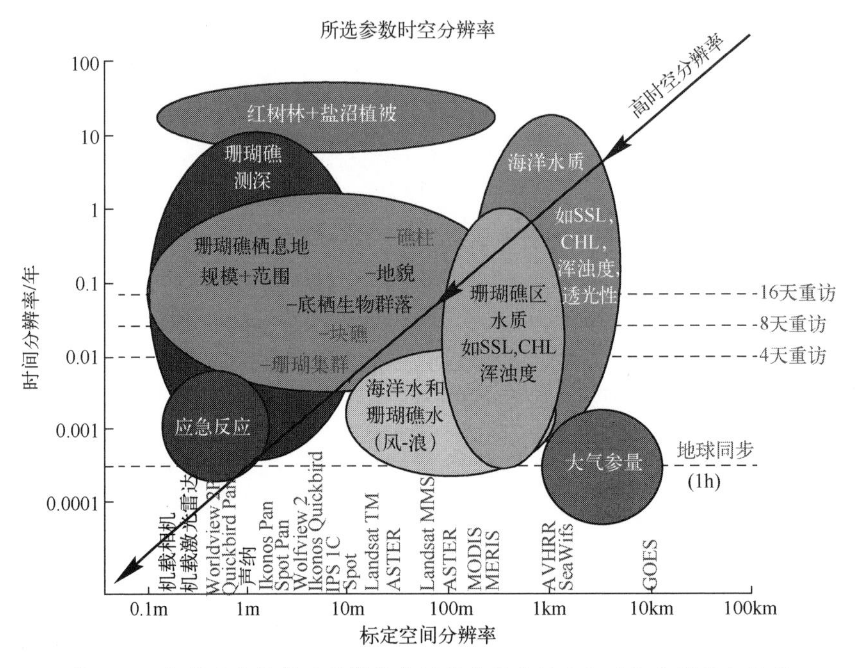

图 15.2 与商用航摄或卫星影像数据的空间分辨率和时间分辨率相关的珊瑚礁制图及监测应用的时空尺度(彩色版本见彩插)

15.2.2 用户需求

尽管有许多从事珊瑚礁遥感工作的科学家将研究方向转向于如何改进用于管理应用的(遥感)产品,但是,还有些观点认为,珊瑚礁遥感工作太过于试验性,并且对于一个涵盖了丰富地貌区域类型和底栖生物群落的庞大管理单元而言(尺度通常为 100~1000km),其规模显得过于狭小(Hopley et al.,2007)。Andréfouët(2008)指出规模问题很大程度上是由礁区地图生产商和用户之间的需求存在分歧引起的。在科学期刊上发表文章的地图制作者有义务提出新颖的原创绘图工具,其测试结果也往往显示为以极高的成本在很小的区域内获取大容量的现场数据。

虽然科学创新在一定程度上推动着珊瑚礁遥感领域向新的方向发展,但Andréfouët(2008)仍对礁区制作者能否满足礁区地图用户产生怀疑,用户的主要产品需求如下:①综合性;②精度;③重复性;④成本效益。

综合而言,如果将珊瑚礁管理程序有效应用于空间明确的研究中,程序的地图分类系统需要被扩展至能覆盖所有给定区域的代表性栖息地,如群落结构分析、生产力的评估和保护区的设计。作为这种方法的模型,一个用于全球千年珊瑚礁制图计划的分层分类方案得到了发展(imars.usf.edu/MC/),包括了从地球资源卫星 7 号(Landsat7)ETM 影像(Andréfouët et al.,2006)提取的 800 多种不同的地貌单元。该模型已被应用在马尔代夫的珊瑚礁资源库(Naseer et al.,2004)并用于协助定义更广阔的加勒比地区海草覆盖的区域尺度基线(wabnitz et al.,2008)。

至于精度方面,不论是使用遥感产品的科学家还是管理人员,都要求地图分类能够尽可能地、真实可信地表征栖息地,同时也希望由图像反演的环境变量(例如,海表温度、叶绿素 a)相对于现场实测值而言都是可信和精准的。例如,为了能反映礁区的代谢率,Andréfouët 和 Payri(2000)认为,需要建立在卫星影像导出的栖息地地图代表近似真值的合理覆盖范围可信的基础上,分类系统才能够有效分辨高代谢率变化的栖息地。可以通过展示现场测量值同世界各地不同站点的相同测量影像之间的强相关性来增加用户对遥感手段及遥感产品的可信度。例如,珊瑚白化热区和珊瑚白化度加热周等可操作产品,由NOAA 的珊瑚白化观测项目在首次确定试验产品成功实现对白化事件的早期预警后发布(Liu et al.,2003)。

15.2.3 数据的要求和局限性

表 15.2 总结了最常见的珊瑚礁遥感研究和管理应用。此外,一些数据产

品生产过程所需的相应传感器的选择也显示在表中。表中的空白区域也表明遥感技术目前在时空上仍存在着一定的局限性,因而难以满足用户的需求。部分局限描述如下。

表 15.2 现有遥感平台对珊瑚礁遥感监测的应用能力

平台	船		飞机		卫星				
传感器类型	声	激光	激光	高光谱	航空摄影	多光谱(高分辨率)	多光谱(中等分辨率)	多光谱(低分辨率)	微波辐射计(低分辨率)
传感器举例	Roxanne		LiDAR	CASI, HyMap		Ikonos, QuickBird	Landsat, SPOT	SeaWiFs, MODIS	AVHRR
珊瑚物种				√	√	√	√		
珊瑚及海藻覆盖	√	?	?	√	√	√			
礁群		?	?	√?	√	√?			
出现白化现象	√	√	√	√		√			
结构复杂性	√		√	√	√	√	√	√	
珊瑚礁地貌				√		√			
栖息地多样性				√	√	√	√?		
群落结构改变探测									
礁类栖息地位置	√	√	√	√	√	√	√	√	
水深测量	√		√	√	√?	√	√	√?	
水质(如叶绿素 a)①				√			√	√	
海表温度								√	√

注:√表示常规应用;√? 表示迄今为止鲜有例子;? 表示可能但未经测试(改自 Mumby et al., 2004a)

① 指出多光谱传感器不能用于绘制浑浊的海岸带区域的叶绿素 α 浓度

大多数情况下,不能从物种层面区分底栖固着生物。例如,由于珊瑚都含有相似的色素,而且菌落通常以小于 0.5m^2 的规模出现,所以要提供全面的珊瑚物种多样性地图是不可行的。出于同种原因,它也不可能不间断地区分相似光谱,但可以区分功能类别,如硬珊瑚和软珊瑚。造礁硬珊瑚是光谱不可辨的非钙化生物,如果研究人员或管理人员试图等比例放大源于此类珊瑚的性能或工艺(如生产碳酸),可能对结果产生一定的影响。整合多功能传感器系统的数据,结合空间与光谱分析技术完成对栖息地类型的群落结构中的优势组成,并与实地数据进行整合分析,可以解决以上的部分问题。

过去的几十年中,对珊瑚白化程度的测绘和监测成为高频且严峻的热点事件。由于珊瑚虫在白化期间会驱散其含有色素的黄藻,由此导致的颜色剧烈变化可以通过遥感技术在可见波长上进行差异提取,这将有助于量化珊瑚的死亡率(Clarke et al. ,2000;Andréfouët,2002)。

然而,考虑到事件的零散性,珊瑚礁白化强度和敏感度的不一致性、浅水层以下区域的不可检测性以及需要在特定的时间范围内获取所需的图像,上述(量化珊瑚死亡率的)方法往往受到限制(Andréfouët,2002)。此外,由于通常情况下很难在海藻死亡之前和死亡过程中获取白化珊瑚礁的影像,使得区分死珊瑚和活珊瑚的工作变得困难(Clarke et al. ,2000)。目前由于依赖低频回访卫星传感器获得数据,因此解决存在的这些局限性更具挑战性,这也使得直接从伴有扰动的热带地区获取无云图像的可能性大大降低。

15.2.4 产品成本和质量的平衡

管理者经常需要接受表面看起来无任何生成的模型和方法以及相关产品质量报告的地图。此外,许多地图的复杂性远远高于用户管理上的需求。它可以指导如何简便挑选监测点。最近,Roelfsema et al. (2008)的一项研究发现,影响用户选择合适制图方法的因素主要为以下三点:①珊瑚礁环境变化;②栖息地地图的目的;③资源管理的需求。该研究评估了 8 种应用于斐济三种不同珊瑚礁环境的底栖制图方法的准确性、成本和相关性。不同制图方法其图像类型、图像校正标准、现场数据校准和验证的细节及分类方法(例如,手工数字化、监督分类)各不相同。通过计算和定性地图精度、生产时间和成本,以及用户在斐济当地的海洋监测机构所进行主观评价来对每一种方法和结果输出地图进行定量评估。在这种情况下,一个面积为 $14km^2$ 的裙礁研究的分析结果表明:①这些地图在用户角度比制图的要求更为详细,但与此同时也显示了能代表珊瑚礁研究领域的最详细的细节;②用户在没有获得地图精度信息,仅仅从地图制作相关的成本和时间角度去评估地图时,往往能做出公正的评价;③用户在被提供所有信息(图 15.3)时,往往倾向于超出生产成本但具备更高精度和细节的地图。

不过,必须注意的是,究竟哪种制图方法和技术最适于相关研究和应用,以及具有最优的成本效益呢? 这仍没有明确的答案。

绘制和监测珊瑚礁所花的时间与成本因制图方法、研究问题、研究区的环境特点,如范围、异质性、水深变化、水体透明度和距离的不同而异(Mumby et al. ,1999;Roelfsema et al. ,2008)。因此,需要从三个主要方面来考虑时间和成本:①项目规划;②现场实测工作;③数据处理、分析和报告。此外,成本计算必须包括人员、图像和设备要求,以及所需的经验和技术水平。鉴于珊瑚礁管理机构经常在有限预算内工作,在这种情况下,还应考虑到与国内外研究中心或其他政府机构之间的合作,从而有可能在更好的技术能力及资源的条件下生产更高质量的地图产品。

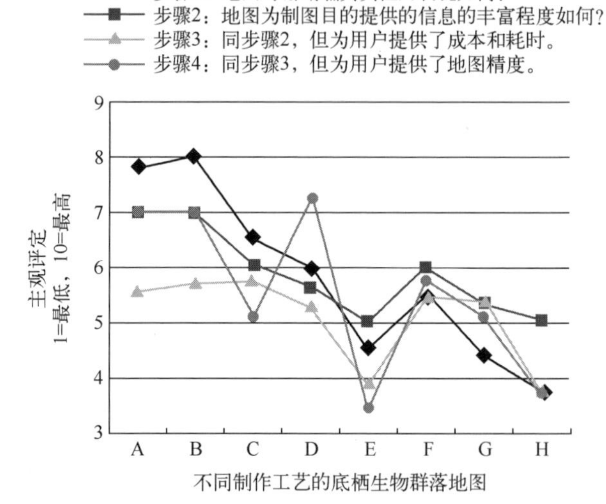

地图	A	B	C	D	E	F	G	H
成本/美元	4214	4179	2363	3000	2604	2447	578	823
时间/天	20	18.5	6.5	9.5	18	19	7	5.5
精度/%	57	56	40	61	25	37	32	22

图 15.3 用户对斐济 navakavu 的珊瑚礁底栖生物群落地图的评价举例,附有相关成本,时间和精度。这些制图方法分别是:A 综合了详细实地数据并进行了大气校正后的 Quickbird 影像数据的监督分类;B 综合了详细实测数据并进行了基础校正后的 Quickbird 影像数据的监督分类;C 对综合了区域特点的 Quickbird 影像数据的监督分类;D 对综合了实地基础数据并进行了基础校正后的 Quickbird 影像数据的监督分类;E 对综合了详细实地数据并进行了基础校正后的 Landsat 卫星 TM 影像数据的监督分类;F 基于 Quickbird RGB(三原色)影像和详细实测数据的人工解译结果;G 基于 Quickbird RGB(三原色)影像和区域特点的人工解译结果;H 基于 Landsat 卫星 TM 影像数据和区域特点的人工解译结果(Roelfsema and Phinn,2008)

15.3 应用实例

以下部分描述了一些把遥感数据有效运用于珊瑚礁管理和监测应用的案

例,在每一个案例中,描述了应用程序的具体内容、要求的数据类型以及如何将产品应用于管理决策通知。其中 15. 3. 1 节讨论了如何使用基线数据和数据产品编辑珊瑚礁资源库以及优先保护区,并以此来进行地方或全球规模的保护,以及利用专家知识并结合区域特点来绘制地图。15. 3. 2 节详述了最新研发的用于预测整个珊瑚礁鱼群空间特征的技术及其在渔业管理中的相关应用。15. 3. 3 节提供了四个有关遥感数据和产品如何被用于监控和应对生物威胁的具体案例。最后,15. 3. 4 节讨论了在监测珊瑚礁时空变化时所面临的挑战和机遇。

15. 3. 1 资源管理

决策者需要分别了解地方、国家和区域层面各有什么资源并据此制定合理的管理策略、发展建议,以及海洋和沿海区域的相关政策,而这些决策都将影响到对珊瑚礁资源丰富性和生物多样性的预测和管理。根据法律要求,这些资源库(resource inventories)通常要在海岸带开发项目审批之前通过环境影响评估(EIA)。例如,在 2005 出台的斐济环境管理法案下编制的 2007 年环境管理(EIA 过程)规定:“需要对推荐站点的环境设置进行必要的描述,其中应包括实施活动或任务前对该地区环境资源的声明以及对该活动或任务可能导致的环境改变情况的推测或估计”。珊瑚礁遥感可以提供这些基线,在可以获取实地数据的情况下,图像分类也可能用于增加基于站点的物种丰度、物种或物种群落的生物量。(Edwards,2000;Andréfouët et al. ,2005)。

在全球的尺度下,珊瑚礁栖息地地图通过联合国环境规划署——世界保护监测中心(UNEPWCMC)的世界珊瑚礁地图集出版(Spalding et al. ,2001)。值得注意的是,原始出版物有一定局限性,即很大程度上描述了仅能代表较大礁脊的栖息地,以及图集中只有 30%的珊瑚礁在使用原始资料的前提下以优于1:25万比例尺地图的分辨率被绘制成图。但是目前,通过与美国国家航空航天局的伙伴关系,世界保护监测中心的数据得以纠正并用于修正位置误差和礁区覆盖范围。结合千年珊瑚礁测绘项目的数据,这些珊瑚礁地图可通过网上的珊瑚礁数据库(www. reefbase. org)获得。

对于生物多样性公约(CBD)的签署国而言,资源库对于实现扩大国家海洋保护区网络的设想至关重要。通过工作于保护区的 CBD 项目,该公约的缔约方需要评估当前保护区网络的缺陷并选择候选网站来弥补这些不足(Dudley et al. ,2006)。对于国家和地区性的规划工作,需要精确的珊瑚礁栖息地指标来合理解释国家目标的管理进展(Naseer et al. ,2004)。例如,斐济政府在 2005 年宣布:在 2020 年前实现 30%的近岸和近海区域的有效管理。由于斐济目前尚未得到千年珊瑚礁测绘项目的相关数据,而是结合着从国土局航摄照片得到的数字化珊瑚礁栖息地数据和当前区域管理边界数据一起使用。到 2010 年为止,斐济已经实现对 10% ~ 22% 珊瑚礁海洋生物多样性有效的管理(Mills et al., 2011),同时斐济各省也绘制了保护栖息地的地图来展示各主要的近海海洋生物栖息地(即红树林、潮间带、岸礁、其他珊瑚礁和其他底栖基质)。这些地图用来帮助政府人员添加全国 MPA 网络站点(图 15.4)。

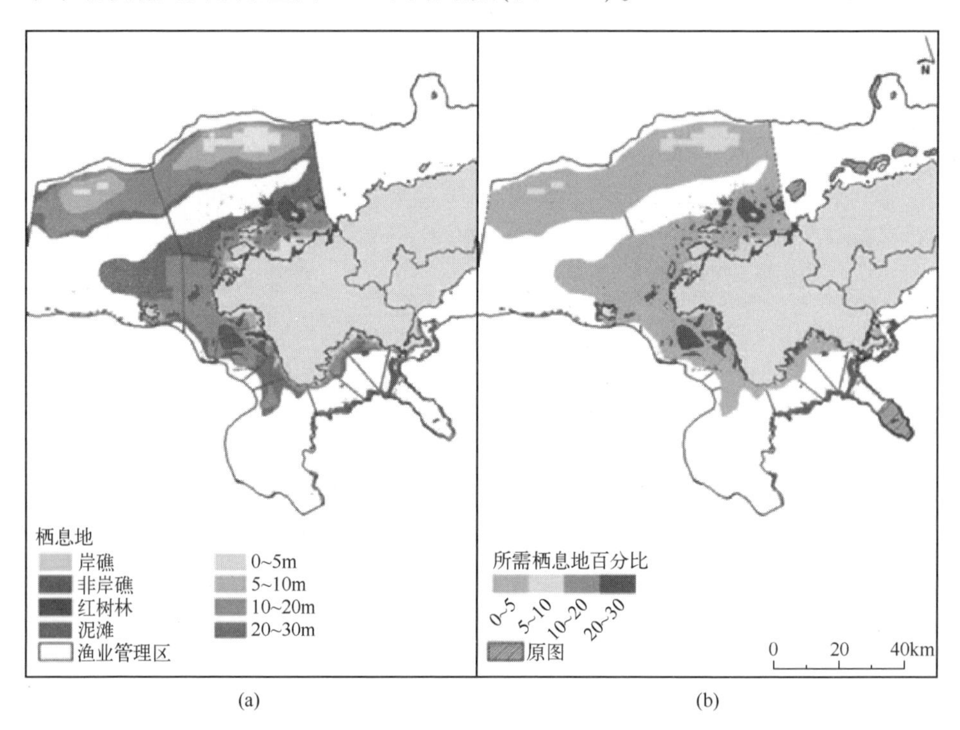

图 15.4 对斐济 Bua 省的 Vanua Levu 岛的海洋差距分析所得的地图(彩色版本见彩插)
(a) 传统渔业管理区内海岸和海洋栖息地分布;(b) 为实现国家生物多样性目标所保护的各栖息地数,展现的是该地区 2010 年 9 月的保护区位置。

上述案例描述了一种低维空间尺度的海洋空间规划方法,并做出了在增加海洋生物多样性的实际操作有难度的情况下,包括广阔的栖息地是可接受的方法(Margules et al.,2000)的假设。当具有高分辨率的栖息地的影像数据和实测数据时,可使用其他的方法将精细尺度的生态过程和生物多样性指标融入海洋保护区网络的设计当中。例如,Mumby(2001)提出了一种在给定的图像像元窗口内测量栖息地 β 差异的技术:生成的地图图层可以用来确保不同生物栖息地的代表性以及栖息地在 MPA 网络中的多样性。另一个案例中,Edwards et al.

(2010)结合栖息地鱼类生物量的相关信息,通过等比例放大的实测数据和模型(Mumby et al. ,2004b)和红树林生境地图来评估伯利兹海洋保护区(MPA)的设计方案。

在许多发展中国家,实测数据往往是有限的,而要获取高分辨率的空间卫星数据往往可能成本高昂,并且相关机构的员工处理图像的技术能力可能较弱。然而,政府常常能免费或低价获得(locally interpretate)当地的航摄照片解译结果。例如,Aswani et al. (2006)通过当地的渔民去追踪航摄照片上的代表性栖息地,这些航摄照片覆盖了西所罗门群岛的罗维安纳和沃纳沃纳岛地区。研究人员发现,地方上对各栖息地鱼群分布的认识要比实测数据更加全面,因此可用于建立适应于本土需求的海洋保护区(Aswani et al. ,2006)。事实上,如果地方上采取强硬手段占用当地的海洋资源,符合区域特点的针对资源库群落的遥感方法可能比外部机构制作的地图更方便用于管理应用。

15.3.2 预测鱼类群落

一项相对较新的珊瑚礁遥感数据应用已经兴起,它使用基于遥感的栖息地类型和群落结构信息来预测珊瑚礁鱼类群落的空间分布特征。相对于实地采集数据的高成本以及进入特定珊瑚礁区的困难性而言,通过海洋空间规划来改进用于管理和保护优先位置的信息,并评估珊瑚礁栖息地结构改变所形成的强大干扰对鱼群的潜在变化的影响能力,这些都为准确预测较粗空间尺度下珊瑚礁鱼类丰度、生物量、物种丰富度和多样性相对差异而给渔业管理和养护带来了极大便利。(Mumby et al. ,1999)。极高空间分辨率的无源或有源传感器所取得的新进展为能够在鱼群可响应的空间尺度下量化珊瑚礁栖息地和结构变量的信息。影响珊瑚礁鱼类群落特定分布的因素包括:生物地理模式(Thresher,1991);栖息地面积(Bellwood et al. ,2001);生态过程,如繁衍、竞争和捕食(Carr et al. ,2002);环境随机性(Connolly et al. ,2005);某一范围内鱼群和栖息地间不同程度的相互作用(Friedlander et al. ,1998;Lara et al. ,1998)。

从事珊瑚礁遥感研究工作的科学家已经发明了利用与鱼群结构相关的遥感数据量化至少5个栖息地变量的技术(已在前面的章节中讨论),这5个变量分别为:①深度;②结构的复杂性;③基质类型;④栖息地多样性;⑤活珊瑚的覆盖率。

多项研究已经通过利用激光雷达衍生的水深、地形复杂度来预测珊瑚礁粗糙度同鱼类群落特征之间的关系(第6章;Wedding et al. ,2008;Pittman et al. ,2009)。研究还利用多光谱数据(例如,QuickBird卫星、IKONOS卫星)获得了深度和结构复杂性信息(Purkis et al. ,2008;Knudby et al. ,2010a,2011),使得该方法虽然在精度上稍逊于激光雷达，但在成本和预处理时间上均占优势。此外，多光谱数据也可用于创建基质类型、栖息地多样性和活珊瑚覆盖率的专题地图(Harbourne et al. ,2006;Knudby et al. ,2010a,2011)。

为实现空间预测，模型的开发必须结合实测数据和遥感参数。Wedding et al. (2008)开发了有合理相关性的线性模型(GLM)；但是，鱼类与栖息地变量之间可能存在着非线性关系。例如，Knudby et al. (2010b)通过研究坦桑尼亚琼碧礁、巴韦礁的数据发现鱼类物种的丰富度同活珊瑚覆盖率、粗糙度和深度范围之间存在的是非线性关系。最常用的模型(包括一般线性模型)中，广义相加模型(GAM)、支持向量机(SVM)和回归树模型在预测鱼类物种丰度、数量和产量方面取得了最好效果。通过基于IKONOS卫星影像，经过自举聚合树模型计算得到的栖息地参数是坦桑尼亚的鱼类群落的最佳预测结果(图15.5;Knudby et al. ,2010a)。通过基于QuickBird和IKONOS卫星得到的栖息地参数，则为斐济鱼类群落提供了最佳预测(Knudby et al. ,2011a)。

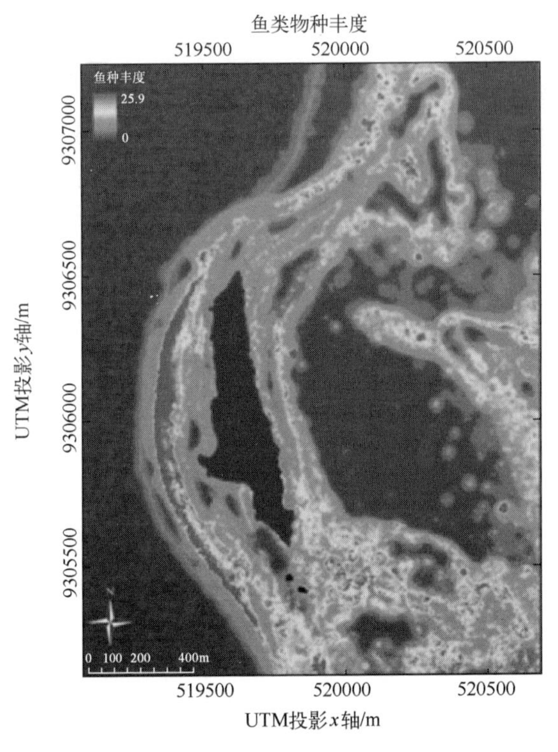

图15.5 基于IKONOS卫星栖息地变量和(装袋)空间预测模型，地图展示了对坦桑尼亚的琼碧岛周围鱼类物种丰度的预测(彩色版本见彩插)

迄今,大多数研究表明,在较细的空间尺度(2.5～42.5m;Kuffner et al.,2007;Purkis et al.,2008;Wedding et al.,2008;Pittman et al.,2009;Knudby et al.,2010a),鱼类物种的丰富度同遥感影像的粗糙度存在着紧密联系。然而也有证据表明,粗尺度(200～225m)的粗糙度也可能影响鱼类的生物总量(Pittman et al.,2009a,Knudby et al.,2010a)。

目前,斐济国际野生生物保护协会正利用鱼类物种丰富度和可食用鱼类生物量预测模型的输出结果以及珊瑚礁恢复力和渔民机会成本的数据来优化海洋保护区网络设计。这些结果用于向政府或管理者提供全新的海洋保护区网络的多种备选方案,以此来减少成本冲突及提高未来粮食的保障性。

15.3.3 威胁和损害评估

遥感数据已迅速融入许多局地和全球规模的监测工作,并以此来评估珊瑚礁所受到的威胁和损害。在这一部分,我们提出了四个简短的案例来揭示珊瑚礁监控和管理的不同应用:①大堡礁潟湖的水质评估;②太平洋海域棘冠海星的爆发预测;③墨西哥湾的石油泄漏威胁制图;④某船舶在澳大利亚搁浅的损伤评估。

1. 水质

澳大利亚的昆士兰州政府已经制定了一个宏大的目标——确保到2020年从相邻流域进入大堡礁的海水水质对大堡礁的健康状况和快速恢复能力没有不利影响(昆士兰州,2009)。为实现这一目标,管理者需要做到:评估进入大堡礁潟湖的沉积物和营养物负荷的变化;辨别洪水对于礁区的风险;评估珊瑚礁生态系统随时间的变化情况。比如网络和合并流域模型,它们包括了数字高程模型、来自遥感数据的土地利用和土地覆盖图,这些可用于估算河端沉积物和营养负荷(McKergow et al.,2005a,b)。这些地图可以在定期更新后用于监测土地覆盖的实时变化并以此指导主动管理举措。近来,通过遥感数据对珊瑚礁受洪水影响的频率进行制图和分类,新技术已能够用于评估热带存在风险的珊瑚礁(Devlin et al.,2009)。基于从可用的Aqua和Terra卫星的MODIS数据获取的叶绿素a浓度的阈值和有色溶解有机质,为每个洪水水位定义初级、二级和三级,其结果被合并在一个地理信息系统中,然后绘制一套可用于指示各种海洋生态环境,包括珊瑚礁(Devlin et al.,2009)所面临的威胁的公开地图。检测方法可以用来评估沿河口的浅礁群落距离梯度的响应及变化。综合结果可以用来评估流域管理策略对珊瑚礁水质保护计划的有效性(Queensland,2009)。

2. 棘冠海星

吃珊瑚的棘冠海星(COTS)的周期性爆发对太平洋和印度洋的珊瑚礁已经造成重大的破坏。虽然一些作者已经表明,营养丰富的河流有助于增强生存能力(Birkeland,1982;Brodie et al.,2005),与此同时,在遥远的太平洋小岛上的频繁爆发却也表明可能存在别的诱因。最近的研究显示;通过组合使用中分辨率传感器和成像光谱仪可获得海表叶绿素浓度数据,利用卫星影像和风力资料可得出太平洋的棘冠海星爆发的一个正向反馈(Houk et al.,2007;Houk et al.,2010)所有的数据都可通过美国国家海洋与大气管理局海洋监测中心太平洋项目(oceanwatch. pifsc. noaa. gov)免费获得,而且可能被纳入美国国家海洋与大气管理局珊瑚礁监测程序用于提供早期爆发预警,这对当地的管理者也有帮助。

3. 石油泄漏

2010 年美国海域的墨西哥湾发生了灾难性深海地平石油钻井平台泄漏事故,由于泄漏对海洋生态环境和物种构成了严重的威胁,对溢油实行实时监测的紧迫性也在该事故中突显而出。为了满足管理者对石油泄露信息定期更新的需求,美国国家海洋与大气管理局和新罕布什尔州大学的沿海效应研究中心成立了应急管理应用(ERMA)网络平台(gomex. erma. noaa. gov/erma. html),其中包含:融合了来源于美国国家海洋与大气管理局国家环境卫星的数据与产品的交互式地图、数据和信息服务(NESDIS;www. nesdis. noaa. gov)。这些数据层包括雷达、中分辨率成像光谱仪(MODIS)和航摄影像,其中航摄影像除明确了石油泄漏的范围之外,还预报了风、浪、流和降水等环境条件。此外,这些数据还给管理者提供了一个用于预先评估所在栖息地是否将受漏油事件影响以及是否采取必要管理措施的机会。

4. 船舶搁浅

通常,船舶搁浅对珊瑚礁的影响要小于大规模石油泄漏对其产生的影响,但是它们也能对珊瑚礁产生显著的破坏。破坏可以是船与海底直接的接触,也可以间接地通过燃料或其他污染物的泄漏而造成。例如,在 2010 年 4 月,230m 长的远洋运煤船“神能”1 号搁浅在了道格拉斯浅滩的 10m 最小水深处,该浅滩位于澳大利亚大堡礁南部的摩羯座堡礁群中。这艘装有约 68000t 煤和 950m^3 燃料的运煤船在横穿珊瑚礁的过程中对礁群造成了严重的损害,使之留下了一个 3000m×250m 的裂痕。该地区 50%的区域遭受直接破坏,其中包括防污油漆的沉积。澳大利亚海事安全局利用机载热红外传感器对该地区的泄漏进行了远程监测,大堡礁海洋公园管理局也通过声学调查和水下照片和视频断面调查来监测损害情况。主被动遥感同基于影像的水下损伤直接评估间的各种组合,已成为当今用于评估船舶搁浅损伤和监测珊瑚礁时空恢复的重要工具。

15.3.4 时间变化监测

以往的案例研究展示了遥感技术如何在特定时间点提供面积、范围和内容均明确的珊瑚礁特征分布图。这些应用的合理拓展包括重建不同日期下的珊瑚礁分布范围、地貌区划、底栖生物群，以及鱼类栖息地等专题地图，然后对观察到的随时间推移的珊瑚礁的自然变化进行制图和量化。明确这里存在什么及其随时间发生的变化将成为科学与管理的一个关键要求。

前面的章节已清楚地说明，被政府机构、私人公司和非政府组织广泛利用的，用于绘制不同类型专题地图的遥感技术能力已经到了实用化的程度，这些专题图包括珊瑚礁范围、珊瑚礁生物物理组成和流程以及影响珊瑚礁生长与范围的生物物理海洋及气象参数。为制作这些地图所收集的的大部分卫星和航空图像数据集，很容易对同一地区重复覆盖。这也使得从事礁类研究的科学家能够绘制珊瑚礁组分、物理特征和控制过程等方面的专题地图，从而来评价发生变化的性质和类型、自然变化及扰动程度以及人类行动和管理决策所造成的直接或间接的影响（Jupp et al.，1985；Dustan et al.，2001；Andréfouët et al.，2004；Knudby et al.，2007）。虽然主要利用连续两天的图像数据来完成对珊瑚礁范围、组成或栖息地变化的制图，但通过长时间序列的卫星图像、航摄图像以及现场调查数据来制图的相关应用已经兴起于研究过程之中。以下两个普通案例用于理解和管理珊瑚礁变化监测和趋势分析方面的研究。第一个例子侧重于连续两天的制图特征变化，第二个例子则涵盖了一个多图像的长时间序列（100~1000 天）。在同行文献分析中，涵盖连续两天珊瑚礁变化监测的出版物少之又少。大多数已发表的研究报告的结果均从地图生产者的角度出发，侧重于使用的技术、获得的精度及变化的自然或人为过程的干扰。最常报道的案例是地貌区域及底栖生物群落的制图，其主要测绘手段为陆地卫星专题制图仪和目前更高空间分辨率的多光谱卫星（例如，Dustan et al.，2001；Andréfouët et al.，2001，2005b；Palandro et al.，2003，2008；Andréfouët，2008 Knudby et al.，2009）。这些研究主要侧重于评估干扰的影响，如气旋和白化（Yamano et al.，2004；Collier et al.，2007）。更具体的研究正通过结合多光谱数据、高空间分辨率图像、机载激光测深与现场数据来绘制珊瑚及藻类覆盖率变化以及预测在环境变化和管理措施影响下鱼群、壳类动物或贝类的数量变化（例如，Hardy，1999；Collier et al.，2007；Scopélitis et al.，2009，2011）。此外，卫星图像和航摄照片也被用于绘制珊瑚礁及环礁平均海平面的变化（Yamano et al.，2000，Yamano，2007）。

“变化监测分析”领域的最新进展是利用对卫星影像和长达 10~100s 的航

摄影像档案的时间序列分析来绘制珊瑚礁组成和生物物理性质的变化(Purkis et al., 2005;Knudby et al.,2009;Scopélitis et al.,2009,2011)。这使得依据底栖生物群落、生态环境和珊瑚覆盖量来对珊瑚礁进行动态评估成为可能,这些评估包括干扰的影响及扰后恢复。由于可以获取19世纪30年代之后的所有全球航空摄影档案和早至20世纪70年代初的全球卫星影像档案(Landsat MSS和TM),于是扩大该领域应用有了巨大的可能。最重要的是,这类数据集和分类使自然变化和过程得到了识别和梳理,只是积极或消极的人类活动的影响除外。

遥感变化监测最频繁地应用于以下两个方面:对大面积和不同时间尺度内珊瑚及藻类生长的生物和物理控制评估的监控与管理;对可能破坏珊瑚礁的物理或生物扰动条件的监测。如第11、12章所述,卫星SST时间序列数据和特定地区珊瑚白化的热条件知识被用于更新某一地区的白化可能性。这种实时的方法基于长期的全球SST数据档案。长期的存档数据明确了每年、每季或每月的SST,然而实时存档数据却相当于平均或标准条件用来量化异常,然后调整到白化所需的SST异常状态。其他诸如事件预测和跟踪的操作应用能导致礁区产生明显干扰,如物理影响(例如,热带气旋产生的波浪)或江河入海形成的羽状剖面。这些都需要长期的且时间尺度合适的影像来跟踪干扰。然而这些应用常常受限于像元尺寸范围为250m~1km的日常全球覆盖的卫星影像。一旦有干扰事件被监测到,通常采用的措施是去获取诸如以上所列的空间分辨率更高的数据和实现技术。该领域的研究发展主要集中于生物多样性和海洋物理参数,此外还有酸度、盐度和霰石饱和度等参数,而这些研究能够更详细地评估珊瑚礁的生长(Kayanne et al.,2005;Moses et al.,2009)。

15.4 结论和建议

遥感数据和相关数据产品是解决珊瑚礁研究及管理问题非常宝贵的工具。然而,要满足研究和管理需求往往要选择最适合问题规模和用户水平的图像及数据产品。鉴于监测和评估方案往往要受限于成本这一实际,管理者应当充分利用日益增多的可免费获取的数据产品和工具(表15.3)。

表15.3 适合珊瑚礁遥感的免费遥感数据及数据产品的实例

应用/产品	来　源
NOAA 珊瑚礁观测	http://coralreefwatch. noaa. gov/satellite/bleachngoutlook/index. html

(续)

应用/产品	来　源
疫病爆发风险 光应力破坏(light stress damage) 短期海表温度趋势(SST trends) 海洋酸化 白化现象展望(bleaching outbreak)	包括同免费获取于 NASA,NOAA/NESDIS 及其他的网上数据之间的连接
NOAA 国家环境卫星数据和信息服务中心(NESDIS)	http://www.nesdis.noaa.gov/
海表温度	http://www.osdpd.noaa.gov/mi/ocean/sst.html
海洋表面流实时分析	http;//www.oscar.noaa.gov/index.html
水深测量	http://www.ngdc.noaa.gov/mgg/bathymetry/relief.html
水色	http://www.osdpd.noaa.gov/ml/ocean/color.html
海面高度	http://www.osdpd.noaa.gov/ml/ocean/ssheight.html
风	http://www.osdpd.noaa.gov/ml/air/wind.html
NASA 物理海洋 DAAC	http://podaac.jpl.nasa.gov/
重力	http://podaac.jpl.nasa.gov/gravity
海表温度	http://podaac.jpl.nasa.gov/SeaSurfaceTemperature
海表盐度	http://podaac.jpl.nasa.gov/eaSurfaceSalinity
海洋风	http://podaac.jpl.nasa.gov/OceanWind%20
洋流和循环	http://podaac.jpl.nasa.gov/OceanCurrentsCirculation
海面形态	http://podaac.jpl.nasa.gov/OceanSurfaceTopography
NASA MODIS 一级数据	http://ladsweb.nascom.nasa.gov/index.html
USGS 地球资源观测和科学中心	http://glovis.usgs.gov/
陆地卫星和 MODIS 数据	
千年珊瑚礁制图计划产品	http://www.imars.usf.edu/MC/index.html
千年珊瑚礁陆地卫星档案	http://oceancolor.gsfc.nasa.gov/cgi/Landsat.pl
礁基 GIS 数据集	http://www.reefbase.org/gis_maps/download.aspx
谷歌地球	http://earth.google.com/
昆士兰大学海洋遥感数据包	http://www.gpem.uq.edu.au/cser-rstoolkit

此外,研究和管理者之间合作性的协定将有利于研究珊瑚礁管理者的需要,并且提升员工与管理者对相关数据的解读和使用能力。最后,管理机构应当充分记录用于开发环境信息的新技术和工具并在内部形成交流与沟通,以此来确保所积累的经验被员工不断地更新及应用。

致谢:感谢 A. knudby 和 R. Weeks 提供了资料以及昆士兰大学对海洋空间遥感工具包的贡献,这也是本书的参考资料。此外 C. Roelfsema 也对参与和支持斐济终端用户地图评价研究的南太平洋大学成员和 Navakavu 社区成员表示感谢。

推荐阅读

Andréfouët S (2008) Coral reef habitat mapping using remote sensing: a user vs producerperspective. Implications for research, management and capacity building. J Spat Sci53:113-129

Phinn SR (1998) A framework for selecting appropriate remotely sensed data dimensions forenvironmental monitoring and management. Int J Remote Sens 19:3457-3463

Phinn S, Roelfsema C, Stumpf RP (2010) Remote sensing: discerning the promise from thereality. In: Dennison WC (ed) Integrating and applying science: a handbook for effectivecoastal ecosystem assessment. IAN Press, Cambridge

参考文献

Adams VM, Mills M, Jupiter SD, Pressey RL (2011) Improving social acceptability of marineprotected area networks: a method for estimating opportunity costs to multiple gear types inboth fished and currently unfinished areas. Biol Conserv 144:350-361

Andréfouët S (2008) Coral reef habitat mapping using remote sensing: a user vs producerperspective. Implications for research, management and capacity building. J Spat Sci53:113-129

Andréfouët S, Payri C (2000) Scaling-up carbon and carbonate metabolism of coral reefs usingin situ data and remote sensing. Coral Reefs 19:259-269

Andréfouët S, Riegel S (2004) Remote sensing: a key tool for interdisciplinary assessment ofcoral reef processes. Coral Reefs 23:1-4

Andréfouët S, Müller-Karger FE, Hochberg EJ, Hu C, Carder KL (2001) Change detection inshallow coral reef environments using Landsat 7 ETM+ data. Remote Sens Environ78:150-162

Andréfouët S, Berkelmans R, Odriozola L, Done T, Oliver J, Müller-Karger F (2002) Choosingthe appropriate spatial resolution for monitoring coral bleaching events using remote sensing. Coral Reefs 21:147-154

Andréfouët S, Gilbert A, Yan L, Remoissenet G, Payri C, Chancerelle Y (2005a) The remarkable-population size of the endangered clam Tridacna maxima assessed in Fangatau Atoll (EasternTu-amotu, French Polynesia) using in situ and remote sensing data. ICES J Mar Sci62:1037-1048

Andréfouët S, Hochberg EJ, Chevillon C, Müller-Karger FE, Brock JC, Hu C (2005b) Multi-scal-eremote sensing of coral reefs. In: Miller RL, Del Castillo CA, McKee BA (eds) Remotesensing of coastal aquatic environments: technologies, techniques and applications. Springer, Dordrecht

Andréfouët S, Müller-Karger FE, Robinson JA, Kranenburg CJ, Torres-Pulliza D, Spraggins SA, Murch B (2006) Global assessment of modern coral reef extent and diversity for regionalscience and management applications: a view from space. In: Proceedings of the 10thInternational Coral Reef Symposium, pp 1732-1745

Aswani S, Lauer M (2006) Benthic mapping using local aerial photointerpretation and residenttaxa inventories for designing marine protected areas. Environ Conserv 33:263-273

Bellwood DR, Hughes TP (2001) Regional-scale assembly rules and biodiversity of coral reefs. Science 292:1532-1534

Birkeland C (1982) Terrestrial runoff as a cause of outbreaks of Acanthaster planci (Echinodermata: Asteroidea). Mar Biol 69:175-185

Brodie J, Fabricius K, De'ath G, Okaji K (2005) Are increased nutrient inputs responsible formore outbreaks of crown-of-thorns starfish? An appraisal of the evidence. Mar Pollut Bull51:266-278

Carr MH, Anderson TW, Hixon MA (2002) Biodiversity, population regulation, and the stabilityof coral-reef fish communities. Proc Natl Acad Sci U S A 99:11241-11245

Clarke CD, Mumby PJ, Chisholm JRM, Jaubert J, Andréfouët S (2000) Spectral discrimination ofc-oral mortality states following a severe bleaching event. Int J Remote Sens 21:2321-2327

Collier JS, Humber SR (2007) Time-lapse side-scan sonar imaging of bleached coral reefs: a case-study from the Seychelles. Remote Sens Environ 108:339-356

Connolly SR, Hughes TP, Bellwood DR, Karlson RH (2005) Community structure of corals andreef fishes at multiple scales. Science 309:1363-1365

Devlin M, Schaffelke B (2009) Spatial extent of riverine flood plumes and exposure of marineeco-systems in the Tully coastal region, Great Barrier Reef. Mar Freshw Res 60:1109-1122

Dudley N, Parish J (2006) Closing the gap. Creating ecologically representative protected areasys-tems: a guide to conducting the gap assessments of protected area systems for theconvention on biological diversity. Technical series no. 24. Secretariat of the convention onbiological diversity,

Montreal, Canada. http://www.cbd.int/doc/publications/cbd - ts - 24.pdf. Accessed 24 May 2012

Dustan P, Dobson E, Nelson G (2001) Landsat Thematic Mapper: detection of shifts incommunity composition of coral reefs. Conserv Biol 15:892-902

Edwards AJ (2000) Assessment of coastal marine resources: a review. In: Edwards AJ (ed) Remote sensing handbook for tropical coastal management. UNESCO, Paris

Edwards HJ, Elliott IA, Pressey RL, Mumby PJ (2010) Incorporating ontogenetic dispersal, ecological processes and conservation zoning into reserve design. Biol Conserv 143:457-470

Friedlander AM, Parrish JD (1998) Habitat characteristics affecting fish assemblages on aHawaiian coral reef. J Exp Mar Biol Ecol 224:1-30

Harbourne AR, Mumby PJ, Zychaluk K, Hedley JD, Blackwell PG (2006) Modeling the betadiversity of coral reefs. Ecology 87:2871-2881

Hardy JT (1999) Coral reef monitoring with airborne LIDAR. In: Proceeding of the International-Workshop on the Use of Remote Sensing Tools for Mapping and Monitoring Coral Reefs. NOAA, CSC/NEDIS/ICLARM, Honolulu, Hawaii

Hopley D, Smithers S, Parnell K (2007) The geomorphology of the Great Barrier Reef: development, diversity, and change. Cambridge University Press, Cambridge

Houk P, Raubani J (2010) Acanthaster planci outbreaks in Vanuatu coincide with oceanproductivity, furthering trends throughout the Pacific Ocean. J Oceanogr 66:435-438

Houk P, Bograd S, van Woesik R (2007) The transition zone chlorophyll front can triggerAcanthaster planci outbreaks in the Pacific Ocean: historical confirmation. J Oceanogr63:149-154

Jenkins AP, Jupiter SD, Qauqau I, Atherton J (2010) The importance of ecosystem-basedmanagement for conserving migratory pathways on tropical high islands: a case study fromFiji. Aquat Conserv 20:224-238

Jupp DLB, Mayo KK, Kuchler DA, Claasen DVR, Kenchington RA, Guerin PR (1985) Remotesensing for planning and managing the Great Barrier Reef of Australia. Photogrammetria40:21-42

Kayanne H, Hata H, Kudo S, Yamano H, Watanabe A, Ikeda Y, Nozaki K, Kato K, Negishi A, Saito H (2005) Seasonal and bleaching-induced changes in coral reef metabolism and CO2flux. Global Biogeochem Cycles 19:GB3015

Knudby AJ (2009) Remote sensing of reef fish communities. PhD thesis, University of Waterloo, Waterloo, Canada

Knudby A, LeDrew E, Newman C (2007) Progress in the use of remote sensing for coral reefbiodiversity studies. Prog Phys Geogr 31:421-434

Knudby A, Newman C, Shaghude Y, Muhando C (2009) Simple and effective monitoring ofhistoric changes in nearshore environments using the free archive of Landsat imagery. Int JAppl Earth Obs Geoinf 12:S116-S122

Knudby A, LeDrew E, Brenning A (2010a) Predictive mapping of reef fish species richness, diversity and biomass in Zanzibar using IKONOS imagery and machine-learning techniques. Remote Sens Environ 114:1230-1241

Knudby A, Brenning A, LeDrew E (2010b) New approaches to modelling fish-habitatrelationships. Ecol Model 221:503-511

Knudby A, Roelfsema C, Lyons M, Phinn S, Jupiter S (2011) Mapping fish community variablesby integrating field and satellite data, object-based image analysis and modeling in atraditional Fijian fisheries management area. Remote Sens 3:460-483

Kuffner IB, Brock JC, Grober-Dunsmore, Bonito VE, Hickey TD, Wright CW (2007) Relationships between reef fish communities and remotely sensed rugosity measurements inBiscayne National Park, Florida, USA. Environ Biol Fish 78:71-82

Lara EN, Gonzalez EA (1998) The relationship between reef fish community structure andenvironmental variables in the southern Mexican Caribbean. J Fish Biol 53:209-221

Liu G, Strong AE, Skirving W (2003) Remote sensing of sea surface temperature during 2002Great Barrier Reef bleaching event. EOS 84:49-56

Margules CR, Pressey RL (2000) Systematic conservation planning. Nature 405:243-253

McKergow LA, Prosser IP, Hughes AO, Brodie J (2005a) Sources of sediment to the GreatBarrier Reef World Heritage Area. Mar Pollut Bull 51:200-211

McKergow LA, Prosser IP, Hughes AO, Brodie J (2005b) Regional scale nutrient modelling: exports to the Great Barrier Reef World Heritage Area. Mar Pollut Bull 51:186-199

Mills M, Jupiter S, Pressey RL, Ban NC, Comley J (2011) Incorporating effectiveness ofcommunity-based management in a national marine gap analysis for Fiji. Conserv Biol25:1155-1164

Moses CS, Andréfouët S, Kranenburg CJ, Müller-Karger FE (2009) Regional estimates of reefcarbonate dynamics and productivity using Landsat 7 ETM+, and potential impacts fromocean acidification. Mar Ecol Prog Ser 380:103-115

Mumby PJ (2001) Beta and habitat diversity in marine systems: a new approach to measurement, scaling and interpretation. Oecologia 128:274-280

Mumby PJ, Clark CD, Green EP, Edwards AJ (1998) Benefits of water column correction andcontextual editing for mapping coral reefs. Int J Remote Sens 19:203-210

Mumby PJ, Green EP, Edwards AJ, Clark CD (1999) The cost-effectiveness of remote sensing fortropical coastal resources assessment and management. J Environ Manag 55:157-166

Mumby PJ, Skirving W, Strong AE, Hardy JT, LeDrew EF, Hochberg EJ, Stumpf RP, David LT (2004a) Remote sensing of coral reefs and their physical environment. Mar Pollut Bull48:219-228

Mumby PJ, Edwards AJ, Arias-Gonzalez JE, Lindeman KC, Blackwell PG, Gall A, GorczynskaMI, Harborne AR, Pescod CL, Renken H, Wabnitz CCC, Llewellyn G (2004b) Mangrovesenhance the biomass of coral reef fish communities in the Caribbean. Nature 427:533-536

Naseer A, Hatcher B (2004) Inventory of the Maldives' coral reefs using morphometricsgenerated from Landsat ETM+ imagery. Coral Reefs 23:161-168

Palandro D, Andréfouët S, Dustan P, Müller-Karger FE (2003a) Change detection in coral reef-communities using Ikonos satellite sensor imagery and historic aerial photographs. Int JRemote Sens 24:873-878

Palandro D, Andréfouët S, Müller-Karger FE, Dustan P, Hu C, Hallock P (2003b) Detection of-changes in coral reef communities using Landsat 5/TM and Landsat 7/ETM+ Data. Can JRemote Sens 29:207-209

Palandro DA, Andréfouët S, Hu C, Hallock P, Müller-Karger FE, Dustan P, Callahan MK, Kranenburg C, Beaver CR (2008) Quantification of two decades of shallow-water coral reefhabitat decline in the Florida Keys National Marine Sanctuary using Landsat data(1984-2002). Remote Sens Environ 112:3388-3399

Phinn SR (1998) A framework for selecting appropriate remotely sensed data dimensions forenvironmental monitoring and management. Int J Remote Sens 19:3457-3463

Phinn SR, Menges C, Hill GJE, Stanford M (2000) Optimising remotely sensed solutions formonitoring, modelling and managing coastal environments. Remote Sens Environ73:117-132

Phinn S, Roelfsema C, Stumpf RP (2010) Remote sensing: discerning the promise from thereality. In: Dennison WC (ed) Integrating and applying science: a handbook for effectivecoastal ecosystem assessment. IAN Press, Cambridge

Pittman SJ, Costa BM, Battista TA (2009) Using lidar bathymetry and boosted regression trees to-predict the diversity and abundance of fish and corals. J Coast Res 53:27-38

Purkis SJ, Riegl B (2005) Spatial and temporal dynamics of Arabian Gulf coral assemblagesquantified from remote-sensing and in situ monitoring data. Mar Ecol Prog Ser 287:99-113

Purkis SJ, Graham NAJ, Riegl BM (2008) Predictability of reef fish diversity and abundanceusing remote sensing data in Diego Garcia (Chagos Archipelago). Coral Reefs 27:167-178

Roelfsema CM, Phinn SR (2008) Evaluating eight field and remote sensing approaches formapping the benthos of three different coral reef environments in Fiji. In: Proceedings of SPIEAsia Pacific Remote Sensing Conference—Remote Sensing of Inland, Coastal and OceanicWater. Noumea, New Caledonia

Salafsky N, Margoluis R (1999) Threat reduction assessment: a practical and cost-effectiveapproach to evaluating conservation and development projects. Conserv Biol 13:830-841

Scopélitis J, Andréfouët S, Phinn S, Chabanet P, Naim O, Tourrand C, Done T (2009) Changes ofcoral communities over 35 years: integrating in situ and remote-sensing data on Saint-LeuReef (la Réunion, Indian Ocean). Estuar Coast Shelf Sci 84:342-352

Scopélitis J, Andréfouët S, Phinn SR, Done T, Chabanet P (2011) Coral colonisation of a shallowreef flat in response to rising sea-level: quantification from 35 years of remote sensing data atHeron Island, Australia. Coral Reefs 30:951-965

Spalding MD, Ravilious C, Green EP (2001) World atlas of coral reefs. UNEP-WCMC inassociation with the University of California Press, Berkeley

State of Queensland (2009) Reef water quality protection plan 2009 for the Great Barrier ReefWorld Heritage Area and adjacent catchments. Reef Water Quality Protected Plan Secretariat, Brisbane, Australia. http://www. reefplan. qld. gov. au/about/assets/reefplan - 2009. pdf. Accessed24 May 2012

Thresher RE (1991) Geographic variability in the ecology of coral reef fishes:evidence,evolution, and possible implications. In:Sale PF (ed) The ecology of fishes on coral reefs. Academic, San Diego

Wabnitz CCC,Andréfouët S,Torres-Pulliza D,Müller-Karger FE,Kramer PA (2008) Regionalscaleseagrass habitat mapping in the Wider Caribbean region using Landsat sensors: applications to conservation and ecology. Remote Sens Environ 112:3455-3467

Wedding LM,Friedlander AM,McGranaghan M,Yost RS,Monaco ME (2008) Usingbathymetric lidar to define nearshore benthic habitat complexity:implications for managementof reef fish assemblages in Hawaii. Remote Sens Environ 112:4159-4165

Yamano H (2007) The use of multi-temporal satellite images to estimate intertidal reef-flattopography. J Spat Sci 52:73-79

Yamano H,Tamura M (2004) Detection limits of coral reef bleaching by satellite remote sensing: simulation and data analysis. Remote Sens Environ 90:86-103

Yamano H,Kayanne H,Yamaguchi T,Kuwahara Y,Yokoki H,Shimazaki H,Chikamori M(2007) Atoll island vulnerability to flooding and inundation revealed by historicalreconstruction: Fongafale Islet,Funafuti Atoll,Tuvalu. Global Planet Change 57:407-416

Yamano H, Kayanne H, Yonekura N, Kudo K (2000) 21 year changes of back reef coraldistribution:causes and significance. J Coast Res 16:99-110

后记:“珊珊”来迟

我与海洋有着不解的因缘。我4岁的时候,母亲带着我去青岛培训,那是我第一次见到大海、礁石。那个站在海边青色礁石上照相的战战兢兢的小姑娘,1997年高考后第一志愿选择了青岛海洋大学,并在高考后的青岛海滨之旅,更增进了对大海的情愫。也许冥冥之中自有安排,提前被海军大连舰艇学院海图制图专业录取,更与海结下了不解之缘。

在黄海之滨老虎滩畔,我如饥似渴地学习着“海洋地理信息”和“海洋遥感”等专业知识,并于2001年继续攻读本院的硕士研究生,师从黄文骞教授,硕士论文为《海岸带地理信息的数学基础及多元表示研究》。硕士毕业后留校任教,从事着“遥感制图”的教学与科研。工作的5年中,深感遥感领域发展之快,从而萌生要在这个领域继续深造的想法。2009年,已有一个两岁孩子的我,考取了中国科学院烟台海岸带所的博士,师从中科院地理所周成虎老师。届时中国科学院烟台海岸带研究所(简称为中科院烟台所)刚筹建,考场和考试名额都归在中国科学院南海海洋研究所(简称为中科院南海所)。于是,入学考试在中科院南海所,体检和面试在中科院烟台所,而上课都在导师所在的中科院地理所。于是辗转周折,与中科院烟台所、中科院南海所和中国科学院地理科学与资源研究所(简称为中科院地理所)都结下了缘。一路走来,承蒙了许多大师级老师的关心和指导,在海岸带与海岛礁遥感测绘的研究中,渐渐有了自己的体悟。博士论文为《基于序列遥感水边线的潮滩DEM反演》。

2012年,在中科院地理所主持的“中国南海研究创新论坛”上,近距离聆听了海洋界院士大师们的南海研究的报告。当听到王颖院士宣布以她为首的平均年龄70岁的院士们要组团去南沙群岛考察时,身为海军的我为他们那样热爱海疆国土的精神深深打动。

2013年博士毕业后,我又被周成虎老师招回参与中国科学院《中国南海主权态势演变图集》的编辑工作。在其中一个重要的工作——南沙群岛的每一个珊瑚礁的遥感影像进行解译和制图中,我们请来了当时中国最早进行南沙群岛科学考察的赵焕庭老先生。在赵老先生的指导和在周成虎老师、苏奋振老师带领的全组人的努力下,一套系统的珊瑚礁微地貌分类体系和遥感解译图集就完成了。

在随后的教学和科研实践过程中，我特别注重实践教学、双语教学及网络教学，积极参加遥感测绘专业建设和课程建设，大胆改革海洋遥感制图的课程设置并拟定教材、将新成果纳入课堂。近年来参与国家及海军专项等15项科研工作。获军队科技进步二等奖1项、三等奖3项。辽宁省自然科学基金三等奖1项。撰写发表学术论文24篇。在“海洋遥感制图”、“海洋地理学”课程实践中，将珊瑚礁研究当作一个重要的课题，例如总结了珊瑚礁生长的非常6+1条件、人工地貌的五星级划分标准，以及南沙群岛中由越南、菲律宾、马来西亚非法占领的珊瑚礁名称便于记忆的顺口溜。多次赴部队讲课，将海洋地理环境的研究成果推介给部队。在珊瑚礁区遥感水深反演研究中，尝试运用多数据源融合进行反演，并将珊瑚礁地貌底质的遥感分类结果参与到验证水深反演精度的项目上，令其相对精度得到提高。

这些求学和工作的经历，一步步带我走进珊瑚礁的研究领域，使得我这个“珊珊”来迟的门外汉坚定了一个信念，就是——

以合格工人心态初做遥感测绘事业，

为白玉无瑕海洋生态环境甘砌雕栏。

亚珊

于海滨大连

遥远南方光芒之海，石花环点缀；

祖国的那片后花园，我唯注视你；

浪花般的那样洁白，又生生不息；

白日劈波夜数星盘，永远不分离。

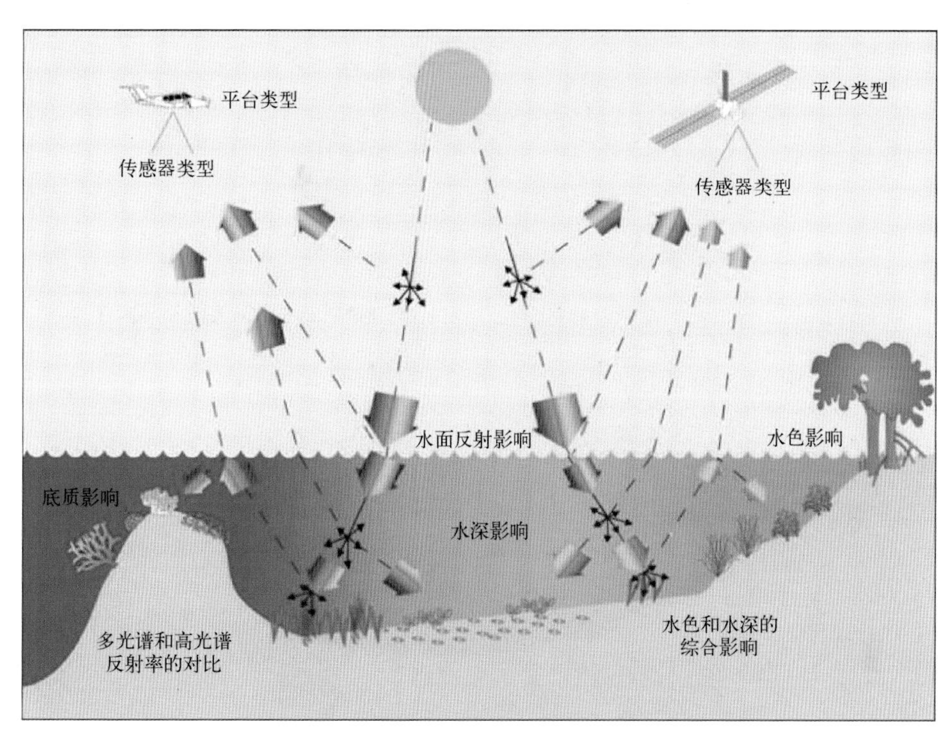

图 1.2 利用被动式光学遥感仪器(包括摄影、多光谱和高光谱成像系统)记录的对辐射传输过程产生影响的珊瑚礁环境特点。本图给出了可被测量的各种特征,以及削弱珊瑚礁图像使用能力的各种因素(遥感工具箱,www.gpem.uq.edu.au/cser-rstoolkit)

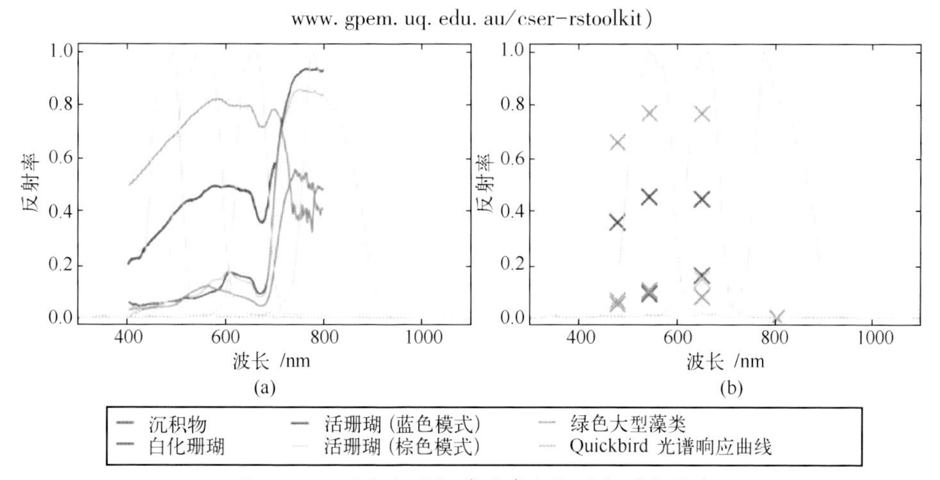

图 1.3 可见光和近红外遥感数据的光谱分辨率

(a) 用全谱分辨率场谱仪测得的反射特征;(b) 用多光谱波段组合测得的同一反射特征。(Ian Leiper 提供)

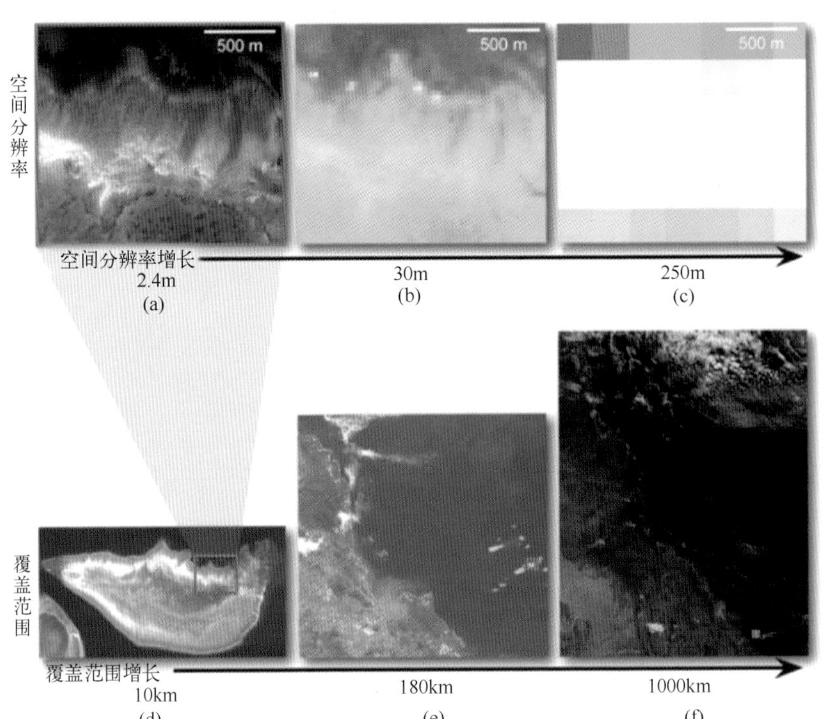

图 1.4　澳大利亚白鹭礁(Heron Reef)同一地点的不同遥感数据空间分辨率

(a)~(c)白鹭礁上 1.5km 长礁段逐步增大像元的效果图;(d)、(e)不同的图像范围,从白鹭礁(a)开始,逐步扩展到整座大堡礁(Great Barrier Reef)(f)。下行红色方框分别是图像(a)~(c)所拍摄的区域(Ian Leiper 提供)

(a) QuickBird;(b) Landsat ETM+;(c) Aqua-MODIS。

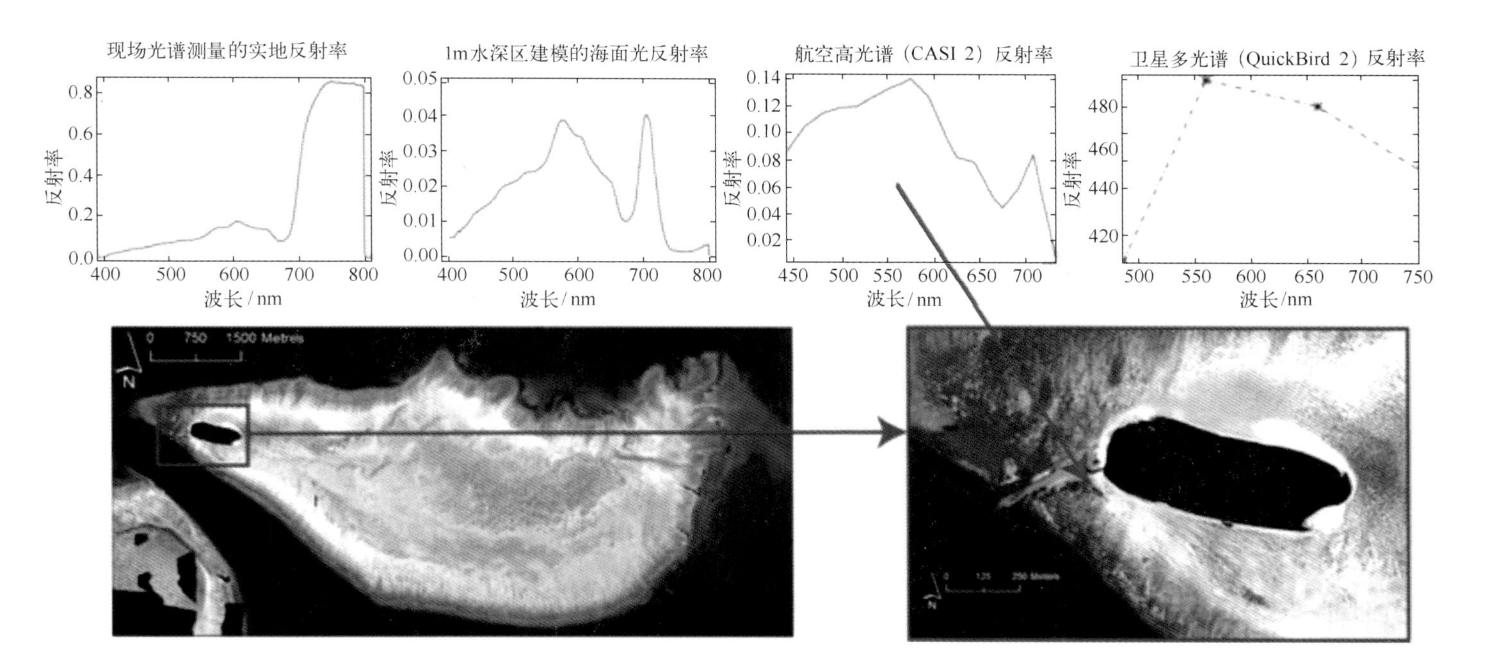

图1.5 取自同一区域活珊瑚的光谱特征实例。按反射特征图的排列顺序，自左而右：现场光谱测量的实地反射率、1m水深区建模的海面光反射率、航空高光谱（CASI 2）反射率、卫星多光谱（QuickBird 2）反射率（×10000）（Ian Leiper提供）

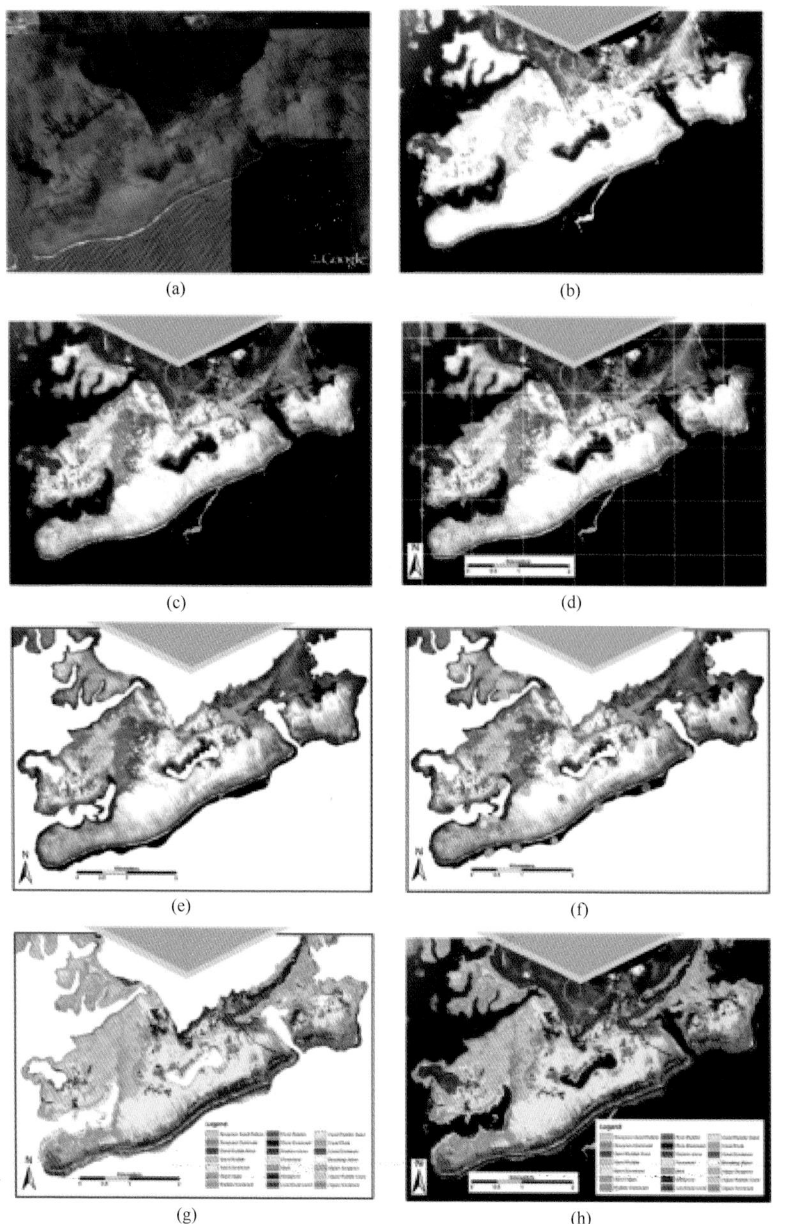

图 1.6　从图像采集到地图制作的完整遥感图像处理流程(提供人:Phinn et al. ,2010)
(a) 从 Google Earth 浏览图像(Landsat TM/QuickBird 组合图像);(b) 未经校正的 QuickBird 原始图像;(c) 经过大气与气-水界面校正的 QuickBird 图像;(d) 经过几何精校正的 QuickBird 图像;(e) 非珊瑚礁区掩膜;(f) 带有经过校准和验证的现场数据的浅水及出露珊瑚礁图像;(g) 在对(f)做图像分类后的底栖生物覆被图;(h) 叠加在原始图像上的底栖生物覆被图。

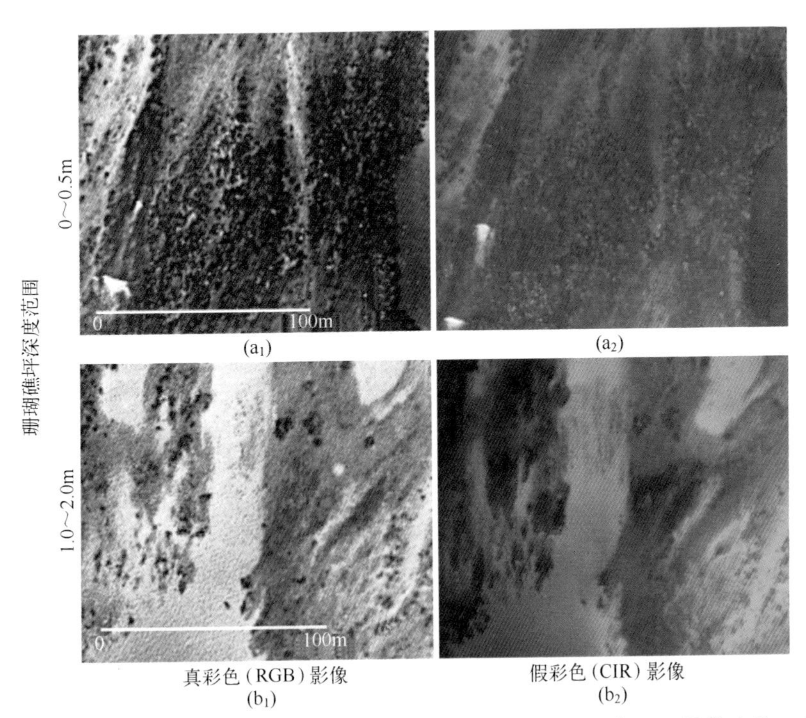

图 2.2 莫罗凯岛南海岸近海处一片礁坪在不同水深上的 RGB 和 CIR 图像比较。上方两幅图(a_1)和(a_2)中的礁坪水深从 0~0.5m 不等;下方两幅图(b_1)和(b_2)中的礁坪水深从 1.0~2.0m 不等。在 0~0.5m CIR 图像(a_2)中,极浅的水深中,可以分辨出礁坪上的特征,但是在水深大于 1m 的图像(b_2)中,由于(b_2)中近红外波长衰减的影响,礁坪特征就开始模糊了

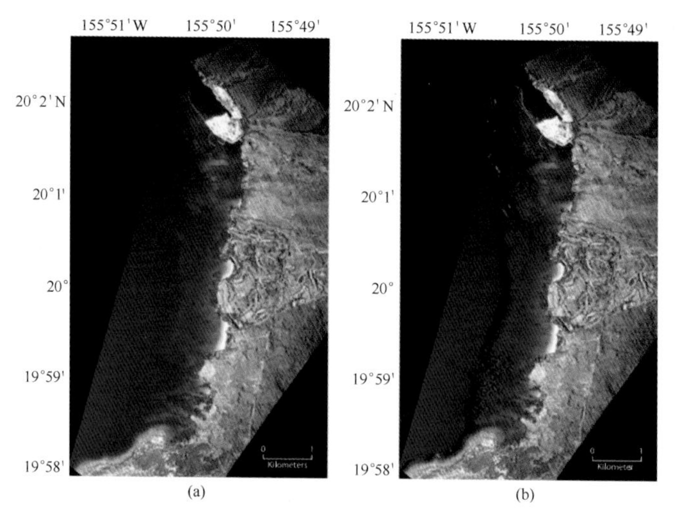

图 2.3 比较范例:(a)沿夏威夷岛西北海岸的近岸珊瑚礁系统的航空影像,(b)与测深数据融合后的同一图像。将航空摄影采集的光谱信息与利用测深数据创建的晕渲地形结合在一起,可以加深水下特征的"可见"深度,有助于图像的判读和分析(Cochran et al.,2007)

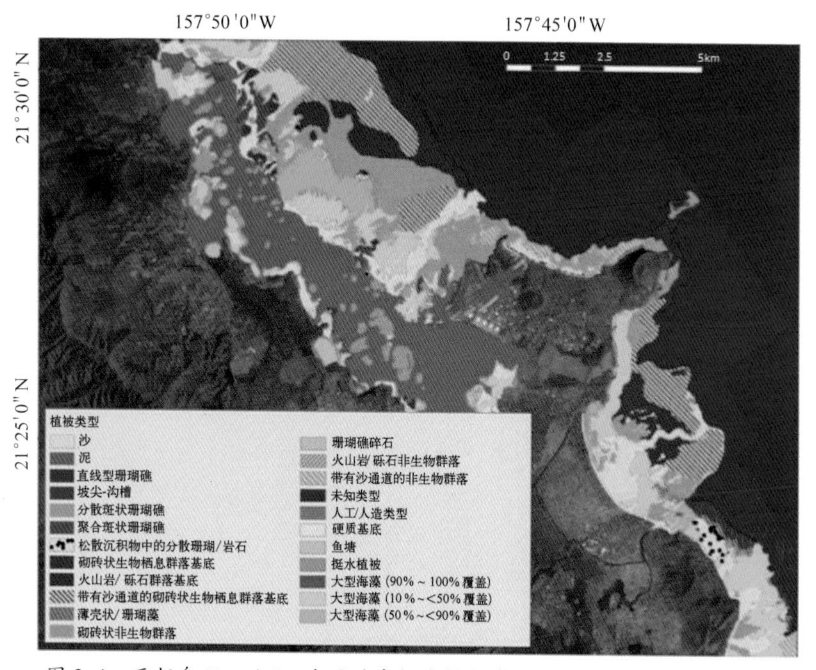

图 2.4 瓦胡岛 Kane'ohe 地区的底栖生物栖息地图,此图用 Coyne et al.(2003)提供的数据生成并覆盖在 IKONOS 卫星图像之上

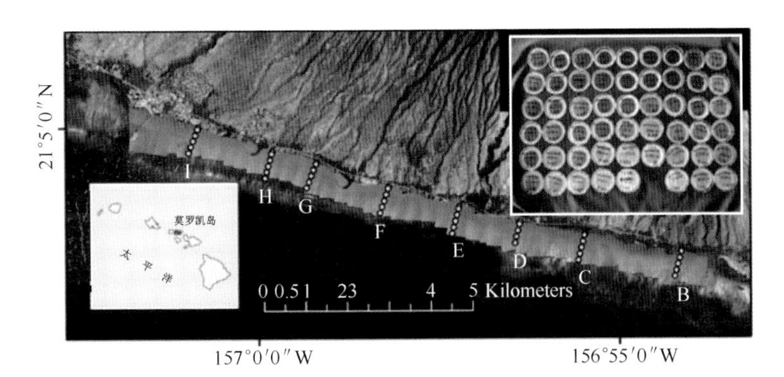

图 2.5　用航空视频静止图像和 2005 年 4 月 7 日采集水样的地点所创建的自然色拼接图。该图覆盖于 1999 年拍摄的莫罗凯岛南海岸航空影像之上。分析结果中未使用采自横断面 A 的水样，因为这些水样的位置超出了拼接图的边界。右上方插入小图：含沙过滤器的照片，显示顺序为，自横断面 I(左)至横断面 A(右)，自近岸(顶部)至近海(底部)

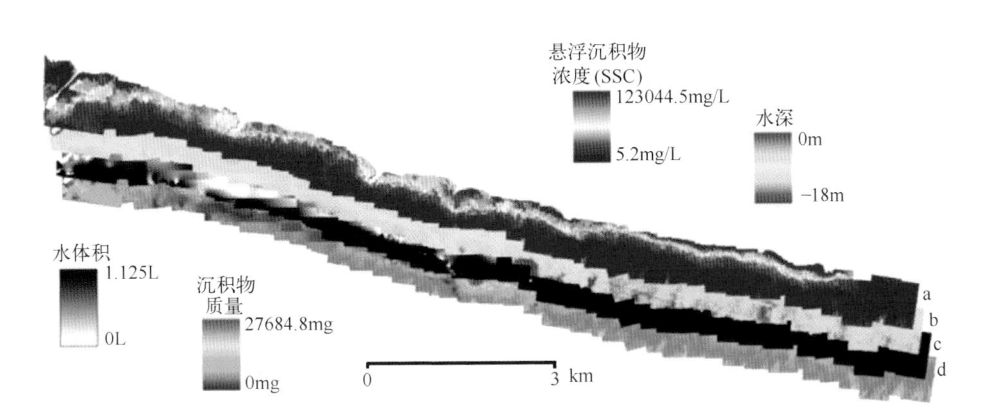

图 2.7　a 表示每个像元内悬浮沉积物浓度(SSC)的图层，b 用来为水体容量计算确定海底的 LiDAR 测深数据图层，c 表示每个像元中 0.5m 深度处水容量的图层，d 表示每个像元中 0.5m 深度处沉积物总量的图层(Cochran et al.，2008)

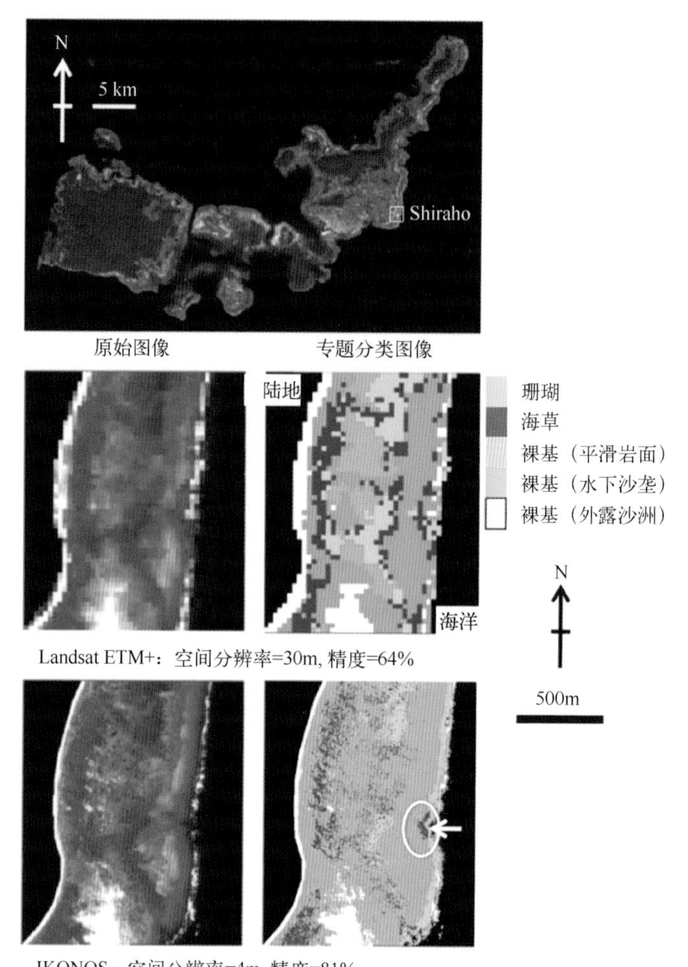

图 3.1　利用 Landsat ETM+和 IKONOS 图像在日本石垣岛 Shiraho 礁(24°22′N,124°15′E)进行简单栖息地分类的例子。较高的空间分辨率能给出较高的分类精度。为了进一步改善精度,在 IKONOS 分类图像中箭头指示的那个椭圆形圈内被归类成“海草”的栖息地可利用背景编辑手段将其修改成“珊瑚”(Andréfouët et al. ,2003)

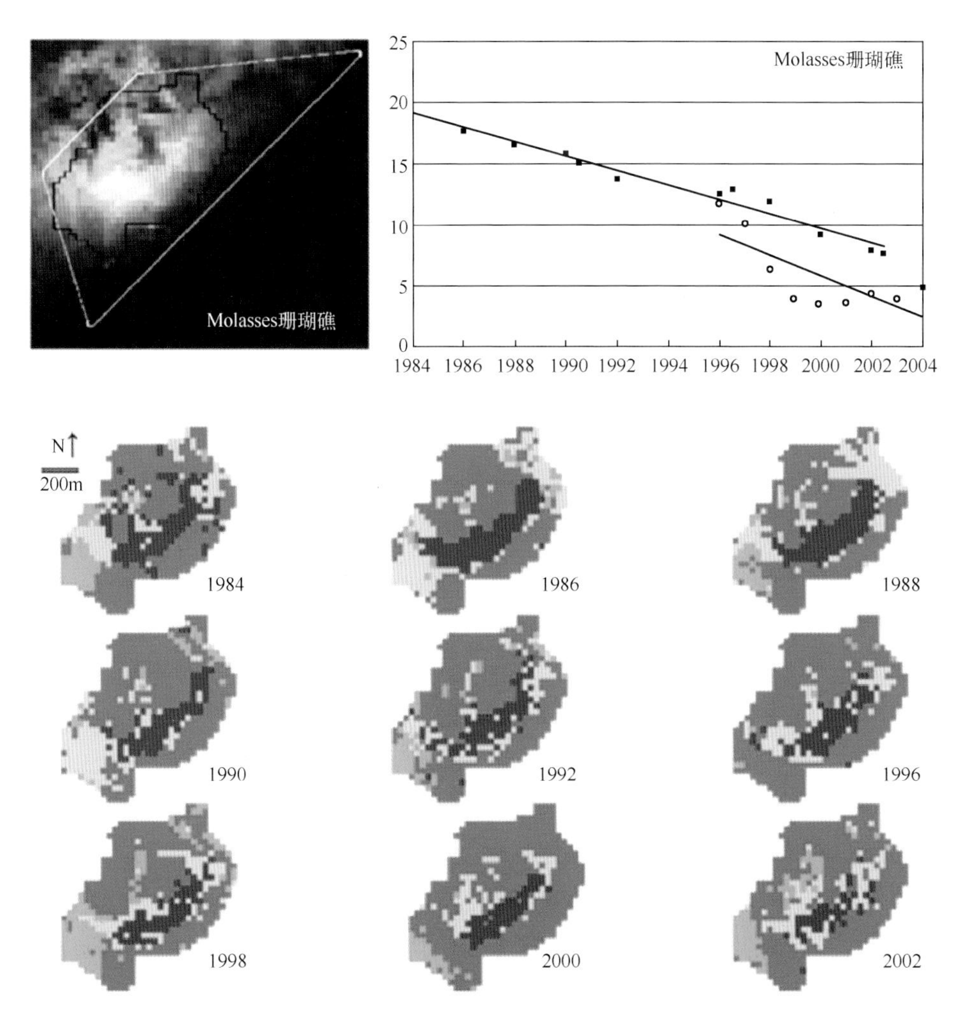

图 3.4 采用 1984—2002 年采集的佛罗里达礁群 Molasses 珊瑚礁地区(25°00′N, 80°24′W) Landsat TM/ETM+图像分类数据集。根据分类图像(■)估计的珊瑚礁覆盖百分比图趋势线和地面实况数据(¤)之间呈现高度一致性。分类彩色代码是:红色表示珊瑚栖息地,棕色表示覆盖硬底质,黄色表示裸露硬底质,绿色表示沙(Palandro et al. ,2008)

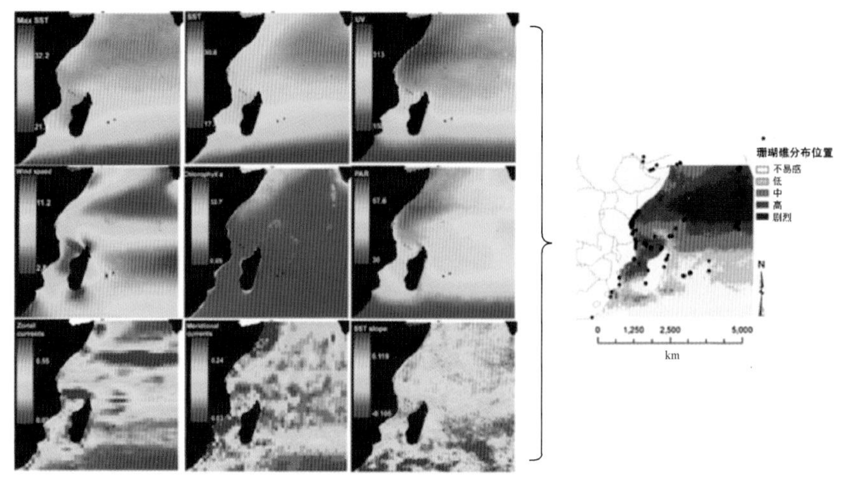

(珊瑚礁分布位置，分级:不易感、低、中、高、剧烈)

图 3.5　非洲东部地区(右)珊瑚礁白化易感图,系根据卫星图像(左)反演/聚合的环境参数估计而成。各图层的计量单位分别是:海面温度(℃);紫外线辐射(UV)(MW/m^2);水溶性叶绿素浓度(mg/m^3);风速(m/s);光合有效辐射((E/m^2)/日);流速(m/s);海温斜率(℃/年)(Maina et al. ,2008)

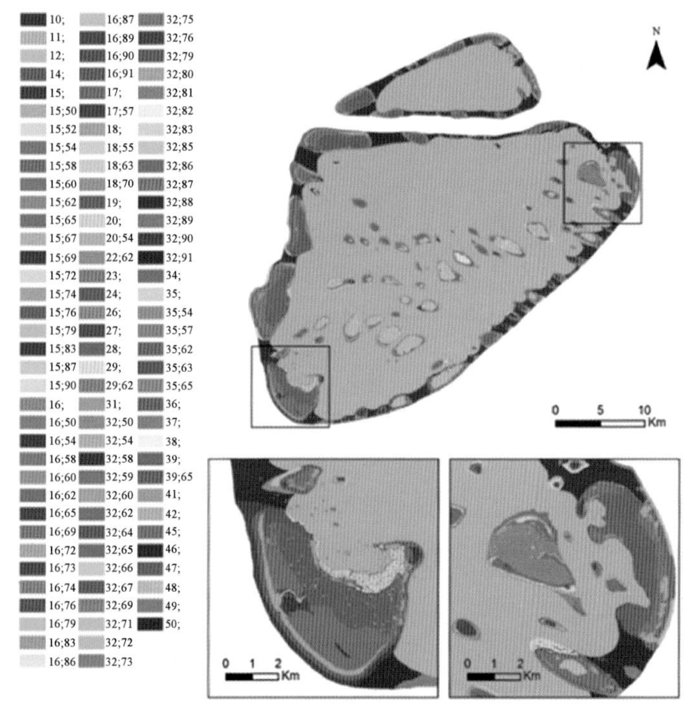

(a)

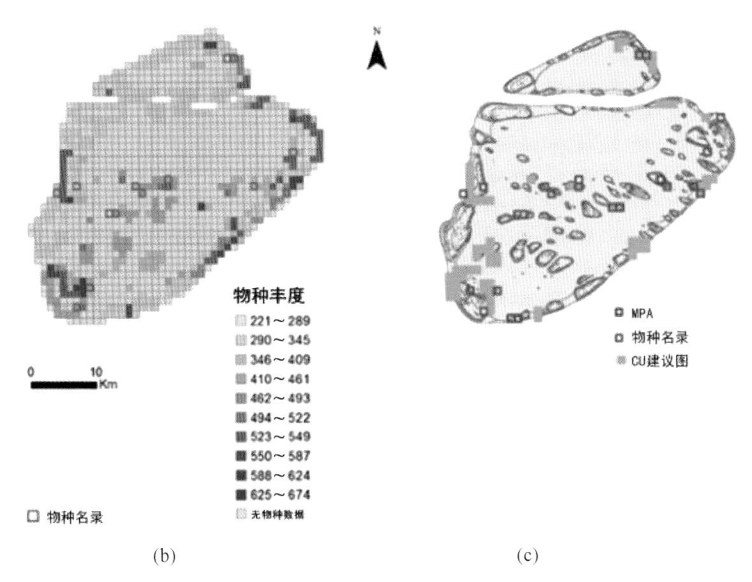

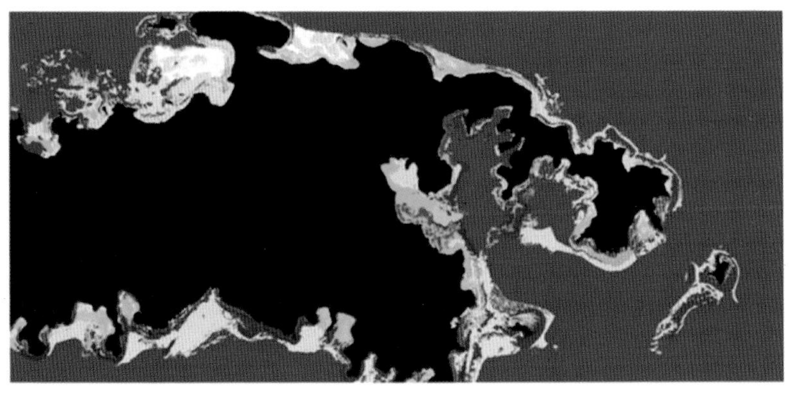

(a)

图 3.6 (a) QuickBird 反演的马尔代夫共和国巴阿环礁(5°09′N,73°08′E)栖息地地貌与底栖生物特征图(Andréfouët et al.,2012)。每一种颜色对应一个不同的栖息地。(b) 联合使用点位生物普查数据(带有深蓝色边界的单元格)和 QuickBird 栖息地图,得到估算的物种丰度空间分布图。(c) 利用 MPA 选择软件从物种丰度综合图中生成的巴阿环礁保护地(CU)建议图(Hamel et al.,2012)

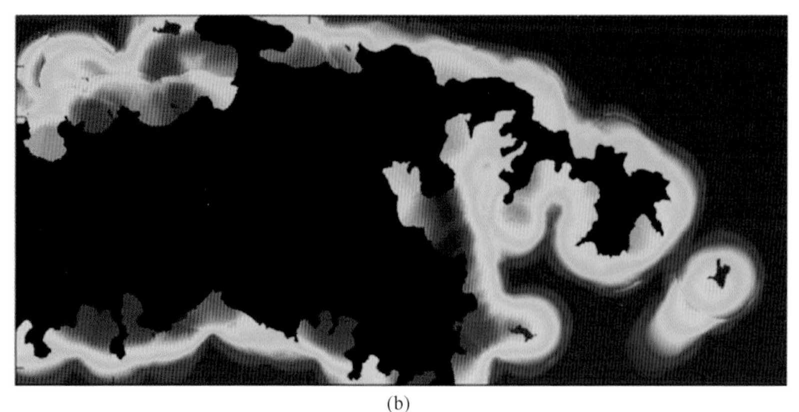

(b)

(a) 图例

大规模结壳珊瑚	裸露基岩平滑岩面
麋角珊瑚礁	平滑岩面上的网地藻属
圆菊珊瑚礁	带蒲扇藻属的泰来藻属
稀疏的珊瑚和低藻类覆盖	稀疏的海草
稀疏的珊瑚和高藻类覆盖	中等密度的海草
碎石	茂密的海草
藻床或千孔珊瑚	沙子
带稀疏柳珊瑚的沙	带稀疏海藻的沙子
基岩上茂密的柳珊瑚	带钙质绿藻的沙子
基岩、肉质和钙质藻类	无数据

(b) 图例

4
3
2
1
0
β多样性

图 4.5　CASI 图像生成的美属维尔京群岛 St. John 底栖生物图。地图覆盖宽度是 15.7km (Harborne et al. ,2006)

(a) 19-类栖息地地图;(b) β 多样性。

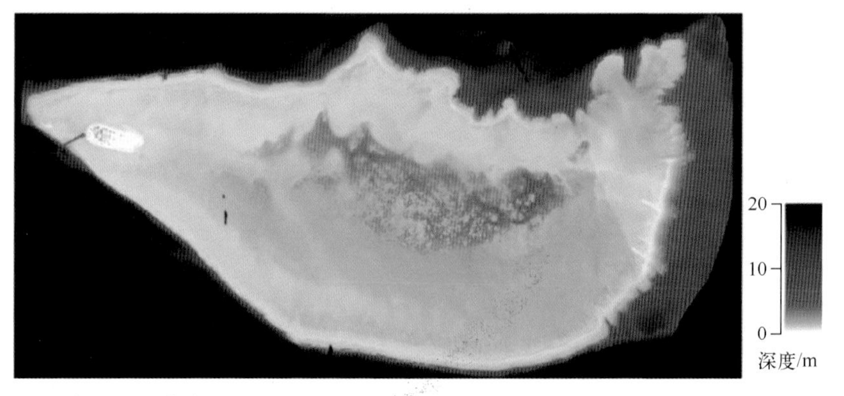

图 4.6　澳大利亚苍鹭礁的测深图,通过将辐射传输模型反演法应用于 19 波段 CASI 数据的方式得出。礁长 11km,整个图像的分辨率为 1m,大约有 5000 万像元。右边的线性不连贯现象是由相邻飞行航线之间的潮汐变化引起的(Hedley et al. ,2009a,该数据集在线可用,Hedley et al. ,2012c)

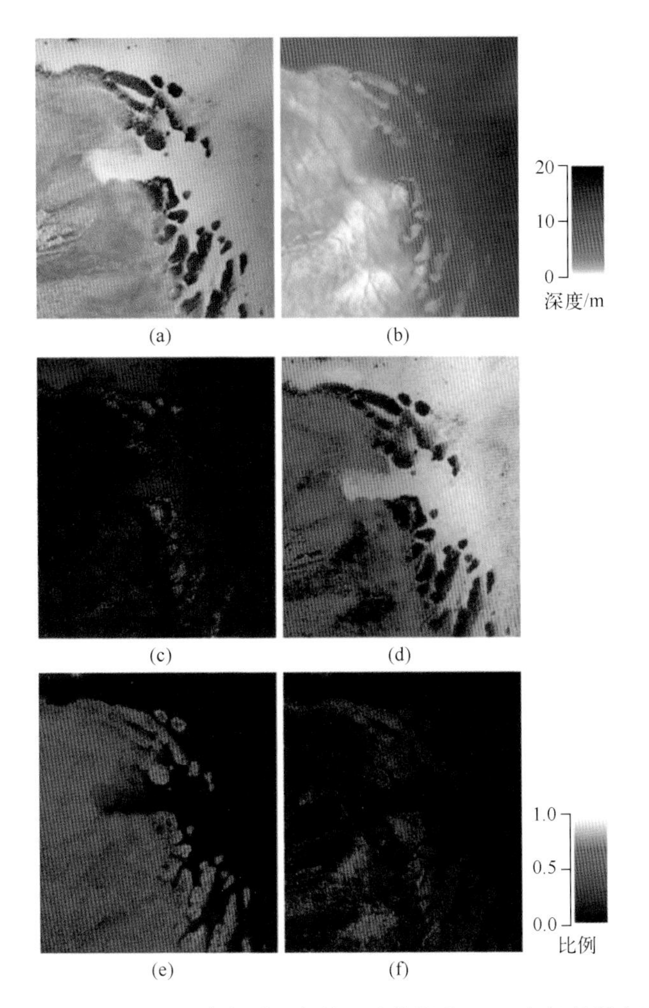

图 4.7 将反演方法应用于(a)澳大利亚大堡礁区苍鹭礁 CASI 数据所得出的输出图层。输出数据包括:(b)估计水深;(c)~(f)四种底栖生物类型覆盖面的估值,应谨慎判读。沙(d)是合理的,但珊瑚(c)、死珊瑚(e)和海藻(f)光谱相似,可能会混淆(图 4.2)。由于受空间复杂性和所涉及尺度的影响,有意义的底栖生物验证是非常具有挑战性的。图像子集来自图 4.4 的右上角,像素为 1m,所代表的区域为大约 500m×600m

(a) CASI 彩色合成图像;(b) 水深;(c) 活珊瑚;(d) 沙;(e) 死珊瑚/藻床;(f) 海藻。

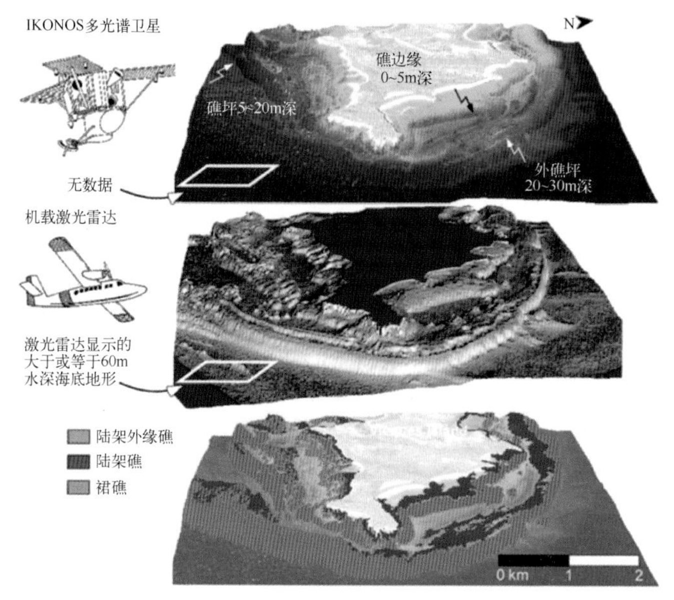

图 5.2　珊瑚礁综合制图(底部)使用 IKONOS 多光谱卫星数据(顶部)和机载 LiDAR 测深探测(中部)。虽然这种 LiDAR 尚未具备多光谱能力,但在非常清澈的海域,它可测量水深超过 60m 的海底(白色矩形)。由此得到的专题地图产品(底部)具有高精度和三维效果,这些数据获取自波多黎各维克斯岛最东点。卫星图像:GeoEye 影像

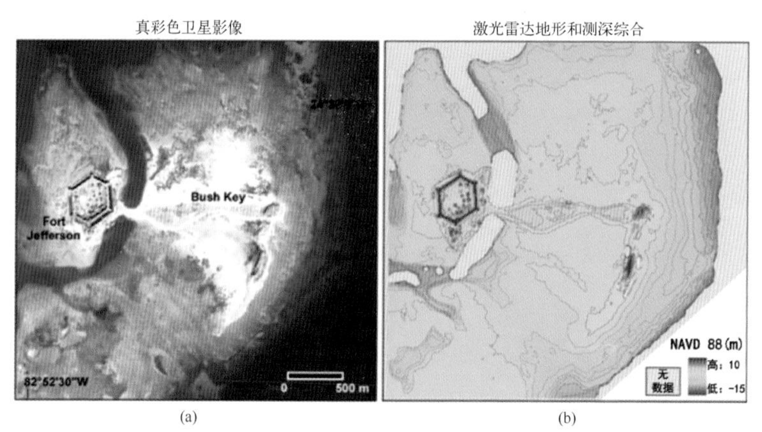

图 5.3　(a) 真彩色卫星影像,(b) 无缝的地面地形和干龟岛的海底地形,这是一片位于美国南佛罗里达的近海珊瑚礁系统,影像通过 EAARL LiDAR 获得。福特杰弗森(Fort Jefferson)和布什奇(Bush Key)两地的红树林高架结构都在激光返回信号中得以精准捕捉。数据来源于 UTM17 区,北为上。图片来源:美国地质调查局(USGS)

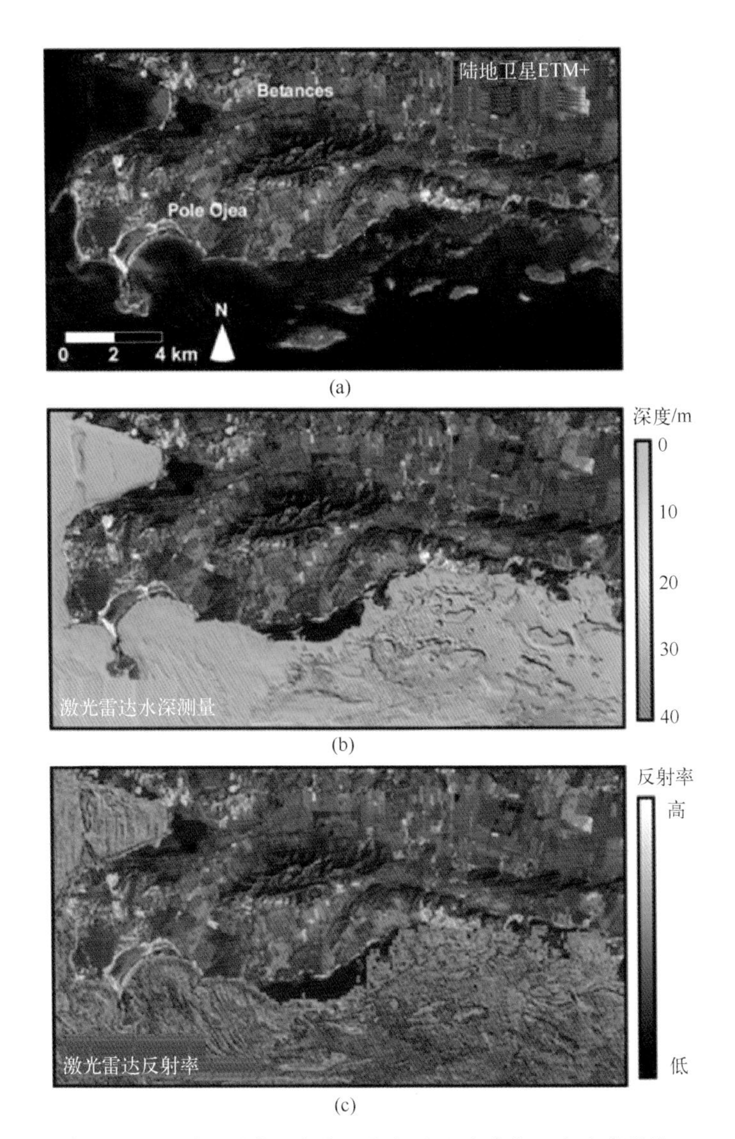

图 5.5 (a)为陆地卫星增强型专题成像仪拍摄的波多黎各西南海岸影像,(b)、(c)分别显示了 LiDAR 测深信息和 LiDAR 海底反射强度,影像均由 Tenix LADS 于 2006 年使用机载系统 ADS Mk Ⅱ获得。Landsat 影像:NASA。LiDAR 认证:NOAA

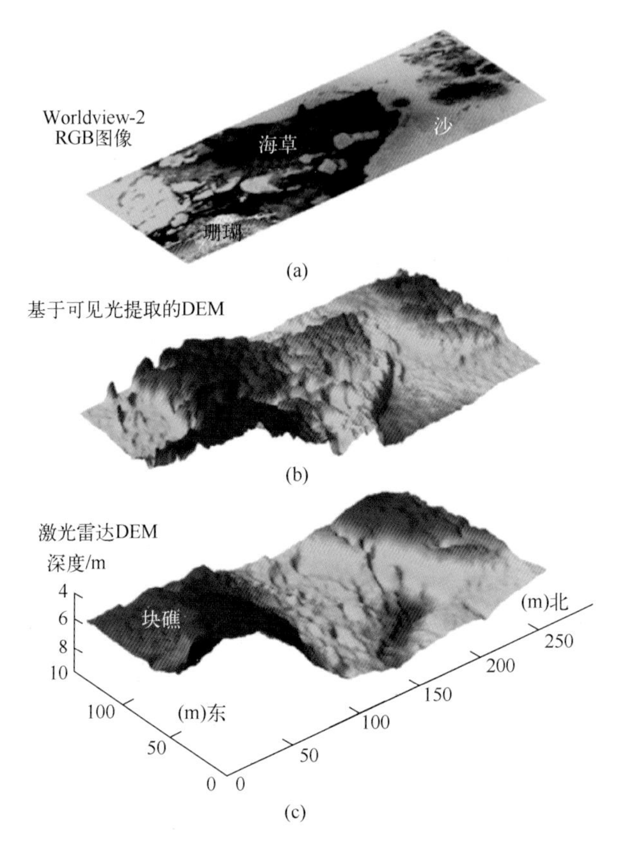

图 5.6　由 Worldview-2(WV2)被动获得的远程 DEM 和通过 LiDAR 主动获得的 DEM 对比。(a)是从佛罗里达群岛北部获取的 WV2 图像,经 Stumpf et al.(2003)处理后生成光学反演 DEM(b)。为方便比较,(c)给出了同一地区由 NASA-EAARL LiDAR 获得的 DEM 图像。尽管两种 DEM 数据在第一阶段趋势相同,但却有着重要差异。以上 DEM 的颜色比例尺均相同。Jeremy Kerr 授权。卫星图像:DigitalGlobe;LiDAR:NASA-EAARL

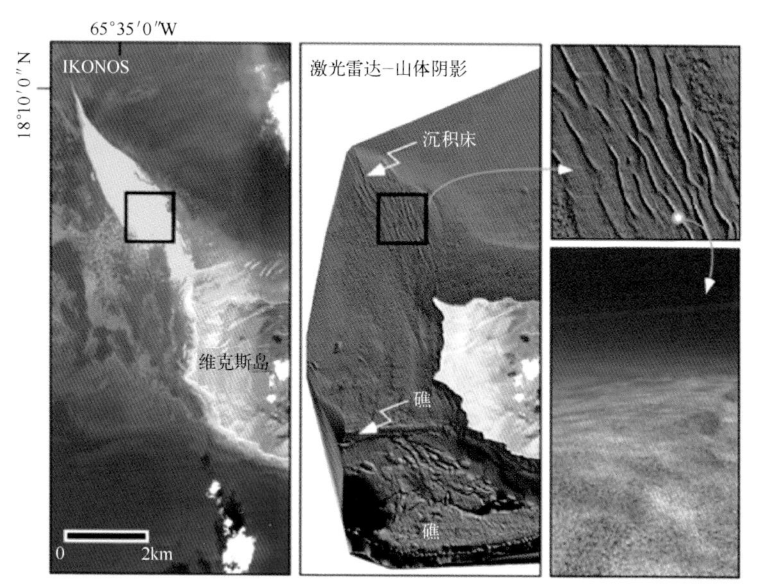

图 5.7 IKONOS 和 LiDAR 确定珊瑚礁属性和底质沉积地形的对比。前者在两部分均可见，后者只存在于 LiDAR 图像中。这些数据来自波多黎各维克斯岛西部海岸线，属于加勒比海的一个混合碳酸盐岩沉积环境

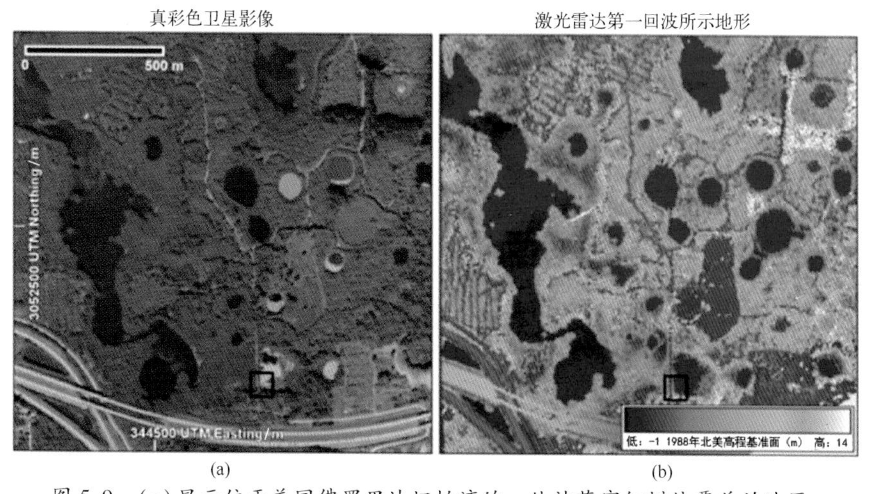

图 5.9 (a)显示位于美国佛罗里达坦帕湾的一处被茂密红树林覆盖的地区。(b)描述了同一地区 LiDAR 第一期返回信号的地形。在这里，由 EAARL 获得的原始波形 LiDAR 信号已转换为地理坐标点(x,y,z)的信号返回。二阶导数的零点被用于检测首先到来的激光信号，这是返回脉冲第一个显著可测的部分。也可认为反射于红树林的顶层枝干。因此所描述的表面结果反映了该区域的冠层高度。此数据来源于 UTM 17 区，北为上。数据来源：美国地质调查局

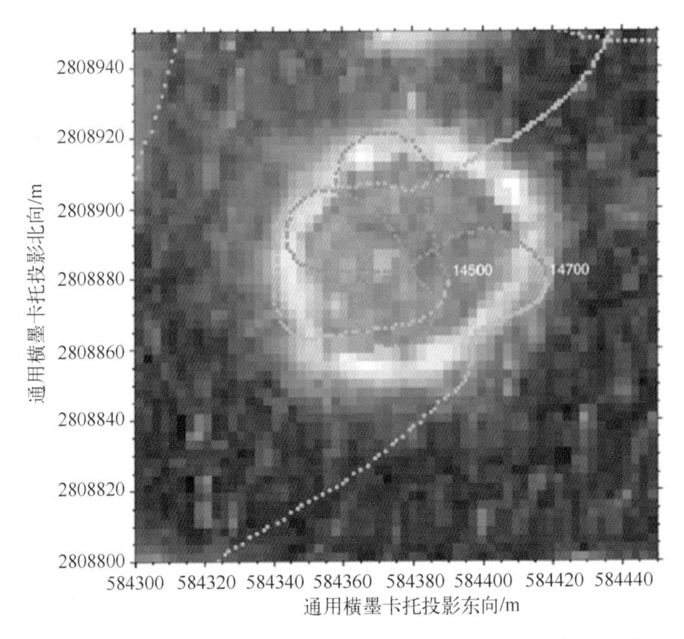

图 6.3 LiDAR 显示的佛罗里达州比斯坎湾一处点礁的粗糙表面。蓝绿点表示水下视频拍摄点的海底位置(来源自 Brock et al. ,2006)

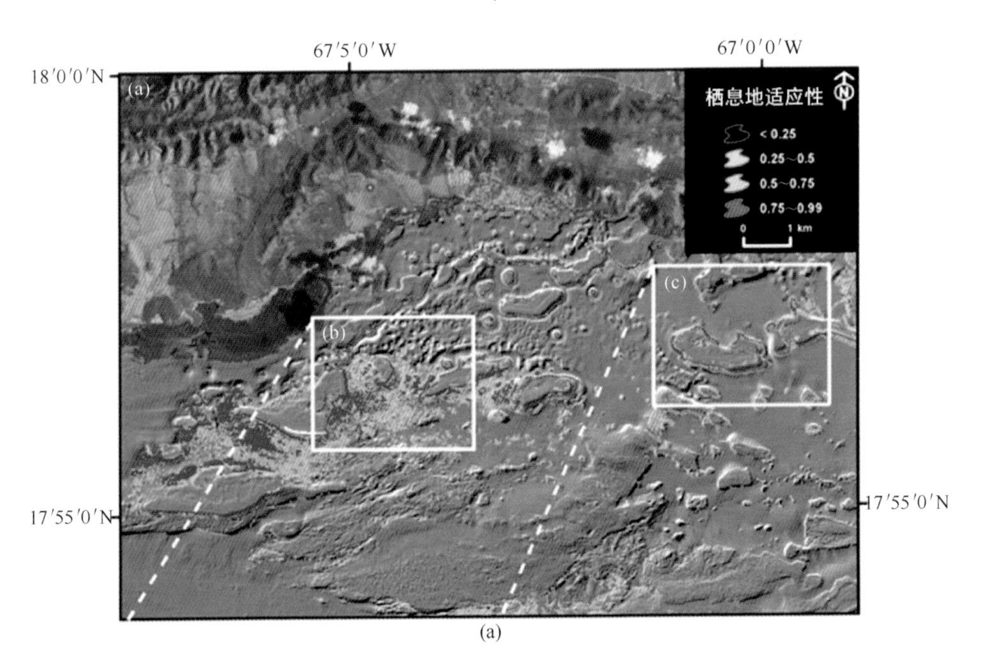

(a)

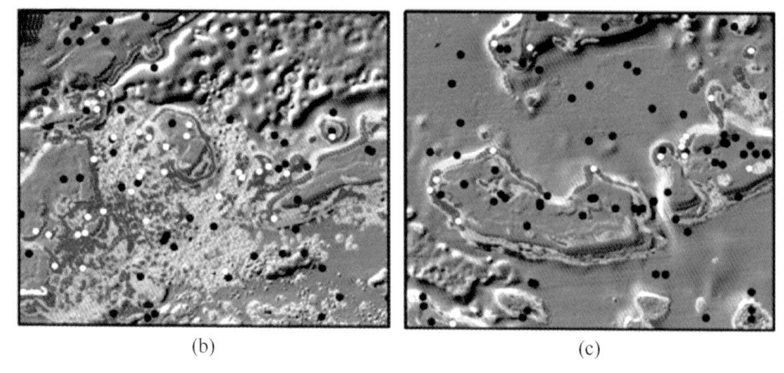

○ S. planifrons(一种热带鲷鱼)存在
● S. planifrons(一种热带鲷鱼)消失

图 6.5　波多黎各西南部珊瑚礁区的栖息地适应性预测模型,对应的热带鱼群(真雀鲷属)是显示珊瑚礁健康情况的潜在指示。根据最大熵分布建模(MaxEnt)得出:基于 LiDAR 的坡度斜率数据和海陆架距离是最为重要的空间预测指标(源自 Pittman et al. ,2011)

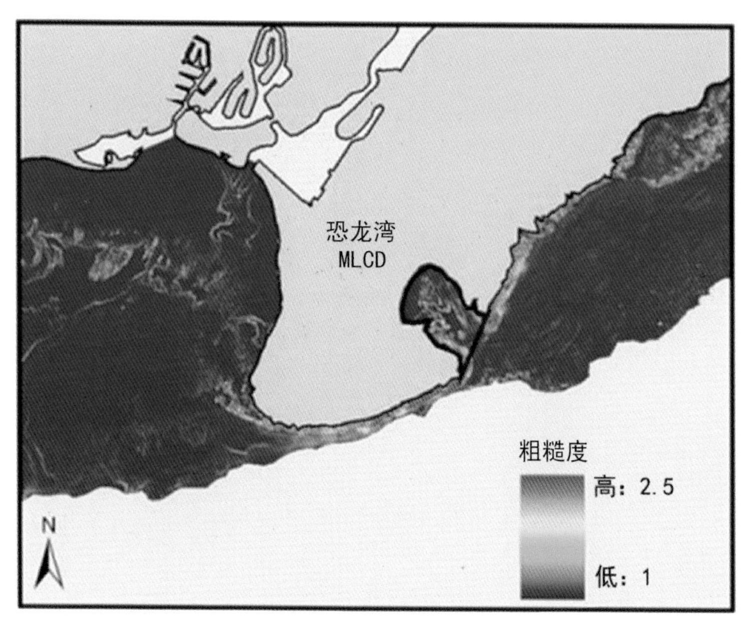

图 6.6　恐龙湾海洋生物保护区(MLCD)试点研究站,应用 USACE SHOALS LiDAR 技术进行珊瑚礁栖息地复杂性评估。基于 LiDAR 的粗糙度由邻域分析中海面与平面地区面积之比计算获得

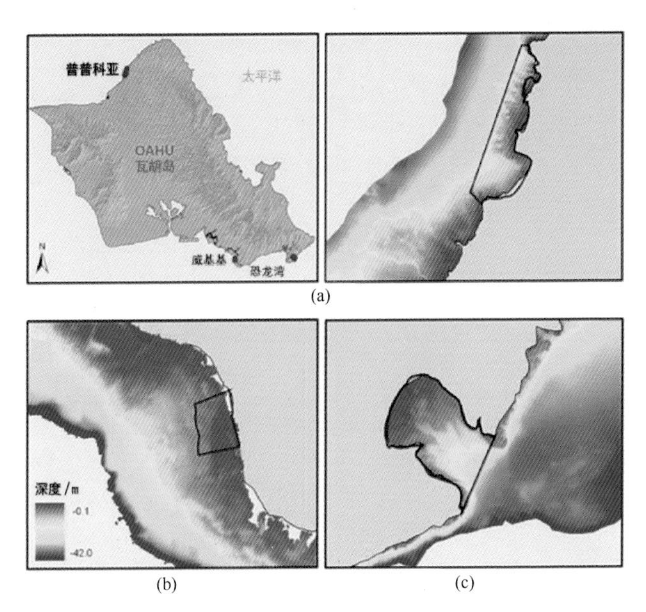

图 6.7　在夏威夷瓦胡岛海洋生物保护区内,LiDAR 地图获取的深度数据
(a) 普普科亚 MLCD;(b) 威基基 MLCD;(c) 恐龙湾 MLCD。

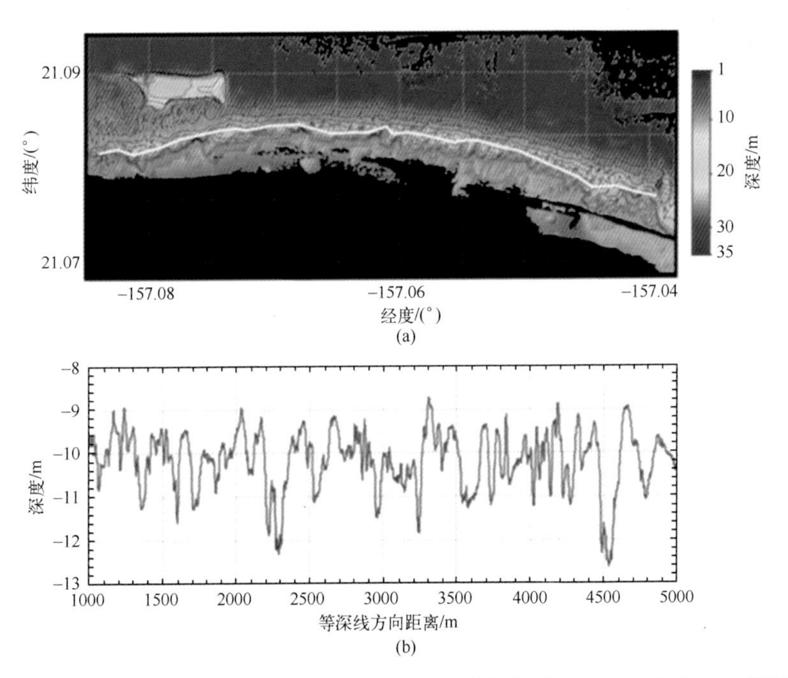

图 6.8　(a) 2m 等深线覆盖的 SHOALS 水深 LiDAR 地貌晕渲图。(b) 沿着 10m 等深线平行海岸的水深剖面(a 中的白线)(取材自 Storlazzi et al. ,2003,美国地质调查局)

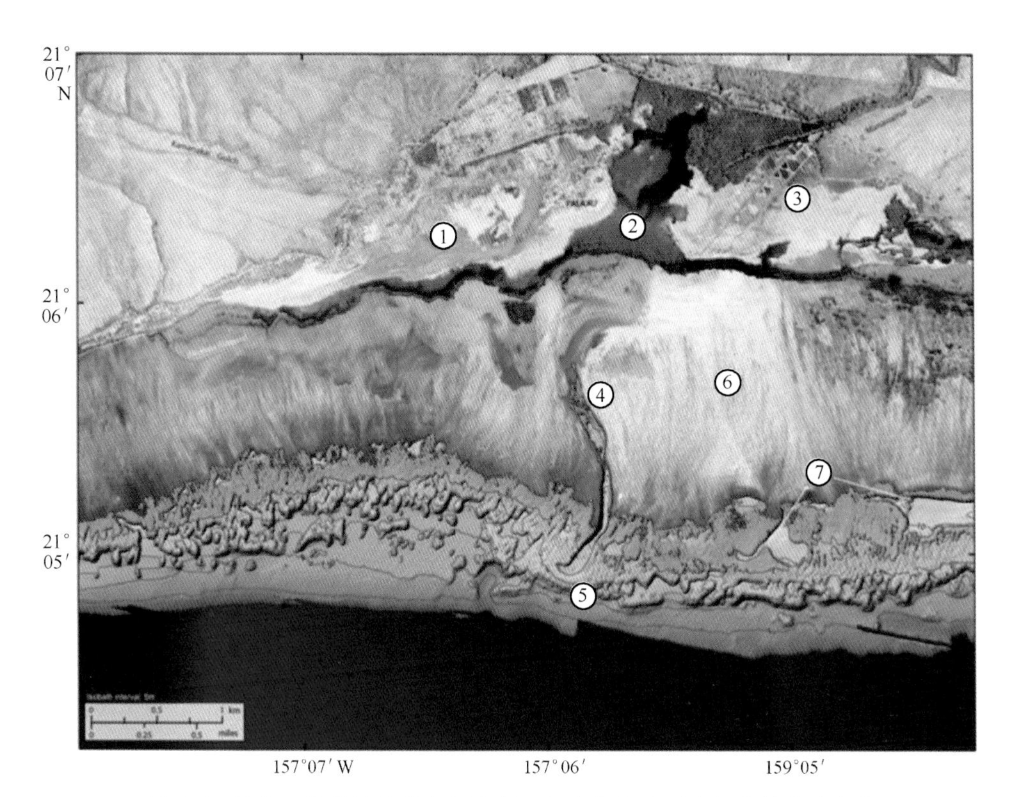

图6.9 帕拉奥海岸的显著特点是有一个形成于20世纪初由较强洪水和径流所致的面积巨大的泥盐滩(标号①所示位置),以及一个种植于1903年用以遏制严重泥沙流失的面积较大的红树林(标号②所示位置)。红树林的东部是一个狭长农场(标号③所示位置)。帕拉奥珊瑚礁被蜿蜒的航道(标号④所示位置)所切分,由至少12000年前低海平面期间的侵蚀现象所致。值得注意的是,礁体并未在航道尽头(标号⑤所示位置)被冲刷,可能是因为水流直接穿过了礁体上的孔状结构,而不是流经礁体。海峡东部的礁坪面积更为广阔但表面贫瘠,其上覆有略薄的泥沙沉积层(标号⑥所示位置)。礁体中间有巨大的凹面(标号⑦所示位置),这很可能是由淡水流经礁体所引起的长期性岩溶分解所致(取材自 Field et al. ,2008,美国地质调查局)

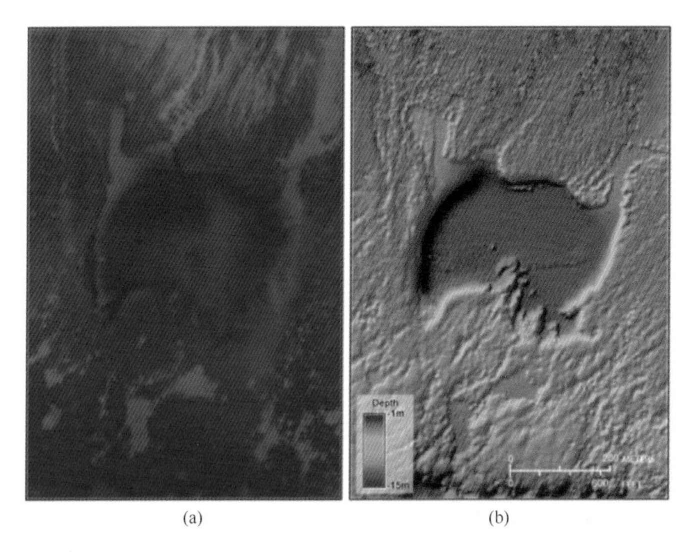

(a) (b)

图 6.10 莫洛凯岛礁坪的“蓝洞”实例

(a) 航拍照片显示的 Kakahaia 水域内水体呈深蓝色的一处蓝洞；(b) 同一区域内 SHOALS LiDAR 的水深勘测图。(取材自 Storlazzi et al. ,2008,美国地质调查局)

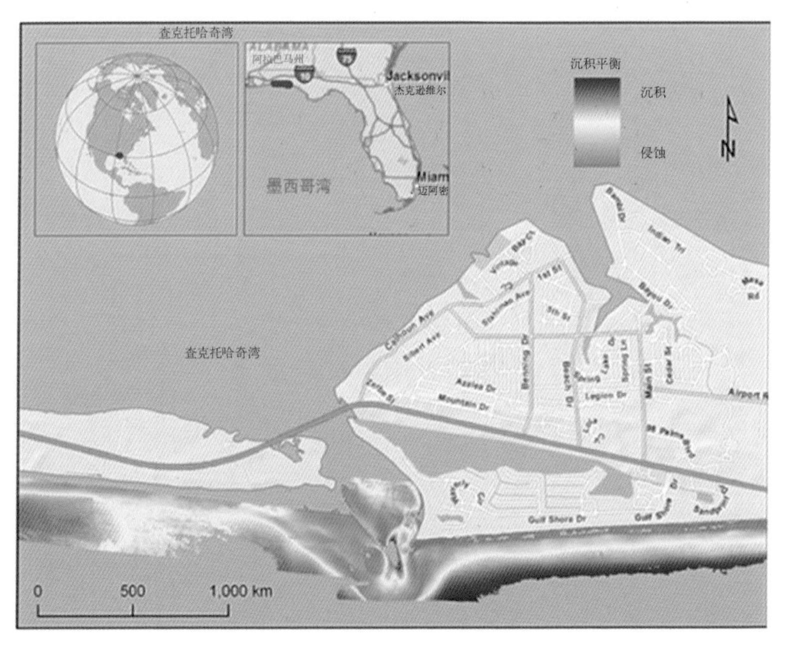

图 6.11 LiDAR 数据由美国陆军工程兵部队在佛罗里达州奥卡卢萨县的德斯坦地区获得。该数据用于表述如水土流失和淤沙现象等情况的沉积平衡，用以指导东部通航航道内的疏浚作业

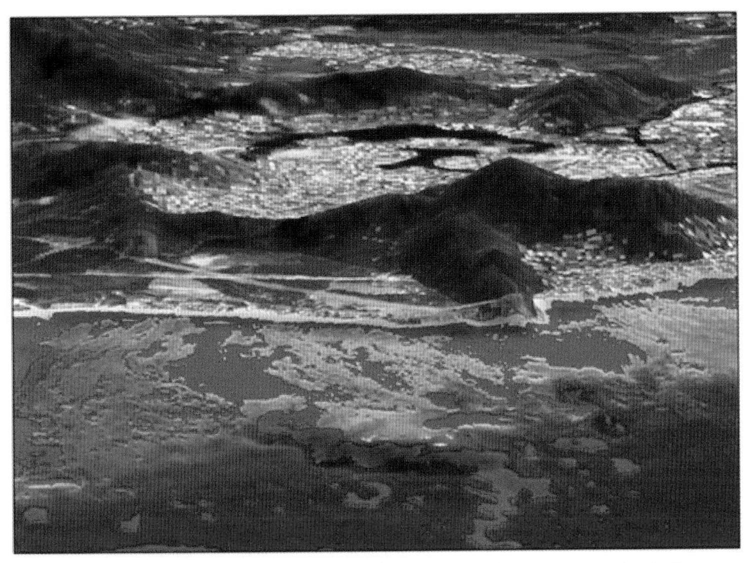

图 6.12　夏威夷瓦胡岛南部海岸珊瑚砂分布的 LiDAR 勘测图。
红色多边形代表珊瑚砂砂体

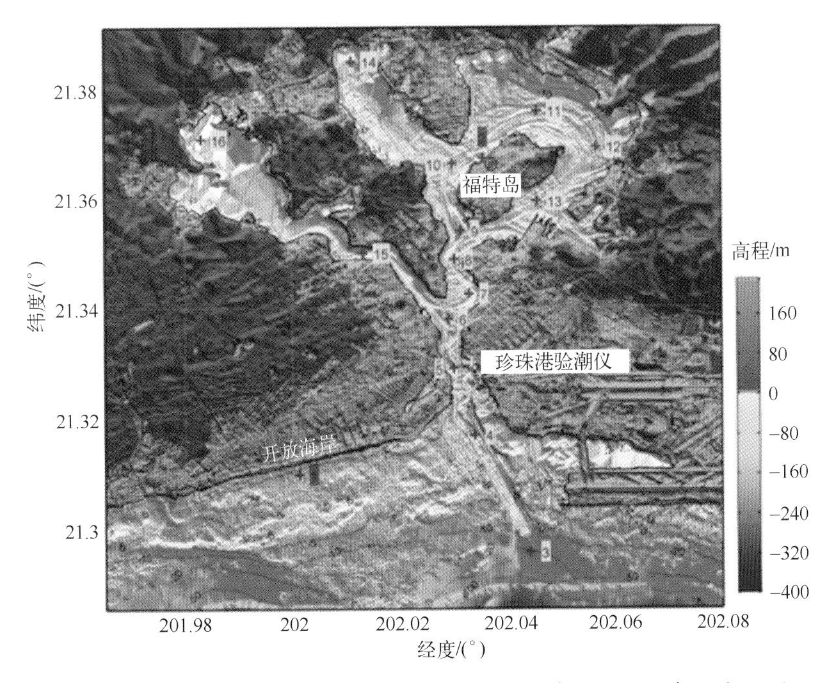

图 6.13　基于 LiDAR 探测水深和高程得到的数字高程模型所勘测的 16 处
海啸洪水模型位置地图(选自 Tang et al. ,2006)

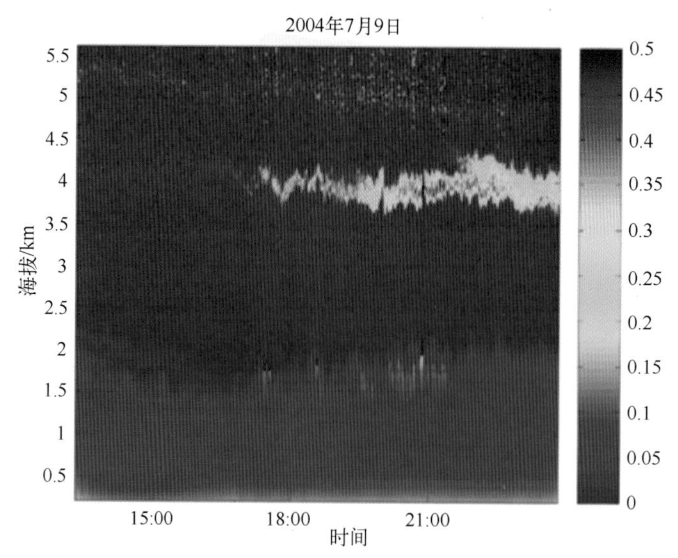

图 6.14 LiDAR 图像对高层大气中烟含量的描绘(约 4km)
(取材自 Engel-Cox et al.,2006)

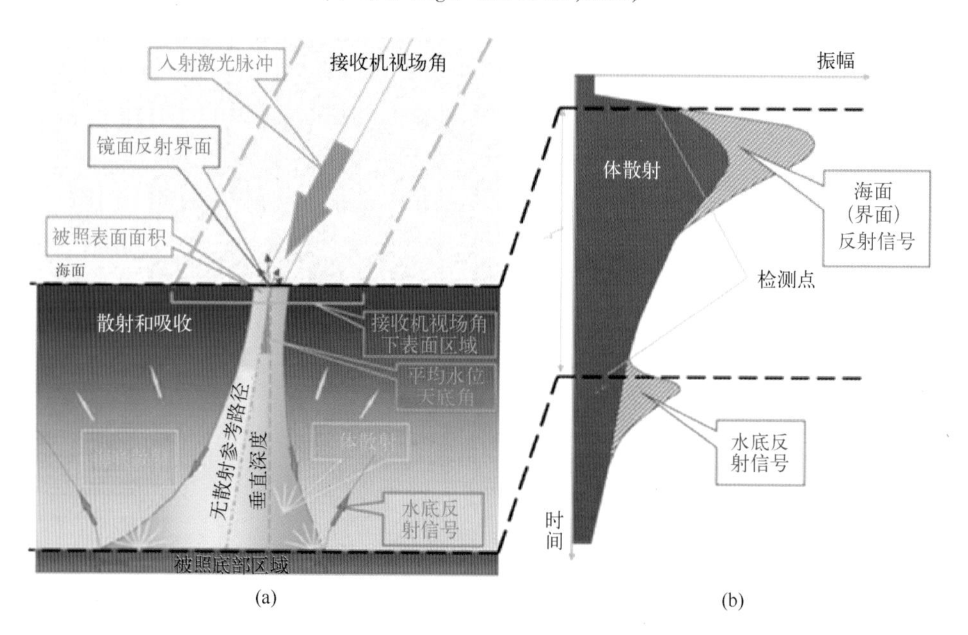

图 7.3 (a)水深激光脉冲同海面、水体和海底的交互作用
(Wozencraft et al.,2005)。(b)水深 LiDAR 波形。表面返回信号
捕捉到的是海洋表面与激光脉冲的交互情况,而底部返回信号捕捉的则是其与
海底的交互情况。体散射量捕获的是水体和水中悬浮微粒的散射

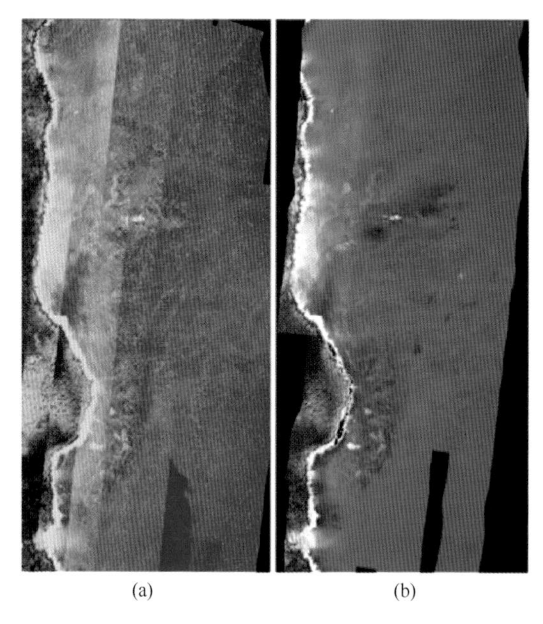

图 7.5　希洛湾 CASI-1500 高光谱成像数据真彩色的图像,HI

(a) 辐射校正和几何校正图像拼接;(b) 颜色均衡的拼接图片显示路径长度辐射偏差校正的结果,大气校正,日光耀斑去除,使用 LiDAR 离水反射率后的颜色均衡。

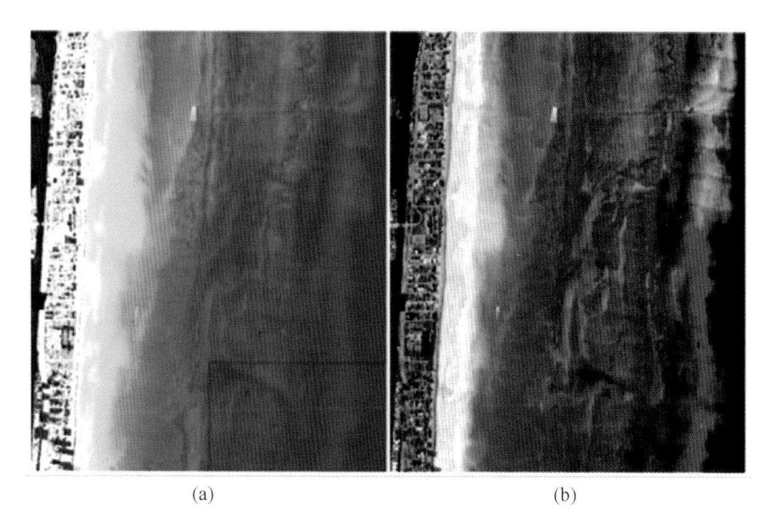

图 7.6　真彩色图像由劳德代尔堡地区 CASI-1500 高光谱图像的红、绿、蓝波段建立

(a) 离水反射率的色彩平衡拼接图;(b) 海底反射图。

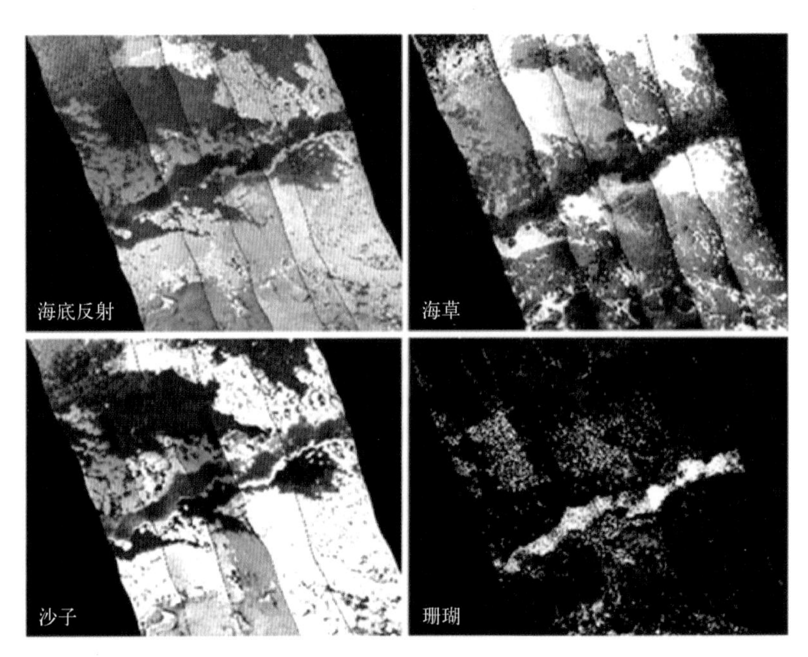

图 7.7　由 SHOALS LiDAR 和 CASI-2 高光谱图像生成的光谱优化输出，数据采集地为佛罗里达州的 Looe Key 地区，光谱海底反射图像是其真彩图像。其中，左上角的红色区域是光谱优化过程中识别出来的人工地物，其余图片是海草、沙子和珊瑚的丰度图像。在这些图片中，较亮的像元是与该类型海底光谱最为相似的区域（即高丰度），较暗的像元则表示相似度较低的区域（即低丰度）

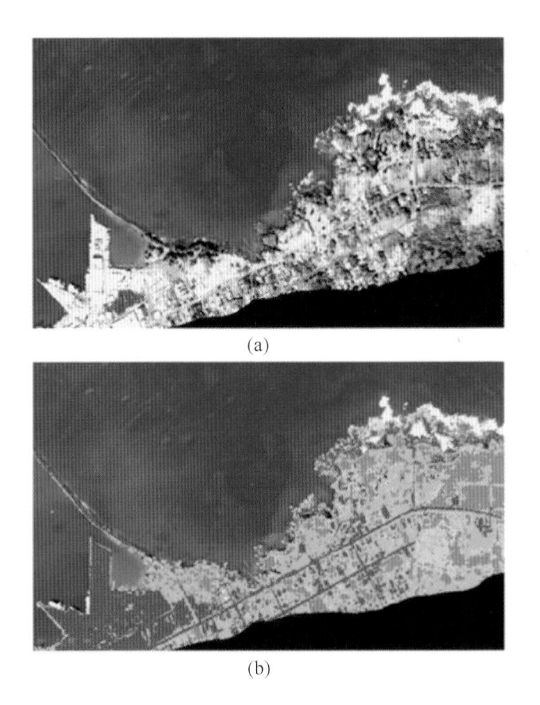

图 7.9　在夏威夷群岛希洛湾地区，利用决策树分类法，融合 LiDAR 反演的地面高度数据和 CASI-1500 高光谱反演的植被数据生成的基础土地覆盖分类

（a）高光谱图像；（b）地面覆盖分类后的高光谱图像。

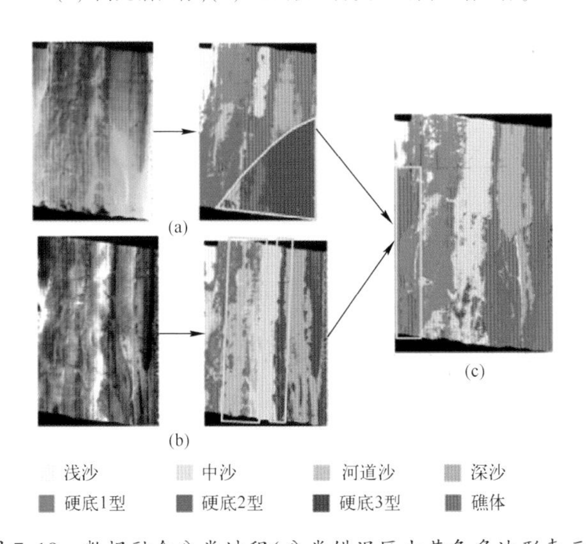

图 7.10　数据融合分类过程（分类错误区由黄色多边形表示）

（a）从海底高光谱图像中获取的最大似然分类图像；（b）从海底 LiDAR 图像中获取的极大似然分类图像；（c）通过 Dempster-Shafer 理论所得的海底分类结果。

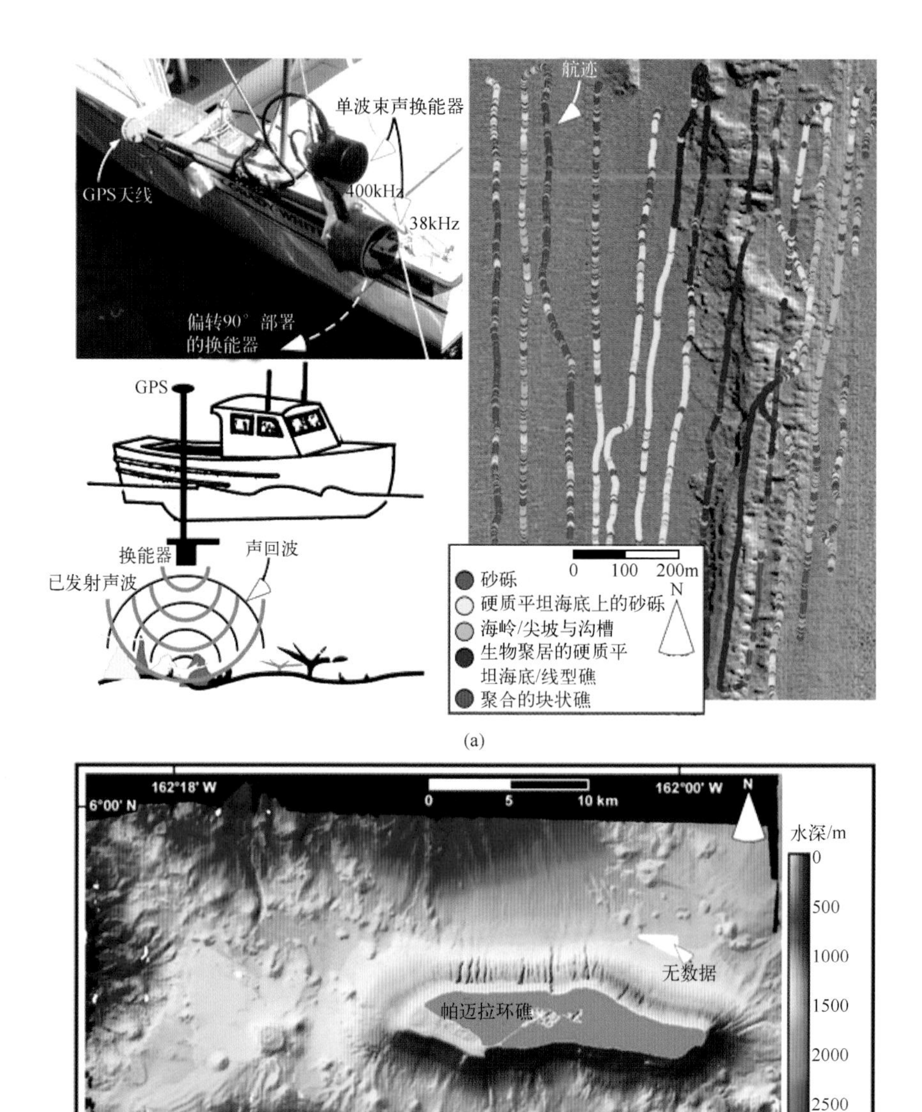

图 8.11 (a) 单波束声学设备只能够覆盖测量航迹线下的不连续测线,尽管单波束回波数据可以反映出海底特性的相关信息(见第 9 章),却无法提供连续海底的测量数据(来自 Purkis et al. ,2011,经 Wiley-Blackwell 许可)。
(b) 条带测深系统,如可提供完整海底测深信息的多波束测深系统,其用于海底成像的信息更加完善(图像由 NOAA 提供)

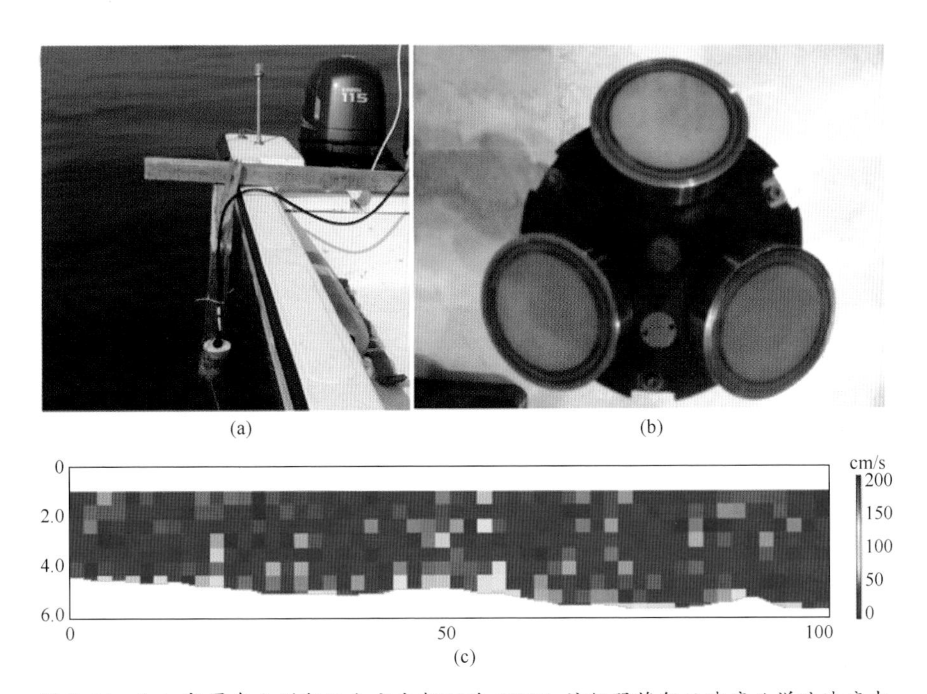

图 8.14 (a) 部署在小型船只上方向朝下的 ADCP，该仪器将船只速度从洋流速度中扣除；(b) ADCP 上典型的传感器配置；(c) 下视状态的 ADPC 横向穿过缓流水域所形成的剖面图。垂直(y)轴表示水深，而仪器的移动距离则显示于 x 轴，并且沿水平方向从左向右增加。距离通过相邻的、经过处理的声脉冲数来表示。每个声脉冲都以数学方式“切割”成几个长度预先确定的部分，在各部分中，洋流速度通过散射体反射回的声音多普勒频移计算获得。因此，每个声脉冲都由一组不同颜色的单元(可根据多普勒频移强度导出洋流的强度，并按照图片右侧的色彩过渡表进行编码)来表示，所有颜色单元沿整个横截面拼凑汇总后可用来详细描述洋流的速度特性

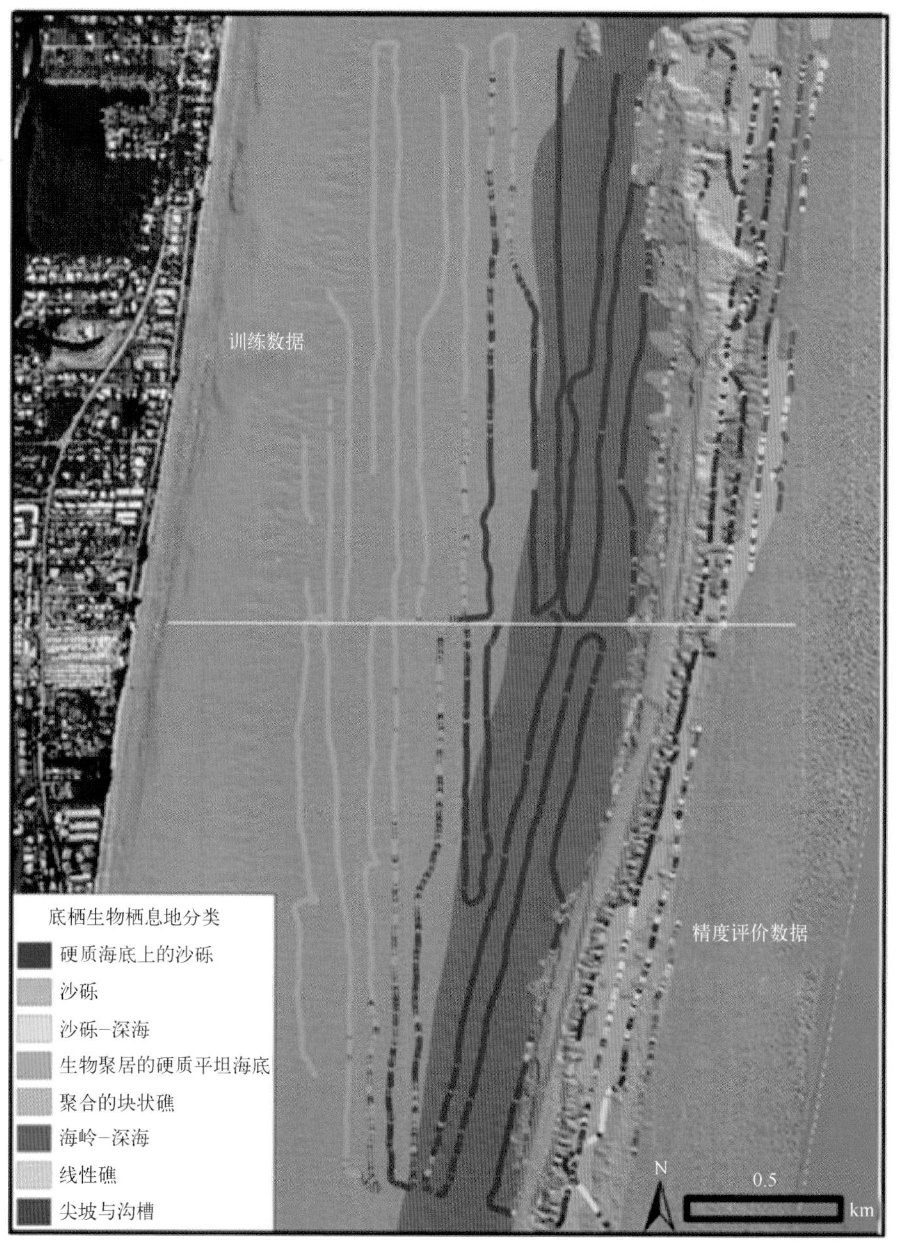

图 9.2　一项于 2006 年进行的单波束(ASC)测量所获得的子集,显示了训练中的分类声学航迹图,以及使用线性判别式函数(将 38kHz 和 418kHz 频率下得到的训练数据集整合后进行的第 3 次判别分析)得到的精确度评估数据。声学航迹图通过 LiDAR 测深的目视判读得以展示

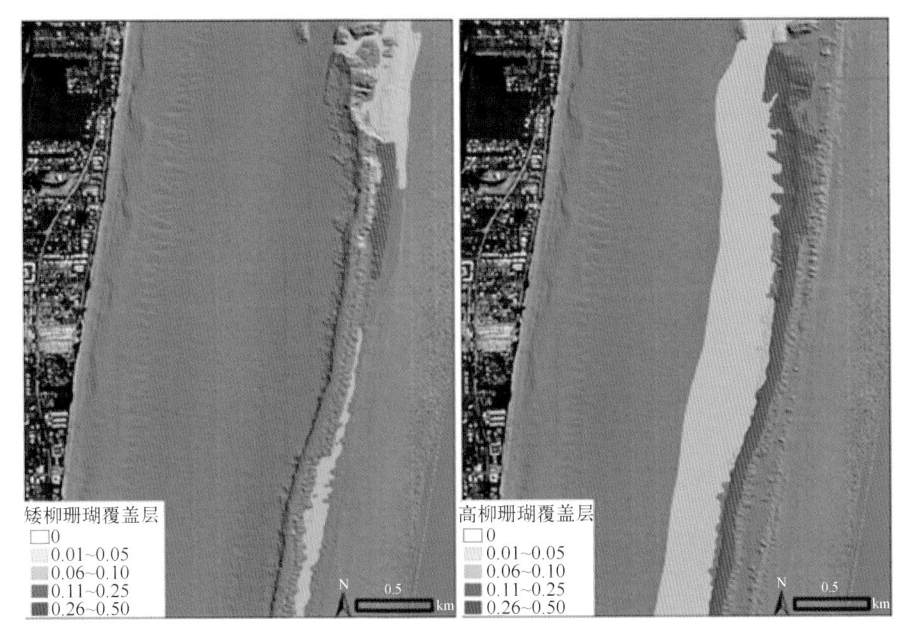

图 9.4 根据 ASC 对美国棕榈滩县的测量数据做出有关矮的(小于 0.5m)和高的(0.5~1.25m)柳珊瑚丰度的声学预测,通过一台 BioSonics DT-X 型单波束回声探测仪(38kHz 和 418kHz 频率下)提供的数据进行非监督分类获得

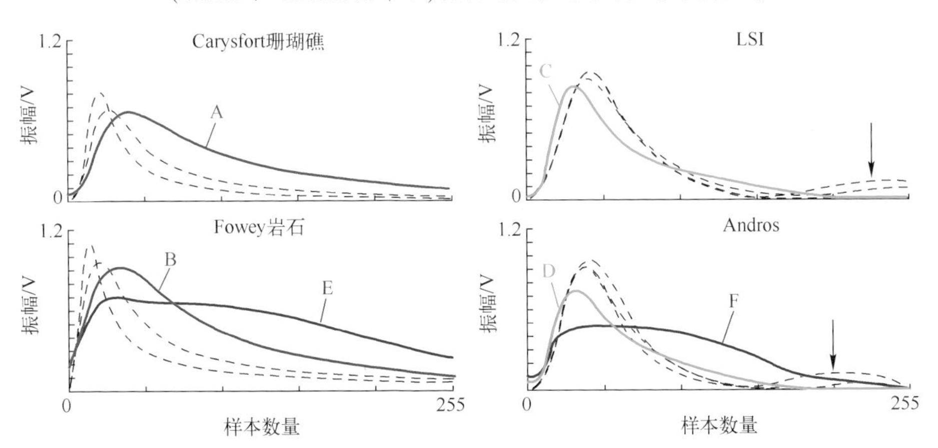

图 9.5 按调查区域分组的四类声学类型的平均回声。样本数量与时间成正比(即时间向右递增;Preston,2004)。其中沉积物类型均以虚线表示,硬底类型则以实线表示,根据它们的一般形式进行着色,并采用与图 9.6 中图片相对应的字母进行标记。黑色的箭头指向 LSI 和 Andros 区域中部分类型可见的二次回声。应当注意的是,如果不考虑二次回波的影响,来自硬底的回波其持续时间要长于来自沉积物的回波

图 9.6　图 9.5 中所示的 6 个硬底类型所对应的水下斜视照片。(a)和(b)分别表示 Carysfort 珊瑚礁和 Fowey 岩区域内的低起伏硬质海底。(c)和(d)则分别表示 Andros 和 LSI 区域内近乎平坦的硬底通道。(e)和(f)则分别表示 Fowey 岩和 Andros 区域内起伏相对较大的硬质海底。白色箭头指向一个 1m 长的 T 形棒

图 9.7　通过声学图像绘制底栖生物栖息地地图的过程。左侧 1/3 描绘了从 MBES 图像中获得的主成分表面。中间 1/3 则通过边缘检测算法对主成分表面中海底特征的轮廓和分段进行了描述。右侧 1/3 描绘了海底特点(依靠 QUEST 通过边缘检测算法提取获得)的分类情况

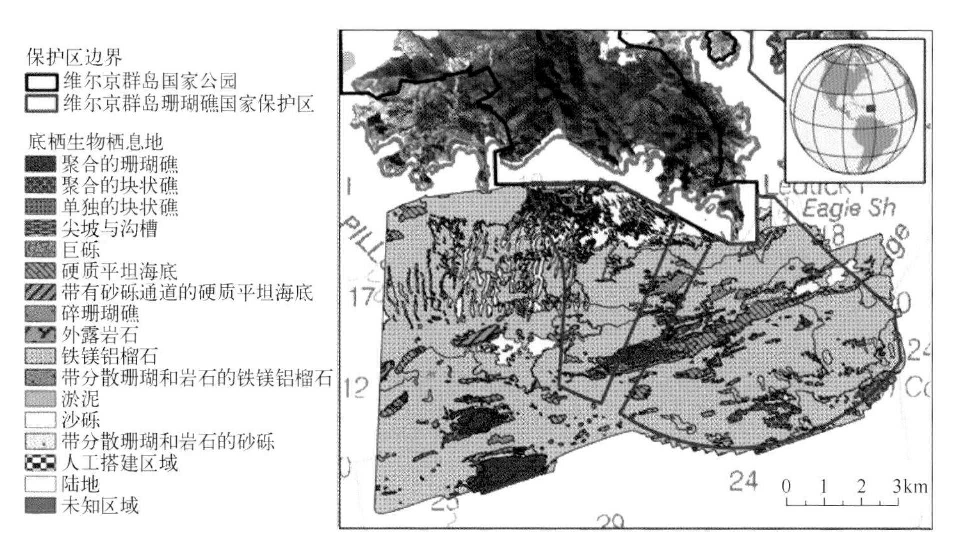

图 9.8　通过 MBES 图像获取的维尔京群岛珊瑚礁国家纪念区(VICRNM)内部及周围中等水深(30~60m)地区的底栖生物栖息地地图,图中纪念区位于美属维尔京群岛中的圣约翰岛。地图经符号标记用以表示海底的物理组成(即地貌结构)

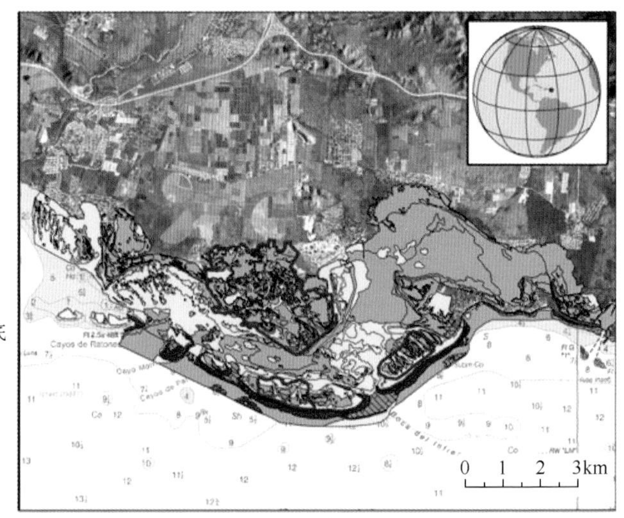

图 9.9　基于航摄照片和声学影像绘制成的波多黎各 Jobos 湾国家河口研究保护区内部及周边浅水水域(小于 30m)的底栖生物栖息地地图,地图经符号标记用以表示海底的物理组成(即地貌结构)

图 9.10　分裂波束超声波回声图,显示了高地势起伏珊瑚礁栖息地中观测到的大量鱼类。水平线为 15m 和 20m 的参照,并显示海底 1m 范围内的鱼也能够被探得。图中箭头所指处是插图的对应位置,该插图显示了当鱼类游经发射于勘探船的换能器波束时,个体返回回声(三角形)的顶视图

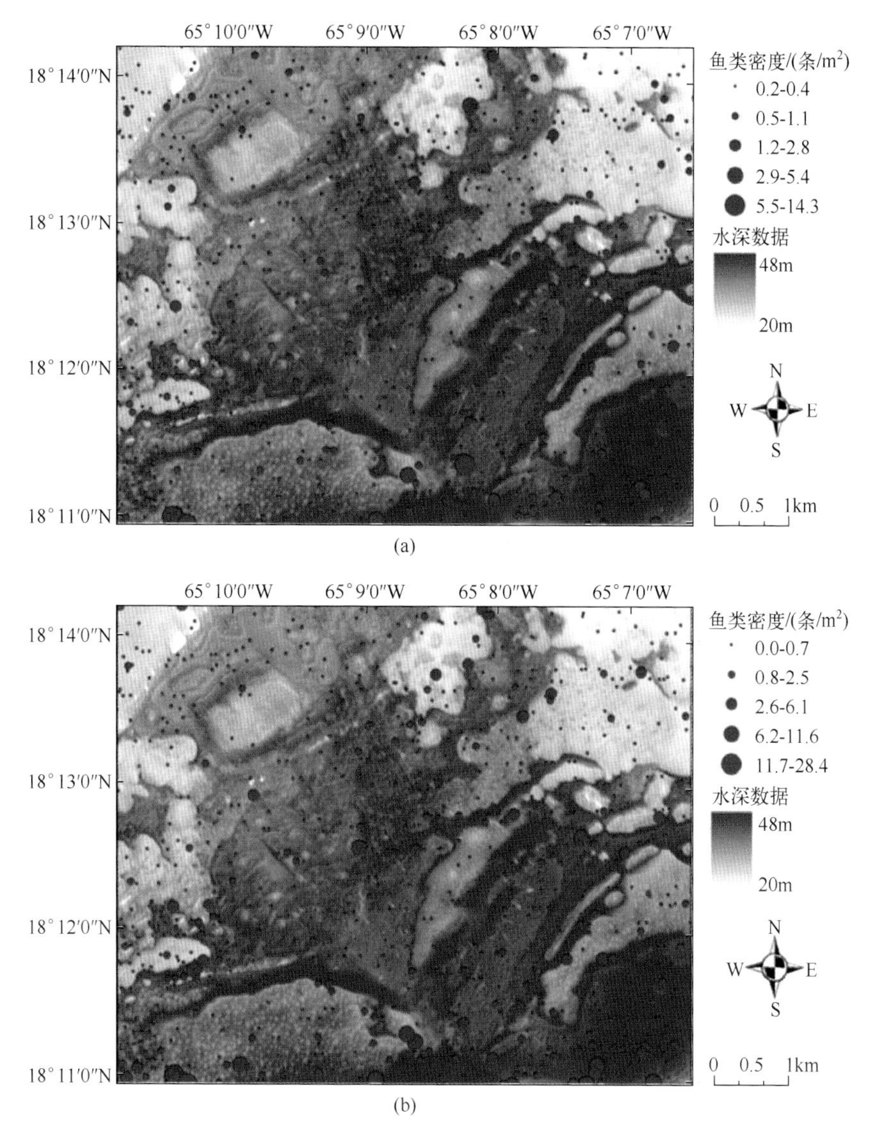

图 9.11 美属维尔京群岛通道附近的鱼类密度地图。水深数据通过MBES 水文测量获得,其中包括用于鱼类探测的分裂波束回声测深仪。沿测量断面以 100m 为分段单位计算了两种尺寸类型下鱼类的密度

(a)体长在 12~28cm 之间的鱼;(b)体长大于 28cm 的鱼。

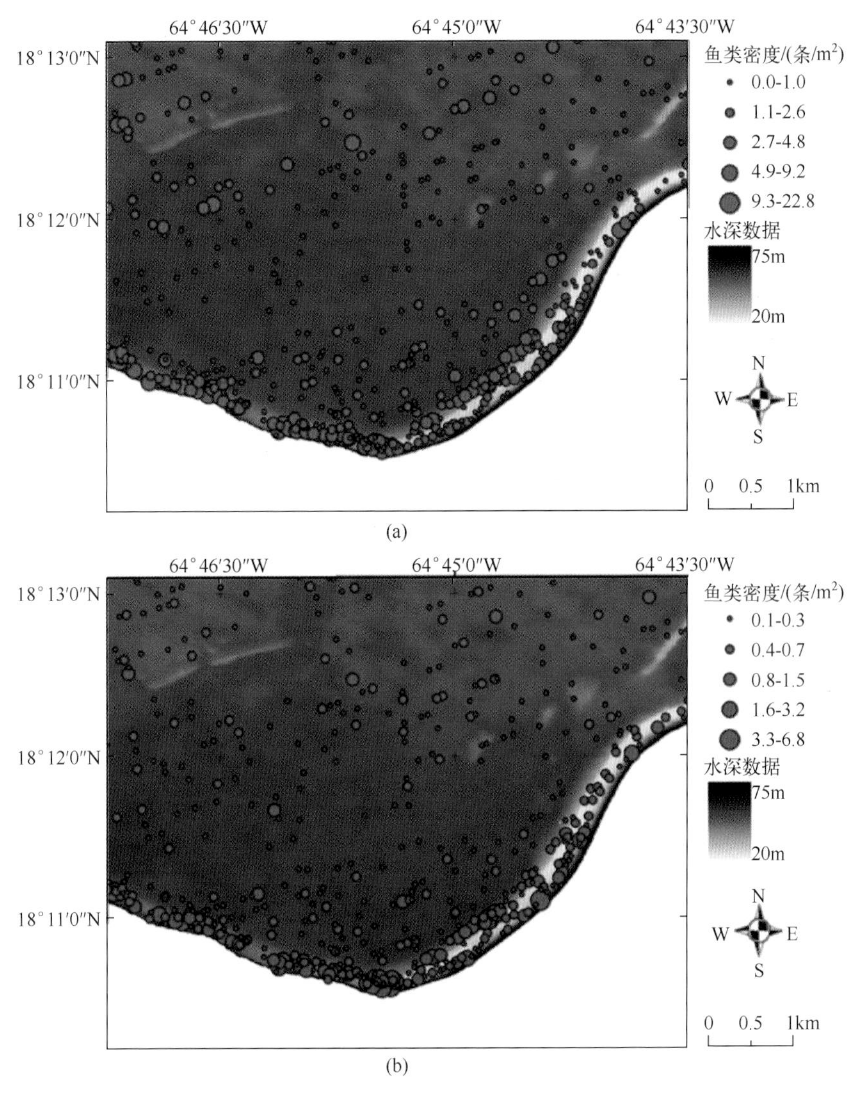

图 9.12　美属维尔京群岛圣约翰岛南部的圣约翰陆架上的鱼类密度地图。水深数据通过水文测量获得,包括用于鱼类探测的分裂波束回声测深仪。沿测量断面以 100m 的分段单位计算了两种尺寸类型下鱼类的密度

(a)体长在 12~28cm 之间的鱼;(b)体长大于 28cm 的鱼。

图 10.1 (a)佛罗里达海峡中迈阿密台地海区内分支状的冷水石珊瑚丛(多数是 Lophelia pertusa 和 Enallopsammia spp.)。(b)死珊瑚骨骼密集构架上生长的活珊瑚(明亮的白色部分)特写镜头。(c)大巴哈马浅滩斜坡上的珊瑚丘。白色线条代表水下航迹,黄色星号则代表(d)的位置。(d)珊瑚丘侧面的密集冷水珊瑚构架。两个可见的绿色激光点间距为 0.25m

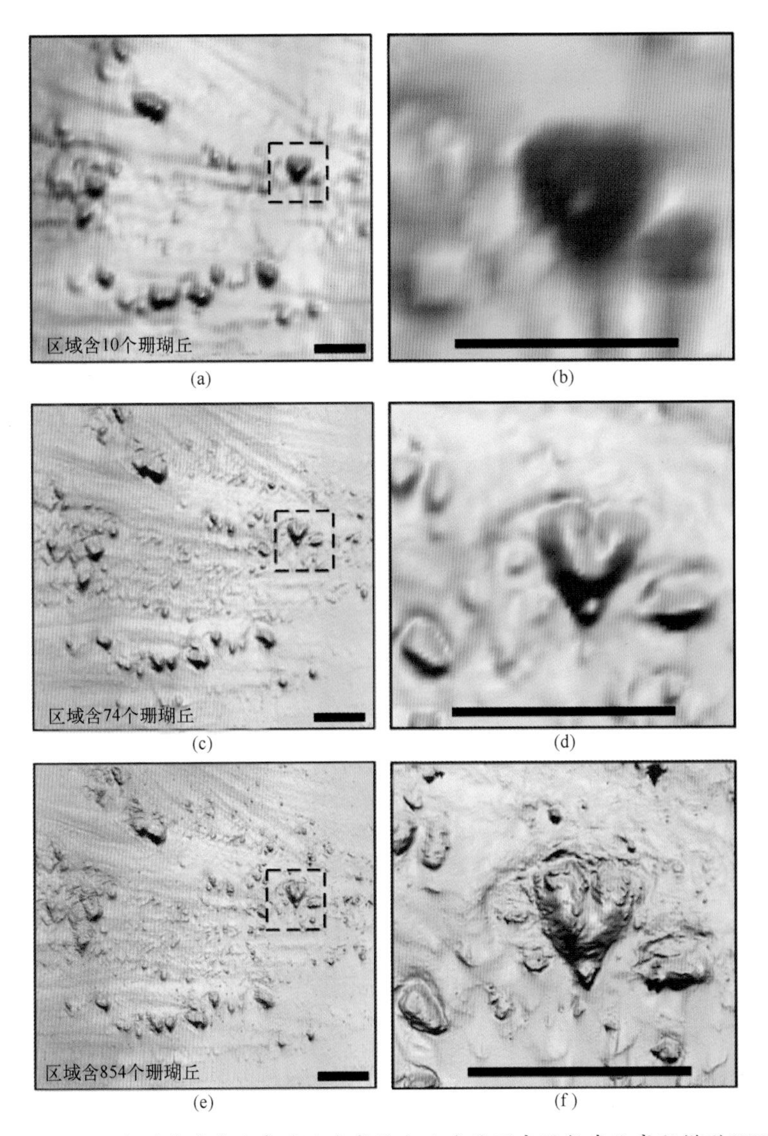

(a) (b) (c) (d) (e) (f)

图 10.4 用不同分辨率的多波束系统生成的大巴哈马研究区数字化高程模型(DEM 概览-左侧;DEM 放大图-右侧)。EM120(a)、(b),EM1002(c)、(d)和 EM2000(e)、(f)的像元分辨率分别为 50m、20m 和 3m。随着 DEM 分辨率的增加,探测复杂珊瑚丘地貌形态的能力也相应增加。黑色比例尺条表示实际长度为 1km

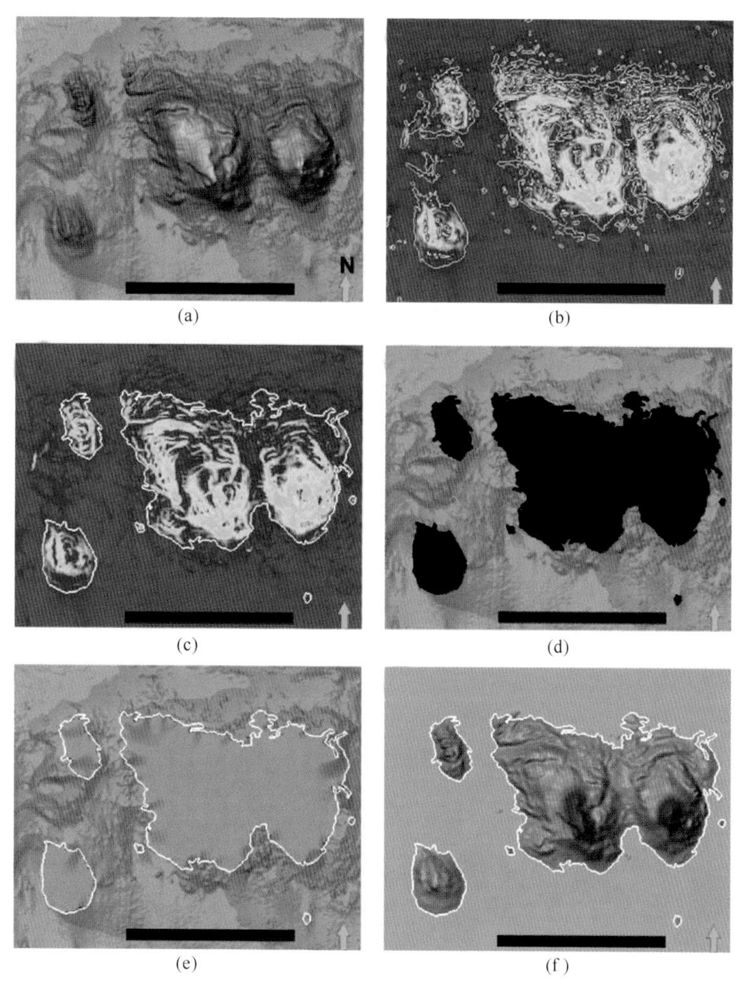

图 10.5　从 DEM 中自动提取和标绘珊瑚丘边界的工作流程。(a)大巴哈马浅滩研究区的一幅高分辨率 DEM 图,且该图是一幅反映珊瑚丘要素的正视图。(b)根据 DEM 绘制的一幅坡度角图,并在等高线上坡度角超过 8°的地方创建出多个闭合多边形(白色线条)。(c)通过合并任意两多边形中的重叠部分以获取真实反映珊瑚丘边界(珊瑚丘覆盖面积)的整合多边形。(d)将 DEM 原图中的数据从珊瑚丘范围内剔除。(e)对剔除数据后的珊瑚丘区域进行内插,以实现垂直起伏信息对整个珊瑚丘区域的全覆盖。(f)将新生成的表面从 DEM 原图中分离用以绘制米级珊瑚丘区域内的垂直起伏信息图。黑色比例尺条代表实际长度为 500m

图 10.7　大巴哈马浅滩(GBB)附近的 DEM 斜视图。图中可看到无数大小不一，形状各异的一座座珊瑚丘。白色短划线用来突出高达 5m 且向西微倾(海盆方向)的凸出地形

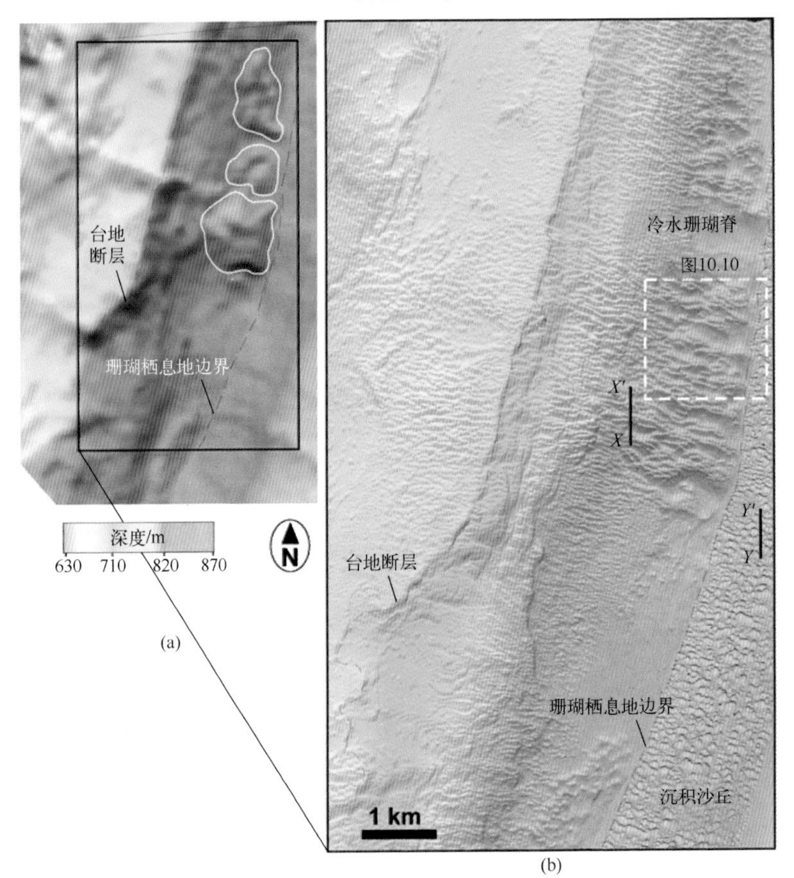

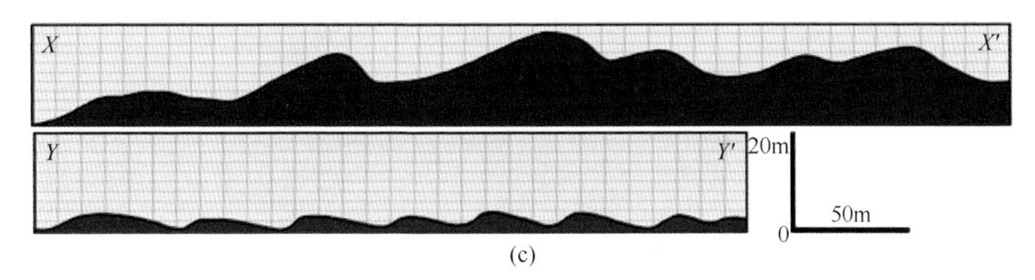

图 10.9 迈阿密台地研究区的不同分辨率 DEM。(a)50m 分辨率的 DEM 勘测图像(由 EM120 系统采集)显示:迈阿密台地底部有三座面积达 1.5km^2 的大型珊瑚丘(白色轮廓线)。(b)利用 C-Surveyor-II 型 AUV 所采集数据制成的 3m 分辨率 DEM 图显示:原先看似珊瑚丘的地貌(根据 50m 分辨率 DEM 图)实际上是一组规则排列的海脊,该海脊垂直于台地的断层面并一直延伸到佛罗里达海峡。黑色短划线则是指(a)和(b)中的台地断层以及从珊瑚区向沉积沙丘过渡的地区。这些沙丘在 50m 分辨率的图中毫无特征可言,这也表明只有 3m 分辨率的 DEM 才能满足这些深水地区高精度地貌要素制图的分辨率要求。(c)(底部)反映珊瑚海脊(X-X′)和沙丘(Y-Y′)区之间地貌差异的典型剖面

图 10.12 附有 SSS 图像的海脊(迈阿密台地研究区内)数字高程模型整合图。图中彩点代表从水下剖面结构中识别出的栖息地类型。密集型珊瑚栖息地与海脊冠部较高的回波振幅相吻合,而较低的回波振幅则对应海脊地形低处的软泥状沉积底型。由黑色短划线构成的多边形(右下角)是一个被挑选出来用于软泥状沉积底型声学特征提取的区块

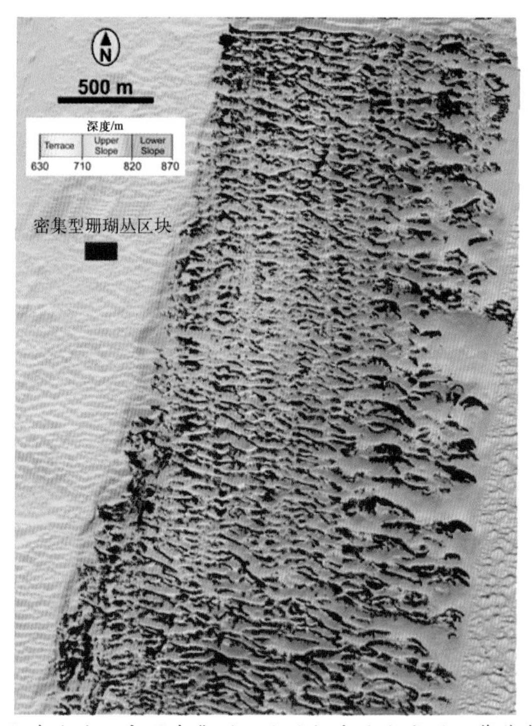

图 10.13　迈阿密台地研究区密集型珊瑚丛栖息地分类图。酱紫色区块代表用监督分类算法提取的密集型珊瑚类多边形。这些区块占据着分析区域约 16%的面积,且大部分生长在海脊的冠部

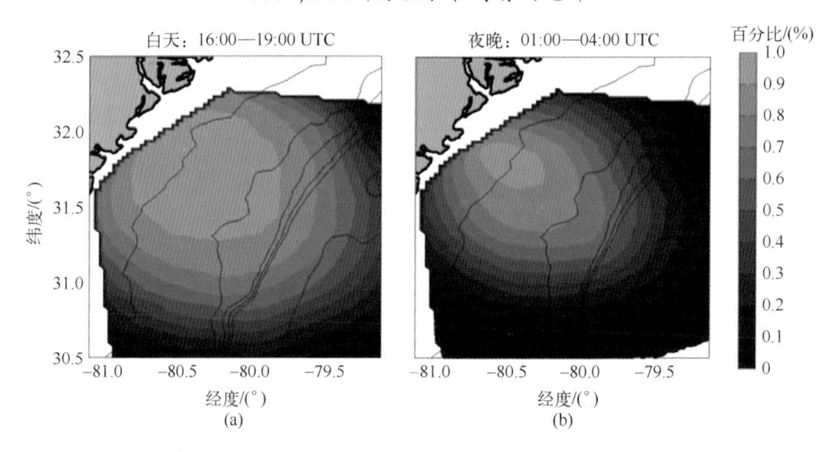

图 11.8　WERA 高频雷达系统获取的反映美国东南部海岸部分表面流情况的地图,对应时间为 2006 年 4 月—2007 年 5 月,显示了距离随时间的变化情况:(a) 白天 16:00—19:00 UTC;(b) 夜间 01:00—04:00 UTC。等深线对应的水深为 20m、40m、60m、80m、100m 和 500m(引用于 D. Savidge)

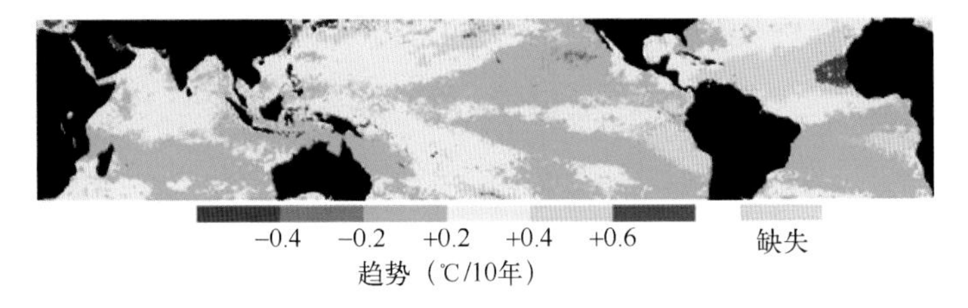

图 12.1　SST 变化趋势图(1985—2006 年)。图中显示:几十年来热带海洋普遍表现为升温或者轻微降温的趋势(Strong et al. ,2009)

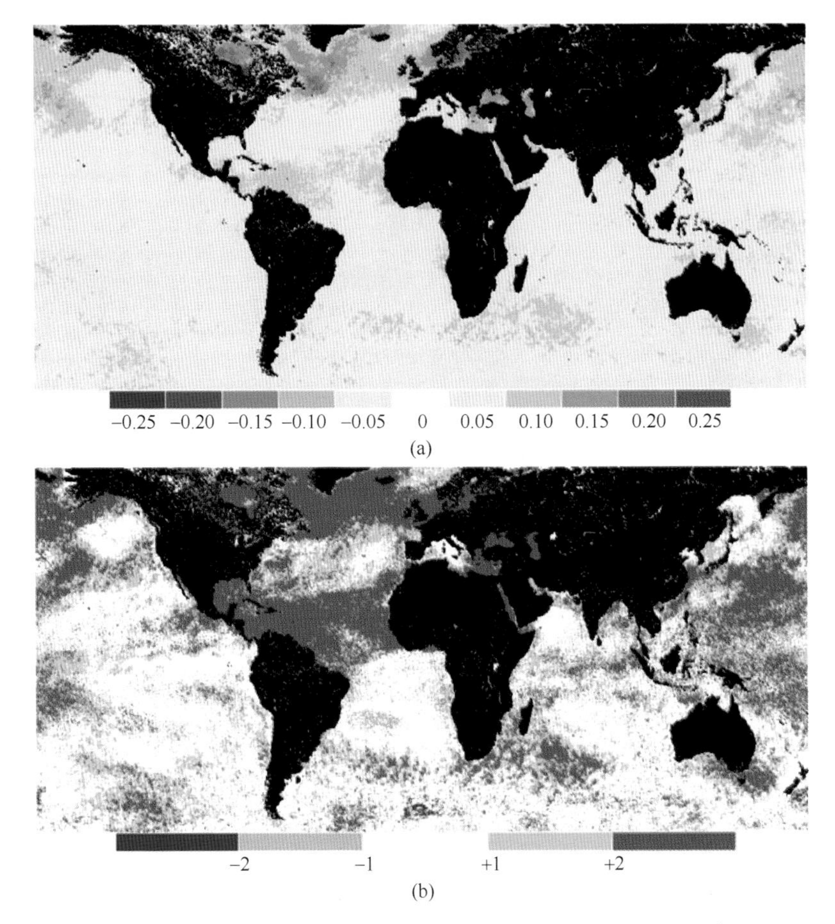

图 12.2　(a) 1985—2006 年间气候最热月份平均海温(℃/年)的变化趋势。(b) 该趋势与其标准误差的比值,用以反映海温变化(上升/下降)明显不为 0 的地区

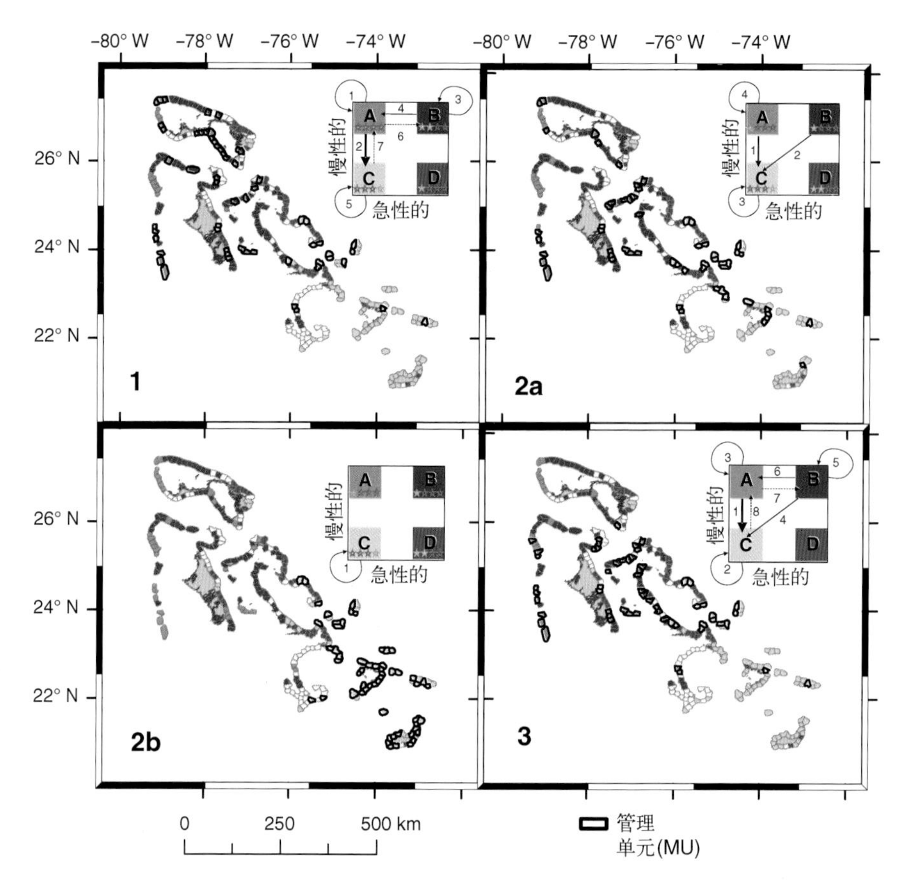

图 12.3　Bahamas 地区以下几种情景的最优化保护区网络:1(“适应”充分)、2a(“适应”不足,但遗传)、2b(“适应”不足,但表型)和 3(Bet-hedging)。图中显示了单独珊瑚礁规划单元的具体位置,其中带有黑色边缘的是可能的保护区。内部的插图则显示了各种情景连接情况的优先次序(Mumby et al. ,2011)

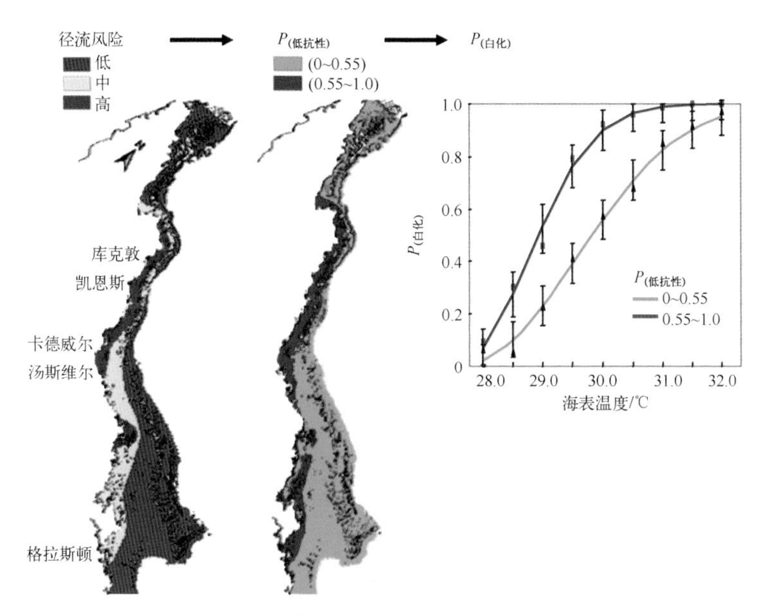

图 12.4　基于 1998 年珊瑚白化事件期间热力学信息记录，水质状况与热应力条件所建立的大堡礁地区影响水质的风险分布及抗白化能力（即恢复力）建模。在良好的水质条件下，每单位 SST 降低 1~1.5℃（Wooldridge，2009b）

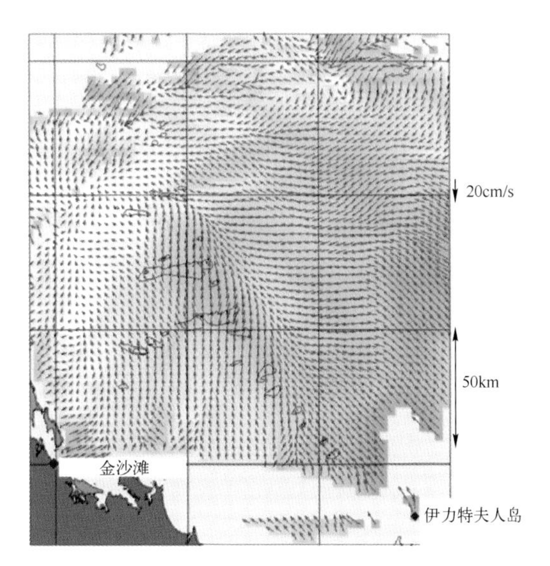

图 13.2　南大堡礁综合海洋观测系统（www.imos.org.au）所属相控阵雷达一段典型的 10min 表面流观测记录，所用雷达被部署在金沙滩和伊力特夫人岛的 HF 海洋雷达站。图中箭头的长度和方向分别用来表示表面海流的流速和方向，此外，绿色阴影部分越暗，表示流速越大

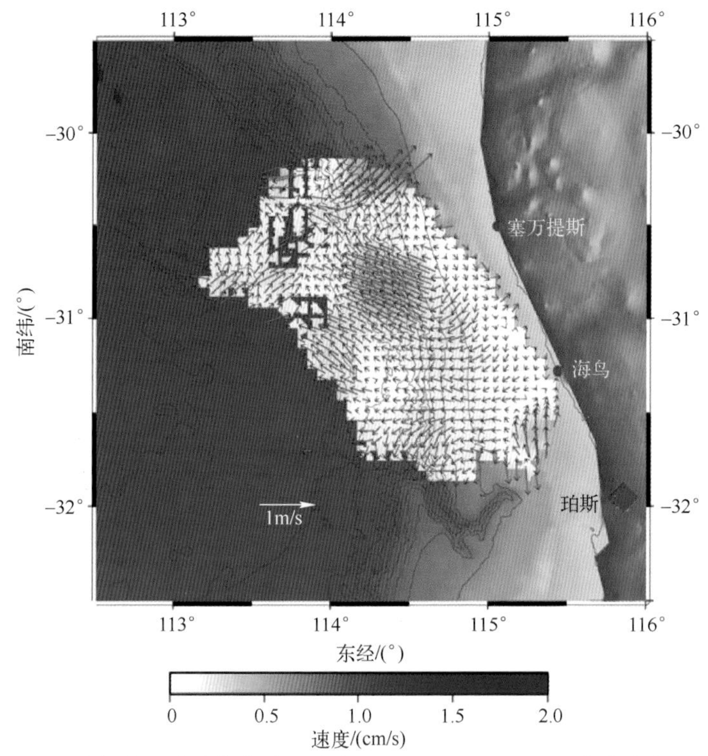

图 13.3　西澳大利亚州综合海洋观测系统(www.imos.org.au)所属的交叉环测向雷达获取的一段典型的 80min 表层流观测记录(由 D. Atwater 提供)

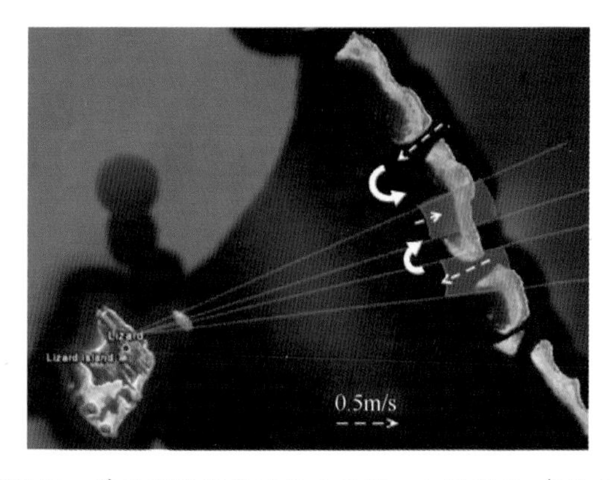

图 13.4　大堡礁北部地区一带状礁附近海流的示意图。如图所示,在位于大堡礁以西 18km 处的 Lizard 岛上部署有一座雷达站,它被用来进行径向海流的信息监测。位于雷达有效作用范围内的两块阴影区域其相关数据被用来确定涨潮期间狭水道内以及堡礁背侧的海流情况。中部的 Yonge 礁同其周边的礁盘之间表现出极大的流速,并且在礁的背侧存有一股逆行的回流(虚线)。实线部分由软件模型获得。图中两条水道相互间隔 6.8km

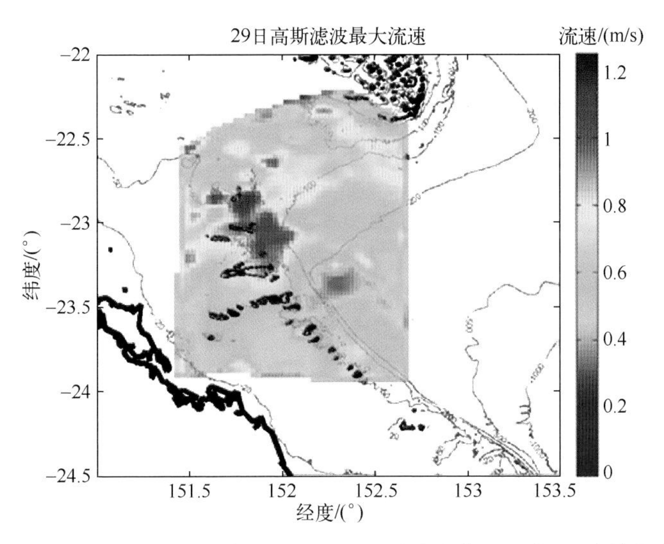

图 13.6　南大堡礁地区 HF 雷达 24h 观测所得最大表面流速，流速越大意味着珊瑚礁白化敏感性越低(由 D. DiMassa 提供)

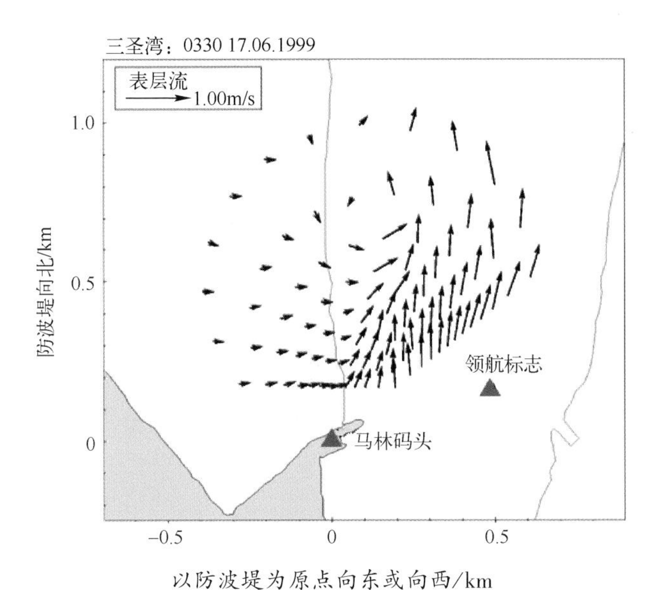

图 13.7　VHF 海洋雷达形成的潮汐通道表面海流图(澳大利亚凯恩斯港三圣湾内)，黄色部分表示潮滩，绿色表示陆地。两台 VHF 设备其中一台位于码头的最高位置，另一台位于航标处(红色三角位置)

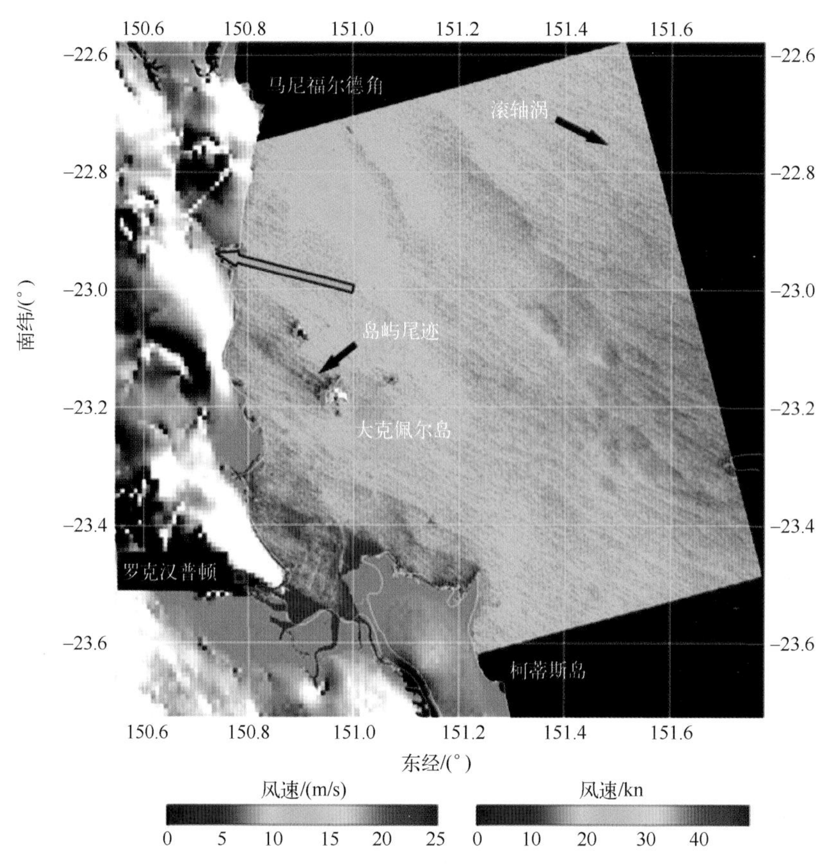

图 13.8　采用 CMOD5 散射计风场反演算法(Monaldo et al,2004a)从 ADARSAT-1 卫星标准模式图像(图像分辨率为 30m,)中计算获得的 SAR 风场反演图,对应世界时为 2008 年 2 月 26 日 8 时 28 分。该图由约翰霍普金斯大学应用物理实验室开发的软件和算法生产所得。其中蓝色箭头表示 CMOD5 算法中所用的 NOGAPS 风向

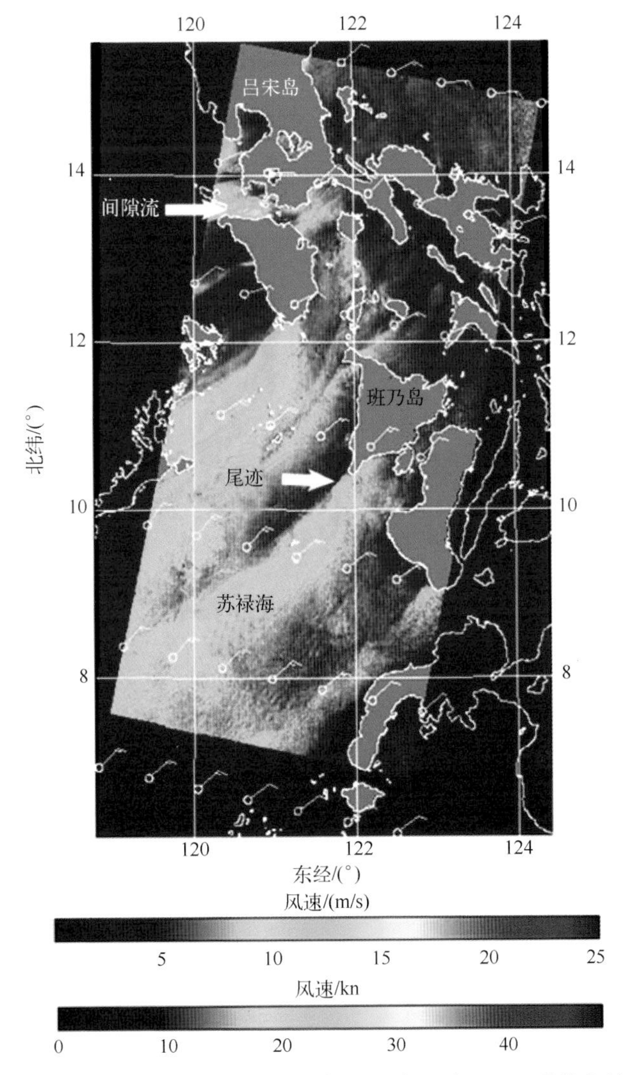

图 13.9　基于 SAR 的风场图，对应世界时为 2008 年 1 月 31 日，图像分辨率约 500m，根据 CMOD5 散射计风场算法计算所得（Monaldo et al. ,2004）。该图由约翰霍普金斯大学应用物理实验室开发的软件和算法生产所生成

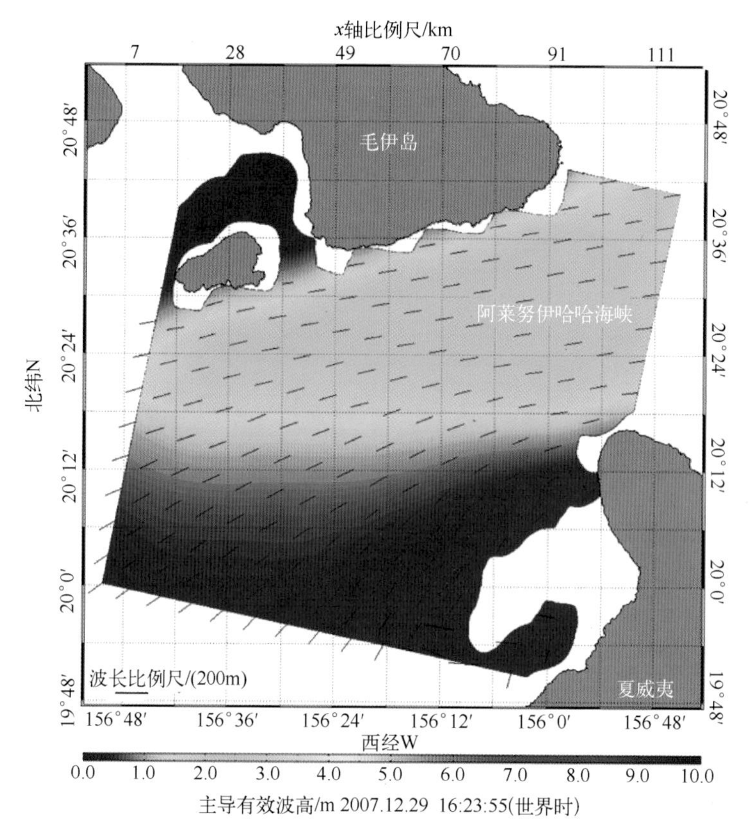

图 13.11 RADARSAT-1 标准模式单视复数图像所得的有效波高结果,对应世界时为 2007 年 12 月 29 日 16 时 23 分。该图所示区域为夏威夷群岛中毛伊岛和夏威夷岛之间的 Alenuihaha 海峡。优势涌浪的有效波高通过颜色并以 m 为单位反映在图中,涌浪的方向以及波长则通过场线进行表示。场线所对应的比例尺表示在图像的左下角。图像对应于北纬,西经地区,其顶部的刻度单位为 km。该图由法国布雷斯特的 BOOST 科技(Boost 现为法国采集定位卫星公司的一部分)所开发的应用软件绘制而成,有关涌浪算法的描述见 Collard et al. ,2005

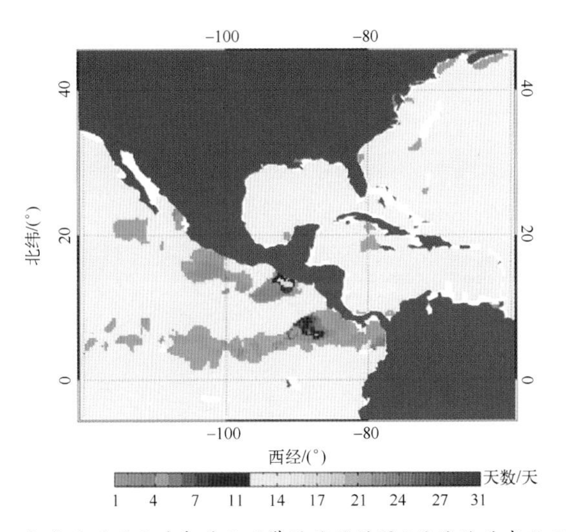

图 13.14　NOAA 珊瑚礁观测项目对赤道无风带的试验结果(该试验结束于 2011 年 4 月 30 日),图中显示中美州地区经历了长时期的低风现象。下方的色条用来表示日平均风速小于 3m/s 的天数,墨西哥和危地马拉边境以南的黄色区域在前两周经历了持续的低风,白色区域则表示数据缺失或不足

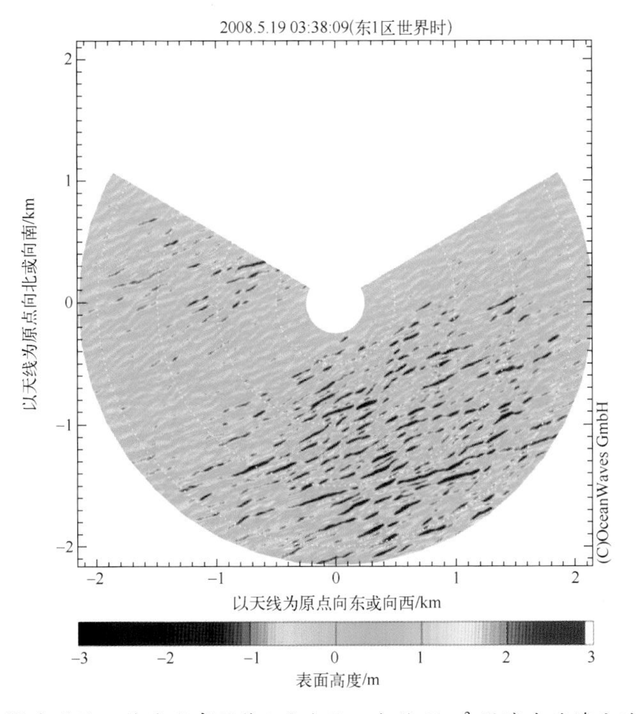

图 13.15　一幅典型的二维海面高图像(反映了一个约 $8km^2$ 区域内波峰和波谷的信息)。利用这些数据或许能够生成全方位的波谱(版权属于 Wamos GmbH)

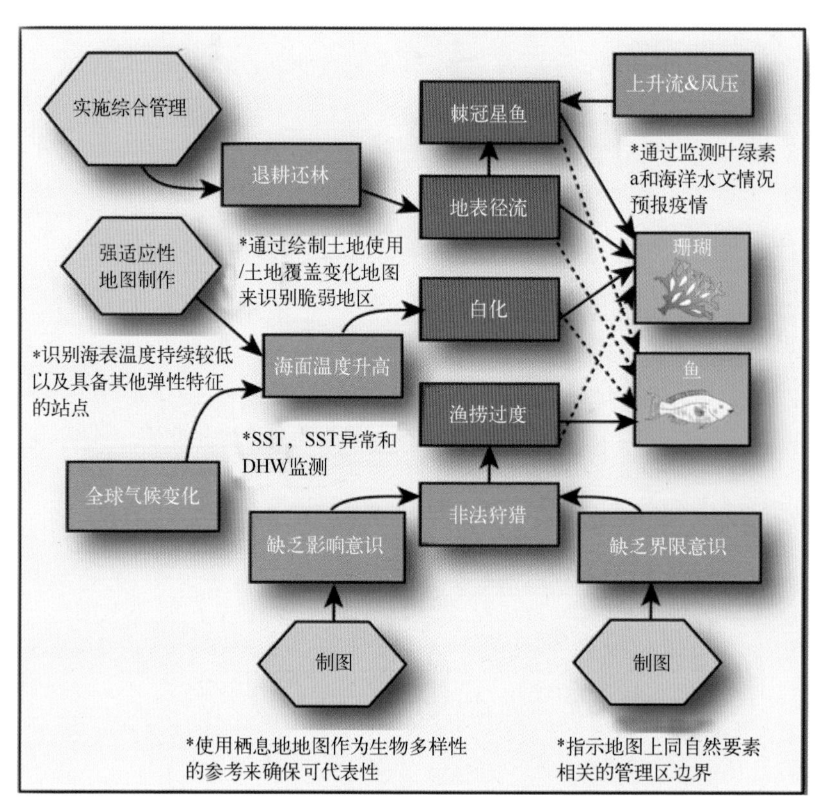

图 15.1 基本概念模型描述了一些对于珊瑚礁管理对象(绿色方框)直接或间接的威胁,其中直接威胁用红色矩形来表示,间接威胁则用橙色矩形表示。图中黑色的文本则指出了哪些地点可以通过遥感工具进行威胁监测以及管理策略实施(黄色六边形)。实线箭头表示的是珊瑚礁管理对象和威胁之间存在直接联系,而虚线箭头则表示存在间接联系

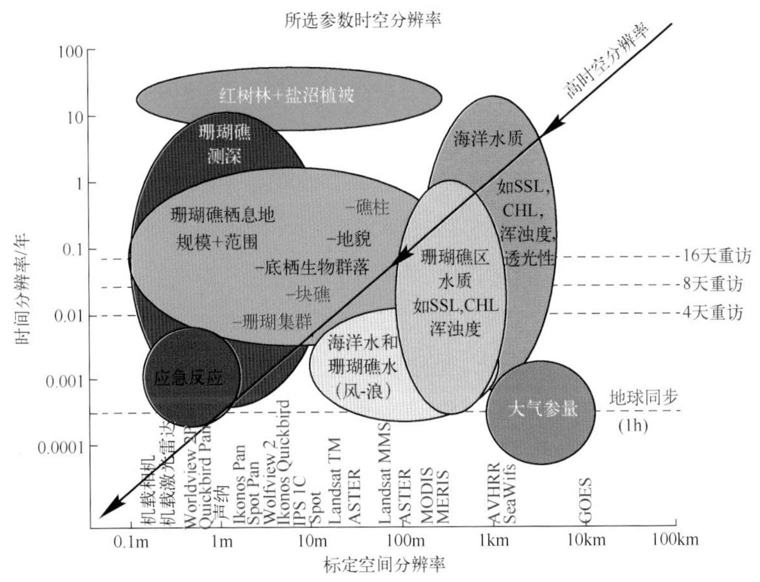

图 15.2　与商用航摄或卫星影像数据的空间分辨率和时间分辨率相关的珊瑚礁制图及监测应用的时空尺度

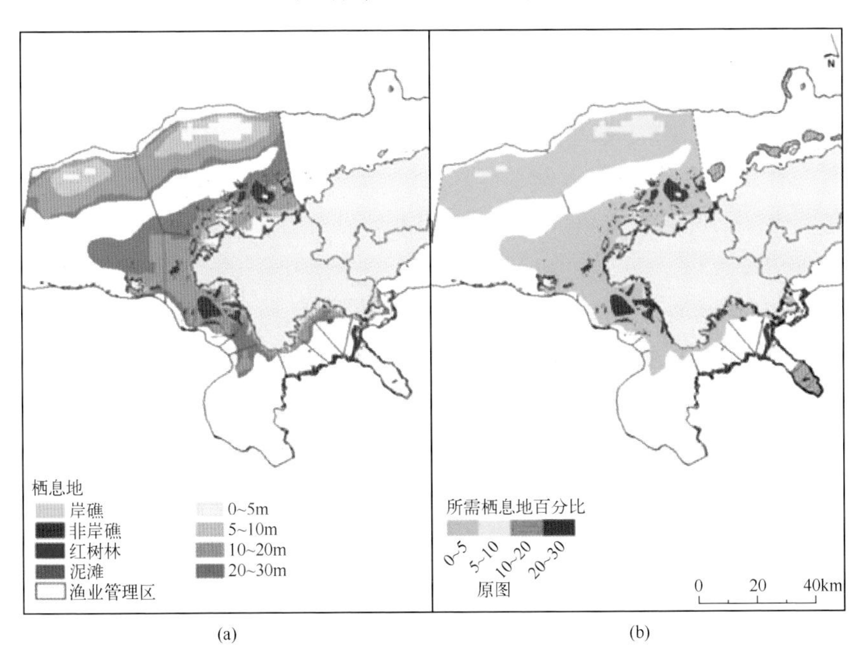

图 15.4　对斐济 Bua 省的 Vanua Levu 岛的海洋差距分析所得的地图

(a) 传统渔业管理区内海岸和海洋栖息地分布;(b) 为实现国家生物多样性目标所保护的各栖息地数,展现的是该地区 2010 年 9 月的保护区位置。

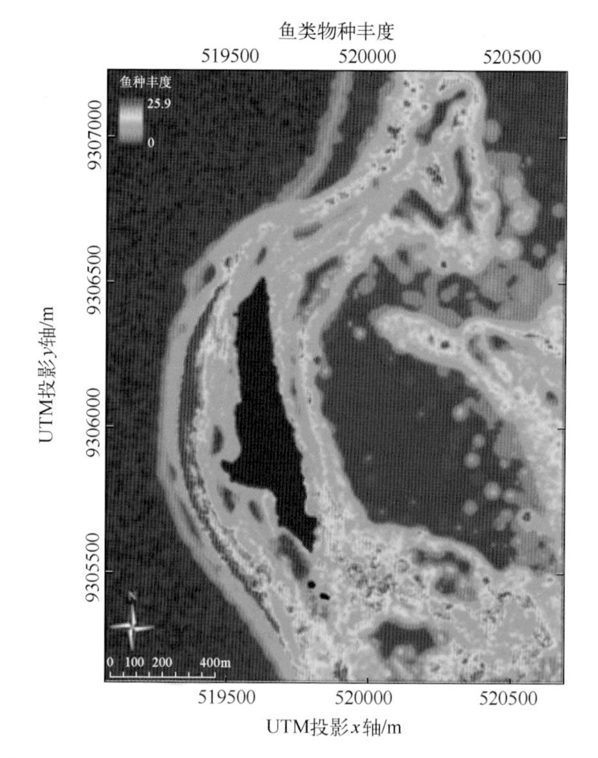

图 15.5 基于 IKONOS 卫星栖息地变量和(装袋)空间预测模型,地图展示了对坦桑尼亚的琼碧岛周围鱼类物种丰度的预测